SIDERURGIA
UMA VISÃO GERAL

abm

Associação Brasileira de
Metalurgia, Materiais e Mineração

Coleção de Livros ABM em
Metalurgia, Materiais e Mineração

Diretor de Operações
Valdomiro Roman da Silva

Analista Editorial
Luciane Genzano Cruz

Antonio Augusto Gorni
Antonio Malynowskyj
Eduardo Emery Cunha Quites
José Roberto Bolota (coordenação)
Marcelo Carboneri Carboni
Marcos Alexandre Stuart Nogueira
Rubens José Faco
Valdir Anderson Silvério

SIDERURGIA

Uma visão geral

Patrocínio

CBMM

Siderurgia: uma visão geral

Publisher Edgard Blücher

Editor Eduardo Blücher

Coordenação editorial Rafael Fulanetti

Pré-produção Aline Fernandes

Coordenação de produção Andressa Lira

Produção editorial Julian F. Guimarães

Preparação de texto Regiane da Silva Miyashiro

Diagramação Claudia Barros

Revisão de texto Juliana Bormio

Capa Laércio Flenic

Imagem da capa iStockphoto

Blucher

Rua Pedroso Alvarenga, 1245, 4º andar

04531-934 – São Paulo – SP – Brasil

Tel.: 55 11 3078-5366

contato@blucher.com.br

www.blucher.com.br

Segundo o Novo Acordo Ortográfico, conforme 6. ed. do *Vocabulário Ortográfico da Língua Portuguesa*, Academia Brasileira de Letras, julho de 2021.

Dados Internacionais de Catalogação na Publicação (CIP)

Angélica Ilacqua CRB-8/7057

Siderurgia : uma visão geral / coordenação de José Roberto Bolota. – São Paulo : Blucher, 2024.

576 p. : il. (Coleção de livros ABM)

Bibliografia

ISBN 978-85-212-2329-0

1. Siderurgia I. Bolota, José Roberto II. Série

24-3367 CDD 669.14

Índices para catálogo sistemático:

1. Siderurgia

APRESENTAÇÃO DA COLEÇÃO DE LIVROS ABM

A Coleção de Livros ABM em Metalurgia, Materiais e Mineração, criada em 2005, tem por principais objetivos suprir lacunas de conhecimentos e estimular o desenvolvimento de pessoas.

De forma a ter uma abordagem mais didática, a coleção foi segmentada em quatro séries:

Livros de Referência – apresentam-se como materiais para consulta rápida de informações úteis, gerais ou focalizadas em um determinado campo do conhecimento, abrangendo, normalmente, tabelas, estatísticas, definições, exemplos, históricos e outros tipos de conteúdo.

Obras de Difusão – têm o propósito de levar a notícia e o conhecimento até o leitor comum, familiarizando-o com a natureza do progresso científico e tecnológico, bem como apresentar implicações econômicas, sociais e políticas, em uma sociedade exposta a constantes mudanças.

Livros de Atualização – fornecem ao leitor mais experiente a abordagem de assuntos especializados que complementam o conhecimento técnico-científico, além de atualização sobre os progressos nas áreas de metalurgia, materiais e mineração.

Livros-texto – destinam-se a leitores iniciantes ou que queiram se aprofundar no assunto, abordando temas de Fundamentos, Matérias-primas e Processos, Produtos e Aplicações e Gestão, seguindo uma sequência lógica de assunto e grau progressivo de dificuldade, compatíveis com a finalidade didática do livro.

O livro *Siderurgia: uma visão geral* é fruto de mais uma parceria entre ABM e Editora Blucher, e vem enriquecer a Coleção de Livros, contribuindo com a série Livros-texto.

abm
Associação Brasileira de
Metalurgia, Materiais e Mineração

Valdomiro Roman da Silva
Diretor de Operações

Prefácio

Siderurgia – Uma visão geral, fruto do trabalho de uma equipe de especialistas de diversas áreas de produção e aplicação de aço, coordenados pelo Jose Roberto Bolota, é uma obra que vem sendo lapidada por anos, sob o teto da ABM.

Sua relevância é óbvia, e vale ressaltar que é um texto básico para introdução, em português, de um assunto tão complexo e com uma riqueza de detalhes que só a vasta experiência dos autores poderia trazer.

O aço e os processos para sua obtenção são o palco para a atuação dos elementos de liga que o compõe, e o nióbio tem também protagonismo neste campo.

Descoberto em 1801, o nióbio possuiu pouca aplicação industrial até os primeiros usos em aços, na década de 1960 e principalmente década de 1970, quando a CBMM também tornou o material disponível em quantidades industriais. O aumento expressivo das propriedades dos aços, a partir de pequenas adições de 200 a 500 gramas por tonelada, chamava a atenção para este novo universo: os aços microligados. A CBMM, portanto, também inicia nesta época seu programa de tecnologia, voltado a entender e disponibilizar o conhecimento do uso do nióbio, começando pelos aços para tubulações de óleo e gás. Fenômenos na época pouco conhecidos, como o efeito dos microligantes no tratamento termo-mecânicos e a precipitação de carbonitretos induzida por deformação, foram então estudados em profundidade e muitas aplicações industriais surgiram como consequência. O nióbio foi então estabelecido como o principal elemento de liga capaz de conferir aumento de resistência mecânica concomitante ao aumento de tenacidade e soldabilidade.

Como consequência dessas propriedades únicas, o uso do nióbio cresceu em outros aços, com destaque os aços automotivos para estrutura de veículos, a partir da década de 1990, e os aços estruturais, a partir de 2010. O nióbio também expandiu seu uso em aços inoxidáveis ferríticos, devido à melhoria de conformabilidade, a estabilização do carbono e nitrogênio para a resistência à corrosão e o aumento da resistência mecânica em alta temperatura. Desta forma, o nióbio é hoje extensivamente utilizado em aços, mercado que compõe cerca de três quartos de todas as aplicações do elemento.

A CBMM mantém a posição de destaque no mercado de nióbio, colocando capacidade à frente da demanda e com fornecimento a mais de 50 países, dando assim confiabilidade à expansão do uso do nióbio. O programa de tecnologia da CBMM, fundamentado no conhecimento científico e tecnológico, também cresce em sua missão de apoiar a penetração do nióbio nas aplicações existentes, além de avançar em novas aplicações. Neste sentido, o conhecimento da metalurgia dos aços, mercado chave para o nióbio, é relevante e iniciativas nesta direção possuem o suporte da companhia.

É, portanto, com grande satisfação que a CBMM apoia a elaboração desta edição de *Siderurgia - Uma visão geral*. Esperamos que os alunos, pesquisadores e professores possam ganhar novos conhecimentos com o livro e, assim, trazer inovações aos aços, que continuam sendo materiais estratégicos por sua versatilidade e combinação única de propriedades.

Boa leitura!

Rafael Agnelli Mesquita
Diretor de Tecnologia da CBMM

Coordenação

José Roberto Bolota
Graduado em Engenharia Metalúrgica pela Escola Politécnica da Universidade de São Paulo (USP) (1984), MBA pela Fundação Getúlio Vargas e University of California, Irvine (2013). Com 38 anos de experiência na área siderúrgica, trabalhou como especialista na área de aciaria e gestor de produção de aço e planta siderúrgica em grandes empresas siderúrgicas brasileiras. Atualmente é consultor nas áreas de gestão industrial e processos metalúrgicos, tendo prestado serviços em empresas siderúrgicas e de transformação no Brasil, Estados Unidos da América, Europa e Ásia.

Sobre os autores

Antonio Augusto Gorni

Engenheiro de Materiais pela Universidade Federal de São Carlos (1981); mestre em Engenharia Metalúrgica pela Escola Politécnica da USP (1990); doutor em Engenharia Mecânica pela Universidade Estadual de Campinas (Unicamp) (2001). Ao longo dos últimos 42 anos, sua carreira profissional se concentrou no desenvolvimento de processos e produtos na laminação a quente de produtos siderúrgicos planos, onde ainda atua como consultor independente. Na área acadêmica, trabalha desde 1990 como professor nas áreas de metalurgia e materiais, em cursos de especialização, graduação e pós-graduação. Atua há 26 anos na área editorial técnica, particularmente na área de plásticos. Autor de mais de 250 trabalhos técnicos nas áreas de laminação a quente, desenvolvimento de produtos planos de aço, simulação matemática, tratamento térmico e aciaria. Home-page: www.gorni.eng.br.

Antonio Malynowskyj

Possui graduação em Engenharia Metalúrgica pelo Instituto Mauá de Tecnologia (1981), mestrado *Stricto Sensu* em Engenharia Metalúrgica pela Universidade de São Paulo (1992), e doutorado *Stricto Sensu* em Engenharia Metalúrgica pela Escola Politécnica da Universidade de São Paulo (1997). MBA *Lato Sensu* em Gestão Empresarial pela FGV-RJ, 2002. Control Quality Engineer – ASQ Certified Quality Engineer, entre 2006 e 2012. Professor de curso de pós-graduação em Engenharia Mineral e Metalúrgica, nas disciplinas Aciaria LD/FEA, Lingotamento Convencional e Contínuo, desde jan./2021. Gerente de Pesquisa e Desenvolvimento e Consultor de Processos de Aciaria para Produtos Planos (CLT), de mar./2016 até fev./2019. Desenvolvedor de aços planos, produtos chapas grossas, para indústria petrolífera e eólica, com viés de Aciaria a Oxigênio e Metalurgia Secundária. Coordenador de Projeto de Pesquisa e Desenvolvimento Sr. e Pesquisador Convidado, de ago./2013 até dez./2017 no Instituto de Pesquisas Tecnológicas de São Paulo. Experiência na área de Engenharia de Materiais e Metalúrgica, com ênfase em Produção de Aço Líquido, atuando principalmente nas seguinte áreas: Aciaria BOF-LD, Refino Secundário (metalurgia de panela, globulização de inclusões não metálicas, desgaseificação RH, Forno Panela, CAS-OB), Siderurgia, Processos de Pré-Tratamento do Gusa (Dessulfuração e Desfosforação), de abr./1983 até fev./2012 em siderúrgica brasileira integrada de aços planos do Brasil. Consultor Metalurgista Independente (PJ) até a presente data e Pesquisador Colaborador na EPUSP- Engenharia Metalúrgica.

Eduardo Emery Cunha Quites
Graduado em Engenharia Metalúrgica pela Universidade Federal de Ouro Preto (1982). Mestrado em Metalurgia Extrativa pela Pontifícia Universidade Católica do Rio de Janeiro (1986). Por 35 anos trabalhou na indústria siderúrgica, tendo atuado em pesquisa e desenvolvimento, análise de processos e garantia da qualidade, com ênfase na área de redução de minérios de ferro (sinterização, coqueria e altos-fornos). Atualmente é professor universitário, com 36 anos de experiência, lecionando em diversas disciplinas da área de Engenharia.

Marcelo Carboneri Carboni
Graduado em Engenharia Metalúrgica (1998) e mestre em Engenharia Metalúrgica (2006), ambos pela Escola Politécnica da Universidade de São Paulo, MBA pela Fundação Getúlio Vargas (2008), tem Especialização em Lingotamento Contínuo pela Technische Universität Clausthal (2009) e em Gestão de Tecnologia e Roadmapping pelo Massachusetts Institute of Technology - MIT (2023). Ao longo de 25 anos de experiência na área siderúrgica, trabalhou em desenvolvimento de produtos e processos, atuando como especialista de aciaria, engenheiro de aplicação e gestor de desenvolvimento de tecnologia. No decorrer de sua carreira, trabalhou em grandes siderúrgicas brasileiras e empresas da cadeia de fornecimento da siderurgia, com atividades no Brasil, América do Norte, Ásia e Europa. Atualmente é gestor global de PD&I em uma empresa do segmento de fusão, refino e solidificação de metais, integrando novas tecnologias como IA, ML e conceitos de Indústria 4.0 às tecnologias de produção de metais.

Marcos Alexandre Stuart Nogueira
Graduado em Engenharia Metalúrgica pela Escola Politécnica da Universidade de São Paulo (1978), é mestre em Engenharia pela Escola Politécnica da Universidade de São Paulo (1987) e MBA pelo Instituto Mauá de Tecnologia (2003). Por cerca de 30 anos trabalhou em diferentes áreas na indústria siderúrgica brasileira, adquirindo experiência como pesquisador, engenheiro de processos, assistente técnico e gestor de unidades de negócio de cilindros de laminação e de aços de alta liga forjados e laminados. Após essa experiência na produção de aços, trabalhou por

10 anos no desenvolvimento de tecnologia de produção e de aplicação de produtos contendo nióbio, como são os casos dos aços microligados, dos inoxidáveis ferríticos, das ligas de níquel, além de catalizadores e de componentes para baterias. Nos últimos 5 anos, vem atuando como consultor para o desenvolvimento de aplicações do nióbio, com especial ênfase para o mercado da China.

Rubens José Faco

Engenheiro industrial mecânico pela Universidade Santa Cecília dos Bandeirantes, mestre em engenharia pela Escola Politécnica da USP. Por mais de 33 anos, atuou com foco no processo de lingotamento contínuo de placas em aciaria LD com abrangência na aplicação dos produtos semiacabados pelas linhas laminação a quente e a frio. Nos últimos cinco anos, vem atuando na área de qualidade com foco na elaboração de protocolos para aquisição de placas fornecidas por terceiros visando atender ao abastecimento de linhas de laminação além de controlar todo desempenho desses materiais no processo de transformação mecânica até sua utilização na pelo cliente.

Valdir Anderson Silvério

Graduado em Engenharia Metalúrgica pela Faculdade de Engenharia Industrial (FEI) (1999), Mestrado *Stricto Sensu* em Engenharia Metalúrgica e de Materiais pela Escola Politécnica da USP (2008), tendo como tema de dissertação o "Estudo da evolução do tamanho de grão de um aço microligado durante a laminação a quente", e MBA em Gestão de Projetos pela FIA Business School e University of La Verne (2015). Com mais de 25 anos de experiência nas indústrias siderúrgica, metalúrgica e automotiva, trabalhou na liderança de diversas áreas como Engenharia de Produto e Processo, Pesquisa e Desenvolvimento, Qualidade, Laboratório, e Processos Metalúrgicos. Na Siderurgia, trabalhou nas principais indústrias de aços especiais do país, desenvolvendo novas ligas de aço (*alloy design*), e suporte técnico para clientes através da aplicação e seleção de aços.

Como docente, foi professor de curso técnico em metalurgia, professor universitário, instrutor de universidade corporativa, e na Associação Brasileira de Metalurgia (ABM) como professor do tradicional curso "Siderurgia para Não Siderurgistas", "Aplicação dos Produtos Longos de Aço" e "Aciaria para Aços Especiais". Atualmente é Especialista Técnico Sênior na indústria automotiva, com foco em gestão, validação e desenvolvimento de Processos Especiais Metalúrgicos de fornecedores da cadeia do aço, em diversos países das Américas e Europa.

Conteúdo

Índice de figuras

Índice de tabelas

CAPÍTULO 1
O aço

Valdir Anderson Silvério

1. SIDERURGIA E METALURGIA

Segundo o dicionário Aurélio, o termo siderurgia significa a "arte de trabalhar ou de fabricar o ferro"; no dicionário Michaelis, significa "conjunto de técnicas e práticas empregadas na produção e fundição do ferro e do aço". Em termos etimológicos, a palavra siderurgia vem do latim, *sider* (estrela, astro), e a primeira vez que o homem fez contato com o elemento ferro foi sob a forma de meteoritos, daí a origem da palavra. O ferro oriundo dos meteoritos contém cerca de 5% a 25% de níquel, sendo que o ferro produzido pelo homem tem apenas traços desse elemento. O mais antigo artefato de ferro que se tem notícia foi encontrado na Grande Pirâmide de Gizé, no Egito, construída por volta de 2900 a.C. Evidências arqueológicas indicam que o conhecimento prévio do beneficiamento de minério de cobre ajudou no desenvolvimento das primeiras técnicas de redução de minério de ferro. Contudo, existe a possibilidade de que, nos primórdios da siderurgia, acidentalmente, algumas fogueiras construídas à base de pedras de minério de ferro promoviam o contato de partículas quentes de carbono com partículas de óxido de ferro das pedras, dando início ao processo de redução do minério. Disso resultava uma massa escura, não fundida, mas que permitia sua deformação plástica por meio de técnicas de conformação a quente, como o forjamento, produzindo diversos artefatos, armas e utensílios de propriedades mecânicas melhores do que as ligas de cobre conhecidas até então. Siderurgia é, então, o ramo da metalurgia relacionada com ferro e aço, não sendo considerados os demais metais e suas ligas não ferrosas, como alumínio, cobre (latão, bronze), zinco, magnésio e titânio, por exemplo.

A metalurgia – ramo da engenharia que estuda e se relaciona com a produção de metais e de suas ligas, bem como a adequação destes ao uso – faz parte de um grupo mais amplo que envolve a engenharia e a ciência dos materiais.

2. A SIDERURGIA E A METALURGIA NA HISTÓRIA

Os metais são tão importantes na história que os períodos históricos são divididos de acordo com a idade dos metais. Por exemplo, a idade do cobre (6000 a.C.), do bronze (4000 a.C.) e do ferro (1400 a.C.), no final do período pré-histórico.

Os metais e o ferro (aço) dominaram completamente a indústria, definindo períodos inteiros da história. O uso por um período tão longo criou uma gama infinita de informações e tecnologia, mas engenheiros e cientistas continuam a trabalhar para ampliar os limites desses materiais. Os nanomateriais aparecem de forma proeminente nessa pesquisa, melhorando os metais e abrindo novas áreas de aplicação.

Segundo o Professor Michael Ashby, da universidade de Cambridge, a linha do tempo dos principais materiais até o dia de hoje de forma simplificada seria representada conforme a Figura 1.1.

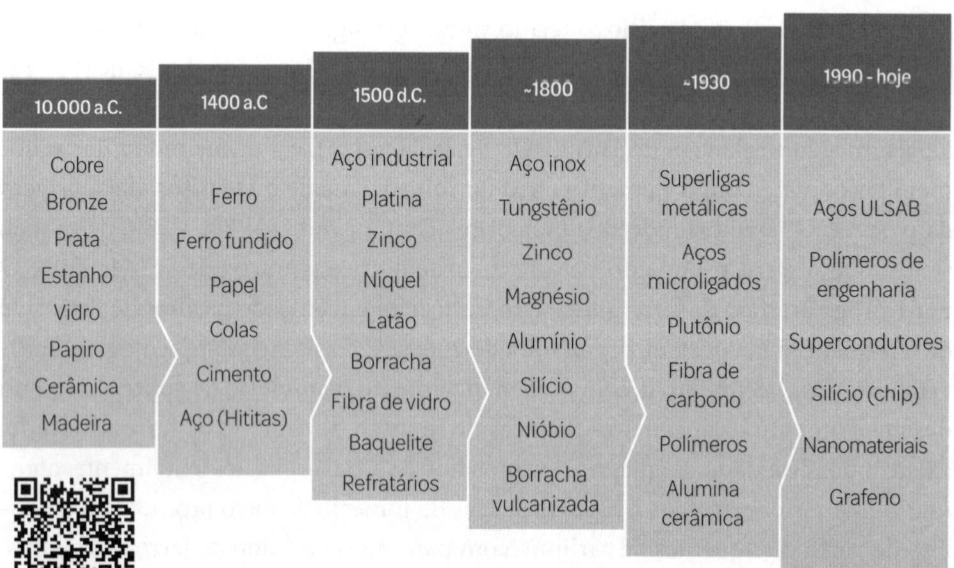

Figura 1.1 Linha do tempo de Ashby simplificada com os principais materiais ao longo da história.

Fonte: autor.

Dada a importância dos metais, em muitas culturas na humanidade, é comum, sobretudo nas cosmogonias das religiões, a existência de um deus ligado à metalurgia em seu panteão. No caso da Grécia, há o deus Hefesto (Figura 1.2), responsável por forjar diversos objetos dos deuses, como o escudo mágico de Zeus, a armadura de Aquiles, o arco e a flecha de Eros, o cetro de Agamenon, o tridente de Poseidon e a cinta de Afrodite. Na mitologia, Hefesto é filho de Zeus e Hera e foi abandonado ao nascer por ser manco. Foi criado pela titânia Tétis e, ao retornar ao Olimpo, casou-se com Afrodite. Como deus do fogo, Hefesto tornou-se um ferreiro divino e estabeleceu sua forja no centro do vulcão Etna. Na Roma antiga, Hefesto era conhecido como Vulcano.

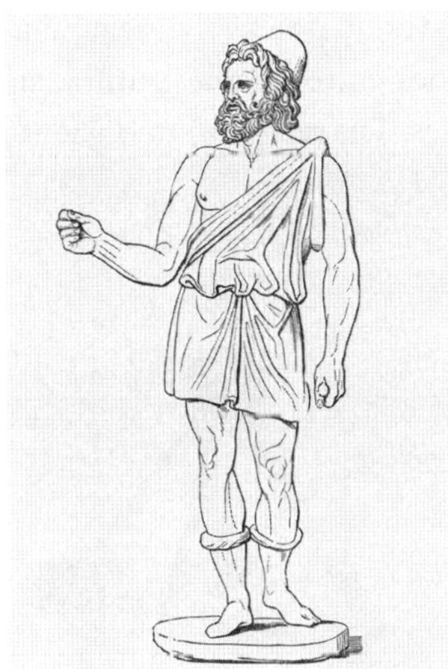

Figura 1.2 Gravura representando Hefesto, o deus grego do fogo e da metalurgia.
Fonte: iStockphoto.

Em outras mitologias e religiões, também encontram-se deuses relacionados à metalurgia e ao fogo, por exemplo: Angra (Tupi-Guarani), Huracán (Maias) e Brigit (Celtas).

Em Gênesis 4:21-22, há o seguinte relato: "E Zilá também deu à luz Tubalcaim, mestre de toda a obra de cobre e ferro". Segundo o velho testamento, Tubalcaim foi filho de Lameque e Zilá e foi mestre em tudo que fazia nessa área, ganhando mais destaque do que todos os forjadores de seu tempo. Há também outro importante personagem bíblico, Hirão Abiú ou Hiram Abiff, conhecido como mestre construtor do templo de Salomão e mestre na arte da metalurgia. Em I Reis 4:5, tem-se: "E os caldeirões, e as pás, e as bacias, e todos estes objetos que fez Hirão para o rei Salomão, para a casa do Senhor, todos eram de cobre polido".

3. PROPRIEDADES QUÍMICAS E MECÂNICAS DOS METAIS

3.1 Engenharia e ciência de materiais

A engenharia de materiais é um campo da engenharia que estuda como transformar materiais em dispositivos ou estruturas úteis do ponto de vista tecnológico. Entendemos estrutura como um arranjo atômico ou iônico em um determinado material que tem grande influência em suas diversas propriedades, ainda que a composição química não seja alterada.

A ciência dos materiais é um campo interdisciplinar da ciência que procura estudar e manipular as diversas estruturas e composições químicas da matéria nas suas diversas escalas de proporção, com o objetivo de controlar e prever suas propriedades finais. Também foca no desenvolvimento e na descoberta de novos materiais, por meio das relações entre microestrutura, síntese e processamento dos materiais e suas propriedades. Tais relações interligadas podem ser vistas no tetraedro dos materiais na Figura 1.3.

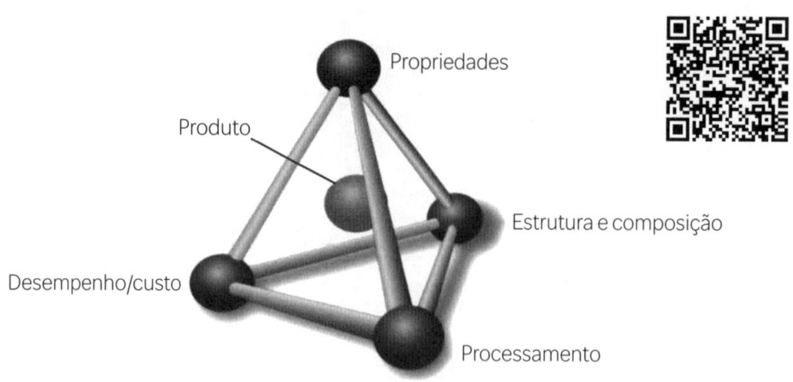

Figura 1.3 Tetraedro dos materiais e suas relações.

Fonte: Google Imagens.

Para ilustrar o uso do tetraedro dos materiais, tomaremos como exemplo os aços planos utilizados para a fabricação automotiva de chassis. Sabe-se que para fabricar um chassi de automóvel é necessário utilizar um aço de alta resistência mecânica e que possa ser conformado plasticamente durante sua fabricação. Com a crescente preocupação com sustentabilidade e o meio ambiente, é necessário focar na economia de combustível do veículo, implicando o uso de chapas mais finas e leves. No quesito segurança, espera-se que, em caso de colisão, o aço utilizado absorva a energia do impacto para proteger os ocupantes do veículo. Como se pode notar, há requisitos contraditórios, mas que devem ser resolvidos. Para tal, os engenheiros devem se preocupar com as seguintes características da chapa de aço:

- Composição química do aço.
- Microestrutura (fases/tamanho de grão).
- Peso/espessura da chapa.
- Resistência mecânica.
- Conformabilidade/maleabilidade.
- Tenacidade/absorção de energia.

Na Figura 1.4, observa-se a inter-relação entre desempenho/custo, processamento, propriedades e microestrutura.

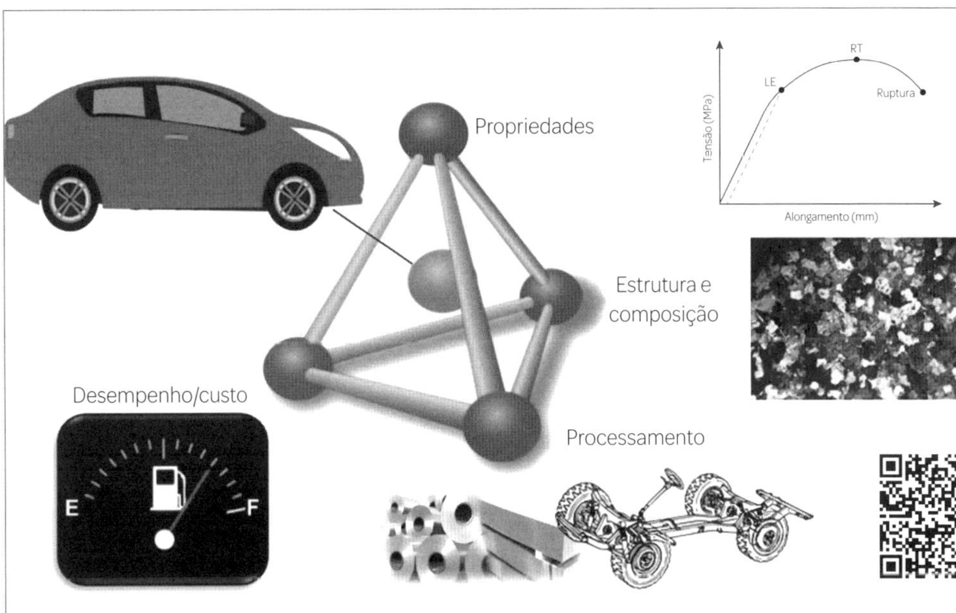

Figura 1.4 Aplicação do tetraedro dos materiais na fabricação de chassis de aço.
Fonte: Google Imagens.

Por meio do tetraedro, nota-se que a definição da composição química e sua microestrutura definirão as propriedades do aço e este, por sua vez, influenciará seu processamento e seu posterior desempenho e custo.

3.2 Classificação dos materiais

Os materiais são classificados basicamente em duas categorias: metálicos e não metálicos.

A categoria dos não metálicos pode ainda ser subdividida, ampliando assim sua classificação, como visto na Figura 1.5:

- Metais (ferrosos e não ferrosos).
- Polímeros.
- Cerâmicos.
- Compósitos.

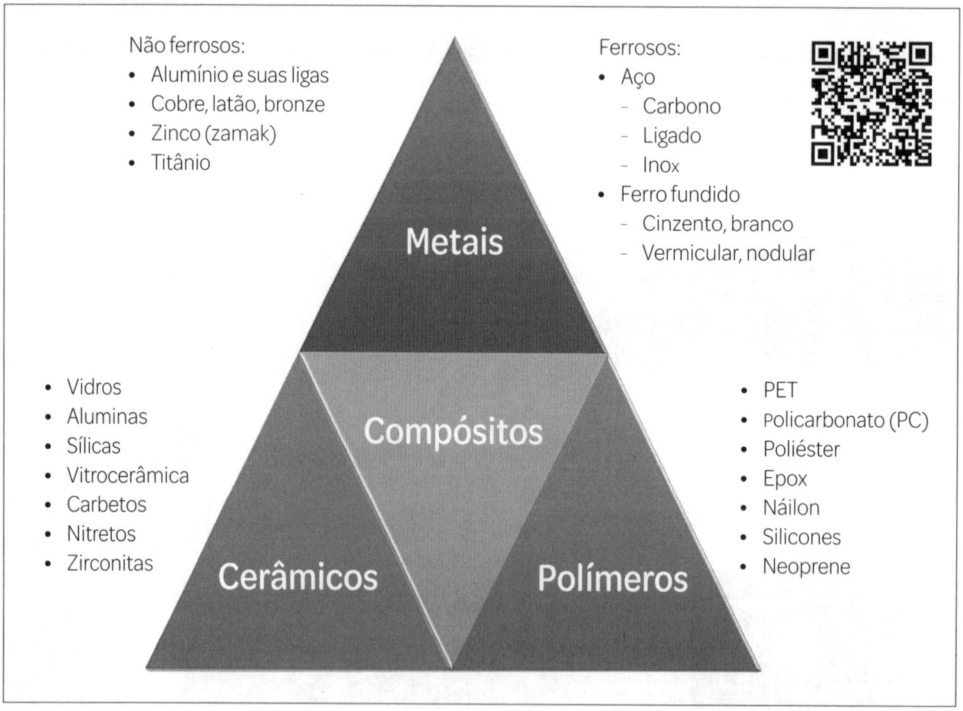

Figura 1.5 Pirâmide de classificação dos materiais.

Fonte: desenho do autor.

Os metais podem ter propriedades concorrentes, por exemplo, alta resistência mecânica e alongamento em ligas específicas. Tal versatilidade fez desse material um dos principais alicerces da engenharia contemporânea. Como já dito, os metais podem ser divididos em ferrosos e não ferrosos. Como o próprio nome indica, os metais ferrosos contêm ferro como principal elemento de liga. A Figura 1.6 mostra a classificação dos principais metais de uso industrial.

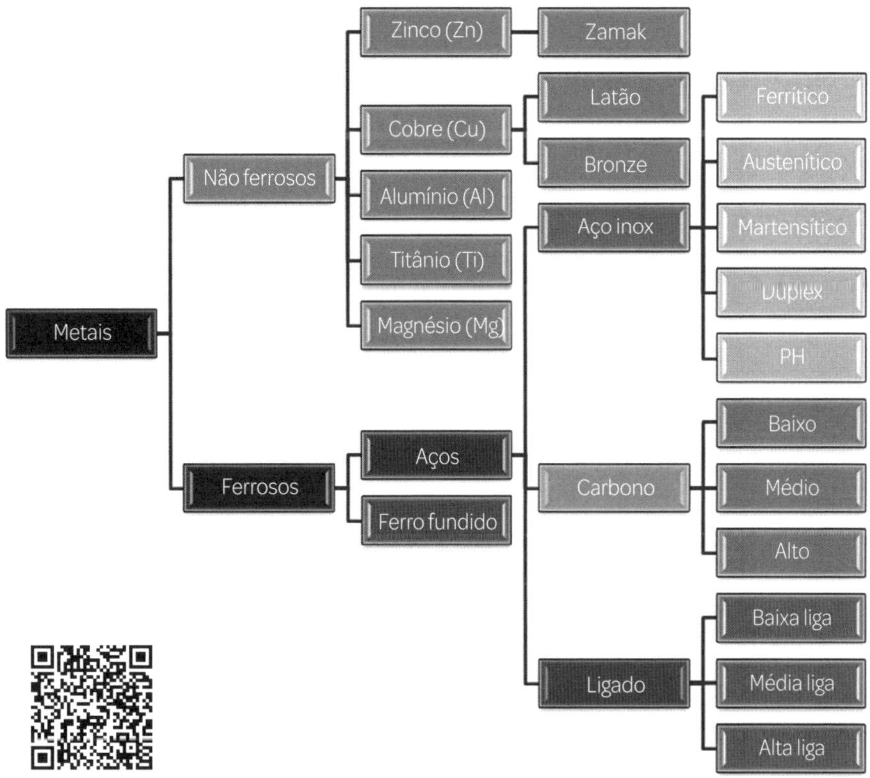

Figura 1.6 Classificação dos principais metais utilizados industrialmente.

Fonte: desenho do autor.

Cerca de 90% das ligas metálicas produzidas no mundo são ligas ferrosas, em virtude da abundância do minério, do preço competitivo, da alta escalabilidade do processo e das boas propriedades mecânicas obtidas com tais ligas.

3.3 A alotropia do ferro

O ferro (do latim *ferrum*) é um elemento químico (símbolo Fe) de número atômico 26 e massa atômica 56. À temperatura ambiente, o ferro encontra-se no estado sólido, tendo seu ponto de fusão em 1.538 °C. É extraído da natureza sob a forma de minério de ferro que, depois de passar para o estágio de ferro gusa e controlando-se o teor de carbono, dá origem ao aço. O ferro é o quarto elemento mais abundante na crosta terrestre, e o segundo entre os metais. Embora o ferro seja muito presente na indústria desde tempos antigos, ele não é encontrado em sua forma metálica na natureza, mas sim em sua forma oxidada, principalmente nos minérios hematita e magnetita.

Alotropia designa o fenômeno em que um mesmo elemento químico pode originar substâncias simples diferentes, conhecidas como alótropos. Esses alótropos são modificações estruturais do elemento pelo fato de os átomos estarem ligados entre si de uma maneira diferente. Na Figura 1.7, nota-se que modificações estruturais acontecem à medida que sua temperatura varia. Inicialmente ao resfriar (solidificação) ou aquecer (fusão), são formadas diferentes fases no ferro.

Temperatura (°C)	Fase	Estrutura
Acima de 1.538	Ferro líquido	Líquida
De 1.538 a 1.394	Ferro delta (δ) – Ferrita δ	CCC
De 1.394 a 912	Ferro gama (γ) – Austenita	CFC
De 910 a temperatura ambiente	Ferro alfa (α) – Ferrita α	CCC

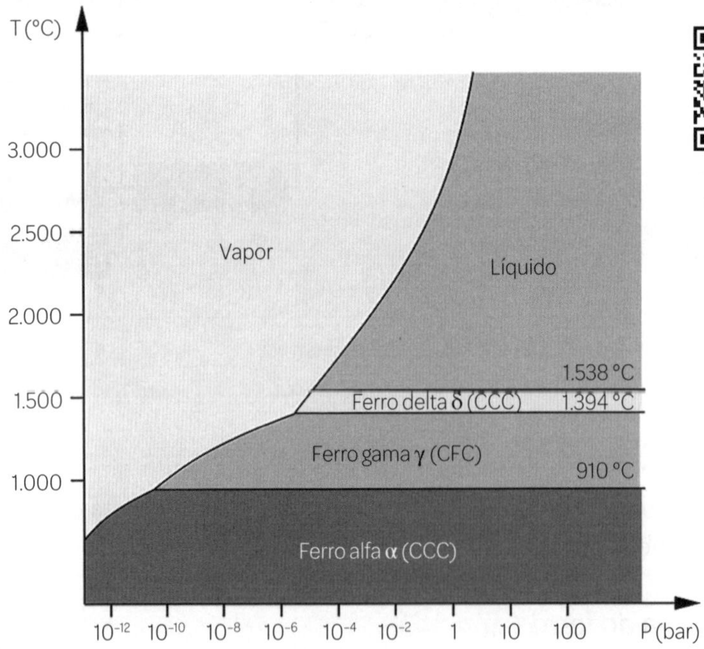

Figura 1.7 Alotropia do ferro.
Fonte: adaptada de Google Imagens.

3.4 Metais e sua estrutura cristalina

Os metais se diferem de outros materiais por ter seus átomos empacotados em uma rede cristalina. Os elétrons são livres por causa da pouca influência do núcleo e formam uma nuvem eletrônica sem pertencer a algum átomo em particular. Já os átomos empacotados estão arranjados de forma repetitiva por toda a estrutura, e cada arranjo específico é chamado de célula unitária. As três principais células cristalinas encontradas nos metais são:

- Cúbica de corpo centrada (CCC).
- Cúbica de face centrada (CFC).
- Hexagonal compacta (HC).

Para simplificar o entendimento, essas células são representadas como esferas rígidas arranjadas de acordo com seu tipo de estrutura. Para o aço, há dois tipos de células presentes (Figura 1.8): CCC e CFC.

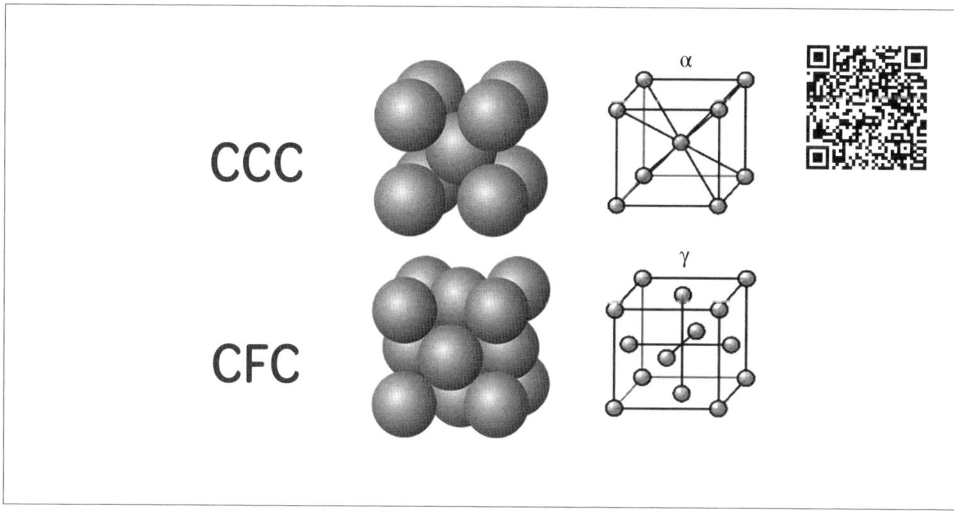

Figura 1.8 Estrutura CCC (cúbica de corpo centrado – α) e CFC (cúbica de face centrada – γ).
Fonte: Google Imagens.

A estrutura CCC, como o nome diz, caracteriza-se pela presença de um átomo localizado no centro do cubo, sendo que outros oito átomos se localizam nos vértices. No aço, essa estrutura pode ser encontrada na ferrita delta (δ) e na ferrita alfa (α) abaixo de 912 °C.

A estrutura CFC possui um átomo em cada face do cubo, mais um em cada vértice. No aço, tal estrutura surge acima de 912 °C no campo do diagrama Fe-C conhecido como austenítico (ferro gama – γ). Pelo fato de sua estrutura ter mais planos de escorregamento e interstícios octogonais, é mais adequado para operações de reduções de área, como laminação a quente e austenitização em tratamentos térmicos. À temperatura ambiente, tem-se a estrutura CFC em metais como alumínio e cobre.

3.5 Defeitos cristalinos

Como não existe metal perfeito, sua microestrutura apresenta fases, constituintes e defeitos inerentes a ele. Três tipos de defeitos são significativos para suas propriedades:

- Pontuais ou puntiformes.
- Lineares.
- Planares ou bidimensionais.

Os principais defeitos pontuais em uma estrutura cristalina são conhecidos como lacunas e interstícios, ou seja, basicamente vazios presentes na estrutura. Nesse caso, o defeito serve de potencial mecanismo de endurecimento quando outros átomos, que não são do metal base, preenchem tais espaços distorcendo e gerando tensões no reticulado cristalino. Esse preenchimento pode ser feito de duas maneiras:

- Substitucional – quando um átomo de diâmetro similar substitui a lacuna do metal base.
- Intersticial – quando um átomo de diâmetro significativamente menor ocupa os interstícios do reticulado cristalino (espaços entre os átomos).

Um exemplo é o efeito que os elementos de liga, como o Mn, Cr, Ni e Mo (Manganês, Cromo, Níquel e Molibdênio) fazem na resistência mecânica do aço.

Os defeitos lineares são responsáveis pela maioria dos mecanismos de deformação plástica e endurecimento dos metais. A deformação plástica de um cristal perfeito pode ocorrer pelo deslocamento de planos de átomos em relação aos planos paralelos adjacentes quando o metal está sob tensão, porém, na prática, sabe-se que um metal tem imperfeições, e esse deslocamento é possível por meio dos defeitos lineares chamados discordâncias. As discordâncias criam linhas de falha na estrutura cristalina, e quando o aço está sob tensão, elas podem se mover facilmente através da estrutura atômica. Há basicamente dois tipos de discordâncias: cunha e hélice. As discordâncias em cunha são como planos extras de átomos inseridos no reticulado cristalino; já a hélice é como um corte cisalhado nos planos. Cada uma tem suas características de movimentação, e seus bloqueios aumentam a resistência mecânica.

Já os defeitos planares em materiais cristalinos são contornos de grão, contornos de macla, defeitos de empilhamento e interfaces entre fases distintas.

A Figura 1.9 mostra um exemplo de lacuna e de discordância em cunha, em que se nota inserção de um plano com átomos em cinza claro.

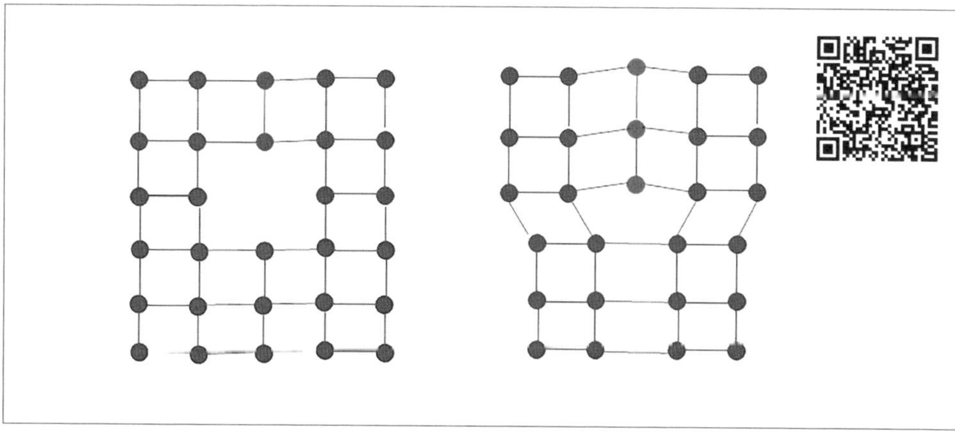

Figura 1.9 Defeito pontual de lacuna ou vacância (esquerda) e defeito linear de discordância em cunha (direita).
Fonte: desenho do autor.

3.6 Granulometria dos metais

A solidificação dos metais, e em particular do aço, começa com o metal líquido, que apresenta uma estrutura desordenada, na qual os átomos de ferro se encontram em altíssima vibração e movimento, para se chegar, então, na fase sólida. Para tal, em um determinado momento, ao se resfriar e atingir o ponto de solidificação, átomos começam a interagir e se ordenar de modo cristalino pontualmente formando núcleos sólidos.

Basicamente, à medida que a temperatura diminui, vão se formando mais núcleos, os quais crescem e formam estruturas maiores chamadas de grãos. Esses grãos, que crescem aleatoriamente, são direcionados pela extração de calor e são limitados quando encontram outros grãos. Nesse momento, a interface entre os grãos é chamada de contorno de grão. As estruturas de solidificação de um lingote são influenciadas pela taxa de transferência de calor e podem ser divididas em zonas: zona coquilhada (primeiros grãos a se formar – grãos pequenos), zona colunar ou dendrítica (grãos grandes e alongados) e zona equiaxial (últimos grãos a se formar – grãos pequenos). Esse tipo de estrutura é chamado de bruta de fusão, em virtude de sua irregularidade, e apresenta baixas propriedades mecânicas.

Dada a heterogeneidade dos grãos e por se esperar que sua distribuição seja normal, como base de comparação, mede-se, via microscópio, o tamanho de grão médio dos metais (Figura 1.10).

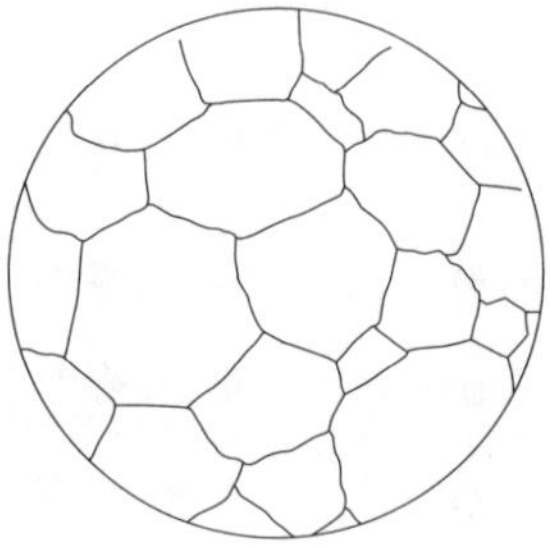

Figura 1.10 Distribuição de grãos nos metais.
Fonte: Google Imagens.

Os cientistas Hall e Petch realizaram um estudo e concluíram que o tamanho do grão está relacionado com a resistência mecânica dos metais. Para tal, foi formulada a equação de Hall-Petch:

$$\sigma_y = \sigma_o + k_y \cdot d^{-1/2}$$

onde:
σ_y = Limite de escoamento.
σ_o = Tensão necessária para mover discordâncias livres.
d = Diâmetro do grão.
k_y = Constante.

Assim, como mostrado na fórmula, o diâmetro do grão (d) tem grande influência, sendo que quanto menor o grão, maior será o limite de escoamento do metal.

3.7 Mecanismos de endurecimento dos metais

Uma das principais vantagens dos metais, e em especial do aço, é a possibilidade de se melhorar suas propriedades no decorrer de seu processamento. A deformação plástica torna o aço versátil e útil industrialmente, mas para tornar o aço mais resistente, é necessário restringir o movimento das discordâncias na estrutura cristalina. Existem várias maneiras de fazer isso. Nos metais, há cinco mecanismos microestruturais de endurecimento:

1. Solução sólida: introduzindo elementos químicos, por exemplo, o carbono, em solução sólida intersticial para criar tensões internas que resistem ao movimento das discordâncias.
2. Encruamento: o trabalho a frio, além de ocasionar uma deformação permanente nos metais, deforma os grãos do aço, aumentando a tensão interna e o número de defeitos, entre eles as discordâncias. Nesse caso, o aumento significativo de discordâncias causa o emaranhamento delas durante sua movimentação, servindo como um autobloqueio e consequente endurecimento. Durante o encruamento, os grãos mudam de forma e direção de acordo com a orientação em que está sendo realizada a deformação. O encruamento dá aos grãos a característica típica de alongamento, como se os grãos ficassem na forma de uma "panqueca".
3. Refino do grão: como os contornos de grãos são barreiras eficazes para o movimento das discordâncias, os grãos menores fornecem mais barreiras para essa movimentação.
4. Precipitação: sob certas condições durante o processamento, alguns elementos de liga ajudam a formar pequenas partículas precipitadas no aço que podem bloquear os movimentos das discordâncias. No início da precipitação, que ocorre no estado sólido, os precipitados formados são coerentes com a matriz. Com o aporte térmico prolongado, os precipitados se tornam maiores e semicoerentes e, finalmente, incoerentes com a matriz. Essas partículas podem ser carbonetos ou compostos intermetálicos. Se o precipitado for coerente, a discordância irá interagir e poderá cortar os precipitados. Já para precipitados incoerentes, que são mais comuns, o efeito da interação com as discordâncias é de se curvar perante os precipitados, formando anéis para continuar seu movimento.
5. Transformação de fase: a transformação da fase austenita para ferrita torna-se de extrema importância quando adicionamos átomos de carbono para criar um aço de maior resistência. Em altas temperaturas, a austenita (CFC) permite que os átomos de carbono se encaixem facilmente em alguns dos espaços entre os átomos de ferro. Após o resfriamento e a mudança para ferrita (CCC), os espaços entre os átomos de ferro são menores. Ao temperarmos um aço com o aquecimento até a zona de austenitização seguido de um resfriamento muito rápido, os átomos de carbono ficam presos na estrutura da ferrita aumentando significativamente as tensões internas e transformando a célula cúbica em tetragonal. Isso cria uma estrutura cristalina distorcida conhecida como martensita. A martensita é muito dura e é a principal razão do aumento da resistência do aço.

É assim que o aço se torna mais resistente: pelo controle de vários fatores críticos, dentre eles o resfriamento, a microestrutura e a composição química.

3.8 Recristalização

Em processos de deformação a quente (exemplo: laminação, extrusão), ocorrem fenômenos microestruturais estáticos e dinâmicos como encruamento, recuperação e recristalização. A recristalização é um mecanismo termicamente ativado de transformação de fases que se dá por nucleação e crescimento de novos grãos sobre uma estrutura encruada e promove o rearranjo e a eliminação de defeitos cristalinos. Em processos de laminação controlada, em que se deseja produzir aços de baixa liga com propriedades mecânicas otimizadas, necessita-se de uma microestrutura com tamanho de grão extremamente fino. Para tal, a recristalização entre passes de laminação é retardada pela presença de elementos na matriz, como precipitados ou átomos de soluto. Há ainda processos intermediários de laminação controlada por recristalização para chapas grossas em que se deseja o amolecimento de grãos entre passes. A recristalização também pode ser observada no processo de tratamento térmico de recozimento para recristalização, cujo objetivo é diminuir a dureza.

4. O AÇO

O aço é um material metálico derivado de minério rico em ferro, abundante na crosta terrestre, e que é reduzido pelo carbono e ar quente para produzir ferro gusa. Os aços são muito versáteis; eles podem ser moldados em diversos formatos por deformação plástica, por processos como laminação e forjamento. O aço pode ser tratado posteriormente para melhorar suas propriedades mecânicas, permitindo, assim, que seja usado para as mais diversas aplicações. De fato, o aço é um material extremamente versátil e está sempre presente em aplicações que afetam diretamente a qualidade de nossas vidas.

O aço é o material mais empregado industrialmente na fabricação de bens de produção e de consumo, seja na fabricação de equipamentos, máquinas, ferramentas ou de componentes para os setores metalomecânico, automotivo, agrícola, naval, civil, de óleo e gás, energia, aeronáutico, entre outros.

Encontrar uma definição precisa do aço não é tarefa muito fácil por causa da grande variedade de ligas que levam esse nome. Todas elas, no entanto, contêm o elemento ferro (Fe) em sua composição química. Podemos inicialmente descrever, então, o aço como uma liga que contém ferro como o principal componente. Trata-se apenas de uma introdução, porque há ligas em que o ferro é o principal constituinte, mas não são chamadas de aços, por exemplo, os ferros fundidos e algumas superligas.

Desse modo, para melhorar sua definição, a principal diferença entre um ferro fundido e um aço é o conteúdo de carbono, que se encontra em diferentes porcentagens. Esses intervalos são determinados pela quantidade máxima de carbono que pode ser dissolvida em ferro sólido, isto é, aproximadamente 2% em peso (em ferro CFC a 1.146 °C).

Podemos definir, então, que os aços são ligas de ferro contendo menos de 2% de carbono. Desse modo, os ferros fundidos são definidos como ligas de ferro contendo mais de 2% de carbono. As ligas de aços contêm faixas especificadas de carbono em função de suas propriedades mecânicas e consequente aplicação. A quantidade de carbono em solução é reduzida ainda mais pela adição de elementos de liga que têm uma forte tendência a combinar com o carbono para formar carbonetos.

Os aços podem ser divididos em dois grupos principais: aços carbono e aços ligados. Este último pode ser subdividido em muitos grupos de acordo com a química (por exemplo, aços de baixa, média ou alta liga), aplicações (por exemplo, aços ferramenta) ou propriedades (por exemplo, aços inoxidáveis) etc.

4.1 Produção de aço no Brasil e no mundo

Em 2022, foram produzidas cerca de um bilhão e oitocentos milhões de toneladas de aço bruto em todo o mundo. Na Figura 1.11, vemos a evolução da produção de aço desde 1950 até 2022. Nota-se um crescimento constante nas décadas seguintes e uma estabilização nos anos 1980 até 2000, com uma volta do crescimento em função do aumento do consumo da China. O crescimento continuou, porém, a China, além de consumir, passou a produzir aço em larga escala, tornando-se o maior produtor de aço do mundo. Atualmente, nota-se uma nova estabilização da produção a partir de 2019, em razão da recente pandemia de Covid-19 e da guerra na Ucrânia.

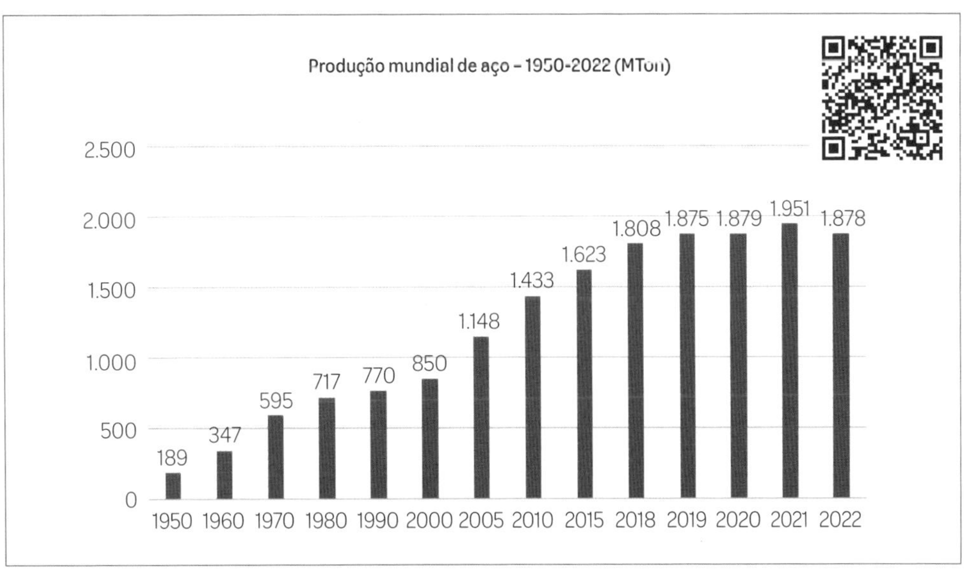

Figura 1.11 Produção mundial do aço desde 1950 até 2022.
Fonte: adaptada de World Steel Association.

Ao comparar a produção mundial de 2022, nota-se que a China lidera com folga a produção mundial de aço. A produção da China é tão expressiva, com 58% da produção mundial, que produziu quase nove vezes mais aço que o segundo colocado (Índia), com 125 milhões de toneladas. O Brasil ocupa a 9ª posição, com 34 milhões de toneladas, atrás da Turquia e na frente do Irã (Figura 1.12).

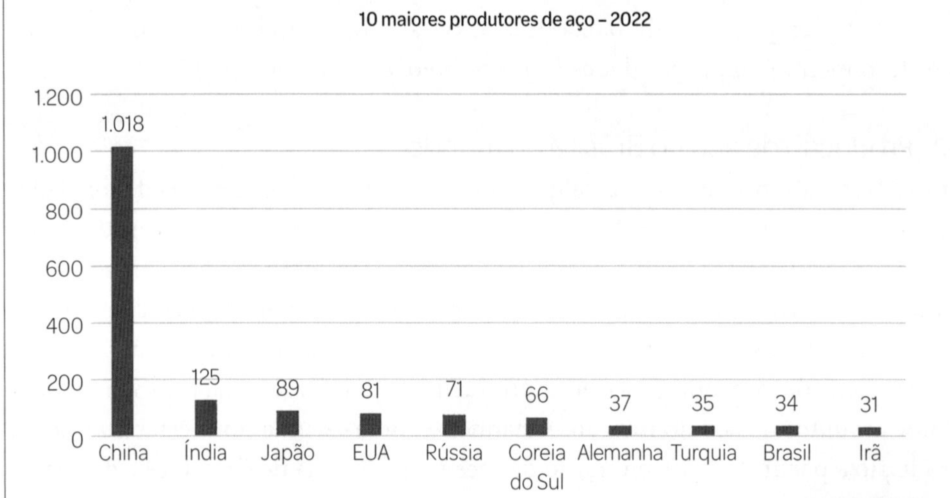

Figura 1.12 Produção mundial por país [M Ton]
Fonte: adaptada de World Steel Association.

No *ranking* de produtores de aço, a chinesa Baowu Group aparece como líder, com 132 milhões de toneladas produzidas em 2022 (Figura 1.13). Em segundo lugar, temos a multinacional ArcelorMittal, com sede em Luxemburgo, que durante décadas ocupou a liderança da produção mundial até perder esse posto em 2020.

A hegemonia chinesa é também evidenciada pela presença de seis empresas no *ranking* das 10 maiores produtoras mundiais. Segundo as estatísticas da Steel World

Association, o Brasil é representado pela multinacional brasileira Gerdau na 34ª posição, com 13,9 milhões de toneladas produzidas nas suas 32 unidades produtoras de aços nas Américas em 2022.

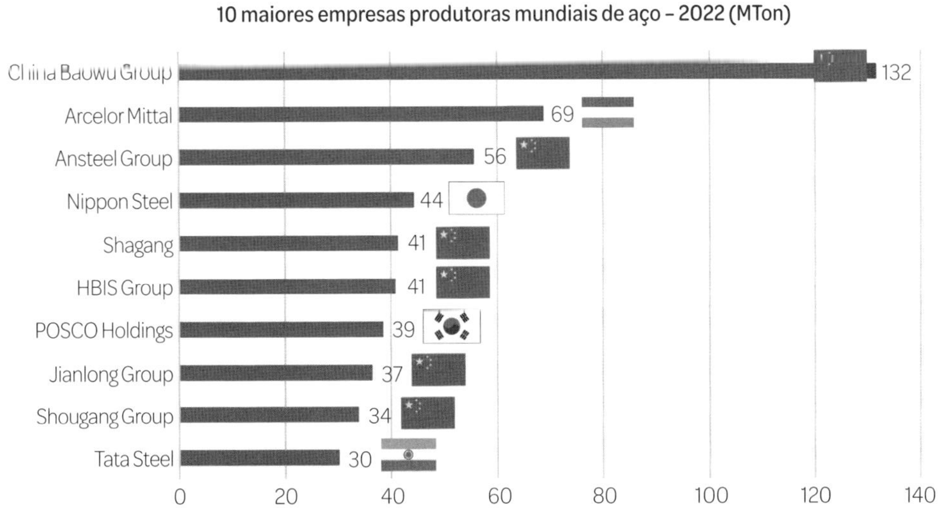

Figura 1.13 Maiores empresas produtoras de aço de 2022 [M Ton].
Fonte: adaptada de World Steel Association.

Segundo o Instituto do Aço, o parque siderúrgico nacional contempla 15 empresas privadas, controladas por 11 grupos empresariais, com 31 usinas em 10 estados brasileiros. Os principais grupos produtores de aço no Brasil são: Aperam, ArcelorMittal, CSN, Gerdau, Sinobras, Simec, Ternium, Usiminas, Vallourec e Villares Metals (Figura 1.14).

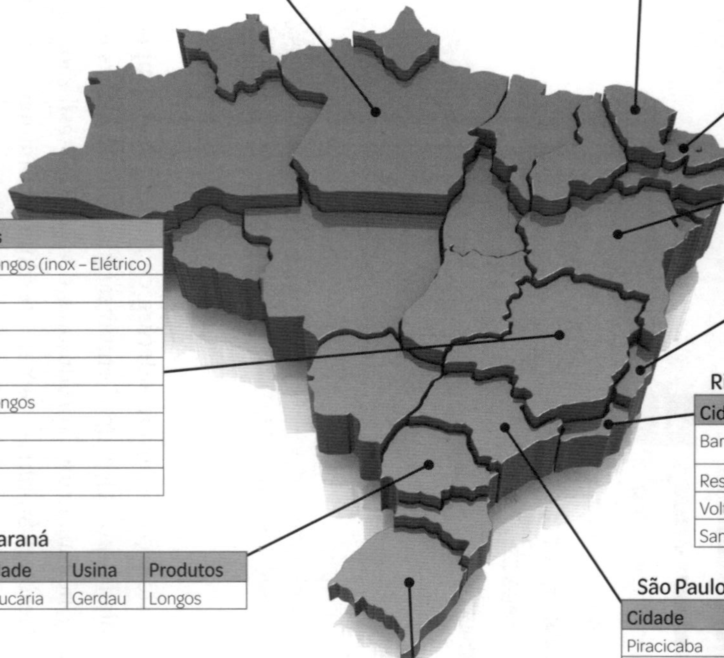

Pará

Cidade	Usina	Produtos
Marabá	Sinobras	Longos

Ceará

Cidade	Usina	Produtos
Pecém	Arcelor Mittal	Placas
Maracanaú	Gerdau	Longos

Pernambuco

Cidade	Usina	Produtos
Recife	Gerdau	Longos

Bahia

Cidade	Usina	Produtos
Simões Filho	Gerdau	Longos

Espírito Santo

Cidade	Usina	Produtos
Cariacica	Simec	Longos – Constr. mecânica
Tubarão	Arcelor Mittal	Planos

Minas Gerais

Cidade	Usina	Produtos
Timóteo	Aperam	Planos/Longos (inox – Elétrico)
Monlevade	Arcelor Mittal	Longos
Juiz de Fora	Arcelor Mittal	Longos
Barão de Cocais	Gerdau	Longos
Divinópolis	Gerdau	Longos
Ouro Branco	Gerdau	Planos/Longos
Ipatinga	Usiminas	Planos
Barreiro	Vallourec	Tubos
Jaceaba	Vallourec	Tubos

Rio de Janeiro

Cidade	Usina	Produtos
Barra Mansa	Arcelor Mittal	Longos
Resende	Arcelor Mittal	Longos
Volta Redonda	CSN	Planos
Santa Cruz	Gerdau	Longos

Paraná

Cidade	Usina	Produtos
Araucária	Gerdau	Longos

São Paulo

Cidade	Usina	Produtos
Piracicaba	Arcelor Mittal	Longos
Mogi das Cruzes	Gerdau	Longos – Constr. mecânica
Pindamonhangaba	Gerdau	Longos – Constr. mecânica
Araçariguama	Gerdau	Longos
Cubatão	Usiminas	Planos
Sumaré	Villares Metals	Longos – Alta liga/inox
Pindamonhangaba	Simec	Longos

Rio Grande do Sul

Cidade	Usina	Produtos
Charqueadas	Gerdau	Longos – Constr. mecânica
Sapucaia do Sul	Gerdau	Longos

Figura 1.14 Parque siderúrgico nacional (2023).

Fonte: adaptada de Instituto Aço Brasil.

4.2 Vantagens competitivas dos aços na seleção de materiais

O engenheiro, em posse dos diversos tipos de materiais disponíveis e ciente da inter-relação proposta pelo tetraedro dos materiais, consegue selecionar o material ideal para a aplicação de um componente levando em consideração os seguintes requisitos e restrições (Figura 1.15):

- Propriedades mecânicas.
- Modos de falha.
- Viabilidade operacional.
- Confiabilidade em serviço.
- Meio-ambiente.
- Disponibilidade e custo.

Figura 1.15 Principais requisitos para seleção de materiais.
Fonte: desenho do autor.

Nesse processo de seleção, a primeira análise a ser feita é comparar a densidade do material com seu limite de escoamento (MPa). Nessa etapa, utiliza-se um gráfico desenvolvido pelo professor Michael Farries Ashby da Universidade de Cambridge (Figura 1.16), cuja ascensão linear dos metais mostra, ao mesmo tempo, grande resistência (bom) e alta densidade (restritivo). Da mesma forma, nota-se que, para os polímeros, tem-se uma menor resistência (restritivo) com baixa densidade (bom).

Apesar de inicialmente parecer que o aço se inviabilizaria pela sua densidade, a Figura 1.17 mostra que há outras correlações gráficas de outras grandezas, dentre elas, o gráfico de custo-benefício: densidade/limite de escoamento (Dens./LE) *versus* custo do material ($/kg). Esse gráfico ajuda na tomada de decisão para uma melhor seleção, levando-se em conta o custo-benefício. Nesse comparativo, nota-se que os metais, e em especial o aço, têm o melhor custo-benefício, pois apresentam o menor custo para se obter o incremento de propriedades mecânicas em relação à massa do componente. Na prática, isso explica o motivo de uma roda de aço aro 13", por exemplo, ser mais leve que uma roda de liga leve (alumínio-silício). Enquanto a roda de aço é feita com uma chapa de aproximadamente 1 mm, na roda de alumínio, a espessura pode chegar a mais de 50 mm em algumas partes, aumentando significativamente o peso final da roda.

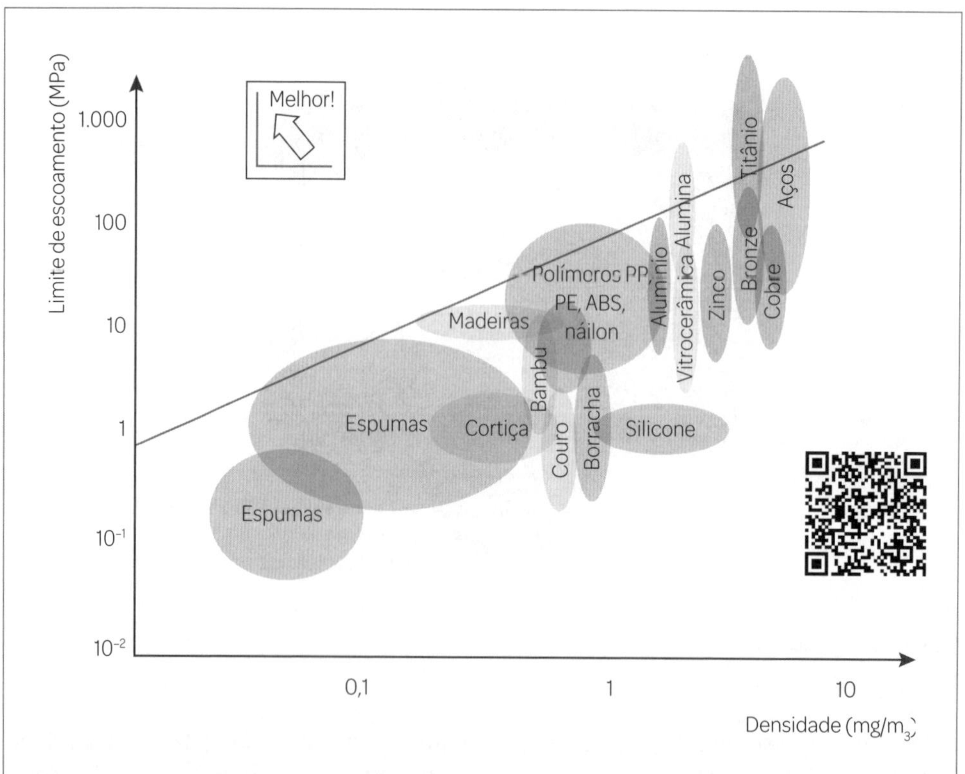

Figura 1.16 Relação entre limite de escoamento e densidade baseado em Ashby.
Fonte: figura criada pelo autor e baseada em Ashby.

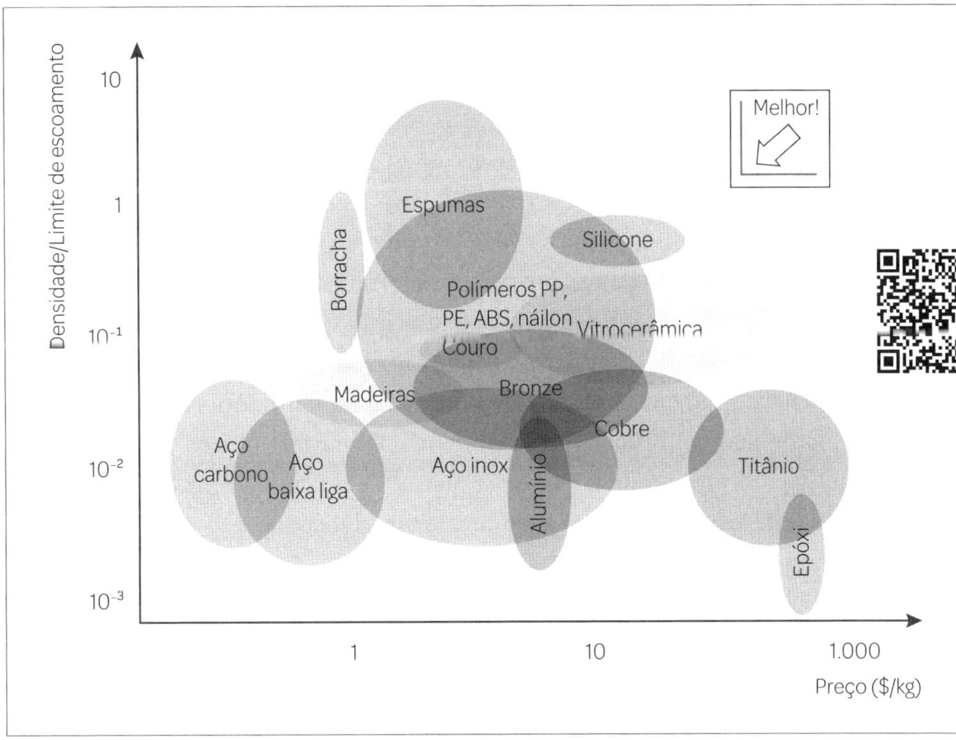

Figura 1.17 Custo-benefício: relação entre preço (US$/kg) e incremento de propriedade mecânica (densidade/limite de escoamento) baseado em Ashby

Fonte: figura criada pelo autor e baseada em Ashby.

5. PROCESSOS SIDERÚRGICOS MAIS COMUNS

5.1 Rotas de produção do aço

As usinas de aços estão divididas basicamente em dois grupos: usinas integradas e semi-integradas (Figura 1.18); esta última também é chamada de *mini-mill*.

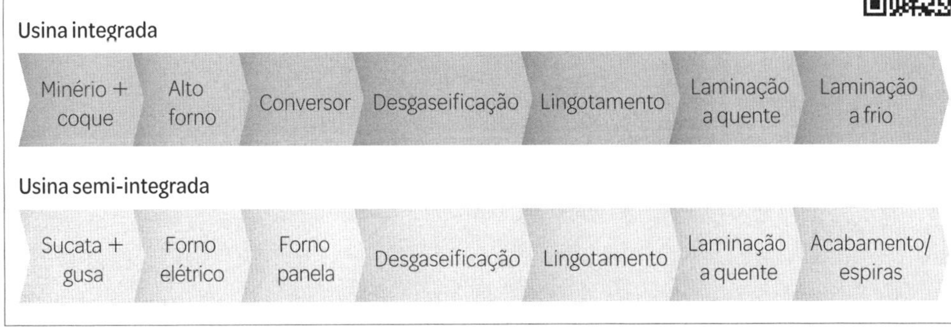

Figura 1.18 Fluxo produtivo simplificado das usinas siderúrgicas integradas e semi-integradas.

Fonte: desenho do autor.

Conforme a Figura 1.18, a usina integrada se dá quando o processo do aço utiliza minério de ferro na forma de sínter e coque como matéria-prima, e a rota produtiva utiliza o alto forno, em uma etapa conhecida como redução. O minério junto com o coque é transformado em ferro gusa, que, por sua vez, é transformado em aço líquido pelo convertedor e sofre um pré-tratamento de dessulfuração e desfosforação na aciaria. Na usina semi-integrada, a principal matéria-prima é a sucata de aço, e sua fusão se dá em um forno elétrico a arco. Em ambas as usinas, o aço líquido passa por um refino secundário em que são adicionadas ferro-ligas e é realizado o ajuste final da composição química da corrida de aço, desgaseificação a vácuo e lingotamento, que pode ser convencional ou contínuo. Na sequência, os semiprodutos de aço solidificado, que podem ser tarugos, blocos ou placas, são encaminhados para o pátio de tarugos ou placas. A Figura 1.19 traz a foto de um alto forno de uma usina integrada e de um forno elétrico a arco em operação de uma usina semi-integrada.

Figura 1.19 Alto forno de uma usina integrada (acima) e forno elétrico a arco de uma usina semi-integrada (abaixo).
Fonte: Google Imagens.

Para a fabricação de laminados, esses semiprodutos são reaquecidos em fornos específicos, normalmente do tipo *walking-beam*, e seguem para o desbaste nos trens laminadores a quente. Perfis longos seguem para laminadores a quente, e blocos laminadores e placas passam pelas laminações a quente e a frio, dependendo da espessura final. Processos subsequentes são acabamento a frio, tratamento térmico, galvanização, corte de tiras e *blanks*, entre outros.

Os semiprodutos de aciaria, como tarugos e placas, também podem ser vendidos diretamente para empresas laminadoras que não possuem aciaria ou usinas em que a laminação tenha mais capacidade que a aciaria.

Esses produtos das usinas após laminação podem ser basicamente barras, vergalhões, fios-máquina, tubos, perfis, bobinas, chapas, entre outros (Figura 1.20).

Figura 1.20 Laminação a quente (acima); produção de espiras para fio-máquina e arames (abaixo, à esquerda); e bobinas de aços planos (abaixo, à direita).
Fonte: iStockphoto.

5.2 Processamentos subsequentes

Os semiprodutos de aço oriundos das usinas são utilizados como matéria-prima para as diversas indústrias de transformação, como metalmecânica, civil, automotiva, petróleo, energia, agricultura, bens de capital, entre outras.

Na Figura 1.21, podemos ver a participação do aço por setor no Brasil.

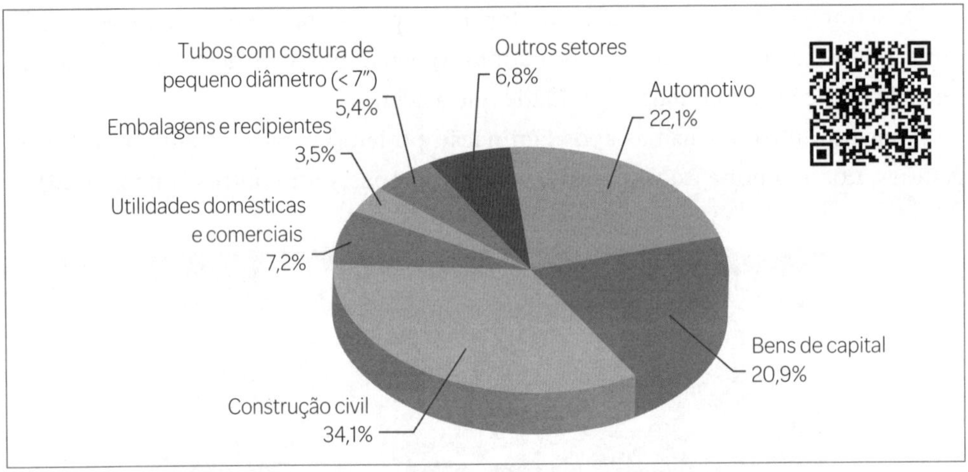

Figura 1.21 Participação dos setores consumidores – 2017.
Fonte: Instituto Aço Brasil.

Durante a produção de seus produtos de aço, diversos processos são necessários. Dentre os principais, podemos citar:

- Conformação a frio:
  - Estampagem.
  - Trefilação.
  - Forjamento a frio.
- Conformação a quente:
  - Forjamento.
  - Extrusão.
  - Estampagem a quente (*hot stamping*).
- Corte:
  - Cisalhamento.
  - Oxiacetileno.
  - *Laser*.

- Fundição:
  - Gravidade:
    - Areia.
    - Casca (*shell molding*).
    - Coquilha.
  - Pressão:
    - Alta.
    - Baixa.

- Sinterização (metalurgia do pó).

- Junção:
  - Soldagem.
  - Brasagem.

- Tratamento térmico:
  - Endurecimento.
  - Endurecimento superficial.
  - Amolecimento.

- Usinagem:
  - Torneamento.
  - Fresagem.
  - Retífica etc.

6. AÇOS CARBONO

O aço carbono é essencialmente uma liga de ferro (Fe) e carbono (C) que também contém manganês (Mn) e diversos elementos químicos residuais. Esses elementos residuais já estavam presentes nas matérias-primas utilizadas no processo de produção (exemplo: minério de ferro e sucata), ou foram adicionados no processo de produção para um propósito específico (desoxidação por meio de silício [Si] ou alumínio [Al]). Por isso, eles são chamados de elementos residuais, para distingui-los dos elementos de liga que são deliberadamente adicionados de acordo com quantidades mínimas especificadas. O aço carbono pode ser definido como uma liga de ferro e carbono que contém teores de Mn abaixo de um valor máximo de 1,65%, menos de 0,6% de Si, menos de 0,6% de cobre (Cu) e que não tem qualquer conteúdo mínimo especificado de qualquer outro elemento de liga. É usual que quantidades máximas (por exemplo, 0,05% em peso) de enxofre (S) e fósforo (P) sejam especificadas.

A fabricação de aço é um assunto que será aprofundado mais adiante, mas devemos estar cientes de que as práticas de fabricação podem afetar os teores de oxigênio, nitrogênio e enxofre e, portanto, a limpeza do produto, que nada mais é do que o nível de inclusões não metálicas no aço.

As inclusões não metálicas são partículas com diferentes compostos químicos (óxidos, sulfetos, silicatos, aluminas, nitretos) que surgem em meio à matriz dos aços, durante os processos de fabricação e solidificação, quando não são totalmente eliminadas. As inclusões são provenientes de diversas fontes e são classificadas como:

- Endógenas, quando provenientes de reações químicas do próprio aço líquido.
- Exógenas, quando provenientes de fontes externas, como desgaste de refratários ou aprisionamento de escória.

Em relação ao tamanho, as inclusões podem ser classificadas como micro ou macroinclusões. Quanto menor a quantidade dessas inclusões, mais limpo é o aço. Algumas características microestruturais dessas partículas são importantes, como sua fração volumétrica, tamanho médio, morfologia e distribuição. Essas inclusões têm efeitos deletérios nas propriedades do aço, com exceção da usinabilidade. Assim, variações no processo de fabricação podem ter efeitos significativos nas propriedades do aço, especialmente na resistência à fadiga.

6.1 Diagrama ferro-carbono e suas microestruturas

O diagrama de equilíbrio Fe-C é muito utilizado para se compreender os aços e ferros fundidos e como suas reações influenciam as microestruturas desses materiais. Nota-se que os diagramas encontrados em literatura estão incompletos, posto que a liga de Fe-C, com carbono na fase cementita (Fe_3C) acima de 6,67%, não encontra aplicação prática na indústria. Na Figura 1.22, temos um esquema simplificado do diagrama em função do teor de carbono que ajuda a entender a diferença entre aço e ferro fundido. Para teores de carbono de 0,008% a 2,11%, temos os aços, e para teores acima de 2,11%, os ferros fundidos. Um ponto importante nesse diagrama são os aços com 0,8% de carbono. São chamados aços eutetoides, em razão da reação química de mesmo nome. Esse ponto teórico equivale a dizer que aços com 0,8% de carbono tem 100% do microconstituinte chamado perlita, que, por sua vez, é composto pelas fases ferrita (α) e cementita (Fe_3C). Aços com teores de carbono abaixo de 0,8% são chamados de hipoeutetoides, e aços com teores de carbono acima de 0,8% são chamados de hipereutetoides.

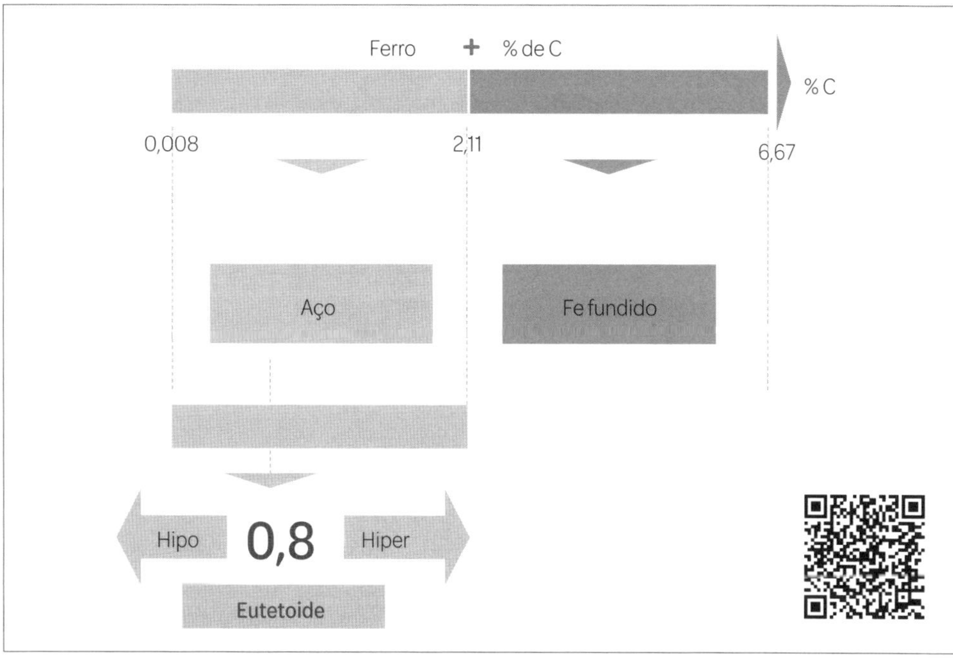

Figura 1.22 O sistema simplificado do diagrama ferro-carbono em função da variação do teor de carbono (%C).
Fonte: desenho do autor.

Ao se analisar o diagrama Fe-C (Fe_3C) para o aço, conforme a Figura 1.25, observamos a influência da temperatura e do teor de carbono na formação de três fases distintas:

- Ferrita alfa (α).
- Austenita (γ).
- Cementita (Fe_3C).

Nas fases de ferrita (α) e austenita (γ), o carbono encontra-se em solução sólida, ou seja, está dissolvido na matriz.

À temperatura ambiente, a ferrita é uma fase estável de dureza baixa; já a austenita não é uma fase estável à temperatura ambiente para aços carbono. Em alguns casos especiais, como têmpera de aços acima de 0,7% de C, a austenita pode surgir à temperatura ambiente como uma fase metaestável chamada de austenita retida. Sua presença diminui a dureza do aço.

À medida que se aumenta o teor de carbono, o ferro se combina com o carbono e forma-se uma fase dura composta de carboneto de ferro (Fe_3C) chamada cementita. Conforme mostrado na Figura 1.23, a cementita tem uma estrutura cristalina complexa com uma célula unitária formada por 16 átomos, sendo 12 de ferro e 4 de carbono.

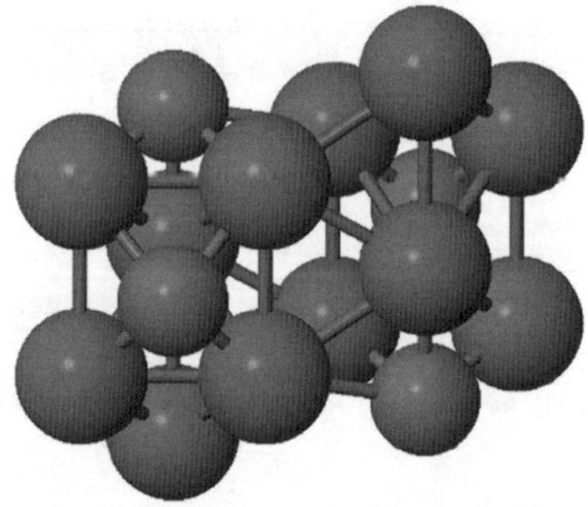

Figura 1.23 Estrutura cristalina da cementita.
Fonte: Google Imagens.

Na Figura 1.24, é mostrado um exemplo da formação da perlita (à esquerda) e uma microestrutura de um aço hipoeutetoide (à direita). A Figura 1.25 mostra o diagrama de equilíbrio ferro-carbono para os aços nos quais a ferrita pura aparece somente para aços de baixíssimo teor de carbono, ou seja, menor que 0,1%. Nota-se que, para teores maiores que 0,1%, está presente a fase cementita, que ocorre por precipitação alternada com a ferrita. Essa combinação, chamada perlita, ocorre de forma lamelar (listras) e seu máximo é 0,8%, obtendo-se, assim, 100% desse constituinte. Nesse ponto, o aço é chamado de eutetoide. No geral, há uma relação do teor de carbono com a quantidade de perlita, sendo que, para aços com 0,4% de C, temos aproximadamente 50% de perlita em sua estrutura.

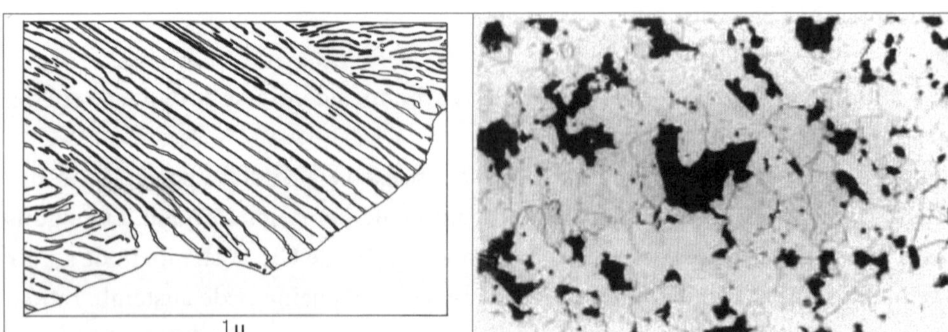

Figura 1.24 Microestrutura da perlita (lamelas de ferrita e cementita, à esquerda) e exemplo de microestrutura de aço hipoeutetoide formado por ferrita (fase clara) e perlita (fase escura, à direita).
Fonte: Google Imagens.

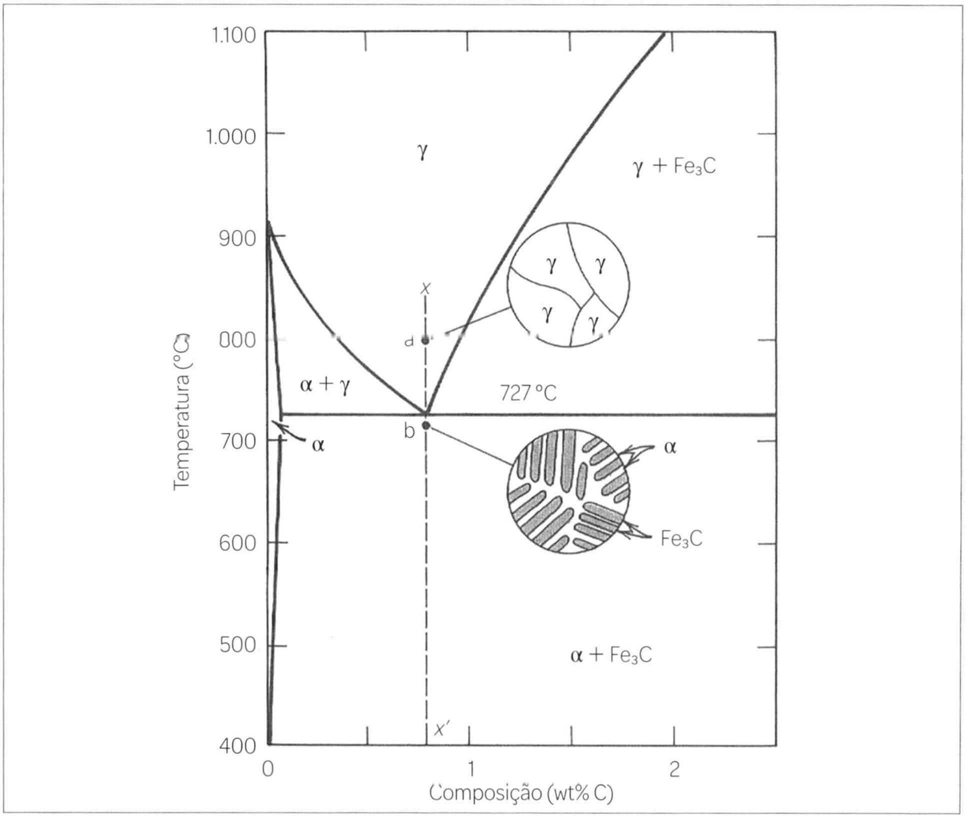

Figura 1.25 Diagrama de fases Fe-C.
Fonte: Google Imagens.

O diagrama de equilíbrio ferro-carbono é válido para aços resfriados lentamente, o que é fácil de prever dada a sua microestrutura em função do teor de carbono, conforme a Figura 1.26.

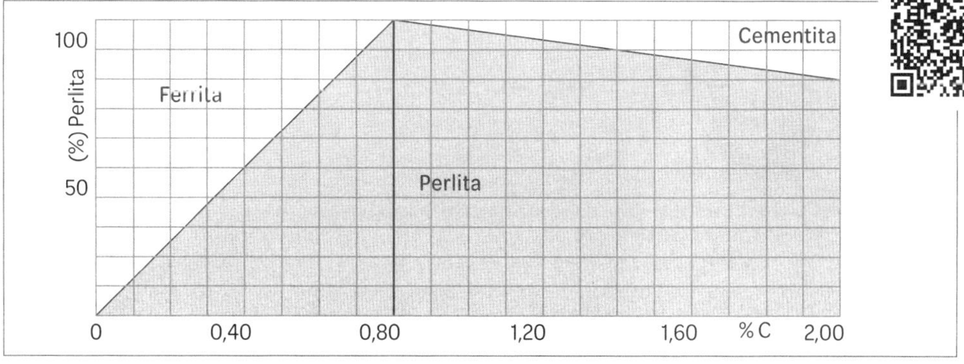

Figura 1.26 Relação da quantidade (%) de perlita em função do teor de carbono (%) nos aços.
Fonte: desenho do autor.

Conforme aumenta o teor de carbono, aumenta a dureza do aço, porém existe um limite. Para que se aumente sobremaneira essa dureza, tratamentos térmicos são necessários. Assim, o aumento da dureza é obtido por meio do mecanismo de endurecimento conhecido como transformação de fases, fazendo surgir fases metaestáveis que não pertencem ao diagrama ferro-carbono, como a bainita e martensita, por meio de resfriamentos mais bruscos. Na Figura 1.27, o gráfico mostra a influência do teor de carbono e da microestrutura na dureza dos aços. Inicialmente, tem-se a fase ferrita com baixíssimo teor de carbono e com dureza média de 80 HB; para um aço perlítico com 0,8%, tem-se uma dureza média de 280 HB. A cementita confere maior dureza aos aços, chegando ao seu limite com 350 HB para aços trabalháveis. A partir daí surge a bainita, com 480 HB, e a martensita, com 650 HB no máximo. Com o tratamento térmico de revenimento, é possível aliviar as tensões e diminuir a fragilidade da martensita, obtendo-se a martensita revenida. É importante frisar que o teor de carbono e a porcentagem de transformação nessas fases também influenciam na dureza final após o tratamento térmico (ver Figura 1.16).

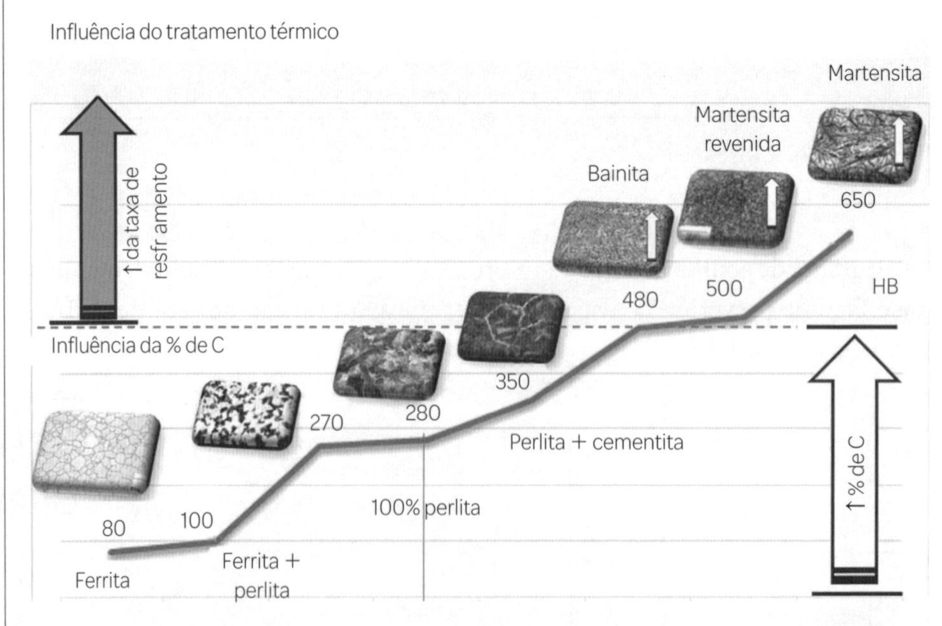

Figura 1.27 Influência do teor de carbono e do tratamento térmico na microestrutura e dureza (HB) dos aços.

Fonte: desenho do autor.

6.2 Propriedades dos aços e suas características

O aço é um material amplamente utilizado dadas suas inúmeras propriedades e aplicações, por exemplo, mecânicas, estruturais, químicas, físicas, tecnológicas, entre outras. A Tabela 1.1 traz uma lista das principais propriedades do aço.

Tabela 1.1 Principais propriedades e características do aço

Mecânicas	Estruturais	Químicas	Físicas	Tecnológicas
• Resistência:	• ligações atômicas	• Oxidação	• Ponto de Fusão (Pf)	• Temperabilidade
- Tração	• Estrutura	• Corrosão	• Densidade(d)	• Soldabilidade
- Compressão	• cristalina:	• Toxidade	• Cond. Térmica(λ)	• Usinabilidade
- Dobramento	- CCC	• Reatividade	• Resistividade elétrica (ρ)	• Conformabilidade
- Desgaste	- CFC		• Calor específico (cp)	• Lingotabilidade
• Elasticidade	• Granulometria		• Permeabilidade magnética (μ)	• Fundibilidade
• Plasticidade	• Fases		• Peso específico	• Forjabilidade
• Ductilidade	• Constituintes		• Coeficiente de expansão térmica	• Sinterabilidade
• Tenacidade (impacto)	• Precipitados			
• Fluência	• Micro inclusões			
• Dureza:	• Defeitos atômicos:			
- Brinell (HB)	- Lacunas			
- Rockwell (HR)	- Discordâncias			
- Vickers (HV)				

Fonte: autor.

Como vantagem competitiva perante os outros materiais, o aço se destaca, além de suas propriedades e seu preço competitivo, pela versatilidade de se alterar e melhorar suas características durante seu processamento ou no produto. Como exemplo, para fins como aumento da usinabilidade, pode-se melhorar significativamente essa característica com adições de elementos como fósforo (P) ou enxofre (S) em sua composição química, e em alguns casos mais extremos, usar Chumbo (Pb) ou bismuto (B). Com a etapa de tratamento térmico, pode-se alterar a dureza do aço, tanto para melhorar sua manufatura (exemplo: recozimento para usinabilidade e diminuir dureza), como para aumentar sua resistência mecânica (exemplo: têmpera), resistência à fadiga e ao desgaste (exemplo: cementação, nitretação e têmpera por indução). Outra forma de aumentar sua resistência mecânica é a deformação a frio (exemplo: laminação, trefilação, estampagem) por meio do encruamento de seus grãos.

Entre as alterações e melhorias nas propriedades que se pode obter durante o processamento e o pós-processamento do aço, temos:

- Remoção de tensões internas.
- Alteração da dureza (aumento ou diminuição).
- Melhora de resistência mecânica.

- Melhora da ductilidade.
- Melhora da usinabilidade.
- Resistência ao desgaste.
- Melhora das propriedades de corte.
- Melhora da resistência à corrosão.
- Melhora da resistência ao calor.
- Propriedades elétricas e magnéticas.
- Melhora da resistência à fratura (tenacidade).

Para projetos mecânicos e estruturais, as principais propriedades mecânicas e tecnológicas que o projetista se utiliza são obtidas por meio de ensaios mecânicos. Algumas dessas propriedades mecânicas são:

- Resistência à tração (RT) – Máxima tensão aplicada no material antes de sua ruptura; é obtida pelo ensaio de tração e expressa em MPa (mega Pascal). O ensaio de tração é realizado inserindo uma tensão uniaxial crescente nas extremidades de um corpo de prova com dimensões padronizadas, com o intuito de alongá-lo até a sua ruptura (ver Figura 1.28).
- Limite de escoamento (LE) – Máxima tensão a que o material resiste sem deformação plástica; é obtido pelo ensaio de tração e expresso em MPa.
- Ductilidade – Medida de deformação plástica até a sua ruptura. É obtida pelo ensaio de tração e expressa em porcentagem.
- Dureza Medida de resistência de um material por meio de uma deformação plástica localizada feita por uma penetração de esfera ou cone. As durezas mais comuns industrialmente são HB (Brinell), HR (Rockwell) e HV (Vickers).
- Tenacidade – Capacidade do material de absorver energia até a sua ruptura. É determinada pelos ensaios de impacto Charpy e Izod, no qual um martelo pendular se choca contra um corpo de prova com um entalhe. A Figura 1.28 (à direita) mostra um exemplo do ensaio Charpy. A energia absorvida é medida e expressa em joules (J). Esse ensaio também é utilizado para determinar a temperatura de transição dúctil-frágil dos metais, que é uma temperatura crítica abaixo da qual se observa a fratura frágil do metal. A determinação da temperatura de transição é importante porque, para os aços (estrutura CCC), há um aumento significativo da fragilidade a baixas temperaturas. Também é possível analisar o aspecto macrográfico da fratura para se determinar se a fratura é dúctil ou frágil. Conforme previsto por normas, os ensaios Charpy podem ser realizados em diversas temperaturas, por exemplo: ambiente, 0 °C, -20 °C, -40 °C, -101 °C etc.

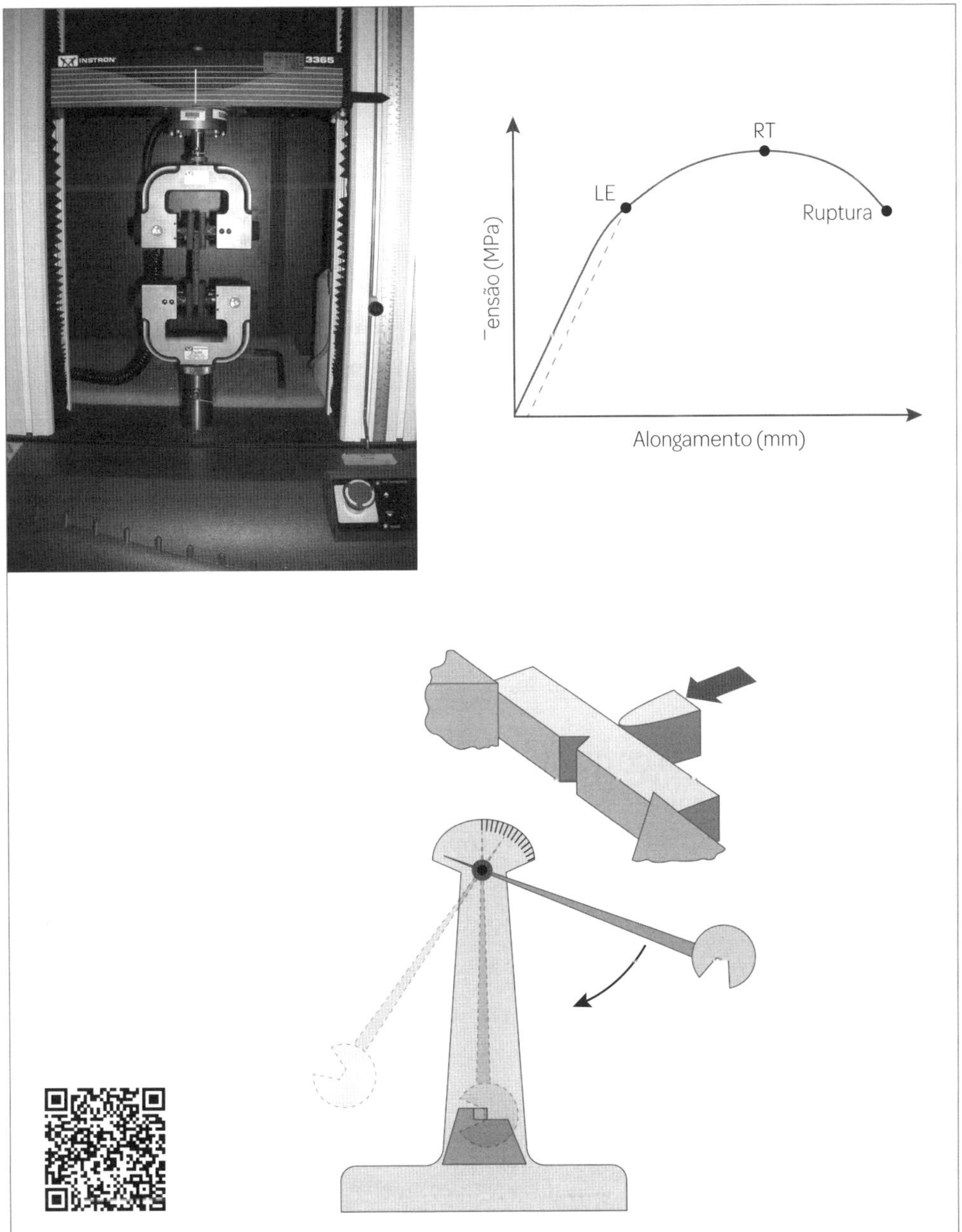

Figura 1.28 Máquina de tração (acima, à esquerda). Gráfico resultante do ensaio de tração (acima, à direita). Ensaio de impacto Charpy com detalhe do corpo de prova (abaixo ao centro).

Fonte: Google Imagens.

Entre as principais propriedades tecnológicas, podemos citar:

- Temperabilidade – Capacidade de se temperar uma peça na profundidade pretendida (ver item 6.3 na página seguinte).

- Soldabilidade – Capacidade de um aço ou metal ser soldado de acordo com suas especificações técnicas e que atenda ao desempenho solicitado em serviço. A soldabilidade do aço diminui com o aumento do teor de carbono e de variações em sua composição química. Para tal, utiliza-se a fórmula do carbono equivalente (Ceq). Entre as diversas fórmulas, a mais usada é a Ceq = %C + (%Mn/4) = (%Si/4). Isso também influencia a zona termicamente afetada (ZTA ou HAZ). A ZTA é uma zona resultante do calor do arco de soldagem, em razão de diversos ciclos térmicos circundantes. Com isso, tem-se uma heterogeneidade microestrutural resultante próxima à solda que fragiliza a junta soldada.
- Usinabilidade – Capacidade de um metal ser usinado sem perder suas propriedades mecânicas com boa qualidade superficial e mantendo um bom desempenho operacional. Aços de corte fácil são adequados para quando se deseja uma boa usinabilidade.
- Conformabilidade – Capacidade de um material ser conformado (dobrado, prensado, estampado ou forjado) sem prejuízos à suas propriedades mecânicas, características visuais e dimensionais.

6.3 Tratamento térmico dos aços

Processos de aquecimento e resfriamento controlados, que visam afetar as características microestruturais dos aços e suas propriedades, são chamados de tratamentos térmicos. Esses tratamentos são utilizados para diversas finalidades e melhorias de propriedades, como endurecimento, amolecimento, usinabilidade, desgaste superficial, entre outros. Dentre os principais tratamentos térmicos e superficiais utilizados industrialmente, podemos citar:

- Têmpera (endurecimento).
- Revenimento (amolecimento, alívio de tensões).
- Recozimento (amolecimento, usinabilidade).
- Normalização (refino estrutural).
- Indução (endurecimento superficial – têmpera).
- Cementação (endurecimento superficial – adição de carbono).
- Nitretação (endurecimento superficial – adição de nitrogênio).

Após o aquecimento do aço até a zona de autenitização, a velocidade de resfriamento irá influenciar diretamente a microestrutura do aço, conforme pode ser verificado nas curvas TTT (Temperatura-Tempo-Transformação) e TRC (Temperatura de Resfriamento Contínuo), na Figura 1.29.

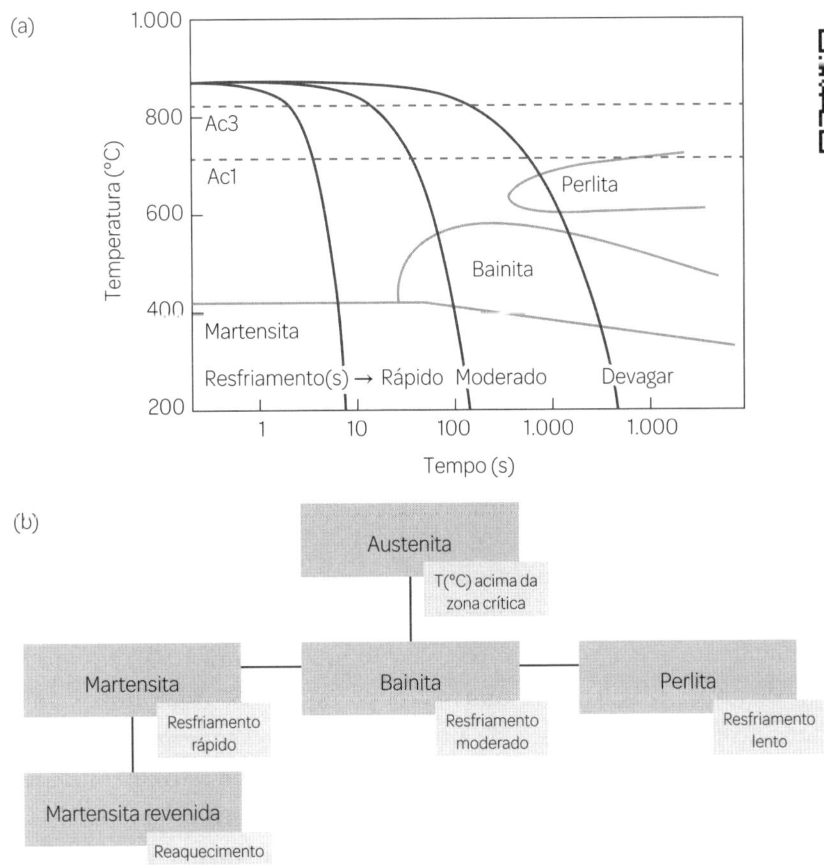

Figura 1.29 Curva TRC (a) e estrutura resultante em função do tipo de resfriamento (b).
Fonte: adaptada com gráfico retirado da Google imagens.

A curva TTT relaciona as temperaturas e os tempos de início e fim de transformação de cada fase para transformações isotérmicas. Cada tipo de aço tem sua curva TTT associada. No caso da curva TRC, as informações das fases irão se formar para uma determinada liga de aço, de acordo com a velocidade de resfriamento aplicada pelo processo. Esta curva é muito útil para prever as propriedades mecânicas e as microestruturas dos produtos a serem submetidos a um tratamento térmico. Assim, é possível localizar as regiões de formação de martensita, ferrita, perlita e bainita a uma dada taxa de resfriamento. Como exemplo da curva da Figura 1.29, para se obter a estrutura martensítica, é mostrado que somente é obtida com um rápido resfriamento (têmpera), e assim por diante. A severidade do meio de resfriamento influencia diretamente a taxa de resfriamento, por exemplo:

- Salmoura: muito severo/mais rápido.
- Água: severo/rápido.
- Óleo: moderado.
- Ar: pouco severo/lento.
- Forno: sem severidade/muito lento.

As curvas de TRC (transformações com resfriamento contínuo) são muito usadas e se assemelham às TTT, porém não são usadas em processos isotérmicos de resfriamento.

Com a curva TTT, pode-se determinar a temperabilidade de um aço, pois quanto mais a curva estiver à direita do gráfico, maior será a temperabilidade do aço em questão.

Temperabilidade é a capacidade de se obter uma maior profundidade de endurecimento por meio de uma estrutura martensítica sob determinadas condições de resfriamento. É uma propriedade importante para a têmpera dos aços, e a adição de elementos de liga é um dos fatores significativos para tal. Para se determinar a temperabilidade de um aço, é utilizado o ensaio Jominy (Figura 1.30), em que se tem um corpo de prova cilíndrico de dimensões padronizadas (∅25 mm × 100 mm) que é aquecido e mantido na zona de austenitização do diagrama Fe-C, e resfriado com um jato de água fria em uma das extremidades. Após o esfriamento, é usinada uma pista em sua superfície no sentido longitudinal e realizam-se medidas de dureza HRC ao longo do corpo de prova em intervalos regulares padronizados em milímetros ou em polegadas. Em posse das durezas, plota-se um gráfico com a curva característica de temperabilidade do aço testado. Cada aço tem sua curva de temperabilidade própria normalizada por normas SAE, ABNT, ASTM etc. A temperabilidade é usada quando se deseja conhecer a profundidade de endurecimento de um determinado aço ao se fabricar peças de alta solicitação mecânica e para itens de segurança. Como exemplo, temos engrenagens, eixos, bielas e virabrequins utilizados nas indústrias metalmecânica e automotiva.

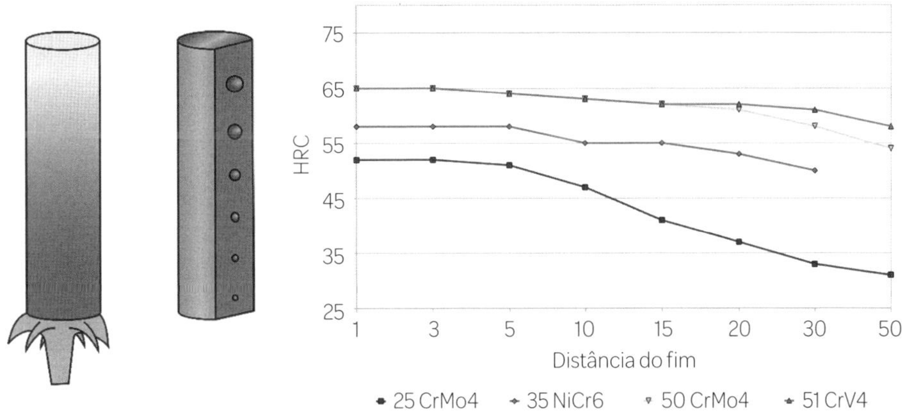

Figura 1.30 Ensaio Jominy e a curva de temperabilidade para diversos aços em função da distância de medições de dureza.
Fonte: Google Imagens.

6.4 Características dos aços carbono

Os aços carbono apresentam as seguintes características e propriedades, conforme o teor de carbono presente:

- Aumento da resistência mecânica com o aumento do teor de carbono.
- Aumento da ductilidade com a diminuição do teor de carbono.
- Facilidade de oxidação ("ferrugem").
- Deterioração de propriedades a baixas e altas temperaturas.
- Baixo custo, o que explica seu amplo uso.

Os aços carbono podem ser divididos em baixo, médio e alto carbono, com características específicas a cada grupo.

- Aços baixo carbono (C < 0,3%) têm estrutura usualmente ferrítica e perlítica, de baixa dureza e alta ductilidade, e são fáceis de conformar e soldar. Entre as suas aplicações estão as chapas para o setor automotivo, perfis estruturais, tubos e aços para construção mecânica e civil.
- Aços médio carbono (0,3% a 0,6% de C) são aços de boa temperabilidade e melhor combinação de ductilidade e resistência mecânica. São os aços mais usados industrialmente, por exemplo, em engrenagens, virabrequins, eixos e outros componentes que necessitam de elevadas resistências mecânica e ao desgaste.

- Aços alto carbono (C > 0,6%), com sua estrutura ferrítica-perlítica e em teores acima de 0,8% com perlita-cementita, conferem alta dureza e elevada resistência ao desgaste, porém apresentam baixa conformabilidade e tenacidade.

7. AÇOS LIGADOS

Elementos de liga são elementos químicos formadores das ligas metálicas, isto é, são materiais de propriedades semelhantes às dos metais e que contêm pelo menos um metal em sua composição. A adição de elementos de liga é realizada com o objetivo de melhorar as propriedades e as características do aço e, no geral, podem gerar benefícios como:

- Aumento da resistência mecânica.
- Aumento da tenacidade.
- Refino e controle do tamanho do grão.
- Resistência à corrosão.
- Melhora da conformabilidade.
- Melhora das propriedades elétricas e magnéticas.
- Estabilidade a baixas e altas temperaturas.
- Aumento da temperabilidade.

7.1 Efeito dos elementos de liga no aço

A composição química determina muitas características importantes dos aços. Por meio da adição de elementos químicos, conhecidos como elementos de ligas, é possível melhorar as propriedades do aço, como aumentar a dureza, a resistência mecânica, a soldabilidade, a resistência à corrosão, entre outras características desejadas para o uso.

A seguir, temos os principais elementos usados no aço e seus efeitos de forma isolada. A interação entre eles não será citada nesta lista, porém, na prática, é considerada por engenheiros de produto e processo na elaboração e na fabricação das ligas de aço.

- Carbono(C) é o principal elemento do aço e tem um efeito importante em suas propriedades. O carbono é o principal elemento de endurecimento do aço. A dureza e a resistência à tração aumentam à medida que o conteúdo de carbono aumenta até cerca de 0,85%. Com o aumento do teor de carbono, há um decréscimo de propriedades como alongamento, ductilidade e soldabilidade.
- Manganês (Mn) é geralmente benéfico para a qualidade superficial, especialmente em aços ressulfurados. O manganês contribui para a resistência

mecânica e a dureza do aço. O aumento do teor de manganês diminui a ductilidade e a soldabilidade. O manganês também tem efeito na temperabilidade do aço.

- Fósforo (P) aumenta a resistência e a dureza e diminui a ductilidade e a resistência ao impacto. Os efeitos adversos na ductilidade e na tenacidade são maiores em aços temperados. Devido à fragilidade induzida por esse elemento, os níveis de fósforo são controlados e mantidos em níveis residuais durante o processamento do aço. Adições intencionais e controladas de fósforo são indicadas para aços de usinagem livre de baixo carbono para melhorar sua usinabilidade.
- Enxofre (S) diminui a ductilidade e a resistência ao impacto, especialmente na direção transversal. A soldabilidade diminui com o aumento do teor de enxofre. O enxofre é encontrado no aço principalmente na forma de microinclusões de sulfeto. Os níveis de enxofre são normalmente controlados para níveis baixos. A única exceção são os aços de usinagem livre, nos quais o enxofre é adicionado para melhorar sua usinabilidade.
- Silício (Si) é um dos principais desoxidantes utilizados na fabricação de aço e tem leve influência no aumento da resistência e da dureza do laminado. Nos aços de baixo carbono, o silício geralmente é prejudicial à qualidade da superfície do aço laminado e sua forjabilidade. É elemento chave para aços elétricos.
- Cobre (Cu) em quantidades significativas é prejudicial para os aços que trabalham a quente. O cobre afeta negativamente a soldagem forjada, mas não afeta seriamente a soldagem a arco ou oxiacetileno. O cobre pode ser prejudicial à qualidade da superfície. O cobre é benéfico para a resistência à corrosão atmosférica quando presente em quantidades superiores a 0,20%. Os aços para intemperismo são vendidos com mais de 0,20% de cobre.
- Chumbo (Pb) é praticamente insolúvel no aço. No entanto, para aplicações específicas, é adicionado aos aços carbono para melhorar significativamente sua usinabilidade.
- Boro (B) é adicionado ao aço acalmado para melhorar significativamente sua temperabilidade. Os aços tratados com boro são produzidos na faixa de 0,0005% a 0,003% e é mais eficaz em aços de baixo carbono.
- Cromo (Cr) é geralmente adicionado ao aço para aumentar a resistência à corrosão, aumentar a temperabilidade ou melhorar a resistência a altas temperaturas. O cromo forma carbonetos que endurecem o aço, por isso, é frequentemente usado com um elemento de endurecimento, como o níquel, para produzir propriedades mecânicas superiores. Em temperaturas mais altas, o cromo contribui com maior resistência.

- Níquel (Ni) é um endurecedor da ferrita. O níquel não forma carbonetos no aço e permanece em solução sólida na ferrita, endurecendo essa fase. O níquel aumenta a temperabilidade e a resistência ao impacto dos aços (tenacidade).
- Molibdênio (Mo) aumenta significativamente a temperabilidade do aço e pode produzir um endurecimento secundário durante a têmpera de aços temperados. Também aumenta a resistência à fluência dos aços de baixa liga a temperaturas elevadas.
- Alumínio (Al) é amplamente utilizado como desoxidante e refinador de grão. O alumínio controla o crescimento de grãos de austenita em aços reaquecidos e, portanto, é adicionado para controlar o tamanho dos grãos durante o processamento da corrida de aço. O alumínio é a liga mais eficaz no controle do crescimento de grãos antes da têmpera. Titânio, zircônio e vanádio também são valiosos inibidores de crescimento de grãos, mas há carbonetos difíceis de dissolver em solução em austenita.
- Nióbio (Nb) aumenta o limite de escoamento e a resistência à tração do aço carbono. A adição de pequenas quantidades de nióbio pode aumentar significativamente a resistência ao escoamento dos aços. O nióbio tem um efeito de endurecimento por refino de grão. Sua principal contribuição é formar precipitados acima da temperatura de transformação e retardar a recristalização da austenita, promovendo, assim, um refino de grão com resistência e tenacidade melhoradas.
- Titânio (Ti) é usado para retardar o crescimento de grãos e, assim, melhorar a resistência. O titânio também é usado para obter melhoras na morfologia de inclusões não metálicas, tornando as inclusões de sulfeto globulares em vez de alongadas, melhorando a resistência e a ductilidade do aço.
- Vanádio (V) aumenta a resistência ao escoamento e à tração do aço carbono. A adição de pequenas quantidades de vanádio pode aumentar significativamente a resistência dos aços. O vanádio é um dos principais contribuintes para o endurecimento por precipitação em aços microligados. Quando o processamento termomecânico é controlado adequadamente (resfriamento controlado), favorece a precipitação de carbonitretos e carbonetos de vanádio na matriz do aço e o tamanho dos grãos de ferrita é refinado. A temperatura de transição de impacto também aumenta quando o vanádio é adicionado.

Na Tabela 1.2, temos um resumo da influência dos elementos químicos no aço. A seta para cima (↑) aumenta o efeito na respectiva propriedade, e a seta para baixo (↑) diminui o efeito.

Tabela 1.2 Influência dos elementos químicos nos aços

Propriedade	C	Mn	Si	S	P	Cu	Ni	Cr	Mo	V	Nb	Al	Sn	Pb	Zn	Sb
Resistência mecânica	↑	↑	↑	↓	↑	↑	↑	↑	↑	↑	↑		↓	↓	↓	↓
Dureza	↑	↑	↑		↑			↑	↑	↑	↑	↑				
Alongamento	↓	↑	↓	↓	↓	↓	↑		↓							
Temperabilidade	↑	↑	↑		↑		↑	↑	↑							
Resistência ao desgaste	↑							↑	↑	↑		↑				
Usinabilidade	↑		↓	↑	↑									↑		
Tenacidade		↑		↓	↓		↑	↑	↑	↑	↑	↑				
Fadiga				↓	↓		↑		↑							
Soldabilidade	↓	↓		↓	↓		↑						↓			
Forjabilidade		↑	↓	↓	↓	↓	↓	↓	↓	↑		↓				
Propriedades elétricas			↑													
Resistência à corrosão					↑	↑	↑	↑	↑							
Qualidade superficial				↓		↓							↓	↓	↓	

A Figura 1.31 mostra o efeito dos elementos de liga na dureza do ferro puro via endurecimento por solução sólida. O elemento fósforo, por exemplo, apesar de conferir grande dureza com baixos teores, causa fragilidade no aço e, em geral, é indesejado na liga.

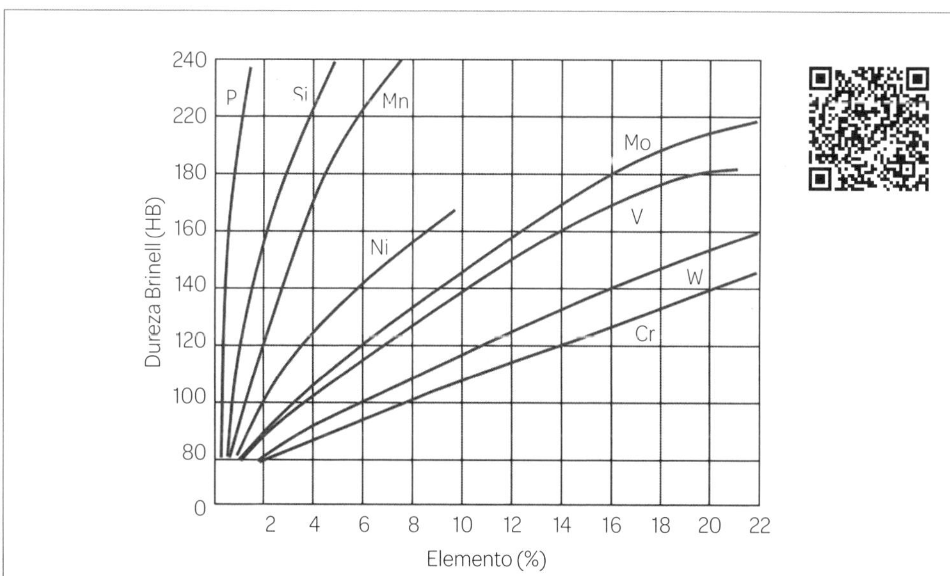

Figura 1.31 Efeito dos elementos de liga no ferro.
Fonte: elaborada pelo autor.

7.2 Aços de baixa e média liga

Os aços de baixa liga são aços cuja somatória de elementos de liga é menor que 5%. São usados sobretudo após tratamento térmico ou termoquímico, como têmpera e revenimento, têmpera por indução, cementação, nitretação entre outros. Nesses tratamentos, os elementos que mais influenciam na melhora de propriedades são manganês (Mn), cromo (Cr), níquel (Ni), molibdênio (Mo) etc. Elementos químicos, como titânio (Ti), vanádio (V) e nióbio (Nb), por serem fortes formadores de carbonetos e carbonitretos, quando usados em pequenos teores, promovem o aumento da resistência mecânica do aço por meio da fina precipitação dispersa na matriz ou pelo refino de grão. Por esses teores serem menores que 0,1%, os aços que utilizam tais elementos para aumentar sua dureza são conhecidos como microligados.

Aços de média liga são caracterizados pela somatória de elementos de liga entre 5% e 10%.

8. AÇOS ELÉTRICOS

Aços elétricos são uma classe especial de aços de baixo carbono e de aços com a adição de silício (Si) em torno de 3%, que possuem baixíssimos teores de elementos residuais em sua composição e apresentam propriedades magnéticas específicas para sua aplicação na fabricação de núcleos de motores elétricos, geradores, transformadores de potência, reatores e medidores de energia.

Dentre os tipos de aços elétricos, temos:

- Aços baixo carbono.
- Aços siliciosos de grão não orientado (GNO).
- Aços siliciosos de grão orientado (GO).
- Aços siliciosos de grão superorientado (*high permeability grain-oriented* – HGO).

A principal vantagem do aço elétrico silicioso em relação a outros materiais metálicos e não metálicos é a sua capacidade de ampliar significativamente um campo magnético aplicado. Essa propriedade, chamada permeabilidade magnética, possibilita a aplicação e o uso desse aço na maioria das máquinas elétricas.

Os aços de grãos não orientados (GNO) são assim chamados pois não apresentam uma orientação cristalográfica preferencial. Eles são utilizados em equipamentos elétricos que exigem um comportamento isotrópico de propriedades, como o núcleo de motores elétricos.

Aços de grão orientado (GO) apresentam ótimas propriedades magnéticas na direção de laminação e são usados quando se desejam baixas perdas e elevada permeabilidade magnética, necessárias para uma maior eficiência dos equipamentos elétricos e para se obter uma maior economia de energia elétrica, por exemplo, em núcleos de transformadores e reatores de potência.

Os aços de grão superorientado (HGO) possuem aplicação semelhante do aço GO, porém apresentam uma maior eficiência energética em virtude de uma melhora significativa na permeabilidade magnética e uma menor perda magnética quando se compara ao aço GO.

9. AÇOS DE ALTA LIGA

9.1 Aços inoxidáveis (inox)

O aço comum é composto de ferro (Fe) com outros elementos resultantes da fabricação de aço, como carbono (C), manganês (Mn), silício (Si), entre outros. Aços inox são aços de alta liga com adições de cromo acima de 11%, tornando-se "inoxidável" ou "inox". Esse aço representa a liga mais simples de um aço inoxidável, com resistência à corrosão suficiente para resistir a um ambiente com umidade. A adição de cromo ao aço resulta na formação de uma camada fina de óxido de cromo na superfície do aço, desde que exposta ao ar ou a outro ambiente oxidante. Essa camada confere passividade ao aço, o que significa que ela é responsável pela capacidade do aço de resistir à corrosão. A espessura dessa camada muito fina é da ordem de 1 a 10 nm (1 nanômetro = 10-9 m ou 0,000001 mm).

É possível que a camada passiva seja danificada por ferramentas durante a fabricação (fresagem, retificação, furação, polimento) ou por acidente. Sob condições normais (na presença de ar), a camada passiva se forma novamente, ou seja, ela é autorrenovável.

A família dos aços inoxidáveis compreende muitas ligas diferentes. Cada uma delas foi desenvolvida para atender a necessidades específicas, como maior resistência à corrosão, propriedades mecânicas aprimoradas, como maior resistência, dureza ou ductilidade, estabilidade metalúrgica sob a influência do calor da soldagem e, em casos especiais, maior usinabilidade. Como todos esses aços contêm pelo menos 11% de cromo, todos são protegidos pela camada passiva que se forma espontaneamente na superfície.

A designação de aço "sem ferrugem" ou "inoxidável" remonta aos primeiros anos de desenvolvimento metalúrgico. Seu significado era que essas novas ligas de aço não enferrujam ou mancham quando expostas à atmosfera ou à água.

Existem várias razões importantes pelas quais os aços inoxidáveis são amplamente utilizados em estruturas:

- Excelente resistência à corrosão atmosférica.
- Aspecto visual/estética.
- Aspectos higiênicos/limpeza.
- Resistência ao calor.
- Durabilidade.

A superfície dos aços inoxidáveis pode ser obtida em muitas qualidades diferentes, como polido em espelho, retificado com diferentes tamanhos de grão, escovado, laminado a frio, jateado com areia ou texturizado. O aço inoxidável combina esteticamente com qualquer outro material de construção. Ele tem uma superfície dura, lisa e uniforme que se presta a aplicações exigentes em que a higiene e a limpeza são importantes. Por esses motivos, encontra muitos usos em hospitais, laboratórios, banhos e piscinas. Em relação à resistência ao calor, o aço inox supera qualquer outro material estrutural convencional em aplicações de alta temperatura. Seu uso é indicado para sistemas de incêndio, portas corta-fogo, gabinetes, coifas, chaminés etc.

Os aços inoxidáveis são divididos de acordo com sua microestrutura:

- Austeníticos.
- Ferríticos.
- Martensíticos.
- Duplex ou bifásicos (austenítico-ferrítico).
- Endurecíveis por precipitação.

Essa gama de estruturas se deve à contribuição da composição química na obtenção das estruturas, por exemplo, o aço austenítico, que só é possível à temperatura ambiente com a adição de elementos como cromo (> 16%) e níquel (até 35%), elementos que estabilizam a ferrita e a austenita, respectivamente.

9.2 Aços ferramenta

Os aços ferramenta são aços de alta liga cuja adição de elementos de liga é objetivada para a obtenção de propriedades, ou combinações de propriedades especiais. No estado de recozido, a microestrutura consiste em uma matriz dúctil com carbonetos dispersos. Dependendo da composição química do aço, esses carbonetos podem ser caracterizados como carbonetos de vanádio (V), cromo (Cr), tungstênio (W) ou molibdênio (Mo), e estes se caracterizam pela alta dureza conferida ao aço. Quando se tem alto volume de carbonetos, é conferida alta resistência ao desgaste ao aço. Além dos elementos citados, outros elementos de liga também podem estar presentes nos aços ferramenta, como o cobalto (Co) e o níquel (Ni). Nesse caso, porém, esses elementos não são formadores de carbonetos, sendo que o níquel melhora a temperabilidade e o cobalto aumenta a dureza a quente do aço ferramenta. Os aços ferramenta são principalmente utilizados para corte, usinagem e conformação de um material metálico ou não metálico. Pela diversidade de aplicações, existe uma grande variedade de ligas de aços ferramenta e elas são sujeitas aos mais diversos tratamentos térmicos para atender suas propriedades, tanto a baixas quanto a altas temperaturas de utilização, por exemplo:

- Resistência mecânica.
- Dureza.
- Resistência ao desgaste.
- Resistência ao amolecimento.
- Tenacidade.
- Boa usinabilidade.

Os principais aços ferramenta são:

- Aços rápidos: aços altamente ligados (> 20%), utilizados para ferramentas de corte (brocas, fresas e punções).
- Aços de trabalho a frio: aços de alto carbono e elevado teor de elementos de liga. Utilizados em estamparia, conformação de chapas, forjamento e laminação a frio.
- Aços de trabalho a quente: aços de baixo carbono, ligados a Cr, V e Mo, sendo utilizados para processos como forjamento, fundição por coquilha e baixa pressão e injeção de alta pressão (alumínio, zamac).
- Aços para moldes plásticos: aços desenvolvidos para moldes para a injeção de plásticos.

10. PRINCIPAIS NORMAS E ESPECIFICAÇÕES

Mundialmente, existem milhares de ligas de aços definidas por normas de acordo com sua composição química e propriedades mecânicas. Desse modo, foram criados sistemas de classificações baseados em codificações e numerações desenvolvidas por países e fabricantes de aço.

As normas mais conhecidas e utilizadas no Brasil são:

- ABNT – Associação Brasileira de Normas Técnicas (BR).
- AISI – American Iron and Steel Institute (EUA).
- ASTM – American Society for Testing and Materials (EUA).
- API – American Petrol Institute (EUA).
- DIN – Deutsches Institut für Normung (Alemanha).
- EN – European Standards (Europa).
- ISO – International Organization for Standardization (Suíça).
- JIS – Japanese Industrial Standards (Japão).
- SAE – Society of Automobile Engineers (EUA).
- SIS – Swedish Institute for Standards (Suécia).

No Brasil, em função de a indústria metalmecânica ser muito influenciada pela indústria automotiva, são utilizadas com mais frequência as classificações das normas brasileiras ABNT, as americanas SAE, AISI e ASTM, e a alemã DIN.

Pelo fato de o aço ser um material com alta variedade de aplicações, posto que é um metal capaz de utilizar todos os mecanismos de endurecimento e, inclusive, a interação deles, estabelecer é bastante complexo estabelecer uma classificação precisa e completa. Mesmo no caso dos aços carbono, os sistemas usuais de classificação (ABTN, SAE, ASTM) englobam apenas os aços comerciais de carbono de até 1%. No caso de aços ligados, o sistema de classificação é ainda mais complexo por conta do constante desenvolvimento de novas ligas comerciais. Mesmo assim, para os tipos mais comuns e teores relativamente baixos de elementos de liga, tanto a SAE, a ASTM e a ABTN no Brasil elaboram sistemas de classificação que atendem às necessidades comerciais e industriais.

Mundialmente, foram estabelecidos sistemas de classificação dos tipos de aços especiais – aços-ferramenta, aços inoxidáveis, aços resistentes ao calor, entre outros. Essas classificações especificam suas composições químicas, subdivididos em múltiplos grupos, abrangendo milhares de análises químicas e propriedades mecânicas diferentes.

Para melhor entendimento, a Tabela 1.3 mostra as classificações de aços de acordo com sua:

1. Composição química.
2. Microestrutura.
3. Aplicação.
4. Processo.
5. Geometria.

Tabela 1.3 Classificação dos aços

1. Composição química		
a. Carbono		
b. Aço liga	i. Baixa liga ii. Média liga iii. Alta liga iv. Microligado v. Ligas especiais (conforme aplicação)	
2. Microestrutura		
a. Austenítico		
b. Perlítico		
c. Martensítico		
d. Duplex		
e. Perlítico-ferrítico (PF)		
f. Ferrítico-bainítico (FB)		
g. Intersticial free (IF)		
h. Dual phase (DP)		
i. Complex phase (CP)		
j. Maraging		
3. Aplicação		
a. Automotivo (estampagem)	1. Transformation induced plasticity (TRIP) 2. Twinning-induced plasticity (TWIP) 3. Bake hardening (BH) 4. Press hardening (PH) 5. High strength steel (HSS) 6. Advanced high strenght steel (AHSS)	
b. Construção civil	1. Estruturais	i. Vigas ii. Tubulares iii. Resistentes à corrosão
	2. Vergalhões	
c. Construção mecânica	1. Deformação a frio 2. Corte fácil 3. Beneficiamento 4. Cementação 5. Nitretação 6. Aço mola 7. Aço rolamento 8. Aço válvula 9. Barra/bola de moinho 10. Fixadores	
d. Elétrico	1. Baixo carbono 2. Grão não orientado (GNO) 3. Grão orientado (GO) 4. Grão superorientado (HGO)	
e. Ferramenta	1. Aços rápidos 2. Trabalho a frio 3. Trabalho a quente 4. Moldes	
f. Inox	1. Classificação por microestrutura	

<table>
<tr><td>g. Especiais</td><td colspan="2">1. Implantes
2. Eletrodos para solda
3. Velas de ignição
4. Filamentos de lâmpada
5. Resistência elétrica
6. Vasos de pressão (planos)</td></tr>
<tr><td>h. Óleo e gás</td><td colspan="2">1. Alta resistência baixa liga (ARBL)</td></tr>
<tr><td>i. Outros</td><td colspan="2">1. Agrícola
2. Eólica
3. Naval/off-shore
4. Linha branca</td></tr>
<tr><td colspan="3">4. Processo</td></tr>
<tr><td>a. Bruto de fusão</td><td colspan="2">1. Por geometria</td></tr>
<tr><td colspan="3">b. Trefilado</td></tr>
<tr><td>c. Forjado (sob medida)</td><td>1. Conforme geometria</td><td>i. Barras e buchas
i. Anéis e discos
ii. Esboços e eixos</td></tr>
<tr><td>d. Laminado</td><td colspan="2">1. Bruto (longos)
2. A quente (planos)
3. A frio (planos)</td></tr>
<tr><td rowspan="2">e. Acabamento</td><td>1. Galvanizado (planos)</td><td>i. Imersão
ii. Eletrogalvanizado</td></tr>
<tr><td>2. A frio (longos)</td><td>i. Descascado
ii. Polido
iii. Retificado</td></tr>
<tr><td colspan="3">5. Geometria</td></tr>
<tr><td rowspan="3">a. Planos</td><td colspan="2">1. Placas
2. Chapas grossas
3. Bobinas</td></tr>
<tr><td>4. Chapas laminadas</td><td>i. A quente
ii. A frio</td></tr>
<tr><td colspan="2">5. Blanks
6. Tiras
7. Folhas</td></tr>
<tr><td rowspan="5">b. Longos</td><td colspan="2">1. Blocos
2. Lingotes
3. Tarugos</td></tr>
<tr><td>4. Barras</td><td>i. Redonda
ii. Quadrada
iii. Chata
iv. Hexagonal
v. Perfis/vigas (H, L, T)
vi. Perfil especial</td></tr>
<tr><td colspan="2">5. Fio-máquina</td></tr>
<tr><td>6. Arames</td><td>i. Comum
ii. Solda
iii. Farpado
iv. Lã de aço
v. Reforço de pneu</td></tr>
<tr><td colspan="2">7. Vergalhões</td></tr>
<tr><td>c. Tubos</td><td colspan="2">1. Com costura
2. Sem costura</td></tr>
</table>

A seguir, serão abordadas as classificações mais comumente utilizadas na indústria para aços, ou seja, a composição química e a geometria.

10.1 Classificação de aços pela composição química

10.1.1 Aços de construção mecânica – SAE/ABNT/DIN

Os aços de construção mecânica são classificados de acordo com a norma SAE/ ASTM/ABNT, em 4 a 5 algarismos na forma de YYXX ou YYXXX, em que YY é a designação da classe do aço e XX é a porcentagem em peso de carbono (%C) multiplicado por 100. Isso pode ser visualizado na Figura 1.32.

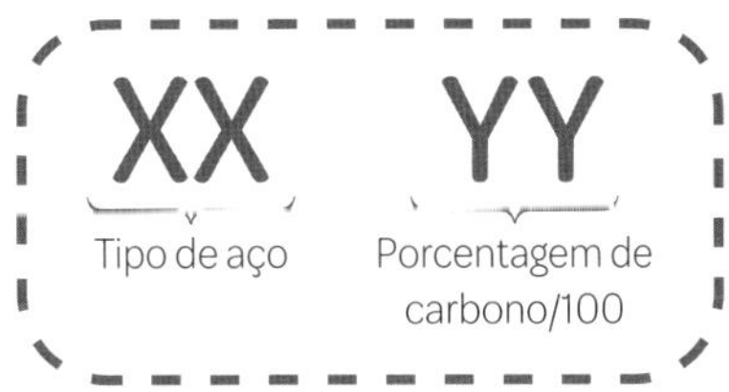

Figura 1.32 Sistema de codificação ASTM/SAE/ABNT.
Fonte: autor.

Dessa forma, um aço 1050 é um aço carbono comum (10XX) contendo 0,5% de carbono. Outro exemplo é o aço 1020, que também é um aço carbono com 0,2% de carbono em sua composição. Os aços carbono comuns também podem ter adições de elementos que ajudam a usinabilidade, como enxofre e fósforo. Nesses casos, a designação para aços ao enxofre é 11XX, e para aços ao enxofre e fósforo 12XX.

Para os aços carbono ligados (baixa e média liga), há designações em função dos principais elementos de liga que o compõe. Por exemplo, a série 13XX significa que o aço contém manganês na faixa de 1,6% a 1,9%, e o aço 43XX significa que o aço tem em sua composição cromo, níquel e molibdênio. A Figura 1.33 mostra exemplos da classificação para aços SAE1045 e ASTM 5160.

SAE	10	45
• SAE: indica a norma	• 10: indica que o aço é carbono	• 45: teor médio de carbono x100 = **0,45%C**
ASTM	**51**	**60**
• ASTM: indica a norma	• 51: indica que o aço é ligado ao cromo	• 60: teor médio de carbono x100 = **0,60%C**

Figura 1.33 Exemplos de classificação 1045 e 5160.
Fonte: autor.

Um caso especial é a liga 52100, que é um aço ligado ao cromo com 1% de carbono. A Tabela 1.4 apresenta as ligas SAE/ASTM.

Tabela 1.4 Classificação dos aços conforme ABNT – SAE/ASTM

Designação	Tipos de aço	Faixas ou limites (em %)
Aços carbono		
10XX	De baixo e médio manganês	Mn máx. 1%
11XX	Ressulfurados de corte livre	S 0,2-0,35
12XX	Ressulfurados e refosforados de corte livre	P 0,1; S 0,2-0,35
Aços ligados		
13XX	Alto maganês	Mn 1,6-1,9
15XX	Manganês	Mn 1-1,65
30XX	Níquel-cromo	Ni 1,4-1,7; Cr 1,4-1,7
35XX	Níquel-cromo	Ni 1,8-2,1; Cr 1,8-2,1
40XX	Molibdênio	Mo 0,25-0,35
41XX	Cromo-molibdênio	Cr 0,3-1,2; Mo 0,08-0,65
42XX	Cromo-molibdênio	Cr 2-2,5; Mo 0,9-1,2
43XX	Níquel-cromo-molibdênio	Ni 1,65-2; Cr 0,4-0,9; Mo 0,2-0,3
45XX	Níquel-cromo-molibdênio	Ni 1,4-1,7; Cr 1,4-1,8; Mo 0,15-0,35
46XX	Níquel-molibdênio	Ni 1,65-2; Mo 0,2-0,3
47XX	Níquel-cromo-molibdênio	Ni 0,9-1,2; Cr 0,35-0,55; Mo 0,15-0,25
48XX	Níquel-molibdênio	Ni 3,25-3,75; Mo 0,2-0,3
50XX	Cromo	Cr 0,4-0,7
51XX	Cromo	Cr 0,7-1,3
52XXX	Cromo	Cr 1,3-1,6
53XXX	Cromo-molibdênio	Cr 1,65-1,95; Mo 0,15-0,25
61XX	Cromo-vanádio	Cr 0,5-1,2; V 0,07-0,2
62XX	Cromo-molibdênio-vanádio	Cr 0,9-1,2; Mo 0,15-0,25; V 0,07-0,12
86XX	Níquel-cromo-molibdênio	Ni 0,4-0,7; Cr 0,4-0,6; Mo 0,15-0,25
87XX	Níquel-cromo-molibdênio	Ni 0,4-0,7; Cr 0,4-0,6; Mo 0,2-0,3
88XX	Níquel-cromo-molibdênio	Ni 0,4-0,7; Cr 0,4-0,6; Mo 0,3-0,4
92XX	Manganês-silício	Mn 0,6-1; Si 1,24-2,2
93XX	Níquel-cromo-molibdênio	Ni 3-3,5; Cr 1-1,4; Mo 0,08-0,15
94XX	Níquel-cromo-molibdênio	Ni 0,3-0,6; Cr 0,3-0,5; Mo 0,08-0,15
95XX	Silício-vanádio	Si 0,45-0,65; V 0,08-0,12
Aços com adições especiais		
XXBXX	Aços com adição de boro	B 0,0005-0,003
XXLXX	Aços com adição de chumbo	Pb 0,15-0,35
XXVXX	Aços com adição de vanádio	V 0,010-0,2
Aços com temperabilidade garantida		
XXXXH	Adições restritas de elementos de liga	Atendimento à curva Jominy

A norma EN-DIN classifica os aços de acordo com a composição química de forma direta, utilizando em sua designação os próprios elementos químicos e números indicando sua concentração. Para os aços carbono e baixa/média liga, os números não devem ser lidos diretamente, mas por meio de cálculos com os respectivos fatores (Figura 1.34), o que pode tornar a interpretação da classificação DIN um pouco mais trabalhosa para aços ligados. No caso do aço carbono comum, é relativamente simples, pois há somente a leitura do teor de carbono dividido por 100. Por exemplo, a designação C35 significa aço carbono com carbono médio de 0,35% (C = carbono e 35 → = 35/100=0,35%). O aço C45 é um aço carbono com 0,45%C, e assim por diante. À medida que se vai adicionando elementos de liga, os principais e mais influentes são adicionados na designação, porém os números, que nos aços carbono ficam ao lado do elemento químico, agora são separados e ficam no final da designação, obedecendo a ordem de cada elemento.

Diferentemente do aço carbono comum, os aços ligados não iniciam a designação com a letra "C", e sim com o teor de carbono multiplicado por 100 (XX). Na sequência, são adicionados os elementos de liga Y, Z, e seu teor correspondente (N1, N2.).

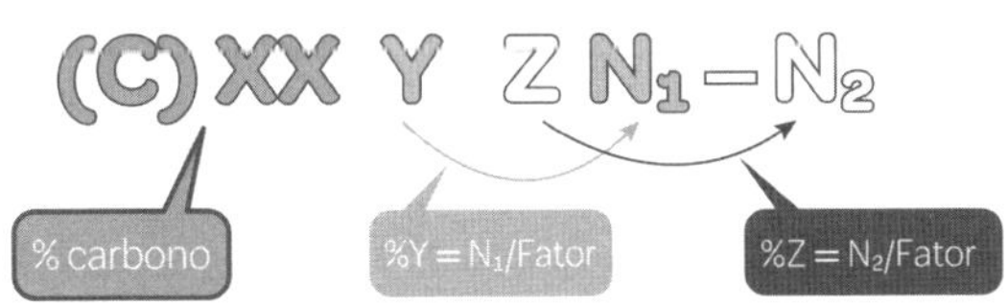

Figura 1.34 Classificação DIN.
Fonte: autor.

A Figura 1.34 mostra a correspondência do elemento químico e sua alternância com o número correspondente. Temos o primeiro elemento de liga Y se correlacionado com o primeiro número N1 e o segundo elemento de liga Z com o segundo número N2, e assim por diante. Como a leitura do teor do elemento de liga não é direta, esse teor obedece a uma regra, em que cada porcentagem é dividida por um fator conforme a Tabela 1.5.

Tabela 1.5 Fatores utilizados na classificação DIN

Fator:
- Fator 4: Cr, Co, Mn, Ni, Si, W
- Fator 10: Al, Cu, Mo, Nb, Pb, Ti, V, Zr
- Fator 100: Ce, N, P, S
- Fator 1000: **B**

Como exemplo, na Tabela 1.6 temos os aços 37CrS4 e o 16MnCr5. No primeiro caso, temos que o número 37 → 37/100 = 0,37%C, o cromo (Cr) é fator 4 → 4/4 = 1%Cr, e o S, por não ter número associado, é tido como informativo. No segundo caso, temos que o número 16 → 16/100 = 0,16%C, o manganês (Mn) é fator 4 → 5/4 = 1,25%Mn, e o Cr, por não ter número associado, é tido como informativo. Caso houvesse, seguiria a mesma regra.

Tabela 1.6 Aços 37CrS4 e 16MnCr5

37CrS4	16MnCr5
• 0,37% Carbono,	• 0,16% Carbono,
• 1% Cromo	• 1,25% de Manganês
• e Enxofre	• e Cromo

A norma EN-DIN também classifica os aços para construção mecânica em função de seu limite de resistência. Assim, a designação St 42 corresponde a um aço com limite de resistência à tração entre 42 e 50 kgf/mm² (410 e 490 MPa e St 60, limite de resistência à tração entre 60 e 72 kgf/mm² (590 e 710 MPa).

Para aços de alta liga, a leitura se torna direta dos elementos químicos de liga, exceto para o carbono. Para tal, o aço de alta liga inicia sua classificação com a letra X. Como exemplo, temos a liga X10CrNiTi18-9-2, com 0,10% de C, 18% de Cr, 9% de Ni e 2% de Ti.

A Tabela 1.7 compara as designações de aços mais comuns para as normas SAE/ABNT/ATM e DIN.

Tabela 1.7 Correlação dos principais aços SAE vs. DIN

SAE/ABNT	DIN	SAE/ABNT	DIN	SAE/ABNT	DIN	SAE/ABNT	DIN
1010	C 10	1075	C 75	4140	42 CrMo 4	5137	37 Cr 4
1015	C 15	1536	34 Mn 6	4142	42 CrMo 4	5140	41 Cr 4
1020	C 22	1541	40 Mn 6	4340	36 CrNiMo 4	5141	41 Cr 4
1025	C 25	1135	35 S 20	5016	15 Cr 3	5160	55 Cr 3
1030	C 30	1209	10 S 20	5116	16 MnCr 5	52100	100 Cr 6
1040	C 40	1212	9 S 20	5119	20 MnCr 5	6131	31 CrV 3
1045	C 45	1213	9 S Mn 28	5130	28 Cr 4	6150	50 CrV 4
1050	C 50	4130	25 CrMo 4	5134	34 Cr 4	6158	58 CrV 4
1060	C 60	4135	34 CrMo 4	5135	37 Cr 4	8620	21 NiCrMo 2

10.1.2 Aços ferramenta

A Tabela 1.8 traz as designações dos principais aços ferramenta para as normas ABNT/ASTM/SAE e AISI.

Tabela 1.8 Principais ligas de aços ferramenta

Aços ferramenta – Aços rápidos									
ABNT/ASTM/SAE/AISI	Composição (%)								
	C	Mn	Si	Cr	Ni	Mo	W	V	Co
Aços rápidos ao molibdênio									
M2	0,78	0,15	0,2	3,75	-	4,5	5,5	1,75	-
	0,88	0,4	0,45	4,5		5,5	6,75	2,2	
M42	1,05	0,15	0,15	3,5	-	9	1,15	0,95	7,75
	1,15	0,4	0,65	4,25		10	1,85	1,35	8,75
Aços rápidos ao tungstênio									
T1	0,65	0,1	0,2	3,75	-	-	17,25	0,9	-
	0,8	0,4	0,4	4			18,75	1,3	
T2	0,8	0,2	0,2	3,75	-	1 máx	17,5	1,8	-
	0,9	0,4	0,4	4,5			19	2,4	
Aços ferramenta – Aços para trabalho a quente									
ABNT/ASTM/SAE/AISI	Composição (%)								
	C	Mn	Si	Cr	Ni	Mo	W	V	Co
Aços para trabalho a quente ao cromo									
H11	0,33	0,2	0,8	4,75	-	1,1	-	0,3	-
	0,43	0,6	1,25	5,5		1,6		0,6	
H13	0,32	0,2	0,8	4,75	-	1,1	-	0,8	-
	0,45	0,6	1,25	5,5		1,75		1,2	
Aços para trabalho a quente ao tungstênio									
H21	0,26	0,15	0,15	3	-	-	8,5	0,3	-
	0,36	0,4	0,5	3,75			10	0,6	
Aços para trabalho a quente ao molibdênio									
H42	0,55	0,15	0,2	3,75	-	4,5	5,5	1,75	-
	0,7	0,4	0,45	4,5		5,5	6,75	2,2	
Aços ferramenta – Aços para trabalho a frio									
ABNT/ASTM/SAE/AISI	Composição (%)								
	C	Mn	Si	Cr	Ni	Mo	W	V	Co
Aços para trabalho a frio de média liga de têmpera ao ar									
A2	0,95	0,4	0,1	4,75	-	0,9	-	0,15	-
	1,05	1	0,5	5,5		1,4		0,5	
A6	0,65	1,8	0,1	0,9	-	0,9	-	-	-
	0,75	2,5	0,7	1,4		1,4			
Aços para trabalho a frio de alto cromo e alto carbono									
D2	1,4	0,1	0,1	11	-	0,7	-	0,5	-
	1,6	0,6	0,6	13		1,2		1,1	

Aços ferramenta – Aços para trabalho a frio									
ABNT/ASTM/SAE/AISI	Composição (%)								
	C	Mn	Si	Cr	Ni	Mo	W	V	Co
Aços para trabalho a frio de têmpera em óleo									
O1	0,85	1	0,1	0,4	-	-	0,4	0,3	-
	1	1,4	0,5	0,7			0,6	Máx	
Aços ferramenta – Aços para fins especiais									
ABNT/ASTM/SAE/AISI	Composição (%)								
	C	Mn	Si	Cr	Ni	Mo	W	V	Co
Aços resistentes ao choque									
S1	0,4	0,1	0,15	1	-	0,5	1,5	0,15	-
	0,55	0,4	1,2	1,8		Máx	3	0,3	
Aços de têmpera em água									
W1	0,7	0,1	0,1	0,15	0,2	0,1	0,15	0,1	-
	1,5	0,4	0,4	Máx	Máx	Máx	Máx	Máx	
W5	1,05	0,1	0,1	0,4	0,2	0,1	0,15	0,1	-
	1,15	0,4	0,4	0,6	Máx	Máx	Máx	Máx	
Aços para moldes de plástico									
P20	0,28	0,6	0,2	1,4	-	0,3	-	-	-
	0,4	1	0,8	2		0,55			

10.1.3 *Aço inoxidável*

A Tabela 1.9 traz as designações dos principais aços inoxidáveis para a norma AISI.

Tabela 1.9 Tabela simplificada com os principais aços inox

	Liga	**Série 3XX – Austeníticos – Composição química (%)**								
		C	Mn	Si	P	S	Cr	Ni	Mo	Outros
		Máx	Máx	Máx	Máx	Máx				
Austeníticos	AISI 301	0,15	2	1	0,045	0,03	16	6		0,10 N2
							18	8		
	AISI 304	0,08	2	1	0,045	0,03	18	8		0,10 N2
							20	10,5		
	AISI 316	0,08	2	0,75	0,045	0,03	16	10	2	0,10 N2
							18	14	3	
Martensíticos	**Liga**	**Série 4XX – Martensíticos | Ferríticos – Composição química (%)**								
		C	Mn	Si	P	S	Cr	Ni	Mo	Outros
		Máx	Máx	Máx	Máx	Máx				
	AISI 416	0,15	1,25	1	0,06	0,15 mín	12			0,6 Mo máx
	AISI 420	0,15 mín	1	1	0,04	0,03	12			
							14			
Ferríticos	AISI 430	0,15	1	1	0,04	0,04	16			
							18			

10.1.4 Aços planos

Um exemplo de produto plano de aço é a designação utilizada pela SAE conforme a regra a seguir:

Classificação: **"XX YYYY"**, em que

XX = tipo de aço

YYYY = limite de resistência mínimo em MPa

Fonte: autor.

A classificação, conforme a Tabela 1.10, segue a premissa de que os primeiros dígitos (X) são o tipo do aço, seguido da parte numérica (Y) representando a resistência do aço. Como exemplo, para um aço *Dual Phase* (DP) de limite de resistência de 800 MPa, temos o aço "DP 800", e para um aço conformado a quente (*hot forming*), com 1.700 MPa, temos "HF 1700". Esses aços são amplamente utilizados pela indústria automotiva.

Tabela 1.10 Principais aços automotivos planos

Grade	Steel	Grade	Steel
AHSS	Advanced high strength steel	IF	Interstitial free
BH	Bake hardening	MS	Martensite
CP	Complex phase	Mild	Low alloy
DP	Dual phase	PH	Press hardening
FB	Ferrite + bainite	TRIP	Transformation induced plasticity
HSS	High strength steel	TWIP	Twinning induced plasticity

A Tabela 1.11 mostra os principais aços para óleo e gás (API-5L).

Tabela 1.11 Principais aços American Petrol Institute (API)

<table>
<tr><th>Grau API</th><th>Processo</th><th>C</th><th>V</th><th>Nb</th><th>Mo</th><th>Ti</th></tr>
<tr><td>X 120</td><td rowspan="4">Laminação termomecânica</td><td rowspan="2">0,08%</td><td rowspan="2"></td><td rowspan="2">X</td><td rowspan="2">X</td><td rowspan="2">X</td></tr>
<tr><td>X 80-100</td></tr>
<tr><td>X 70</td><td rowspan="2">0,12%</td><td rowspan="2">X</td><td rowspan="2">X</td><td rowspan="2"></td><td rowspan="2"></td></tr>
<tr><td>X 60-65</td></tr>
<tr><td>X 56</td><td rowspan="2">Laminado a quente e normalizado</td><td rowspan="2">0,2%</td><td rowspan="2">X</td><td rowspan="2"></td><td rowspan="2"></td><td rowspan="2"></td></tr>
<tr><td>X 42-52</td></tr>
</table>

10.1.5 Aços estruturais e de construção civil

Para os aços estruturais e de construção civil, há duas normas importantes: ASTM e SAE. Os aços da ASTM são utilizados em estruturas metálicas cujo projeto de cálculo estrutural precisa incluir, de antemão, as propriedades mecânicas do aço. São utilizados em estruturas metálicas em geral, serralheria, passarelas, implementos agrícolas e rodoferroviários. Os principais aços são mostrados nas Tabelas 1.12 e 1.13.

Tabela 1.12 Aços ASTM e suas designações

Norma	Descrição
ASTM A 242	Aço ARBL: alta resistência baixa liga
ASTM A 283	Chapa de aço de baixa e média resistência mecânica
ASTM A514	Chapa de aço temperada e revenida com alto limite de escoamento, adequado para soldagem
ASTM A 529	Aço carbono-manganês de qualidade estrutural e alta resistência
ASTM A 572	Aço estrutural de alta resistência e baixo teor de nióbio-vanádio
ASTM A 573	Chapa de aço carbono estrutural com tenacidade melhorada
ASTM A 588	Aço ARBL com LE de 50 ksi (345 MPa) para espessura de 4″ (100 mm)
ASTM A 606	Folhas e tiras de ARBL, a quente e a frio, com resistência à corrosão atmosférica
ASTM A 633	Chapa estrutural ARBL normalizada
ASTM A 656	Chapa laminada a quente ARBL de conformabilidade melhorada
ASTM A 678	Chapa de aço carbono ARBL temperada e revenida
ASTM A 709	Chapa, barra e perfil estrutural de aço carbono ARBL temperado e revenido
ASTM A 710	Chapa de aço estrutural ligado ao baixo carbono endurecido por precipitação com Ni-Cu-Cr-Mo-Nb
ASTM A 852	Chapa de aço estrutura baixa liga temperada e revenida com LE de 485 MPa míninopara espessura de 4″
ASTM A 871	Chapa de aço estrutural ARBL com resistência à corrosão atmosférica
ASTM A 1011	Chapa, folha e tira de aço estrutural laminado a quente ARBL com conformabilidade melhorada

Tabela 1.13 Composição dos principais aços ASTM usados na construção civil

ASTM	%C	%Si	%Mn	%P	%S	%Ni	%Cr	%Cu	%V	LE (MPa)	LR (MPa)	Al (%)
	máx	máx	máx	máx	máx	máx				mín	mín	mín
A36 (perfis)	0,26	0,4						0,2		250	440-550	20
A572 (grau 50)	0,23	0,4	1,35	0,04	0,05						450	18
A588 (grau B)	0,2	0,15-0,5	0,75-1,35			0,5	0,4-0,7	0,2-0,4	0,01-0,1	345	485	18
A242 (chapas)	0,15		1	0,15							480	18

LE: limite de escoamento, LR: limite de resistência e Al: alongamento

Os aços da norma SAE são utilizados nas mais diversas aplicações, sobretudo naquelas em que a composição química é uma característica importante. São aços que serão submetidos a processos subsequentes de conformação mecânica e tratamento térmico, de onde serão obtidas as propriedades mecânicas finais. Como exemplo, temos eixos de máquinas, tirantes, facas para implementos agrícolas, entre outros. São divididos em:

- Aço baixo carbono (exemplos: SAE 1018 e 1020).
- Aço médio carbono (exemplo: SAE 1045).
- Aço alto carbono e baixa liga (exemplo: SAE 5160).

Vergalhões – aços longos amplamente usados na construção civil – são produzidos conforme normas ABNT NBR 7480.

10.2 Classificação de aços pela geometria

A classificação do aço pela geometria segue a premissa dos tipos de semiprodutos produzidos pelas usinas siderúrgicas, conforme mostra a Figura 1.35.

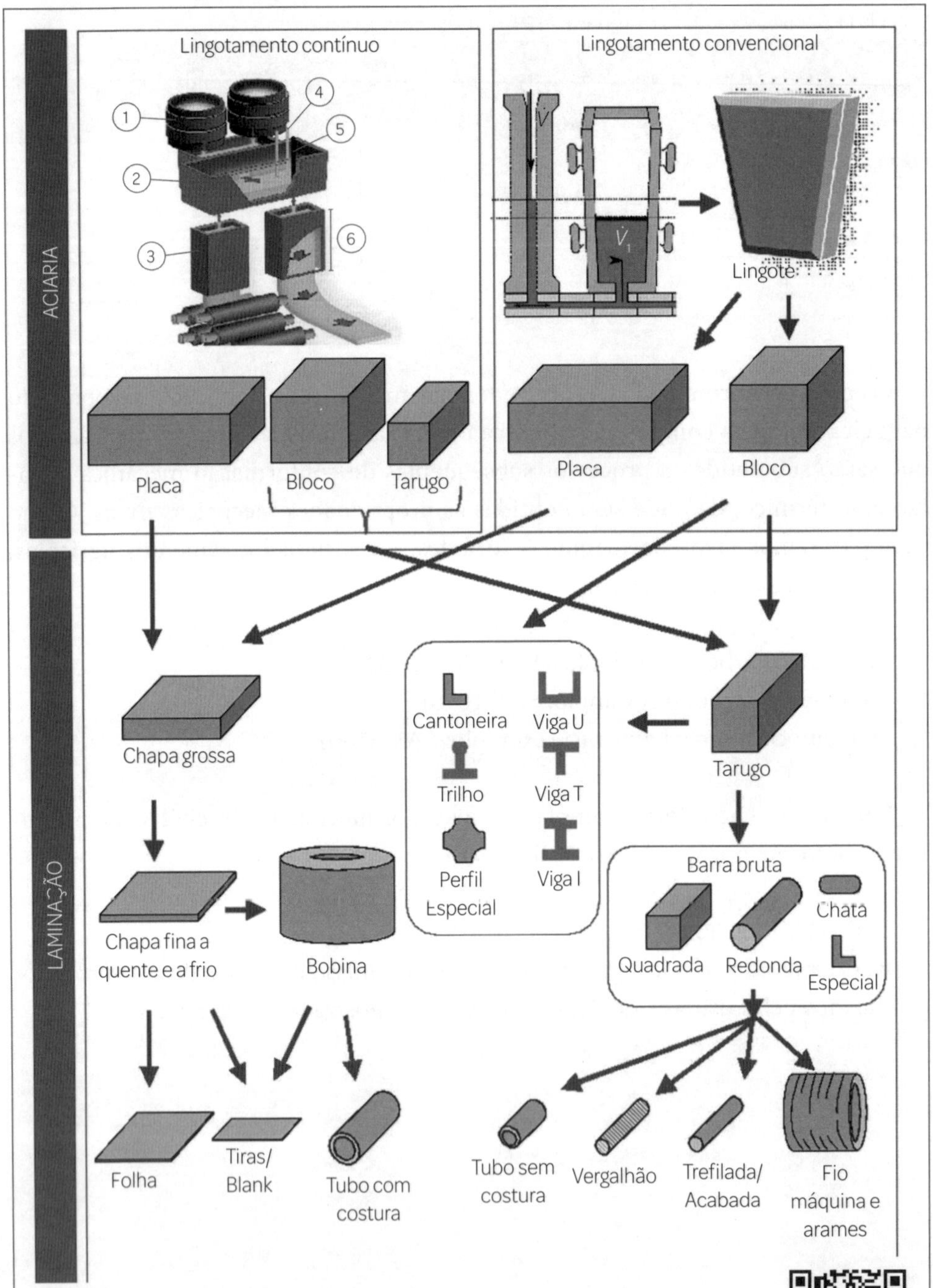

Figura 1.35 Hierarquia geométrica dos principais semiprodutos e produtos siderúrgicos.

Fonte: elaborada pelo autor com imagem do Google Images.

Dentre as diversas geometrias produzidas nacionalmente, temos as principais dimensões e bitolas a seguir, sabendo que há variações de usina para usina em função de seus limites de processo e sua capacidade produtiva.

1. Planos
   a) Placas
      - espessuras: 200 a 260 mm
   b) Chapas grossas
      - espessuras: 6 a 200 mm
      - larguras: 1.000 a 3.800 mm
      - comprimentos: 5.000 a 18.000 mm
   c) Bobinas
   d) Chapas laminadas a quente
      - espessuras: 1,20 a 16 mm
      - larguras: 800 a 2.000 mm
   e) Chapas laminadas a frio
      - espessuras: 0,38 a 3 mm
      - larguras: 800 a 1.870 mm
   f) Folhas
      - espessuras: 0,2 a 0,3 mm
   g) Tiras e *blanks*
      - sob medida
2. Longos
   h) Lingotes: até 140 ton
   i) Blocos:
      - quadrado de 300 a 400 × 400 a 600
   j) Tarugos redondos e quadrados:
      - Quadrados (lado): 120 – 155 – 185 – 220 mm
   k) Barras
      - redonda: 20 a 230 mm
      - quadrada: 45 a 230 mm
      - chata: 2,5 a 35 × 9,53 a 130 mm
      - chato mola: 6 a 60 × 50 a 130 mm
      - hexagonais: 6,36 a 41,28 mm
      - trefilados: 4,76 a 77,79 mm

l) Fio-máquina e arames
   - bitola: 5,5 a 44 mm | Diâmetro: 0,9 a 1,2 m | Comprimento: 1,2 a 1,9 m

m) Vergalhão: 4,30 a 32 mm

n) Perfis:
   - Viga I: altura: 101 a 152 mm; largura: 67,6 a 87 mm; espessura: 4,9 a 8,71 mm
   - Viga U: altura: 76 a 152 mm; largura: 35 a 51 mm; espessura: 4,3 a 7,9 mm
   - Viga T: largura: 19 a 25,4 mm; espessura: 3,18 mm
   - Cantoneira: espessura: 2,5 a 15,87 mm; largura: 12,7 a 127 mm.

11. QUALIDADE E INSPEÇÃO

Para garantir a qualidade do aço, as usinas realizam os mais diversos ensaios laboratoriais e durante o processamento. Dentre os mais importantes, podemos citar:

1. Análise química (espectrometria por emissão ótica).
2. Dureza:
   a) Brinell (HB).
   b) Rockwell (HR).
   c) Vickers (HV).
3. Tração:
   a) Limite de escoamento (MPa).
   b) Limite de resistência (MPa).
   c) Alongamento (%).
   d) Redução de área (%).
4. Impacto (Charpy).
5. Temperabilidade (Jominy).
6. Metalografia:
   a) Tamanho de grão.
   b) Microestrutura.
   c) Microinclusões.
7. Dobramento (conformabilidade).
8. Embutimento (estampabilidade).
9. Ultrassom (defeitos internos).
10. Partículas magnéticas (defeitos superficiais).
11. Fagulha visual (antimistura).
12. Espectroteste (antimistura).

A Figura 1.36 ilustra três dos principais equipamentos para realizar ensaios de qualidade de aços: durômetro, máquina de tração e microscópio ótico.

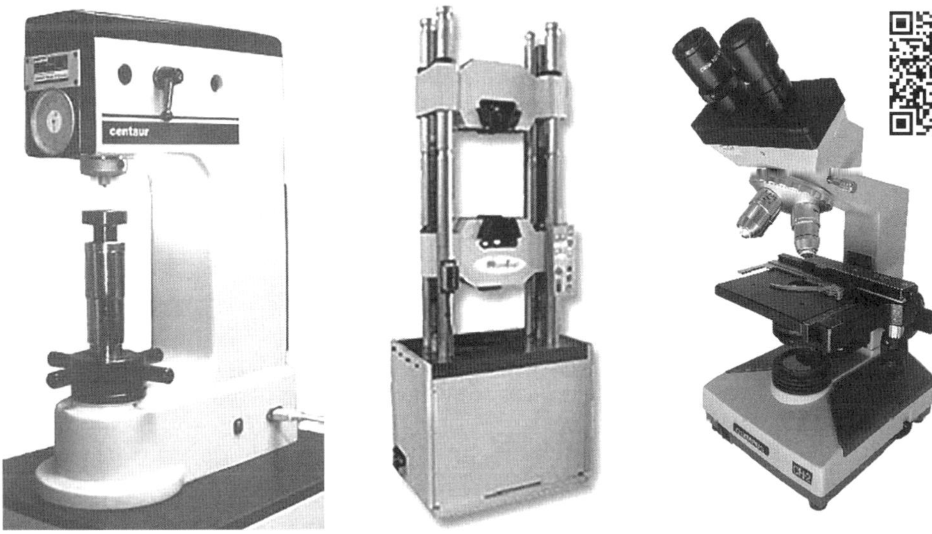

Figura 1.36 Durômetro (à esquerda), máquina de tração (centro) e microscópio (à direita).
Fonte: Google Imagens.

11.1 Certificado de qualidade

Após a produção do aço, a usina emite uma declaração em forma de um documento, chamado certificado de qualidade, que deve conter informações relativas à qualidade dos produtos inspecionados, reportando todos os resultados dos ensaios realizados. Isso garante que todas as propriedades e os níveis de qualidade solicitados pelo cliente sejam atendidos. O certificado também informa todas as características do produto e detalhes como número da ordem de venda, ordem de produção, corrida, composição química, propriedades mecânicas específicas, dimensional, entre outros solicitados pelo cliente. A Figura 1.37 mostra um exemplo de certificado para aços de construção mecânica.

O.K.O. Steel ***CERTIFICADO DE QUALIDADE***

Endereço comercial/Produção: Av. Jominy, 8620 - Cidade do Aço - Brasil CEP: 52100-000

CLIENTE: FORJADOS S.A. O.F.: 123321 (Ordem de Fabricação)
PEDIDO DO CLIENTE: 1234567 Nº CORRIDA: 987654
MATERIAL DO CLIENTE: Barra de aço redonda laminada PEDIDO: 656565-6

PRODUTO SOLICITADO
Aço: SAE 8620MOD Perfil: TARUGO REDONDO LAMINADO Acabamento: BRUTO
Tratamento térmico: SEMTºTº Bitola: 78 mm Comprimento: 4.000/6.000 mm

NORMAS E ESPECIFICAÇÕES
CBP-001 ver 2 12.12.2014; ASTM A 29/A 29M 05 01.05.2005

COMPOSIÇÃO QUÍMICA

	% C	% Si	% Mn	% P	% S	% Cr	% Ni	% Mo	% Al	% Cu
Mín	0,18	0,15	0,80	0	0	0,40	0,50	0,20	0,015	0
Máx	0,22	0,35	0,95	0,020	0,015	0,80	0,70	0,35	0,040	0,25
Real	0,19	0,23	0,87	0,010	0,004	0,78	0,52	0,25	0,018	0,10

	%Sn	%Ti	%V	%B	%Sb	%As	%O2	%N2	%H2
Mín	0	0	0,04	0	0	0	0	0	0
Máx	0,030	0,015	0,10	0,015	0,05	0,025	0,002	0,015	3 ppm
Real	0,007	0,0022	0,07	0,0005	0,003	0,003	0,0013	0,001	2 ppm

MICROINCLUSÃO
Norma: ASTM E 45/[A]
A - Série Fina: 1; A - Série Grossa: 0,5; B - Série Fina: 0; B - Série Grossa: 0; C - Série Fina: 0
C - Série Grossa: 0; D - Série Fina: 0,5; D - Série Grossa: 0

TAMANHO DE GRÃO
Norma: ASTM E 112 96
Tamanho de Grão Austenítico: 7; Método do Ensaio de Granulação (METODO DE MC QUAID-EHN)

PROPRIEDADES MECÂNICAS
Fragilização ao Hidrogênio: 0,99; Limite Escoamento em cp após toto: 804 MPa
Relação do L.E. / L.R.: 0,916; Limite Resistência em cp após toto: 878 MPa
Res. Impacto - Energia Absor. - 20º C: 216,3 J

DADOS ADICIONAIS
Taxa de Redução (7,1625); Rota de Lingotamento (Lingotamento Contínuo)
Tolerância Bitola 1 (0/1,19 mm); Comprimento (ATENÇÃO PARA O MÚLTIPLO DE COMPRIMENTO 4.000/6.000 mm)
Multiplo Comprimento (983 mm); . (Seção Fundido qd. 185 mm)
.: Inspeção superficial e interna por ultrassom 100%

Certificamos que o material descrito foi produzido de acordo com suas normas e especificações, satisfazendo o requerido.

Cidade do Aço, 31 de Fevereiro de 2050

Responsável Técnico
CREA 1234567

Figura 1.37 Exemplo de certificado de qualidade.
Fonte: autor.

BIBLIOGRAFIA

Aços para beneficiamento e para cementação – Villares Siderurgia, [Manual],1987.

ASHBY, M.F., *Materials selection in mechanical design*; 4ª ed.; Pergamon Press: Oxford, England, 2011.

ASKLAND, D.R.; WRIGHT W.J.; *Essentials of materials science and engineering*, 3ª ed. Cengage Learning, 2014.

ASM Handbook Vol 1 – *Properties and Selection: Irons, Steels, and High-Performance Alloys*, ASM International, 1990.

ASSUNÇÃO, F.C.R., "Seleção e Emprego de Aços", 1ª ed., ABM, 1987.

BRINGAS, J.E. *Handbook of Comparative World Steel Standards*, 3ª ed., ASTM data series publication; DS 67A, 2004.

BROCKENBROUGH, R.L. MERRIT, F.S., *Structural Steel Designer's Handbook*, 3ª ed. McGraw- Hill Inc. ,1994.

Catálogos Técnicos: Usiminas, Arcelor Mittal, Aperam, Villares Metals, Gerdau (sites das empresas), consulta em dezembro de 2023.

CHIAVERINI, V., "Aços e Ferros Fundidos", ABM, 7ª ed., 2005.

COSTA E SILVA, A. L.; MEI, R., "Aços e Ligas Especiais" – 4ª ed., Ed. Edgar Blucher, 2021.

GARCIA A., et al., "Ensaios dos Materiais", LTC Editora, 2000.

MOURÃO, M. B. et al., "Introdução à Siderurgia"; 1ª ed., 2ª impr., ABM, 2011.

SILVERIO, A. V.; CARBONI, M.C., "Aplicação dos Produtos Longos de Aço", ABM, São Paulo, 2014 [Curso].

SILVERIO, A. V.; CARBONI, M.C., BOLOTA, J. R., "Siderurgia para não Siderurgistas" – Módulos: Produtos Siderúrgicos, Aplicações e Tendências de mercado; e Processos de Fabricação, especificações e tendências tecnológicas, ABM, São Paulo; 2019 [Curso].

SILVERIO, V. A., "Estudo da evolução do tamanho de grão na laminação a quente de barras de aço médio carbono microligado ao vanádio - 38MnSiV5.", USP, 2008 [Dissertação de Mestrado].

VILLARES SIDERURGIA. *Aços para beneficiamento e para cementação*. 1987. [Manual]

CAPÍTULO 2
Aços microligados

Marcos Alexandre Stuart Nogueira

O conceito dos aços microligados é aplicado em aços planos, longos e mesmo em forjados. Neste capítulo, será apresentado o conceito para aços planos e perfis mais detalhadamente e, de modo mais resumido, os aços para molas e para engrenagens, que são aços especiais denominados *special bar quality* (SBQ), aplicados sobretudo na indústria automotiva.

Definição de aços microligados considerando aços planos e perfis

Uma das melhores definições para os aços microligados, ou os aços denominados *High Strength Low Alloy* (HSLA), foi dada por Noren:

> *Um aço microligado é um aço cuja composição química é simplesmente aquela de um aço estrutural ou, em muitos casos, um aço manganês ao qual pequenas adições de um elemento de liga provoca um forte ou marcante efeito em uma ou diversas das suas propriedades mecânicas [1,2].*

Pequenas adições, normalmente menores que 0,1% do elemento, são capazes de alterar as suas propriedades para valores equivalentes àquelas de um aço ligado. Esse efeito foi bem estudado por um dos maiores pesquisadores desses materiais na década de 1960, desenvolvidos na Universidade de Sheffield, Prof. Morrison:

Esses novos aços são vistos como um avanço na metalurgia, uma vez que viabilizam em volumes industriais, na produção de materiais com valores superiores de resistência mecânica e de tenacidade, propriedades que apenas podiam ser obtidas com aços ligados e consequentemente com maiores preços de mercado [3].

Em virtude dos pequenos teores de elementos de liga, os microligados viabilizam projetos que apenas poderiam ser realizados às custas dos antecessores com quantidades muito maiores de elementos de liga.

Três elementos são normalmente utilizados como elementos microligantes dos aços: o Nióbio, o Vanádio e o Titânio. Todos, em pequenos teores, aumentam a resistência mecânica de aços carbono da família dos aços estruturais, como mostrado nas Tabelas 2.1 e 2.2 [4]. Seus teores individualmente costumam estar abaixo de 0,1%, havendo limite em várias aplicações para que, uma vez somados, não ultrapassem 0,15%. Sua utilização está quase sempre associada com a aplicação do conhecido conceito de laminação *Thermo Mechanical Control Process* (TMCP), o qual será apresentado no Capítulo 11. A presença desses elementos e o processamento a quente, de acordo com as práticas de TMCP, garantem as propriedades mecânicas dos aços microligados, sem a necessidade de tratamentos térmicos adicionais. A Tabela 2.3 mostra os valores de resistência ao impacto para produtos similares não microligados [5]. Comparando os aços microligados da Tabela 2.4 com os não microligados da Tabela 2.3, nota-se que os primeiros têm maior resistência ao impacto do que aqueles especificados para os aços não microligados. Essa é a grande vantagem da utilização dos microligados, em especial aqueles com nióbio, pois conciliam resistência mecânica com tenacidade. Os motivos para essas diferenças também serão apresentados a seguir.

Tabela 2.1 Especificações de composição química de aços planos e longos processados por laminação controlada [4]

10027-1 CR10260	10027-2	C % Máx	Si % Máx	Mn % Máx	P % Máx[a]	S % Máx[b]	Nb % Máx	V % Máx	Al Total % Mín[c]	Ti % Máx	Cr % Máx	Ni % Máx	Mo % Máx	Cu % Máx[d]	N % Máx
S275M	1.8818	0,15[e]	0,55	1,60	0,035	0,030	0,060	0,10	0,015	0,06	0,35	0,35	0,13	0,60	0,017
S275ML	1.8819				0,030	0,025									
S355M	1.8823	0,15[e]	0,55	1,70	0,035	0,030	0,060	0,12	0,015	0,06	0,35	0,55	0,13	0,60	0,017
S355ML	1.8834				0,030	0,025									
S420M	1.8825	0,18[f]	0,55	1,80	0,035	0,030	0,060	0,14	0,015	0,06	0,35	0,85	0,23	0,60	0,027
S420ML	1.8836				0,030	0,025									
S460M	1.8827	0,18[f]	0,65	1,80	0,035	0,030	0,060	0,14	0,015	0,06	0,35	0,85	0,23	0,60	0,027
S460ML	1.8838				0,030	0,025									

[a] Para produtos longos, P e S podem ser 0,005% mais elevados.

[b] Para trilhos, S máx deve ser 0,012%.

[c] Caso outros elementos que se ligam com N estejam presentes, a relação Al mín não se aplica.

[d] Teores de Cu acima de 0,45% podem causar fragilidade a quente durante conformação a quente.

[e] Para produtos longos, pode-se aplicar 0,17% C para o grau S275 e 0,18%C para o grau S355.

[f] Para produtos longos, o C máx pode ser 0,20% para os graus S420 e S460.

Tabela 2.2 Especificação de propriedades mecânicas de aços laminados a quente por laminação controlada com diferentes espessuras [4]

Nome		Limite de escoamento mínimo ReH[a] (MPa)[b] Espessura nominal (mm)						Limite de resistência Rm a (MP[a])[b] Espessura nominal (mm)					Alongamento mínimo após a fratura[c] (%) $L_0 = 5,65\sqrt{S_0}$
EM 10027-1 CR 10260	EM 10027-2	≤16	>16 ≤40	>40 ≤63	>63 ≤80	>80 ≤100	>100 ≤120d	≤40	>40 ≤63	>63 ≤80	>80 ≤100	>100 ≤120 d	
S275M S275ML	1.8818 1.8819	275	265	255	245	245	240	370 a 530	360 a 520	350 a 510	350 a 510	350 a 510	24
S355M S355ML	1.8823 1.8834	355	345	335	325	325	320	470 a 630	450 a 610	440 a 600	440 a 600	430 a 590	22
S420M S420ML	1.8825 1.8836	420	400	390	380	370	365	520 a 680	500 a 660	480 a 640	470 a 630	460 a 620	19
S460M S460ML	1.8827 1.8838	460	440	430	410	400	385	540 d 720	530 d 710	510 d 690	500 d 680	490 d 660	17

[a] Para placas, tiras e produtos planos com larguras ≥ 600 mm, deve ser considerada a direção (t) transversal em relação à direção de laminação. Para todos os outros produtos, deve-se aplicar a direção paralela (l) em relação à direção de laminação.

[b] 1 MPa = 1 N/mm²

[c] Para produtos com espessura < 3 mm e que utilizam corpos de prova com comprimento para medição (*gauge lenght*) Lo = 80 mm, os valores devem estar de acordo com a ordem.

[d] É aplicável para produtos longos com espessuras ≤ 150 mm.

Tabela 2.3 Mínimos valores de ensaios de impacto Charpy feitos em amostras longitudinais de aços não microligados planos e longos [5]

Nome		Temperatura (°C)	Energia mínima (J) Espessura nominal em mm		
EN 10027-1 CR 10260	EN 10027-2		≤ 150 [a b]	> 150 ≤ 250 [b]	> 250 ≤ 400 [c]
S235JR	1.0038	20	27	27	-
S235J0	1.0114	0	27	27	-
S235J2	1.0117	−20	27	27	27
S275JR	1.0044	20	27	27	-
S275J0	1.0143	0	27	27	-
S275J2	1.0145	−20	27	27	27
S355JR	1.0045	20	27	27	-
S355J0	1.0553	0	27	27	-
S355J2	1.0577	−20	27	27	27
S355K2	1.0596	−20	40 [d]	33	33
S450J0 e	1.0590	0	27	-	-

[a] Para espessuras nominais ≤ 12 mm ver 7.3.2.1 de EM 10025-1:2004.

[b] Para seções com espessuras nominais > 100 mm, os valores devem ser acordados. Ver opção 28.

[c] Os valores são aplicáveis para produtos planos.

[d] Esse valor corresponde a condições com 27J a −30 °C (ver Eurocode 3).

[e] Aplicável apenas para produtos longos.

Tabela 2.4 Mínimos valores de energia absorvida em ensaios de impacto Charpy feitos em corpos de prova longitudinais removidos de aços laminados a quente por laminação controlada [4]

Nome		Mínimos valores de energia absorvida em impacto medidas em Joules em diferentes temperaturas de teste (°C)						
EN 10027-1 CR 10260	EN 10027-2	+20	0	−10	−20	−30	−40	−50
S275M S355M S420M S460M	1.8818 1.8823 1.8825 1.8827	55	47	43	40 [a]	-	-	-
S275ML S355ML S420ML S460ML	1.8819 1.8834 1.8836 1.8838	63	55	51	47	40	31	27

[a] Esse valor corresponde a 27J medido a −30 °C (veja Eurocode 3)

1. O EFEITO DOS ELEMENTOS MICROLIGANTES NOS AÇOS

Os elementos microligantes aumentam a resistência mecânica dos aços por mecanismos diferentes. A Figura 2.1 [6] mostra, para um aço para tubulações de óleo e gás, quais fatores atuam no aumento do seu limite de escoamento. São eles:

- Tamanho de grão: quanto mais finos, maior o limite de escoamento, conforme apresentado na expressão de Hall e Petch, item 3.6 do Capítulo 1 – Granulometria dos Metais.
- Elementos em solução sólida.

- Presença de precipitados.
- Encruamento do material.
- Presença de fases com maiores resistências.

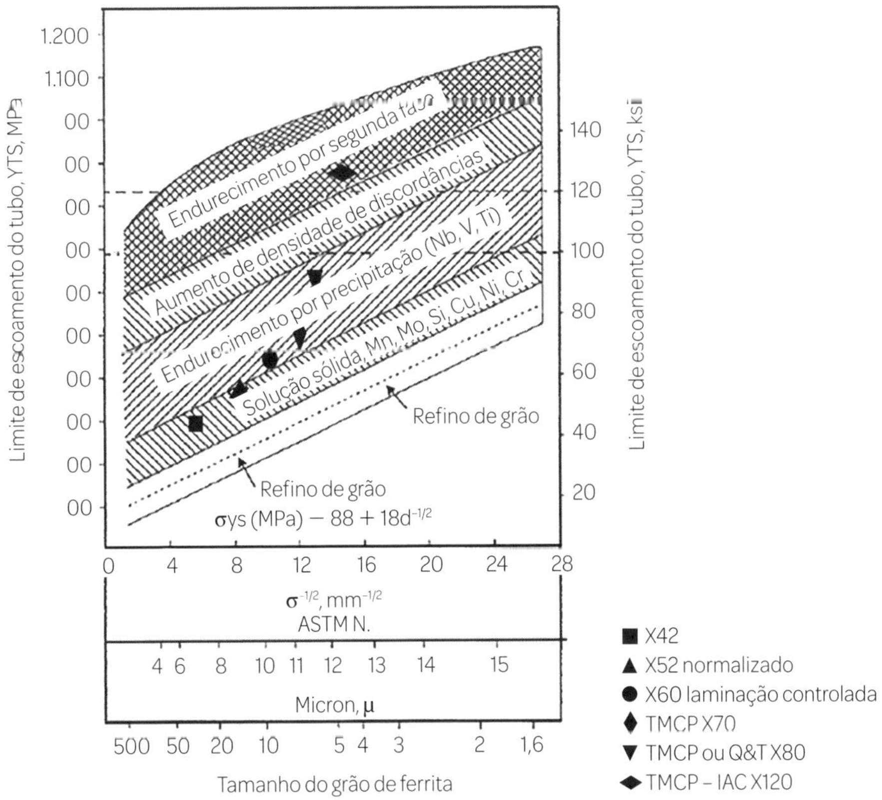

Figura 2.1 Aumento do limite de escoamento de aços para tubulações de gás da série API X42, X52, X70, X80 e X120 por diferentes mecanismos [6].

O refino de grão é um importante mecanismo no aumento do limite de escoamento dos aços. Dentre os elementos microligantes, verifica-se que o nióbio tem o maior efeito de refinador de grão dos aços. O nióbio é aquele que mais aumenta a temperatura de recristalização dos aços (Figura 2.2) [7]. Com isso, durante a laminação de aços contendo nióbio, os grãos deformados pela sequência de passes de laminação têm maior dificuldade para recristalizar, necessitando de maiores temperaturas para tal. Utilizando-se a laminação controlada ou TMCP, fica mais fácil industrialmente laminar os materiais em condições de temperatura nas quais podem ser obtidos grãos muito finos sem o risco de ocorrência de defeitos. Explicando melhor, quanto mais baixas as temperaturas de laminação, melhores as condições de obter grãos finos nos aços carbono. Porém, reduzindo a temperatura de laminação, há a redução da plasticidade dos aços, aumentando a tendência a aparecerem defeitos de laminação. Essa maior facilidade de obter grãos finos industrialmente em temperaturas mais elevadas é fundamental para a garantia de materiais resistentes, tenazes e sem qualquer tipo de defeito.

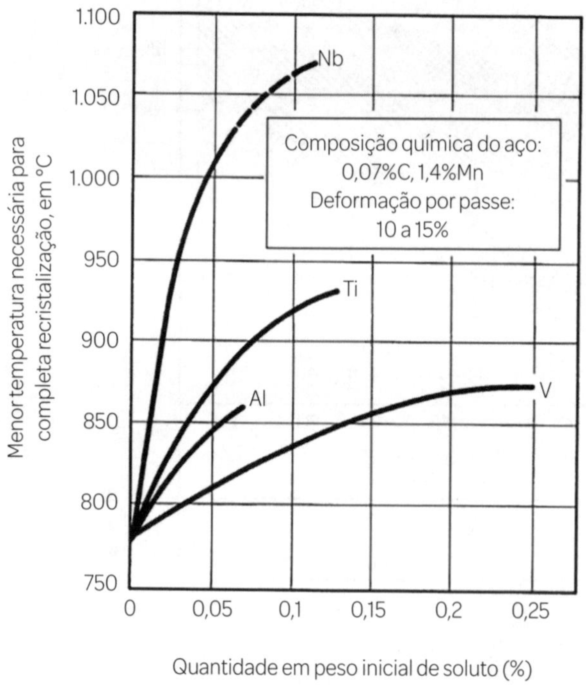

Figura 2.2 Aumento da temperatura de recristalização dos aços em razão da presença dos elementos Nb, Ti, Al e V [7].

O segundo mecanismo de aumento de resistência mecânica dos aços mencionado é o endurecimento por solução sólida. Uma vez que os elementos não têm o mesmo raio atômico do ferro, eles distorcem o reticulado do aço. Com isso, dificultam a movimentação das discordâncias e aumentam a resistência do material. Os elementos que mais afetam a resistência dos aços por solução sólida são o Si, Mo, Mn e Cr, portanto, não é um mecanismo exclusivo dos elementos microligantes. Já quanto ao efeito dos precipitados, verificou-se que os elementos microligantes têm a propriedade de precipitar fina e homogeneamente nos aços, conforme mostra a

Figura 2.3, cuja formação na microestrutura dos aços foi revelada há tempos por Morrison [8].

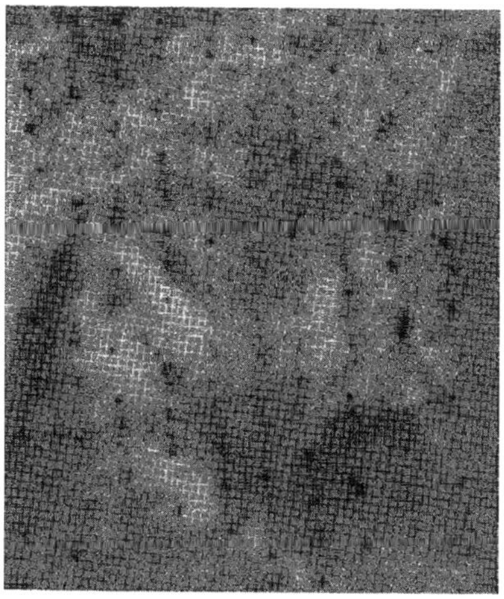

Figura 2.3 Alinhamentos de precipitados contendo nióbio revelados por microscopia eletrônica de transmissão, aumento 75.000 X [8].

A formação desses precipitados é induzida pela deformação durante a laminação a quente; eles são finos (em geral, abaixo de 50 nm) e homogeneamente distribuídos, o que contribui para sua capacidade em dificultar a recristalização evitando que os grãos cresçam. Tanto o titânio quanto o vanádio e o nióbio precipitam, variando apenas as temperaturas em que esses precipitados ocorrem. Os precipitados contendo nióbio precipitam induzidos pela deformação entre 850 e 950 °C, faixa de temperatura que corresponde aos passes acabadores nos laminadores a quente, garantindo um fino grão de austenita na saída do laminador. Já os precipitados contendo titânio ocorrem em temperaturas mais elevadas, e os contendo vanádio precipitam em temperaturas da ordem de 700 °C. Esses finos precipitados (menores que 10 nm) são os responsáveis pelo principal mecanismo de aumento de resistência mecânica promovido pelo vanádio, ou seja, a precipitação de carbonitretos. O nióbio não precipitado durante a laminação também pode precipitar em temperaturas abaixo de 800 °C, conforme explicado para o caso do vanádio.

Outro mecanismo importante para o aumento da resistência é obtido pela formação de fases mais resistentes do que a ferrita ou a perlita, como são os casos da própria ferrita acicular, da bainita ou da martensita, o que não será tratado neste capítulo.

O efeito do refino de grão no aumento do limite de resistência, que pode ser visualizada na expressão de Hall-Petch [8], conforme apresentado no item 3.6 do Capítulo 1 – Granulometria dos Metais, é um mecanismo importantíssimo para os microligados. Adicionar nióbio em aço carbono refina o grão, reduz o valor da variável d da expressão de Hall-Petch e, consequentemente, aumenta a resistência mecânica do material. Esse efeito é ilustrado na Figura 2.4 [9]. A adição de nióbio em um aço carbono-manganês proporciona a obtenção de material com grão mais fino, nesse caso, subindo de 10 ASTM para valores superiores a 12 ASTM, o que acarreta um aumento de limite de escoamento de 400 MPa para cerca de 550 MPa. A adição de nióbio, mesmo quando os aços têm os mesmos valores de tamanho de grão, leva a um aumento do limite de escoamento de 50 a 100 MPa, sendo esse feito atribuído à formação de precipitados contendo nióbio. O outro mecanismo que pode ser visto na expressão de Hall-Petch é o aumento da resistência decorrente da presença de elementos em solução ou precipitados, uma vez que estes aumentam as forças de atrito para as deformações dos aços, ou seja, aumentam a tensão σ_0.

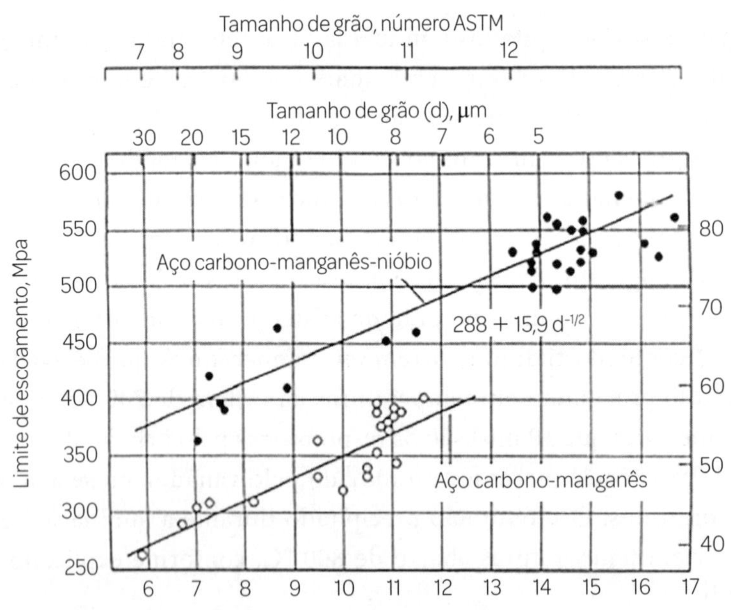

Figura 2.4 Aumento do limite de resistência pelo refino de grão de aços carbono-manganês [9].

Além de aumentar o limite de resistência do aço, o refinamento do grão também aumenta sua tenacidade. Essa propriedade pode ser medida pela redução da temperatura de transição dúctil/frágil nos ensaios de impacto Charpy (Figura 2.5) [10]. Com isso, o nióbio aumenta simultaneamente a resistência mecânica e a tenacidade.

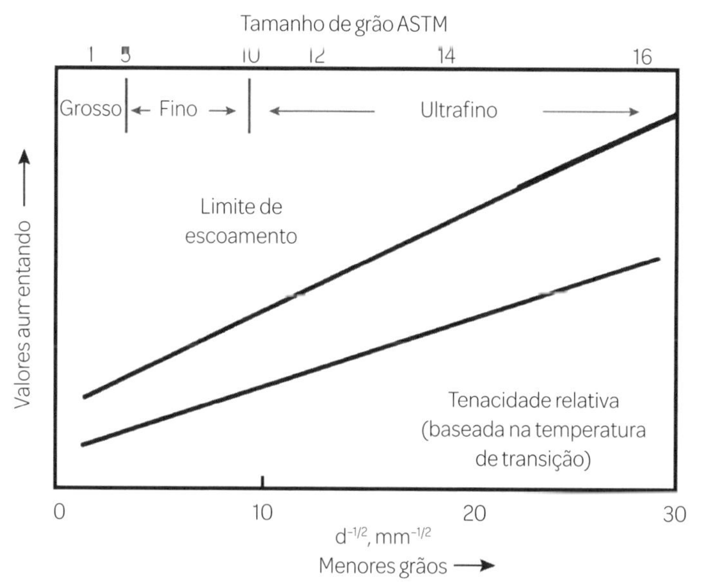

Figura 2.5 Efeito da redução do tamanho de grão no aumento do limite de resistência e na redução da temperatura de transição dúctil/frágil [10].

2. VANTAGENS DA APLICAÇÃO DOS MICROLIGADOS

A grande virtude dos aços microligados é que, com pequenas quantidades desses elementos, obtém-se aumento da resistência mecânica e da tenacidade dos materiais, podendo ser adotados em projetos que utilizam estruturas mais delgadas e consequentemente mais leves. Essa característica vem sendo a base de todo o desenvolvimento dos aços automotivos nos últimos 20 anos.

O segmento automotivo adotou o conceito denominado *light design*. Partindo da família dos HSLA, o setor utiliza aços cada vez mais resistentes, o que permite a aplicação de projetos com estruturas mais delgadas. Com isso, reduzem os pesos dessas estruturas, o que resulta em um menor peso total do veículo e, consequentemente, numa redução do consumo de combustíveis e das emissões de CO_2 [11,12]. A Figura 2.6 mostra essa relação entre emissão do CO_2 e peso dos veículos para diferentes classes de veículos [12]. Além dessa vantagem, a utilização dos microligados automotivos permitiu que todos os modernos projetos veiculares obtenham a nota máxima (cinco estrelas) em segurança nos denominados *crash tests* [12].

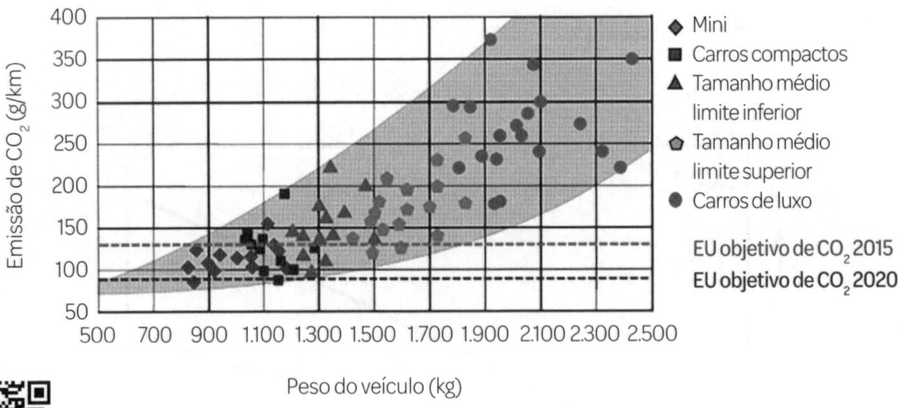

Figura 2.6 Relação entre a emissão de CO_2 e o peso de veículos para diferentes classes de veículos [12].

O mesmo conceito vem sendo aplicado para aços estruturais [13,14]. O exemplo para perfis H, na Figura 2.7 [14], mostra bem os ganhos que podem ser obtidos utilizando-se aços com 460 MPa em vez de aços com 235 MPa. Os ganhos estão nas menores quantidades de aços e de solda que são necessárias para a construção de estruturas equivalentes [14]. As obras ficam mais seguras e com menores custos.

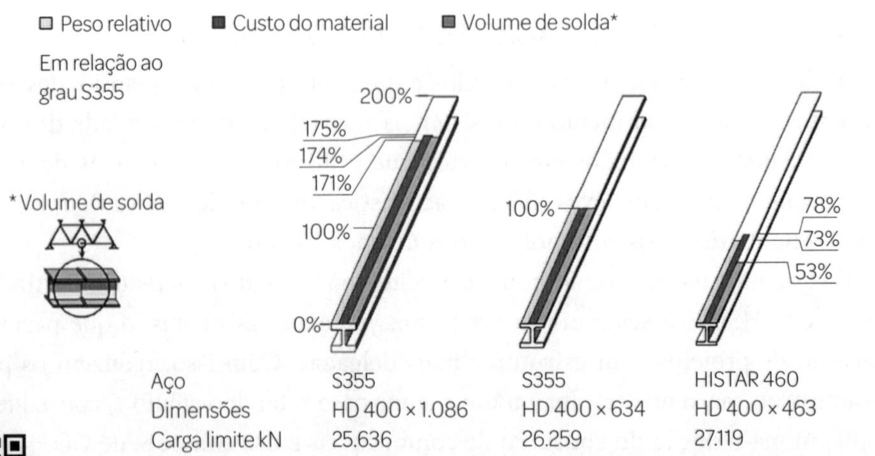

Figura 2.7 Reduções de peso e dos custos de estruturas, bem como do volume de solda necessário quando são utilizados perfis H com maiores valores de resistência mecânica em relação a um tradicional 235 Mpa [14].

Esses ganhos também são capturados em outros segmentos, como nos aços para óleo e gás, para fabricação de navios de grande porte, para a construção de equipamentos pesados, vasos de pressão, ou seja, para aplicações nas quais são necessárias as conciliações de propriedades como resistência e tenacidade, bem como a necessidade de se ter uma boa soldabilidade. Tradicionalmente, o teor de carbono era muito importante para o aumento da resistência dos aços carbono-manganês, pois esse aumento ocorria por uma maior precipitação de carbonetos ou pela maior formação de perlita em relação a ferrita. Uma vez que o refino de grão é muito efetivo para o aumento da resistência mecânica, com os aços microligados ao nióbio, é possível utilizar menores teores de carbono, resultando em um menor carbono equivalente e, consequentemente, numa melhor soldabilidade (Figura 2.8) [15].

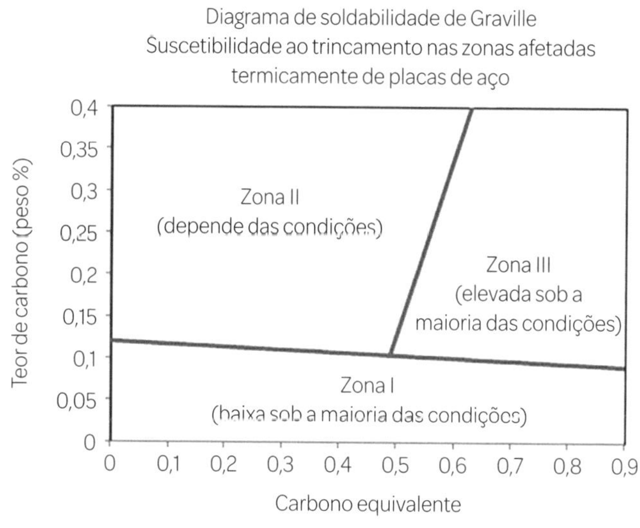

Carbono equivalente

CE = C + Mn / 6 + (Cr + Mo + V) / 5 + (Cu + Ni) / 15

Figura 2.8 Efeito do teor de carbono na soldabilidade de placas de aço. Zona I: baixo risco de trincamento na soldagem. Zona II: risco moderado. Zona III: risco elevado [15].

Os microligados permitem essa redução dos teores de carbono e atualmente é muito comum ter aços para a produção de grandes navios contêiner com carbono abaixo de 0,1%, com os quais se obtém excelente soldabilidade mesmo quando são feitas soldas em processos que utilizam elevada potência aplicada, o que é bem-vindo para o aumento da produtividade dos fabricantes de navios. Com isso, são obtidas propriedades mecânicas bem acima das especificadas (Tabela 2.5) [16], garantindo a segurança dos modernos projetos de engenharia.

Tabela 2.5 Aço YP 47 utilizado para a construção de navios contêiner de grandes dimensões. Ressalta-se a excelente tenacidade obtida em ensaios Charpy feitos a −40 °C [16]

Aço	Limite de escoamento (N/mm^2)	Limite de resistência (N/mm^2)	Alongamento (%)	Energia absorvida em ensaio Charpy −40 °C (J)	
				Média	Individual
YP47	513	614	25	230	228
Especificação	⩾ 460	570 a 720	⩾ 17	⩾ 53	⩾ 38
Composição química					
C	**Si**	**Mn**	**P**	**S**	**Outros**
0,09	**0,07**	**1,52**	**0,007**	**0,002**	**Cu, Ni, Nb, Ti, B**

A Tabela 2.6 faz uma comparação entre uma chapa de 50 mm de aço S460 normalizado com um aço de mesmo grau laminado utilizando TMCP [15]. Com o TMCP, é possível utilizar menores quantidades de elementos de liga e de carbono, reduzindo os valores de CE de 0,50 para 0,37, o que representa muito melhores condições de soldabilidade do material.

Tabela 2.6 Comparação da composição química e consequente carbono equivalente de placa de 50 mm de aço S460 normalizada com placa obtida por processo TMCP [15]

	S460 NL		S460 ML	
	De acordo com EN 10113-2	Análise típica	De acordo com EN 10113-3	Análise típica
C	> 0,20	0,17	< 0,16	0,09
Si	< 0,60	0,45	< 0,60	0,30
Mn	1 a 1,7	1,65	< 1,70	1,50
P	< 0,030	0,015	< 0,030	0,011
S	< 0,025	0,010	< 0,025	0,005
Nb	< 0,05	-	< 0,05	< 0,04
V	< 0,20	0,17	< 0,12	< 0,05
Mo	< 0,10	-	< 0,20	-
Ni	< 0,80	0,29	< 0,45	0,25
CE		0,50		0,37
Pcm		0,29		0,19
CET		0,34		0,25

Carbono equivalente:

$CE = C + Mn/6 + (Cr + Mo + V)/5 + (Ni + Cu)/15$

$P_{cm} = C + Si/30 + (Mn + Cu + Cr)/20 + Ni/60 + Mo/15 + V/10 + 5B$

$CET = C + (Mn + Mo)/10 + (Cr + Cu)/20 + Ni/40$

3. AÇOS MICROLIGADOS APLICADOS PARA OS AÇOS LONGOS ESPECIAIS DENOMINADOS *SPECIAL BAR QUALITY* (SBQ)

Os aços da família dos *Special Bar Quality*, normalmente aplicados à indústria de autopeças, são submetidos a complexas solicitações em uso, as quais requerem diferentes propriedades do material, como elevada resistência mecânica, resistência à fadiga, ao desgaste, à corrosão, entre outras. Os elementos microligantes são aplicados em vários desses componentes como forma de conciliar muitas dessas propriedades e garantir desempenho satisfatório ao material. Uma grande vantagem dos microligados é que, em várias aplicações, permitem que o material seja utilizado na condição bruta de laminação, sem a necessidade de tratamentos térmicos adicionais. Conforme já mencionado, os microligantes dificultam a recristalização do aço que está sendo deformado, resultando em material com grãos austeníticos refinados, o que origina uma microestrutura final fina e homogênea. Esses são os casos de molas em barras, com grande economia de já obterem as propriedades mecânicas após a laminação a quente. Muitos componentes, apesar dessa possibilidade, são temperados e revenidos para atingirem as propriedades mecânicas especificadas, que são os casos das engrenagens cementadas. Mesmo nesses casos, os elementos microligantes podem auxiliar decisivamente na obtenção das propriedades necessárias nesses tratamentos de têmpera ou de cementação, pois evitam o crescimento dos grãos austeníticos durante esses tratamentos térmicos, proporcionando uma microestrutura fina e homogênea. Grãos grosseiros ou que apresentaram crescimento excessivo localizadamente reduzem fortemente a tenacidade e a resistência à fadiga dos componentes.

3.1 Aços mola

Os aços mola devem apresentar elevada resistência mecânica para que possam ser projetadas atendendo às necessidades de redução de peso atuais, como contribuição a redução das emissões de CO_2 durante a vida dos veículos. São componentes cada vez mais leves e, para tanto, devem apresentar elevada resistência à fadiga e elevada capacidade de absorver impactos, ou seja, elevada tenacidade. As molas devem também manter sua resistência mecânica sem ceder com o tempo de uso (SAG), apresentar resistência à fragilidade ao hidrogênio e à corrosão. A utilização dos microligados leva ao refino dos grãos e da microestrutura, melhorando essas propriedades fundamentais para o bom desempenho dos componentes.

Um excelente exemplo de desenvolvimento de molas temperadas e revenidas com adições dos microligantes nióbio e vanádio foi feito pela Aichi Steel em conjunto com a Chuo Spring [17]. Foram adicionados os elementos em um aço para molas SUP7 (Tabela 2.7), obtendo-se aumento da resistência ao SAG e à fadiga, duas importantes propriedades para esses componentes (Figura 2.9) [17].

Tabela 2.7 Adições dos elementos vanádio e nióbio no aço para molas SUP7.

	C	Si	Mn	P	S	Cu	Cr	Al	Nb	V
SUP7	0,58	2,09	0,83	0,014	0,008	0,09	0,14	0,025	0	0
SUP7-V	0,58	1,98	0,81	0,013	0,008	0,09	0,09	0,032	0	0,29
SUP7-Nb-V	*0,56*	*1,94*	*0,79*	*0,014*	*0,008*	*0,09*	*0,09*	*0,021*	*0,15*	*0,18*

Fonte: Adaptada de [17]

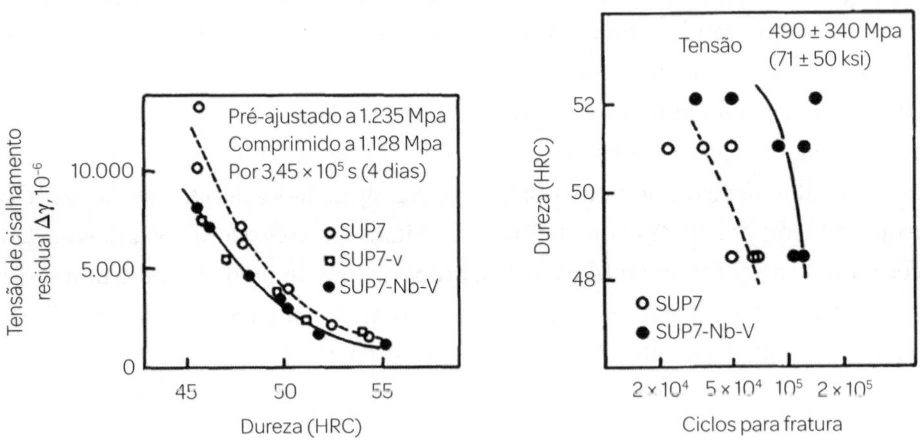

(a) (b)

$$\Delta\gamma = k(8D\,\Delta P)/\pi d'G$$

$\Delta\gamma$ = deformação residual
k = coeficiente de Wahl, 1,176
D = diâmetro médio da bobina, 100 mm (3,94 in.)
ΔP = diferença de carga

π = 3,14
d = diâmetro de barra, 12 mm (0,472 in.)
G = módulo de cisalhamento, $7{,}85 \times 10^4$ Mpa ($1{,}14 \times 10^4$ ksi)

Figura 2.9 Aumento da resistência ao SAG (a) e aumento da resistência à fadiga (b) pela adição dos elementos vanádio e nióbio no aço para mola SUP7 [17].

Em outro desenvolvimento para molas feito pela Daido e que consta de revisão feita por Bhushan Rakshe [18], foram adicionados os elementos de liga, boro e os microligantes vanádio e nióbio no mesmo aço SUP7 (Tabela 2.8), obtendo-se resultados muito superiores de resistência à fadiga e de resistência à fadiga associada à corrosão (Figura 2.10) [18]. O novo material atingiu 1.200 MPa de resistência e teve uma vida duas vezes superior ao SUP7 convencional em condições mais agressivas de corrosão.

Tabela 2.8 Aço desenvolvido a partir do tradicional SUP7 com adições de elementos de liga, boro e microligantes nióbio e vanádio [18]

	C	Mn	Si	Ni	Cr	V	B	Nb
SUP7	0,6	0,9	2	-	-	-	-	-
ND120S	0,4	0,3	1,8	0,5	1	0,2	0,0015	0,025

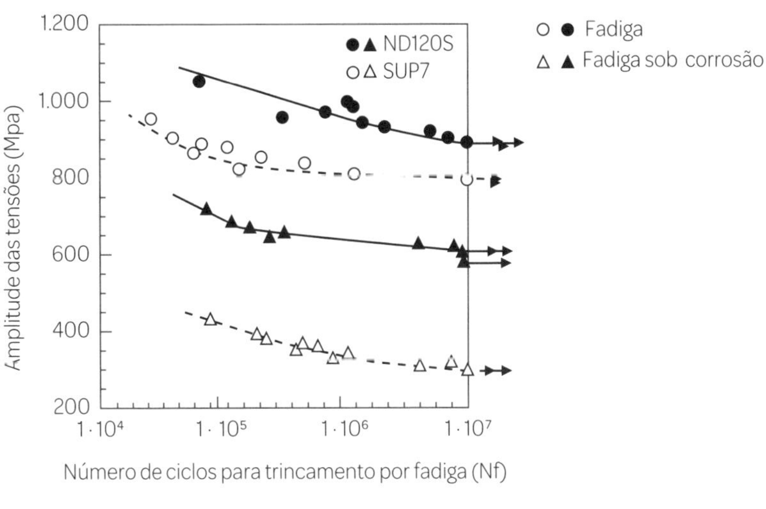

Figura 2.10 Diagrama número de ciclos × amplitude de tensão aplicada para ensaios de fadiga com e sem condições corrosivas [18].

3.2 Engrenagens cementadas

As transmissões estão entre os componentes automotivos com solicitações mais complexas, pois exigem elevada resistência mecânica para contribuírem para a redução de peso dos veículos, elevada resistência ao desgaste em razão do contato entre si, além de elevada resistência à fadiga. Para tanto, normalmente são cementadas, para que tenham superfícies com alta resistência ao desgaste sobre regiões mais internas dos dentes de elevada resistência à fadiga. Utilizam temperaturas de cementação entre 880 e 950 °C. O tempo de permanência nessas temperaturas para atingir profundidades de cementação da ordem de 2 mm são de até 20 horas, sendo menores quanto mais elevadas forem essas temperaturas. A contribuição do nióbio vem da possibilidade de manter os grãos austeníticos finos e homogêneos mesmo quando são utilizadas as temperaturas no limite superior, o que aumenta a produtividade dos produtores das engrenagens.

A Daido estudou a adição de nióbio em engrenagens cementadas considerando duas composições químicas, conforme mostra a Tabela 2.9 [19].

Tabela 2.9 Composições químicas do aço tradicional e do desenvolvido com adição de boro e nióbio. Adaptado de [19]

	C	Si	Mn	Cr	B	Nb
Convencional SCr420	0,2	0,2	0,8	1,15	-	-
Aço desenvolvido	0,2	0,1	0,5	2	0,0015	0,05

Após a laminação a quente, esses materiais são recozidos para que possam ser usinados na forma de engrenagens. A dureza obtida após recozimento é importante para facilitar a usinagem e, com a nova composição, a dureza foi menor do que era obtido com os aços convencionais (Figura 2.11) [19].

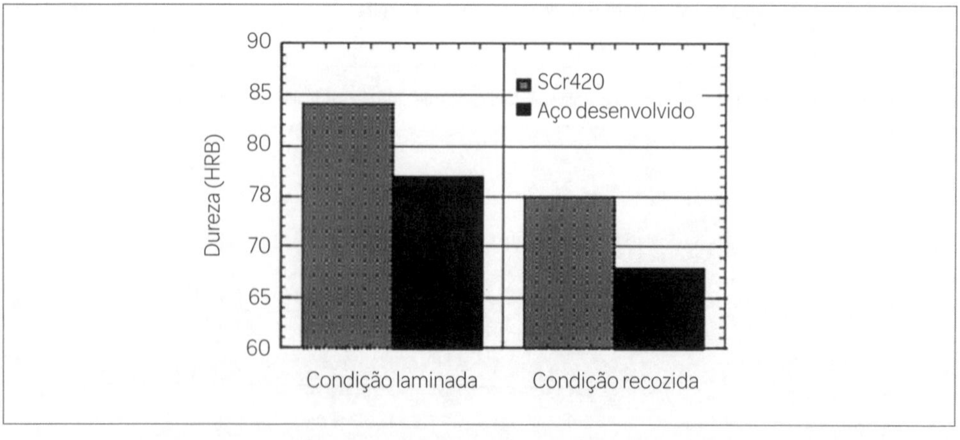

Figura 2.11 Valores de dureza obtidos após recozimento de aços para engrenagens com e sem nióbio e boro [19].

Após austenitização em diversas temperaturas, o material contendo nióbio apresentou menor tamanho de grão que o convencional, e o tamanho de grão permaneceu praticamente constante com o aumento da temperatura de austenitização (Figura 2.12) [19].

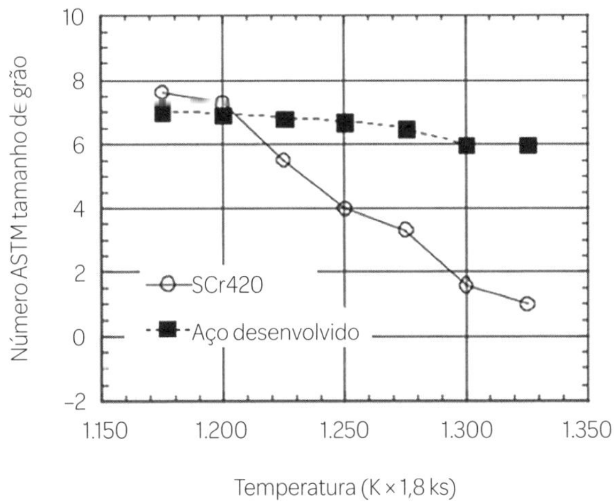

Figura 2.12 Tamanho de grão ASTM obtido após austenitização em diferentes temperaturas por 1,8 ks (quilossegundo) com os aços SCr420 com e sem nióbio e boro [19].

Portanto, com a adição de nióbio, é possível aumentar as temperaturas de cementação sem comprometer o refino dos grãos, o que acaba sendo importante para a resistência do material à fadiga, como mostra o trabalho de Thompson, Matlock e Speer [20] (Figuras 2.13 e 2.14).

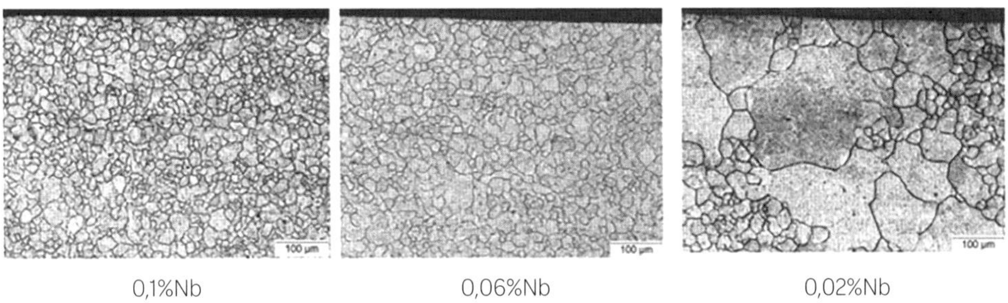

Figura 2.13 Tamanho de grão austenítico formado com o aquecimento a 1.050 °C com aços contendo diferentes teores de nióbio [20].

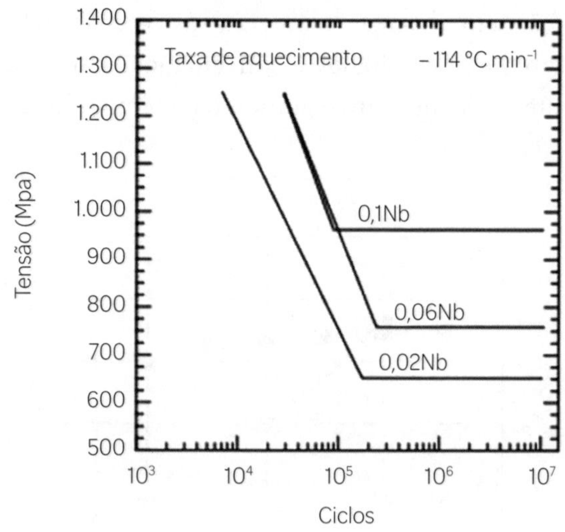

Figura 2.14 Curva S-N comparando aços para cementação 8620 com diferentes teores de nióbio aquecidos a 114 °C/min [19]. Com o aumento do teor de nióbio de 0,02% para 0,1%, há aumento da resistência à fadiga.

REFERÊNCIAS

1. NOGUEIRA, M. A. S.; CARNEIRO, T. Niobium in microalloyed steels – Unchallenged for its main applications. *In: HSLA Conference 2011*, Beijing, 2011.
2. WOODHEAD, J. H.; KEOWN, S. R. The history of microalloyed steels. *In: Proceeding of Conference HSLA 85*, Beijing. 1986. p. 15-28, 1985.
3. MORRISON, W. B.; WOODHEAD, J. H. The influence of small niobium additions on the chemical properties of commercial mild steels. *Journal of The Iron and Steel Institute*, p. 43-46, London,1963.
4. THE EUROPEAN STANDARD EN 10025–4: *Hot rolled products of structural steels*. Part 4: Technical delivery conditions for thermomechanical rolled weldable fine grain structural steels, BSI, European Committee for Standardization, 2004.
5. THE EUROPEAN STANDARD UN 10025-2. *Hot rolled products of structural steels*. Part 2: Technical delivery conditions for non-alloy structural steels, BSI, European Committee for Standardization, 2004.
6. GRAY, M. J.; SICILIANO, F. *High strength microalloyed linepipe: half a century of evolution*. Houston: Microalloyed Steel Institute, 2009.
7. CUDDY, L. J. The effect of microalloy concentration on the recrystallization of austenite during hot deformation. *In: Proc. Thermomechanical Processing of Microalloyed Austenite. Pittsburgh*, AIME, TMS PP 129-140, 1981.

8. MORRISON, W. B. Microalloy steels: the Beginning. *Materials Science and Technology*, v. 25, n. 9, UK, 2009.
9. LE BON A. B.; SAINT MARTIN, L. N. *Microalloying 75, Proceedings on High Strength*, Low-Alloy Steels, Washington, USA, 1975.
10. THOMAS, L. *How does grain refinement lead to improved properties?* Pittsburgh: Knife Steel Nerds, 2018. Disponível em: https://knifesteelnerds.com/2018/03/19/how-does-grain-refinement-lead-to-improved-properties/ Acesso em: 20 abr. 2024.
11. Kawaguchi, H. *Various Steel Sheet Applications for Automotive*, International Symposium on Niobium Microalloyed Sheet Steel for Automotive Application, TMS, (The Mineral Metals & Material Society), London, 2006.
12. HORVATH, C. D. *Advancements in light weight metals for mass reduction and fuel economy improvements in automotive body structure and closure panels.* Detroit: Global Automotive Lightweight Materials, 2016.
13. MOHRBACHER, H. *Niobium's contribution to sustainable steel car body manufacturing.* São Paulo: SAE Brazil CAR Body, 2016.
14. STREISSELBERGER, A.; SCHWINN, V.; HUBO, R. *Microalloyed structural plate rolling heat treatment and applications.* Germany: AG der Dillinger Huettenwerke, International Symposium Niobium 2001, Orlando, USA, 2001.
15. DONNAY, B.; GROBER, H. *Niobium in high strength weldable beams and other structural.* Research Center of Profile ARBED, International Symposium Niobium 2001, Orlando, USA, 2001.
16. TAYLOR, K. et al. *Evaluation of low- and medium-carbon Nb-Microalloyed plate steels for wind tower applications.* Iron and Steel Technology, 8:(10), 127-137, Pennsylvania, USA, 2011.
17. Yamamoto, T. et al. Precipitation – Strengthened spring steel for automotive suspensions. *Journal of Heat Treating*, vol. 3, 220-227,1984.
18. RASHE, B. *Niobium microalloying addition: solution for high strength spring steels for automotive suspensions.* Ferro Tech India Pvt. Ltd. Disponível em: https://scholar.archive.org/work/b47jhueclrb65mgrlfcdvp7jxu Acesso em: 20 abr. 2024.
19. KIMURA, T.; KUREBAYASHI, Y. *Niobium in microalloyed engineering steels, wire rods and case carburized products.* Daido Steel, Research & Development, Materials Science and Engineering, 2002.
20. THOMPSON, R. E. et al. The fatigue performance of high temperature vacuum carburized Nb modified 8620 Steel. *Journal of Materials and Manufacturing*, vol. 115, 392-407, 2007.

CAPÍTULO 3
Matérias-primas siderúrgicas

Eduardo Emery Cunha Quites

1. INTRODUÇÃO

Em uma usina siderúrgica, a etapa inicial do processo produtivo do aço é composta por recebimento, estocagem e preparação das matérias-primas. Portanto, a área de matérias-primas deve funcionar de modo a garantir o suprimento dessas matérias-primas com qualidade, quantidade e custo adequados para a eficiência dos processos subsequentes. Pode-se dizer que o custo do aço é definido, em grande parte, nessa etapa inicial do processo siderúrgico.

Neste capítulo, abordaremos as principais matérias-primas utilizadas na produção do ferro primário em usinas integradas, ou seja, os minérios de ferro, os combustíveis e redutores e os fundentes, bem como as preparações dessas matérias-primas nas formas de sínter, pelotas, coque e carvão vegetal. Tais matérias-primas correspondem a mais de 90% da massa consumida e cerca de 40% a 60% do custo do aço. Outras matérias-primas, como sucatas, desoxidantes, dessulfurantes, ferros-liga e as utilidades (água, vapor, oxigênio, nitrogênio e energia elétrica etc.), serão abordados nos capítulos subsequentes.

O objetivo deste capítulo é fornecer informações básicas sobre as matérias-primas siderúrgicas e quais são as influências das composições químicas, principalmente das impurezas, na produção de aço. Serão analisadas as características físicas desejáveis das matérias-primas para a sua utilização, bem como, resumidamente, os processos de pelotização, sinterização, coqueificação e produção de carvão vegetal.

2. AS MATÉRIAS-PRIMAS NOS PROCESSOS SIDERÚRGICOS

As matérias-primas principais para siderúrgicas integradas são: minérios de ferro, redutores, combustíveis, fundentes, sucatas, ferros-liga, desoxidantes e dessulfurantes. As siderúrgicas semi-integradas ou aciarias elétricas necessitam principalmente de sucatas, fundentes, ferros-liga, desoxidantes e dessulfurantes e as mesmas utilidades de uma usina integrada, porém, com grande consumo de energia elétrica.

2.1 Minérios de ferro e aglomerados de minérios de ferro

Para melhor descrever os minérios de ferro, faremos primeiramente algumas definições:

- Mineral é um componente da crosta terrestre, homogêneo, que se originou de modo natural. Exemplo: Fe_2O_3 = hematita.
- Rocha é uma mistura de minerais que se originaram de modo natural. Exemplo: hematita (Fe_2O_3) + sílica (SiO_2) = itabirito.
- Minério é uma massa monomineral (mineral) ou polimineral (rocha) de onde se pode extrair um ou mais minerais (ou elementos químicos) comercialmente.
- Ganga é a parte descartável no processamento industrial dos minérios, o que sobra após a separação do mineral de interesse. Exemplo: sílica (SiO_2) no itabirito.
- Jazida é região geográfica da crosta terrestre onde ocorre uma quantidade considerável de um determinado minério.

O ferro não ocorre na natureza como uma substância pura, mas como um composto em rochas, que podem conter até próximo de 70% de ferro. Essas jazidas de rochas ferrosas, conforme ilustrado na Figura 3.1, são chamadas de minas de minérios de ferro. Os compostos de ferro aí contidos são principalmente óxidos de ferro, mas também carbonatos de ferro ou sulfuretos de ferro. Os minérios de ferro mais importantes são os hematíticos (Fe_2O_3) e magnetíticos (Fe_3O_4). Existem outros, porém de menor importância, como os limoníticos (óxidos hidratados), sideríticos (carbonatos) etc. De acordo com relatório da World Steel Association [1], estima-se que os recursos mundiais provados de minério de ferro excedam 800 bilhões de toneladas de minério bruto, contendo mais de 230 bilhões de toneladas de ferro.

Figura 3.1 Mina de minério de ferro.
Fonte: Getty Images.

Os minérios brasileiros são, em sua maioria, hematíticos, e as principais jazidas se encontram em Minas Gerais (Quadrilátero Ferrífero), no Pará (serra de Carajás) e no Mato Grosso do Sul (região de Corumbá). Em termos de qualidade, são considerados os melhores do mundo, com alto teor de ferro e baixo nível de impurezas. Além do Brasil, as principais jazidas localizam-se nos seguintes países: Austrália, China, Índia, Rússia e EUA. Segundo o relatório estatístico da World Steel Association [2], a Austrália, sobretudo em razão da proximidade dos maiores consumidores no mercado asiático, domina o mercado transoceânico de exportação de minérios, com 888 milhões de toneladas, seguida pelo Brasil, com 346,2 milhões de toneladas, no ano de 2022.

O minério de ferro sempre contém vários compostos indesejáveis, que não são de interesse para a produção de aço. Tais compostos residuais, também chamados de ganga, são muitas vezes óxidos, como sílica (SiO_2), óxido de manganês (MnO), óxido de cálcio (CaO), óxido de magnésio (MgO), óxido de alumínio (Al_2O_3) e compostos de fósforo (P) e de enxofre (S).

O minério de ferro mais comum no Brasil é a rocha de nome itabirito, encontrada no Quadrilátero Ferrífero em Minas Gerais. Trata-se de uma formação "bandada", isto é, composta por bandas ou lâminas de dois minerais bastante comuns na natureza: a hematita (Fe_2O_3) e o quartzo (SiO_2), além de outros compostos. No itabirito, a hematita e o quartzo formam bandas finas originadas provavelmente por precipitação química. Em seguida, essas rochas foram modificadas pelo metamorfismo (ação da pressão, da temperatura, de gases e de vapor d'água), que as tornaram mais ricas em ferro (de 25% a 55% de Fe). A Figura 3.2 mostra o aspecto da rocha itabirito.

Figura 3.2 Rocha itabirito (bandas de hematita e quartzo).
Fonte: Getty Images.

Por razões técnicas e econômicas, é necessário reduzir o teor de ganga no minério de ferro antes que ele seja enviado às usinas siderúrgicas. Isso significa que os minérios de ferro extraídos nas minas, em operações denominadas de lavra, precisam ser submetidos a alguma forma de beneficiamento ou tratamento. As operações de beneficiamento envolvem três etapas básicas:

1. A cominuição (britagem e moagem) objetiva fragmentar as partículas para permitir a separação.
2. A classificação e o peneiramento visam separar as partículas por tamanho.
3. A concentração busca reduzir o teor das partículas residuais indesejáveis do minério de ferro (partículas de ganga).

A Figura 3.3 mostra um exemplo de fluxograma para produção das diversas denominações dos minérios de ferro (minério granulado, *sinter feed* e *pellet feed*), que diferem basicamente na granulometria e no teor de ferro. Quando a jazida de minério de ferro tem teores elevados de ferro ($> 60\%$), é possível obter o minério granulado apenas fazendo a britagem e a classificação granulométrica. O minério granulado é utilizado diretamente nos altos-fornos das usinas siderúrgicas, com limitações para o caso de médios e grandes altos-fornos (até 30%). Os minérios *pellet feed* e os *sinter feed* são obtidos por meio de operações que visam à liberação do ferro contido, aumentado a sua concentração em teor de ferro, com a consequente redução do teor de ganga. Em decorrência desses processamentos, que envolvem britagem e moagem, os *pellets feed* e os *sinter feed* têm menor granulometria, o que, por sua vez, exige processos de aglomeração (pelotização e sinterização) para que possam ser utilizados nos altos-fornos na forma de pelotas e sínter. Esses processamentos serão descritos mais adiante. Os resíduos sólidos dos processos de beneficiamento, chamados de rejeitos, podem ser depositados em pilhas, cavas de minas exauridas ou barragens de rejeitos

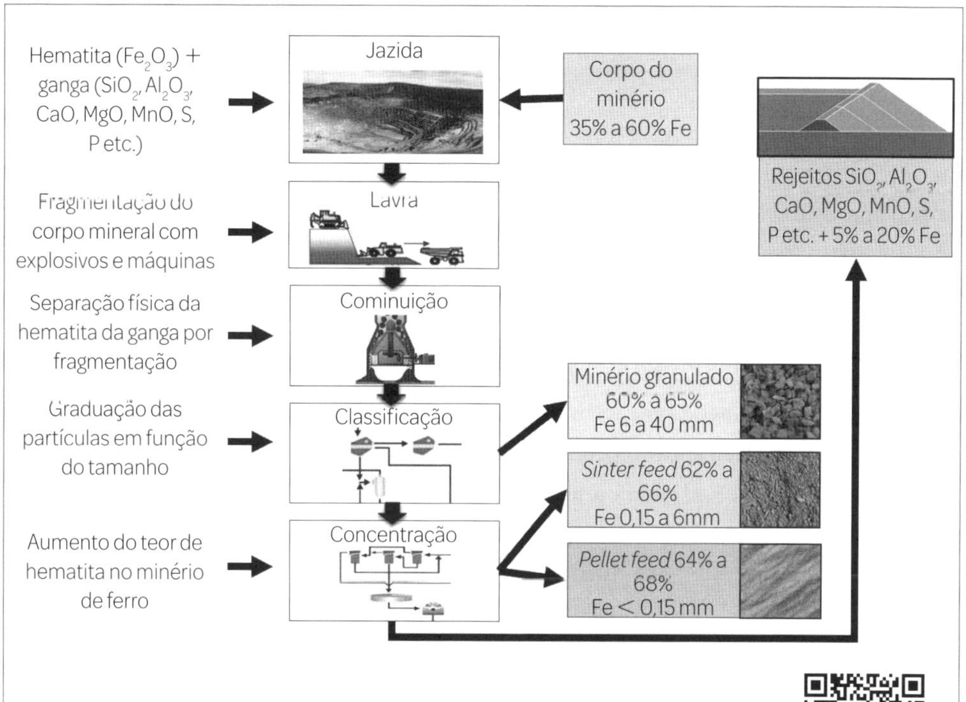

Figura 3.3 Fluxograma simplificado da lavra e beneficiamento de minérios de ferro.
Fonte: autor.

Mesmo sendo submetidos às operações de concentração para elevar o teor de ferro, ao serem fornecidos às siderúrgicas, os minérios de ferro ainda apresentam impurezas ou contaminantes, que são basicamente os compostos remanescentes da ganga dos minérios (SiO_2, Al_2O_3, MgO, MnO, P, S etc.) Como exemplo dessa condição das matérias-primas, a Tabela 3.1 apresenta a composição química média de alguns minérios brasileiros ofertados nos mercados nacional e mundial. Como são médias de minérios de diferentes procedências e características, ela apenas ilustra que os processos de beneficiamento aumentam a concentração de ferro e reduzem as impurezas, proporcionando um bônus de preço para os minérios *sinter feed* e *pellet feed* em relação aos granulados.

Tabela 3.1 Composição química típica dos minérios de ferro (média de dados da literatura)

Tipo de minério	Fe_t	SiO_2	Al_2O_3	CaO	MgO	MnO	P
Granulado	62,11	5,95	2,12	0,05	0,05	0,43	0,075
Sinter feed	64,06	4,21	1,21	0,03	0,04	0,32	0,059
Pellet feed	66,69	1,41	0,48	0,04	0,02	0,15	0,042

A maioria das impurezas restantes nos minérios é eliminada durante o processo de fusão/redução nos altos-fornos na forma de escória, como Al_2O_3, MgO e SiO_2 (parte do silício é incorporada ao ferro gusa na forma metálica). Alguns compostos (óxidos mais facilmente reduzidos que o de ferro) são totalmente (caso do fósforo) ou parcialmente incorporados ao ferro gusa (caso do manganês). Para os minérios de ferro, a impureza mais crítica é o fósforo, pela incorporação total ao ferro gusa no alto-forno, pela dificuldade (altos custos) na sua eliminação na etapa de refino na aciaria e por ser um elemento que afeta negativamente as propriedades do aço, mesmo em quantidades muito pequenas. As impurezas Al_2O_3 e SiO_2 também depreciam muito o valor do minério, pois terão que ser neutralizadas no sínter com a adição de óxidos básicos (ver item Fundentes neste capítulo) para compor a escória do alto-forno, aumentando os custos na sinterização e no alto-forno.

Segundo Mourão [3], após anos de exploração contínua e alta demanda, as reservas de alto teor do Quadrilátero Ferrífero estão sendo exauridas e, portanto, a produção de granulado será diminuída, paulatinamente, até a sua quase extinção, na próxima década. Os minérios lavrados terão mais e mais parcelas de itabiritos, o que aumentará custos e a geração de finos tipo *sinter feed* e *pellet feed.* Nesse particular, há recursos minerais sendo viabilizados para a produção de 100% de concentrados muito finos, tipo *pellet feed.* Também na Austrália, as reservas de minérios granulados vão se deteriorando, seja em volume, seja em qualidade.

A tendência de exaustão das jazidas de minérios de alto teor, no Brasil e no mundo, impõe uma condição de oferta, em termos de qualidade, mais restritiva pelas mineradoras, que se aplica também aos minérios *sinter feed* e *pellet feed* oferecidos no mercado brasileiro. Mesmo as empresas siderúrgicas que operam no Brasil e detêm reservas próprias também competem no lucrativo mercado internacional de exportação de minérios de ferro. Isso significa que as siderúrgicas brasileiras têm que competir em igualdade de condições, exceto talvez pela logística de abastecimento, com as empresas do mercado internacional em relação ao preço e à qualidade do minério de ferro consumido.

2.2 Redutores e combustíveis

Nos processos de redução/fusão siderúrgicos, o combustível/redutor, daqui em diante denominado apenas redutor, tem duas funções distintas. A função combustível consiste em ceder calor para as reações químicas e para a fusão da carga. A função redutora consiste em fornecer o gás que irá promover as reações de redução dos minérios de ferro (óxidos de ferro).

O redutor mais utilizado é o coque metalúrgico, embora o carvão vegetal também tenha grande importância no Brasil. O coque metalúrgico é o produto (resíduo) obtido pela destilação do carvão mineral. O carvão mineral (Figura 3.4) desempenha um papel vital na economia mundial. Dentre suas principais aplicações, destacamos os segmentos de geração de energia elétrica, produção de cimento e siderurgia.

Figura 3.4 O carvão mineral.
Fonte: Getty Images.

Os carvões minerais podem ser considerados como rochas orgânicas combustíveis. Todos resultam da transformação da matéria vegetal, submetida a pressão e temperatura elevadas durante milhões de anos e, quanto mais antiga é a formação, maior é o grau de carbonificação do carvão. Os carvões podem ser divididos em quatro grandes grupos, em ordem crescente de teor de carbono e decrescente de umidade contida: turfa e linhito, cuja formação é a mais recente; hulhas; e antracito, conforme ilustra esquematicamente a Figura 3.5.

	Linhito	Turfa	Hulha	Antracito
%C*	55% a 65%	65% a 73%	73% a 92%	92% a 96%
%H_2O**	20% a 25%	15% a 25%	1% a 2%	2% a 3,5%

* Base seca e sem cinza ** Umidade após secagem ao ar

Figura 3.5 Comparativo entre os tipos de carvões minerais.
Fonte: autor.

De interesse para a siderurgia, temos principalmente as hulhas, que incluem os carvões betuminosos coqueificáveis ou metalúrgicos, adequados ao processo de coqueificação dadas as suas propriedades aglutinantes, e os carvões não coqueificáveis, mais baratos e adequados ao uso energético geral, mas que também têm uso na siderurgia pelo processo de injeção nos altos-fornos (PCI, do inglês *pulverized coal injection*), como será visto no Capítulo 4. Os carvões não coqueificáveis também são usados nos processos de redução direta e nos processos emergentes de fusão-redutora, a serem abordados em outro capítulo. O antracito também pode ser usado como combustível nos processos de aglomeração (sinterização e pelotização).

O carvão mineral consiste em uma parte orgânica (carbono, oxigênio, hidrogênio, nitrogênio e enxofre), uma parte inorgânica, chamada de cinza, que está intimamente misturada à parte orgânica, e uma parte de umidade, conforme ilustra a Figura 3.6. A maior parte das inclusões inorgânicas é de materiais argilosos (silicatos de alumina). Além disso, alguns carvões contêm compostos de enxofre (sulfetos e sulfatos), carbonatos e cloretos. Dois óxidos (SiO_2 e Al_2O_4) compõem cerca de 80% a 90% da cinza dos carvões metalúrgicos. O enxofre (S), presente tanto na parte orgânica quanto na cinza, é o principal contaminante dos carvões, pois a taxa de dessulfuração na coqueificação fica em torno de 40%, sendo o restante incorporado ao coque.

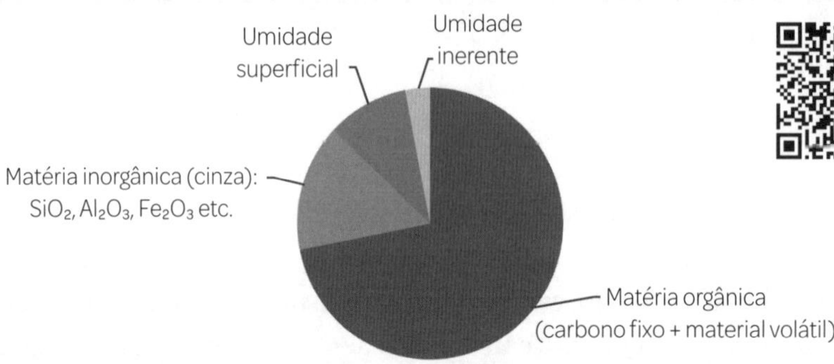

Figura 3.6 Constituintes básicos do carvão mineral.
Fonte: autor.

O teor de matéria volátil (MV) de um carvão metalúrgico (base seca) permite a sua classificação no sistema ASTM em carvões alto voláteis (MV > 31%), médio voláteis (24% < MV < 31%) e baixo voláteis (MV < 24%). A siderurgia brasileira costuma empregar em suas misturas de carvões para a coqueificação cerca de sete a dez carvões diferentes, entre altos, médios e baixo voláteis, considerando fatores econômicos, técnicos e estratégicos.

Segundo Osório [4], aproximadamente 80% das reservas de carvões no mundo, estimadas em mais de um trilhão de toneladas, situam-se no Hemisfério Norte. Os maiores produtores são China, Estados Unidos, Rússia e Austrália, sendo este último o maior exportador de carvão para o mundo e também para o Brasil. O Brasil não figura entre os importantes produtores de carvão, pois sua produção anual é cerca de 0,1% da produção mundial. O principal uso de carvão no mundo é para geração de eletricidade, com um consumo de 2,9 bilhões de toneladas. O carvão para uso siderúrgico é o segundo maior mercado desse produto no mundo, com um consumo anual de mais de 600 milhões de toneladas. O grande uso de carvão nessa área é na produção de coque para emprego no alto-forno. Entretanto, somente cerca de 15% das reservas mundiais de carvão possuem as propriedades requeridas para a coqueificação, ocasionando um alto valor desse tipo de carvão no mercado internacional. No Brasil, o maior consumo de carvão é justamente na produção de coque de alto-forno. Deve ser salientado que, atualmente, todo o carvão para uso siderúrgico é importado, com mais de 13 milhões de toneladas ao ano. As 6 milhões de toneladas de carvão produzidas no Brasil são predominantemente para geração de termoeletricidade.

É possível também o uso de coque verde de petróleo, um subproduto do petróleo produzido em algumas refinarias nacionais, nas misturas para a coqueificação (até 20% na mistura), com o objetivo de diversificar fontes, reduzindo a dependência de importação de carvões metalúrgicos.

O carvão vegetal é completamente diferente do carvão mineral. Ele é obtido por combustão incompleta (destilação) de certos tipos de madeira e é usado em lareiras, churrasqueiras e aquecedores. O Brasil é o maior produtor mundial de carvão vegetal, aqui usado também na siderurgia.

Outro redutor de grande importância na siderurgia é o gás natural, que é fornecido pelas companhias distribuidoras diretamente nas zonas de consumo, sem a necessidade de estoques intermediários. Outra vantagem é a ausência de contaminantes, sendo composto basicamente de metano (CH_4) e outros hidrocarbonetos leves (C_2H_6, C_3H_8 etc.), produzindo, assim, uma combustão mais limpa que emite menor quantidade de dióxido de carbono na atmosfera. O gás natural pode ser usado em diversas unidades de uma siderúrgica, com destaque para a injeção pelas ventaneiras dos altos-fornos, substituindo ou complementando a injeção de carvão pulverizado (PCI). O gás natural é fundamental para os processos de redução direta, como será descrito em capítulo subsequente.

Os processos de coqueificação (fabricação do coque metalúrgico) e de produção do carvão vegetal estão descritos adiante.

2.3 Fundentes e adições usados na produção do ferro primário

Fundentes são os materiais adicionados à carga para formação das escórias que retêm as impurezas. Os fundentes dissolvem a ganga dos minérios e cinza dos carvões e formam uma solução com menor temperatura "*liquidus*" do que esses componentes teriam, permitindo assim que os processos sejam realizados a temperaturas mais baixas. É sempre preferível adicionar os fundentes nos processos de aglomeração (principalmente na sinterização) do que diretamente nos altos-fornos. Normalmente os fundentes são óxidos ou carbonatos.

É usual estabelecer uma diferenciação entre fundentes e adições. Segundo Honorato [5], as adições servem para corrigir alguma característica da mistura a aglomerar ou para reaproveitar os resíduos gerados na operação da usina. Exemplos de adições são carepa de laminação, lixo industrial, pós e lamas de alto-forno, escória de alto-forno, minério de manganês etc. Uma vez que esses materiais, fundentes e adições devem incorporar-se totalmente ao aglomerado, é imprescindível que apresentem características físicas e químicas que viabilizem sua utilização.

Os fundentes podem ser divididos em:

- Básicos (portadores de CaO e/ou MgO).
- Ácidos (portadores de SiO_2 e/ou Al_2O_3).

A utilização deles é feita conforme a ganga dos minérios. Se a ganga for ácida, o fundente tem que ser básico e vice-versa. Tanto no caso dos minérios de ferro como nos carvões minerais, a ganga e a cinza são predominantemente de caráter ácido (ver Tabela 3.1) e, portanto, os principais fundentes são de caráter básico de modo a obter, no processo de alto-forno, uma escória com basicidade (relação $B4 = [CaO + MgO]/[SiO_2 + Al_2O_3]$) levemente básica (relação B4 de 1 a 1,08), adequada ao processo.

Os principais fundentes utilizados no processo de sinterização são:

- Calcário – Rocha constituída principalmente de $CaCO_3$, é utilizado como fornecedor de CaO devendo, portanto, ser submetido à reação de calcinação no processo de sinterização ($CaCO_3 \rightarrow CaO + CO_2$). É importante que a granulometria do calcário não seja muito grossa, pois ela dificulta a reação de calcinação tornando o sínter frágil, pela presença de núcleos de $CaCO_3$ sem calcinar. Deve ainda apresentar teor de CaO contido adequado (50% ~ 55%) para facilitar a obtenção da basicidade desejada da mistura.
- Cal (CaO) – Produto da calcinação do calcário, pode substituir parte do calcário no processo de sinterização. Apesar de custar mais que o dobro do calcário, a cal apresenta a vantagem de ter alto poder de aglomeração a frio, favorecendo

a formação de micropelotas, o que melhora a permeabilidade da mistura a sinterizar. Além disto, existem os ganhos energéticos de evitar, em parte, a reação fortemente endotérmica de calcinação e o ganho pela reação exotérmica de hidratação da cal, pela água adicionada na mistura a sinterizar.

- Dunito, serpentinito e dolomita – Rochas portadoras de MgO e SiO_2, são os principais fornecedores de MgO (teores de MgO de 30% a 35%). O teor de MgO no sínter é definido de acordo com a sua necessidade na escória do alto-forno (de 5% a 9%), de modo a atender às necessidades de viscosidade e venda da escória de alto-forno aos fabricantes de cimento.
- Quartzito – Rocha constituída principalmente de sílica (SiO_2), é o principal fornecedor deste material. Como a ganga dos minérios e a cinza do carvão são ácidos (sílica e alumina são as principais impurezas de ambos), não tem sentido adicionar quartzito no processo de sinterização. No entanto, o quartzito pode ser usado como corretivo de basicidade diretamente no alto-forno, ou seja, quando ocorrem desvios de basicidade a maior no sínter (mais prejudicial ao processo).

A composição química desses fundentes é a mesma tanto para uso em sinterização quanto para uso eventual no alto-forno, sendo que a granulometria se situa na faixa de 0 a 3 mm para uso em sinterização e de 10 a 30 mm para uso direto em alto-forno.

As impurezas indesejáveis presentes nos fundentes são fósforo, enxofre, álcalis (Na, K), metais voláteis (Zn, Cd) e, em alguns casos, cloretos.

3. PROCESSOS DE PREPARAÇÃO DE MATÉRIAS-PRIMAS

3.1 Recebimento, estocagem e homogeneização das matérias-primas recebidas

Normalmente, as siderúrgicas recebem as matérias-primas destinadas aos altos-fornos, coquerias e sinterizações por estrada de ferro ou via marítima. No caso de recebimento por via férrea, a descarga é feita em um basculador de vagões. Após o recebimento, o transporte interno é feito por correias transportadoras. As usinas também dispõem de outros sistemas de descarga, menores, utilizados para descargas de vagões com aberturas laterais ou inferiores e recebimento de caminhões basculantes.

A operação de empilhamento das matérias-primas para estocagem é de grande importância no controle de qualidade dos processos de produção. A maneira de empilhar pode elevar os efeitos da segregação granulométrica e introduzir variações na qualidade física e química da matéria-prima. Equipamentos cada vez mais sofisticados são utilizados visando reduzir os efeitos maléficos da segregação granulométrica.

Primeiramente, as matérias-primas são direcionadas aos pátios primários usados para o recebimento das matérias-primas, conforme ilustra a Figura 3.7. A organização dos pátios primários é de suma importância para o controle de qualidade das matérias-primas.

Figura 3.7 Pátios de estocagem de matérias-primas.
Fonte: Getty Images.

As premissas desejáveis para estocagem de matérias-primas são:

- Manter sempre a área de estocagem para cada matéria-prima.
- Manter, sempre que possível, ao menos um par de pilhas para cada matéria-prima, estando uma em formação e outra em consumo.
- Prever espaço mínimo de um metro entre as saias das pilhas (parte inferior), evitando contaminações.
- Prever nível de estocagem que permita o conhecimento da qualidade da pilha antes do início de seu consumo.

O empilhamento tecnicamente correto é o que minimiza a segregação granulométrica nas pilhas, e ele depende muito dos equipamentos de que se dispõe. Existem vários métodos de empilhamento, sendo os mais comuns o método Chevron e o método Windrow, conforme ilustra a Figura 3.8.

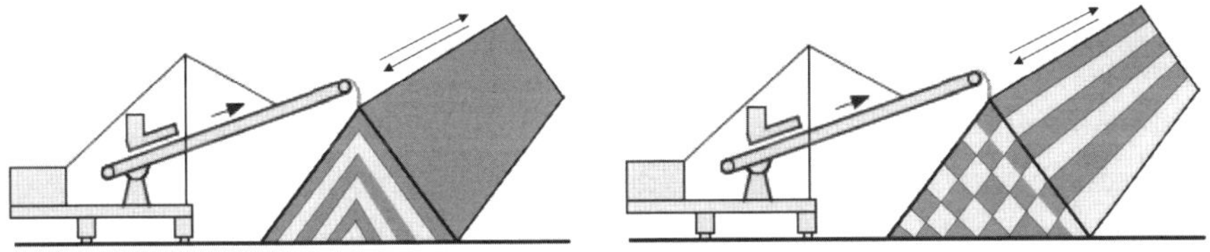

Figura 3.8 Métodos de empilhamento Chevron e Windrow.
Fonte: autor.

No empilhamento Chevron, a empilhadeira tem movimento longitudinal de vai e vem, com a lança alterando a altura de deposição do material à medida que a pilha vai sendo formada. Com isso, consegue-se uma boa homogeneização química dos diversos lotes empilhados. A segregação granulométrica que se verifica nas laterais da pilha pode ser minimizada no momento de sua remoção, por meio da recuperação a partir da face, trabalhando toda a seção transversal.

No método Windrow, o empilhamento é feito por cordões elementares sucessivos ao lado e sobre os anteriormente construídos, na direção longitudinal da pilha. Esse método diminui a segregação e garante ainda mais distribuição de partículas finas e grossas em toda a pilha, pois a segregação fica distribuída dentro dos cordões. Outras grandes vantagens são a melhor homogeneização e maior densidade da pilha formada. Nesse método, é necessária uma empilhadeira com lança giratória, ou telescópica, e dotada também de movimento de elevação vertical. A lança precisa ser mais longa, para atingir a extremidade oposta da pilha, portanto, um equipamento mais caro que o utilizável no método Chevron.

A homogeneização é a etapa que precede a sinterização e consiste basicamente na combinação adequada de diversas matérias-primas de composição química e granulométrica diferentes, de modo a se obter um produto homogêneo, com características desejadas e constantes e de maior estabilidade de composição química. O processo é feito com a remoção das matérias-primas dos pátios primários para uma bateria de silos, onde as matérias-primas são dosadas e, em seguida, empilhadas em pátios secundários, formando uma só pilha. Essa pilha, formada por diversas matérias-primas a sinterizar, com proporções definidas e qualidade constante, é chamada de pilha de minério homogeneizado ou de minério blendado.

Dentre os inúmeros benefícios obtidos com os sistemas de homogeneização, também chamados de blendagem, podem ser citados:

- Manutenção de carga com qualidade constante e preestabelecida para a sinterização.
- Utilização de muitas matérias-primas com qualidades distintas.
- Redução significativa nos desvios-padrão dos constituintes do sínter.
- Redução nos consumos específicos de combustíveis na sinterização e altos-fornos.
- Aproveitamento de resíduos industriais gerados pelas usinas siderúrgicas.

A remoção do blendado da pilha para ser direcionado à sinterização é feita por máquinas recuperadoras que completam a homogeneização à medida que recuperam a matéria-prima da pilha. A Figura 3.9 mostra esquematicamente a sequência de preparação das matérias-primas para a sinterização desde o recebimento.

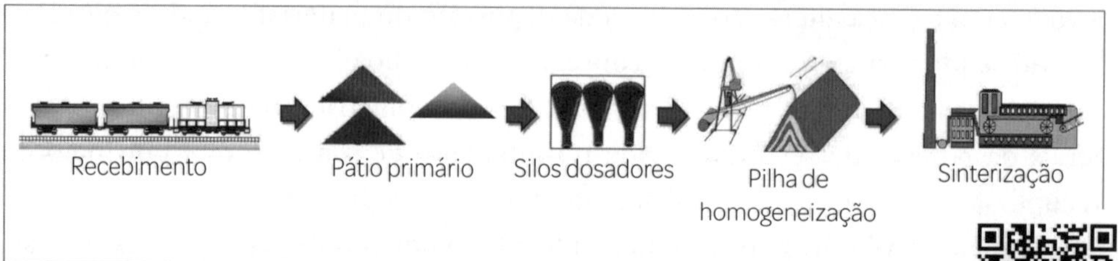

Figura 3.9 Sequência de preparação das matérias-primas para a sinterização.
Fonte: autor.

No caso das matérias-primas que abastecem as coquerias, os diversos tipos de carvões minerais que compõem a mistura a ser coqueificada são também estocados na forma de pilhas individuais em um pátio de recebimento de carvões. Nesse caso, por conta do menor volume de matéria-prima, a etapa de homogeneização da mistura é feita por um sistema de silos e dosadores para cada componente da mistura. Após a dosagem, a mistura é abastecida para a coqueria. A Figura 3.10 mostra esquematicamente a sequência de preparação das matérias-primas para a coqueificação desde o recebimento.

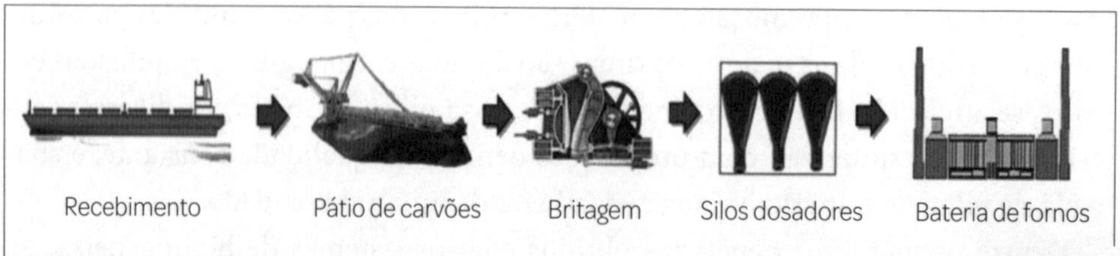

Figura 3.10 Sequência de preparação das matérias-primas para a coqueificação.
Fonte: autor.

3.2 Processos de aglomeração

Os processos de produção de ferro primário convencionais, e até mesmo alguns dos processos emergentes, necessitam que a maior parte das matérias-primas tenham granulometria adequada à geração de leito permeável (normalmente são desejadas partículas acima de 5 mm). Por esse motivo, foram desenvolvidos os processos de aglomeração que permitem aproveitar a ampla faixa de finos gerados nos processos de concentração dos minérios de ferro. Apesar de ser uma etapa a mais e envolver custos elevados, os aglomerados têm várias vantagens, sendo as principais permitir a incorporação direta dos fundentes no próprio aglomerado e oferecer uma cinética de reação favorável em virtude da alta porosidade intrínseca dos aglomerados.

Os processos de aglomeração surgiram primeiramente com o objetivo de aproveitar a grande quantidade de ultrafinos que ficavam acumulados durante a produção de minérios granulados ou para aproveitamento de minérios pobres em ferro que necessitavam de concentração prévia (os taconitos dos Estados Unidos). O comportamento mais eficiente dos aglomerados em relação aos minérios granulados, principalmente com relação à redução em altos-fornos, fez com que muitas vezes os minérios fossem deliberadamente cominuídos para se tornarem passíveis de aglomeração.

Os processos de aglomeração largamente utilizados na siderurgia são a sinterização e a pelotização. Na Figura 3.11, podem ser notados os aspectos visuais desses aglomerados de minério de ferro (sínter e pelotas).

Figura 3.11 Aspectos dos aglomerados de minério de ferro: sínter e pelotas.
Fonte: autor.

Para se ter uma ideia da importância dos aglomerados na siderurgia, Mourão [3] lista na Tabela 3.2 as cargas médias dos altos-fornos, em diferentes países e regiões. Destacamos na tabela a predominância de uso de aglomerados na forma de sínter na maioria das regiões, exceto os EUA, onde predomina o uso de pelotas, sobretudo por causa da necessidade de aproveitamento dos minérios ultrafinos locais.

Notamos também que o carregamento de 100% de minério granulado pelos "guseiros" (pequenos produtores de ferro gusa a carvão vegetal no Brasil) é possível em razão das pequenas dimensões de seus altos-fornos. É importante caracterizar também que a carga básica dos reatores de redução direta, a ser estudada em capítulo subsequente, também é a pelota, usada em mais de 90% dos reatores no mundo.

Tabela 3.2 Carga média dos altos-fornos

País	% Sínter	% Pelotas	% Granulados
EUA	10	87	3
Europa	65	20	15
Japão	75	5	20
China	75	6	19
Brasil (integradas)	74	6	20
Brasil (guseiros)	-	-	100

Fonte : adaptada de [3].

3.2.1 Processo de sinterização de minério de ferro

3.2.1.1 Considerações sobre o uso de sínter

O processo de sinterização, além de aproveitar os finos de minério de ferro gerados nos processos de beneficiamento desse material, é também uma maneira eficiente de reciclar diversos subprodutos de uma usina siderúrgica (finos de peneiramentos, pós e lamas de despoeiramentos, carepas de laminação etc.). Dessa forma, as usinas siderúrgicas integradas normalmente possuem unidades de sinterização, e o sínter é a carga metálica preponderante nos altos-fornos no Brasil e em vários países do mundo. Nesse caso, as pelotas normalmente são compradas das mineradoras, que possuem as unidades de pelotização, de forma a complementar a carga metálica dos altos-fornos.

3.2.1.2 Produção de sínter

O processo de sinterização por esteira giratória contínua Dwight e Lloyd, ilustrado na Figura 3.12, domina amplamente a fabricação mundial de sínter e é adequado para produção em grande escala. É um processo contínuo: a esteira é formada por uma série de setores interconectados, cada um deles com paredes e uma grelha na parte inferior. Após girarem pela parte inferior e alcançarem a parte superior da máquina, os setores são carregados com a mistura ser sinterizada, passam sob um forno de ignição, ao mesmo tempo que são submetidos a sucção por caixas de vento localizadas na parte inferior, conectadas a um sistema exaustão e limpeza dos gases succionados. Ao final da parte superior, conforme os setores vão girando novamente, o sínter produzido é descarregado. Atualmente, existem máquinas de sinterização com até 5 m de largura, 120 m de comprimento, 600 m² de área útil e capacidade de produção de 25.000 t/dia de sínter.

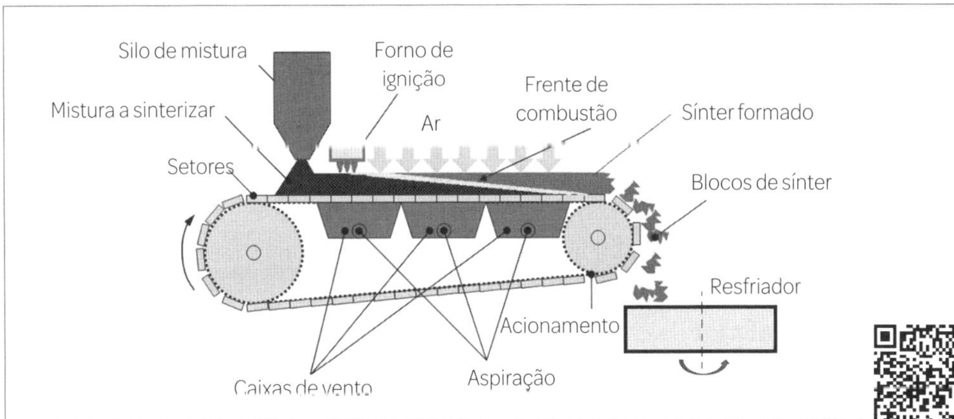

Figura 3.12 Máquina de sinterização com esteira contínua.
Fonte: autor.

Na Figura 3.13, é apresentado um fluxograma básico e genérico das etapas envolvidas no processo de sinterização, descritas a seguir.

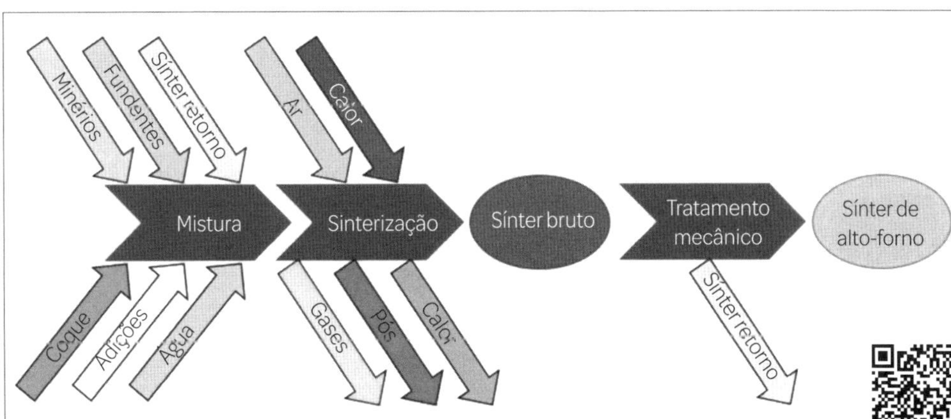

Figura 3.13 Fluxograma genérico do processo de sinterização.
Fonte: autor.

Os minérios provenientes das pilhas de homogeneização junto com fundentes, sínter fino de retorno, combustível (finos de coque, carvão vegetal ou antracito) e adições diversas, após passar por silos, são misturados em um tambor rotativo de grande porte onde água é adicionada (5% a 7%) para garantir a aglomeração das partículas finas e melhorar a permeabilidade da mistura a sinterizar. A seguir, a mistura é encaminhada para a esteira giratória contínua na máquina de sinterização. A mistura é depositada como uma camada (de 350 a 600 mm de altura) na esteira da máquina, sobre uma camada previamente carregada de +/– 40 mm de *bedding* (sínter peneirado na faixa de 10 a 20 mm). A sinterização começa com a ignição feita na parte superior da camada, ao mesmo tempo que exaustores sugam o ar através da camada de mistura.

Uma vez iniciada a ignição, a combustão prossegue conforme o ar entra em contato com as partículas de coque ou carvão vegetal, formando uma frente de combustão que fornece o calor necessário para a fusão parcial das partículas de minérios e fundentes presentes. Antes do final da esteira, a frente de combustão alcança a parte inferior da camada, completando a formação do sínter bruto, que é descarregado da esteira. A Figura 3.14 ilustra esquematicamente o movimento da frente de combustão ao longo da camada de mistura na esteira de sinterização, desde a ignição até o final da sinterização. A velocidade da esteira deve ser controlada de modo a se obter o final da sinterização na penúltima caixa de vento.

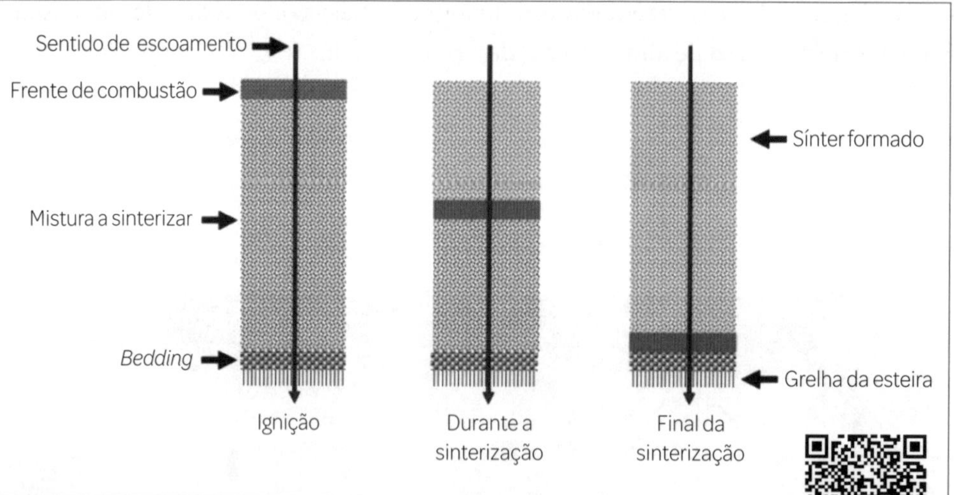

Figura 3.14 Ignição e movimentação da frente de combustão durante a sinterização.
Fonte: autor.

As fases finais consistem no resfriamento e na classificação do sínter descarregado. Nessa fase, os blocos de sínter bruto são britados, resfriados e peneirados, gerando o sínter de alto-forno. A fração fina gerada no processo (20% a 30%) retorna ao processo como sínter de retorno.

3.2.1.3 Mecanismo de sinterização

Segundo Honorato [5], dois fenômenos distintos ocorrem no processo e determinam o mecanismo de sinterização de minério de ferro:

- O primeiro é a transferência de calor das camadas superiores para as inferiores do leito de sinterização, proporcionada pela sucção forçada de ar, criando uma onda térmica cuja velocidade de propagação é proporcional à vazão de ar. Assim, o ar frio que é sugado esfria o sínter já formado e este pré-aquece o ar antes da queima do coque combustível.
- O segundo é a reação química de combustão do combustível contido na mistura a sinterizar que, produzindo calor, gera uma frente de reações químicas, cuja evolução é função da reatividade, da qualidade de combustível e da umidade e composição química e granulométrica da mistura.

Esses dois fenômenos são inteiramente dependentes entre si, pois o combustível só entra em combustão, desencadeando o processo, após a mistura atingir uma certa temperatura, determinada pela reatividade do próprio combustível.

A combustão localizada provoca uma fusão parcial da carga na região mais quente (frente de combustão) e o gás quente de combustão, que é constituído principalmente de CO_2, N_2 e O_2, vai pré-aquecendo a carga logo abaixo. Para que isso aconteça, é necessário que haja uma boa permeabilidade da mistura, isto é, facilidade da passagem homogênea dos gases e do ar. Para isso, a água adicionada atua de maneira preponderante, pois mantém as partículas bastante finas (aderentes) aderidas às mais grossas (nucleantes), mantendo a permeabilidade da mistura. Ao final do processo, as partículas nucleantes são apenas parcialmente fundidas, como ilustra a Figura 3.15. Dessa forma, a partir de uma mistura cujos constituintes principais são Fe_2O_3, CaO, SiO_2 e Al_2O_3, é possível obter, após o resfriamento, um produto com os seguintes constituintes: Fe_2O_3, Fe_3O_4, FeO, ferro metálico, ferritas de cálcio (nCao.Fe_2O_3) e fases vítreas contendo SiO_2, Al_2O_3, FeO e CaO. A ligação entre os óxidos metálicos é feita pelas ferritas de cálcio e fases vítreas.

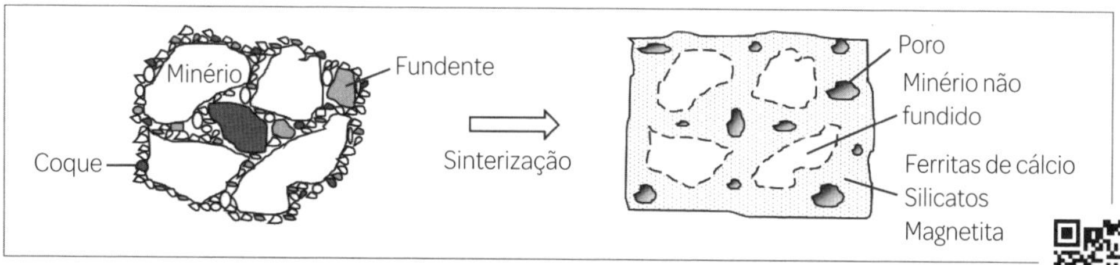

Figura 3.15 Mistura úmida a sinterizar e sínter resultante.
Fonte: autor.

Verifica-se, portanto, que a granulometria das matérias-primas é importante. As partículas maiores que 1 mm tendem a ser os núcleos (nucleantes) e as menores que 0,2 mm, na presença de umidade, são aderidas a esses núcleos (aderentes). A fração intermediária tende a não aglomerar, pelo fato de não se comportar nem como núcleo nem como aderente, prejudicando a permeabilidade da mistura. O desejável seria que as partículas de minério estivessem preponderantemente na faixa de 0,15 a 6,35 mm, com aproximadamente 50% de material acima de 1 mm. No entanto, para efeitos práticos, é possível admitir, para o *sinter feed*, faixas mais largas com frações maiores até 9,5 mm e até 25% de fração fina menor que 0,15 mm.

A produtividade na sinterização é bastante dependente do tipo de perfil térmico e da velocidade de seu avanço, que, por sua vez depende do tamanho das partículas, da reatividade do combustível e das permeabilidades da mistura durante a sinterização. Deseja-se um perfil térmico estreito e de alta temperatura. O combustível deve se queimar num tempo entre 1 e 3 minutos. Mantidas as permeabilidades, a distribuição granulométrica do combustível (finos de coque) que resulta em melhor perfil é entre 1,5 e 2,5 mm. Na prática, recomenda-se entre 0,3 e 3 mm. Tamanhos maiores resultam em tempo maior para queima e alargam o perfil térmico, diminuindo o pico de temperatura. Partículas finas fazem a frente de combustão avançar com maior velocidade que a de transmissão térmica.

A quantidade de combustível utilizada é da ordem de 4% da carga. A temperatura máxima atingida na zona de combustão deve ser da ordem de 1.300 a 1.400 °C. Temperaturas menores resultam em sínter menos resistente e temperaturas maiores resultam em fusão exagerada da carga com formação da fase líquida, que diminui drasticamente a permeabilidade, comprometendo o processo. Além disso, temperaturas elevadas resultam num sínter com maior quantidade de materiais vítreos e cristalinos, os quais são menos redutíveis no alto-forno.

3.2.1.4 Qualidade do sínter

Em relação à qualidade do sínter, deseja-se uma boa redutibilidade e uma boa resistência mecânica. Para conferir boa redutibilidade, é importante que se formem ferritas de cálcio e, para tanto, é necessária uma composição da mistura com relação CaO/SiO_2 maior que 1,8. Picos de temperaturas elevadas, excedendo 1.300 °C, conferem maior resistência mecânica, provavelmente pela formação de maior quantidade da fase líquida, porém, diminuem as quantidades de ferritas de cálcio e, portanto, a produtividade pela diminuição de permeabilidade.

De acordo com Geerdes [6], os pontos básicos que influenciam a qualidade, a produtividade e os custos da sinterização são:

- A seleção da mistura apropriada da alimentação de sínter é importante do ponto de vista de custo. A maioria das empresas usa modelos "valor em uso" atribuindo prêmios e penalidades para todos os aspectos do minério para sínter. Não apenas o seu valor de Fe, mas também o valor de outros elementos, como o fósforo, este último tendo uma penalidade.
- A mistura apropriada inclui a distribuição de tamanho dos vários materiais. Materiais muito finos não podem ser facilmente sinterizados, por causa do impacto negativo para a permeabilidade do leito de sínter. O tamanho e a quantidade dos finos de coque são importantes para a qualidade do sínter.
- A composição química do sínter é importante. Se a basicidade for mais alta, a produtividade da sinterização aumenta. O teor de MgO tem que ser acima de 1,4% para uma adequada degradação sob redução.
- Uma vez que é necessário calor para calcinar o calcário, o uso de cal aumenta a produtividade da máquina de sínter, também por aumento da permeabilidade.
- As preocupações com o meio ambiente têm um impacto local de peso na operação da sinterização. Não apenas a partir da perspectiva de uso de materiais tipo "resíduos", mas também as preocupações que poderão ser geradas com relação às emissões de uma sinterização.

3.2.2 *Processo de pelotização de minério de ferro*

3.2.2.1 Considerações sobre o uso de pelotas

As pelotas são muito mais resistentes ao manuseio e ao transporte que o minério granulado e o sínter, sendo, portanto, ideais para transporte em longas distâncias. Além disso, a pelotização é intensiva em capital e energia e é o único processo existente para tratar os minérios ultrafinos resultantes dos processos de beneficiamento nas mineradoras. Dadas tais circunstâncias, poucas siderúrgicas possuem unidades de pelotização próprias, e as mineradoras têm assumido essa atividade e dominado o mercado mundial de pelotas.

Embora a maioria das siderúrgicas não possuam plantas de pelotização, existe atualmente uma tendência de aumento do uso de pelotas nas cargas metálicas dos altos-fornos. Mourão [3] lista alguns fatores fundamentais que têm impulsionado o mercado desse material:

- Escassez de minério granulado em volume e/ou qualidade. Nesse caso, as pelotas entram como substituto parcial ou total dos granulados nos altos-fornos e na redução direta.

- Restrições ambientais à expansão das sinterizações, principalmente nos países desenvolvidos. Nesse caso, as pelotas entram como substituto de parcela de sínter na carga dos altos-fornos.
- Expansão dos processos de redução direta, na região da África/Oriente Médio. Nesse caso, as pelotas são a base da carga dos reatores.
- Melhoria de desempenho dos reatores de redução e do balanço de emissões das siderúrgicas (CO_2, dioxinas, SOx, NOx), com maior uso de pelotas na carga dos altos fornos.

3.2.2.2 Produção de pelotas

O processo de produção de pelotas tem como uma de suas vantagens o melhor aproveitamento dos finos de minérios de ferro gerados a partir dos processos de concentração. As pelotas de minério de ferro são produzidas a partir da aglomeração de ultrafinos de minério de ferro (100% $<$ 0,15 mm), conhecidos como *pellet feed.*

A primeira etapa é a homogeneização em pilhas, uma vez que o *pellet feed* costuma ser constituído de minérios de várias minas. Após ser recuperado das pilhas, o minério vai ter sua granulometria ajustada em uma etapa de moagem a úmido (mistura-se água ao minério formando uma polpa). Quanto menor o tamanho das partículas, mais fácil será a pelotização. A granulometria desejada após a moagem é de, pelo menos, 85% menor que 45 μm.

Depois da moagem, a polpa de minério é enviada para um espessador para a retirada da maior parte da água contida. Nessa etapa, ocorre uma decantação: a polpa é colocada dentro de um tanque e, enquanto a parte sólida desce para o fundo, a água sobe. Após sair do espessador, o minério vai para um filtro a disco, que utiliza os mesmos princípios de um filtro de café para remover mais líquido, com o objetivo de deixar o minério com a umidade ideal para a formação da pelota, que é de 8% a 10%.

Em seguida, o minério vai para a próxima etapa: a formação das pelotas. Durante o percurso, são feitas algumas adições: o fundente (para ajuste de composição química), o aglomerante (que ajuda na formação da pelota e garante resistência no manuseio da pelota crua) e os combustíveis sólidos (que permitem uma queima mais homogênea e contribuem para a redução no custo de processamento, uma vez que é uma forma de energia mais barata). O principal fundente usado é o calcário, e os aglomerantes usados são bentonita, cal hidratada e aglomerante orgânico. Com relação aos combustíveis sólidos, utiliza-se antracito e/ou coque de petróleo.

Após a adição desses materiais, todos os componentes seguem para um misturador. Somente então a mistura vai para o disco (ou tambor) de pelotização para a produção das pelotas cruas, também chamadas de "pelotas verdes". A Figura

3.16 ilustra as principais etapas do processo de pelotização desde o recebimento do *pellet feed* até a formação das pelotas cruas.

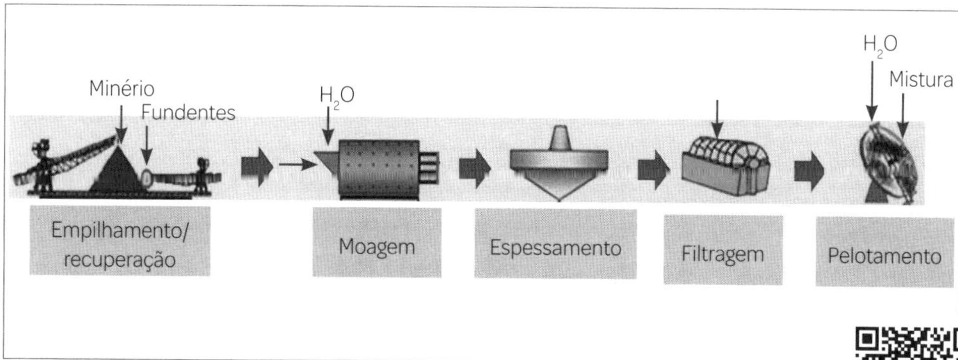

Figura 3.16 Etapas do processo de pelotização até a formação das pelotas cruas.
Fonte: autor.

As pelotas cruas são aglomeradas em discos ou tambores rotativos com a adição de água. As pelotas formadas possuem diâmetro que varia entre 10 e 15 mm e são posteriormente queimadas. A Figura 3.17(a) mostra a vista lateral do disco de pelotamento e pontos de alimentação e descarga, e a Figura 3.17(b) mostra a vista frontal do disco de pelotização e o sentido de movimentação das pelotas cruas em várias etapas de crescimento.

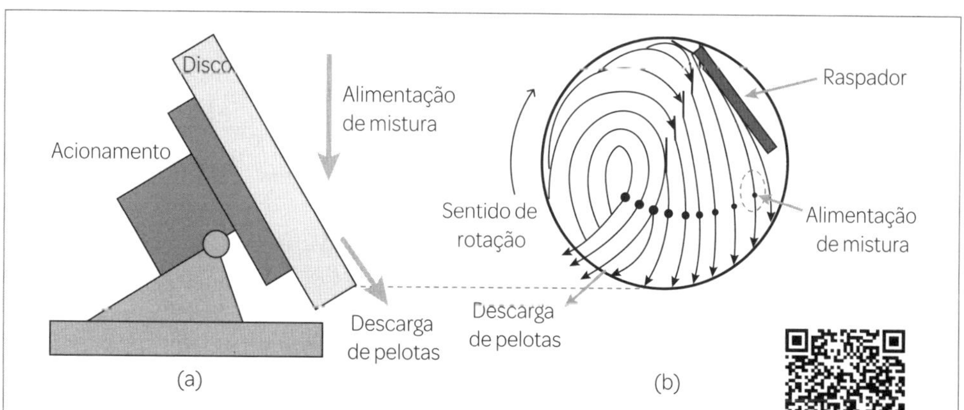

Figura 3.17 Vistas lateral (a) e frontal (b) de um disco de pelotamento.
Fonte: autor.

O princípio da formação das pelotas está em gerar continuamente uma quantidade de núcleos que devem crescer até o tamanho desejado. Para isso, é essencial que o poder de aglomeração do conjunto água e material a pelotizar seja alto.

Segundo Silva [7], o processo de formação das pelotas cruas é ilustrado na Figura 3.18. O estágio A apresenta as partículas envolvidas por uma película de água. No estágio B, elas estão em contato, formando o primeiro capilar. À medida que mais pontos de contato são formados e os aglomerados crescem, eles passam pelo estado pendular e funicular (C), antes de atingirem o estado capilar (D).

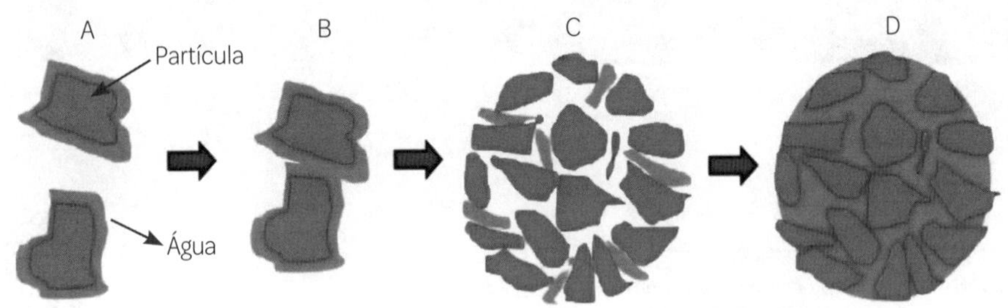

Figura 3.18 Formação das pelotas cruas.
Fonte: autor.

O poder de aglomeração pode ser medido pela molhabilidade. Assim, os materiais hidrofílicos são facilmente pelotizados, e os hidrofóbicos, como os resíduos sólidos contendo óleos na superfície, são de difícil pelotização. Como visto, posto que a água é o componente de ligação, quanto maior a superfície específica do material, mais a aglomeração fica facilitada. Portanto, desejam-se partículas de tamanho menor possível e de porosidade alta. A cal é um componente que confere plasticidade à pelota e facilita também a pelotização. Além disso, por ser um componente de caráter básico, é utilizada na mistura para a produção de pelotas autofundentes.

Segundo Takano [8], as pelotas cruas precisam apresentar resistência mínima para manuseio local, da ordem de 100 N/pelota. Esse valor é insuficiente para transportes em grande distância e para carga nos altos-fornos. A resistência mecânica necessária (resistência à compressão de 3.000 N/pelota) é obtida submetendo-se a pelota ao “tratamento térmico” a altas temperaturas (até 1.350 °C), normalmente conhecido como a operação de queima da pelota. Após a queima, a porosidade típica é de 22% a 30%. O equipamento utilizado para queima é do tipo esteira contínua, similar ao usado no processo de sinterização, com zonas de secagem, preaquecimento, queima, pós-queima e resfriamento. A Figura 3.19 ilustra o forno utilizado para a queima das pelotas.

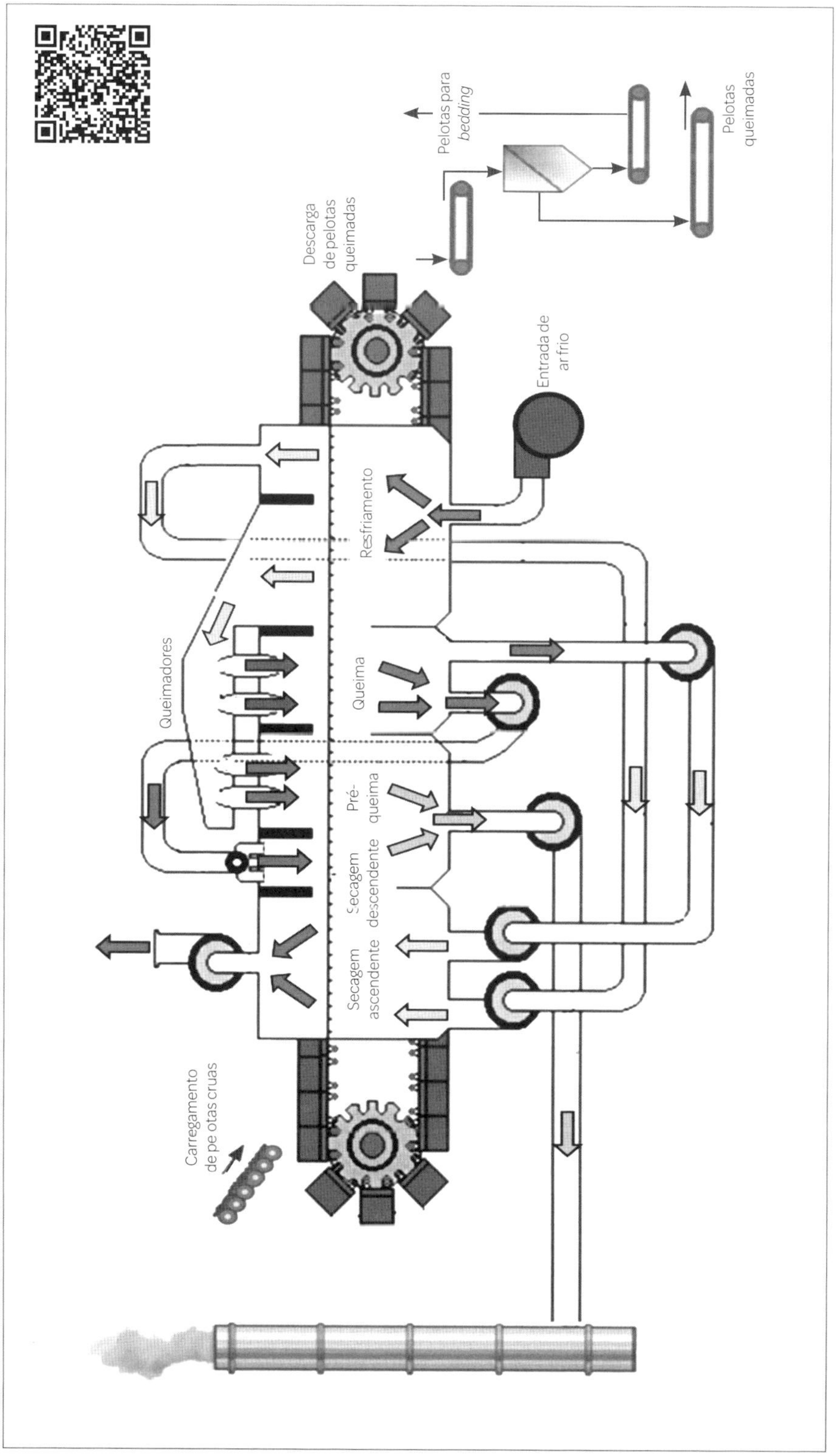

Figura 3.19 Forno utilizado para a queima das pelotas cruas.
Fonte: autor.

O processo de queima das pelotas cruas pode ser dividido em etapas conforme a posição das pelotas nas zonas internas do forno de pelotização.

1. Secagem: após peneiramento em peneira de rolos, as pelotas na faixa de tamanho adequada entram na esteira rotativa. Nesse estágio, a água é secada e a força de união capilar entre as partículas decorrente da presença da água é substituída por ligações químicas. A secagem ocorre em dois estágios: ascendente (de 25 a 250 °C) e descendente (de 250 a 600 °C).
2. Queima: é realizada em três estágios. Inicialmente as pelotas secas são pré-queimadas de 600 até 1.300 °C, quando a água quimicamente adsorvida é removida. O estágio seguinte ocorre a temperaturas em torno de 1.350 °C, quando ocorre a fusão parcial de parte da ganga e aditivos da mistura que formou a pelota verde. O último estágio é a pós-queima, que ocorre entre 1.350 e 1.150 °C, objetivando uma homogeneização de temperatura. A energia para esse processo vem de queimadores e do próprio combustível adicionado a mistura.
3. Resfriamento: nessa etapa, as pelotas queimadas são resfriadas de maneira controlada, de 1.150 até 150 °C, para consolidar suas propriedades físicas e evitar sua degradação. O ar utilizado para resfriar as pelotas é retirado da atmosfera, soprado através do leito de pelotas queimadas, quando é aquecido, e posteriormente reaproveitado nas etapas de secagem e queima do forno, possibilitando a redução do consumo de energia do processo.

Quando as pelotas cruas são aquecidas, ocorre a vaporização da água e elas tendem a se desintegrar. Para evitar esses efeitos, são adicionados os aglomerantes à mistura a ser pelotizada. Os aglomerantes aumentam a força de ligação antes do aquecimento (resistência da pelota crua) e evitam o colapso das pelotas durante os estágios iniciais de secagem, quando um grande volume de vapor gerado tende a fragmentar as pelotas.

3.2.2.3 Qualidade das pelotas

Segundo Geerdes [6], o volume de escória, a composição e a força de ligação determinam a qualidade das pelotas. As pelotas ácidas ($CaO/SiO_2 < 0,15$) possuem elevada resistência mecânica (elevada resistência à compressão), porém propriedades metalúrgicas moderadas (baixa redutibilidade). Pelotas cuja relação CaO/SiO_2 seja maior que 0,30 tendem a sofrer grande inchamento dentro do alto-forno prejudicando a sua marcha. Pelotas básicas ($CaO/SiO_2 = 0,8 \sim 1$) e autofundentes ($CaO/SiO_2 = 1,1 \sim 1,3$) possuem ótima qualidade metalúrgica para a operação do alto-forno, porém possuem menor resistência mecânica quando comparadas às pelotas ácidas. Contudo, essa grande diferença na resistência mecânica não é percebida quando iniciado o processo de redução dentro do alto-forno. A Tabela 3.3 mostra a qualidade química típica das pelotas para alto-forno e redução direta. Nota-se que a pelota de redução direta tem maior teor de ferro e pureza e, portanto, existe um prêmio de qualidade de cerca de 10% em seu preço.

Tabela 3.3 Análise química típica de pelotas de minério de ferro (média de dados da literatura)

Tipo de pelota	Fe_t	SiO_2	$Al2O_3$	CaO	MgO	MnO	P	S	CaO/SiO2
Alto-forno	65,8	2,51	0,6	2,65	0,05	0,14	0,045	0,003	0,95
Redução direta	67,8	1,2	0,55	0,6	0,25	0,2	0,02	0,002	0,5

3.3 Processo de coqueificação

3.3.1 A pirólise do carvão mineral

Os carvões metalúrgicos têm a característica de, durante o aquecimento sem a presença de ar, tornarem-se plásticos, e à medida que vão eliminando as matérias voláteis, voltam a solidificar em uma nova estrutura chamada coque. Esse processo denomina-se pirólise do carvão e pode ser dividido em três etapas principais.

A primeira etapa ocorre durante o aquecimento do carvão até 350 °C. Nessa etapa, há a vaporização da umidade e o início da liberação de voláteis. A segunda etapa, chamada de fase plástica, ocorre entre 350 e 500 °C. A decomposição do carvão em alcatrão e gases forma uma pasta que vai envolvendo as partes ainda sólidas, muitas delas sendo diluídas pelo líquido formado. A terceira etapa ocorre acima de 500 °C e vai até o final do processo, quando a temperatura atinge cerca de 1.000 °C. Nessa fase, a pasta perde mais material volátil e começa a endurecer, a contrair e a trincar, formando o semicoque e, finalmente, o coque.

Na etapa da fase plástica, há uma expansão da massa, provocando pressão nas paredes do forno e depois, na última etapa, há a contração da massa formada. O bolo de coque, no processo industrial, ainda fica dentro do forno por um tempo, após a formação do coque, para homogeneizar a temperatura da massa como um todo e, com isso, equalizar as propriedades físicas e metalúrgicas do coque.

3.3.2 A produção do coque

Os fornos de coque de uma bateria convencional são fornos verticais, ou seja, um formato que privilegia o comprimento e a altura em relação à largura. Dependendo do tamanho, uma bateria de coqueificação pode ter até 100 fornos com dimensões variando de 10 a 25 m de comprimento, 4 a 8 m de altura e apenas 0,3 a 0,8 m de largura. O formato dos fornos de coque propicia a transferência de calor das paredes para a carga de mistura de carvões, preferencialmente no sentido da parede para o centro da largura do forno, conforme ilustra esquematicamente a Figura 3.20.

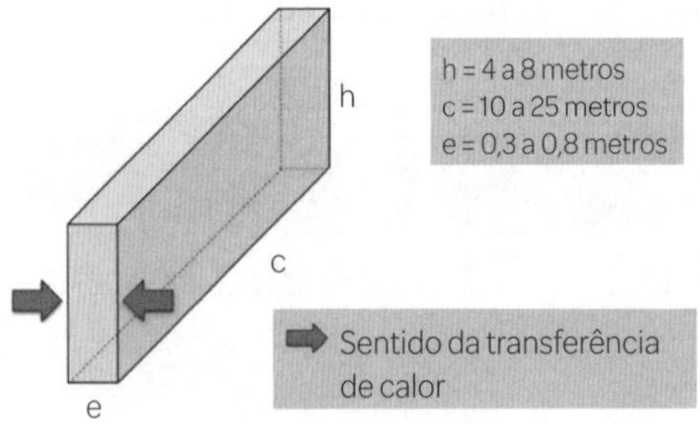

Figura 3.20 Representação esquemática do interior de um forno de coqueificação.
Fonte: autor.

A mistura de carvões, previamente britada para a faixa granulométrica em geral 80% menor que 3 mm, é carregada pelo topo dos fornos. Os fornos são aquecidos indiretamente por meio das paredes laterais, que costumam ser feitas de tijolos de sílica. Entre as paredes de fornos adjacentes, localizam-se as câmaras de combustão, pelas quais passam os produtos da combustão do gás, sendo que normalmente utiliza-se um gás misto (gás de coqueria + gás de alto-forno), mantendo as paredes dos fornos entre 1.000 e 1.100 °C. A Figura 3.21 mostra a sequência desde o carregamento do forno, início da desvolatilização, formação do semicoque e final do processo com a formação do coque. O processo de coqueificação é concluído em 15 a 24 horas, dependendo da temperatura média da parede e da largura do forno.

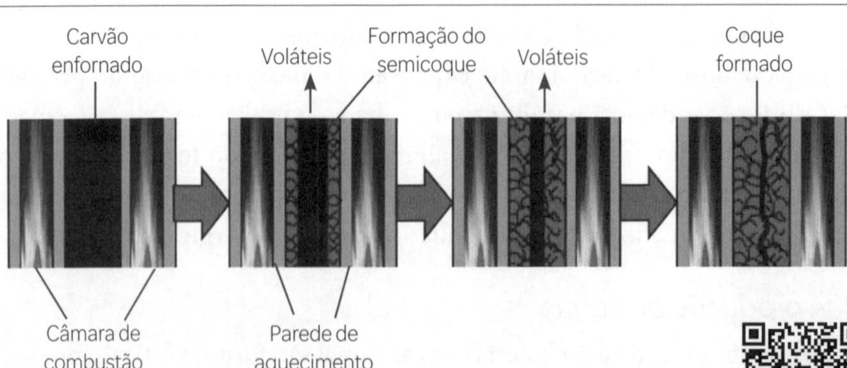

Figura 3.21 Sequência de carregamento, desvolatilização e formação do coque.
Fonte: autor.

O processo de coqueificação inicia-se assim que o carvão é introduzido no forno, o que é caracterizado pela evolução de gases durante o enfornamento. À medida que a temperatura da mistura de carvões aumenta, as três etapas da coqueificação (evaporação/desvolatilização, fase plástica e ressolidificação) caminham na direção da parede para o centro do forno. Como a direção do fluxo de calor é perpendicular às paredes de aquecimento, duas camadas plásticas são formadas (definidas pelas temperaturas de início de amolecimento e de ressolidificação da carga). O avanço das camadas plásticas em direção ao centro do forno é ilustrado na Figura 3.22

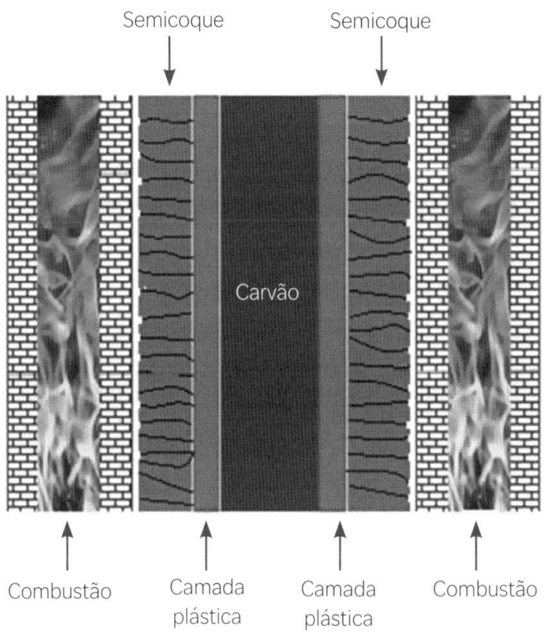

Figura 3.22 Representação esquemática da carga no processo de coqueificação.
Fonte: autor.

Passando pelo ponto de ressolidificação, o semicoque é formado, já em estado sólido. A estrutura final nesse ponto praticamente já está definida. Mudanças significativas não mais ocorrem e as reações de pirólise levam finalmente ao coque, com o aumento na densidade. Ao final do processo, tem-se um produto sólido, carbonoso, cujas propriedades devem ser compatíveis com as exigências de qualidade especificadas pelo alto-forno.

Ao final da coqueificação, uma máquina desenfornadora se posiciona na frente do forno, abre a porta desse lado, encosta o êmbolo empurrador no coque e aguarda o alinhamento do carro de transferência de coque, que abre a porta do outro lado do forno e posiciona a guia de coque, que conduz o coque sobre a plataforma de serviço, até o vagão do carro apagador, conforme mostra o esquema da Figura 3.23. O carro apagador posiciona-se sob a guia de coque e a máquina desenfornadora empurra o coque até que todo ele caia dentro do vagão, conforme a Figura 3.24.

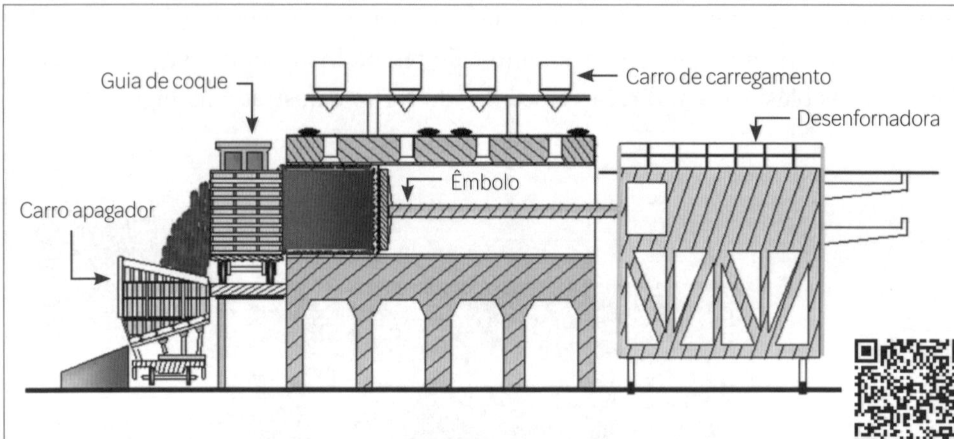

Figura 3.23 Bateria de coque e seus equipamentos auxiliares.
Fonte: autor.

Figura 3.24 Desenfornamento do coque para o carro apagador.
Fonte: Getty Images.

O carro apagador, após receber o coque incandescente a uma temperatura em torno de 950 a 1.100 °C, dirige-se à torre de extinção, onde é feito o apagamento do coque, e este é finalmente jogado numa rampa para ser transportado por correias até os altos-fornos. A torre de extinção, que faz o apagamento a úmido do coque, é composta de tanque reservatório de água, os chuveiros, a torre em si, que conduz o vapor gerado e filtra-o através de chicanas, e um tanque de decantação, onde são depositados os finos de coque gerados por essa extinção. A água utilizada na extinção é recirculada após passar pela decantação. O coque pode ser extinto também por um processo chamado CDQ (*coke dry quenching*), que significa apagamento a seco do coque. Esse sistema utiliza um gás inerte (N_2) para o resfriamento do coque e o calor desse gás é reaproveitado para geração de energia elétrica.

Durante a coqueificação, há o desprendimento do gás de coqueria bruto. Esse gás é tratado em unidades carboquímicas que, além de limpá-lo, para que seja utilizado na siderurgia e em caldeiras, retiram dele outros coprodutos para venda. A Figura 3.25 mostra os principais produtos e coprodutos obtidos do carvão metalúrgico.

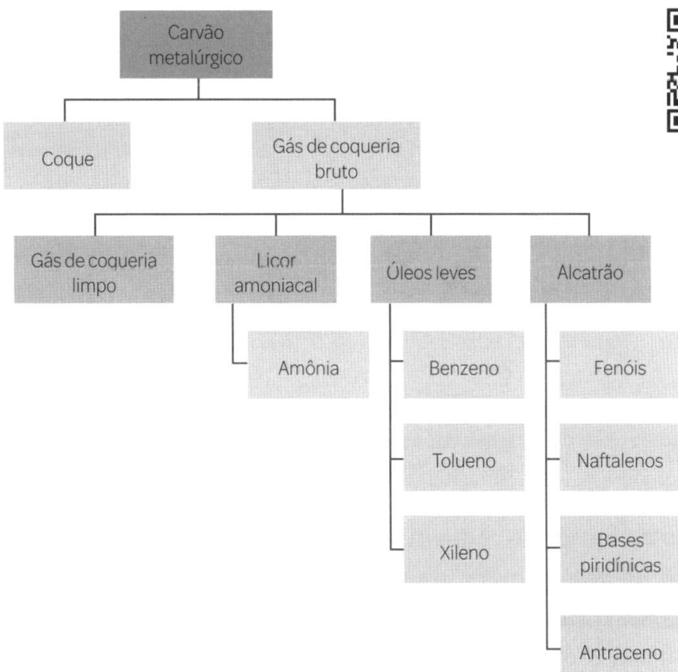

Figura 3.25 Principais produtos e coprodutos da pirólise do carvão metalúrgico.
Fonte: autor.

3.3.3 Tipos de fornos de coqueificação

Os fornos tipo *beehive* são fornos de concepção muito antiga e geram uma grande poluição, pois queimam o gás de coqueria em seu interior e lançam os fumos diretamente para a atmosfera. Até a década de 1990, a China tinha sua produção baseada nesse tipo de fornos, mas as exigências atuais têm obrigado as empresas a fechá-los e construir coquerias convencionais ou *heat recovery*.

O processo convencional de coqueificação cresceu muito, sobretudo na Europa e no Japão, a partir da década de 1940, estabelecendo-se como principal modelo de planta de fabricação de coque. A alta produtividade e o menor impacto ambiental na época em comparação com os fornos tipo *beehive* foram os fatores determinantes para a sua expansão. A Figura 3.26 mostra esquematicamente o processo convencional de coqueificação, cuja principal característica é a coleta do gás de coqueria bruto para tratamento e posterior aproveitamento e venda de subprodutos.

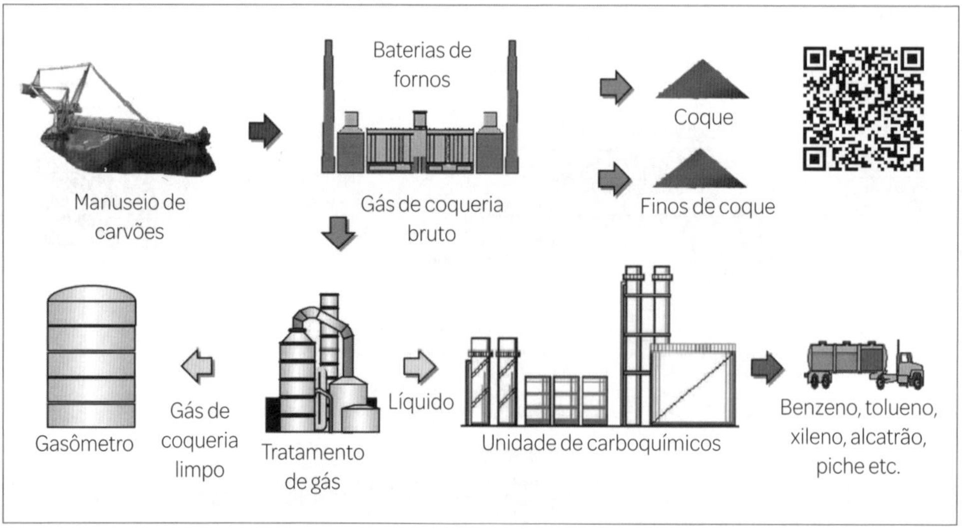

Figura 3.26 Desenho esquemático do processo convencional de coqueificação.
Fonte: autor.

Outro tipo de fornos de coqueificação é aquele que não recupera os gases gerados, chamado de *heat recovery*; na verdade, trata-se de uma evolução dos fornos tipo *beehive*. Esses fornos utilizam o calor da queima dos gases gerados pela coqueificação para a sua própria coqueificação e os fumos gerados por essa combustão para a geração de energia elétrica; depois, esses fumos são tratados antes de serem jogados na atmosfera. Esses fornos foram desenvolvidos sobretudo nos EUA e ultimamente têm se espalhado pelo mundo. A expansão atual desse tipo de coqueria tem decorrido da maior exigência ambiental quanto aos vazamentos do gás de coqueria na coqueria convencional, considerado gás cancerígeno por causa do benzeno, que gerou um aumento importante do custo de instalação desse tipo de planta. Os fornos *heat recovery* (Figura 3.27), por trabalharem em depressão e queimarem totalmente o gás de coqueria, não têm esse problema. Essas coquerias dispõem de tratamento dos fumos gerados antes de serem lançados na atmosfera, lançando menos SOx e NOx e particulados.

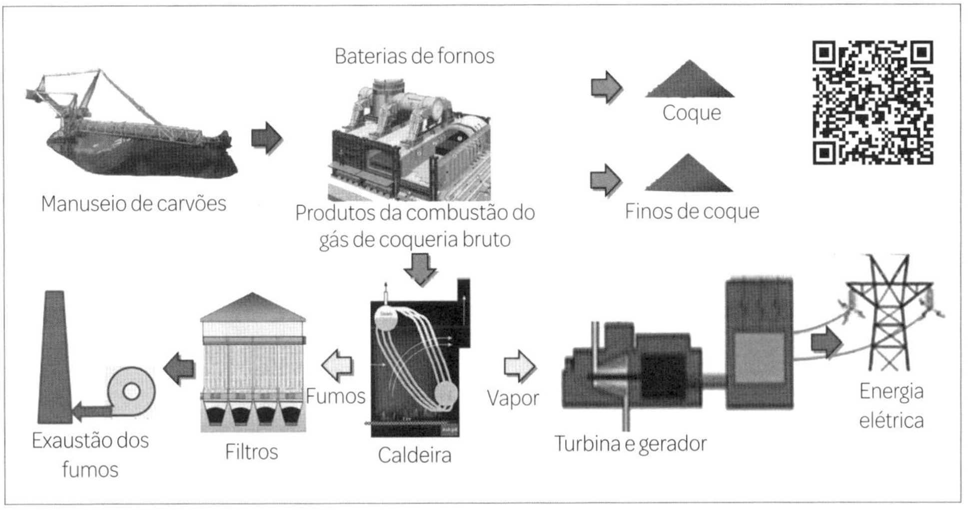

Figura 3.27 Desenho esquemático do processo *heat recovery* de coqueificação.
Fonte: autor.

3.4 Processo de produção de carvão vegetal

3.4.1 A carbonização da madeira

O carvão vegetal é obtido da pirólise da madeira mediante a ação do calor, sem contato com o ar, eliminando a maior parte dos componentes voláteis e concentrando o carbono. Vem daí outro termo usado para o processo: a "carbonização da madeira". O resultado desse tratamento, realizado em fornos ou retortas em temperaturas máximas ideais em torno de 400 °C, é a obtenção de uma parte de carvão vegetal e outra parte de produtos voláteis, condensáveis ou não, denominados produtos da destilação da madeira.

Um parâmetro importante na carbonização da madeira é rendimento gravimétrico (RG), que mede a eficiência da conversão de madeira em carvão vegetal:

$$\text{Rendimento gravimétrico} = \frac{\text{Carvão vegetal seco produzido (t)}}{\text{Madeira seca enfornada (t)}}$$

O aumento da temperatura de carbonização tende a reduzir o rendimento gravimétrico. Além da temperatura, o rendimento gravimétrico depende também da espécie de madeira, da umidade e do tipo de forno usado na carbonização. A Figura 3.28 mostra a distribuição mássica dos produtos da destilação da madeira seca para um rendimento gravimétrico típico de 33%.

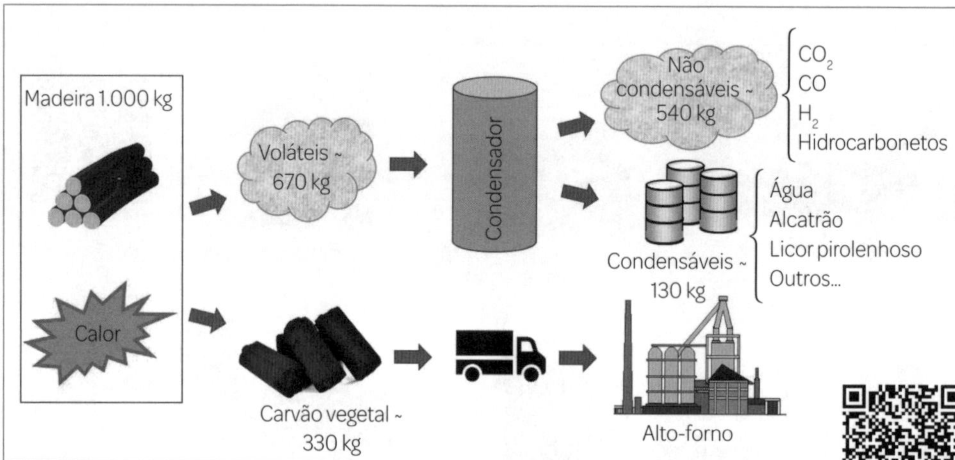

Figura 3.28 Produtos da carbonização da madeira.
Fonte: autor.

Segundo Sampaio [10], o carvão vegetal praticamente dobra o conteúdo de energia da madeira seca (900 kJ/kg), produzindo carvão vegetal com 75% de carbono fixo, carbonizando a temperaturas máximas de 400 °C e poder calorífico inferior de 1.690 kJ/kg. Na carbonização, procura-se manter ainda os voláteis, para mais tarde serem liberados no processo de redução no alto-forno. A carbonização pode virar coqueificação se o objetivo for zerar os voláteis. O processo de coqueificação da madeira é feito a temperaturas da ordem de 1.000 °C, praticamente eliminando os voláteis e produzindo carvão vegetal coqueificado com carbono fixo da ordem de 95% e 2.000 kJ/kg. Pelo fato de a perda em rendimento gravimétrico ser bem superior ao ganho em poder calorífico do produto resultante, há apenas a operação de carbonização.

3.4.2 Sistemas de produção de carvão vegetal

Os processos de produção de carvão vegetal objetivam, de uma maneira geral, a aplicação de calor sobre a madeira, de modo controlado, para que ocorra apenas a sua carbonização parcial. As variações mais importantes que podem existir ficam por conta de tamanho e capacidade de produção dos equipamentos, materiais construtivos, níveis de controle e origem do calor necessário para o aquecimento da carga de madeira. Quanto à origem do calor para o processo, é bastante usual classificar os sistemas de produção de carvão vegetal em:

- Fornos de alvenaria com fonte interna de calor: nesses reatores, o calor é fornecido mediante a combustão de parte da carga destinada para carbonização. Nesse caso, cerca de 10% a 20% do peso da carga de madeira é "sacrificada" mediante combustão total, gerando o calor necessário ao processo. Obviamente, existe uma perda proporcional no rendimento gravimétrico.
- Fornos metálicos de carbonização contínua e com fonte externa de calor: nesses reatores, o calor é fornecido a partir de uma fonte externa, por exemplo, a queima de produtos voláteis da carbonização ou de resíduos de madeira (folhas, galhos e cascas). Nesse caso, não há a queima de uma parte da carga para a geração de calor necessário ao processo. Toda a madeira é teoricamente convertida em carvão vegetal, o que resulta em um maior rendimento gravimétrico.

3.4.2.1 Fornos de alvenaria com fonte interna de calor

Até a década de 1980, a produção de carvão vegetal no Brasil era feita predominantemente em fornos artesanais de alvenaria de pequeno porte, denominados fornos tipo "rabo quente", ou em fornos circulares com cerca de sete metros de diâmetro e capacidades entre 4 e 40 t de madeira. O grande problema desses fornos é a alta dependência de mão de obra manual para operações de carga de madeira e descarga do carvão.

A partir da década de 1980, tem crescido no Brasil, principalmente nas grandes empresas, um processo de construção de grandes fornos retangulares de alvenaria com capacidade de 150 a 300 t de madeira. Com esse tipo de forno, foi possível mecanizar as operações florestais, desde a colheita, o enchimento dos fornos (feitos com grua) até a descarga do carvão (feito com pá carregadeira). Um dos grandes benefícios foi aumentar de forma significativa a produtividade dos fornos e melhorar as condições de trabalho dos operadores. A Figura 3.29 mostra a evolução tecnológica dos fornos de alvenaria.

Forno "rabo quente"	Forno circular	Forno retangular (150 t)	Forno retangular (300 t)

Figura 3.29 Evolução dos fornos de alvenaria.

Fonte: autor.

O princípio básico de tais fornos, independentemente do tamanho, consiste na colocação da carga de madeira no interior de modo que a madeira ocupe o máximo possível do volume. A ignição é feita pela parte superior e a queima é realizada mediante a admissão controlada de ar no interior da carga, o qual fornece somente o oxigênio necessário para a queima e a consequente geração do calor. Os gases resultantes normalmente são removidos por meio de uma ou várias chaminés. O final do processo de carbonização costuma ser atingido quando não mais se observa a saída de grande volume de fumaça pela chaminé do forno, e a coloração da fumaça tende para azul transparente. Essa é a indicação para o início do resfriamento do forno, que consiste em sua vedação total e espera pela redução de temperatura pela troca de calor com o ambiente, processo que demora vários dias. Nas últimas décadas, diversas melhorias nos fornos de alvenaria foram implantadas de uma maneira não generalizada. Entre tais melhorias, podemos citar:

- Implantação de medição de temperatura visando melhor controle da carbonização.
- Combustão dos voláteis gerados evitando lançamento atmosférico de gases mais perigosos em relação ao efeito estufa (metano e outros hidrocarbonetos) com ou sem aproveitamento do calor gerado para a carbonização.
- Aproveitamento da energia dos voláteis para a cogeração de energia.
- Condensação dos voláteis para obtenção de coprodutos.

3.4.2.2 Fornos metálicos de carbonização contínua e com fonte externa de calor

Em nível mundial, a utilização de fornos que lançam mão da combustão externa de gases recuperados do próprio processo para a geração de calor não são novidade, existindo há mais de 50 anos em muitos países, principalmente nos da Europa, embora em pequena escala. No Brasil, somente algumas grandes empresas do setor investiram em plantas de carbonização contínua. Segundo Laplane [9], as principais barreiras que impedem a adoção generalizada dessas tecnologias são:

- Elevado investimento inicial, bem superior aos fornos retangulares de alvenaria.
- Necessidade de alta escala para se ter uma planta rentável.

- Dificuldade de justificar os ganhos com a tecnologia em virtude da complexidade da interação das diversas variáveis de processo na produção do ferro-gusa, como: qualidade do minério, composição da carga metálica, perfis térmicos de redução, tipo e tamanho do alto forno, entre outras.
- Na Europa, os fornos são equipados com sistemas e cogeração de energia térmica, produzindo energia elétrica (via caldeira e turbina a vapor) e secando a madeira antes do enfornamento na retorta. Entretanto, no Brasil, o custo de centrais termoelétricas de baixa potência (< 1 MW) ainda é muito elevado (da ordem de R$5.000/kW), principalmente por apresentarem baixo rendimento elétrico (< 15%), o que aumenta a barreira de viabilidade econômica dessa tecnologia.

Esses fornos de carbonização contínua de madeira consistem basicamente em um forno cilíndrico metálico vertical, equipado com sistema de queima de gases, sendo o seu funcionamento descrito, com base no esquema da Figura 3.30, como segue:

- Madeira cortada em peças de 20 a 40 cm de comprimento são abastecidas no topo do forno e descem por gravidade até a base.
- O forno é dividido em três regiões, nas quais ocorrem a secagem da madeira, a carbonização e o resfriamento do carvão produzido.
- A energia para a secagem e para a carbonização vem da combustão dos voláteis não condensáveis produzidos continuamente durante o processo, o que permite alcançar altos rendimentos gravimétricos.
- Com a recuperação de gases, pode-se prever também a obtenção de produtos químicos condensáveis contidos nos voláteis do processo.
- Os gases quentes da combustão podem ainda passar por um trocador de calor, onde são resfriados para a sua utilização no resfriamento do carvão vegetal. Vapor produzido no trocador de calor pode ser usado na geração de eletricidade.

As retortas contínuas podem ser consideradas como o mais eficiente sistema de carbonização de madeira em operação no mundo, com rendimentos gravimétricos que podem chegar a 38%, além produzir um carvão de qualidade mais homogênea.

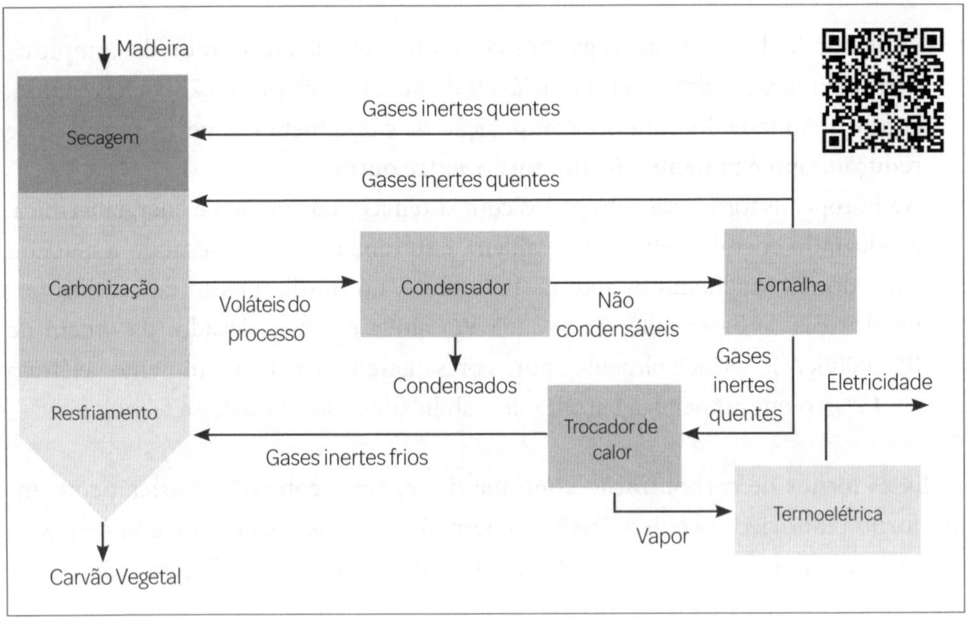

Figura 3.30 Sistema de carbonização contínua e com fonte externa de calor.
Fonte: autor.

3.5 Propriedades desejadas da matérias-primas e seus ensaios

As principais exigências para as matérias-primas que são abastecidas nos altos fornos (coque, carvão vegetal, sínter, pelotas e minérios granulados) são:

- Composição química adequada: existem compromissos de qualidade química do ferro-gusa e da escória que dependem da correta adequação química das matérias primas.
- Permeabilidade ao fluxo gasoso: o alto-forno é um reator em contracorrente e, portanto, existe a necessidade de permeabilidade da carga que depende de limitar a entrada de finos e evitar a geração de finos no processo.
- Propriedades de amolecimento e fusão: a carga metálica deve prover uma transição rápida entre o estado sólido e o líquido, e tal transição deve iniciar em altas temperaturas.
- Leito poroso e sustentação da carga: o redutor/combustível, que não funde no processo, deve manter a sua integridade física para garantir o fluxo tanto dos gases quanto dos líquidos gerados no processo.

De modo a garantir as funções citadas, as matérias-primas são submetidas a diversos tipos de análises e ensaios padronizados. A seguir, será feita uma breve descrição dessas análises e ensaios com foco apenas nas matérias-primas que são diretamente abastecidas nos altos-fornos. Como os ensaios são regulados por diferentes normas, com algumas diferenças no modo de realização deles, serão comentados apenas os aspectos gerais de cada ensaio. Também não serão descritas as especificações de matérias-primas, pois elas variam de empresa para empresa, dependendo das condições locais de abastecimento, tipos de equipamentos e nível de produção, entre outras.

3.5.1 Ensaios para avaliação das propriedades da carga metálica

3.5.1.1 Análise de umidade

O sínter e as pelotas, por suas características físicas, não absorvem porcentagem significativas de umidade. Normalmente é utilizado um valor padrão de umidade quando o sínter é oriundo diretamente da sinterização. No caso das pelotas e de sínter abastecido a partir das pilhas de estoque, deve-se ter amostras representativas das pilhas para a análise de umidade. Os minérios granulados costumam absorver porcentagens significativas de umidade, portanto, as análises de umidade devem ser mais frequentes.

As análises de umidade são simples e rápidas, bastando pesar uma amostra antes e após a secagem e calcular a diferença. A umidade das cargas é uma informação importantíssima para o alto-forno, pois ela deve ser descontada do peso das cargas antes de serem abastecidas (é utilizado o peso seco). Além disso, a evaporação da umidade no processo consome energia e eleva o consumo de redutor, entre outros problemas.

3.5.1.2 Análise de composição química

Nesse caso, são normalmente analisados os teores de ferro (ferro total (Fet) e FeO), os outros componentes dos aglomerados e os minérios granulados, como SiO_2, Al_2O_3, CaO, MgO, TiO_2, MnO e as impurezas fósforo (P), enxofre (S), ZnO e álcalis (Na_2O e K_2O). Esse tipo de análise é realizado com maior frequência, pois nos programas que realizam o balanço de massa para a carga do alto-forno, chamados de leito de fusão, é necessário atualizar esses dados diversas vezes ao dia.

3.5.1.3 Análise granulométrica

Por meio de métodos padronizados de peneiramento, esses ensaios determinam a distribuição granulométrica e o tamanho médio de amostras de material. Essas informações são fundamentais, pois influem na permeabilidade e na distribuição dos gases no interior do alto-forno, afetando a produtividade e a condição de marcha do forno. Grandes quantidades de finos afetam negativamente a permeabilidade e grandes quantidades de frações grossas tendem a dificultar sua redutibilidade, além de também afetar negativamente a permeabilidade. Em geral, objetiva-se alimentar o alto-forno com partículas na faixa de 5 até 50 mm.

3.5.1.4 Ensaio de inchamento

Esse ensaio se aplica às pelotas que tendem a inchar ao serem reduzidas, mas há certos tipos de pelotas que incham catastroficamente. São utilizados dois tipos de ensaios para avaliar a suscetibilidade da pelota ao inchamento: um reduz a amostra sem colocação de carga sobre ela; o outro submete a amostra à pressão mecânica enquanto é reduzida. As pelotas devem apresentar inchamento em média menor que 16%. O efeito principal nos altos-fornos é a redução da resistência das pelotas com geração de finos.

3.5.1.5 Ensaio de crepitação

Na parte superior do alto-forno, o minério granulado sofre um choque térmico em decorrência do rápido contato com os gases quentes ascendentes acima de 250 °C, podendo ocorrer uma desintegração em partículas mais finas, em um fenômeno denominado crepitação. A causa principal é a presença de água de cristalização, que, com o aquecimento, vaporiza e aumenta a pressão no interior dos minérios. Sínter e pelotas não crepitam, porém, alguns tipos de minérios granulados resistem menos e crepitam acentuadamente. A crepitação é prejudicial à boa marcha do alto-forno, pois o volume de finos gerados obstrui os interstícios e a passagem de gases, reduzindo a permeabilidade da carga.

O ensaio de crepitação consiste em aquecer uma amostra do minério granulado em um forno tipo mufla a uma temperatura de 700 °C, durante um período definido. Depois de resfriar, a amostra é peneirada, sendo determinada a porcentagem abaixo de uma certa granulometria (normalmente 5 mm), usada para exprimir o resultado. Quanto maior a fração de finos gerada, maior o índice de crepitação.

3.5.1.6 Ensaio de degradação durante a redução a baixa temperatura

A degradação sob redução é um fenômeno resultante sobretudo da transformação estrutural que ocorre quando a hematita (Fe_2O_3) é reduzida a magnetita (Fe_3O_4) em baixas temperaturas da ordem de 550 °C. Como a hematita e a magnetita possuem estruturas cristalinas diferentes, nessas transformações, há aumento de volume e enfraquecimento da estrutura, que pode se desintegrar em maior ou menor grau, gerando uma quantidade de finos maior que a produzida pela crepitação.

O ensaio consiste em fazer passar, através de uma amostra do material, um gás com capacidade redutora ($CO + N_2$) a uma temperatura de 550 °C, durante um período definido. Depois de resfriar, a amostra é colocada em um tambor que dará um número de rotações padronizado. Em seguida, o material é peneirado, sendo determinada a porcentagem abaixo de uma certa granulometria (normalmente 3 mm) usada para exprimir o resultado. Quanto maior a fração de finos gerada, maior o índice de degradação. Em geral, esse ensaio é referido como RDI (*reduction degradation index*) ou LTD (*low temperature degradation*).

Esse é um item de qualidade muito importante para a carga metálica e na fabricação do sínter e da pelota, pois é necessário atuar na seleção da matéria-prima e nos parâmetros do processo de forma a atenuar sua suscetibilidade a essa degradação. Já no caso do minério granulado, uma solução possível é alimentar o alto-forno com granulados de menor suscetibilidade a essa degradação.

3.5.1.7 Ensaio de tamboramento

A resistência ao tamboramento é a resistência à degradação física por abrasão e impacto, medida por meio da quantidade relativa de finos produzidos quando o material é submetido à degradação em um tambor de forma, dimensões, velocidade e número de rotações definido, conforme ilustra a Figura 3.31. Nesse ensaio, uma amostra de massa predefinida é colocada em um tambor rotativo e submetida a um número de voltas prefixado. Em seguida, o material é peneirado, sendo determinada a porcentagem abaixo de uma certa granulometria (normalmente 6 mm para a pelota e 10 mm para o sínter), usada para exprimir o resultado. Em geral, esse ensaio é referido como *tumbler test*.

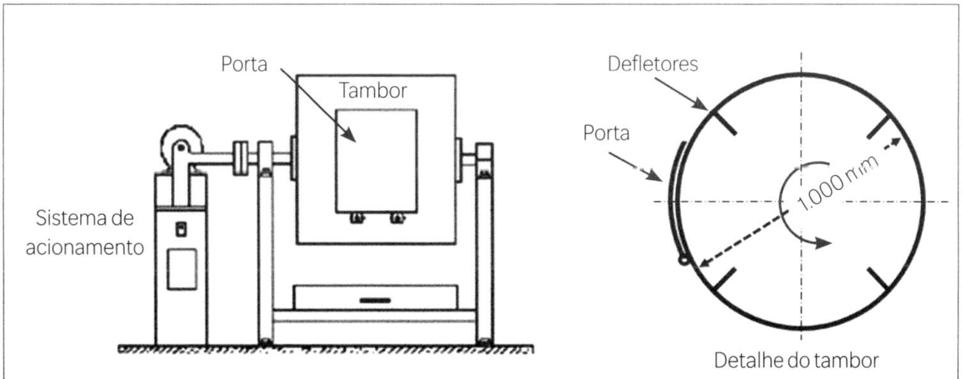

Figura 3.31 Tambor usado no ensaio de tamboramento.
Fonte: autor.

3.5.1.8 Ensaio de queda

Esse ensaio tem por finalidade medir a maior ou menor facilidade do sínter em produzir finos por efeito de solicitações mecânicas, ou seja, quando submetido a quedas nos vários pontos de transferência durante seu manuseio. Esse teste serve para avaliar a quantidade de finos gerados antes que o sínter inicie a fase de redução; o resultado obtido pode ser associado à permeabilidade da carga metálica na alta cuba do alto-forno.

O teste consiste em ensaiar uma amostra de sínter em um aparelho padronizado, submetendo a amostra a 4 quedas sucessivas de 2 m de altura. Após as quedas, determina-se a porcentagem abaixo de uma certa granulometria (normalmente 10 mm), usada para exprimir o resultado. Em geral, esse ensaio é referido como *shatter test*.

3.5.1.9 Ensaio de redutibilidade

À medida que a carga metálica vai descendo no alto-forno, ela entra em contato com gases ainda mais aquecidos numa atmosfera que favorece sua redução. Redutibilidade é a propriedade que mede o grau de facilitação que o minério granulado ou o aglomerado tem em ceder os átomos de oxigênio ao gás redutor. Pode-se afirmar que quanto mais redutível a carga metálica, menor o consumo de redutor no processo de alto-forno.

O ensaio consiste em fazer passar, através de uma amostra do material, um gás com capacidade redutora ($CO + N_2$) a uma temperatura de 900 °C, durante um período definido. O resultado é determinado pela perda de peso final da amostra. Se o equipamento de ensaio possuir pesagem contínua da amostra, é possível medir a taxa de redução (velocidade) em dois instantes durante o período de redução. Quanto maior a perda de peso, maior o índice de redutibilidade. Em geral, esse ensaio é referido como RI (*reducibility index*). A Figura 3.32 mostra esquematicamente o equipamento utilizado para redução da amostra de carga metálica com pesagem contínua.

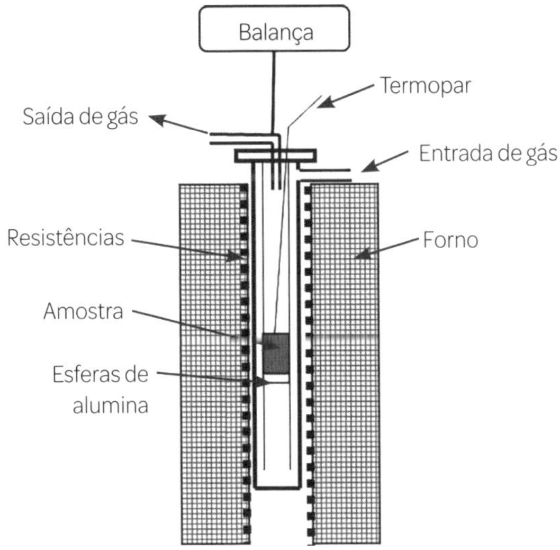

Figura 3.32 Reator de pesagem contínua utilizado no ensaio de redutibilidade.
Fonte: autor.

A taxa na qual a carga de minério de ferro é convertida em ferro metálico pela ação do gás redutor é muito importante no processo de alto-forno, e os efeitos de uma alta redutibilidade são maior produtividade e menor consumo de redutor.

3.5.1.10 Ensaio de amolecimento e fusão

O ensaio de amolecimento e fusão é relativamente complexo e poucas usinas siderúrgicas no Brasil possuem o equipamento para sua realização. Portanto, esse ensaio costuma não fazer parte da rotina de análises das usinas siderúrgicas que o possuem, sendo realizado apenas para avaliar novas matérias-primas ou quando existem problemas operacionais nos altos-fornos.

O ensaio consiste em montar, em um cadinho de grafite, uma amostra de carga metálica, em granulometria especificada, com 70 mm de altura entre duas camadas de coque com 20 mm de altura cada. Essa amostra é introduzida em um forno com elevação constante de temperatura e, em 800 °C, é submetida a um agente redutor ($CO/H_2/N_2$). Um êmbolo mantém uma pressão constante na parte superior do cadinho. Durante o ensaio, o sistema de aquisição de dados coleta as temperaturas do forno inferior, do forno superior e da amostra, a queda de pressão na amostra, a composição dos gases de saída ($CO/CO_2/H_2$) e a ocorrência de gotejamento de fase líquida. O ensaio é finalizado quando o forno atinge a temperatura de 1.550 °C. No final, ficam determinados os principais parâmetros usualmente utilizados para avaliar as propriedades a altas temperaturas das cargas metálicas: temperaturas de início (TS) e fim (TE) de amolecimento; temperatura de início de gotejamento (TD); intervalo de temperatura da zona coesiva ($\Delta T = TE - TS$); perda de pressão máxima na amostra; índices de permeabilidade; e grau de redução nas temperaturas de 1.000 a 1.200 °C, entre outros.

O ensaio de amolecimento e fusão é uma ferramenta de extrema importância no entendimento do comportamento das cargas metálicas na zona coesiva dos altos-fornos, sendo as informações mais importantes as temperaturas de início e fim de amolecimento, que dão uma ideia da posição e da espessura da zona coesiva no alto-forno.

3.5.2 Ensaios para avaliação das propriedades do redutor

3.5.2.1 Análise de umidade

O coque e o carvão vegetal podem absorver muita umidade, e sua correta avaliação é muito importante porque, além de afetar a pesagem das cargas e absorver energia no processo de alto-forno, esses materiais, quando úmidos, favorecem o carregamento de finos agregados a eles que não são facilmente removidos no peneiramento do alto-forno.

Muitos altos-fornos possuem analisadores de umidade em linha, do tipo radioativo, que analisam a umidade a cada pesagem da carga. Segundo Jesus [10], esses medidores de umidade consistem em uma cabeça em aço inox contendo uma fonte radioativa de nêutrons acoplada à tremonha de pesagem do material. A fonte radioativa emite nêutrons de alta energia, e a diferença de dispersão de energia pelos átomos de hidrogênio da umidade e os outros átomos do material (carbono e outros elementos de núcleos mais pesados) permite que o instrumento detecte a densidade de hidrogênio no material, sendo este número usado para o cálculo da umidade do material. A análise de umidade pelo método tradicional, com pesagem de uma amostra antes e após secagem, é periodicamente realizada para checagem dos resultados.

3.5.2.2 Análise de composição química

Com maior frequência, é realizada a análise imediata, em que são analisados os teores de cinza, matéria volátil residual e enxofre, de onde, por diferença, se tem o teor de carbono fixo. A composição química da cinza também é importante para o balanço de massa do carregamento do alto-forno e é realizada pelo menos uma vez ao dia. Na cinza, são analisados os teores de SiO_2, Al_2O_3, CaO, MgO, Fe_2O_3, SO_3, P_2O_5, ZnO e álcalis (Na_2O e K_2O).

3.5.2.3 Análise granulométrica

A distribuição granulométrica do redutor carregado é muito importante para a sua função de leito poroso no alto-forno. Os principais índices controlados são o tamanho médio e principalmente as porcentagens das frações menor do que 25 mm e maior do que 75 mm, que costumam ser controladas em no máximo 5% da carga.

3.5.2.4 Ensaio de resistência a frio

São ensaios semelhantes aos de tamboramento da carga metálica e procuram avaliar a quantidade de finos que podem ser gerados pela quebra ou abrasão do redutor ao longo do processo de abastecimento do alto-forno, desde a coqueria ou pátios até o carregamento no interior do forno, ou seja, antes de o coque ser submetido a altas temperaturas.

Esses ensaios consistem basicamente em obter uma amostra de peso predeterminado e carregá-la em um tambor rotativo, cujo formato, características e número de rotações são fixados pelas normas. Após o tamboramento, o material é peneirado em peneiras de malhas também prefixadas. A porcentagem do material retido em cada malha, em relação ao peso total da amostra, gera os índices de resistência a frio, ou seja, quanto maior a fração retida após o tamboramento, mais resistente é o material.

Os ensaios de resistência a frio caracterizam a qualidade do coque mais empregada na siderurgia. Os mais utilizados mundialmente são os ensaios *Micum* e o *Drum Index*, sendo este último largamente utilizado no Brasil com o índice DI 150/15, que indica a porcentagem retida em uma malha de 15 mm após 150 voltas no tambor.

3.5.2.5 Ensaio de resistência a quente e reatividade

Esses ensaios procuram representar a resistência do redutor após ele ser submetido a altas temperaturas e a reação de gaseificação pelo gás CO_2 (reação *solution loss*), que tendem a enfraquecer a sua estrutura e gerar finos no processo. Esse ensaio também gera um índice de reatividade que mede a suscetibilidade do material à reação *solution loss*. A reatividade do redutor afeta seu consumo específico e o perfil térmico do alto-forno, conforme será visto no Capítulo 4.

O ensaio consiste em reagir uma amostra de coque de peso determinado em reator a uma temperatura constante com gás CO_2 por um determinado tempo. Após a reação, o material é pesado e carregado em tambor normalizado, onde sofre tamboramento por um número fixo de voltas, sendo depois peneirado. A porcentagem retida é o valor do índice de resistência a quente, cuja sigla é CSR (do inglês *coke strenght after reation*). O índice de reatividade, também obtido no mesmo ensaio, é calculado pela porcentagem da massa do material resultante da reação com o gás CO_2 em relação à massa do material inicial do teste e designado pela sigla CRI (do inglês *coke reativity index*). A Figura 3.33 ilustra o reator usado para a gaseificação da amostra de redutor e o tambor usado para avaliar a resistência da amostra reagida.

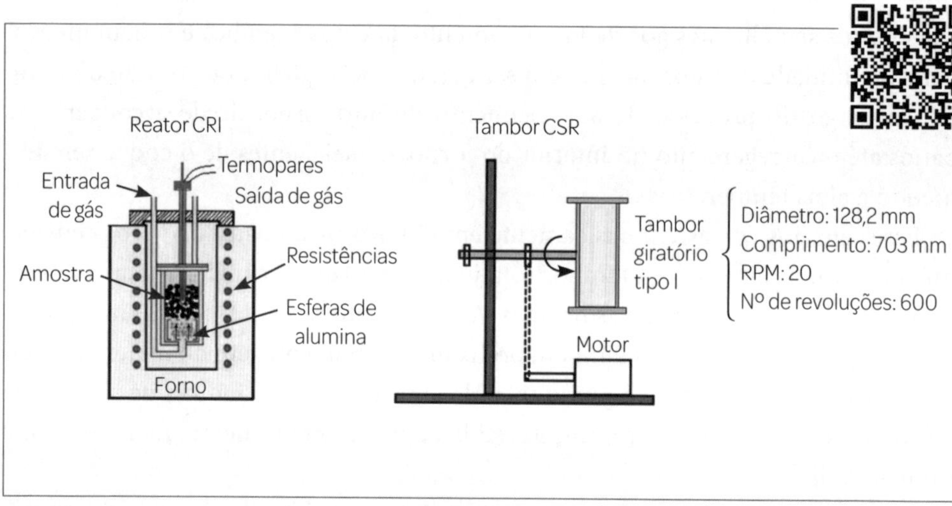

Figura 3.33 Reator e tambor rotativo utilizados no ensaio de reatividade e resistência a quente.
Fonte: autor.

REFERÊNCIAS

1. WORLD STEEL ASSOCIATION. *Fact sheet*: steel and raw materials. Disponível em: https://www.worldsteel.org. Acesso em: fev. 2019.
2. WORLD STEEL ASSOCIATION. *Steel statistical yearbook 2022*. Disponível em: https://www.worldsteel.org
3. MOURÃO, J. M. Estudo prospectivo do setor metalúrgico. *In*: *NT Minério de Ferro e Pelotas situação atual e tendências 2025*. Centro de Gestão e Estudos Estratégicos, 2008.
4. OSÓRIO, E. *et al*. Estudo prospectivo do setor siderúrgico. *In*: *NT Carvão e Coque, 2008*. Centro de Gestão e Estudos Estratégicos, 2008.
5. HONORATO, E. P. *Adequação granulométrica das matérias-primas e do sistema de segregação contínua (I.S.F), para melhorias na produtividade e qualidade do sínter para os altos-fornos*. UFMG, 2005. [Dissertação de Mestrado]

6. GEERDES, M. et al. *Práticas modernas para operação de altos-fornos*. UFF, out. 2007.
7. SILVA, C. E. A. Estudo dos fatores que influenciam a formação e a qualidade de pelotas cruas de minérios de ferro hematíticos. *In*: IV Simpósio Brasileiro de Minério de Ferro. *Anais*... ABM, 2003. p. 654-663.
8. TAKANO, C. Processos de preparação de matérias-primas *In*: MOURÃO, M. B. *Introdução à siderurgia*. ABM, 2007.
9. LAPLANE, M. F. *Modernização da produção de carvão vegetal*: subsídios para revisão do plano siderurgia. Centro de Gestão e Estudos Estratégicos, 2015.
10. JESUS, H. S. Avaliação e comparação umidade de coque de alto-forno. *In*: *46º Seminário de Redução de Minério de Ferro e Matérias-Primas*. ABM Week, 26 a 30 de setembro de 2016, Rio de Janeiro.

BIBLIOGRAFIA

BRASIL. Ministério de Minas e Energia. *Plano Nacional de Energia*. Ministério de Minas e Energia; colaboração Empresa de Pesquisa Energética, 2007.

CLARY, A. B. et al. *39º Seminário de Redução de Minério de Ferro e Matérias-Primas e 10º Seminário Brasileiro de Minério de Ferro*. Ouro Preto, MG, 22 a 26 de novembro de 2009.

GEERDES, M. et al. *Modern blast furnace ironmaking*. Verlag Stahleisen GmbH, 2004.

MOURÃO, J. M. Pelotização de minérios de ferro. In: BRADASCHIA, C. *Siderurgia para não-siderurgistas*. ABM, 1986, v. 1, p. 107-176.

SAMPAIO, R. S. *Conversão da biomassa em carvão vegetal*: situação atual com tendências 2025. Estudo prospectivo do setor siderúrgico. Centro de Gestão e Estudos Estratégicos – Nota Técnica, jun. 2008.

CAPÍTULO 4
Redução de minério de ferro em altos-fornos

Eduardo Emery Cunha Quites

1. INTRODUÇÃO

O processo de alto-forno domina o cenário mundial de produção de ferro-gusa líquido para a produção de aço. Esse predomínio tem se mantido, ao longo dos anos, principalmente por causa dos contínuos desenvolvimentos ocorridos, sobretudo a partir da década de 1970, no projeto e na tecnologia operacional e de manutenção. Esses desenvolvimentos levaram a aumentos significativos de produtividade, operação contínua por longo tempo e acentuada redução do consumo de combustíveis.

Entretanto, existem algumas desvantagens no processo de alto-forno, principalmente centradas na necessidade de unidades suplementares de preparação de matérias-primas, como a coqueria e a sinterização, que implicam elevados investimentos adicionais, além de alguns problemas ambientais. Isso abriu espaço para a pesquisa e o desenvolvimento de processos alternativos denominados genericamente de "fusão-redução".

Apesar disso, por sua elevada eficiência energética, capacidade de produção, evolução tecnológica e flexibilidade operacional, o alto-forno continua muito competitivo, e novas unidades estão sendo construídas no Brasil e no mundo.

O alto-forno produz o ferro-gusa em estado líquido a uma temperatura em torno de 1.500 °C, com a qualidade e em quantidades necessárias aos processos produtivos subsequentes. Para isso, o alto-forno utiliza como matérias-primas básicas a carga metálica (sínter, pelotas e minério granulado) e um combustível/redutor sólido (coque ou carvão vegetal), além de fundentes e injeções de combustíveis auxiliares (gás natural, carvão pulverizado, óleo combustível etc.).

Ar quente, que pode ser enriquecido com mais oxigênio, é soprado na parte inferior do alto-forno de modo a reagir com os combustíveis utilizados e fornecer a energia do processo e os gases redutores que terão a função de remover o oxigênio dos óxidos de ferro da carga metálica.

O ferro-gusa líquido é constituído de ferro (em torno de 94%), carbono (em torno de 4,5%) e outros elementos, como silício, manganês, titânio, fósforo e enxofre. Esses valores podem variar de acordo com a utilização do ferro-gusa. Nesse processo, obtém-se ainda outro produto líquido conhecido como escória, da ordem de 200 a 350 kg por tonelada de ferro-gusa produzido. Ela é formada principalmente pela ganga do minério e pelas cinzas dos combustíveis (basicamente SiO_2 e Al_2O_3) e pelos fundentes adicionados (basicamente CaO e MgO). Esses dois produtos possuem densidades bem diferentes e, com isso, é possível realizar a separação por um processo físico bem simples.

Em uma usina siderúrgica integrada a coque, ou seja, com todas as etapas básicas do processo siderúrgico, o sínter é produzido na sinterização e tem como constituinte principal o minério de ferro. O coque é produzido na coqueria e é obtido por meio da pirólise do carvão mineral. A Figura 4.1 mostra um fluxograma parcial de uma usina, até o alto-forno, destacando as matérias-primas básicas carregadas e seus principais produtos.

Nas usinas integradas, a produção de aço ocorre a partir da fabricação de ferro-gusa nos altos-fornos e, na maior parte dessas unidades industriais, o coque é combustível/redutor. Contudo, o Brasil tem uma particularidade em relação a esse aspecto, já que parte da produção de aço resulta do uso do carvão vegetal em altos-fornos. O processo tem vantagens ambientais, como a redução das emissões globais de gases de efeito estufa, decorrente do plantio de florestas. No entanto, a rota integrada a carvão vegetal possui limitações técnicas e operacionais que restringem a produção de aço em larga escala. Quanto às usinas semi-integradas, a produção de aço é realizada por meio da fusão de metálicos, incluindo sucata, ferro-gusa e/ou ferro-esponja, em aciaria elétrica.

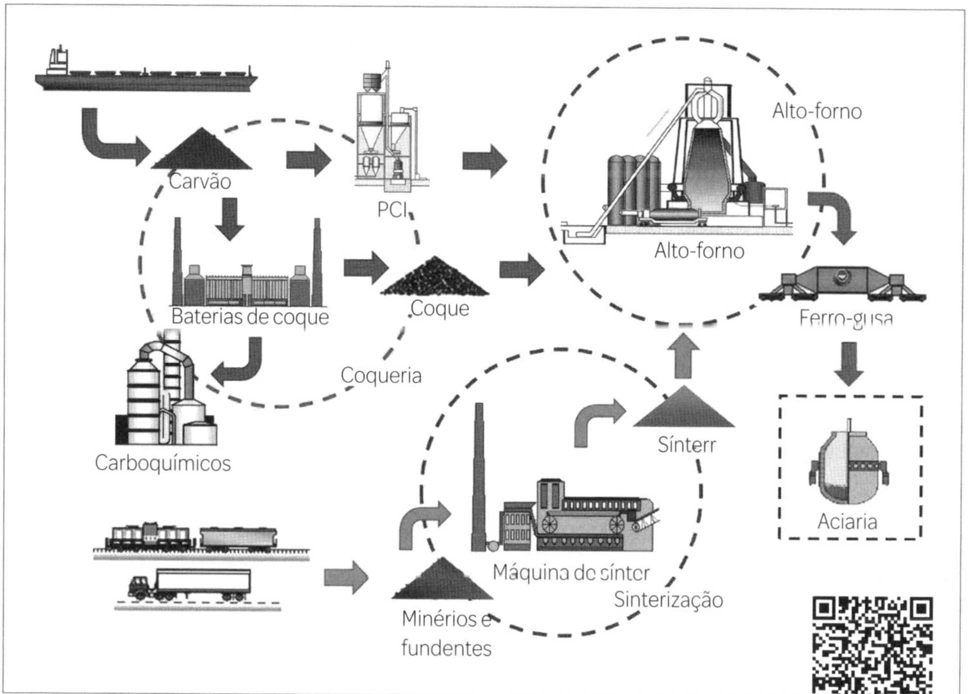

Figura 4.1 Fluxograma parcial de uma usina siderúrgica integrada a coque.
Fonte: autor.

2. DESCRIÇÃO DO EQUIPAMENTO

O alto-forno é considerado o reator mais complexo da metalurgia. No seu interior, ocorrem centenas de reações e estão presentes os três estados da matéria: sólidos, líquidos e gases. Nesse reator, ocorrem grandes gradientes de temperatura, variando de mais de 2.000 °C na zona em frente às ventaneiras, onde ocorre a combustão do coque, até cerca de 150 °C, na região superior onde os gases deixam o forno.

Para uma descrição sequencial do processo de alto-forno e da função de algumas partes que serão primordiais para compreender o funcionamento do equipamento, serão utilizadas as indicações numéricas da Figura 4.2. Partindo dos pátios de estocagem ou dos processos anteriores (coqueria e sinterização), as matérias-primas (1) são transferidas para a casa de silos (*stockhouse*) por meio de correias transportadoras. Cada tipo de material (sínter, coque, minério granulado, pelotas, fundentes etc.) é carregado em silos separados (2), sob os quais ficam peneiras e balanças. As várias matérias-primas são peneiradas, separando a fração fina (normalmente abaixo de 5 mm), que retorna para a sinterização. Após o peneiramento, as matérias-primas são pesadas de acordo com regras predeterminadas de modo a obter a composição química desejada do ferro-gusa e da escória, a partir das análises químicas de cada material.

As matérias-primas, após a casa de silos, são então transportadas até um carro *skip* (3) ou correia transportadora, que faz o transporte dos materiais até um silo de recebimento no topo do alto-forno (4).

No topo do alto-forno, a carga metálica e o coque são carregados de modo a formar, no interior do forno, camadas separadas. Os materiais podem ser carregados para o interior do forno por meio de um sistema de distribuição de carga (5), o qual é responsável pela distribuição dos materiais da carga na "goela" do forno. Os altos-fornos também podem ter um dispositivo denominado "armadura móvel", que consiste em placas móveis cuja função é reduzir a seção da goela, permitido o direcionamento dos materiais carregados para a região central. Outros altos-fornos mais modernos podem ter outro sistema de carregamento baseado em duas tremonhas, que descarregam as matérias-primas em uma "calha rotativa", que pode ter o ângulo de inclinação alterado, permitindo grande flexibilidade no direcionamento da carga no interior do forno.

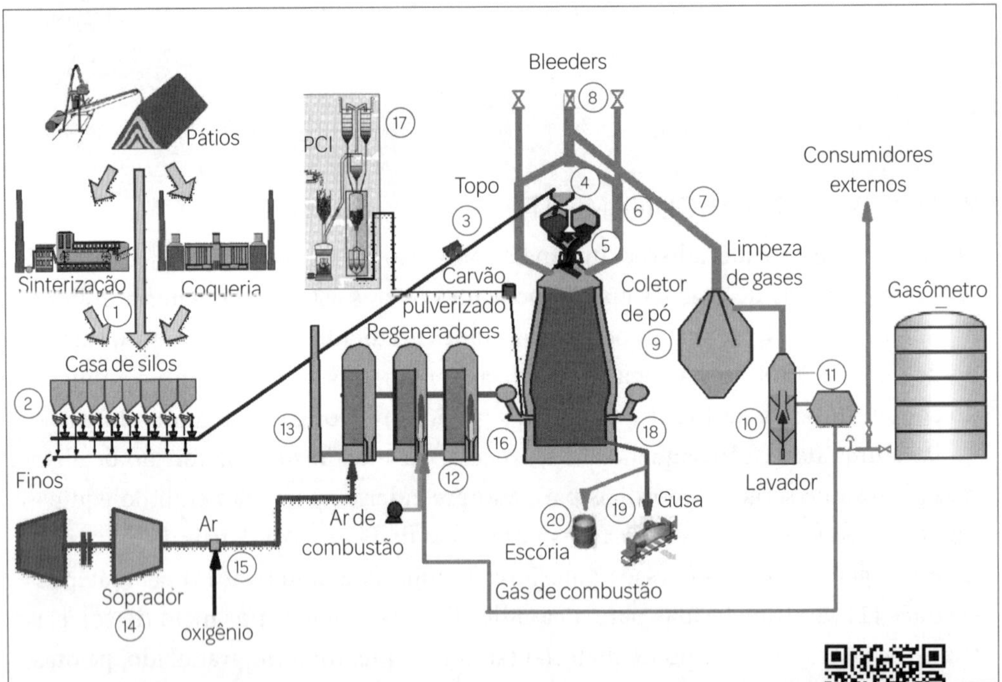

Figura 4.2 Esquema mostrando o funcionamento de um alto-forno.
Fonte: autor.

Também no topo do forno, existem *up-takes* (6), através dos quais o gás quente e sujo com poeiras deixa o forno e flui para cima, para então ser direcionado para baixo por meio do *downcomer* (7). No extremo do topo do forno, existem válvulas *bleeders* (8) cuja função é permitir a liberação do gás e proteger o topo no caso de uma súbita elevação de pressão do gás, decorrente de eventuais problemas operacionais com o processo. Toda essa região tem a estrutura em chapas de aço protegidas com refratário interno, juntas de expansão para absorver as variações de temperatura e pressão dos gases e vedações para evitar vazamentos de gases no ambiente. Em média, esses componentes são projetados para operar com temperatura na ordem de 350 °C. Acima disso, é necessário resfriar imediatamente os gases injetando-se água por meio de *sprays* instalados sobre a carga.

O gás produzido desce pelo *downcomer* até o coletor ou balão de pó (9), onde as partículas de pó mais grosseiras se depositam, acumulam e são descarregadas como um subproduto. O gás então flui para a lavagem em um equipamento tipo Venturi (10) ou similar, onde são removidas as partículas mais finas na forma de lama, que também é um subproduto do processo. O estágio final de tratamento do gás consiste na passagem pelo desumidificador (11), cuja função é reduzir o teor de umidade do gás.

Após a limpeza, parte do gás gerado (cerca de 20%) é direcionada para os regeneradores (12), e o restante vai para consumidores externos. Normalmente, os altos-fornos são equipados com três ou quatro regeneradores, sendo que um deles está sempre aquecendo o ar soprado para o alto-forno (fase sopro). Para os outros regeneradores, que estão em fase de combustão, os gases são queimados em uma câmera de combustão, atingem o domo e, ao descer, transferem calor para um empilhamento de tijolos refratários presente no interior do regenerador. Os produtos da combustão deixam os regeneradores e são encaminhados a uma chaminé compartilhada por todos (13). O ar, proveniente de turbo ou motossopradores (14) e que pode ser enriquecido com mais oxigênio (15), é aquecido após passar pelo regenerador que está em fase de sopro, e injetado pelas ventaneiras (16). Combustíveis auxiliares podem ser injetados pelas ventaneiras junto com o ar quente. O mais comum é a injeção de carvão pulverizado, que é preparado em uma unidade onde é feita a moagem e o transporte em leito fluidizado (17) até um vaso distribuidor no alto-forno, e daí em linhas individuais para cada ventaneira.

Na parte inferior do forno, o ferro-gusa e a escória produzidos são separados por diferença de densidade no canal principal (18) da casa de corrida. O ferro-gusa é coletado em carros torpedos (19) e destinado para o processo de aciaria, onde será transformado em aço. A escória é drenada em potes (20) ou transformada em um material granulado por meio de jato de água em alta pressão e colocada para venda.

2.1 O corpo principal do alto-forno

O corpo principal do alto-forno é composto da goela, cuba, ventre, rampa e cadinho, assim definidos em função da geometria e da função de cada região, conforme mostra a Figura 4.3.

1. Goela: parte cilíndrica superior de onde é feito o carregamento do alto-forno. Nessa região, ficam posicionados os equipamentos de distribuição da carga, que serão detalhados posteriormente, e diversos sensores que medem o nível da carga, o perfil da carga, a temperatura e a composição dos gases produzidos etc. O nível normal da carga, medido por uma sonda mecânica ou radar, fica em torno de 1 m abaixo de um referencial denominado *stockline*. Sempre que o nível da carga, no ponto de medição, desce e atinge esse valor pré-definido, uma nova batelada de carga é carregada no interior do forno.
2. Cuba: compreende a maior parte volumétrica do alto-forno, sendo de formato troncocônico, com o maior diâmetro na parte inferior. Esse formato se deve, em parte, à necessidade de compensar o aumento de volume da carga decorrente da elevação da temperatura e, em parte, para possibilitar uma melhor descida da carga, dificultando a agregação de cascões de material semifundidos nas paredes.
3. Ventre: parte cilíndrica de união entre a cuba e a rampa. O ventre, junto à parte inferior da cuba, são as partes mais solicitadas termicamente do forno em razão da intensa oscilação de temperatura resultante da variação de posição da zona compreendida entre os pontos de amolecimento e fusão da carga metálica, denominada zona coesiva.
4. Rampa: região de formato troncocônico, com o maior diâmetro na parte superior; esse formato ajuda a sustentar a carga e compensa a redução de volume da carga decorrente da formação de fases líquidas que gotejam para o cadinho através dos interstícios das partículas de coque.
5. Cadinho: região cilíndrica que compõe a parte inferior do alto-forno; uma de suas finalidades é armazenar, por tempo controlado, o ferro-gusa e a escória produzidos. Na parte inferior do cadinho ficam as regiões denominadas furos de gusa, onde são feitas perfurações periódicas para a drenagem do ferro-gusa e da escória. Na parte superior do cadinho ficam posicionadas as ventaneiras, onde é feita a injeção do ar soprado e de combustíveis auxiliares.

Na Figura 4.3 estão representadas também algumas medidas e referenciais importantes do alto-forno. O *stockline* ou nível de carga é um plano situado 1 m abaixo do dispositivo de distribuição da carga (cone grande ou calha giratória). Nível das ventaneiras é um plano que passa pelo eixo central de todas as ventaneiras. A distância entre o *stockline* e o nível das ventaneiras é definida como altura de trabalho e será utilizada no cálculo do volume de trabalho. Nível dos furos de gusa é um plano que passa pelo eixo central dos furos de gusa no ponto onde eles se conectam com o interior do forno. Os furos de gusa têm uma inclinação normalmente entre 10° e 16° em relação a esse plano. A distância entre o *stockline* e o nível dos furos de gusa é definida como altura interna e será utilizada no cálculo do volume interno.

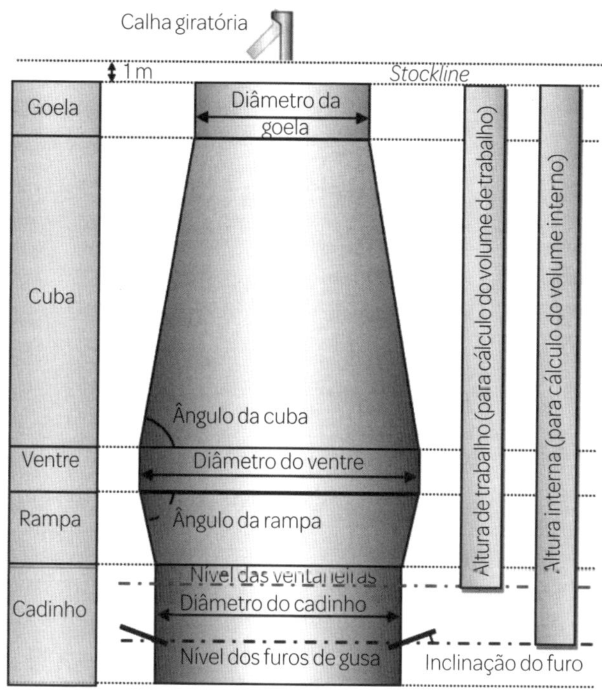

Figura 4.3 Corpo principal do alto-forno.
Fonte: autor.

As ventaneiras ficam posicionadas na parte superior do cadinho, um pouco antes da conexão com a rampa. O número de ventaneiras aumenta com o tamanho dos fornos, podendo alcançar mais de 40 peças nos grandes altos-fornos. As ventaneiras são peças de cobre refrigeradas à água, que penetram até o interior do forno e, por isso, são submetidas às mais altas temperaturas do processo e ao ataque das partículas de coque incandescente e gotejamento de ferro-gusa e escória. Para cumprir essa função, deve ser garantida uma alta taxa de extração de calor por meio de uma elevada vazão de água de refrigeração (300 a 600 litros/min.) e em alta pressão, que percorre canais internos de formato espiralado. As ventaneiras são encaixadas por dentro de um resfriador ou caixa de refrigeração, que serve como suporte e consiste em um anel de cobre, oco e refrigerado à água, conforme pode ser observado no arranjo da Figura 4.4.

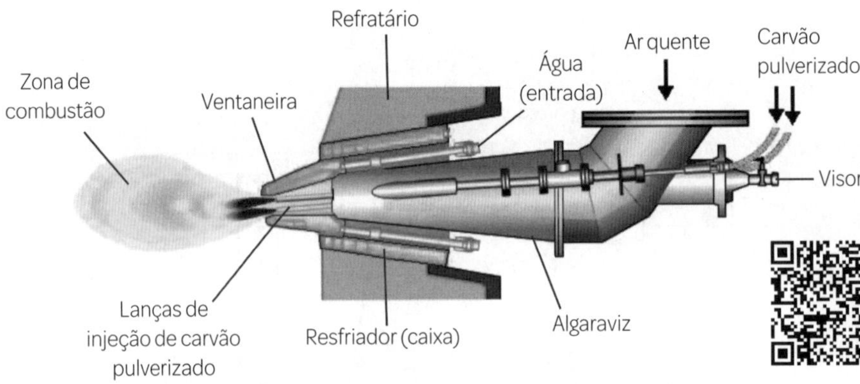

Figura 4.4 Arranjo das ventaneiras no interior do forno.
Fonte: autor.

O ar quente é introduzido nas ventaneiras através de um duto de ligação denominado algaraviz. O algaraviz é uma peça de aço revestida internamente com refratário cerâmico. Na extremidade do algaraviz, oposta ao acoplamento com a ventaneira, fica uma espécie de visor que, utilizando vidros de alta resistência a temperatura e pressão, permite visualizar a zona de combustão do alto-forno e diversos aspectos operacionais muito relevantes para o processo. Como exemplo, pode-se citar a observação de passagem de cascões desgarrados das paredes ou de semifundidos, o estado da combustão das injeções auxiliares, a presença de escória retida e, principalmente, a avaliação periódica do estado térmico do forno pelo simples brilho da zona de combustão, quando observado por um operador experiente. Pelos algaravizes também são inseridas as lanças que permitem as injeções de combustíveis auxiliares na ventaneira.

Antes de ser introduzido através das ventaneiras, o ar quente proveniente dos regeneradores passa por uma tubulação circular denominada anel de vento, e daí é feita conexão com todos os algaravizes. Todas essas tubulações são metálicas e revestidas com refratário cerâmico, conforme pode ser observado na Figura 4.5.

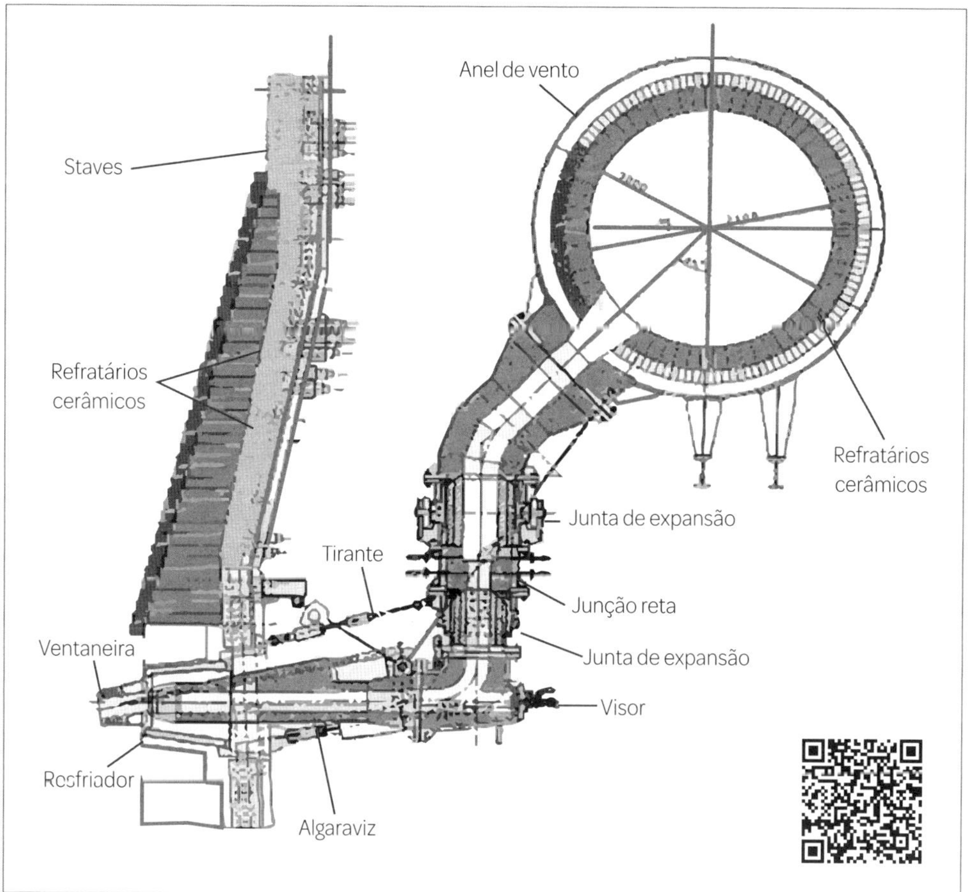

Figura 4.5 Sistema de sopro quente (ventaneira, resfriador, algaraviz e anel de vento).
Fonte: autor.

A capacidade de produção de um alto-forno está diretamente ligada ao volume interno do equipamento, definido como o volume compreendido entre os planos que passam pelo *stockline* e pela borda inferior dos furos de gusa. O volume interno dos altos-fornos varia bastante, dependendo da capacidade de produção projetada para cada usina siderúrgica. Não existe uma classificação padronizada, porém, de maneira geral, considera-se de pequeno porte um alto-forno com volume interno menor que 1.500 m^3; de médio porte um alto-forno com volume entre 1.500 m^3 e 3.000 m^3; e de grande porte um alto-forno com volume acima de 3.000 m^3.

Atualmente, a marca de maior alto-forno do mundo foi estabelecida pela Posco em junho de 2016, com o início da terceira campanha do alto-forno nº 1 de Gwangyang, na Coreia do Sul. Esse alto-forno gigante tem 6.095 m^3 de volume interno e capacidade de produção de 5,48 milhões de toneladas de ferro gusa por ano [1].

2.2 Descrição das zonas internas do alto-forno

Com base em estudos de dissecação de altos-fornos realizados na década de 1970 no Japão [2], onde altos-fornos em operação foram congelados com nitrogênio e água, além de operações de sondagem em fornos em funcionamento e diversos outros estudos em vários países, foram definidas cinco zonas internas principais nos altos-fornos, conforme mostra esquematicamente a Figura 4.6.

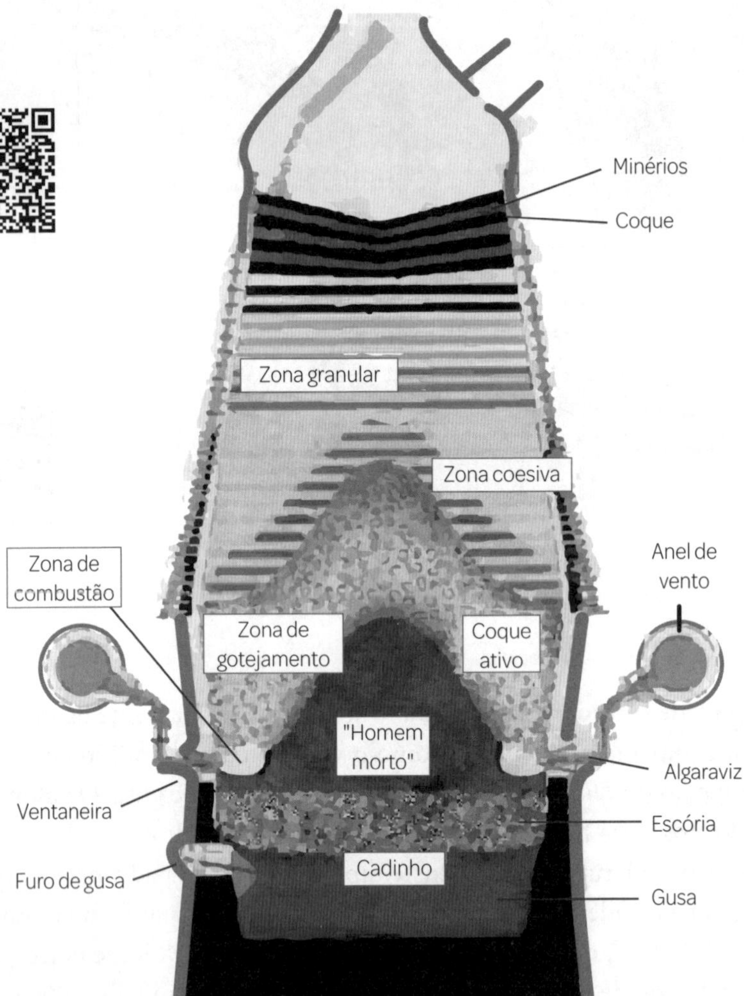

Figura 4.6 Zonas internas do alto-forno.
Fonte: autor.

As características principais de cada zona interna do alto-forno são descritas a seguir.

1. Zona granular: nessa zona, o minério e o coque mantêm a sua configuração em camadas assim como foram carregados, ou seja, camadas alternadas de coque e de minérios. Nessa região, existem apenas duas fases (gases e sólidos), portanto a redução dos óxidos de ferro ocorre apenas no estado sólido.
2. Zona coesiva: é constituída de camadas de coque e camadas coesivas alternadas. As camadas coesivas são formadas de massas semifundidas de partículas da carga metálica, praticamente impermeáveis ao fluxo gasoso, que passa preferencialmente através das camadas de coque. A Figura 4.7(a) mostra o esquema de formação das camadas coesivas e a Figura 4.7(b) mostra, em uma visualização 3D, que as camadas de coque agem como "janelas" para a passagem do fluxo gasoso. A zona coesiva desempenha então um papel de distribuidor gasoso no interior do alto-forno e é responsável por grande parte da perda de carga no processo.
3. Zona de gotejamento: essa zona contém coque na forma sólida, em cujos interstícios gotejam o ferro-gusa e a escória. Essa zona é dividida em duas subzonas: a região de coque ativo e o "homem morto". Durante a descida das gotas de ferro-gusa para o cadinho, acontecem importantes reações que incorporam os elementos de liga ao ferro-gusa.
4. Zona de combustão: é uma região parcialmente vazia em frente às ventaneiras, formada pela elevada energia cinética do sopro de ar quente. Dento da zona de combustão, as partículas de coque, impulsionadas pelo ar injetado, fazem movimentos circulares e reagem com o oxigênio, gerando os gases redutores e a maior parte da energia para o processo. O comprimento da zona de combustão varia de acordo com os parâmetros operacionais de cada alto-forno, mas normalmente fica na faixa de 1,5 a 2,5 m além da ponta das ventaneiras.
5. Cadinho: é preenchido com coque granulado, por cujos interstícios se depositam o ferro-gusa e a escória, que se separam em duas camadas por diferença de densidade. No cadinho, ainda ocorrem importantes reações entre as fases metálicas e escorificada, como a de dessulfuração do ferro-gusa.

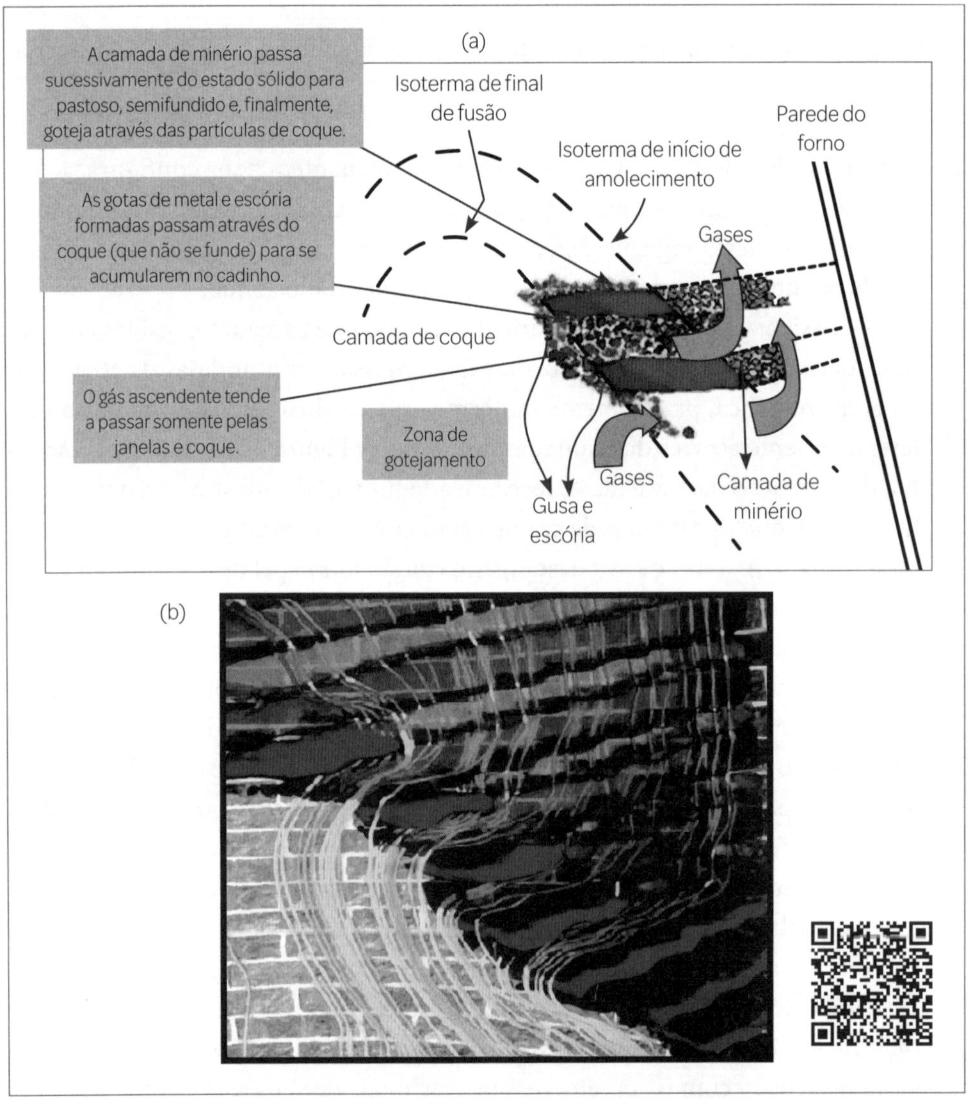

Figura 4.7 Esquema mostrando a formação da zona coesiva (a) e visualização 3D (b).
Fonte: autor.

Observando a Figura 4.6, notamos que a disposição da carga em camadas alternadas de coque e minérios ocorre até a zona coesiva. Nas temperaturas reinantes a partir dessa região, somente o coque fica no estado sólido. Portanto, na parte inferior do forno abaixo da zona coesiva, ou seja, no cadinho e em parte da rampa, a carga sólida é composta somente de coque, e ele será consumido por queima na zona de combustão ou tendo seu carbono absorvido pelo metal líquido. Essa porção de coque se divide em duas zonas: a "zona de coque ativo" que compreende a porção de coque que rola em direção às ventaneiras para ser queimado, e a "zona de coque inativo", também denominada "homem morto", cujo coque não rola em direção às ventaneiras e é consumido basicamente pela incorporação de carbono ao ferro-gusa. Essa porção de coque tem sobre si grande parte do peso de toda a coluna de carga do alto-forno e, dependendo da relação de forças entre o peso da carga e o empuxo exercido pelo ferro-gusa, escória e ar soprado, pode ou não ficar apoiada no fundo do cadinho. O ferro-gusa e a escória líquidos ficam depositados no cadinho ocupando os espaços intersticiais entre as partículas dessa porção de coque.

A zona coesiva do alto-forno situa-se na faixa de temperatura compreendida entre o início de amolecimento e a fusão da carga metálica. Seu perfil depende da distribuição de fluxo gasoso no interior do alto-forno, que, por sua vez, depende da relação minério/coque ao longo do diâmetro do forno. A atuação na relação minério/coque ao longo do diâmetro do forno constitui importante parâmetro operacional do alto-forno, denominado distribuição da carga, e será visto posteriormente.

3. AVALIAÇÃO DO DESEMPENHO DE UM ALTO-FORNO

Para avaliar uma operação de um alto-forno de modo a possibilitar um retorno econômico dos investimentos, é necessário obter, durante a sua operação, os resultados descritos a seguir.

1. Vida útil elevada: em função do altíssimo investimento na construção ou reforma de um alto-forno, grande esforço foi realizado, nas últimas décadas, para o prolongamento das campanhas dos altos-fornos. A vida útil dos altos-fornos a coque, conhecida como campanha, está atualmente na faixa de 15 a 20 anos, porém a tendência para os próximos anos são campanhas acima de 20 anos. Segundo Costar [3], o atual recorde mundial de campanha de alto-forno foi obtido no Brasil pelo alto-forno nº 1 da ArcelorMittal Tubarão. Em 18 de abril de 2012, esse forno completou um total de 10.367 dias ininterruptos de funcionamento (28,4 anos) desde o *blown in*, ocorrido em 30 de novembro de 1983, e registrou uma produção acumulada de 93,91 milhões de toneladas de ferro-gusa nessa campanha.
2. Alta produtividade: atualmente, o critério de avaliação da produtividade mais aceito é a razão entre a produção média diária e o volume interno do alto-forno (toneladas/dia/m^3 de volume interno). Entretanto, alguns países, principalmente na Europa, utilizam o volume de trabalho, que é menor. Portanto, a produtividade medida em toneladas/dia/m3 de volume de trabalho apresenta valores numéricos mais elevados. A produtividade média dos altos-fornos fica na faixa entre 1,8 e 2,8 t/dia/m^3 de volume interno, dependendo da idade do forno, das particularidades de cada usina, das condições do mercado de aço e da eventual ocorrência de problemas operacionais. A produtividade de um

alto-forno depende muito da disponibilidade de oxigênio para enriquecimento do ar soprado (em porcentagem de acréscimo em relação ao teor normal de 21% no ar) e é um dos fatores importantes para obtenção de elevadas produtividades. Outros fatores estão ligados à melhoria da permeabilidade da carga e à redução do *fuel rate*, como será abordado posteriormente.

3. Baixo consumo de combustível: o consumo de combustível é medido em quilogramas de combustível consumido para a produção de uma tonelada de ferro-gusa, e é conhecido como *fuel rate*. Na década de 1940, era necessário aproximadamente 1.000 kg de coque para a produção de uma tonelada de ferro-gusa (1.000 kg/t.gusa). Desde então, ocorreu uma notável redução do *fuel rate*, passando para valores atuais normalmente abaixo de 500 kg/t.gusa. Esse ganho em eficiência só foi possível por causa dos contínuos avanços tecnológicos, como melhoria das propriedades das matérias-primas, distribuição de carga no alto-forno, aumento da temperatura do ar soprado, entre outros. Em função do elevado custo do coque, também foi introduzida, a partir da década de 1950, a injeção de combustíveis auxiliares mais baratos que o coque, como o óleo combustível nas décadas de 1960 e 1970 e o carvão pulverizado a partir da década de 1980. Atualmente, para um *fuel rate* típico da ordem de 480 a 520 kg/t.gusa, o *coke rate* típico fica em torno de 300 a 380 kg/t.gusa, e o restante corresponde às injeções auxiliares (carvão pulverizado ou gás natural).
4. Qualidade adequada: a qualidade do ferro-gusa deve estar dentro dos padrões exigidos pelo processo seguinte, que é a aciaria. Isso implica o atendimento de requisitos de composição química e de temperatura bastante restritivos em termos de variabilidade e quanto à presença de elementos prejudiciais à qualidade do aço, como o enxofre e o fósforo. A escória também deve ter uma composição adequada à sua utilização mais frequente, que é a indústria cimenteira.

4. PRINCÍPIO DE FUNCIONAMENTO DO ALTO-FORNO

4.1 Carregamento do alto-forno

Como fonte do metal (Fe) a ser extraído, o alto-forno utiliza o minério de ferro (geralmente hematita [Fe_2O_3] com teor de Fe normalmente entre 55% e 65%), que pode estar sob a forma granulada (10 a 30 mm) ou em aglomerados de finos de minério na forma de sínter ou pelotas. Esses minérios são carregados pelo topo do alto-forno.

Como combustível base e como fonte dos gases redutores, os médios e grandes altos-fornos brasileiros utilizam o coque. Contendo 8% a 12% de cinzas, o coque é carregado pelo topo do alto-forno. Altos-fornos menores costumam utilizar, no Brasil, o carvão vegetal, que tem menor teor de cinzas (1% a 3%).

O coque e os minérios trazem impurezas consigo, sendo as principais a sílica (SiO_2) e a alumina (Al_2O_3). Essas impurezas, junto com o óxido de cálcio (CaO) e o óxido de magnésio (MgO) presentes nos minérios e principalmente adicionados como fundentes, formarão, quando fundidos, um produto composto de silicatos complexos, denominado escória, que será separada da fase metálica (ferro-gusa) durante a operação de vazamento do alto-forno.

Os fundentes são matérias-primas utilizadas para conferir às escórias uma proporção adequada de seus quatro óxidos principais (CaO, MgO, SiO_2 e Al_2O_3) e, por isso, variam em quantidade e tipo, em função da composição química do restante da carga. Os principais fundentes são: quartzito como fonte de SiO_2, o calcário como fonte de CaO, o dunito ou serpentinito como fonte de MgO e SiO_2 e a dolomita como fonte de CaO e MgO.

As tendências mais modernas em termos de cargas para altos-fornos exigem a adição desses fundentes nos aglomerados (sínter e pelotas), minimizando ou eliminando o carregamento dos fundentes diretamente no alto-forno.

Os materiais sólidos carregados pelo topo do forno requerem de 6 a 8 horas para descer até a região inferior, onde chegam transformados em produtos líquidos na forma de ferro-gusa e escória. Esses produtos líquidos são drenados do forno em intervalos regulares. Os gases formados na região inferior do forno, onde ar quente é soprado, acendem muito mais rapidamente (em torno de 6 a 8 segundos) até o topo, em contracorrente com os sólidos que descem, após participar de inúmeras reações químicas.

Na operação do alto-forno, o carregamento e a descida da carga são continuamente monitorados por uma sonda mecânica, conforme esquematizado na Figura 4.8. Na operação normal, após o carregamento de uma batelada de carga, uma sonda mecânica desce, toca a carga e acompanha a descida suave dela, conforme mostra o registro gráfico na parte superior da figura. Quando o nível de carga predefinido é alcançado, a sonda é recolhida para que nova batelada seja carregada, e assim sucessivamente.

Eventualmente podem ocorrer complicações operacionais, em geral advindas de problemas com as matérias-primas, que levam a um fenômeno de "arriamento" ou de "engaiolamento" da carga, como ilustra a Figura 4.8. O arriamento consiste em uma descida repentina da carga decorrente da formação de um vazio em uma região inferior. O engaiolamento consiste na interrupção da descida da carga e sempre é seguido de um grande arriamento. Engaiolamentos normalmente ocorrem quando as forças ascendentes (diferencial de pressão na área sob a zona coesiva, empuxo dos líquidos no cadinho, entre outros) se tornam maiores que as forças descendentes (peso da carga).

Esses eventos são extremamente prejudiciais à operação do alto-forno e sempre resultam em perda de produção e de qualidade do ferro-gusa e, portanto, devem ser analisados e sanados o mais rapidamente possível.

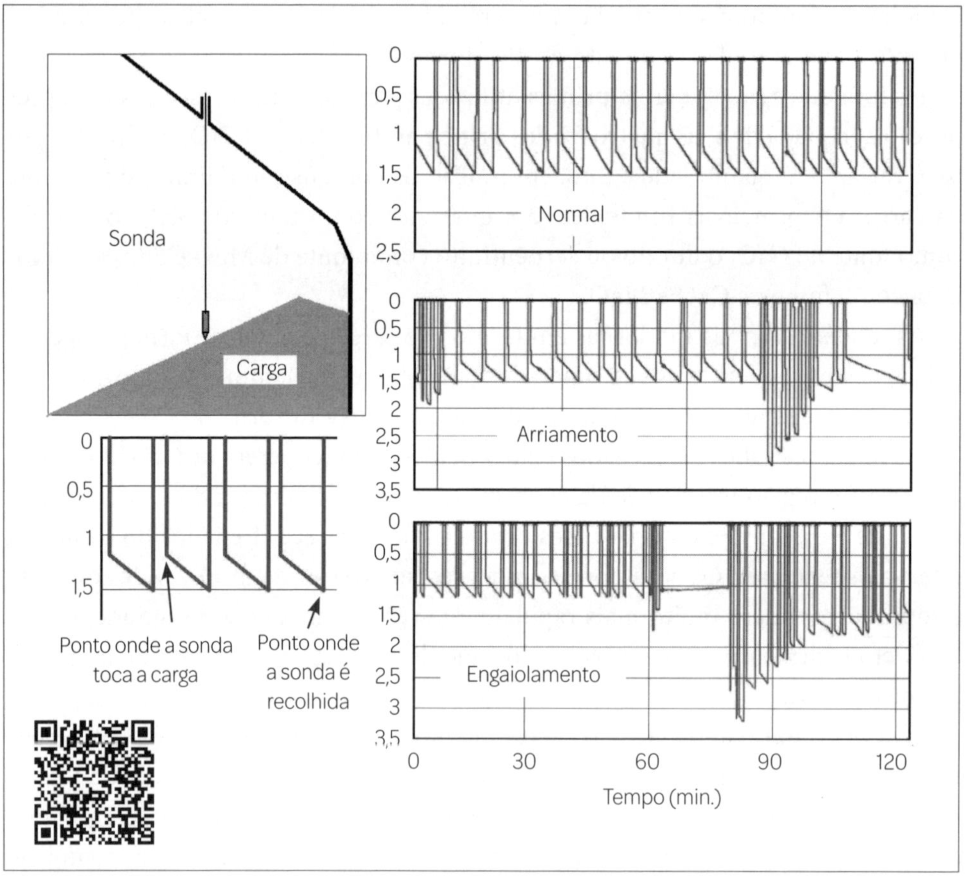

Figura 4.8 Ocorrências da descida da carga no alto-forno.
Fonte: autor.

4.2 Balanço de massa do alto-forno

No alto-forno, um grande volume de matérias primas e produtos entram e saem do processo. Para uma operação eficiente do alto-forno, todas as quantidades carregadas e/ou injetadas, bem como os produtos obtidos, devem ser criteriosamente medidos e analisados. Para facilitar esse controle, os altos-fornos modernos contam com diversos *softwares*. Um dos principais é o *software* que calcula o leito de fusão.

No leito de fusão, são estabelecidas as condições adequadas dos produtos ferro-gusa e escória, bem como a proporção dos tipos de carga metálica e as taxas de combustíveis desejadas; com base nas análises químicas das matérias-primas, o *software* têm como saídas as quantidades a serem carregadas.

A Figura 4.9 mostra, em um balanço simplificado típico, as quantidades de matérias-primas e insumos carregados e/ou injetados pelas ventaneiras para produzir uma tonelada de ferro-gusa. Na figura, notam-se as entradas de matérias-primas e as saídas de gases e de escória, também relacionadas a uma tonelada de ferro-gusa produzida.

Coque		
Material	**kg/t.gusa**	**%**
Coque	300	62,5
Small coke	30	3,5
Metálicos e fundentes		
Material	**kg/t.gusa**	**%**
Sínter	1.131	70,5
Hematita	330	20,6
Pelota	142	8,9
Quartzito	2	0,1

Ar, oxigênio e vapor		
Material	**Nm^3/t.gusa**	**Nm^3/min**
Ar soprado	883	5.300
Oxigênio	60	320
Vapor	11	65
Injeção pelas ventaneiras		
Material	**kg/t.gusa**	**%**
PCI	150	31,3

Balanço de massa de um alto-forno
Volume: 3.300 m^3
Produtividade = 2,45 t/dia/m^3

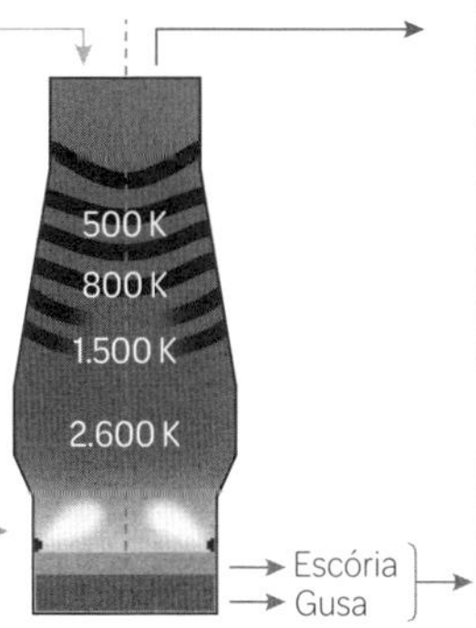

Gases	
Material	**Nm^3/t.gusa**
Gás de AF	1.421
Pó e lama	
Material	**kg/t.gusa**
Pó	15,4
Lama	7,70

Composição do gás	
CO	22,5
CO_2	23,8
N_2	49,1
H_2	3,8
Outros	1

Gusa e escória	
Material	**kg/t.gusa**
Gusa	1.000
Escória	273,64

Ferro gusa (% em peso)								
Ti	**Si**	**S**	**Mn**	**P**	**C**	**Fe**	**Outros**	
0,03	0,38	0,026	0,69	0,091	4,82	93,86	0,1	
Escória de alto forno (% em peso)								
SiO_2	**AlO_3**	**CaO**	**MgO**	**S**	**MnO**	**TiO_2**	**FeO**	**Outros**
34,65	11,59	42,8	6,81	1,22	0,83	0,53	0,35	1,22

Figura 4.9 Entradas e saídas típicas de um alto-forno.
Fonte: autor.

4.3 Distribuição de carga no alto-forno

Distribuição de carga consiste em se obter, por meio dos equipamentos instalados no topo do forno, uma distribuição radial de tamanho de partícula na carga adequada ao escoamento gasoso desejado. Para isso, aproveita-se a grande diferença de permeabilidade existente entre as camadas de carga metálica e as de coque para se obter variações na relação entre as espessuras das respectivas camadas. Desse modo, as regiões em que a camada de coque é mais espessa que a camada de carga metálica tendem a ser mais permeáveis ao fluxo gasoso do que as regiões onde ocorre o inverso. Dentro das próprias camadas, regiões onde se concentram partículas de maior tamanho também tendem a ser mais permeáveis.

A distribuição de carga tem importância fundamental para a operação do alto-forno, uma vez que ela é um dos fatores determinantes da eficiência das trocas térmicas e das reações de redução, além de afetar diretamente o formato e a posição da zona coesiva e da carga térmica sobre a parede do forno. O controle da distribuição de carga é feito principalmente considerando o fluxo gasoso central ou periférico, sendo os dois muitas vezes antagônicos. Dessa forma, a distribuição mais adequada é um aspecto dinâmico da operação do alto-forno, variando conforme as necessidades. De modo geral, têm-se os seguintes conceitos genéricos:

- Em um forno com fluxo gasoso central, o fluxo de gás é direcionado principalmente para o centro do forno. Nesse caso, a parte central do forno contém preferencialmente coque e materiais grossos e tem boa permeabilidade. A zona coesiva assume uma forma conhecida como "tipo V invertido".
- Em um forno com fluxo gasoso periférico, o fluxo gasoso central é relativamente reduzido por maior quantidade de minério e finos na parte central. Dessa forma, o gás flui com mais intensidade relativa na região da parede. Nesse caso, a zona coesiva assume a forma conhecida como "tipo W".

Pode-se distribuir carga no alto-forno de várias maneiras, desde a sequência de carregamento das cargas até a variação do nível de carga abaixo do *stockline*. Entretanto, existem dois equipamentos específicos que permitem maior efetividade na distribuição de carga: o "topo duplo cone com armadura móvel" e o "topo sem cone equipado com uma calha rotativa", cujos desenhos esquemáticos podem ser vistos na Figura 4.10. Como o topo com calha rotativa é mais moderno e flexível, os altos-fornos mais novos normalmente são equipados com esse tipo de dispositivo para distribuir carga.

No caso do topo duplo cone com armadura móvel, mostrado na Figura 4.10(a), o avanço das várias placas que compõem a armadura móvel reduz a seção da goela e permite direcionar os materiais carregados desejados mais para o centro do forno. No caso do topo sem cone, mostrado na Figura 4.10(b), a calha rotativa permite colocar os materiais da carga em qualquer região na direção radial, pois além do movimento rotativo, ela tem movimento angular em relação ao eixo central do forno. Em qualquer dos dois equipamentos, procura-se direcionar o coque para a região central quando se deseja um fluxo gasoso preferencialmente central e, para a região periférica quando se deseja um fluxo gasoso menos centralizado, como no caso de remoção de cascões agregados às paredes.

A regra básica para o controle da distribuição de carga, independentemente do equipamento utilizado, é que a elevação da relação de espessuras entre a camada de minério e a camada de coque (relação minério/coque radial) em uma dada região reduz o fluxo gasoso no local.

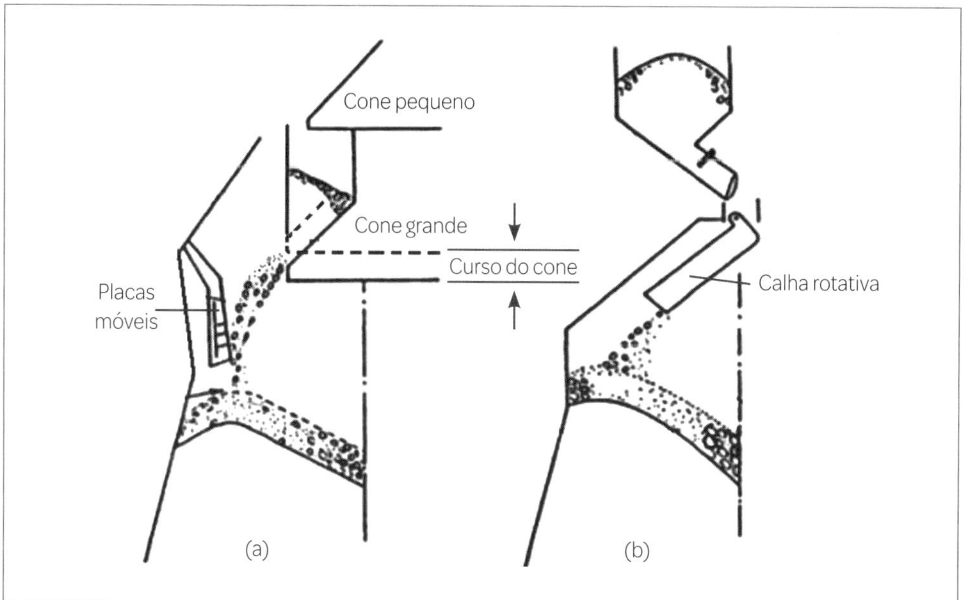

Figura 4.10 Equipamentos para distribuição de carga no alto-forno: (a) armadura móvel e (b) calha rotativa.
Fonte: autor

4.4 Perfil térmico e a carga térmica nas paredes do alto-forno

O ar quente injetado na parte inferior do alto-forno, através das ventaneiras, promove a combustão do coque, gerando uma grande quantidade de calor e volume de gases. Os gases produtos dessa combustão, arrastando esse calor, fluem em direção ao topo do forno através dos vazios existentes entre as partículas da carga, ao mesmo tempo que vão transferindo esse calor para a carga.

A Figura 4.11 apresenta, na forma de isotermas, um perfil típico das temperaturas dos gases no interior do alto-forno, para uma operação caracterizada por fluxo gasoso central.

O perfil de temperatura e as reações químicas estão intimamente relacionados em um alto-forno. Observa-se que, em função das reações do processo, conforme será visto posteriormente, existe uma região de pouca variação de temperatura, denominada zona de reserva térmica.

Do lado direito da Figura 4.11 está retratado um perfil típico de carga térmica nas paredes do alto-forno, sendo grande parte absorvida pelo sistema de refrigeração. O perfil de carga térmica normalmente apresenta maior intensidade na região da baixa cuba em razão da incidência direta do fluxo gasoso após passar pela zona coesiva.

A carga sólida carregada no topo, à medida que desce para as regiões inferiores do alto-forno, vai sendo aquecida pela corrente de gases que, partindo da região das ventaneiras a temperaturas acima de 2.100 °C, transfere seu calor para a carga conforme esta sobe no alto-forno, chegando ao topo a uma temperatura média na faixa de 100 a 200 °C.

Ainda quanto ao perfil térmico, há que se considerar que o grande volume de gases gerado na região das ventaneiras não flui para o topo de maneira uniforme, em relação à seção horizontal da carga do forno. Existe uma formação de caminhos preferenciais onde se tem maiores temperaturas que em outros pontos da mesma seção horizontal, pois ali está havendo um maior aporte de calor decorrente da passagem de maiores volumes de gases quentes. Normalmente, esses caminhos preferenciais ocorrem pelo centro do alto-forno, conforme ilustrado na Figura 4.11. Entretanto, pode haver também fluxo gasoso considerável pela região periférica do forno. Esses fenômenos podem ser controlados por equipamentos especiais de distribuição da carga, conforme visto anteriormente.

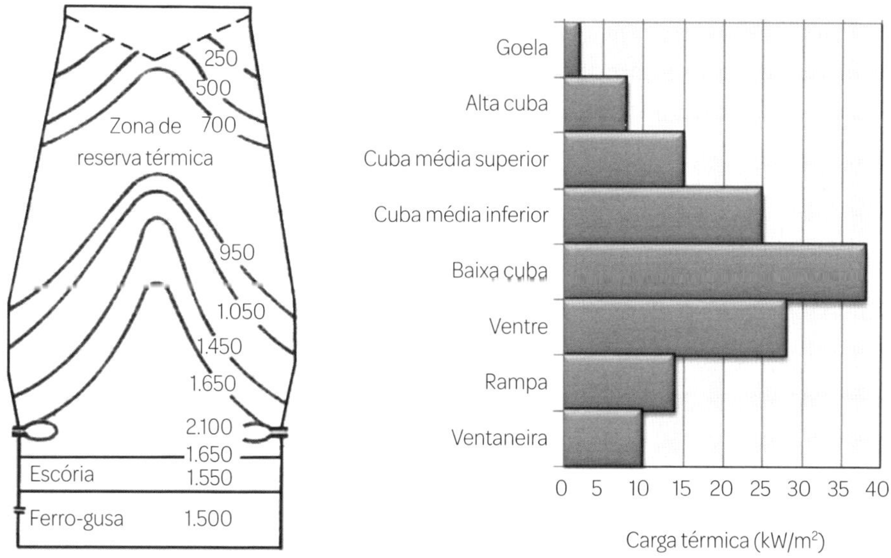

Figura 4.11 Perfil térmico (temperaturas em graus Celsius) e carga térmica típicos nas paredes do alto-forno.
Fonte: autor

4.5 A refrigeração do alto-forno

Durante a operação do alto-forno, as paredes são submetidas a uma intensa carga térmica resultante do fluxo de sólidos, líquidos e principalmente gases em altas temperaturas. A intensidade da carga térmica nas paredes varia, conforme visto na Figura 4.11, com a localização no sentido vertical do forno e pode variar com o tempo. O efeito combinado de valores elevados de temperaturas e, principalmente, da flutuação desses valores pode provocar o desgaste prematuro das paredes, encurtando a vida útil do alto-forno. Para minimizar a carga térmica, empregam-se então sistemas de refrigeração de modo a extrair para a água de refrigeração grande parte do calor transferido para as paredes e, assim, reduzir a temperatura de trabalho das paredes. Os sistemas de refrigeração mais empregados são a refrigeração por placas de cobre e a refrigeração por *staves*, conforme ilustra a Figura 4.12.

A refrigeração por placas é um sistema mais antigo que consiste na inserção de placas de cobre entre os tijolos refratários, como ilustra a Figura 4.12(a). As placas de cobre possuem vazios internos por onde a água em circulação forçada extrai o calor transferido do interior do forno. A densidade de inserção das placas varia em função da região a ser refrigerada e do projeto do alto-forno, mas, em média, a distância entre as placas inseridas fica em torno de 300 mm no sentido vertical ou horizontal. Esse tipo de refrigeração se caracteriza por um custo de fabricação e montagem relativamente baixo. Porém, existe a desvantagem de uma refrigeração não uniforme, causando o desgaste preferencial dos refratários assentados na região entre as placas.

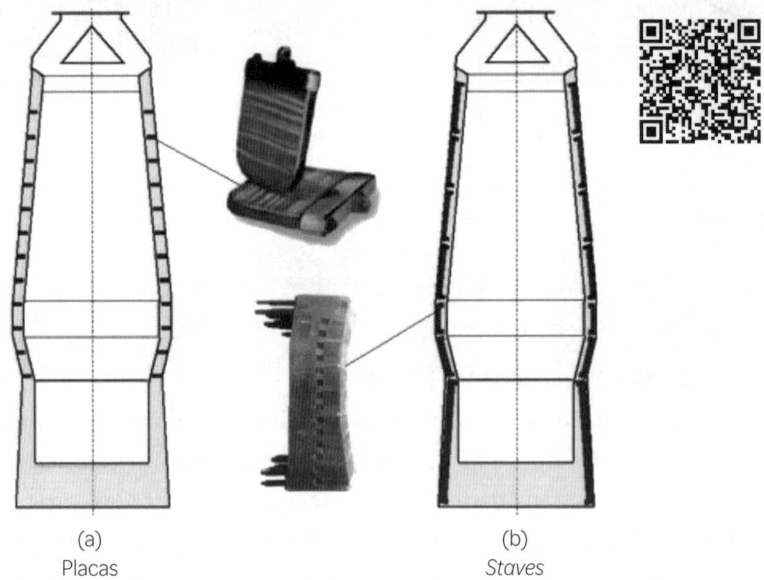

Figura 4.12 Sistemas de refrigeração por placas (a) e por *staves* (b).
Fonte: autor

A refrigeração por *staves*, que tem a vantagem de ser mais uniforme, teve início na Rússia na década de 1940 e passou por um período de intenso desenvolvimento até os dias atuais. Convencionou-se referir aos desenvolvimentos da tecnologia dos *staves* de ferro fundido como gerações, sendo que a geração atual é a quarta. Os *staves* são peças fundidas instaladas entre a carcaça de aço e a carga do forno. No interior dessas peças, existem tubulações de refrigeração, introduzidas antes do processo de fundição, por onde circula água desmineralizada ou abrandada (equivalente às águas utilizadas em caldeiras) em circuito fechado. Também podem existir refratários instalados durante a fundição na face quente com objetivo de reduzir a abrasão e a carga térmica, conforme ilustra a Figura 4.13. As dimensões típicas de um *stave* de ferro fundido são 2 a 3 m de altura, até 2 m de largura e de 180 a 450 mm de espessura.

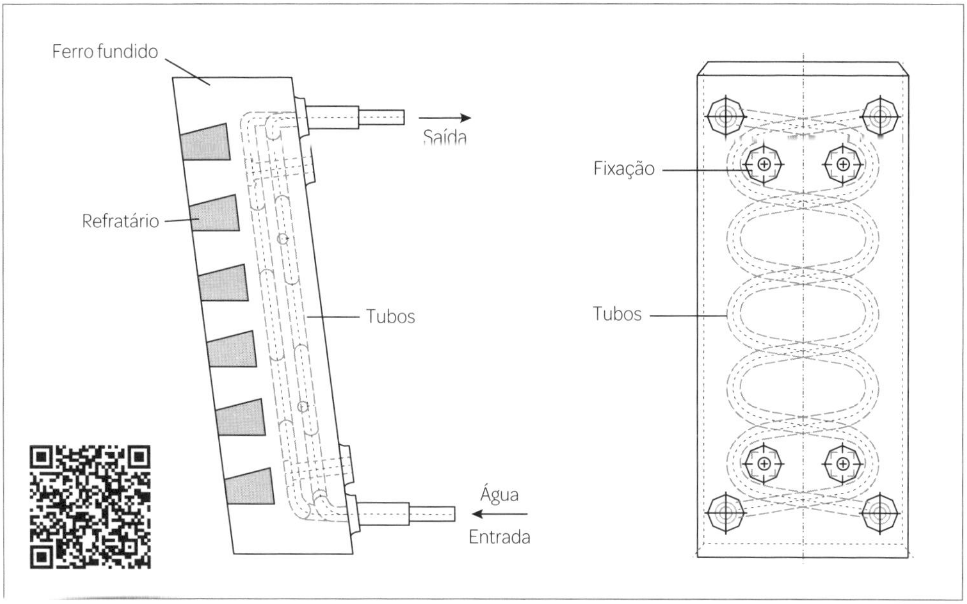

Figura 4.13 Constituição típica de um *stave* de ferro fundido.
Fonte: autor

Mais recentemente, foram desenvolvidos os *staves* de cobre, que é considerado o mais eficiente elemento de refrigeração para as paredes de um alto-forno. Os *staves* de cobre são instalados nas zonas expostas a maiores cargas térmicas dos altos-fornos (parte média e inferior da cuba, ventre e parte superior da rampa), conforme ilustra a Figura 4.14(a).

Esses *staves* não apresentam grandes picos de temperatura, e a temperatura na face quente fica normalmente abaixo de 120 °C. A razão disso é que, dada a alta condutividade do material, os *staves* de cobre conseguem extrair mais calor e manter uma camada de acreção mais estável do que os *staves* de ferro fundido [4]. A camada de acreção, que é uma camada de material líquido ou pastoso que aderiu ao *stave* e solidificou, atua como um excelente isolante e reduz consideravelmente o número de vezes em que a face quente é exposta diretamente aos materiais e gases do processo de alto forno. Assim, normalmente é desnecessária a utilização de refratários na frente dos *staves* de cobre, exceto por uma camada de proteção para o *blow in* do alto-forno. Para facilitar a aderência da camada de acreção, os *staves* de cobre são projetados com expansões (costelas) na face quente, conforme mostra a Figura 4.14(b).

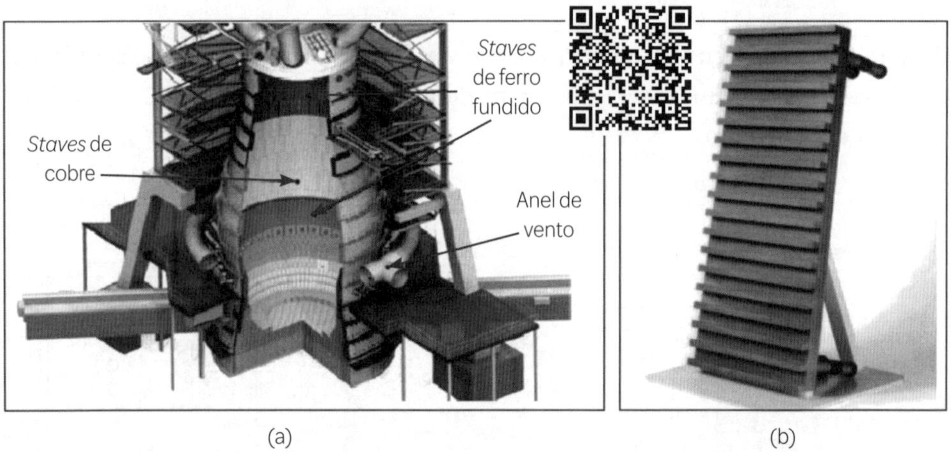

Figura 4.14 Local de aplicação dos *staves* de cobre no alto-forno (a) e vista da face quente de um *stave* de cobre (b).
Fonte: Adaptado de: https://www.sinoceramics.com.tw/index.php/en/refractory/refractories-for-iron-making-industry.

A refrigeração por *staves* é com certeza um dos principais fatores contribuintes para a elevação da vida útil dos altos-fornos, porém uma desvantagem dos *staves* é que eles não podem ser substituídos durante uma parada normal do alto-forno, como no caso das placas de refrigeração. Para tal, é preciso uma parada de vários dias, com o abaixamento da carga e uma complicada operação de troca pela parte interna do forno. Sendo assim, sua operação requer um monitoramento eficiente das temperaturas e das vazões de água de modo a prevenir qualquer acidente. Se um aumento acentuado da carga térmica nos *staves* for observado, ações operacionais em distribuição de carga são requeridas, de modo a reduzir o fluxo gasoso junto às paredes do forno.

4.6 Os regeneradores do alto-forno

A maioria dos altos-fornos é equipada com três regeneradores, embora, em alguns casos, existam quatro. Os regeneradores são estruturas altas e cilíndricas de aço, revestidas com isolamento e quase completamente preenchidas com tijolos refratários vazados (*checker*), onde o calor é armazenado e, depois, transferido para o ar injetado no alto-forno. Cada regenerador tem o diâmetro quase tão grande quanto o alto-forno, e a altura de seu empilhamento de tijolos é cerca de 1,5 vez mais alta que a altura de trabalho do alto-forno. Um regenerador típico tem diâmetro em torno de 10 m e uma altura total em torno de 40 m [5].

Os regeneradores são trocadores de calor e têm a função de aquecer o ar que é injetado através das ventaneiras, utilizando para isso a combustão de gás do próprio alto-forno e gás proveniente da coqueria. Em usinas não integradas, o gás da coqueria pode ser substituído por gás natural ou gás liquefeito de petróleo (GLP).

O regenerador recebe o ar na temperatura entre 150 e 200 °C, proveniente de um soprador, que é chamado de ar frio, e eleva essa temperatura para a faixa de 1.000 a 1.250 °C, dependendo de sua capacidade, passando a ser chamado de ar quente.

O combustível utilizado para se obter o aquecimento do regenerador é o gás misto, ou seja, uma mistura com 88% a 95% de gás proveniente do próprio alto-forno (GAF) e 5% a 12% de gás da coqueria (GCO). Para a queima do gás misto, existem ventoinhas para prover a quantidade de ar necessária. O controle da vazão do gás misto, da relação ar/gás e da relação GAF/GCO para compor o gás misto faz parte dos procedimentos de controle da combustão.

A Figura 4.15 mostra um perfil de um regenerador. O gás misto e o ar entram em um queimador na base do regenerador, onde é feita a mistura, e dá-se início à combustão. Na câmara de combustão, é feita a queima completa do gás misto. A câmara tem grande altura e diâmetro, para evitar o impacto da chama no domo e para alargar mais a chama. O domo é a parte superior do regenerador e tem por finalidade inverter em 180° o sentido dos gases queimados e distribuí-los para o empilhamento de tijolos refratários (*checker*) durante o aquecimento. Na fase de sopro, o sentido do ar quente é inverso. O empilhamento é constituído de tijolos refratários perfurados, dispostos uns sobre os outros com a finalidade de absorver o calor na fase de aquecimento. O empilhamento é sustentado por uma série de colunas de ferro fundido em que a temperatura máxima de serviço é de 350 °C.

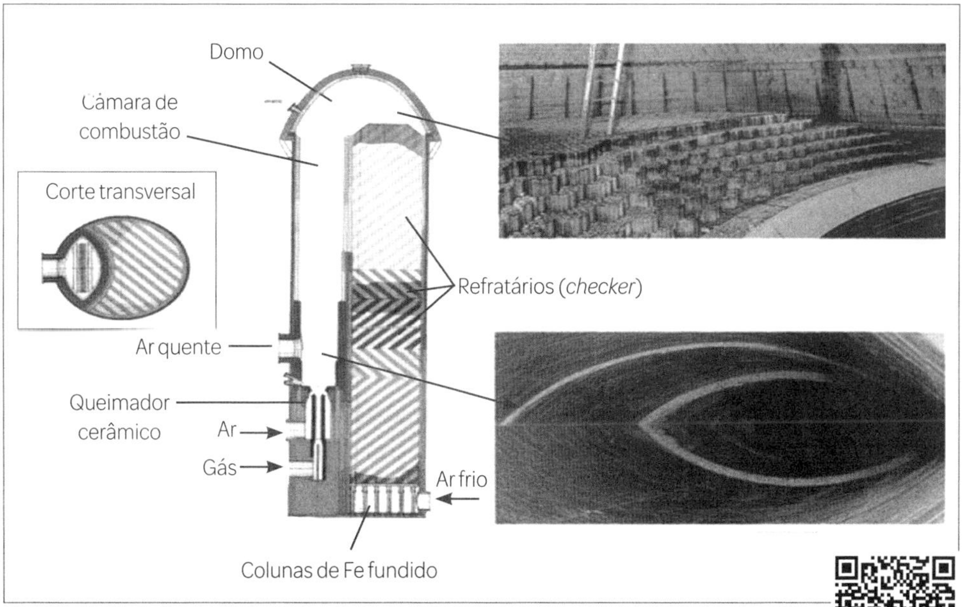

Figura 4.15 Detalhes construtivos de um regenerador de alto-forno.
Adaptado de: https://www.danieli.com/en/products/products-processes-and-technologies/hot-blast-stoves_26_69.htm.

A superfície de aquecimento no *checker* de um regenerador normalmente excede 40.000 m^2. Além da superfície, é necessário que haja espessura de refratário suficiente para armazenar o calor. A relação área/peso varia entre 20 e 24 m^2/t, e a capacidade de armazenagem térmica/área varia entre 23 e 26,3 kJ/m^2 (5,5 a 6,3 Kcal/m^2) [5].

Os regeneradores operam em ciclos, ou seja, enquanto um regenerador (para alto-forno equipado com três regeneradores) ou dois regeneradores (para alto-forno equipado com quatro regeneradores) estão aquecendo o ar frio, ou seja, soprando ar quente para o forno, os outros estão em fase de aquecimento. Portanto, durante a operação dos regeneradores, existem quatro fases cíclicas, conforme mostra a Tabela 4.1.

Tabela 4.1 Fases de um ciclo de operação de um regenerador

Aquecimento	Regenerador em combustão, aquecendo o *checker*
Sopro	Regenerador soprando ar quente para o alto-forno
Abafado	Regenerador aquecido e isolado com todas as válvulas fechadas
Manobrando	Fase intermediária entre todas as outras

Na fase de aquecimento, o regenerador está queimando gás misto na câmara de combustão e direcionando esses gases para a chaminé, após aquecer o empilhamento. Na fase de sopro, o regenerador está aquecendo o ar frio proveniente do soprador, que percorre o regenerador em sentido inverso ao dos gases queimados, recebendo calor do empilhamento. Na fase "abafado", o regenerador está em posição de espera para iniciar a fase sopro, isolado do sistema de aquecimento e do sistema de sopro. Na fase "manobrando", o regenerador está mudando de condições de operação.

4.7 A limpeza de gases do alto-forno

Os gases que deixam a goela do alto-forno arrastam partículas finas da carga (normalmente menores que 1 mm) na taxa de 5 a 20 g/Nm^3 de gás; esses valores devem ser reduzidos para taxas menores que 0,01 g/Nm^3 após a operação de limpeza, de modo a atender as especificações dos setores consumidores de gás.

A Figura 4.16 ilustra um dos vários sistemas de limpeza de gases para alto-forno. Utilizando as indicações numéricas da figura, observamos que os gases que deixam o forno através do *downcomer* passam primeiro pelo coletor ou balão de pó (1), onde, por causa do alargamento da seção, os gases perdem velocidade e depositam as partículas mais grosseiras. O pó gerado nessa fase, da ordem de 10 a 15 kg por tonelada de ferro-gusa, é drenado por um sistema válvulas na parte inferior (2) e normalmente é enviado para a sinterização.

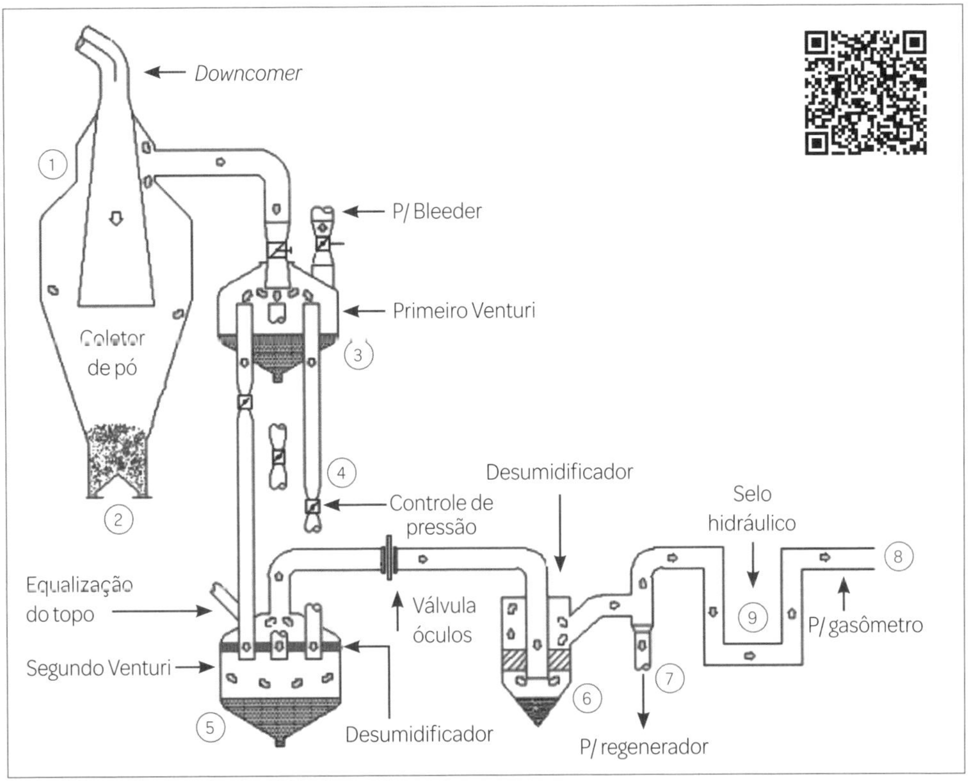

Figura 4.16 Esquema mostrando um tipo de sistema de limpeza de gases ao alto-forno.
Fonte: autor.

O gás que deixa o coletor de pó, cujo teor de particulados é da ordem de 0,15 g/Nm^3, passa por um sistema de lavagem do tipo Venturi, no qual jatos de água aliados à perda de carga criada na garganta do Venturi, propiciam a retenção dos particulados em suspensão contidos nos gases. No primeiro estágio Venturi (3), o gás é lavado com água proveniente do segundo estágio e, no segundo estágio (5), com água recirculada e previamente tratada para remoção da lama em espessadores e filtros. Após a lavagem, o gás passa por um desumidificador (6), onde grande parte da umidade é retida por um sistema de chicanas.

Após limpo e livre da umidade, parte do gás é direcionada para os regeneradores (7) e o restante passa por um gasômetro (8), de onde é distribuído para a usina. Na linha de gás que vai para o gasômetro, existe um selo hidráulico (9), cuja função é isolar o alto-forno das linhas de gás durante uma parada do equipamento.

Entre os dois estágios da lavagem do gás ficam válvulas que restringem a passagem do gás (4) e permitem o controle da contrapressão do alto-forno, de modo que a pressão do gás no topo do alto-forno é mantida em uma faixa que vai de valores pouco acima da pressão atmosférica até valores de 3 kgf/cm^2 acima, dependendo das condições de cada alto-forno.

A contrapressão é um importante aspecto da eficiência e do controle operacional do alto-forno, pois irá elevar a pressão de operação do forno e afetar a velocidade de escoamento dos gases através da carga, o escoamento dos materiais drenados (ferro-gusa e escória) e o balanço de forças no processo. Em alguns altos-fornos, a função de controlar a contrapressão pode se aliar à geração de energia elétrica pela implantação de um equipamento denominado TRT (*top pressure recovery turbine*), no qual o gás do processo aciona uma turbina acoplada a um gerador de eletricidade, aproveitando a energia contida no grande volume de gás em alta pressão.

5. A OPERAÇÃO DO ALTO-FORNO

A maioria dos procedimentos operacionais básicos (carregamento, sopro de ar quente, operação dos equipamentos periféricos etc.) é executada por controle automatizado, principalmente em altos-fornos mais modernos e equipados com diversos dispositivos de monitoramento interno do processo. A Tabela 4.2 indica alguns parâmetros de processo tipicamente monitorados.

Tabela 4.2 Exemplos de parâmetros de processo controlados

Parâmetros	Exemplos
Temperaturas	Ar quente, águas de refrigeração, refratários, *staves*, gás de topo, gusa etc.
Pressões	Pressão de sopro, em vários níveis no interior e no topo etc.
Fluxos	Ar soprado, injeções auxiliares, água de refrigeração, materiais etc.
Análises químicas	Gusa e escória, materiais carregados, gases produzidos etc.
Aspectos visuais	Zona de combustão, aspecto do ferro-gusa, escória e matérias-primas
Valores calculados	Rendimento de gás, temperatura de chama, velocidade de gás etc.

Entre temperaturas, pressões, fluxos, análises, valores calculados e outros, mais de 3.000 variáveis são tipicamente monitoradas em um alto-forno moderno. Em geral, existe um sistema supervisório ou equivalente que permite o acompanhamento dessas variáveis ou grupos de variáveis tanto na forma gráfica como na forma de índices operacionais.

O alto-forno opera continuamente, exceto em algumas paradas periódicas para manutenções em equipamentos críticos (em geral, 16 a 24 horas a cada mês). Nessas ocasiões, são preparadas cargas especiais com maior quantidade de coque de modo a suprir a energia perdida para o sistema de refrigeração durante o período de parada e manter a permeabilidade da coluna de carga no retorno à operação.

No dia a dia operacional, variações aleatórias, ligadas principalmente a variações das características químicas e físicas das matérias-primas carregadas e nas injeções pelas ventaneiras, afetam o estado térmico do forno, tanto para mais quente quanto para mais frio. Tais variações térmicas, caso não possam ser controladas, podem ter consequências graves, como desvios de qualidade do ferro-gusa, perdas de produção ou até mesmo o resfriamento do cadinho do alto-forno, gerando perdas significativas de produção. Assim, mesmo em operação normal, existe a necessidade constante de atuar no controle térmico do processo.

O controle térmico visa, em última instância, minimizar o efeito dessas flutuações, garantindo a segurança operacional do alto-forno e a qualidade do ferro-gusa e da escória produzidos.

A sequência lógica para a atuação no controle térmico do alto-forno, esquematizada na Figura 4.17, é composta de seis fases em um processo contínuo, conforme descrito a seguir.

- Observação: atentar para os parâmetros que indicam o estado térmico do processo.
- Julgamento: com base na observação, julgar o estado térmico do processo.
- Disponibilidade: determinar quais variáveis de controle são adequadas a cada situação.
- Verificação: verificar o efeito na estabilidade operacional antes da atuação.
- Atuação: atuar considerando o efeito de cada variável conforme regras pré-determinadas.
- Estimativa: estimar o tempo de resposta conforme o tempo padrão de cada variável atuada.

Figura 4.17 Sequência lógica para a atuação no controle térmico do alto-forno.
Fonte: autor.

Para julgar o estado térmico do processo, os operadores do alto-forno observam alguns parâmetros essenciais que permitem avaliar rapidamente o estado térmico. Esses parâmetros reúnem variáveis que são diretamente medidas ou analisadas e variáveis que são calculadas pelos computadores de processo a partir de diversas variáveis medidas. A Tabela 4.3 resume os principais parâmetros que os operadores julgam para avaliar termicamente o processo.

Tabela 4.3 Principais parâmetros julgados para avaliar o estado térmico do processo

Parâmetro	Características
Temperatura do ferro-gusa	É o principal indicador de nível térmico. Temperaturas elevadas indicam elevado estado térmico e vice-versa.
Análise química do ferro-gusa	O teor de silício tende a aumentar com a elevação do estado térmico e vice-versa. O enxofre tem comportamento inverso.
Análise química da escória	A variação do teor de silício do ferro-gusa afeta a basicidade da escória (B2 = CaO/SiO_2), pois a incorporação de Si no ferro-gusa (forno quente) reduz a quantidade de SiO_2 na escória e aumenta a B2 e vice-versa.
Pressão de base (ou delta de pressão)	Quando o estado térmico do forno é elevado, ocorre uma expansão volumétrica dos gases em virtude da alta temperatura. Isso implica maior resistência à passagem do gás e aumento da pressão. Para forno frio, tem-se normalmente uma queda de pressão.
Velocidade de descida da carga (ritmo de produção)	O menor volume de gases, resultante da queda de nível térmico, implica menor velocidade de escoamento dos gases, melhorando as condições cinéticas. Com a cinética favorável, a velocidade das reações de redução aumenta, favorecendo o aumento do ritmo de descida da carga. Para forno quente, ocorre o contrário.
Drenagem do cadinho	Alto-forno mal drenado (residual de gusa e/ou escória no cadinho) resulta em perda de temperatura para a refrigeração do cadinho; além disso, esse acúmulo resulta em maior empuxo, que comprime a zona de gotejamento, eleva a pressão e prejudica o escoamento gasoso, resultando em mais perda de temperatura.
Temperatura do gás no topo	Para o caso de forno frio, pela redução da velocidade dos gases e melhor troca térmica, ocorre queda da temperatura do gás no topo e vice-versa.
Temperatura da parede do forno	Para o caso de forno frio, pela redução do volume e da temperatura dos gases, ocorre queda da temperatura da parede do forno, medida pelos termopares posicionados na região da cuba, ventre e rampa.
Presença de hidrogênio adicional no gás de topo	A presença de hidrogênio adicional no gás de topo, além do que os balanços de massa que levam em conta as entradas e saídas preveem, pode significar entrada de água no forno, o que certamente levará a uma queda do estado térmico.
Parâmetros de qualidade das matérias-primas	Alguns parâmetros de qualidade são chave para a térmica do forno, como os índices de resistência mecânica e reatividade do coque, a porcentagem de finos na carga, a umidade do coque e o carregamento de coque e sínter do estoque, entre outros.
Aspectos visuais	A avaliação dos aspectos visuais inclui a observação do aspecto do ferro-gusa e da escória (brilho, cor, viscosidade) e da zona de combustão, através do visor das ventaneiras (brilho, presença de escória e/ou semifundidos, descida de cascão, queima do carvão etc.). A observação e a análise dos aspectos visuais não podem ser realizadas por nenhum sistema de automação. É papel do operador experiente.

Para atuar preventivamente, corrigindo eventuais variações térmicas, os operadores do alto-forno dispõem de algumas variáveis de atuação térmica no processo.

As principais variáveis utilizadas pelos operadores no dia a dia operacional e a sua disponibilidade para a atuação no controle térmico são descritas a seguir.

- Taxa de injeção auxiliar (carvão pulverizado, gás natural etc.): é uma das principais variáveis de controle térmico e deve ser usada com preferência, em razão do curto tempo de resposta. Sua disponibilidade é limitada, na faixa inferior, pela mínima taxa de injeção do sistema de injeção e, na faixa superior, pela mínima temperatura de chama aceitável e condição de combustão nas ventaneiras.
- Temperatura de sopro: também tem curto tempo de resposta, porém, de forma a minimizar o *fuel rate*, procura-se operar sempre na máxima capacidade, limitando a disponibilidade de maior elevação no caso de forno termicamente deficiente.
- Umidade do ar: a adição de vapor de modo a elevar e estabilizar a umidade do ar soprado é uma excelente variável de controle térmico e também é útil no controle da pressão de base. A sua disponibilidade é limitada, na faixa superior, pela mínima temperatura de chama e, na faixa inferior, pela umidade natural do ar.
- Vazão de oxigênio: sua disponibilidade está ligada ao controle da temperatura de chama, que deve ser mantida na faixa de 2.000 a 2.300 °C.
- Contrapressão: sua disponibilidade está ligada ao controle da velocidade de gás na cuba, que deve ser mantida na faixa de 2,6 a 3,2 m/s.
- *Coke rate*: a disponibilidade do *coke rate* para atuação térmica é limitada pelo tempo de resposta muito longo (em torno de 6 horas para alcançar as regiões inferiores do forno).
- Vazão de ar: quando o forno estiver termicamente deficiente, mal drenado ou com pressão alta, pequenas reduções de vazão são sempre efetivas e não prejudicam sensivelmente a produção do forno.

6. O FERRO-GUSA

O ferro-gusa é o produto principal do processo de alto-forno e será utilizado na aciaria para a produção de aço por meio de um processo de refino destinado a ajustar a sua composição química. O ferro-gusa consiste em uma liga de ferro saturada de carbono e com outros elementos de liga. O ferro-gusa é drenado do cadinho do alto-forno a uma temperatura típica entre 1.480 e 1.520 °C.

Embora o ponto de fusão do ferro puro seja 1.538 °C, a presença de carbono no ferro-gusa reduz esse ponto para valores bem menores. No diagrama Fe-C simplificado da Figura 4.18, observa-se que uma liga ferro-carbono com teor típico de 4,5% de carbono tem temperatura *liquidus* de 1.219 °C. Abaixo dessa temperatura, o aparecimento de fases sólidas reduz drasticamente a fluidez do material. Se considerarmos os outros elementos do ferro-gusa, essa temperatura *liquidus* fica um pouco menor ainda. Isso significa que o ferro-gusa estará líquido em temperaturas bem abaixo da faixa usual de trabalho do alto-forno a coque. A maior dificuldade em baixas temperaturas se dá com a escória, como será visto a seguir.

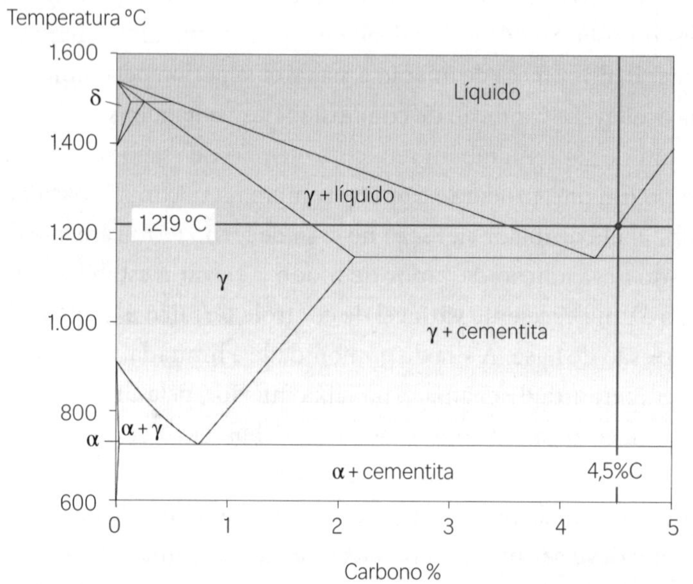

Figura 4.18 Diagrama Fe-C simplificado indicando a temperatura *liquidus* para uma liga Fe-C com 4,5% de C.
Fonte: autor.

A Tabela 4.4 mostra uma análise típica indicando os teores dos componentes principais do ferro-gusa produzido por um alto-forno a coque.

Tabela 4.4 Análise típica do ferro-gusa de um alto-forno a coque (%)

Ti	Si	S	Mn	P	C	Fe	Outros
0,03	0,38	0,026	0,69	0,091	4,82	93,86	0,1

7. A ESCÓRIA DO ALTO-FORNO

A escória é formada a partir dos materiais da ganga da carga metálica, da cinza do coque e da cinza dos combustíveis auxiliares. Quatro componentes principais (SiO_2, CaO, MgO e Al_2O_3) constituem cerca de 96% da escória. Os componentes com menores teores são MnO, TiO_2, K_2O, Na_2O, FeO, S e P [6].

A escória desempenha dois papéis fundamentais no alto-forno:

- Reter os óxidos ou outros compostos presentes nos minérios e combustíveis.
- Reter compostos formados a partir das impurezas que se deseja remover do ferro-gusa líquido, principalmente enxofre e álcalis.

A escória não é um subproduto que se forma de maneira pouco controlada. Para garantir a eficiência da remoção das impurezas e a separação dos compostos indesejáveis, assim como a própria separação da escória do metal, é necessário que propriedades como viscosidade e ponto de fusão sejam cuidadosamente controladas. Assim, a adição de fundentes é necessária para conferir tais propriedades à escória. A Tabela 4.5 mostra os componentes principais da escória típica produzida em um alto-forno a coque.

Tabela 4.5 Análise típica da escória de um alto-forno a coque

SiO_2	Al_2O_3	CaO	MgO	S	MnO	TiO_2	FeO	Outros
34,6	11,7	42,8	6,8	1,22	0,83	0,53	0,35	1,22

Da proporção dos quatro óxidos principais depende a fluidez da escória, suas propriedades dessulfurantes (remoção de enxofre) e de eliminação de outras impurezas, como álcalis (K_2O e Na_2O) carregados no alto-forno. As especificações básicas da escória para altos-fornos a coque levam em conta as condições mostradas na Tabela 4.6.

Tabela 4.6 Condições operacionais típicas para escórias de altos-fornos a coque

Controle	Símbolo	Faixa	Objetivo básico
Basicidade binária (B2)	CaO/SiO_2	1,2–1,3	Fluidez, dessulfuração
Basicidade quaternária (B4)	$(CaO+MgO)/(SiO_2+Al_2O_3)$	1–1,08	Fluidez, dessulfuração
Teor de óxido de magnésio	%MgO	> 5%	Fluidez, dessulfuração
Teor de alumina	$\%AlAl_2O_3$	< 16%	Fluidez

As escórias de alto-forno possuem temperaturas *liquidus* muito mais elevadas que as do ferro-gusa e, em temperaturas abaixo da *liquidus*, ocorrem formação de cristais sólidos e elevação da viscosidade e, por consequência, grande dificuldade de drenagem da escória. As temperaturas *liquidus* são apresentadas em diagramas ternários, como o da Figura 4.19. Nos diagramas ternários, um dos quatro principais componentes da escória tem a composição fixada; na Figura 4.19, o teor de Al_2O_3 é fixo em 10%.

A situação ótima para composição da escória de alto-forno a coque é tal que quando levada ao diagrama ternário, como mostrado na Figura 4.19, resulta em um ponto dentro da região delimitada pela isoterma de temperatura *liquidus* 1.400 °C (região hachurada de azul). Deve ser evitada uma escória que resulte em um ponto próximo à isoterma de temperatura *liquidus* 1.500 °C (região hachurada de cinza). Dessa forma, fica garantido que a escória estará líquida na temperatura do ferro-gusa (em torno de 1.500 °C).

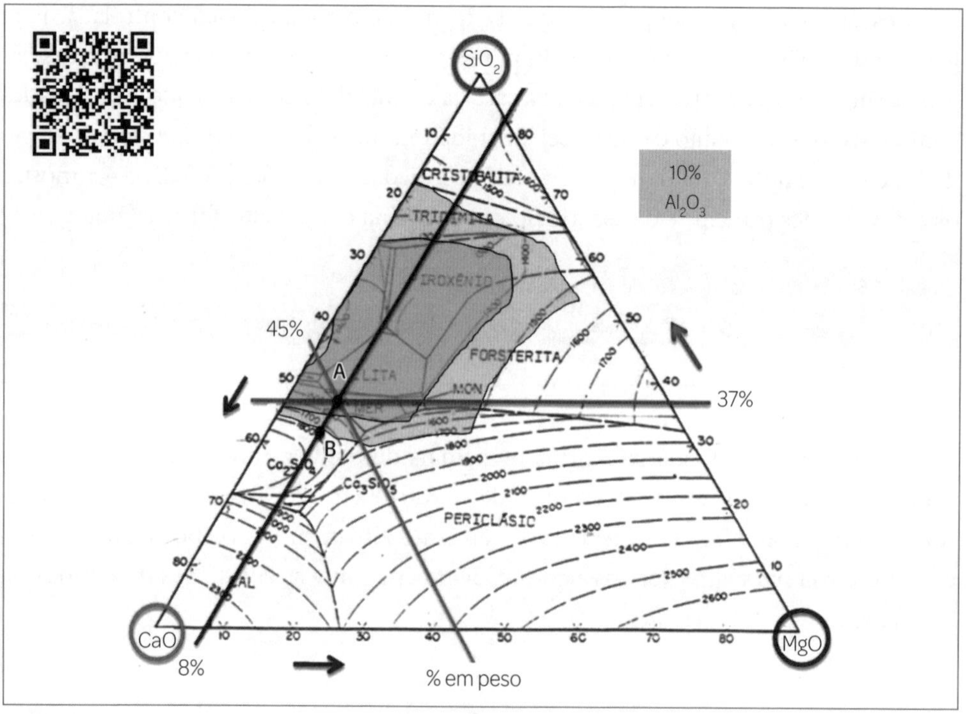

Figura 4.19 Diagrama ternário CaO-SiO_2-MgO para 10% de Al_2O_3.

Fonte: autor.

O ponto A na Figura 4.19 corresponde a uma escória com 45% de CaO, 37% de SiO_2, 10% de Al_2O_3 e 8% de MgO. Isso resulta em uma basicidade binária (B2) de 1,22. A temperatura *liquidus* da escória final fica mais próxima de 1.400 °C. Isso significa que a escória possui certa tolerância em relação a variações no processo.

Já o ponto B na Figura 4.19 corresponde a uma basicidade binária (B2) de 1,3. Esse é um valor de B2 considerado elevado, uma vez que o ponto fica exatamente sobre a isoterma de temperatura *liquidus* de 1.500 °C. Isso significa que quaisquer variações no processo podem resultar em temperatura de fusão da escória superior a 1.500 °C.

8. A DRENAGEM DOS PRODUTOS DO ALTO-FORNO

No cadinho do alto-forno, o ferro-gusa e a escória produzidos não se misturam, e como a densidade da escória líquida (2,3 t/m³) é mais baixa que a do ferro-gusa líquido (6,8 t/m³), a camada de escória flutua sobre a camada de ferro-gusa. Como esses materiais ocupam os interstícios do coque presente no cadinho, o volume para sua acumulação é limitado (cerca de 30% do volume do cadinho) e o acúmulo em excesso pode causar sérios problemas operacionais, como marcha irregular, queima de ventaneiras, perda de produção e qualidade e até esfriamento do cadinho. Portanto, a drenagem regular do cadinho é uma operação fundamental e deve ser controlada criteriosamente.

Para controlar o nível de ferro-gusa e escória no cadinho, a prática é realizar balanços dinâmicos de materiais produzidos e drenados, de modo a se ter os residuais de ferro-gusa e de escória no cadinho continuamente.

A Figura 4.20 ilustra a sequência de eventos que ocorrem durante uma corrida típica do alto-forno. Após a abertura do furo de gusa por meio de um equipamento denominado perfuratriz, o ferro-gusa normalmente é o primeiro material a ser drenado. Cerca de 15 a 45 minutos após o início da corrida, a escória passa a ser drenada em paralelo com o ferro-gusa. A drenagem conjunta de ferro-gusa e escória tende a permanecer até o final da corrida. O final da corrida é determinado pelo início de saída do gás do interior do forno pelo furo, indicando que, naquela região, a superfície da escória atingiu o nível do furo de gusa. Nesse momento, o furo deve ser novamente fechado com uma massa de tamponamento por meio de um equipamento denominado canhão de lama.

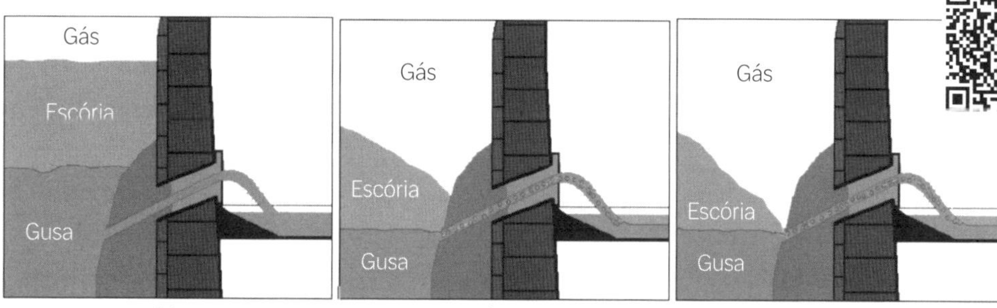

Figura 4.20 Sequência de eventos durante uma corrida do alto-forno: (a) início da corrida, (b) início da escória e (c) final da corrida.
Fonte: autor.

A injeção contínua da massa de tamponamento (composto à base de alcatrão, ligantes e vários aditivos minerais) no furo de gusa, ao final de cada corrida, provoca um acúmulo de massa sinterizada na parte interna do forno, formando uma região denominada "cogumelo". A distância da face externa do furo até o final do cogumelo é denominada comprimento do furo de gusa; é um importante parâmetro operacional e deve ser controlado na faixa de 3 a 4 m para grandes altos-fornos.

A Figura 4.21(a) ilustra a operação de broqueamento para a abertura do furo de gusa. Para isso, uma perfuratriz hidráulica ou pneumática, utilizando uma haste refrigerada com nitrogênio e/ou água e com uma broca na extremidade, gira e martela em alta velocidade até alcançar o ferro-gusa líquido, rompendo o cogumelo e iniciando a corrida.

A Figura 4.21(b) ilustra a operação de fechamento do furo com a massa de tamponamento, utilizando o canhão de lama. No fechamento do furo, a quantidade de massa injetada deve ser suficiente para preencher o furo e recompor o cogumelo da erosão ocorrida durante a corrida.

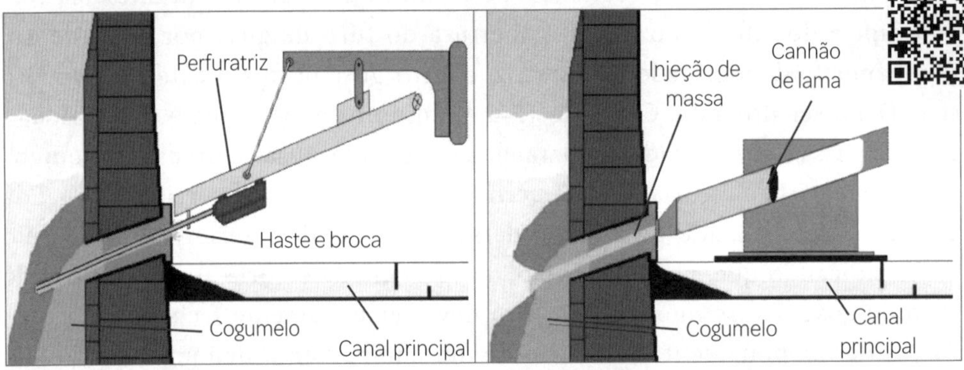

(a) Abertura do furo (b) Fechamento do furo

Figura 4.21 Operação de abertura (a) e de fechamento (b) do furo de gusa.
Fonte: autor.

Para descrever a sequência das operações de drenagem do ferro-gusa e escória no alto-forno, serão utilizadas as indicações numéricas da Figura 4.22, que mostra os principais equipamentos da casa de corrida do alto-forno. O canhão de lama (1) e a perfuratriz (2) são os equipamentos utilizados, como visto anteriormente, para fechar e abrir o furo de gusa. O ferro-gusa e a escória, após deixarem o furo na forma de um jato de material líquido, são separados por diferença de densidade no canal principal (3). A escória é direcionada para um sistema de granulação através do canal de escória (4). O ferro-gusa deixa o canal principal e é direcionado para carros torpedo posicionados no piso inferior da casa de corrida utilizando o canal secundário (5). O ferro-gusa, após sair do canal secundário, cai em uma bica basculante (6), cuja função é permitir a troca dos carros torpedos, direcionando o fluxo de ferro-gusa para o carro ao lado. O enchimento do carro torpedo pode ser monitorado automaticamente por meio de um medidor de nível (7).

Em altos-fornos médios e grandes e que operam com maior produtividade, a prática usual é a drenagem contínua, ou seja, antes de uma corrida terminar em uma casa de corrida, outra corrida é iniciada em outra casa de corrida. Para isso, esses fornos dispõem de pelo menos dois furos de corrida em duas casas de corrida. Grandes altos-fornos podem ter três ou quatros casas de corridas, mas normalmente operam com duas casas em operação alternada das corridas, enquanto as outras casas de corrida estão em manutenção e/ou reserva.

A vantagem da drenagem contínua para grandes altos-fornos é manter um nível baixo e constante de líquidos no cadinho. A elevação do nível de ferro-gusa e escória no cadinho, acima da capacidade projetada, pode causar os seguintes problemas ao processo:

- A escória e principalmente o ferro-gusa acumulado no cadinho por causa das forças de empuxo fazem o coque submerso ser empurrado para cima, pressionando e compactando as zonas superiores. Isso prejudica a descida suave da carga e a permeabilidade da região inferior do alto-forno.
- O acúmulo de escória, principalmente aquela que fica retida acima do nível da ventaneiras, impermeabiliza o "homem morto" e desvia o fluxo gasoso. Isso pode resultar em deficiência das trocas térmicas e químicas, resultando em materiais mais frios e menos reduzidos chegando ao cadinho.

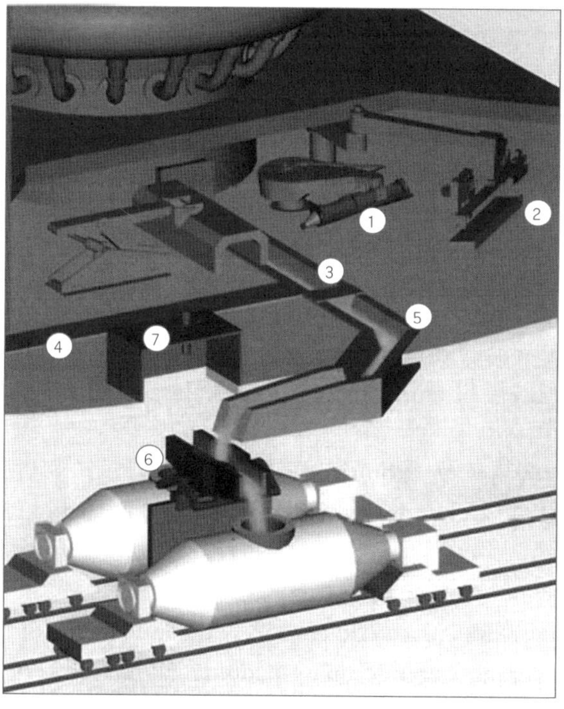

Figura 4.22 Drenagem do ferro-gusa para os carros torpedo.

Fonte: adaptado de https://www.metallica.com.br/dds/DDS.htm.

9. PRINCIPAIS REAÇÕES NO INTERIOR DO ALTO-FORNO

O alto-forno é um reator químico em contracorrente. A transferência de calor dos gases ascendentes para os sólidos descendentes é acompanhada da transferência de oxigênio desses sólidos para os gases. Centenas de reações químicas ocorrem no processo de alto-forno, porém, algumas são fundamentais para a compreensão do processo, como será descrito a seguir.

9.1 Zona de combustão

O ar aquecido pelos regeneradores é injetado nas ventaneiras a uma velocidade que varia de 180 a 250 m/s. Decorrente dessa alta velocidade, o coque em frente das ventaneiras é empurrado e forma uma cavidade, que faz parte da "zona de combustão" descrita anteriormente. Nessa zona, o coque circula em movimentos rápidos ao mesmo tempo que é queimado pelo oxigênio do ar injetado e vai diminuindo de tamanho à medida que reage.

Um importante parâmetro operacional do alto-forno é a temperatura de chama na zona de combustão. Essa temperatura é calculada na condição de todo o combustível, o oxigênio e a água presentes serem convertidos a CO e H_2. Esse é um conceito teórico, e o cálculo é feito por meio de balanço térmico em condições adiabáticas na região. A temperatura de chama tenderá a aumentar com a elevação da temperatura do sopro de ar quente e com o enriquecimento do ar com oxigênio. Por outro lado, a temperatura de chama tenderá a diminuir com a elevação da umidade do ar e com a injeção de combustíveis auxiliares (carvão pulverizado e outros). Na prática, podem ser usadas relações lineares com essas variáveis do processo de modo a calcular a temperatura de chama, e o seu valor costuma ser controlado na faixa de 2.000 a 2.300 °C para altos-fornos a coque.

As principais reações do coque na frente das ventaneiras ocorrem como mostrado a seguir, lembrando que o ΔH é denominado calor de reação [6]. Quando o ΔH é positivo, o calor é absorvido e a reação é declarada como endotérmica. Quando o ΔH é negativo, o calor é liberado e a reação é declarada como exotérmica.

C(coque) + O_2 (ar) → CO_2 exotérmica: $\Delta H = -94{,}1$ kcal/mol (3.1)
CO_2 + C (coque) → 2CO endotérmica: $\Delta H = +41{,}2$ kcal/mol (3.2)
2C(coque) + O_2 (ar) → 2CO exotérmica: $\Delta H = -52{,}9$ kcal/mol (3.3)

Inicialmente, ocorre a oxidação do carbono do coque pelo oxigênio do ar, conforme a reação (3.1), gerando grande quantidade de calor. Como o CO_2 é instável na presença de carbono acima de 1.000 °C, e existe temperatura e carbono em excesso (coque presente), a reação (3.2), conhecida como reação de Boudouard ou *solution loss*, desenvolve-se rapidamente. Dessa forma, para efeito termodinâmico, tudo se passa como se somente ocorresse a reação (3.3), ou seja, todo o oxigênio do ar injetado no alto-forno queima o carbono do coque, produzindo CO. O ar soprado contém ainda umidade, natural ou adicionada, cuja decomposição se dará segundo a reação (3.4).

$$C(coque) + H_2O\ (ar) \rightarrow CO + H_2 \text{ endotérmica: } \Delta H = +30{,}2 \text{ kcal/mol} \quad (3.4)$$

A equação (3.4) explica o efeito refrigerante sobre a temperatura de chama proporcionada pela umidade do ar soprado. Na operação do alto-forno, costuma-se injetar certa quantidade de vapor d'água junto com o ar de modo a manter sempre constante a umidade do ar soprado e exercer um melhor controle sobre a temperatura de chama.

Pela reação (3.3), a composição aproximada do gás produzido na zona de combustão, fazendo uma estimativa sem as injeções auxiliares e de oxigênio e desprezando a parte proveniente da umidade do ar, pode ser calculada considerando que cada molécula de O_2 do ar gera duas moléculas de CO. Assim, sabendo que a composição do ar é 21% de O_2 e 79% de N_2 e que o volume total é igual ao volume de N_2 mais o volume de CO, as porcentagens em volume de N_2 e CO no gás gerado serão as seguintes:

$$\%N_2 = \frac{79}{79 + (21 \times 2)} \times 100 = 65{,}3\% \qquad \%CO = \frac{(21 \times 2)}{79 + (21 \times 2)} \times 100 = 34{,}7\%$$

Dessa forma, o produto da zona de combustão é um gás com cerca de 35% de CO na temperatura de chama, ou seja, um gás com alto poder de redução e alta temperatura que se dirigirá para as partes superiores do alto-forno para reagir com os óxidos de ferro, retirando-lhes o oxigênio combinado e produzindo o ferro livre. A injeção de combustíveis auxiliares e oxigênio pelas ventaneiras pode alterar significativamente a composição do gás gerado, principalmente com relação à presença de hidrogênio.

9.2 Reações de redução

Segundo Campos [7], o regime de trocas térmicas no alto-forno aliado às condições termodinâmicas e cinéticas impostas pela reação de *solution loss* (3.2) permite a divisão do forno em duas zonas. Essas zonas possuem características tão distintas que é possível tratá-las como reatores diferentes, a saber:

- Zona de preparação: onde o carbono do coque praticamente não reage, constituindo um material inerte.
- Zona de elaboração: onde o carbono do coque reage com o CO_2 restituindo o poder redutor do gás por meio da reação de *solution loss*.

A existência de uma temperatura crítica do ponto de vista cinético, abaixo da qual o carbono do coque não reage com os gases, é importante pelo fato de o coque ser o maior componente de custo do ferro-gusa. É interessante, portanto, transferir o máximo possível de oxigênio da carga metálica aos gases antes que o carbono passe a ser gaseificado, ou seja, na zona de preparação.

A delimitação entre as zonas de preparação e elaboração pode ser mais bem entendida observando-se a Figura 4.23, que mostra um diagrama de equilíbrio Fe-C-O-H. Na verdade, existem dois diagramas na Figura 4.23: uma linha sólida para o sistema CO-CO_2 e uma linha pontilhada para o sistema H_2-H_2O. Cada conjunto de linhas divide o diagrama de composição de gás e de temperatura em quatro áreas, em que as fases ferro sólido metálico, wustita (FeO), magnetita (Fe_3O_4) e hematita (Fe_2O_3) são estáveis. A área de hematita, localizado no topo do diagrama, é pequena demais para ser mostrada na figura [8].

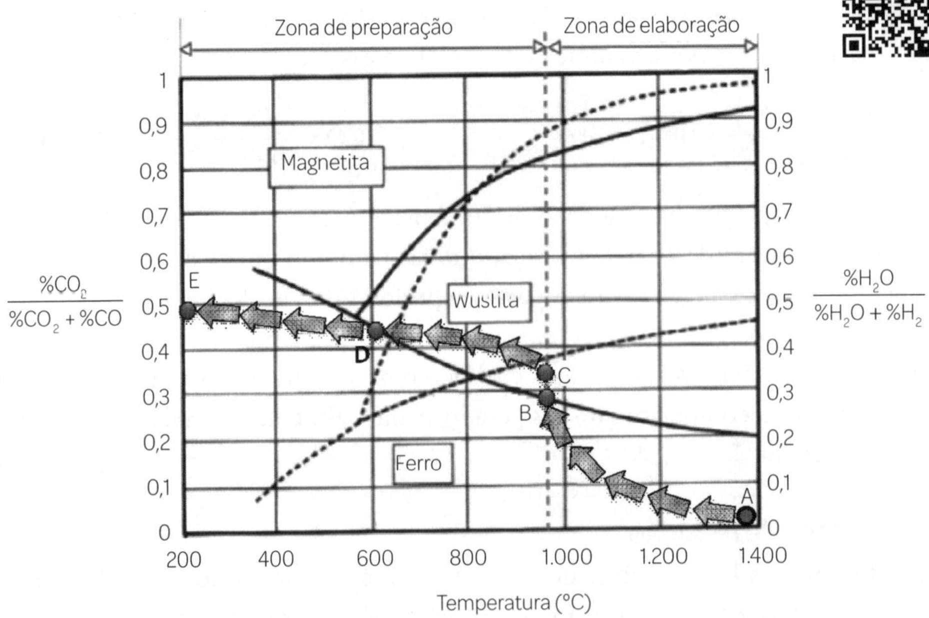

Figura 4.23 Diagrama de equilíbrio Fe-C-O-H indicando a composição dos gases.
Fonte: adaptado de [8].

A Figura 4.23 também mostra as variações típicas das condições do gás do alto-forno na forma de setas e pontos, desde a zona de combustão até o topo do forno. O ponto A corresponde ao gás que sai da zona de combustão, com alto potencial redutor. À medida que as reações de redução se processam, o potencial redutor do gás cai, bem como a temperatura, e o gás que entra na zona de preparação tem sua composição representada pelo ponto B, que está localizado exatamente sobre a linha de equilíbrio FeO-Fe, no caso de haver tempo suficiente para a redução completa dos óxidos de ferro para wustita na zona de preparação. Existindo uma zona de reserva térmica onde a temperatura é constante, o gás, ao reduzir a carga metálica, atinge o ponto C. Continuando sua ascendência no forno, o gás continuará a se resfriar a partir do ponto C, estando ainda sobre o campo de estabilidade da wustita. Ao atingir o ponto D, o gás volta a penetrar no campo de estabilidade do ferro, e havendo condições cinéticas favoráveis, pode ser produzida também alguma quantidade de ferro. O ponto E fornece a composição dos gases de topo do forno.

A zona de preparação, na parte superior do forno, pode ser considerada como um reator em contracorrente com finalidade de secagem, pré-aquecimento e pré-redução da carga pelos gases ascendentes. Outras reações importantes que podem ocorrer na zona de preparação são a vaporização da água de hidratação e a reação de deposição do carbono. A evaporação da umidade da carga é feita de maneira violenta, pois o gradiente de temperatura nos sólidos é elevado com a temperatura superando os 100 °C em poucos minutos.

A zona de elaboração é um reator em contracorrente ainda mais complexo. Os gases provenientes da zona de combustão (essencialmente N_2, CO e H_2) deixam essa zona em temperaturas elevadas e trocam calor com o ferro-gusa e a escória na zona de gotejamento. Prosseguindo o movimento ascendente, os gases penetram na zona de amolecimento e fusão, onde há um forte gradiente térmico, pois aí ocorre a fusão da carga metálica, boa parte da redução final do FeO a Fe e a gaseificação do coque pela reação de Boudouard.

Na estreita faixa da zona granular que pertence à zona de elaboração, logo acima da zona coesiva, sucede grande parte das reações de redução da carga metálica e da gaseificação do coque, sendo, portanto, uma região de alta endotermicidade, com elevado gradiente de temperatura.

A redução da hematita (Fe_2O_3) a Fe é realizada em estágios, conforme as equações (3.5), (3.6) e (3.7).

$3Fe_2O_3 + CO \rightarrow 2Fe_3O_4 + CO_2$ exotérmica: $\Delta H = -10{,}3$ kcal/mol (3.5)
$Fe_3O_4 + CO \rightarrow 3FeO + CO_2$ endotérmica: $\Delta H = +8{,}7$ kcal/mol (3.6)
$FeO + CO \rightarrow Fe + CO_2$ exotérmica: $\Delta H = -3{,}9$ kcal/mol (3.7)

Observando o diagrama da Figura 4.23, nota-se que a redução da wustita (3.7) necessita de um elevado potencial de gás redutor. Esse gás, após a redução da wustita, ascende no forno e reduz facilmente a magnetita (3.5) e a hematita (3.6), por causa do baixo potencial redutor necessário a tais reações. Assim, a redução da wustita é de capital importância no alto-forno, principalmente porque 67% do oxigênio contido na hematita é removido nessa etapa.

As equações (3.5), (3.6) e (3.7) são chamadas reações de redução indireta e o produto é o CO_2. Globalmente, a redução indireta é levemente exotérmica. Como o CO_2 representa o produto da combustão do carbono, a utilização da energia química do carbono será mais completa quanto maior a quantidade de oxigênio removido pelas reações de redução indireta.

Entretanto, acima da temperatura crítica, em torno de 950 °C para o alto-forno a coque, na entrada da zona de elaboração, passa a ocorrer a reação *solution loss*. Assim, o CO_2 produzido pela redução indireta é rapidamente reduzido pelo carbono de acordo com a equação (3.2), também conhecida como reação de gaseificação do coque, porque consome o carbono deste.

Combinando as equações (3.7) e (3.2), tem-se a equação (3.8).

$FeO + CO \rightarrow Fe + CO_2$ exotérmica: $\Delta H = -3{,}9$ kcal/mol (3.7)
$CO_2 + C\ (coque) \rightarrow 2CO$ endotérmica: $\Delta H = +41{,}2$ kcal/mol (3.2)
$FeO + C \rightarrow Fe + CO$ endotérmica: $\Delta H = +37{,}3$ kcal/mol (3.8)

A equação (3.8) é chamada reação de redução direta e é altamente endotérmica em contraste com a redução indireta e, além disso, consome e fragiliza o coque. A vantagem da redução direta é que ocorre um consumo menor de carbono para cada mol de oxigênio removido, porque o produto da reação é o CO, que pode realizar novas reações de redução.

Para minimizar as necessidades térmicas do alto-forno, é vantajoso que a redução indireta ocorra preferencialmente à redução direta, já que a primeira gera calor e a segunda consome calor. A introdução do hidrogênio, como um componente do combustível injetado, move as condições de equilíbrio entre as reações na direção da redução indireta.

Na operação dos altos-fornos, a quantidade de carbono consumido pela redução direta costuma ser monitorada pelo balanço de carbono realizado continuamente. A prática operacional indica que, em caso elevação da taxa de redução direta, ocorre um aumento da velocidade de descida da carga (consumo de coque) e tendência a esfriamento do processo (reação endotérmica). A contramedida operacional imediata é, por exemplo, a elevação da taxa de injeção de combustível auxiliar.

O hidrogênio também age como agente redutor no alto-forno, formando água conforme a reação (3.9).

$FeO + H_2 \rightarrow Fe + H_2O$ endotérmica: $\Delta H = +3{,}15$ kcal/mol (3.9)

Conforme pode ser observado na Figura 4.23, a redução pelo hidrogênio é mais eficaz em temperaturas acima de 800 °C, pois a linha de equilíbrio do gás-wustita--ferro para o H_2O/H_2 (linha pontilhada na figura) fica acima da linha para o CO_2/CO. Isso significa que, no equilíbrio (considerando uma cinética rápida), um mol de H_2 pode remover mais oxigênio dos óxidos de ferro que um mol de CO. Outra vantagem do hidrogênio é o pequeno tamanho de molécula, que facilita a sua difusão nas partículas de baixa porosidade, como os minérios granulados.

Além da redução direta, outras reações que ocorrem na zona de elaboração são a redução direta dos óxidos das impurezas, dessulfuração do ferro-gusa, combustão do carbono, redução da umidade do sopro etc.

A Figura 4.24 resume as principais reações químicas e o comportamento térmico das zonas de preparação e de elaboração do alto-forno [8].

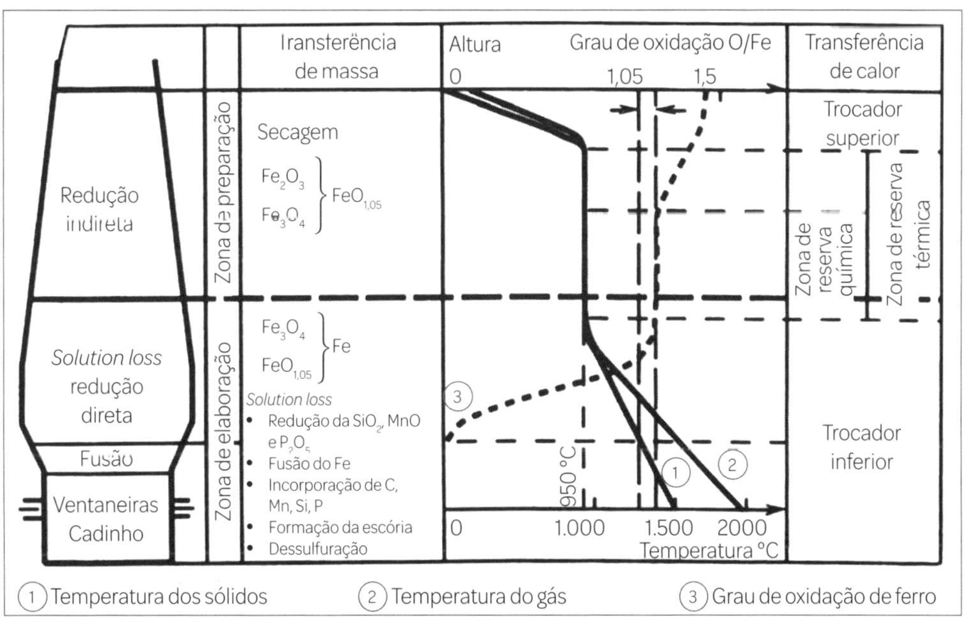

Figura 4.24 Comportamento químico e térmico nas várias zonas do alto-forno.
Fonte: adaptado de [8].

9.3 Reações de incorporação dos elementos de liga

Dos elementos de liga do ferro-gusa, carregados no alto-forno, podemos esperar a seguinte distribuição típica:

- Silício (~90%) e enxofre (~95%) são incorporados pela escória.
- A maior parte do manganês (~70%) fica no ferro-gusa.
- Quase a totalidade do fósforo (~97%) vai para o ferro-gusa.
- Grande parte do titânio (~75%) fica no ferro-gusa.

A Figura 4.25 mostra esquematicamente um diagrama com as principais transferências de elementos químicos entre as matérias-primas (minérios e coque), o ferro-gusa, a escória e o fluxo gasoso no alto-forno. Como exemplo, na figura, temos a hematita (Fe_2O_3) dos minérios de ferro. Após as reações de redução, a maior parte do ferro contido no óxido irá formar o ferro-gusa (99%). Portanto, cerca de 1% será incorporado na escória na forma de FeO. A maior parte do oxigênio contido irá para o gás de alto-forno na forma de CO e CO_2.

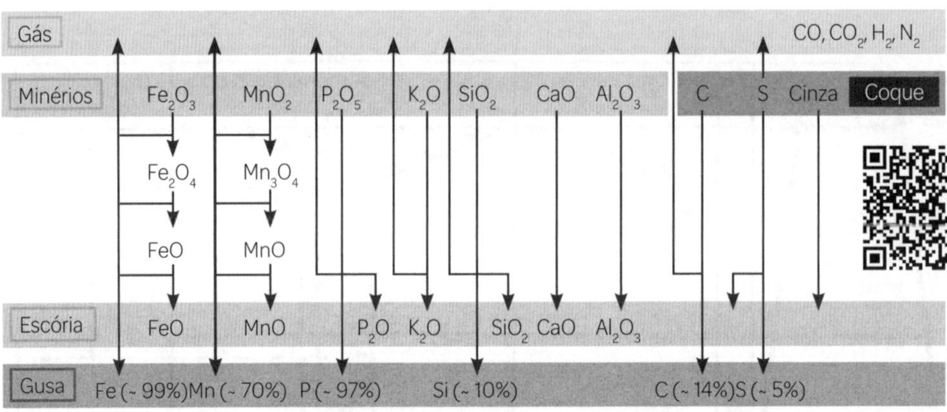

Figura 4.25 Diagrama esquemático indicando as transferências de elementos químicos no alto-forno.
Fonte: autor.

9.3.1 Mecanismos de transferência do silício

O silício é o elemento de liga mais importante do ferro-gusa do ponto de vista do controle térmico do processo, pois variações de nível térmico afetam diretamente sua incorporação ao ferro-gusa, sendo, portanto, um indicador térmico e de estabilidade do processo.

O mecanismo principal de transferência do silício para o ferro [2, p. 551] tem início em uma reação que ocorre na zona de combustão, em altas temperaturas, onde silício é transferido da cinza do coque (ou do carvão injetado) para a fase gasosa como o gás SiO, conforme a reação (3.10). O gás SiO reage então com o carbono do ferro-gusa, incorporando o silício, conforme a reação (3.11).

SiO_2(cinza) + C(coque) → SiO(gás) + CO (3.10)
SiO(gás) + C → Si + CO (3.11)

A reação (3.10) é fortemente favorecida pelo aumento da temperatura e, pelo princípio de Le Chatelier, ela é deslocada no sentido das fases condensadas com a elevação da pressão, ou seja, ocorre redução da geração de SiO com a elevação de pressão. Isso explica a influência positiva da elevação do nível térmico e negativa da elevação da pressão de base do alto forno sobre o teor de silício do ferro-gusa. A reação (3.11) é favorecida pelo aumento da zona de gotejamento, ou seja, pela elevação da zona coesiva, o que aumenta tempo disponível para a reação.

Quando as gotas de ferro produzido atravessam a camada de escória em direção ao cadinho, existem condições de reoxidação do silício pelo FeO e pelo MnO presentes na escória do cadinho. A reoxidação do silício se dá segundo as reações (3.12) e (3.13).

Si + 2FeO(escória) → SiO_2(escória) + 2Fe (3.12)
Si + 2MnO(escória) → SiO_2(escória) + 2Mn (3.13)

Considerando o mecanismo de incorporação do silício por meio do gás SiO e a reoxidação do silício no cadinho do alto-forno, a Figura 4.26 relaciona, na forma de um diagrama tipo "espinha de peixe", os principais fatores que afetam o silício do ferro-gusa.

Na parte superior da Figura 4.26, temos os fatores que afetam o mecanismo de incorporação de silício, descrito pelas reações (3.10) e (3.11). Neste caso, todos os parâmetros do processo que afetam o nível térmico do forno, a altura e o formato da zona coesiva, a geração do gás SiO e o contato gás/sólidos são importantes para o controle da incorporação de silício.

Na parte inferior da Figura 4.26, temos os fatores que afetam o mecanismo de reoxidação do silício no cadinho, descrito pelas reações (3.12) e (3.13). Nesse caso, os parâmetros do processo mais importantes são o tempo de residência das gotas de ferro-gusa na camada de escória, as condições de pressão e temperatura, a presença dos agentes oxidantes (FeO e MnO) e a espessura da camada de escória que sobrenada a camada de ferro-gusa no cadinho.

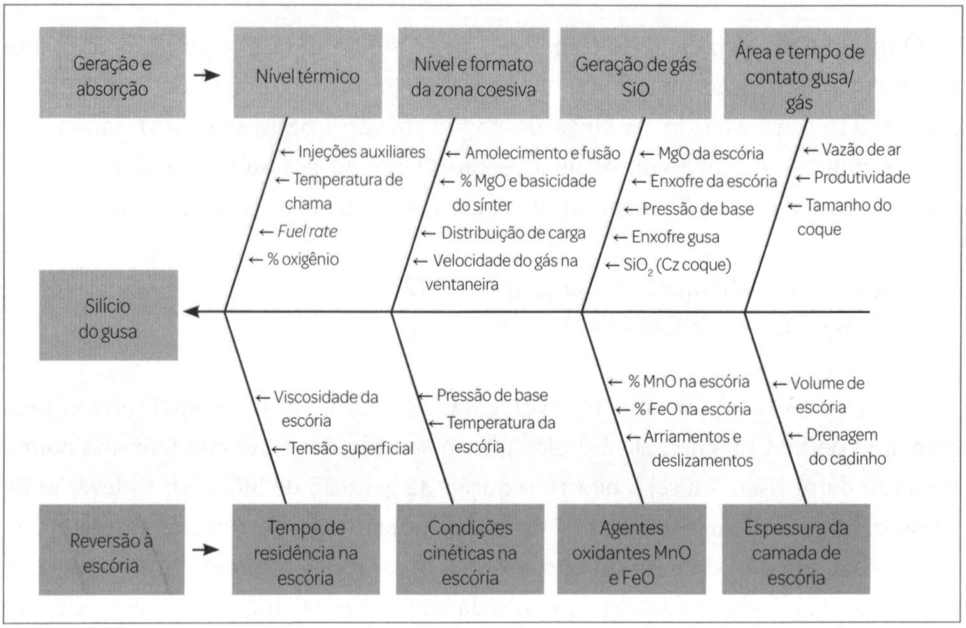

Figura 4.26 Diagrama tipo "espinha de peixe" para os fatores que afetam o silício do ferro-gusa.
Fonte: autor.

9.3.2 Transferência de outros elementos para o ferro-gusa

Os minérios e o coque carregado contêm inúmeras outras impurezas e grande parte delas são reduzidas no alto-forno. Essas impurezas ou são dissolvidas no ferro-gusa ou são removidas via escória ou pelo gás de topo. Algumas delas, como o enxofre e o fósforo, são altamente indesejáveis, pois são bastante prejudiciais à qualidade dos aços produzidos e sua remoção externa ao alto-forno tem custo elevado.

Óxidos de metais, como níquel, cobre e chumbo, embora presentes em pequena quantidade, são facilmente reduzidos, de modo que são inteiramente dissolvidos pelo ferro-gusa. O óxido de fósforo necessita de maiores temperaturas e a redução só é completada na região inferior do forno. A redução do óxido de manganês é mais difícil e ocorre apenas em regiões de temperatura elevada, de modo que a extensão de sua redução varia entre 50% e 75%, dependendo do nível de temperatura atingido, o restante sendo removido pela escória. Portanto, o controle desses elementos no ferro-gusa se dá basicamente pelo controle da quantidade carregada.

A maior parte do enxofre carregado no alto-forno está presente na cinza do coque ou carvão injetado. Durante a descida da carga, na cuba e na rampa, o enxofre é absorvido pelo ferro-gusa e pela escória formada e a sua distribuição entre eles é definida pelas condições no cadinho. A limitação do teor de enxofre do ferro-

-gusa é feita inicialmente pelo controle da quantidade carregada, limitando a sua presença na cinza do coque e/ou reduzindo o *coque rate*. No processo de alto-forno, as principais ações são para favorecer a sua incorporação à escória, como elevação da basicidade da escória e aumento do volume de escória.

10. INJEÇÃO DE CARVÃO PULVERIZADO EM ALTOS-FORNOS

10.1 Efeito da injeção de carvão pulverizado na operação do alto-forno

O desenvolvimento da técnica de injeção de combustíveis auxiliares foi intensificado na década de 1960, com ênfase principalmente na injeção de óleo combustível de petróleo. No entanto, as crises de petróleo na década de 1970 levaram à busca de fontes alternativas de energia e a estudos mais intensivos da técnica de injeção de carvão no alto-forno. Os carvões não utilizados na fabricação do coque de alto-forno, com preços comparativamente mais baixos do que os coqueificáveis, passaram a ser o foco no desenvolvimento das técnicas de injeção de combustíveis. A partir do início da década de 1980, a técnica de injeção de carvão foi aperfeiçoada e implantada em todos os grandes altos-fornos e é mais conhecida pela sigla PCI, do inglês *pulverized coal injection*.

Teoricamente, qualquer material que contenha alta porcentagem de hidrocarbonetos, é passível de ser injetado pelas ventaneiras do alto-forno. A lista de materiais já testados é grande e inclui plásticos picotados, óleo combustível, álcool, alcatrão, gás natural, borras oleosas, coque de petróleo, carvão vegetal e carvão mineral pulverizados, entre outros. A escolha do material mais adequado passa obviamente pelos aspectos práticos e econômicos dessa injeção.

Praticamente todos os altos-fornos brasileiros que praticam injeção de combustíveis auxiliares utilizam o carvão mineral ou vegetal pulverizado. A injeção de carvão pulverizado tem como objetivo básico substituir parte do coque carregado, objetivando redução de custos. O coque exerce basicamente três funções no alto-forno:

- Fonte de calor pela reação com o oxigênio do ar injetado.
- Fonte de gases redutores pela reação com o oxigênio do ar injetado e pela subsequente reação de gaseificação do coque pelo CO_2.
- Leito permeável para suportar os materiais da carga, particularmente nas regiões inferiores do alto-forno, pelo qual o metal e a escória líquidos podem percolar para o cadinho e os gases ascenderem.

O carvão pulverizado injetado pelas ventaneiras pode desempenhar duas das três funções básicas do coque. Estas são prover uma fonte de calor e servir como fonte de gás redutor. O carvão pulverizado não pode prover um leito permeável no alto-forno, como no caso do coque. A injeção de carvão pulverizado pode propiciar os seguintes benefícios:

- Redução de custos pela substituição de coque metalúrgico por carvões não coqueificáveis de baixo custo.
- Grande elevação de produtividade em virtude da possibilidade de elevação do enriquecimento do ar soprado com oxigênio, mantendo a temperatura de chama dentro dos limites operacionais pelo efeito refrigerante da injeção de carvão pulverizado.
- Melhor controle térmico do processo dado o menor tempo de resposta às alterações de taxas de consumo de combustíveis, pois o carvão é injetado diretamente na ventaneira.
- Extensão da vida útil das baterias de coqueificação pela redução da demanda de coque na usina.
- Fonte de hidrogênio para o processo, reduzindo a necessidade de injeção de vapor.
- Comparado com o óleo combustível e o gás natural, o carvão é mais barato e tem maior disponibilidade global, variando do linhito ao antracito.

Para que a combustão do carvão nas ventaneiras ocorra de modo satisfatório, o carvão deve ser injetado na forma pulverizada, normalmente com a especificação de 80% do material abaixo de 0,075 mm. Para a pulverização do carvão bruto e o transporte deste até às ventaneiras, existem alguns sistemas comercializados atualmente. A Figura 4.27 mostra uma instalação típica de preparação e injeção de carvão pulverizado, na qual o carvão bruto recebido é carregado em um moinho onde as partículas finas são secadas e carreadas por um fluxo de gás quente até um ciclone e/ou filtro de mangas para a separação do carvão pulverizado. Esses finos são armazenados em um silo pulmão e daí seguem para vasos de injeção, onde o carvão é preparado para o transporte na forma de leito fluidizado até um vaso distribuidor. Do distribuidor partem linhas individuais para cada ventaneira, onde o carvão é injetado por meio de uma lança que penetra pelo algaraviz e vai até a parte interna da ventaneira.

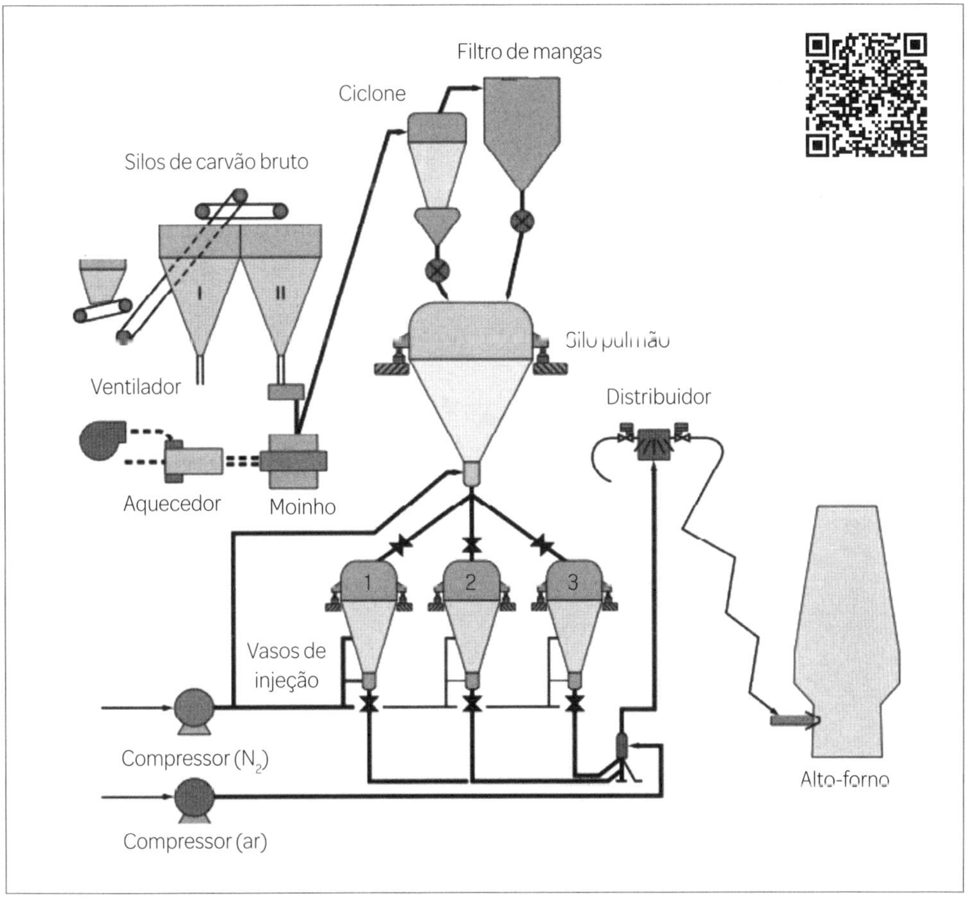

Figura 4.27 Instalação de preparação e injeção de carvão pulverizado.

Fonte: autor.

Ao deixar a lança de injeção, as partículas do carvão injetado entram no fluxo de ar quente dentro da ventaneira, absorvem calor e começam a desvolatilizar e a queimar. Esse processo, iniciado dentro da ventaneira, deve ser completado dentro da zona de combustão ou irá causar dificuldades operacionais.

A Figura 4.28 mostra um desenho esquemático da injeção e da combustão do carvão injetado. A figura mostra também a pluma de combustão do carvão injetado como visualizada a partir do visor da ventaneira. O mecanismo de combustão de uma partícula de carvão também é mostrado esquematicamente na mesma figura. A combustão do carvão como processo físico-químico pode ser dividida nas seguintes etapas: (1) pré-aquecimento, desgaseificação e ignição da matéria volátil; (2) queima dos materiais voláteis; e (3) queima do carvão restante ("char").

Dependendo do tamanho da partícula, da composição do carvão, da taxa de aquecimento e da quantidade de oxigênio disponível para a combustão, essas etapas podem ocorrer em sequência, simultaneamente ou isoladamente [9].

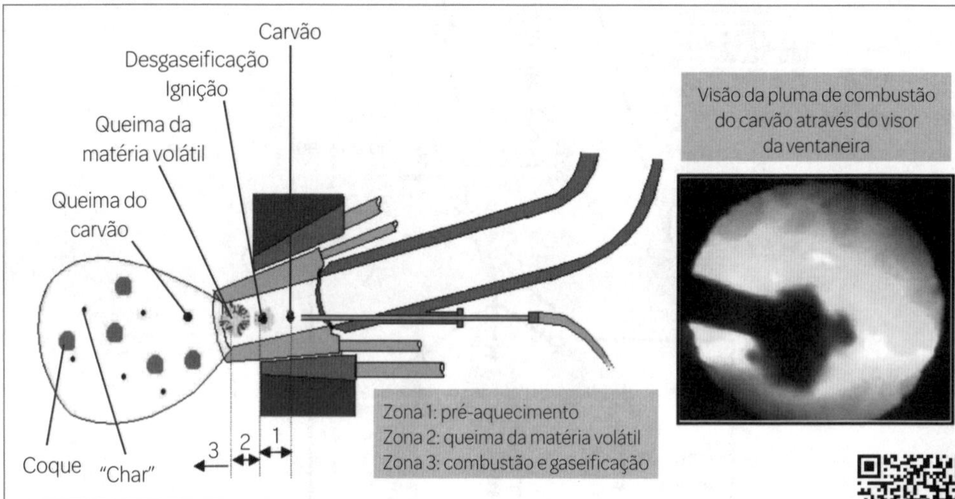

Figura 4.28 Injeção de carvão pulverizado por meio de uma lança inserida na ventaneira.
Fonte: autor.

Todas as usinas objetivam injetar a máxima quantidade possível de carvão de modo a reduzir custos. Porém, à medida que a taxa de injeção aumenta, ocorre uma tendência de elevação da quantidade de carvão não queimado ("char") e da energia cinética do sopro, causando:

- Variações no formato e instabilidade da zona de combustão.
- Redução da permeabilidade do coque nas vizinhanças da zona de combustão.
- Aumento da degradação do coque na zona de combustão.
- Variações na distribuição de temperatura da zona de combustão.

Além desses fenômenos que ocorrem na zona de combustão, a elevação da taxa de injeção de carvão resulta em aumento significativo da relação minério/coque, ou seja, a coluna de carga do forno conterá cada vez mais carga metálica e menos coque. A Figura 4.29 resume os fenômenos que ocorrem no alto-forno operando com altas taxas de injeção de carvão pulverizado.

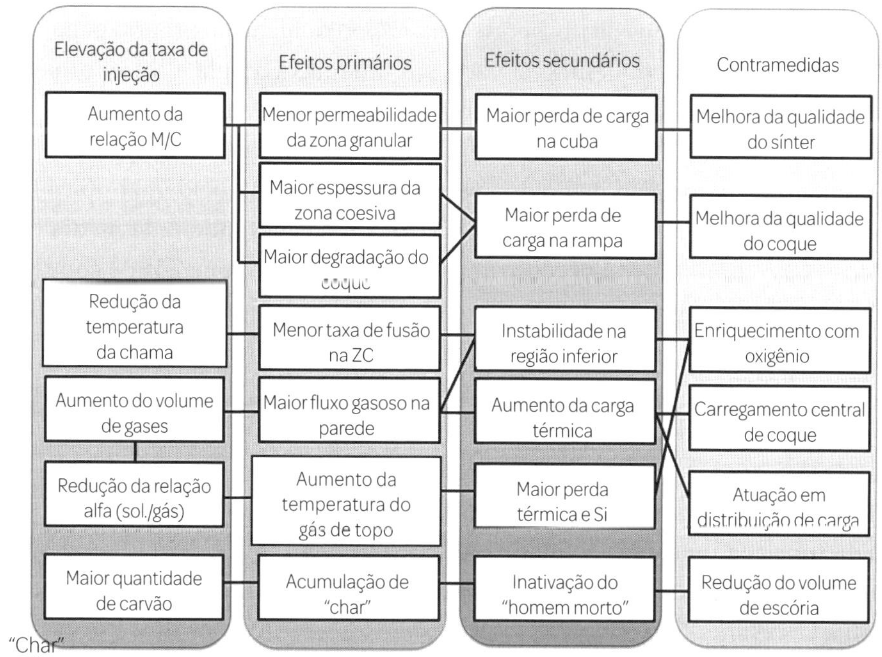

Figura 4.29 Fenômenos que ocorrem na operação com altas taxas de carvão pulverizado.
Fonte: autor.

Existe um consenso entre os operadores de altos-fornos de que taxas até 150 kg de carvão por tonelada de ferro-gusa produzido não exigem alterações significativas nos procedimentos operacionais. Porém, para taxas mais elevadas, é necessário trabalhar com a distribuição de carga, a elevação do enriquecimento do ar com oxigênio e a melhora de qualidade das matérias-primas para obter uma operação estável.

10.2 Vantagens econômicas da injeção de carvão pulverizado no alto-forno

A motivação para injetar carvão pulverizado no alto-forno advém tanto de razões econômicas quanto de razões operacionais. Ao substituir carvão coqueificável, que precisa ser processado para coque, por carvão não coqueificável, o operador do alto-forno não apenas utiliza um combustível mais barato como também evita os custos da coqueificação para aquela quantidade injetada.

Utilizando preços internacionais para o ano de 2015, as razões econômicas podem ser entendidas por meio de balanço econômico simplificado, como se segue:

- O custo do carvão para injeção fica aproximadamente na faixa de U$ 135 a U$ 160/t, dependendo dos custos de transporte e da disponibilidade no próprio país.
- O custo do carvão coqueificável varia em uma faixa ampla e sofre influências de oscilações sazonais, porém seu custo fica aproximadamente entre U$ 180 e U$ 220/t.
- Os custos de conversão de uma planta de coqueificação ocidental típica ficam na faixa de U$ 35 a 55/t de coque produzido. Considerando uma média de 1,4 t de carvão coqueificável necessário para produzir uma tonelada de coque para alto-forno, o produto do preço do carvão metalúrgico (U$ 180 a U$ 220/t) vezes 1,4 resulta em U$ 252 a 308/t de coque. Adicionando mais U$ 35 a 55 da conversão, dá um preço final de coque na faixa de U$ 287 a 363. Coque também pode ser comprado no mercado internacional nessa faixa de preço, dependendo da demanda.
- Adotando 0,8 como uma relação de substituição de coque típica, significa que cada tonelada de carvão injetado, ao custo de U$ 135 a U$ 160/t, está substituindo 0,8 t de coque (U$ 287 a 363), ou seja, está substituindo um custo de U$ 230 a U$ 290/t.
- Portanto, a economia fica na faixa de U$ 95 a U$ 130/t de carvão injetado, não incluindo os custos operacionais da planta de PCI. Entretanto, esses custos operacionais são mais que suplantados pelas vantagens operacionais da injeção no alto-forno.

11. A PRODUTIVIDADE DOS ALTOS-FORNOS

A produção de um alto-forno, medida em toneladas de ferro-gusa produzidas por dia, depende da quantidade de combustíveis consumidos por dia e da quantidade de combustíveis (coque, carvão injetado etc.) necessária para produzir uma unidade de ferro-gusa, ou seja, do *fuel rate*.

$$\text{Produção(tgusa/dia)} = \frac{\text{Q (tcombustíveis/dia)}}{\text{K (tconbustíveis/tgusa)}}$$

onde, K "*fuel rate*"
Q consumo diário de combustíveis

Portanto, a produção de um alto-forno pode ser elevada por medidas que aumentem a quantidade de combustíveis consumida e/ou reduzam o *fuel rate*. Para aumentar a quantidade de combustíveis consumida, é preciso mais oxigênio na forma de ar soprado ou de enriquecimento e, para isso, é preciso maior permeabilidade da carga para aceitar o maior volume de gases gerados. Para reduzir o *fuel rate*, é preciso melhorar a eficiência energética e de redução no processo de alto-forno. A Figura 4.30 mostra, em um diagrama, os fatores fundamentais para elevar a produção de um alto-forno.

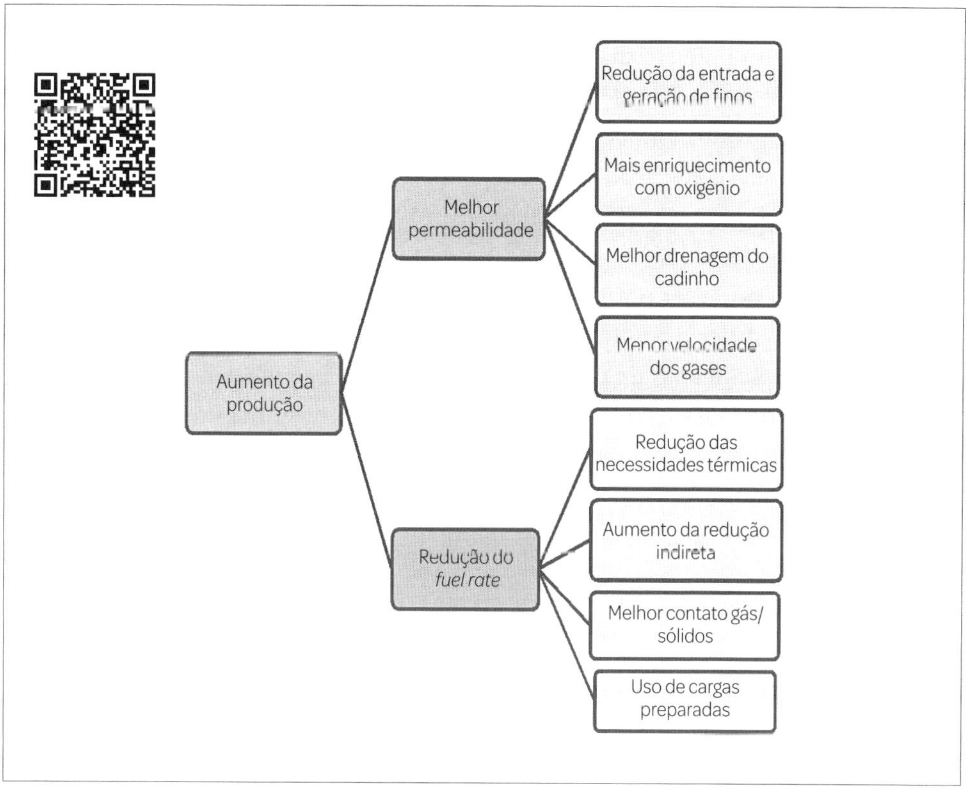

Figura 4.30 Fatores fundamentais para elevar a produção do alto-forno.
Fonte: autor.

A elevação da quantidade de oxigênio injetada nas ventaneiras por meio do aumento da vazão de ar soprado nem sempre é uma operação trivial. Para se conseguir isso, é necessário que haja permeabilidade na carga do alto-forno, ou seja, a coluna de carga deve aceitar o aumento do volume de gases ascendentes, mantendo a operação estável. Essa elevação de permeabilidade passa por medidas como melhoria da qualidade das matérias-primas (menos finos introduzidos ou gerados), ações de distribuição de carga para centralizar o fluxo gasoso, melhor controle da drenagem do cadinho, utilização da contrapressão para reduzir a velocidade dos gases etc.

A utilização do enriquecimento do ar soprado tem sido a técnica mais utilizada pelas usinas para elevação da produção, visto que a elevação da vazão de ar implica um aumento muito grande do volume de gases pela presença do nitrogênio (79% de N_2 no ar). Como a utilização de taxas de enriquecimento elevadas (> 3%) causa a elevação exagerada da temperatura de chama, essa técnica tem sido aliada à injeção de carvão pulverizado, que tem efeito oposto sobre a temperatura de chama. Portanto, é comum hoje em dia observar altos-fornos operando com taxas de enriquecimento muito altas (> 7%) e altas taxas de injeção de carvão (> 180 kg/t), obtendo assim alta produtividade e baixo custo de combustíveis.

A outra via para a elevação da produtividade consiste no abaixamento do *fuel rate*, que passa por uma maior eficiência na redução dos óxidos de ferro. Uma maior eficiência de redução, ou seja, maior taxa de redução indireta (que não consome coque) pode ser obtida com a maior utilização de cargas preparadas, ou seja, cargas com sínter e pelotas que possuem melhores propriedades de redução, adequação da distribuição de carga, melhoria no contato gás-sólido pela redução da velocidade dos gases usando maior contrapressão no topo, entre outras. A redução das necessidades térmicas do processo (menor volume de escória, menor umidade do ar, maior temperatura de ar soprado etc.) também contribui para o abaixamento do *fuel rate*.

12. O ALTO-FORNO A CARVÃO VEGETAL

12.1 A siderurgia a carvão vegetal

Segundo o Relatório de Sustentabilidade 2020 do Instituto Aço Brasil [10], cerca de 11,2% da produção brasileira de aço bruto, em 2017, foi obtida a partir do carvão vegetal em substituição ao coque como agente redutor do minério de ferro. Esse é um diferencial da indústria do aço brasileira em relação à produção no resto do mundo.

Segundo o mesmo relatório, o uso do carvão vegetal na produção de aço reduz o balanço global de emissões de gases do efeito estufa do setor porque a absorção de CO_2 pelas florestas plantadas para produção do carvão vegetal compensa as emissões desse gás durante o processo industrial. Em 2020, o consumo total de carvão vegetal pelas empresas associadas foi de 1,57 milhão de toneladas, e a maior parte (99%) foi produzida a partir de madeira extraída de florestas plantadas pelas empresas do setor ou de terceiros.

12.2 Aspectos do alto-forno a carvão vegetal

Os altos fornos que utilizam o carvão vegetal têm volume interno limitado, sendo que a altura da coluna de carga raramente é superior a 15 m, em razão da fraca resistência mecânica do carvão.

Essa restrição de volume interno pode ser aproveitada como vantagem competitiva ao utilizar uma carga metálica mais barata. Esses fornos normalmente utilizam o minério granulado como carga metálica e, somente em alguns casos, sínter ou pelotas. O carvão vegetal, por sua vez, é peneirado, separando-se os finos abaixo de 10 mm ou 12 mm, que podem ser aproveitados, após moagem, como injeção auxiliar no próprio alto-forno.

Projetos de altos-fornos a carvão vegetal também aproveitam a restrição de volume interno para simplificar as instalações em termos de demandas de refratários, sistemas de refrigeração, temperatura de ar soprado e sistemas de controle, entre outros. Assim, o alto-forno a carvão vegetal se torna particularmente adequado para pequenas usinas semi-integradas ou produtores de ferro-gusa em regiões com disponibilidade de madeira extraída de florestas plantadas.

12.3 Principais diferenças entre as propriedades do coque e o carvão vegetal

As diferenças entre os altos-fornos a coque e a carvão vegetal se devem basicamente às diferenças entre esses redutores. A Tabela 4.7 apresenta uma análise comparativa das propriedades do coque e do carvão vegetal, com o foco na qualidade química, física e metalúrgica deles, uma vez que são tais características que vão traduzir a capacidade do redutor de atender as solicitações a que ele é submetido no alto-forno.

Tabela 4.7 Propriedades do carvão vegetal e do coque de alto-forno

Qualidade	Item	Unidade	Valor	
			Carvão vegetal	Coque
Quimica	Carbono fixo	%	70-77	86-90
	Matérias voláteis	%	20-25	0,5-2
	Cinzas	%	1-3	8-12
	Enxofre	%	0,03-0,09	0,45-0,75
	Composição das cinzas			
	SiO_2	%	5-10	50-55
	CaO	%	37-56	4-5
	MgO	%	5-7	4-5
	Al_2O_3	%	2-12	25-30
	P2O5	%	8-12	0,4-0,8

Tabela 4.7 Propriedades do carvão vegetal e do coque de alto-forno

Qualidade	Item	Unidade	Valor	
			Carvão vegetal	Coque
Quimica	K_2O	%	15~25	2~4
	Na_2O	%	2~3	1~3
Física	Resistência à compressão	kg/cm²	10~80	130~160
	Faixa granulométrica	mm	9~101,6	25~75
	Densidade	t/m³	0,25	0,55
Metalúrgica	Reatividade (a 950 °C)	%	60	15
	Resistência após a reação	%	-	60
	Peso específico a granel	(kg/m³)	250	550

Observando os dados da Tabela 4.7, notamos que existem diferenças marcantes ente o coque e o carvão vegetal que influenciam o comportamento de cada processo, principalmente com relação ao teor de cinzas e a composição delas, a resistência mecânica, o peso específico e a reatividade.

O carvão vegetal tem baixos teores de cinzas e de enxofre comparado ao coque. Isso, aliado a um baixo teor SiO_2 na cinza, reduz o volume de escória a quase metade dos altos-fornos a coque e permite a operação com uma escória de característica ácida ($CaO/SiO_2 < 1$).

A menor resistência à compressão do carvão vegetal leva a uma maior degradação deste no interior do alto-forno, provocando queda na permeabilidade, podendo inclusive comprometer sua produtividade, além de prejudicar a descida de carga e limitar o tamanho do forno.

A menor densidade do carvão vegetal implica uma maior espessura das camadas de carvão em relação às de minério. Portanto, a carga metálica ocupa apenas cerca de um terço do volume do forno correspondente à zona de preparação, enquanto no alto-forno a coque pode ocupar até a metade da referida zona. Assim, para um mesmo ritmo de produção, deduz-se que, no alto-forno a carvão vegetal, o tempo de residência da carga é menor que o caso do coque. Com isso, no alto-forno a carvão vegetal, a carga metálica permanece por um menor tempo na zona de preparação, desfavorecendo o consumo de carbono.

A maior reatividade do carvão vegetal leva a uma menor zona de preparação e uma temperatura da zona de reserva térmica mais baixa. A maior reatividade implica também que o alto-forno a carvão vegetal opera com um nível térmico de 150 a 250 °C mais baixo que o alto-forno a coque. A Figura 4.31 ilustra esquematicamente a carga e as isotermas típicas dos dois processos.

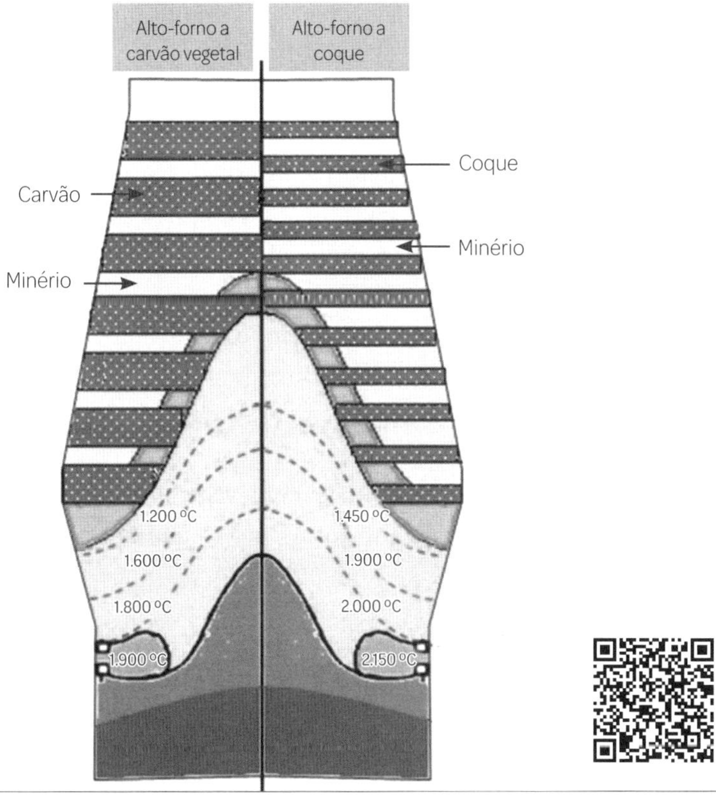

Figura 4.31 Comparação entre o perfil térmico de um alto-forno a carvão vegetal e um alto-forno a coque.
Fonte: adaptado de [11].

A soma desses fatores implica que a operação de um alto-forno a carvão vegetal é mais delicada quando se pretende obter desempenho semelhante ao do alto-forno operando a coque.

12.4 Principais diferenças entre os processos de alto-forno a carvão vegetal e a coque

As principais diferenças entre os dois processos podem ser descritas com base nos seguintes aspectos, conforme descrito por Santos Junior [12].

12.4.1 Dimensões do alto-forno

A resistência à compressão do carvão vegetal, que é muito menor que a do coque, limita o tamanho dos altos-fornos que operam com carvão vegetal. O maior alto-forno a carvão vegetal do mundo foi construído no Brasil (alto-forno nº 2 da Aperam South America em Timóteo/MG), com 550 m^3 de volume interno. Isso significa que esse forno é mais de dez vezes menor que o maior alto-forno a coque (ver item 2.1 O corpo principal do alto-forno).

12.4.2 Produtividade

As taxas de produtividade (t/dia/m^3) observadas em altos-fornos a carvão vegetal são em geral mais baixas que para fornos a coque. Essa diferença é explicada pelos seguintes fatores, que tornam o coque mais vantajoso:

- Maior densidade, que aumenta o tempo de resistência da carga metálica e, consequentemente, o rendimento gasoso.
- Maior resistência mecânica, que reduz a degradação do coque (menor geração de finos resulta em melhor permeabilidade).
- Menor poder higroscópico; o carvão vegetal absorve grande quantidade de água, que, no interior do alto-forno, provoca uma fragilização dos grãos que se rompem e geram finos.

12.4.3 Consumo específico de carbono

Observa-se um menor consumo específico de carbono no alto-forno a coque do que no alto-forno a carvão vegetal. A maior temperatura da zona de reserva térmica do alto-forno a coque exige um tempo maior para a carga atingir essa temperatura, em relação ao alto-forno a carvão vegetal. Com isso, a maior parte das reações de redução ocorre antes que a carga atinja tal temperatura, o que eleva o rendimento do processo. Além disso, no alto-forno a coque, as reações de redução têm uma cinética mais favorável, em razão das temperaturas mais elevadas.

12.4.4 Volume e basicidade da escória e teor de enxofre no ferro-gusa

Uma das grandes diferenças entre a operação com coque e a operação com o carvão vegetal é a composição da escória, ou mais especificamente sua basicidade binária, isto é, a relação %CaO/%SiO_2. Quanto maior essa relação, maior o poder dessulfurante da escória, maior seu ponto de fusão e menor sua viscosidade. Como o coque tem um percentual elevado de enxofre, trabalha-se na operação a coque com escórias básicas, em média 1,20. Já para o carvão vegetal, que praticamente não tem enxofre, esse valor situa-se em torno de 0,65. Portanto, a escória do processo com carvão possui menor ponto de fusão e é mais viscosa.

Outra diferença significativa das escórias para os dois processos é o volume. O volume específico de escória para a operação com coque chega a ser o dobro do volume para o carvão. Em um alto-forno a carvão vegetal, o carregamento de enxofre é da ordem de 0,2 a 0,5 kg/t, enquanto, no alto-forno a coque, esse número varia de 3 a 4 kg/t. O menor teor de enxofre no ferro-gusa produzido em um alto--forno a carvão vegetal, normalmente menor que 0,012%, dispensa uma unidade de dessulfuração externa ao alto-forno.

12.4.5 Variabilidade do processo

A grande diversidade de origens do carvão vegetal (madeiras utilizadas, tipos de fornos, carvoarias distintas etc.) torna a qualidade desse redutor bastante heterogênea. Assim, é de se esperar que o alto-forno a carvão vegetal apresente um maior nível de flutuação, sobretudo em seu nível térmico.

A natureza altamente higroscópica do carvão vegetal faz o desempenho dos altos-fornos operados com esse redutor depender de fatores climáticos. Em períodos chuvosos, verifica-se uma sensível queda na produtividade desses altos-fornos, pois o aumento na umidade do carvão aumenta a geração de finos durante a elevação brusca de temperatura no interior do alto-forno, afetando negativamente a permeabilidade.

REFERÊNCIAS

1. ENGEL, E. *et al.* Modern mini and compact blast furnaces: operations-based design considerations. *45º Seminário de Redução de Minério de Ferro e Matérias--Primas*, parte integrante da ABM Week, 17 a 21 de agosto de 2015, Rio de Janeiro.
2. OMORI, Y. et al. *Blast furnace phenomena and modeling*. London Elsevier Applied Science, 1987.
3. COSTAR, C. C. 1ª campanha do alto-forno 1 da Arcelor Mittal Tubarão: histórico, reforma, novas tecnologias, primeiros resultados da 2ª campanha e perspectivas futuras. *45º Seminário de Redução de Minério de Ferro e Matérias-Primas*, parte integrante da ABM Week, 17 a 21 de agosto de 2015, Rio de Janeiro.
4. SIMÕES, J. P. *et al.* The role of copper staves in achieving efficient operation and long blast furnace campaign lifetime. *44º Seminário de Redução de Minério de Ferro e Matérias-Primas*, 15 a 18 de setembro de 2014, Belo Horizonte.
5. WAKELIN, D. H. (ed.). *The making, shaping, and treating of steel*. 11. ed. AISE Steel Foundation, 1999.
6. BISWAS, A. K. *Principles of blast furnace ironmaking*. Cootha, 1981.
7. CAMPOS, V. F. et al. Tecnologia de fabricação de ferro-gusa em alto-forno. *Curso UFMG/Fundação Christiano Ottoni in company*. Belo Horizonte, setembro, 1984.

8. LU, W. K. Chemical reactions in the blast furnace as it happens. *AISTech 2004 Proceedings*, v. I, p. 396-407, 2004.
9. FERNANDES, M. V. *Efeito do tipo de carvão injetado nas ventaneiras do alto-forno no consumo de combustíveis*. UFMG, 2007. [Dissertação de Mestrado]
10. INSTITUTO AÇO BRASIL. Relatório de Sustentabilidade 2018. Disponível em: http://www.acobrasil.org.br/sustentabilidade/assets/pdfs/A%C3%A7o%20Brasil%20%C2%BB%20Completo.pdf Acesso em: 14 mar. 2020. Instituto Aço Brasil. Relatório de Sustentabilidade 2020. Disponível em: https://www.acobrasil.org.br/relatoriodesustentabilidade/.
11. VALLADARES, R. K. Vantagens do uso do carvão vegetal como energia renovável na siderurgia. *40º Seminário de Redução de Minério de Ferro e Matérias-Primas*, Belo Horizonte, 19 a 22 de setembro de 2010.
12. SANTOS JUNIOR, A. *Possibilidades e impactos da ampliação da siderurgia a carvão vegetal oriundo de florestas plantadas no Brasil*. UFRJ, 2011. [Dissertação de Mestrado]

BIBLIOGRAFIA

AMELING, D. Winds of change in the steel industry. *2nd International Meeting on Ironmaking*, 12 a 15 de setembro de 2004, Vitória.

FIGUEIRA, R. M. et al. *Controle do teor de silício do gusa. Fundação Christiano Ottoni*, 1989.

HAGA, T. The latest of ironmaking technology in Japan relining of Oita no 2 BF (the largest BF in the world). *2nd International Meeting on Ironmaking*, 12 a 15 de setembro de 2004, Vitória.

ISHII, K. *Advanced pulverized coal injection technology and blast furnace operation*. Pergamon: Research Group of Pulverized Coal Combustion in Blast Furnace, JSPS and ISIJ, 2000.

OZTURK, B.; FRUEHAN, R. J. Silicon transfer in blast furnace. *In*: *Fifth International Iron and Steel Congress, Process Technology Proceedings*, Washington, DC, v. 6, book 3, 1986.

TAMURA, K. *et al.* Optimisation of high-rate coal injection operation of blast furnace from viewpoint of formation of raceway and disintegration of coke. *McMaster Iron and Steelmaking Symposium. Hamilton*, Ontário, 1991.

CAPÍTULO 5
Redução de minérios de ferro por redução direta, processos emergentes e produção do aço verde

Eduardo Emery Cunha Quites

1. INTRODUÇÃO

De maneira geral, existem quatro rotas alternativas para se produzir aço, conforme ilustra a Figura 5.1. Três rotas são baseadas em matérias-primas virgens como os minérios de ferro e os redutores, principalmente o carvão mineral e gás natural. A quarta rota é baseada 100% na reciclagem de sucata de aço diretamente no forno elétrico a arco (EAF, do inglês *eletric arc furnace*). Também é possível a reciclagem de sucata de aço, em menores porcentagens, nas outras rotas.

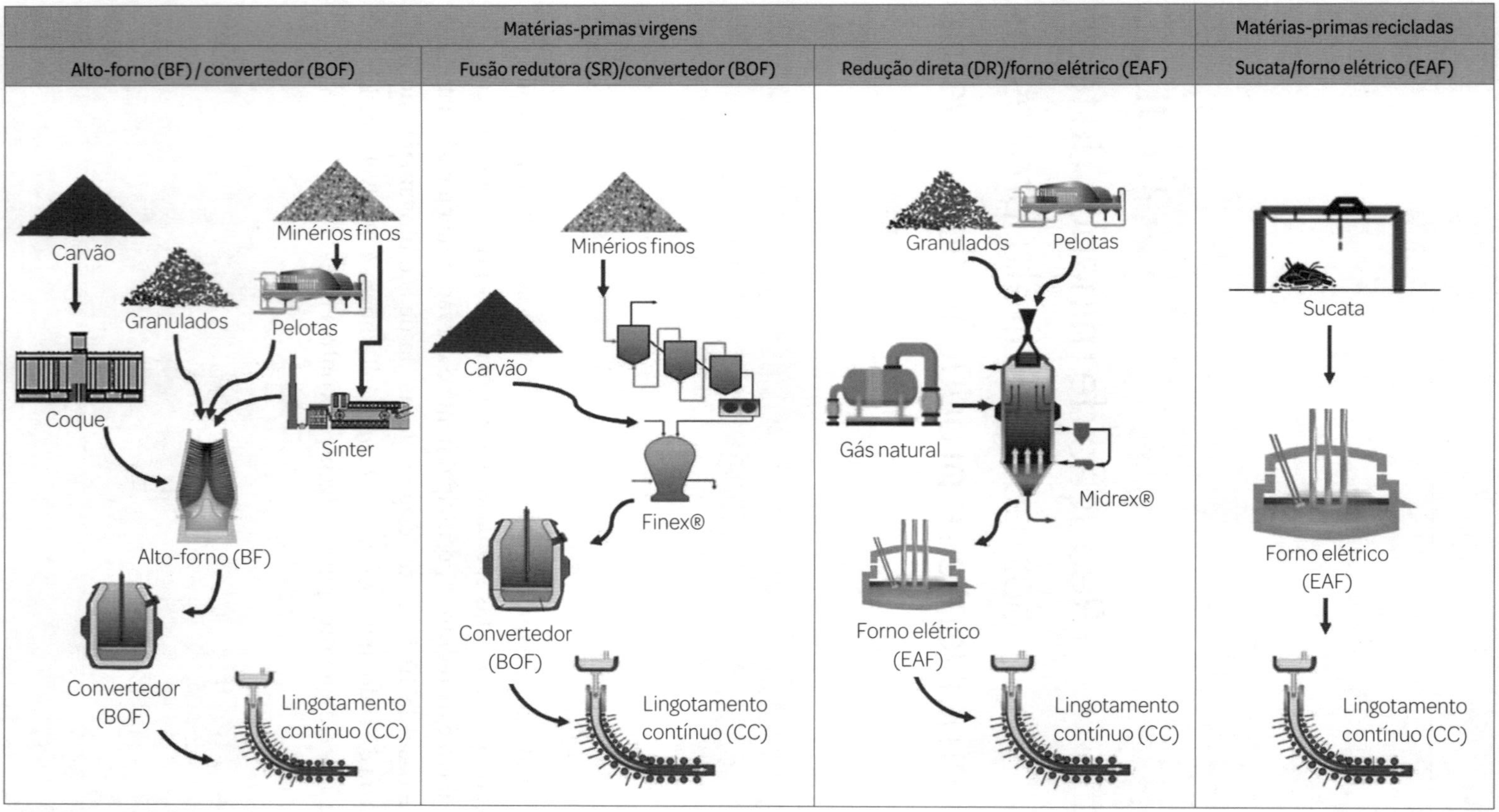

Figura 5.1 Rotas alternativas para a produção de aço.
Fonte: autor.

A rota tradicional de alto-forno (BF, do inglês *blast furnace*) utiliza coque e minérios de ferro aglomerados (sínter e pelotas), com os problemas inerentes à coqueria e sinterização, e produz ferro-gusa líquido para o convertedor LD (BOF, do inglês *blast oxygen furnace*). Essa rota domina amplamente a produção mundial de aço.

Uma segunda rota, que também produz ferro-gusa líquido para o convertedor, são os processos emergentes denominados genericamente fusão-redução (*smelting reduction*). Os processos de fusão-redução de maior sucesso empregam duas unidades; na primeira, o minério de ferro é aquecido e reduzido pelos gases que deixam a segunda unidade, a qual é uma unidade de fusão e gaseificação alimentada, na maioria das vezes, com carvão e oxigênio. O minério parcialmente reduzido na primeira unidade é então fundido na segunda de modo a produzir o ferro-gusa líquido. Embora tenha havido considerável esforço em nível mundial no desenvolvimento desses processos alternativos, baseados diretamente na utilização de minério de ferro fino e carvão, nenhuma planta industrial foi construída em larga escala até os dias atuais, com exceção dos processos Corex e Finex. Embora os princípios básicos e os parâmetros de operação tenham sido demonstrados em laboratório ou em plantas piloto para vários outros processos, desde a década de 1970, os dois processos citados permanecem como as únicas alternativas comercialmente viáveis ao processo de alto-forno para a produção de ferro-gusa líquido.

A terceira rota, também tradicional, são os processos de redução direta (DR – *direct reduction*), nos quais o ferro é extraído dos minérios a uma temperatura abaixo do ponto de fusão dos materiais envolvidos e, portanto, o produto é sólido e deverá ser carregado em forno elétrico (EAF). Esse produto, em função da alta porosidade, é denominado ferro esponja ou ferro diretamente reduzido (DRI – *direct reduced iron*). Por sua alta porosidade, o DRI é muito reativo e sujeito a autoignição. Portanto, o DRI deve ser briquetado a quente (~ 650 °C) para ser manuseado e transportado, dando origem ao ferro esponja briquetado (HBI – *hot briquetted iron*). A Figura 5.2 mostra os produtos obtidos por redução direta. Como a redução direta é realizada no estado sólido, a ganga permanece no produto e deve ser removida nos processos subsequentes. Assim, somente minérios com alto teor de ferro ou pelotas feitas com minérios superconcentrados (% Fe > 66%) são adequados para a redução direta. Alguns processos de redução direta são baseados no uso de carvão mineral em forno rotativo inclinado no qual são carregados também o minério de ferro, fundentes e reciclados, com o calor sendo suprido pela queima de óleo ou gás. Os melhores resultados, entretanto, são obtidos em fornos de cuba utilizando gás natural como fonte do redutor.

Figura 5.2 Ferro esponja (DRI) e briquetes de ferro esponja (HBI).
Fonte: adaptado de [1].

A quarta rota possível é a utilização de sucata diretamente no forno elétrico (EAF). A sucata é gerada durante o processo de fabricação do aço na usina siderúrgica, pelas indústrias que se utilizam do aço e ferro no processo de fabricação de seus produtos e por meio do consumo e descarte de bens pela sociedade. A sucata é um dos principais insumos para a atividade siderúrgica e é usada também na rota alto-forno/convertedor (até 20% da carga metálica) e, principalmente, para a produção de aço pela rota semi-integrada em que o forno elétrico (EAF) é o principal consumidor desse insumo. Outra grande característica da sucata ferrosa é o papel ambiental que ela desempenha. Nos dias de hoje, as exigências ambientais são crescentes e o aço é um material totalmente reciclável. No entanto, a demanda por sucata supera largamente a geração desse insumo, o que torna essa rota de produção apenas complementar.

2. PRODUÇÃO DE AÇO NAS DIFERENTES ROTAS

De acordo com a World Steel Association (WSA) [2], a indústria siderúrgica mundial produziu 1.885 milhões de toneladas de aço bruto em 2022. Desse total, 71,5% foram produzidos via BOF, 28,2% via EAF e apenas 0,4% via forno Siemens-Martin (OH – *open hearth*). Para essa produção de aço, foram necessários 2.072 milhões de toneladas de materiais portadores de carga metálica, conforme ilustra a Figura 5.3. A maior quantidade de materiais portadores de carga metálica (62,8%) foi de ferro-gusa fornecido por altos-fornos. Na sequência, temos 30,8% supridos pela reciclagem de sucata de aço, 6% por ferro esponja (DRI/HBI) provenientes de redução direta e apenas 0,4% de ferro-gusa proveniente de plantas de fusão-redução.

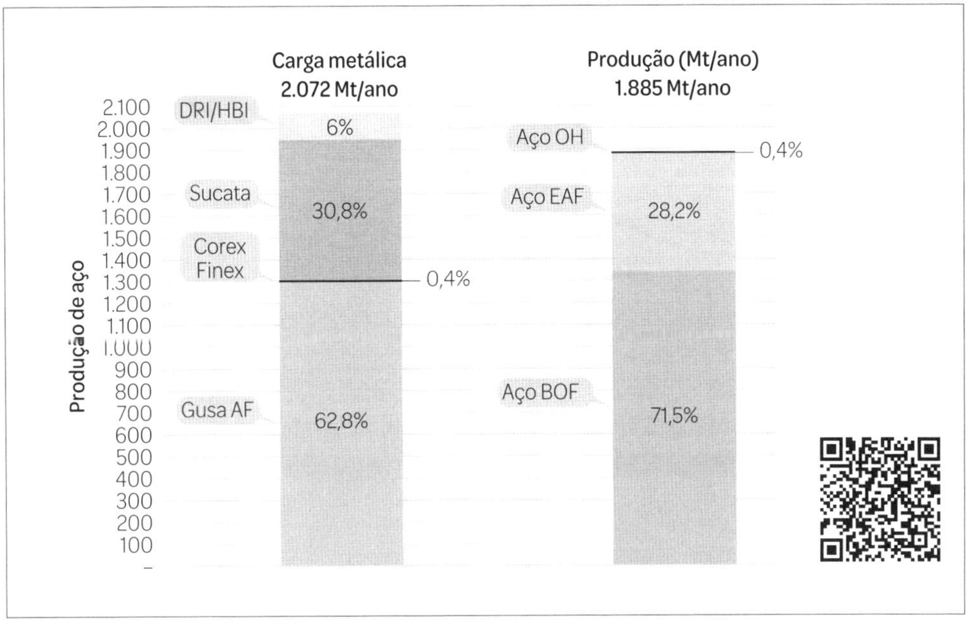

Figura 5.3 Carga metálica e produção mundial de aço em 2022 (dados de [2]).
Fonte: autor.

A Figura 5.3 ilustra bem o domínio mundial da rota alto-forno (BF) + convertedor (BOF) com a complementação pela rota reciclagem de sucata + forno elétrico (EAF). A rota redução direta (RD) + forno elétrico (EAF) tem participação importante (6%) na produção mundial de aço, vem crescendo ano a ano, e é rota dominante em alguns países (Irã, Arábia Saudita, México etc.) onde existe disponibilidade de gás natural a baixo custo. A rota fusão redução (Corex® e Finex®) + convertedor (BOF) tem pequena participação (0,4%) na produção mundial e está concentrada em quatro países (Coreia do Sul, China, Índia e África do Sul).

A Figura 5.4 mostra que o grande aumento da produção mundial de aço do ano 2000 até o ano 2022 (122%), impulsionado principalmente pela produção chinesa, foi basicamente suprido, em termos de portadores de carga metálica, pelo aumento da produção de ferro gusa (126%). No período, também houve aumento significativo na produção de ferro esponja (DRI/HBI) (108,5%) e fusão-redução (300%), mas como a base inicial é pequena, a contribuição para o aumento global de produção foi relativamente pequena.

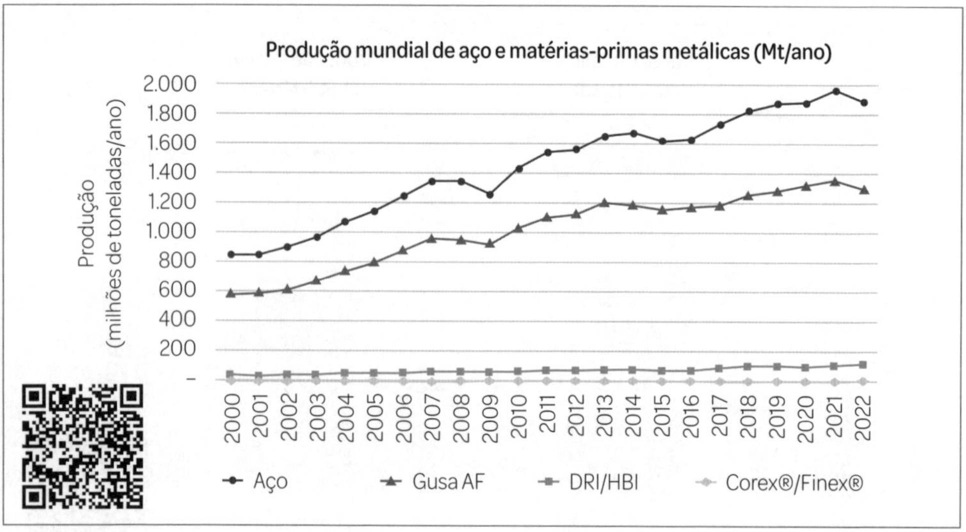

Figura 5.4 Produção mundial de aço e matérias-primas metálicas (dados de [2]).
Fonte: autor.

3. ROTA DE REDUÇÃO DIRETA DE MINÉRIOS DE FERRO

3.1 Processos relevantes de redução direta de minérios de ferro

Segundo Schmöle [3], desde a década de 1950, cerca de 72 processos de redução direta de minérios de ferro foram inventados e testados. Alguns deles estão atualmente em aplicações industriais, como os processos de fornos de cuba Midrex, Energiron e HYL e os processos de redução em fornos rotativos utilizando carvão, como o processo SL/RN. A Tabela 5.1 classifica alguns processos relevantes de redução direta de acordo com o tipo de redutor e carga metálica utilizada.

Tabela 5.1 Processos de redução direta

Carga metálica	Redutor	
	Carvão	Gás natural
Pelotas ou granulados	SL/RN[1], DRC[1], outros	Midrex[1], HYL[1], Energiron[1]
Aglomerados autorredutores	Fastmet[2], Fastmelt[2]	
Minérios finos	Circofer[1], Fior[3]	Circored[3], Finmet[1]

1: escala comercial; 2: escala piloto; 3: operações paralisadas.

Na Tabela 5.1, o primeiro grupo são os processos que utilizam uma carga metálica na forma de pelotas (mais comum) ou granulados. Tais processos são atualmente os principais em escala comercial e podem ser divididos em dois grupos com base no tipo de redutor, conforme ilustra a Figura 5.5. Existem os processos que utilizam o gás natural e os processos à base de carvão não coqueificável como redutor. Nos processos a gás natural, primeiramente é realizada a reforma do gás natural de modo a se obter os redutores gasosos (CO e H_2) que são injetados em alta temperatura em reatores verticais, onde a redução direta é processada com os minérios de ferro descendo em contracorrente em relação aos gases redutores. Nos processos à base de carvão, são empregados fornos rotativos como reatores de redução direta. Nesse caso, os minérios e carvão são carregados em uma extremidade enquanto, na extremidade oposta, um queimador fornece energia adicional ao processo. Esse grupo de processos responde por quase 100% da produção mundial de DRI/HBI.

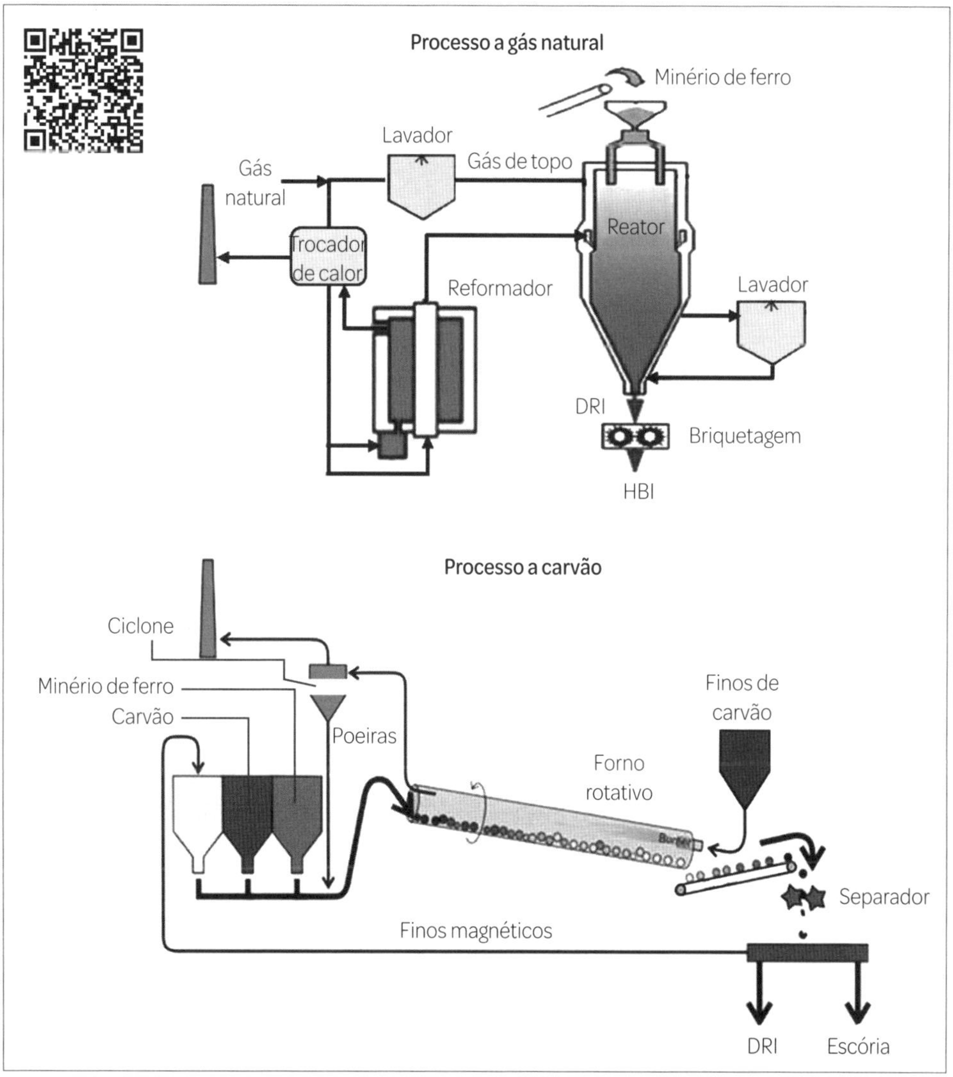

Figura 5.5 Esquema dos processos de redução direta a gás natural e a carvão.
Fonte: autor.

Segundo Mourão [4], o gás natural não pode ser usado diretamente como redutor, pois se decompõe acima de 500 °C. Deve, então, ser transformado em CO e H_2 por meio da operação de reforma em reatores onde o gás natural (principalmente CH_4) reage com o CO_2 e o H_2O, oriundos da reciclagem do próprio gás de escape do reator de redução direta, reciclado após lavagem e resfriamento ($CH_4 + CO_2 \rightarrow 2CO + 2H_2$) e ($CH_4 + H_2O \rightarrow CO + 3H_2$). As reações de reforma do gás natural são endotérmicas e, portanto, realizadas a temperaturas entre 950 °C e 1.000 °C na presença de catalisadores de níquel, conforme ilustra a Figura 5.6. O gás combustível usado no reator de reforma é o próprio gás natural misturado com gás de escape.

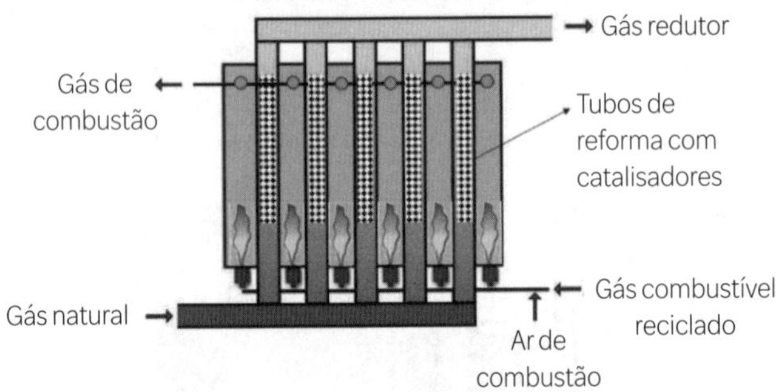

Figura 5.6 Funcionamento do reformador de gás natural.
Fonte: autor.

Na Tabela 5.1, temos também os processos de redução direta "emergentes" que usam aglomerados autorredutores (briquetes ou pelotas). Segundo Mourão [4], a autorredução é a reação que segue um modelo sólido-sólido via gases intermediários presentes no núcleo dos aglomerados autorredutores de ligação a frio. Esses aglomerados são quimicamente suficientes (requerem apenas o calor para que sejam completamente reduzidos), com os constituintes em contato próximo em um ambiente livre de gases inertes, resultando em reações químicas muito rápidas. Os aglomerados autorredutores não podem ser "queimados" para fornecer resistência mecânica, pois acarretaria a queima do material carbonáceo. Esse tipo de processo, como os processos Fastmet e Fastmelt, baseia-se então em um forno de soleira rotativa, onde é feita a redução de pelotas autorredutoras, dispostas em camada de apenas 1 ou 2 pelotas, não necessitando assim de resistência mecânica, conforme mostra a Figura 5.7.

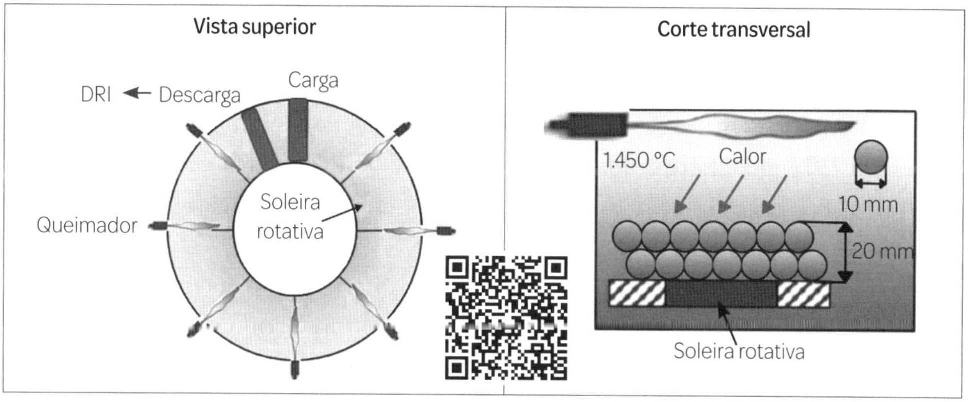

Figura 5.7 Esquema de um processo de redução direta de pelotas autorredutoras em forno de soleira rotativa.
Fonte: adaptado de https://www.totalmateria.com/page.aspx?ID=CheckArticle&site=kts&LN=FR&NM=519.

Também na Tabela 5.1, outra categoria de processos "emergentes" de redução direta são os processos que utilizam de minérios de ferro finos em reatores de leito fluidizado, como os processos Fior e Finmet. Nesse tipo de reator, o minério de ferro fino é reduzido em uma série de reatores de leito fluidizado, nos quais o fluxo de gases é tal que a perda de carga é igual ao peso da carga, causando a flutuação das partículas no fluxo gasoso, conforme mostra a Figura 5.8. A redução em leito fluidizado permite altas velocidade de reação. Ao final do processo, pela condição de finos da matéria-prima, o produto necessariamente deverá ser briquetado, gerando um HBI.

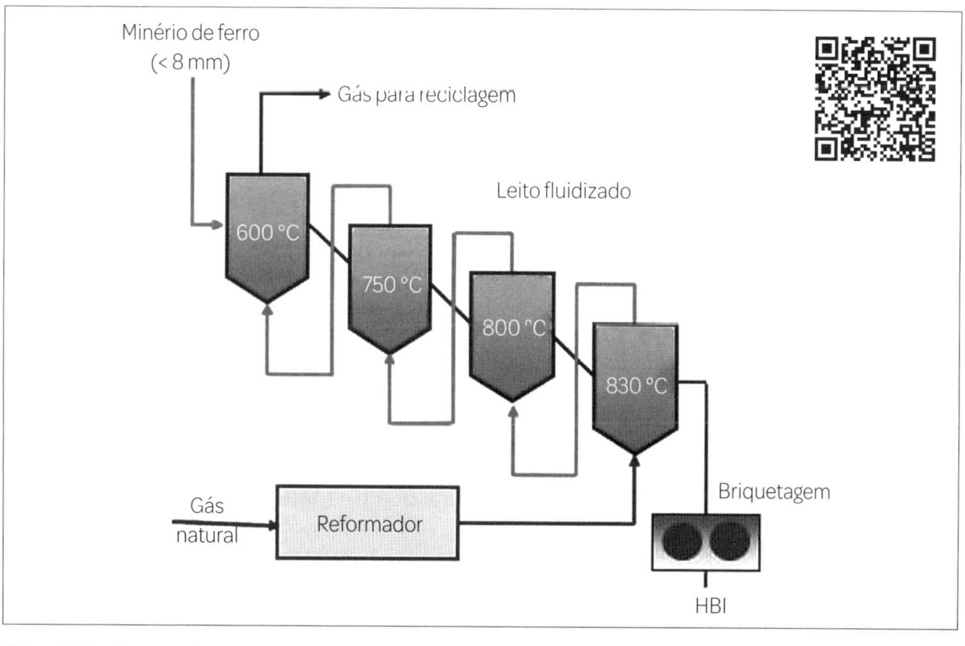

Figura 5.8 Esquema de um processo de redução direta de minérios finos em leito fluidizado.
Fonte: autor.

3.2 Situação atual da redução direta

No Brasil, existem duas plantas de redução direta que estão desativadas desde 2008. A primeira planta (processo SL/RN) tem capacidade de 60 mil t/ano, iniciou operações em 1973 em Charqueadas/RS e pertence à Gerdau Charqueadas. A segunda planta (processo HYL) tem capacidade de 310 mil t/ano, iniciou operações em 1994 em Aratu/BA e pertence à Gerdau Usiba.

No mundo, de acordo com o relatório *2022 World Direct Reduction Statistics* [1], cujos dados são mostrados na Figura 5.9, o processo Midrex® domina a produção mundial de DRI/HBI, com 64,8% participação no mercado mundial de 127,36 milhões de toneladas no ano de 2022.

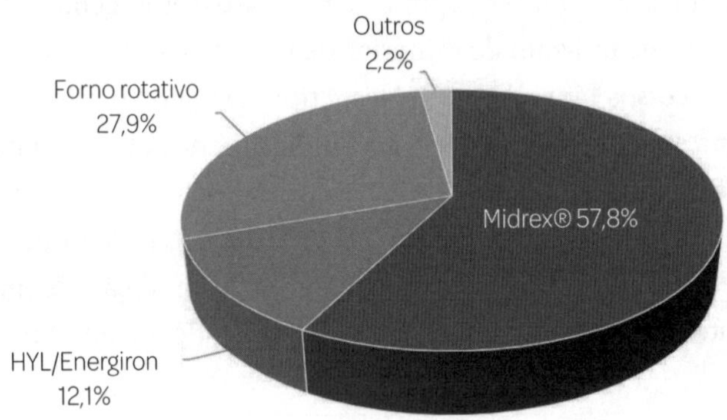

Figura 5.9 Produção de DRI/HBI por processo (2022).
Fonte: adaptado de [1].

3.3 O processo Midrex

No processo Midrex, cuja concepção básica é ilustrada na Figura 5.10, um reformador de gás converte gás natural (CH_4) mais gás de topo reciclado para uma mistura de $CO + H_2$ (95%) e os alimenta na metade superior de um forno de cuba. A carga descendente é reduzida a uma temperatura entre 860 e 900 °C, e o produto metalizado é resfriado na metade inferior da cuba antes de ser descarregado. O gás de topo contém $CO + H_2$ *não reagidos*, além dos gases produto da redução, $CO_2 + H_2O$. Esse gás de topo, após limpeza, retorna para o reformador como gás reagente e combustível.

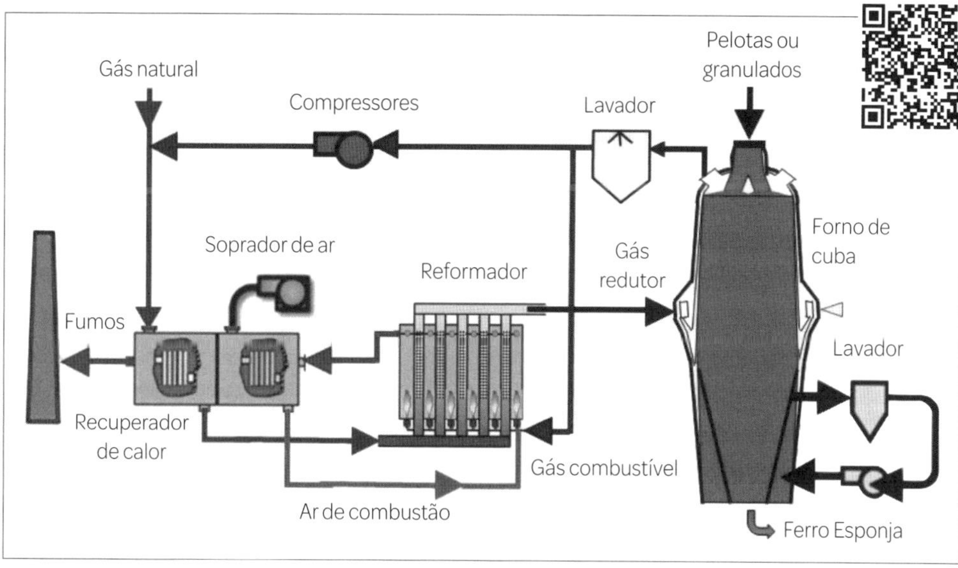

Figura 5.10 O processo Midrex.
Fonte: autor.

Dependendo da necessidade de cada planta, o processo Midrex pode descarregar DRI a frio (CDRI) ou a quente (HDRI) e em qualquer combinação. É possível também produzir simultaneamente o ferro briquetado a quente (HBI) e DRI a quente (HDRI).

3.4 Produtos da redução direta

Segundo Mourão [4], o grau de metalização do ferro esponja é definido como a porcentagem de ferro metálico obtido em relação à quantidade total de ferro contido no produto. É um parâmetro que indica o grau de redução dos óxidos de ferro. Em geral, procura-se obter um grau de metalização maior que 92%, ou seja, é aceitável "sobrar" algum óxido de ferro, pois, para valores próximos de 100%, o tempo de permanência no reator seria muito alto. A Tabela 5.2 apresenta uma especificação genérica dos produtos da redução direta.

Tabela 5.2 Especificação genérica dos produtos da redução direta (DRI e HBI)

	DRI	HBI
	Baseado em minério com 65,5% a 68% Fe	Baseado em minério com 65,5% a 68% Fe
Grau de metalização	94%	94%
Fe (total)	86,1% - 93,5%	88,3% - 94%
Fe (metálico)	81% - 87,9%	83% - 88,4%
C	1% - 4%	0,5% - 1,6%

Tabela 5.2 Especificação genérica dos produtos da redução direta (DRI e HBI)

	DRI	HBI
S	0,001% - 0,03%	0,001% - 0,03%
P2O5	0,005% - 0,09%	0,005% - 0,09%
Ganga*	3,9% - 8,6%	3,9% - 8,6%
Mn, Cu, Ni, Cr, Mo, Sn, Pb, Zn	Traços	Traços
Tamanho (típico)	4 ~ 20 mm	(90 - 140) × (48 - 58) × (32 - 34) mm
Densidade aparente	3,4 - 3,6 t/m³	> 5 t/m³
Densidade a granel	1,6 - 1,9 t/m³	2,5 - 3,3 t/m³

* Óxidos residuais, principalmente SiO^2 e Al^2O^3, mas também MgO, CaO, MnO etc.

4. ROTA FUSÃO-REDUÇÃO DE MINÉRIOS DE FERRO

Os processos de fusão-redução são aqueles nos quais o minério de ferro é submetido à redução e o produto metálico está na forma de metal líquido (ferro-gusa). Obviamente, o alto-forno faz isto desde o século XIV e cada vez melhor. O desafio está, portanto, em produzir o ferro-gusa líquido sem utilizar os aglomerados de minério de ferro e o coque metalúrgico necessários ao alto-forno.

4.1 Processos relevantes de fusão-redução

Segundo Schmöle [3], o desenvolvimento dos processos de fusão-redução teve grande impulso na década de 1980, e cerca de 59 diferentes processos foram desenvolvidos desde então, dos quais, até agora, apenas os processos Corex® e Finex® atingiram o estágio de aplicação industrial.

A Tabela 5.3 classifica alguns processos relevantes de fusão-redução de acordo com o tipo de carga metálica utilizada e o tipo de reator. Todos esses processos usam o carvão mineral como redutor. Com relação ao tipo de reator, podemos ter um único reator onde ocorrem a redução e a fusão, como é também o caso clássico do alto-forno, ou dois reatores separados, onde ocorrem respectivamente a redução e a fusão da carga metálica.

Tabela 5.3 Processos de fusão-redução

Carga metálica	Redutor (carvão)	
	1 estágio	2 estágios
Pelotas ou granulados		Corex[1]
Aglomerados autorredutores	Tecnored[2]	
Minérios finos	CCF[2], Romelt[3], Ausmelt[3]	Finex[1], HIsmelt[3], DIOS[3]

1: escala industrial; 2: escala piloto; 3: operações paralisadas.

Na Tabela 5.3, utilizando aglomerados e/ou minério granulado, temos como processo mais relevante o Corex, que é um processo em dois estágios produzindo gusa líquido em escala comercial. Por sua relevância, o Corex será detalhado em item à parte.

Ainda na Tabela 5.3, utilizando briquetes ou pelotas autorredutoras, temos o processo Tecnored, de estágio único, que foi desenvolvido no Brasil. Os briquetes ou pelotas autorredutoras empregadas no processo Tecnored são formados a partir de minério de ferro, redutores (finos de carvão mineral ou vegetal ou outros materiais carbonáceos), ligantes e fundentes. Essa mistura é aglomerada em máquinas de briquetagem ou discos de pelotização tradicionais e curada a frio. Na cuba superior, as pelotas são pré-aquecidas e ocorre a redução rápida dos óxidos de ferro. A energia necessária ao processo, nessa zona, é fornecida pelos gases quentes provenientes das zonas inferiores e pela combustão do CO nas ventaneiras secundárias. Na zona de fusão, ocorrem a fusão das pelotas reduzidas, a formação da escória, a redução dos óxidos de ferro residuais, bem como parte da carburação do metal. A energia necessária é fornecida pelos gases quentes provenientes do leito de combustível sólido. O combustível sólido pode ser coque, coque de petróleo, carvão mineral granulado, carvão vegetal ou briquetes de biomassa. A Figura 5.11 mostra um esquema do processo Tecnored. A altura da carga na coluna central varia entre 2 e 3 m, de modo que os aglomerados autorredutores necessitam ter resistência mecânica bem inferior àquela requerida por um alto-forno.

Segundo o website da Tecnored® [5], existe uma planta de demonstração industrial desse tipo, com capacidade de 75.000 t/ano na cidade de Pindamonhangaba/SP, onde o desenvolvimento dos briquetes de combustível tem sido contínuo desde o comissionamento da planta em 2011. Nas primeiras campanhas, a empresa utilizou coque como combustível, enquanto o controle básico do processo do forno era dominado. A viabilidade econômica do processo foi plenamente demonstrada em 2018, quando o forno foi operado de forma estável e consistente utilizando 100% de briquetes de combustível com carvão térmico com alta composição de cinzas. Essa flexibilidade de briquetagem do combustível é também a chave para baixas emissões de CO_2, uma vez que permite a utilização de finos de biocarvão. Assim, além de gramíneas altamente produtivas, desenvolvidas especificamente como culturas energéticas, uma ampla gama de fluxos de resíduos agrícolas, tanto de culturas alimentares como florestais, pode ser carbonizada para utilização como biocarvão.

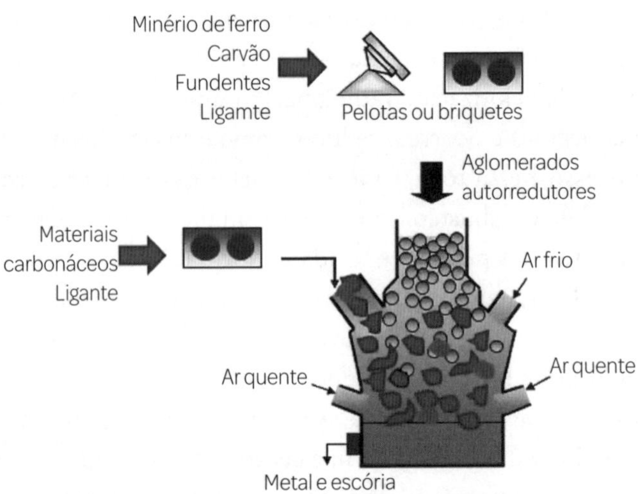

Figura 5.11 O processo Tecnored.
Fonte: autor.

Na Tabela 5.3, temos ainda os processos de fusão-redução que utilizam minérios de ferro finos. Esses processos foram desenvolvidos em maior número por causa da grande atratividade de usar finos de minérios de ferro (evitar os processos de aglomeração) e por poderem ser divididos em processos de estágio único ou de dois estágios, conforme mostra esquematicamente a Figura 5.12.

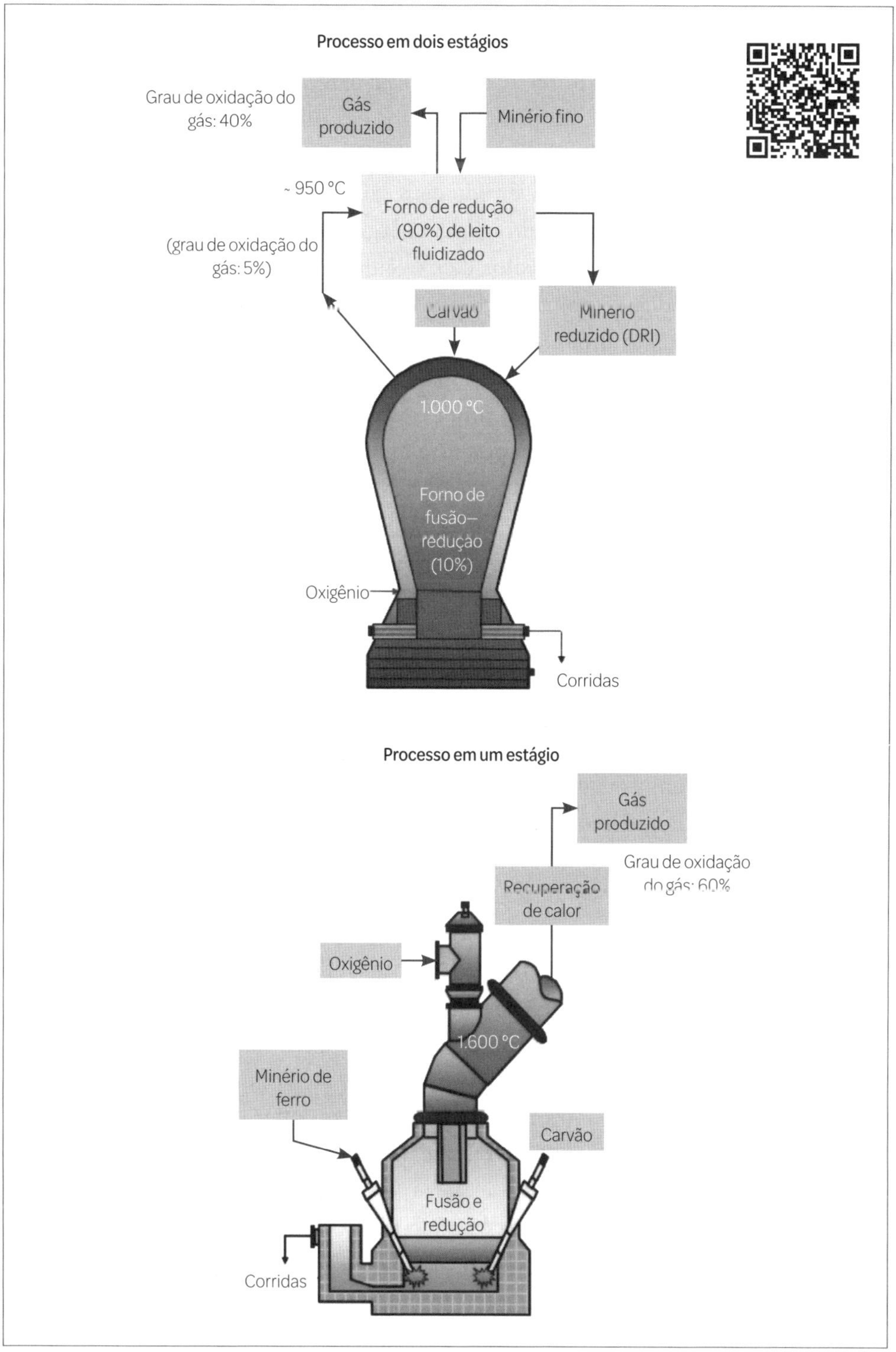

Figura 5.12 Processo de fusão-redução em dois e um estágios.

Fonte: autor.

No processo de estágio único, todas as reações metalúrgicas são realizadas em um único reator, onde o minério de ferro, o carvão e o oxigênio são alimentados, os gases evoluídos do banho líquido são pós-queimados em um grau muito alto e a maior parte de calor é transferida de volta para o banho líquido. O reator é alimentado com carvão úmido e minério de ferro úmido sem qualquer pré-redução e, portanto, o processo requer alta demanda de energia. A energia total é fornecida pela combustão de carvão com oxigênio. Os requisitos de oxigênio e carvão são altos por causa das possibilidades limitadas disponíveis para a utilização do gás redutor no processo. Esse processo de estágio único costuma ser ineficiente e economicamente pouco atraente, a menos que sejam concedidos créditos adequados para a grande quantidade de gases de escape de alta temperatura e alto potencial de redução. O controle adequado da escória espumosa com potencial oxidante, altas características de ebulição e a erosão refratária são outros problemas associados a esse processo. As vantagens incluem baixo custo de capital, uso de minério de ferro não preparado e carvão não coqueificável e a capacidade de aceitar minério e carvão de baixo teor. Os processos de Romelt e Ausmelt são exemplos desse tipo processo de fusão-redução.

No processo em dois estágios, existem dois reatores separados, sendo um para a pré-redução, onde é produzido um DRI, e outro para a fusão, onde é produzido o metal líquido. Os gases produzidos no estágio de fusão são utilizados para pré-redução. Dependendo do grau de pré-redução e pós-combustão, esses processos podem ser divididos em dois grupos. No primeiro grupo, existem os processos que têm um alto grau de pré-redução e um nível muito baixo de pós-combustão. Isso requer um controle rigoroso do processo de fusão, em que a composição e a quantidade dos gases de escape gerados são suficientes para produzir um DRI altamente metalizado. Os processos Corex® e Finex® pertencem a esse grupo. No segundo grupo, existem processos com baixo grau de pré-redução e alto grau de pós-combustão. Nesse caso, os óxidos de ferro pré-reduzidos a quente são geralmente carregados no reator de fusão, junto com carvão não coqueificável e oxigênio. Os gases que evoluem do banho líquido são pós-queimados pelo oxigênio dentro do reator. O calor da pós-combustão é transferido da fase gasosa para o banho líquido. Processos como HIsmelt, DIOS, AISI-DOE etc. pertencem a esse grupo.

4.2 O processo Corex®

O processo Corex®, mostrado esquematicamente na Figura 5.13, é uma operação em dois estágios na qual o ferro diretamente reduzido (DRI) produzido em um forno de cuba é carregado em um reator de fusão-gaseificação. O gás redutor usado no forno de cuba é produzido pela combustão parcial de carvão com oxigênio no leito da unidade de fusão-gaseificação. A energia para completar a redução do ferro e produzir o metal líquido e a escória é fornecida pela combustão parcial. A drenagem do metal líquido e da escória é executada de maneira semelhante ao alto forno. O metal líquido produzido tem composição química e temperatura similar à do processo de alto-forno [6].

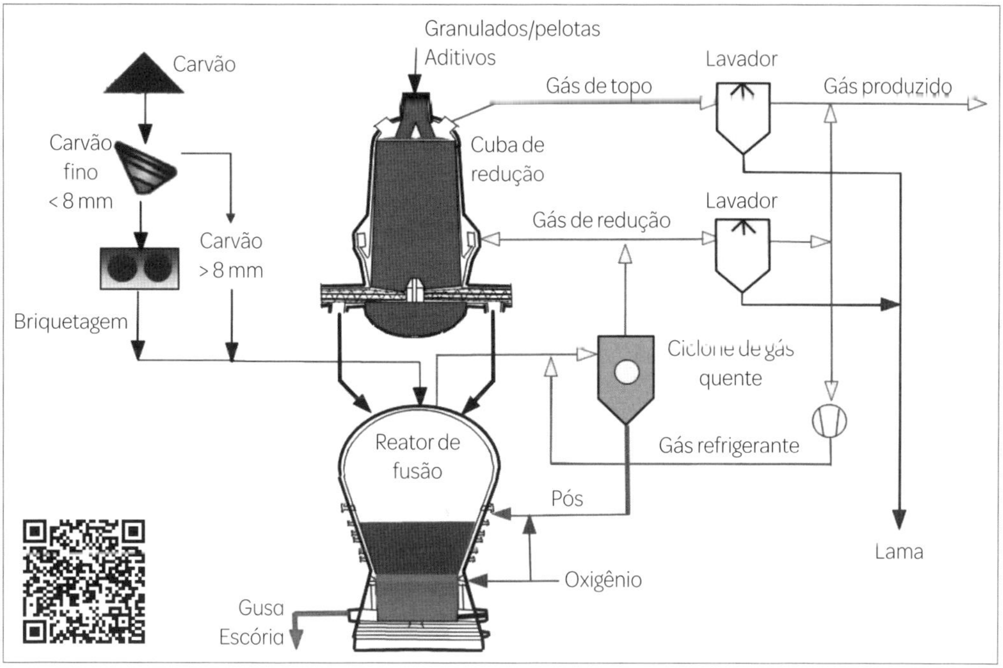

Figura 5.13 Diagrama esquemático do processo Corex.
Fonte: autor.

Carvão não coqueificável (> 8 mm) é diretamente carregado na unidade de fusão e gaseificação via tremonha seladas e, em razão das elevadas temperaturas reinantes no domo dessa unidade (acima de 1.000 °C), os hidrocarbonetos liberados pelo carvão durante a devolatilização são imediatamente dissociados em monóxido de carbono e hidrogênio. Produtos indesejáveis, como alcatrão e fenóis, são destruídos e, portanto, não podem ser liberados na atmosfera. Como consequência, é produzido um gás redutor de elevado poder de redução.

O gás redutor que deixa a unidade de fusão e gaseificação consiste basicamente em CO e H_2, carregando junto carvão, cinzas e pós de ferro. Essas poeiras são removidas por meio de ciclones e recicladas no processo. Com a adição de gás frio reciclado, a temperatura do gás redutor é ajustada para a faixa ótima de trabalho, entre 800 e 850 °C, para ser então introduzido em contracorrente na cuba de redução. O gás que deixa o topo é resfriado e limpo em um lavador de gás, tornando-se disponível a muitas aplicações, dado o seu poder calorífico relativamente elevado (cerca de 7.500 kJ/m3).

Segundo Steffen [7], a planta Corex® não é totalmente livre de operar sem coque por diferentes razões, sobretudo com relação a permeabilidade. O consumo de coque, normalmente coque fino, fica entre 50 e 150 kg/t de gusa com um consumo de carvão de aproximadamente 1.000 kg/t e de oxigênio de carga de 550 m^3/t. Embora o uso de carvão fino por injeção de carvão pulverizado (PCI) esteja disponível para o Corex® e para o alto-forno em taxas semelhantes, a briquetagem de carvão é aplicável apenas ao Corex®. Por meio da briquetagem de carvão, é possível misturar finos de carvão (< 8 mm) de baixa qualidade e baixo custo com carvão de qualidade superior. Isso resulta em menor custo do carvão e um espectro substancialmente mais amplo de carvões a ser utilizado.

A primeira planta Corex® iniciou sua operação industrial na usina de Pretória da Iscor, na África do Sul, em 1989, atingindo, em 1998, uma produção total de 2,3 milhões de toneladas de metal líquido produzido. Entretanto, com a crise econômica na África do Sul, a unidade parou de operar em junho de 1998. Desde então, oito novas unidades Corex® foram construídas em vários países, conforme ilustra a Tabela 5.4.

Tabela 5.4 Plantas Corex® no mundo. Adaptada de [8]

Empresa	País	Partida	Capacidade (milhões t/ano)	Carga metálica	Uso do gás produzido	Comentário
Posco Pohang	Coreia do Sul	1995	0,8	Granulados, pelotas	Termoelétrica e usina geral	Convertida para Finex® em 2003. Desativada em 2014
Jindal Steel Toranagallu	Índia	1999	0,8	Granulados, pelotas	Termoelétrica e redução direta	
Jindal Steel Toranagallu	Índia	2001	0,8	Granulados, pelotas	Termoelétrica e redução direta	
ArcelorMittal Saldanha	África do Sul	1998	0,8	Granulados, pelotas	Redução direta e usina geral	
Baosteel Shangai	China	2007	1,5	Granulados, pelotas	Termoelétrica e usina geral	Desativada em 2012 (realocada para outra unidade)
Bayi Steel Xinjiang	China	2015	1,5	Sínter, pelotas	Termoelétrica e usina geral	Realocada de Baosteel/Shangai
Baosteel Shangai	China	2011	1,5	Granulados, pelotas	Termoelétrica e usina geral	Desativada em 2012 (realocada para outra unidade)
Bayi Steel Xinjiang	China	2017	1,5	Sínter, Pelotas	Redução direta e usina geral	Realocada de Baosteel/Shangai
ArcelorMittal Hazira	Índia	2011	0,8	Granulados, pelotas	Termoelétrica e redução direta	
ArcelorMittal Hazira	Índia	2011	0,8	Granulados, pelotas	Termoelétrica e redução direta	

4.3 O processo Finex®

O processo Finex® é um aperfeiçoamento do processo Corex®, sendo que a primeira planta de demonstração Finex®, na usina coreana de Pohang da Posco, foi construída a partir de uma conversão de uma planta preexistente do processo Corex® (ver Tabela 5.4). No processo Finex®, o forno de cuba para pré-redução, original do Corex®, foi substituído por um conjunto de três reatores de leito fluidizado semelhantes aos do processo Finmet. Com isso, passa a ser possível utilizar minérios de ferro finos em vez de pelotas e granulados. Segundo John [9], o processo opera com 100% de *sinter feed*, sendo aplicável até 30% de *pellet feed*.

A Figura 5.14 procura comparar os processos de fusão-redução comerciais Corex® e Finex® com o processo clássico de alto-forno. No eixo das ordenadas, temos o redutor, variando de 100% coque a 100% de carvão não coqueificável. No eixo das abscissas, o minério de ferro, variando de 100% de aglomerados ou granulados até 100% de minério fino (*sinter feed* ou, de preferência, *pellet feed*). Obviamente, a meta de qualquer processo emergente de fusão-redução seria operar no ponto "alvo", ou seja, 100% de carvão não coqueificável e 100% de *pellet feed*. O próprio alto-forno evoluiu, conforme ilustra a Figura 5.14, passando de 100% coque na década de 1970 para 30% a 40% de carvão não coqueificável (PCI). O processo Corex® necessita de pelo menos 10% de coque, conforme mencionado anteriormente. A evolução do Corex® para o Finex® o aproxima bastante do "alvo" da Figura 5.14, considerando operação com 30% de *pellet feed* e operação com cerca de 10% de coque, embora esta última consideração não possa ser confirmada na pouca literatura independente disponível sobre o processo Finex®.

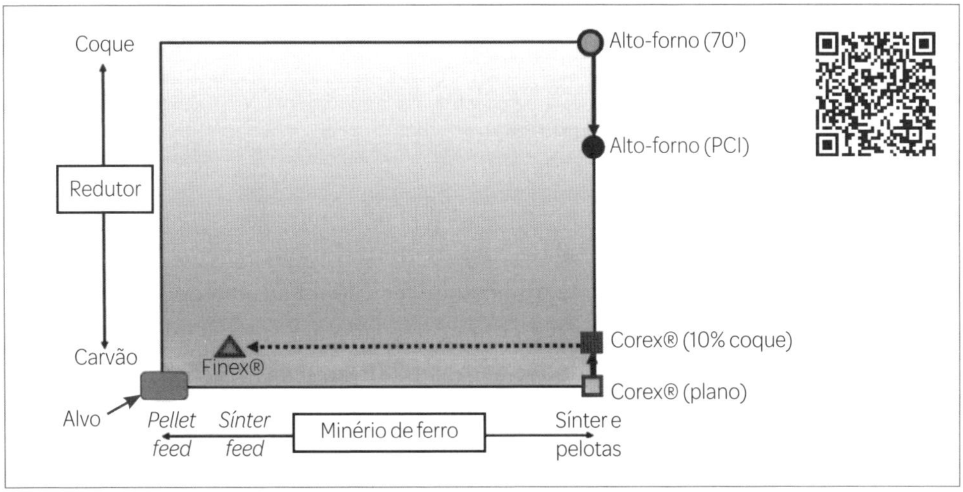

Figura 5.14 Alvo dos processos de fusão-redução.
Fonte: autor.

A Figura 5.15 mostra um diagrama esquemático do processo Finex. Uma característica fundamental do processo Finex é que a produção de metal líquido é realizada em duas etapas de processo separadas, sendo a primeira uma série de reatores de leito fluidizado onde o minério de ferro fino é reduzido e compactado (HBI) e, depois, transportado para uma segunda etapa em um reator de fusão e gaseificação. Briquetes de carvão e carvão, também carregados reator de fusão e gaseificação são gaseificados, fornecendo a energia necessária para o processo.

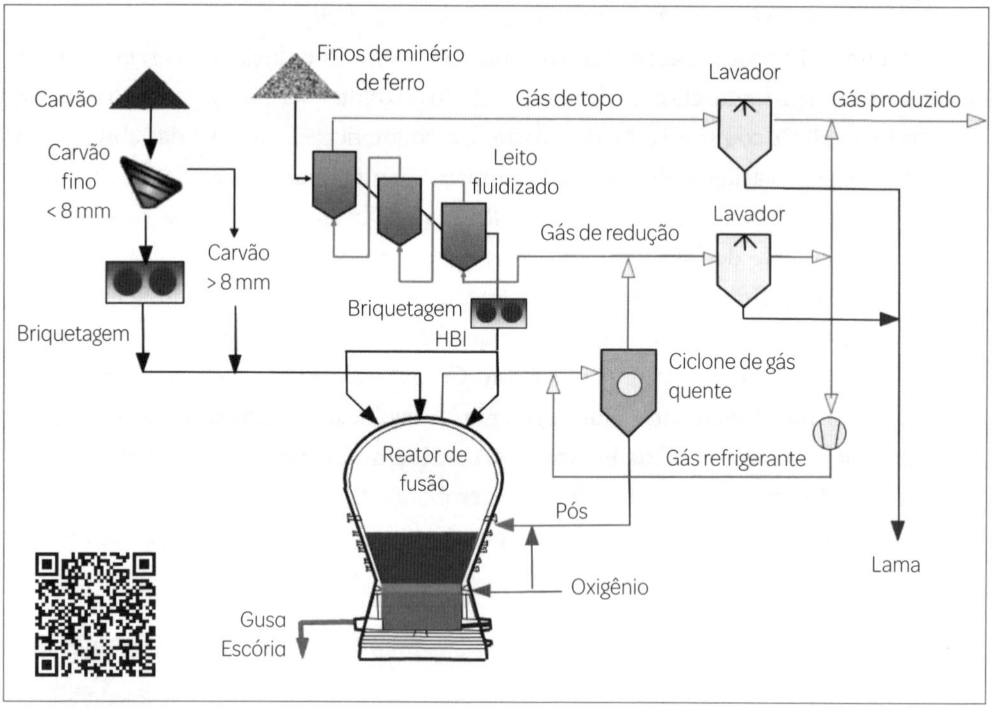

Figura 5.15 Diagrama esquemático do processo Finex.
Fonte: autor.

Analisando o processo a partir da rota do minério, um sistema de transporte pneumático transporta os finos de minério de ferro para a torre do reator de leito fluidizado. O minério de ferro fino é então carregado em três estágios de reatores de leito fluidizado. Um gás de redução gerado na fusão-gaseificação flui através de cada um dos reatores de leito fluidizado em contrafluxo na direção do minério. O minério de ferro fino é fluidizado pela corrente de gás e o minério é cada vez mais reduzido em cada etapa do reator. Após a saída do ferro reduzido do reator final de leito fluidizado, ele é compactado para o chamado ferro compactado a quente ou HBI. O HBI é subsequentemente transportado por um sistema de transporte a quente até o topo do reator de fusão-gaseificação, onde é diretamente carregado junto com carvão no reator de fusão e gaseificação, onde ocorrem a redução final e a fusão do HBI.

Analisando o processo a partir da rota do carvão, temos um fluxo bastante semelhante ao processo Corex®. Os carvões e os briquetes de carvão não coqueificável são carregados diretamente no reator de fusão e gaseificação. O oxigênio injetado na parte inferior do reator de fusão e gaseificação gaseifica o carvão, gerando calor para o trabalho de fusão, bem como um gás de redução altamente valioso composto principalmente por CO e H_2. Esse gás, que sai da cúpula do aparelho de fusão, é primeiramente limpo em um ciclone de gás quente antes de entrar nos reatores do leito fluidizado.

Após a fusão do DRI, o procedimento de drenagem do metal líquido e da escória é realizado exatamente da mesma maneira que na prática padrão do alto-forno e do Corex®. A qualidade do metal quente Finex® é semelhante ao ferro-gusa do alto-forno.

Em dezembro de 1992, a Posco e a Primetals assinaram um acordo de cooperação para o desenvolvimento conjunto do processo Finex® [10]. Após os testes iniciais de laboratório, escala de bancada e planta piloto, em 2002, uma planta Corex® existente foi convertida na planta de demonstração Finex® com uma capacidade nominal de 0,6 milhão t/ano de ferro-gusa, que iniciou suas operações em maio de 2003. Em julho de 2014, a operação foi desativada. Com base nos resultados promissores da primeira planta e na otimização dos equipamentos e parâmetros do processo, a Posco decidiu instalar uma planta industrial Finex® com capacidade de 1,5 milhão de t/ano em agosto de 2004. A planta iniciou suas operações em abril de 2007. A partir dos resultados bem-sucedidos da segunda planta Finex®, a Posco e a Primetals decidiram desenvolver uma planta Finex® com uma capacidade anual de metais quentes de 2 milhões de t/ano, que foi colocada em operação com sucesso em janeiro de 2014. A Tabela 5.5 resume os dados das plantas Finex® construídas.

Tabela 5.5 Plantas Finex® no mundo. Adaptada de [9]

Empresa	País	Partida	Capacidade (milhões t/ano)	Carga metálica	Uso do gás produzido	Comentário
Posco Pohang	Coreia do Sul	1995	0,8	Minérios de ferro finos	Termoelétrica e usina geral	Convertida para Finex® em 2003. Desativada em 2014
Posco Pohang	Coreia do Sul	2007	1,5	Minérios de ferro finos	Termoelétrica e usina geral	Em operação
Posco Pohang	Coreia do Sul	2014	2,0	Minérios de ferro finos	Termoelétrica e usina geral	Em operação

5. PRODUÇÃO DO AÇO VERDE

5.1 O que é aço verde?

Em um acordo histórico em Paris, em 2015, vários países concordaram que a mudança climática só pode ser enfrentada trabalhando juntos para alcançar a meta de manter o aumento da temperatura média global menor que 2 °C acima dos níveis pré-industriais e, se possível, limitá-lo a 1,5 °C. O Reino Unido sediou, em 2021, uma nova cúpula para líderes mundiais, chamada COP26, na qual 197 países se reuniram em Glasgow, na Escócia, para acelerar as ações em direção aos objetivos do Acordo de Paris e da Convenção das Nações Unidas sobre Mudança do Clima.

Muitos países, desde já, se comprometeram a chegar à neutralidade de carbono até 2050. Isso significa reduzir as emissões de gases de efeito estufa (GEE) tanto quanto possível e equilibrar as emissões restantes absorvendo uma quantidade equivalente por meio de tecnologias de captura de carbono, por exemplo. A maioria dos especialistas acredita que isso é possível, mas exigirá que governos, empresas e indivíduos façam grandes esforços.

Os esforços das empresas para reduzir as emissões de GEE ou *GreenHouse Gas* GHG; (CO_2, CH_4, HFCs etc.) para a neutralidade global de carbono vão além dos limites dos locais de trabalho para incluir toda a cadeia de valor. No *GHG Protocol*, as emissões de GEE de uma empresa são classificadas em:

- Escopo 1: emissões provenientes de locais de trabalho que uma empresa possui ou controla, como uso de combustíveis fósseis ou emissões de processo de instalações de propriedade da empresa.
- Escopo 2: emissões indiretas provenientes do processo de utilização de eletricidade e outras utilidades compradas pela empresa.
- Escopo 3: emissões indiretas associadas a atividades controladas pela organização, mas que ocorrem fora de suas instalações. Incluem emissões de GEE provenientes do transporte de bens e serviços, da gestão de resíduos, da cadeia de suprimentos e de outras atividades. O escopo 3 é voluntário.

Na siderurgia, o gás GEE relevante é o CO_2, visto que o carbono, na forma de carvão mineral, é o combustível e/ou redutor base da grande maioria dos processos. Portanto, "aço verde" é o aço produzido por uma empresa que é neutra em termos de emissões de CO_2. Note que neutra pode significar que a empresa não emite CO_2 ou que emite, mas compensa de alguma forma, como a captura de CO_2 e seu armazenamento ou uso. Existem também outras denominações na literatura como "aço descarbonizado", *fossil free steel*, *net zero steel*, entre outras.

5.2 Descarbonização da siderurgia: metas, desafios e propostas

O maior produto da indústria siderúrgica não é o aço, e sim o CO_2. Aproximadamente 1,8 tonelada de CO_2 são liberadas na atmosfera para cada tonelada de aço líquido produzido na rota integrada BF-BOF, que é predominante. Esse número baseia-se em cálculos que pressupõem um alto-forno médio e moderno. Entretanto, existem ainda muitas fábricas ao redor do mundo que emitem três ou mais toneladas de CO_2 por tonelada de aço [11].

Para dar uma dimensão do desafio envolvido na descarbonização, consideremos a Figura 5.16. A emissão global anual de CO_2 da indústria siderúrgica é atualmente de cerca de 2,8 bilhões de toneladas, correspondendo a cerca de 8% do total global de emissões de CO_2. Para atingir as metas definidas no Acordo de Paris, as emissões da indústria siderúrgica deveriam ser reduzidas para um nível de 500 milhões de toneladas por ano em 2050, ao mesmo tempo que a produção de aço prevista deverá aumentar. Para isso, a intensidade de emissão de CO_2 das empresas deve ser reduzida dos atuais 1,8 t CO_2/t aço para 0,2 t CO_2/t aço. Assim, uma mudança decisiva dos redutores à base de carbono para alternativas como o hidrogênio ou eletricidade é praticamente inevitável, mas terá de ocorrer por etapas, pois a base instalada da siderurgia convencional é enorme e as alternativas ainda não estão totalmente desenvolvidas.

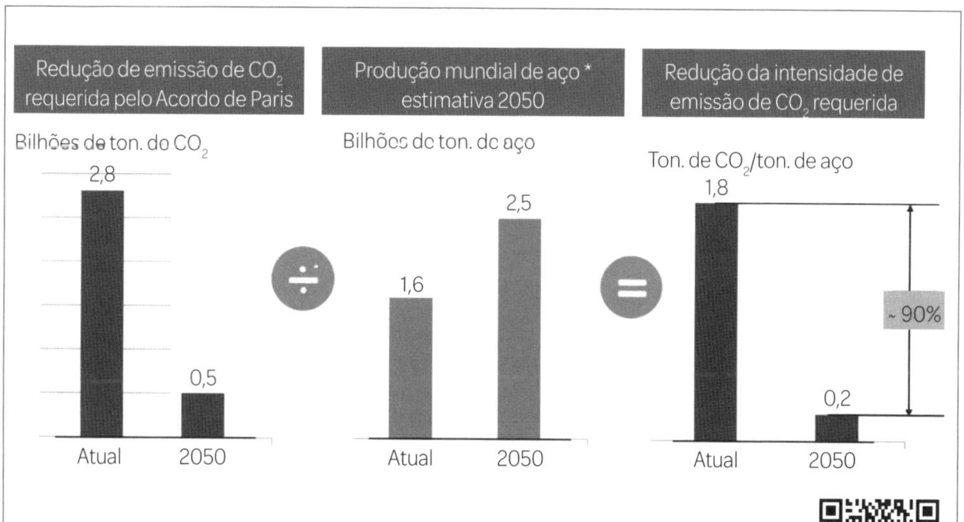

Figura 5.16 Redução requerida na intensidade de emissão de CO_2.
Fonte: adaptada de [12].

À medida que a opinião pública pressiona e os governos se esforçam para atingir o objetivo de emissões líquidas próximas de zero de carbono até 2050, a pressão deverá aumentar sobre os produtores de aço para reduzirem as emissões de forma drástica. Assim, regimes de comércio de emissões deverão ser implementados, impostos sobre o carbono deverão ser criados, barreiras comerciais serão levantadas e os consumidores acabarão por demonstrar preocupação com a pegada de carbono dos produtos siderúrgicos.

Segundo Ofner [11], os produtores de aço de algumas partes do mundo já estão sentindo o doloroso aperto da fixação do preço do carbono. A evolução dos preços das licenças europeias de emissões de CO_2 é um excelente exemplo. No seu pico, em setembro de 2021, os preços registaram um aumento de quase dez vezes comparado com um período anterior de quatro anos. A Figura 5.17 ilustra essa evolução. Ainda Segundo Ofner [11], os preços das licenças devem tender a atingir níveis ainda mais altos, à medida que o regime de comércio de emissões da União Europeia entra na sua próxima fase, com a entrada em vigor de várias medidas que irão restringir progressivamente a oferta gratuita de licenças.

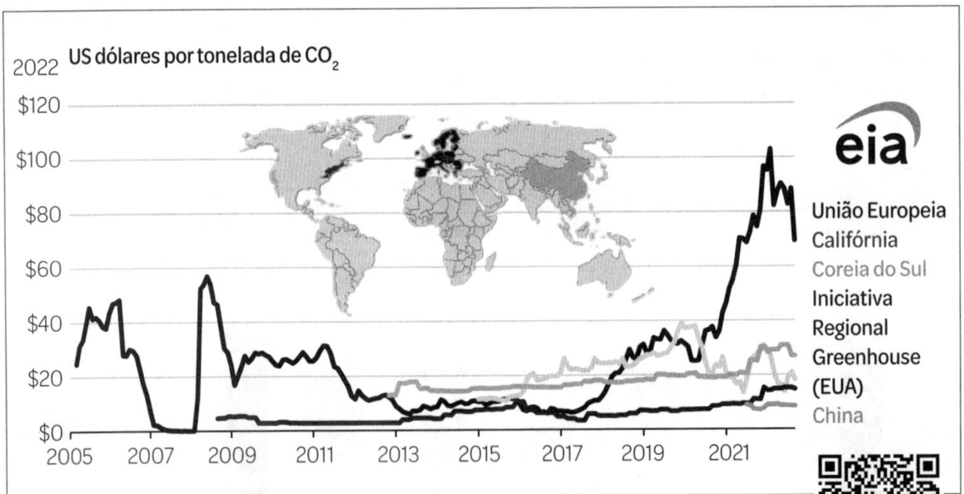

Figura 5.17 Preços médios das licenças para emissões de CO_2.
Fonte: adaptado de [13].

Antecipando as medidas regulamentares e as pressões de mercado, os produtores de aço de todo o mundo estão buscando se adaptar, primeiro ao aumento da eficiência de seus processos, o que já contribui para diminuir as emissões de CO_2 e, em uma segunda fase, à implementação de novas tecnologias destinadas a reduzir a intensidade de carbono. A mera transferência da rota de produção dos altos-fornos à base de carvão e coque e convertedor LD (rota BF+BOF) para a redução direta baseada no gás natural e forno elétrico (rota RD+EAF), apesar reduzir em quase 50% as emissões de CO_2, não será suficiente, conforme ilustra a Figura 5.18.

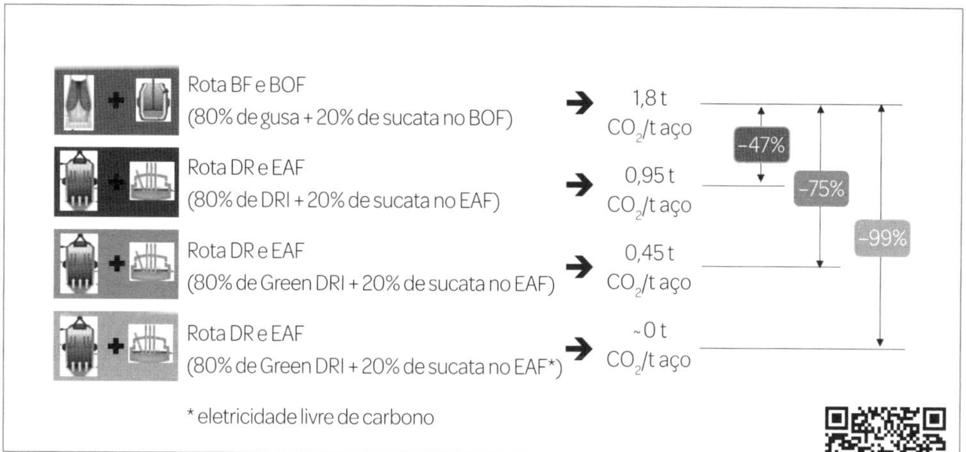

Figura 5.18 Comparação das emissões de CO_2 de diferentes rotas de processo para aço líquido.
Fonte: adaptada de [11].

Ainda analisando a Figura 5.18, quando a rota DR-EAF utilizar hidrogênio verde, obtendo "green DRI", as emissões podem ser reduzidas em 75%. A maioria das emissões nesse momento são, na verdade, atribuíveis à produção de eletricidade consumida no forno elétrico (EAF). Esses cálculos [11] baseiam-se num fator de emissões de rede de 0,452 kg de CO_2 por kWh, que é o valor médio para a OCDE Europa. A partir daí, tudo o que impediria o verdadeiro ferro com zero carbono seria o fornecimento de energia elétrica livre de combustíveis fósseis.

No aspecto de energia elétrica livre de combustíveis fósseis, o Brasil tem enorme vantagem competitiva sobre outros países, pois a matriz elétrica brasileira é uma das mais limpas do mundo, com 84,9% da eletricidade proveniente de fontes renováveis, enquanto a média mundial é de 29%, conforme ilustra a Figura 5.19, obtida no site da Empresa de Pesquisa Energética [14]. A Suécia é outro país com matriz elétrica limpa (68%) e está sendo contemplado com dois grandes investimentos na produção de aço verde, com as empresas HYBRIT e H_2 Green Steel, conforme será detalhado adiante.

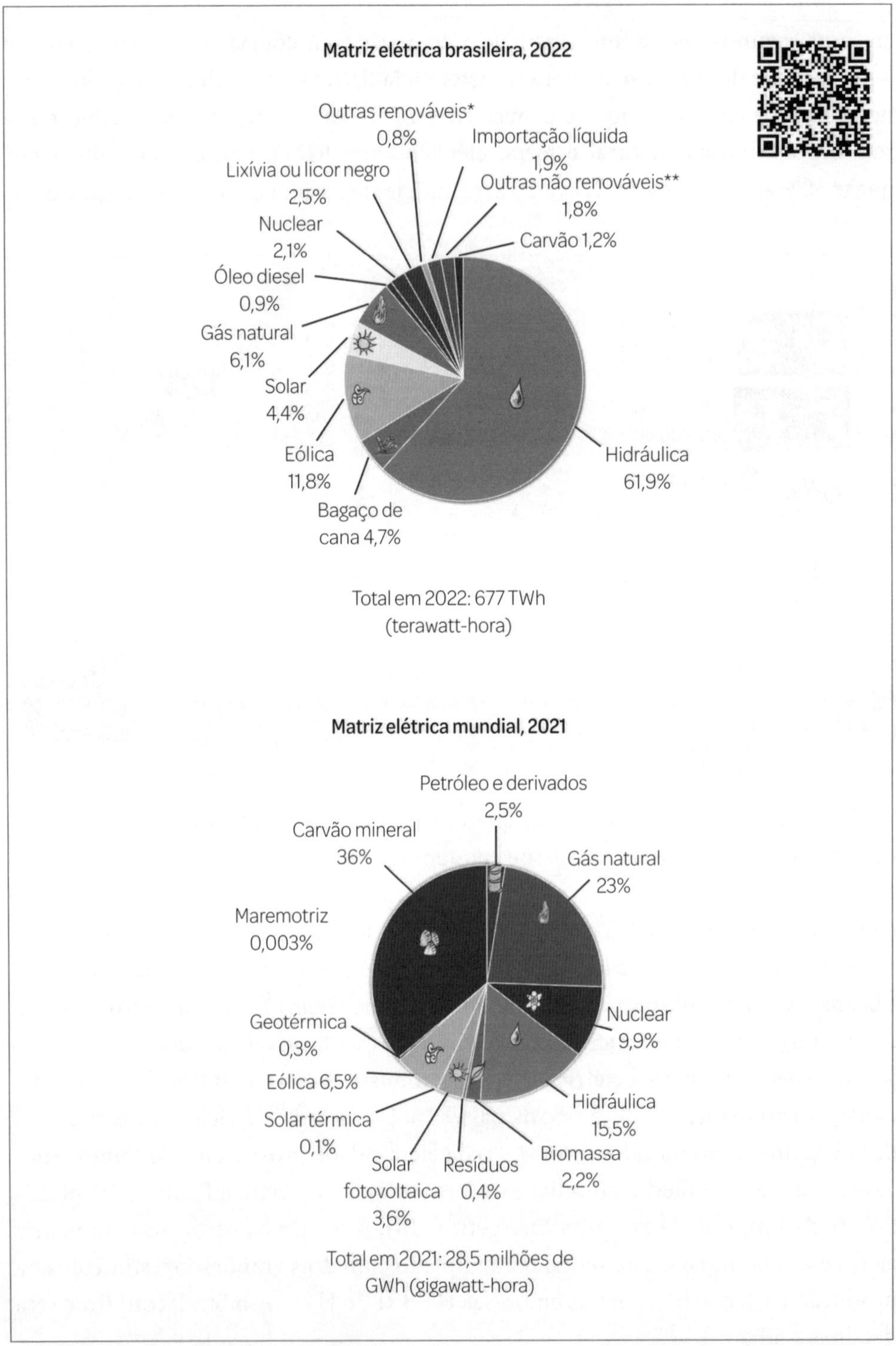

Figura 5.19 Matriz elétrica brasileira e mundial.

Fonte: adaptada de [14].

Para alcançar as reduções drásticas de emissões necessárias para atingir as metas de descarbonização ousadas até 2050, é necessária uma abordagem inteiramente nova e transformadora para a produção de aço. Existem várias tecnologias inovadoras e disruptivas para a produção de aço em escala industrial que contribuem para a meta zero de CO_2. Essas tecnologias enquadram-se em quatro grandes grupos, conforme listado a seguir e ilustrado na Figura 5.20.

- Captura e armazenamento de carbono (CCS) ou captura e uso de carbono (CCU).
- Substituição do carbono pelo hidrogênio, produzido sem emissão de CO_2, como redutor/combustível.
- Uso de energia elétrica, de fonte renovável, para o processo de eletrólise direta dos minérios de ferro.
- Uso de biomassa que gera CO_2, porém captura CO_2 no crescimento das plantas.

A seguir, faremos uma breve descrição desses grupos tecnológicos, comentaremos sobre os desafios e oportunidades de cada grupo e listaremos alguns projetos relevantes ou promissores que estão sendo desenvolvidos globalmente em cada um deles.

Figura 5.20 Tecnologias inovadoras para a descarbonização da siderurgia.
Fonte: autor.

Cabe ressaltar que a descarbonização é um processo complexo que envolve várias etapas em sequência, começando com a melhoria da eficiência energética dos processos siderúrgicos, a reutilização de resíduos e a reciclagem de produtos (economia circular), além de várias outras melhorias pontuais nos processos, mas, neste capítulo, focaremos nas tecnologias inovadoras. Cabe ressaltar também que este texto reflete uma condição tecnológica publicada até o quarto trimestre de 2023. O leitor com certeza sabe que, em uma situação emergencial, como a atual condição de alterações climáticas, a velocidade de transformação tecnológica é enorme.

5.3 Captura, armazenamento e uso de carbono (CCS/CCU)

A captura e o armazenamento de carbono (*carbon capture and storage* – CCS) ou a captura e uso de carbono (*carbon capture and use* – CCU) são tecnologias que envolvem a captura de dióxido de carbono (CO_2) de fontes de emissões, como usinas de energia, indústrias e processos de produção, e seu armazenamento permanente no subsolo ou seu uso direto ou com matéria-prima, conforme ilustra a Figura 5.21 [15]. As etapas básicas dessas tecnologias são:

- Captura: o CO_2 é capturado dos gases de combustão ou de outros fluxos de emissões ou do próprio ar atmosférico. Existem várias tecnologias diferentes de captura de CO_2, incluindo absorção, adsorção e separação criogênica.
- Uso: o CO_2 capturado pode ser usado em uma variedade de aplicações, como a produção de biocombustíveis, a fabricação de produtos químicos e a sintetização de materiais.
- Armazenamento: caso não seja usado, o CO_2 capturado é injetado em uma formação geológica subterrânea que pode ser um reservatório de petróleo e gás esgotado ou outra formação geológica adequada. O CO_2 também pode ser injetado em campos petrolíferos maduros, retirando petróleo adicional da rocha antes de ser armazenado permanentemente. Isso é conhecido como recuperação avançada de petróleo (*enhanced oil recovery* – EOR) e é uma forma de uso.

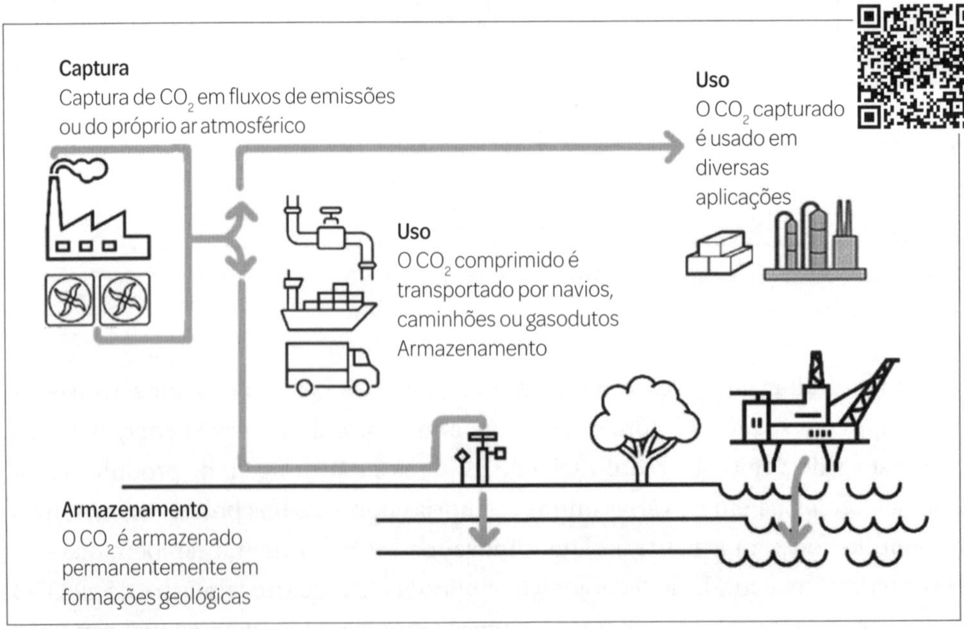

Figura 5.21 Fluxograma de captura, uso e armazenamento de carbono.
Fonte: adaptada de [15].

A CCS/CCU tem o potencial de reduzir significativamente as emissões de gases de efeito estufa de uma variedade de setores da economia. No entanto, as tecnologias ainda estão em desenvolvimento e existem alguns desafios que precisam ser superados, como o custo e a eficiência. Alguns dos desafios específicos do CCS/CCU incluem:

- Custo: a captura de carbono é uma tecnologia cara. O custo da captura de carbono varia de acordo com a tecnologia utilizada, a fonte de emissões e a localização da instalação.
- Eficiência: as tecnologias de captura de carbono são frequentemente ineficientes. A eficiência da captura de carbono é medida pela porcentagem de CO_2 que é capturada a partir do fluxo de gases efluentes.
- Infraestrutura: um dos maiores desafios que a CCS/CCU enfrenta é como transportar volumes significativos de CO_2 comprimido de fontes pontuais para locais estabelecidos para armazenamento ou uso, especialmente *offshore*. Os gasodutos são uma solução, mas a sua viabilidade depende do acesso à terra, do volume a ser transportado e se o CO_2 provém de uma variedade de fontes dispersas. A outra opção é utilizar navios-tanque dedicados que possam transportar CO_2 de um ou mais portos, quer diretamente para um local de armazenamento *offshore*, quer para uma instalação intermediária em terra ligada por gasodutos ao local de armazenamento.
- Escala: de acordo com ficha técnica publicada pela WSA [16], até 2070, cerca de 75% de todo o CO_2 produzido globalmente na siderurgia terá que ser capturado de modo a atender as metas. Para que isso aconteça, uma média de 14 unidades siderúrgicas operando com captura de CO_2 precisam ser construídas todos os anos, de 2030 a 2070, totalizando mais de 15 Gt de CO_2 sendo capturadas cumulativamente até 2070. A capacidade CCS/CCU atualmente instalada é de 0,0007 Gt/ano, portanto, os desafios de expansão são consideráveis.
- Segurança: o armazenamento de CO_2 é uma atividade segura, desde que corretamente executada. Se os reservatórios geológicos forem adequadamente selecionados e geridos, têm alta probabilidade de reter mais de 99% do CO_2 sequestrado por mais de 100 anos e boa probabilidade de reter 99% desse CO_2 por mais de 1.000 anos [15].
- Aceitação social: a CCS/CCU pode gerar alguns impactos sociais, como a preocupação com a segurança e o impacto ambiental. Algumas comunidades locais rejeitaram, alegando preocupações em torno da segurança e do impacto no valor da propriedade, embora isso varie consoante a região. É importante disseminar o conhecimento para garantir a aceitação social da CCS/CCU.

5.3.1 Estado atual da CCS/CCU no mundo

De acordo com ficha técnica publicada pela WSA [16] de 2023, existem 33 instalações comerciais de CCS/CCU operando globalmente. A maioria delas (19) está localizada na América do Norte e a esmagadora maioria utiliza CO_2 capturado em operações EOR. Catorze das fábricas de CCS estão ligadas a fábricas de processamento de gás natural, uma está no setor da energia e as restantes estão espalhadas por vários outros setores, incluindo produtos químicos, hidrogênio, fertilizantes e aço.

A unidade DRI da Emirates Steel em Abu Dhabi é atualmente a única planta CCS/CCU operacional no setor siderúrgico. Essa planta é capaz de capturar 800 kt de CO_2 por ano, que é comprimido, desidratado e depois bombeado ao longo de 50 km de oleoduto para ser injetado em um campo petrolífero maduro em terra para operações EOR. O *design* dessa unidade DRI implica que o fluxo de gases de residuais tem 90% de CO_2 emitido durante as operações normais, portanto, não foi necessária uma etapa adicional de captura [16].

5.3.2 Potencial da CCS/CCU na indústria siderúrgica

A CCS/CCU poderia potencialmente ser aplicada a todas as principais fontes pontuais do setor siderúrgico. Estudos iniciais tenderam a focar no alto-forno, que é a principal fonte pontual de CO_2 em uma usina siderúrgica integrada, para essas tecnologias. No entanto, existe uma grande limitação para a captura de CO_2 diretamente do gás de alto-forno (*BF gas*). É que menos de 50% do carbono total contido no *BF gas* pode ser capturado, porque cerca de metade do carbono não está na forma de CO_2, mas na forma de monóxido de carbono (CO). Além disso, mais de 50% do *BF gas* é nitrogênio, pelo fato de o alto-forno operar com injeção de ar atmosférico nas ventaneiras. Dessa forma, o processo de captura deve ser adaptado a tal condição ou deve ser desenvolvido um "novo tipo" de alto-forno.

Várias tecnologias foram propostas para viabilizar a captura do CO_2 nos altos-fornos, incluindo a troca do ar soprado por oxigênio, eliminando o nitrogênio no gás de topo, e a reinjeção de gás de topo pré-aquecido, já livre de CO_2, nas ventaneiras ou rampa e na cuba. Uma comparação entre um alto-forno a oxigênio com reinjeção de gás e um alto-forno convencional é mostrada na Figura 5.22. Ao fortalecer a redução via hidrogênio, a taxa de redução direta pode ser significativamente reduzida, resultando em uma redução significativa no consumo de coque, tornando-se uma tecnologia importante para altos-fornos de baixo carbono [17].

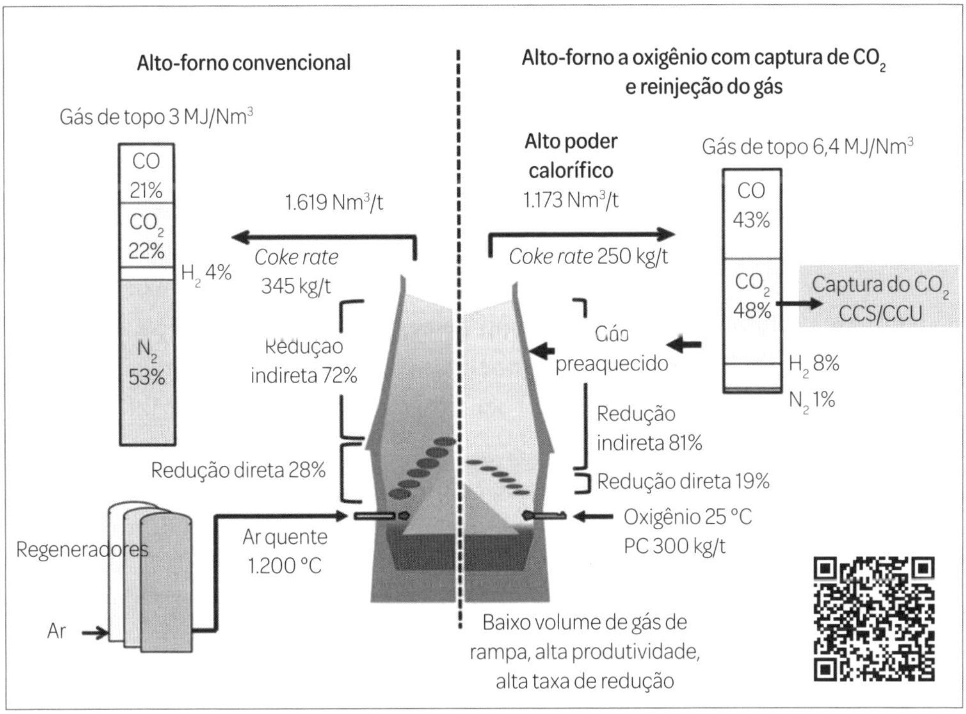

Figura 5.22 Comparação típica entre alto-forno a oxigênio com CCS/CCU e alto-forno convencional.
Fonte: adaptada de [17].

A combinação de alto-forno a oxigênio, captura de CO_2 e reinjeção de gás de topo é a tecnologia central dos projetos europeu ULCOS e o japonês COURSE50. Tais iniciativas começaram antes do acordo de Paris em 2015.

O projeto Ulcos é uma abreviatura de *Ultra low CO_2 emission steelmaking* e, com o apoio financeiro da UE, envolve 43 empresas e várias instituições de pesquisa, com o objetivo de reduzir o CO_2 em 50% até 2050. O projeto, iniciado em 2004, consiste em vários módulos, incluindo produção de ferro usando alto-forno de oxigênio mais CCS/CCU com circulação de gás no topo do forno (Ulcos-BF), fusão redutora (HIsarna), redução direta (Ulcored) e eletrólise (Ulcowin), sendo os principais módulos o Ulcos-BF e o HIsarna. A primeira fase, Ulcos I, deveria ser concluída em 2010, e logo após, o plano era passar para Ulcos II por meio de testes de fornos comerciais utilizando pequenos altos-fornos na Alemanha e na França. Na França, em particular, foi planejado um teste comercial de alto-forno com CCS, mas ambos foram cancelados. Embora a razão seja considerada financeira, presume-se que foram feitos certos julgamentos na avaliação dos processos, incluindo desenvolvimentos futuros, como a eficiência econômica e a viabilidade [17].

O projeto Course50 é apoiado pelo governo e por várias empresas e universidades japonesas e começou em 2008. Course50 é uma abreviatura de *CO_2 ultimate reduction in steelmaking process by innovative technology for cool earth 50*, em que "50" refere-se ao ano alvo de 2050. O processo consiste principalmente em um método para aumentar a quantidade de hidrogênio por meio da reforma a vapor do CH_4 do gás de coqueria, injeção desse gás redutor no alto-forno e um processo de captura do CO_2 do gás de topo do alto-forno. O objetivo é reduzir a emissão de CO_2 em 10% diminuindo o consumo de carbono e em 20% pelo CCS, perfazendo um total de 30%. O projeto também se concentra na recuperação de energia, por exemplo, recuperando o calor sensível da escória siderúrgica. Foi realizada uma operação de teste utilizando o alto-forno de teste sueco LKAB, que também foi utilizado no Ulcos, e foi relatado que foram obtidos quase todos os resultados esperados [17]. Além disso, um alto-forno de teste com um volume interno de 12 m^3 foi construído na unidade Futtsu da Nippon Steel & Sumitomo Metal para verificar os efeitos das tecnologias desenvolvidas, e as operações de teste estão em andamento desde 2016. O plano é iniciar a operação de um alto-forno comercial incorporando esses conceitos em 2030 [17].

5.4 Substituição do carbono pelo hidrogênio como redutor

O minério de ferro (óxido de ferro) utilizado no processo de produção de aço é normalmente reduzido (remoção química do oxigênio do minério) a partir da utilização de recursos fósseis como gás natural ou carvão. O carbono, presente nesses combustíveis/redutores, combina-se com o oxigênio do minério de ferro, produzindo ferro metálico e um gás rico em CO_2. Como exemplo, consideremos a etapa de redução mais importante no alto-forno, que é a redução final do óxido de ferro wustita (FeO) para ferro metálico (Fe). Quando o carbono está envolvido, na forma de monóxido de carbono (CO), temos a seguinte reação, cujos produtos são ferro metálico (Fe) e dióxido de carbono (CO_2):

$$FeO + CO \rightarrow Fe + CO_2$$

Também é possível reduzir o óxido de ferro utilizando hidrogênio em vez de carbono. Nesse caso, o gás residual produzido é água, de acordo com a seguinte reação, cujos produtos são ferro metálico (Fe) e água (H_2O):

$$FeO + H_2 \rightarrow Fe + H_2O$$

A principal vantagem da redução de minérios de ferro pelo hidrogênio é a redução das emissões de gases de efeito estufa (CO_2). Ao utilizar hidrogênio como agente redutor, essas emissões são eliminadas, pois o hidrogênio é um combustível de zero emissões, conforme ilustra a Figura 5.23 para a redução da wustita (FeO) a ferro metálico (Fe). Outra vantagem da redução de minérios de ferro pelo hidrogênio é que ele é um agente redutor mais puro que o gás natural ou o carvão, o que resulta em um ferro reduzido com menor teor de impurezas.

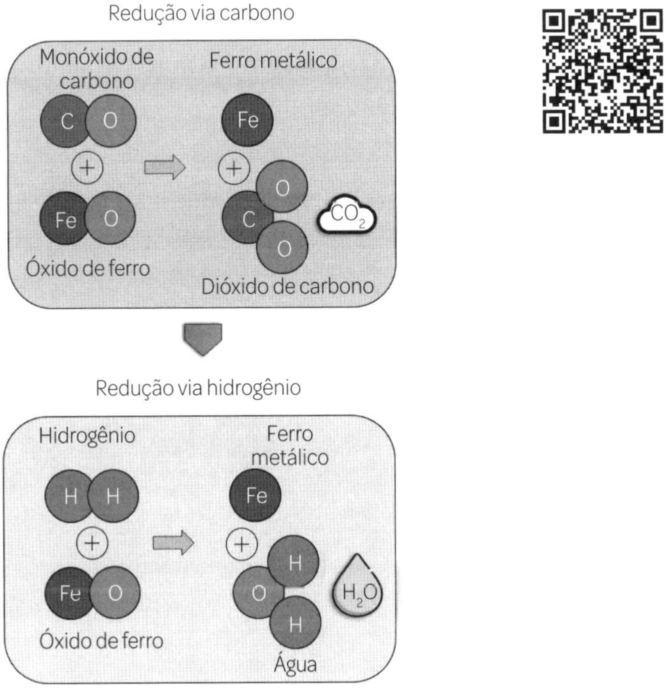

Figura 5.23 Comparação entre as emissões da redução pelo carbono e pelo hidrogênio.
Fonte: autor.

A redução de minérios de ferro pelo hidrogênio é uma tecnologia emergente que tem o potencial de revolucionar a indústria siderúrgica e ser uma solução para o problema das emissões de gases de efeito estufa, por isso é a principal "aposta" das empresas atualmente. No entanto, tudo isso depende da procedência do hidrogênio. O hidrogênio é classificado de acordo com a sua fonte de produção e o seu impacto ambiental, conforme o código de "cores" descrito abaixo e ilustrado na Figura 5.24.

- Hidrogênio verde: é produzido a partir de fontes renováveis, como a água e a eletricidade verde. A produção de hidrogênio verde é realizada por meio de um processo chamado eletrólise, que separa as moléculas de água em hidrogênio e oxigênio e, portanto, não emite gases de efeito estufa.
- Hidrogênio azul: é produzido a partir de combustíveis fósseis, como o gás natural, mas com a captura e armazenamento de CO_2 produzido (CCS/CCU). O hidrogênio azul é considerado uma opção mais sustentável do que o hidrogênio cinza, pois reduz as emissões de gases de efeito estufa.
- Hidrogênio cinza: é produzido a partir de combustíveis fósseis, como o gás natural, sem a CCS/CCU. O hidrogênio cinza é atualmente o tipo de hidrogênio mais produzido, mas também é o mais poluente, pois emite grandes quantidades de gases de efeito estufa.

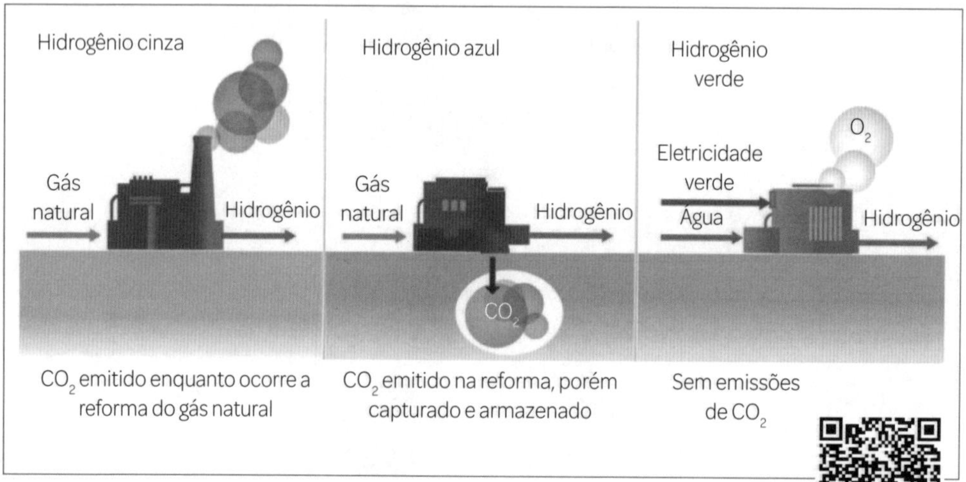

Figura 5.24 Representação da produção de hidrogênio cinza, azul e verde.
Fonte: adaptada de [18].

O hidrogênio verde é a opção mais sustentável, mas também é a mais cara. De acordo com ficha técnica publicada pela WSA [19], a principal fonte atual de produção de hidrogênio é o gás natural, representando cerca de três quartos da produção anual global de hidrogênio de cerca de 70 Mt, e menos de 0,7 Mt do hidrogênio global é verde. Ainda segundo projeção da WSA [9], o hidrogênio verde deve ser introduzido em escala como agente redutor no mercado comercial em meados da década de 2030 e seu uso se expande para 12 Mt por ano em 2050. Embora isso represente uma rápida expansão de uma nova tecnologia, significa que menos de 8% da produção total de aço terá hidrogênio verde como agente redutor. Os desafios para a produção sustentável de hidrogênio são:

- Custo: a produção de hidrogênio verde é atualmente mais cara do que a produção de hidrogênio cinza. Isso ocorre porque a eletrólise, processo usado para produzir hidrogênio verde, requer grandes quantidades de energia elétrica.
- Eficiência: a eficiência da eletrólise ainda precisa ser melhorada para reduzir o custo da produção de hidrogênio verde. Atualmente, a eficiência gira em torno 70% a 80% em termos de energia elétrica convertida em energia armazenada no hidrogênio produzido.
- Escala: a produção de hidrogênio verde em larga escala ainda é um desafio, porque é necessário construir infraestrutura para produzir, armazenar e transportar grandes quantidades de hidrogênio verde. Para se ter uma ideia dos desafios de escala, segundo a WSA [19], se a produção atual de hidrogênio (70 Mt) fosse produzida pela eletrolise da água, isso resultaria em uma demanda anual de eletricidade de 3.600 TWh, que é maior do que a geração anual de eletricidade da União Europeia.
- Volume ocupado: o volume do hidrogênio é cerca de três vezes maior do que o volume ocupado pelo gás natural, porque a molécula de hidrogênio é muito menor do que a molécula de gás natural. Nas condições normais de pressão e temperatura, a densidade do hidrogênio é de 0,09 kg/m^3, enquanto a densidade do gás natural é de 0,72 kg/m^3. Isso significa que 1 kg de hidrogênio ocupa um volume de 11,1 m^3, enquanto 1 kg de gás natural ocupa um volume de 1,39 m^3. Isso é um desafio para o armazenamento e o transporte do hidrogênio. Uma das soluções é o transporte em forma de amônia ou metanol para longas distâncias, conforme ilustra a Figura 5.25. A amônia e o metanol são compostos que podem ser novamente convertidos em hidrogênio, portanto, podem ser usados como uma forma mais barata de transportar hidrogênio.

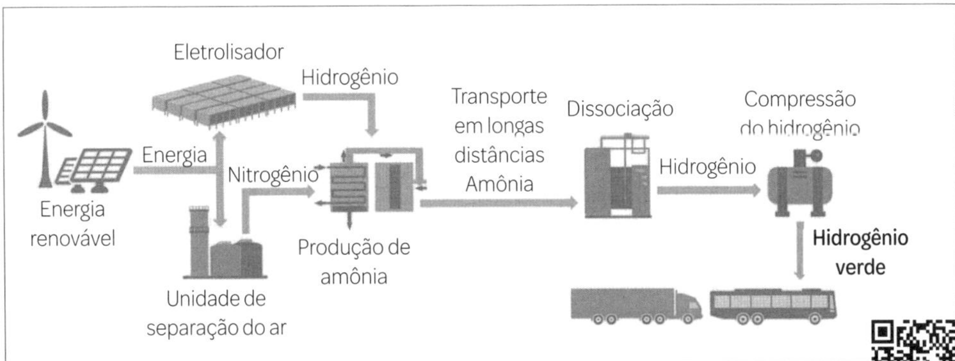

Figura 5.25 Conversão do hidrogênio em amônia para transporte em longas distâncias.
Fonte: adaptada de [20].

- Disponibilidade de fontes renováveis de energia: a produção de hidrogênio verde requer fontes renováveis de energia elétrica, como a energia solar e eólica. No entanto, essas fontes ainda não são abundantes o suficiente para atender à demanda por hidrogênio verde.
- Problemas de segurança: o hidrogênio apresenta certos riscos de segurança quando usado em larga escala, pois é um gás leve de moléculas muito pequenas que pode se difundir em alguns materiais, incluindo alguns tipos de tubos de aço, aumentando sua chance de falha. Também escapa mais facilmente através de vedações e conectores do que moléculas maiores, como o gás natural. O hidrogênio também pode causar fragilização e rachaduras em tubos e vasos de aço. Os aços inoxidáveis austeníticos não sofrem fragilização por hidrogênio, porém são bem mais caros.

O aumento da demanda por hidrogênio sustentável levará ao desenvolvimento de novas tecnologias e ao aumento da eficiência da produção de hidrogênio verde. As empresas siderúrgicas estão atualmente analisando e testando o uso do hidrogênio de diversas maneiras, inclusive injetando em uma única ventaneiras em um alto-forno [21]. No entanto, a abordagem que muitos produtores de aço estão tentando desenvolver é a implantação de soluções inovadoras de tecnologia de redução pelo hidrogênio, praticamente eliminando as emissões de CO_2. A seguir, daremos ênfase às iniciativas em estágio mais avançado de implantação.

5.4.1 Processo Hybrit (Suécia)

As empresas suecas SSAB (empresa siderúrgica global), Vattenfall (um dos maiores produtores de eletricidade da Europa) e LKAB (fornecedor global de minério de ferro) criaram a empresa Hybrit (*Hydrogen Breakthrough Ironmaking Technology*) em 2016 com o objetivo de atingir emissões zero nos próximos 10 anos. O governo da Suécia também declarou que pretende tornar-se o primeiro país com zero emissões de CO_2 e financia tal iniciativa. O projeto Hybrit consiste basicamente em um sistema de fabricação de pelotas sem uso de combustíveis fósseis, um processo de redução direta de pelotas de ferro utilizando hidrogênio como um agente redutor, baseado na tecnologia Tenova HYL, e um forno elétrico para fabricação de aço a partir das pelotas reduzidas (DRI). A Figura 5.26 mostra um esquema do fluxo do processo Hybrit [22].

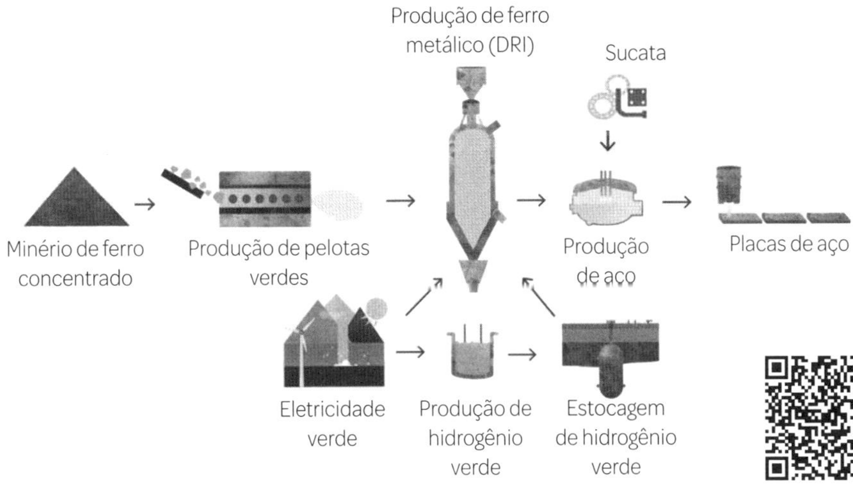

Figura 5.26 O processo Hybrit.
Fonte: adaptado de [22].

A produção de pelotas livres de combustíveis fósseis foi desenvolvida na fábrica de pelotas da LKAB em Malmberget, Suécia, entre 2020 e 2021. Na planta de pelotização, o "bio-óleo" foi usado para mudar para um combustível 100% renovável. É a primeira usina de pelotização livre de fósseis do mundo [23]. No outono de 2020, foram realizados testes bem-sucedidos para produzir as primeiras pelotas de minério de ferro do mundo com combustível não fóssil.

A Hybrit está conduzindo testes de redução direta de pelotas de minério de ferro usando hidrogênio em uma planta piloto em Luleå, na Suécia. Os testes ocorrerão durante o período 2020-2024 e foram iniciados com o hidrogênio na primavera de 2021. A planta piloto tem um forno de redução direta, onde ocorre a redução, e uma série de eletrolisadores para a produção de hidrogênio utilizando eletricidade sem combustíveis fósseis.

A Hybrit também construiu uma instalação piloto de armazenamento de hidrogênio em Svartöberget, em Luleå, Suécia. O armazenamento de hidrogênio será testado utilizando tecnologia conhecida como LRC (*Lined Rock Cavern*). Isso significa que o gás é armazenado no subsolo em uma caverna rochosa cujas paredes são revestidas com um material apropriado para camada de vedação. A planta piloto de armazenamento de hidrogênio está conectada à planta piloto de redução direta por um gasoduto, e todo o hidrogênio a ser armazenado é produzido na planta piloto.

A Hybrit está conduzindo testes de fusão em escala piloto em colaboração com a Swerim em sua fábrica em Luleå, na Suécia. Na planta, o ferro esponja (produto na forma sólida resultante da redução direta) na forma de DRI e/ou HBI é fundido em um forno elétrico a arco (EAF). O EAF permitirá a demonstração de fusão elétrica com altas proporções de ferro esponja produzido com hidrogênio. O processo será alimentado por eletricidade livre de combustíveis fósseis. O projeto permitirá à SSAB introduzir aço livre de combustíveis fósseis no mercado até 2026. O aço livre de combustíveis fósseis produzido terá a mesma qualidade e propriedades que o aço produzido pela SSAB hoje [23].

5.4.2 Processo Hyfor (Áustria)

Hyfor (*HYdrogen-based Fine-Ore Reduction*) é um processo de redução direta de concentrados de finos de minério desenvolvido pela Primetals Technologies. O processo utiliza 100% de hidrogênio como agente redutor e se baseia na tecnologia de redução em leito fluidizado, não exigindo nenhuma etapa de aglomeração. O resultado é uma redução de 90% nas emissões de carbono quando comparado com métodos convencionais de redução. Recentemente, uma planta piloto Hyfor iniciou operação em uma usina da siderúrgica austríaca Voestalpine [24].

A construção da planta piloto ocorreu no segundo semestre de 2020, seguida do comissionamento a frio e a quente no primeiro semestre de 2021. A planta piloto da Hyfor consiste em três partes: uma unidade de pré-aquecimento-oxidação dos minérios, uma planta de tratamento de gás e a própria unidade de redução. Na unidade de pré-aquecimento-oxidação, necessária em razão do caráter endotérmico das reações de redução de óxidos de ferro com hidrogênio, o concentrado de minério fino é aquecido a cerca de 900 °C e alimentado na unidade de redução. O gás de redução (100% H_2) é adquirido de um fornecedor externo. O ferro de redução direta (DRI) sai da unidade de redução a uma temperatura próxima a 600 °C antes de ser resfriado e descarregado da planta piloto da Hyfor. O próximo passo será a adição de uma instalação de testes de briquetagem a quente para produzir ferro briquetado a quente (HBI).

Uma planta de demonstração industrial está prevista, como uma etapa intermediária entre uma planta piloto e uma planta comercial, com capacidade de produção de aproximadamente 5 a 15 toneladas por hora considerando operação contínua. Um possível fluxograma esquemático de uma planta de demonstração industrial da Hyfor é mostrado na Figura 5.27 [24]. Dependendo do progresso das campanhas de testes da planta piloto, a planta de demonstração industrial poderá estar operacional até 2025.

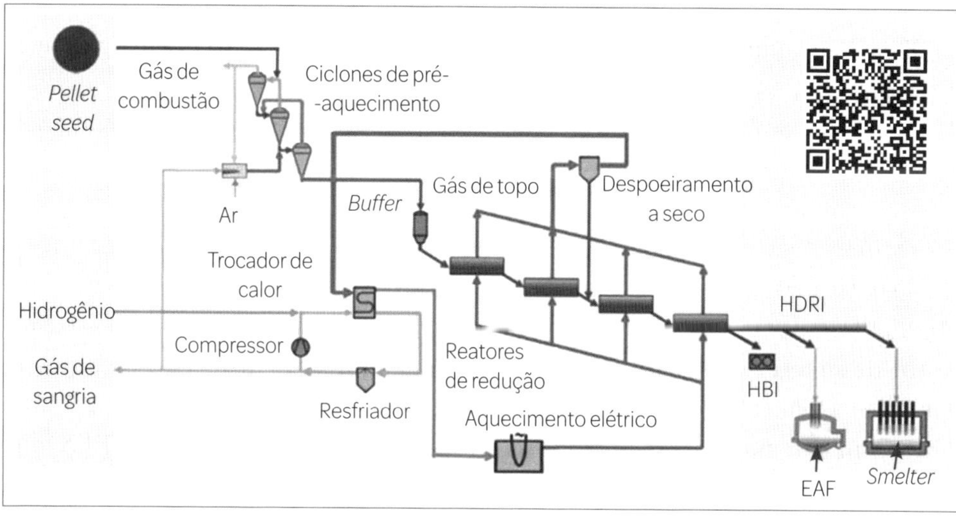

Figura 5.27 O processo Hyfor.
Fonte: adaptado de [24].

No processo Hyfor, vários reatores de redução em série são aplicados para o trabalho de redução e para garantir um tempo de residência suficiente. O gás redutor limpo é injetado em cada um dos reatores, e o gás residual de todos os reatores passa por uma unidade de despoeiramento a seco para separar o pó do gás. O pó é recirculado de volta aos reatores redutores. Após o despoeiramento a seco, o gás reciclado passa por um trocador de calor e um resfriador de gás, para remoção do vapor d'água formado durante a redução. O hidrogênio que não reagiu é reciclado e reutilizado no processo novamente após passar por um compressor de gás reciclado, pelo trocador de calor e novamente pelo forno de gás redutor. O forno de aquecimento do gás redutor é baseado em energia elétrica. O hidrogênio consumido pela redução é adicionado na forma de hidrogênio de reposição ao processo antes do trocador de calor. Dependendo da qualidade do minério, são necessários entre 550 e 600 Nm^3 de hidrogênio por tonelada de DRI.

As vantagens do processo Hyfor [24] podem ser resumidas da seguinte forma:

- Uso direto de concentrados de minério de ferro sem necessidade de prévia aglomeração.
- Uso de hidrogênio verde puro como agente redutor e, portanto, nenhuma geração de CO_2.
- Flexibilidade no uso de vários tipos de minério de ferro (por exemplo, hematita, limonita e magnetita).
- Maior rendimento de ferro em virtude do despoeiramento a seco e da reciclagem de poeira.

- Baixo consumo de energia, dado o alto rendimento de ferro e sem aglomeração prévia.
- Maior disponibilidade, pois há redução de baixa temperatura evitando aderência de partículas.

5.4.3 Processo HyREX (Coreia do Sul)

Há duas décadas, a Posco desenvolveu a tecnologia Finex®, que pode produzir ferro-gusa utilizando minério de ferro fino e carvão, eliminando a necessidade dos processos de sinterização e coqueificação (ver item 4.3). Atualmente, a Posco possui duas plantas Finex® em operação, com capacidades de produção anual de 1,5 Mt e 2 Mt. Com base no sucesso do Finex®, a Posco desenvolveu o processo HyREX, que adotará a comprovada tecnologia de reator de leito fluidizado e usará hidrogênio em vez de carvão, como agente redutor, conforme fluxograma da Figura 5.28 [25].

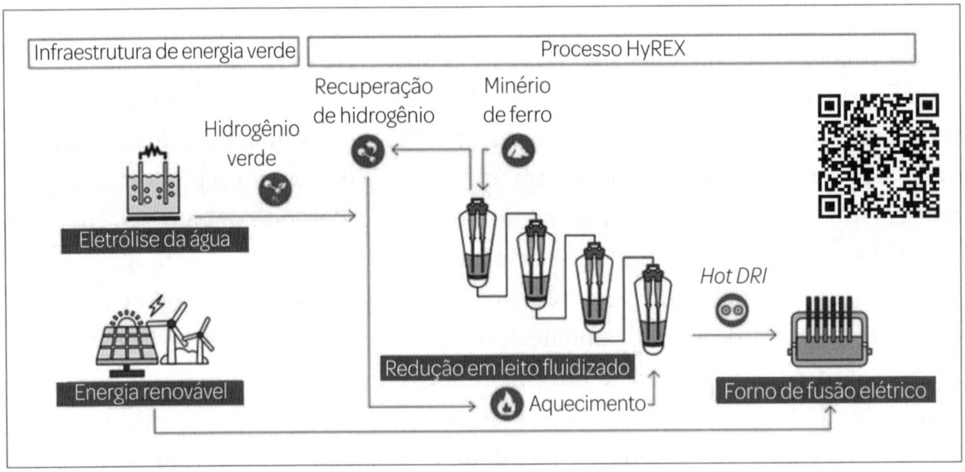

Figura 5.28 O processo HyREX.
Fonte: adaptado de [24].

No processo HyREX, em um forno de leito fluidizado, o gás redutor quente (hidrogênio) é introduzido uniformemente através de uma placa de distribuição projetada com múltiplas aberturas. O gás redutor faz os sólidos flutuarem como um fluido, gerando um desempenho de redução eficiente. Essa característica, única da tecnologia de leito fluidizado, é o que permite utilizar minério de ferro fino sem ter que passar por processos adicionais de aglomeração, ajudando a reduzir os custos de produção e as emissões de CO_2. Além disso, o forno elétrico de fusão do processo HyREX é capaz de receber DRI feito de minério de ferro de baixo teor, o que acrescenta outro aprimoramento à eficiência econômica da produção de aço.

Para que a Posco faça a transição para o sistema HyREX até 2050, a empresa estima que necessitará de um fornecimento anual de 3,14 milhões de toneladas de hidrogênio verde e 4,6 GW de energia renovável [25].

O governo coreano declarou a intenção de alcançar a neutralidade de carbono até 2050, e o objetivo final da Posco é alcançar a neutralidade por meio da conversão gradual das instalações existentes de alto-forno e do processo Finex® em instalações do processo HyREX. Para isso, a empresa planeja usar "tecnologias ponte" para viabilizar a transição, conforme ilustra Figura 5.29 [25].

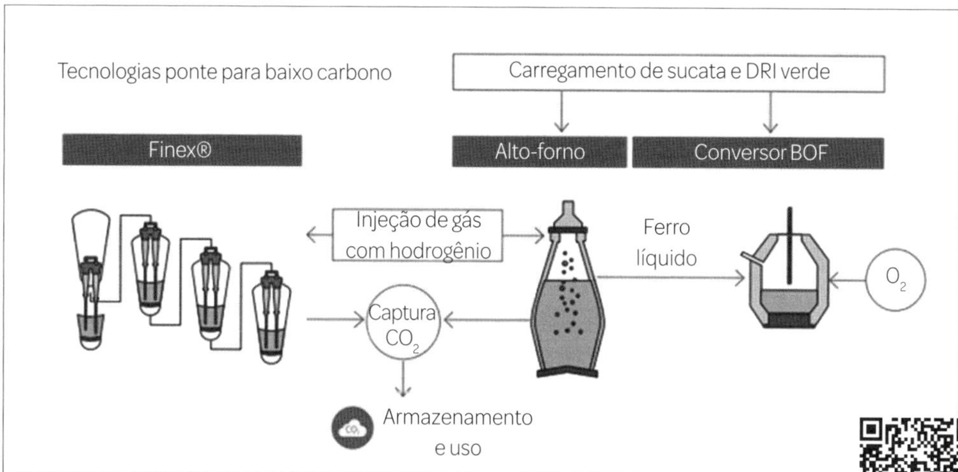

Figura 5.29 Tecnologias ponte da Posco para viabilizar a transição para a neutralidade de carbono.
Fonte: adaptada de [25].

De acordo com o relatório de sustentabilidade da Posco [25], o objetivo "ponte" é trabalhar continuamente para aumentar, de modo gradual, a concentração de hidrogênio nos altos-fornos e nos fornos Finex®. As tecnologias CCS/CCU são também cruciais para gerenciar as emissões de CO_2 e a Posco está explorando vários caminhos para utilizar o CO_2 capturado como matéria-prima para produtos químicos ou combustíveis alternativos, além de opções para armazenar o carbono capturado, tendo em conta o estabelecimento de infraestruturas de armazenamento seguras e adequadas.

Com relação ao processo HyREX, o relatório de sustentabilidade da Posco [25] informa que a empresa pretende garantir o pleno funcionamento das tecnologias de fornos de redução com hidrogênio em leito fluidizado e fornos elétricos de fusão para fundir o DRI reduzido com hidrogênio com a construção de uma planta de demonstração e, até 2030, a empresa planeja alcançar o pleno desenvolvimento comercial da tecnologia.

5.4.4. Processo Midrex H_2

Para a transição da economia fóssil para a economia a base de hidrogênio, a Midrex Technologies, empresa líder em tecnologia para plantas de redução direta, traça uma estratégia que envolve uma transição em etapas, conforme ilustra a Figura 5.30 [26].

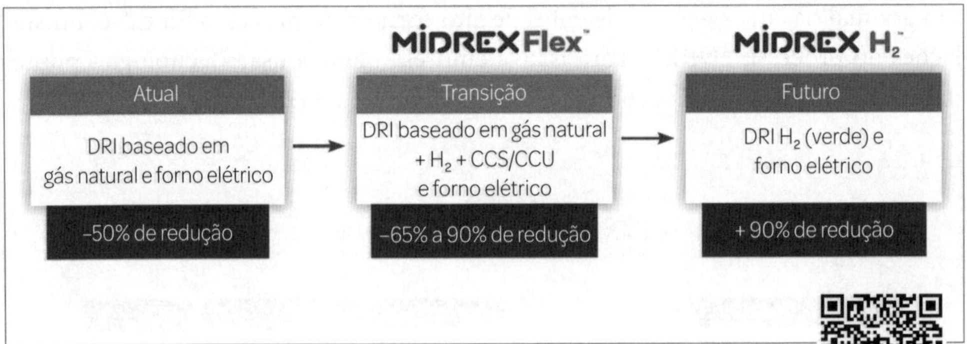

Figura 5.30 Estratégia Midrex para a transição da economia fóssil para a economia de hidrogênio.
Fonte: adaptada de [26].

Conforme a Figura 5.30 (ver também a Figura 5.18), na condição tecnológica atual (DRI baseado em gás natural + forno elétrico), uma planta Midrex® provê até 50% de redução de emissões de CO_2 em relação a rota tradicional BF+BOF. À medida que quantidades suficientes de hidrogênio se tornarem disponíveis a preços competitivos, uma planta Midrex Flex® pode ser facilmente modificada para operar com porcentagens mais elevadas de hidrogênio até 100% de substituição de GN, proporcionando de 65% a 90% de redução nas emissões de CO_2. Para aquelas empresas que estão surgindo, comprometidas com a operação em 100% de H_2 desde o início, a tecnologia Midrex H_2® está disponível.

Conforme a Figura 5.10 no item 3.3, na tecnologia Midrex® convencional, o reformador produz o gás redutor misturando o gás reciclado do forno de redução com a matéria-prima gás natural (CH_4) e reforma cataliticamente a mistura para formar o gás redutor rico em H_2 e CO para a redução. Assim, os subprodutos de redução, CO_2 e H_2O, junto com H_2 e CO não reagidos, são reciclados para minimizar o consumo de energia e produzir gás redutor adicional. O reformador também fornece a energia necessária para as reações de redução dentro do forno de redução.

O Midrex Flex® permite substituir qualquer percentual da matéria-prima de gás natural por H_2 de acordo com as metas operacionais da planta. Isso proporciona a flexibilidade que a planta precisa para responder às necessidades do mercado em constante mudança e à disponibilidade de matéria-prima. Portanto, uma planta Midrex Flex® pode ser construída agora e operada com gás natural até que quantidades suficientes de H_2 estejam disponíveis a preços competitivos, quando poderá ser convertida para operar com até 100% de H_2.

Considerando a Figura 5.10, em uma planta Midrex Flex®, o H_2 é injetado após o reformador sem pré-aquecimento. Até 75% do GN pode ser substituído por H_2 dessa maneira, o que facilita a operação ideal do reformador enquanto maximiza a qualidade do gás redutor para o forno de redução. Quando a substituição do GN atinge cerca de 75%, H_2 é adicionado aos queimadores do reformador de modo a manter a carburação do produto metalizado, via GN, o máximo possível e ainda continuar a reduzir a pegada de carbono. Entre 85% e 100% de substituição, a injeção de H_2 é introduzida antes do reformador para manter a qualidade do gás e aumentar a eficiência energética no processo.

Na tecnologia Midrex H_2®, que irá operar desde o início com hidrogênio, não há necessidade de um reformador de gás. Apenas um aquecedor de gás é necessário para levar o gás hidrogênio à temperatura necessária para a redução, conforme mostra a Figura 5.31. O consumo de hidrogênio para fins de redução é de aproximadamente 550 a 650 Nm^3/t DRI. Além disso, são necessários até 300 Nm^3/t DRI de H_2 ou outra fonte de calor ecologicamente correta, como calor residual, eletricidade de fontes renováveis, como combustível para o aquecedor a gás. Com o Midrex H_2®, as emissões de CO_2 podem ser reduzidas em mais de 90% em comparação com a rota de produção de aço BF+BOF [26].

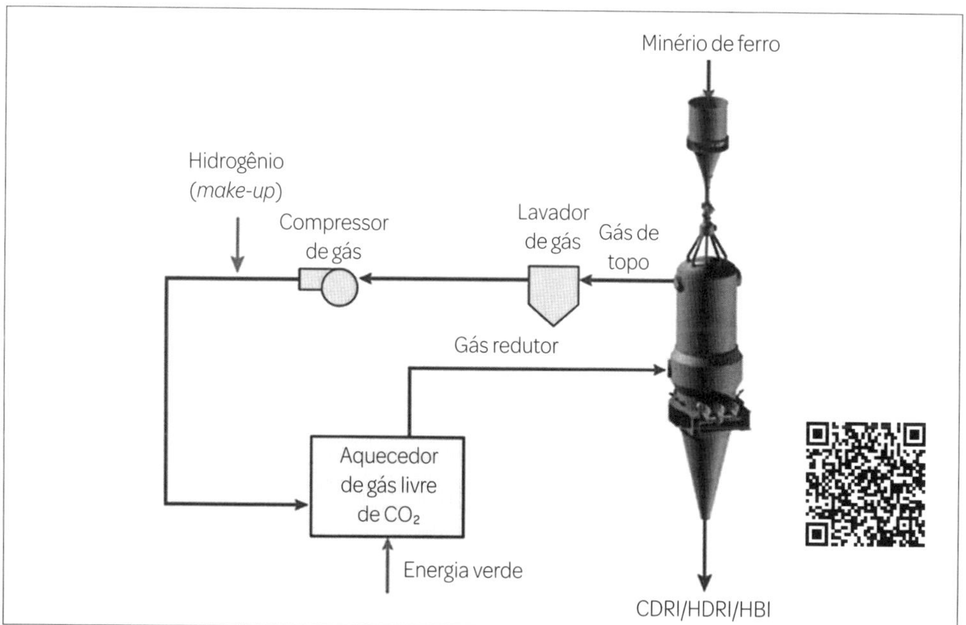

Figura 5.31 Fluxograma do processo Midrex H2®.
Fonte: adaptado de [26].

Conforme notícia publicada no website da Midrex [27], no terceiro trimestre de 2022, a Midrex Technologies, Inc. e a Paul Wurth anunciaram um acordo assinado com a empresa sueca H_2 Green Steel (H_2GS) para fornecer a primeira planta comercial com redução direta 100% hidrogênio do mundo [28]. A planta Midrex H_2®, de 2,1 milhões de toneladas por ano, estará localizada em Boden, norte da Suécia. A H_2GS produzirá aço verde, reduzindo as emissões de CO_2 em até 95% em comparação com a produção de aço tradicional. Ao substituir o carvão por hidrogênio verde alimentado por eletricidade renovável, a água e o calor tornam-se as emissões primárias. A planta deverá iniciar a produção em ritmo de 2,5 milhões de toneladas de aço verde em 2025 e aumentar para 5 milhões de toneladas até 2030. A H_2GS pretende enfrentar o desafio da descarbonização significativa por meio da construção de uma das maiores fábricas de eletrólise do mundo, alimentada com energia não fóssil, como parte integrante da unidade de produção de aço verde em Boden, Suécia.

5.4.5 Eletrólise direta dos minérios de ferro

A eletrólise ocorre quando uma corrente elétrica é aplicada a um eletrólito, ou seja, uma substância que conduz eletricidade. Os íons presentes no eletrólito são atraídos pelos eletrodos (cátodo e ânodo), que são as extremidades do circuito elétrico. No cátodo, os íons negativos (ânions) são reduzidos, ganhando elétrons. No ânodo, os íons positivos (cátions) são oxidados, perdendo elétrons. A eletrólise é uma técnica que utiliza corrente elétrica direta para separar alguns compostos químicos em suas partes constituintes. A eletrólise da água (H_2O) produz hidrogênio e oxigênio, enquanto a eletrólise do óxido do minério de ferro (Fe_2O_3) produz ferro metálico e oxigênio.

A produção de ferro por eletrólise de óxido fundido é uma nova tecnologia inicialmente desenvolvida pelo Instituto de Tecnologia de Massachusetts (MIT). O princípio básico da eletrólise de óxido fundido é mostrado na Figura 5.32. Esse processo produz apenas ferro e oxigênio, o que significa que nenhum dióxido de carbono é produzido. O óxido de ferro é dissolvido num solvente de óxidos fundidos a uma temperatura aproximadamente 1.600 °C. A introdução de uma corrente elétrica faz os íons de oxigênio, carregados negativamente, se moverem para o ânodo, gerando oxigênio gasoso a partir do ânodo. Os íons de ferro, carregados positivamente, movem-se para o cátodo produzindo ferro metálico líquido. O ferro metálico é então coletado na parte inferior da célula eletrolítica [29].

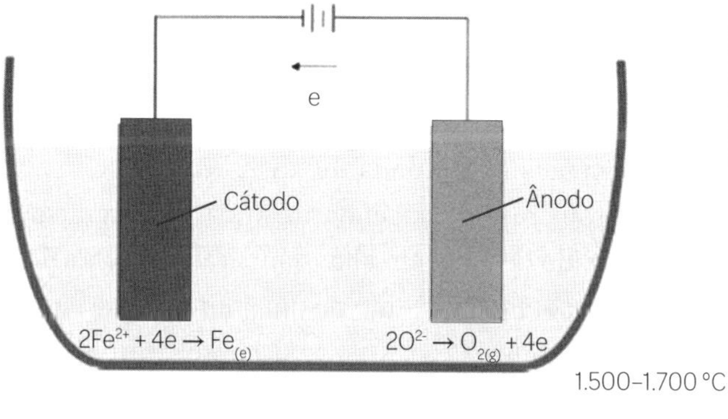

Figura 5.32 Princípio básico da eletrólise de óxido fundido.
Fonte: adaptada de [29].

Se a eletricidade utilizada for isenta de carbono, o ferro será produzido sem emissões de CO_2, tornando a eletrólise direta uma alternativa importante para a descarbonização da siderurgia. Outra vantagem significativa da eletrólise de óxido fundido é que qualquer grau de pureza do minério de ferro seria admissível. No entanto, essa tecnologia ainda enfrenta desafios consideráveis, conforme descrito a seguir:

- Escala: segundo a ficha técnica da WSA [30], globalmente, em 2020, foram produzidas 1.864 Mt de aço enquanto até presente data e lotes de ferro medidos em quilogramas foram fabricados utilizando eletrólise em escala piloto, pelo que seria necessário um aumento no volume de cerca de 8 ordens de grandeza para que a eletrólise pudesse desempenhar um papel significativo. Segundo a mesma a fonte, o roteiro de ferro e aço da Agência Internacional de Energia (AIE) prevê que, em condições favoráveis extremas, uma capacidade anual de 100 Mt de ferro de eletrólise de minério de ferro poderia estar em operação até 2050.
- Disponibilidade de energia elétrica limpa: como a eletrólise não produz CO_2, teoricamente poderia ser zero carbono, mas apenas se a eletricidade necessária para alimentar o processo for gerada sem causar emissões e se o consumo do eletrodo não levar a emissões de CO_2. Seria necessário um aumento significativo na capacidade de geração de eletricidade neutra em carbono para viabilizar a produção de ferro baseada na eletrólise em grande escala. Segundo WSA [30], a Boston Metal (ver item 5.4.6, a seguir) estabeleceu

uma meta de 4 MWh por tonelada de aço. Se isso for alcançado, e o exemplo extremo de 100 Mt de ferro de eletrólise da AIE se concretizar, isso precisaria ser apoiado por 45.660 MW de capacidade de geração eletricidade neutra em carbono, o equivalente a 28 reatores nucleares de 1.630 MW (Angra 1 e 2 no Brasil tem potência combinada de 1.990 MW).

- Eletrodos: vários problemas de engenharia ainda precisam ser resolvidos antes que a eletrólise do óxido de ferro em altas temperaturas se torne economicamente viável. Isso inclui o desenvolvimento de um ânodo inerte barato e sem carbono que seja resistente às condições corrosivas da eletrólise do óxido fundido.

Uma outra tecnologia de eletrólise, desenvolvida no âmbito do projeto Ulcos, é o processo de eletrólise denominado Ulcowin. É um processo de eletrólise de baixa temperatura que produz ferro elementar em estado sólido a partir de minério de ferro. Partículas de minério de ferro (por exemplo, hematita, Fe_2O_3) são suspensas em uma solução eletrolítica alcalina a cerca de 100 a 110 °C, quando uma corrente passa pela solução, do ânodo para o cátodo. Os íons de oxigênio (com carga negativa) são atraídos para o ânodo e liberados na superfície da solução na forma de moléculas de O_2, e os íons de ferro (com carga positiva) formam cristais na superfície do cátodo. O ferro sólido obtido pode então ser alimentado em um forno elétrico a arco (EAF) com uma pequena quantidade de coque (ou outra fonte de carbono para a produção de aço) para produzir aço bruto líquido. Esse ferro sólido também pode ser combinado com sucata de aço no EAF. Esse processo de extração eletrolítica foi demonstrado em escala laboratorial pelo projeto Ulcos.

5.4.6 Projeto Boston Metal (EUA)

A Boston Metal é uma empresa nascida dentro do MIT que desenvolve uma plataforma escalável que utiliza eletricidade para produzir diversos metais e ligas a partir de uma ampla variedade de matérias-primas. A tecnologia da Boston Metal é chamada de eletrólise de óxido fundido (*molten oxide electrolysis* – MOE), e um esquema de sua célula de eletrólise é mostrado na Figura 5.33 [31]. Existem dois segmentos de atuação da empresa: um é a produção de aço verde e o outro é a extração de metais valiosos de materiais complexos e de baixa concentração, que atualmente são considerados resíduos.

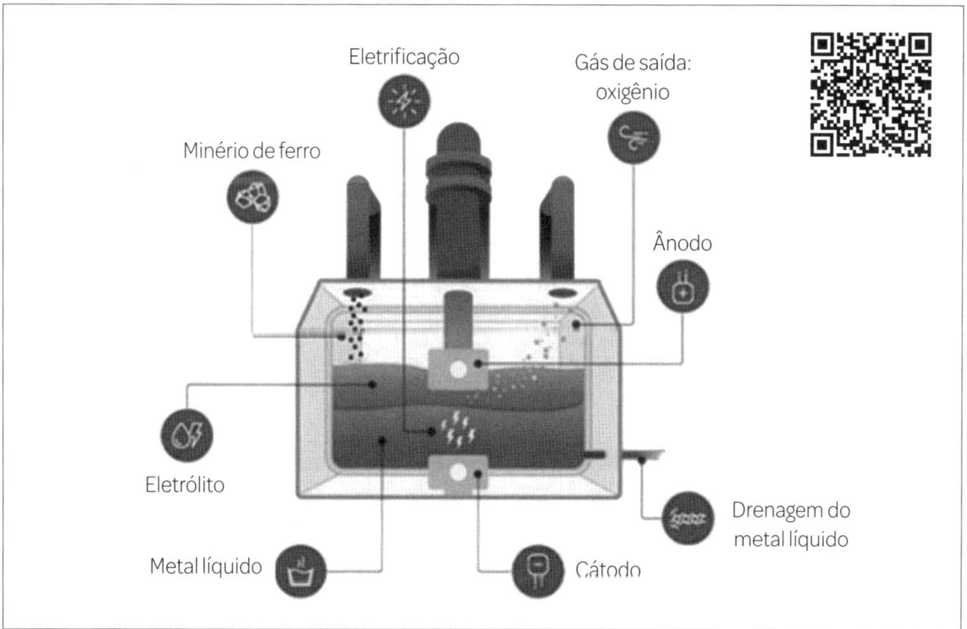

Figura 5.33 Célula de eletrólise de óxido fundido (MOE).
Fonte: adaptada de [31].

Na célula MOE para a produção de aço verde, um componente chave, submetido a condições extremamente corrosivas, é o ânodo inerte, que é imerso no eletrólito contendo minério de ferro. Os ânodos inertes foram validados em escala piloto e atualmente a empresa está trabalhando para validá-los em escala comercial. Quando a célula aquece até 1.600 °C, os elétrons quebram as ligações do óxido de ferro do minério, produzindo metal líquido puro. Nenhum CO_2 ou outros subprodutos prejudiciais são gerados, apenas oxigênio. Além disso, o MOE não necessita de água de processo, produtos químicos perigosos ou catalisadores. O resultado é um ferro metálico líquido de alta pureza que pode ser enviado diretamente para a metalurgia de panela, sem necessidade de reaquecimento. A Boston Metal espera comercializar MOE para a produção de aço verde até 2026 [31].

Segundo o website da Boston Metal [31], a tecnologia MOE é uma nova maneira de produzir metais com zero emissões de CO_2 e que apresenta uma série de outras vantagens sobre os processos tradicionais, como a capacidade de converter até mesmo finos de minério de ferro de baixo e médio teor diretamente em ferro líquido de alta pureza. Outra vantagem importante listada é a modularidade e a escalabilidade. As células modulares MOE têm aproximadamente o tamanho de um ônibus escolar e podem ser ampliadas, de milhares a milhões de toneladas de produção, adicionando novas células.

Quando usado para produção de metais de alto valor, o componente chave da célula MOE é um ânodo de carbono, que já foi validado em escala comercial. A utilização de eletricidade renovável para a célula MOE para metais de alto valor é uma opção. A empresa espera obter as primeiras receitas desse negócio de metais de alto valor em 2024. A Boston Metal do Brasil é sede da primeira implantação comercial da tecnologia de MOE para produção de metais de alto valor. A subsidiária brasileira está localizada em Coronel Xavier Chaves, próximo a São João Del Rei/MG, e irá recuperar metais de alto valor de resíduos de mineração [31].

5.4.7 *Projeto Siderwin (Europa)*

Esse processo, baseado na tecnologia Ulcowin, desenvolvida desde 2004 no escopo do projeto Ulcos, objetiva produzir aço por eletrólise em baixa temperatura, sem emissões diretas de CO_2. No processo, o minério de ferro finamente moído é introduzido em um banho eletrolítico de baixa temperatura (banho com solução alcalina e partículas de minério de ferro suspensas), e a corrente elétrica passando entre dois eletrodos faz o ferro ser atraído para o cátodo, formando depósitos de ferro sólido, e o oxigênio para o ânodo, onde evolui como bolhas de oxigênio gasoso, conforme ilustra a representação esquemática da Figura 5.34 [32].

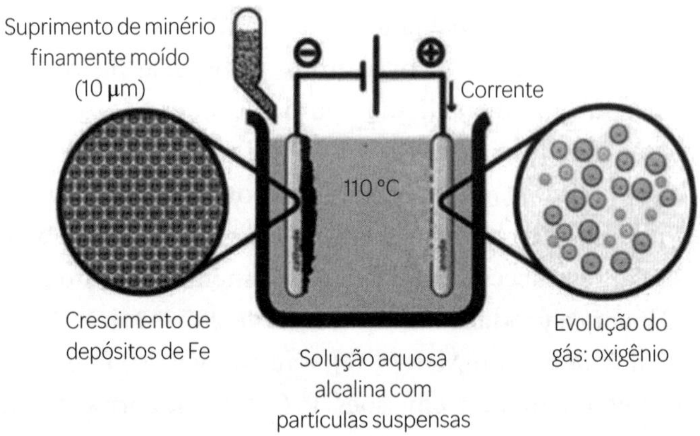

Figura 5.34 Representação esquemática da célula eletrolítica do processo Siderwin.
Fonte: adaptada de [32].

Conforme o website da Siderwin [32], nos laboratórios de P&D em Maizières, França, foi desenvolvido o primeiro protótipo de célula eletrolítica, comprovando a viabilidade da eletrólise do ferro. Ficou demonstrado também que o processo pode operar num modo *start/stop* altamente flexível, ideal para redes elétricas dependentes de grandes quantidades de energia renovável intermitente. Além disso, os testes mostraram que é necessária menos energia equivalente, por quantidade de ferro produzido, do que a necessária para produzir hidrogênio a partir da eletrólise da água [32]. No protótipo, um consumo específico de energia de 2,7 MWh/t foi alcançado em condições estáveis [33].

A ArcelorMittal é a empresa líder do projeto Siderwin, que continua a desenvolver essa tecnologia com 11 parceiros em consórcio e com financiamento de 7 milhões de euros do programa Horizonte 2020, da União Europeia. Atualmente, está em construção uma planta piloto com célula piloto de três metros onde serão testados vários tipos de minério de ferro (incluindo resíduos). Com a planta piloto, o Siderwin passa da escala de placas de ferro sólido produzidas da faixa de 1 kg para placas de cerca de 100 kg [33].

Como a tecnologia ainda não foi implementada em larga escala, nenhuma capacidade potencial ou típica foi estimada. Porém, a instalação seria modular, com células eletrolíticas empilhadas, e há alguma experiência com esse tipo de tecnologia em outros setores metalúrgicos. O consórcio estabeleceu cinco objetivos principais [32]:

1. Desenvolver, construir e demonstrar a produção de ferro metálico a partir de seu óxido sem envolvimento direto de carbono ou combustíveis fósseis.
2. Produzir ferro por eletro extração com uma célula protótipo equipada com os principais componentes da versão final.
3. Fazer a interface da célula protótipo eletroeletrônica com um sistema de comunicação para operá-la de acordo com as prioridades da rede elétrica em tempo real.
4. Produzir ferro metálico a partir de óxido de ferro proveniente de minério de ferro de baixo teor incompatível com os processos convencionais.
5. Propor um modelo rentável que facilite o apoio financeiro das próximas etapas de desenvolvimento do processo Siderwin.

5.5 Utilização de biomassa na produção do aço

A biomassa é qualquer material orgânico renovável oriundo de plantas e animais, contendo energia do sol, armazenada na forma de componentes químicos (fotossíntese). A Figura 5.35 ilustra algumas fontes comuns de biomassa. A biomassa pode ser queimada diretamente para obter energia, convertida em combustíveis líquidos e gasosos por meio de vários processos ou convertida para ser utilizada em processos industriais, como na siderurgia. Ela é uma fonte de energia limpa porque, embora sua combustão libere CO_2 na atmosfera, este é o mesmo que as plantas absorveram da atmosfera durante seu crescimento. Portanto, a combustão da biomassa não contribui para o aumento das concentrações de CO_2 na atmosfera. A biomassa é uma fonte de energia renovável, pois pode ser produzida continuamente.

Figura 5.35 Fontes comuns de biomassa.
Fonte: autor.

No entanto, toda a cadeia de abastecimento deve ser considerada e todas as emissões associadas a produção, processamento, transporte e utilização de biomassa devem ser incluídas, sobretudo a colheita, o transporte e o processamento, que em geral envolvem o uso de energia fóssil. No entanto, a energia fóssil utilizada na cadeia de abastecimento representa geralmente uma pequena fração em termos de emissões comparado com a captura de CO_2 durante o crescimento da biomassa, mesmo para a biomassa lenhosa transportada por longas distâncias, por exemplo, por meio de florestas plantadas.

A biomassa já é utilizada de forma significativa no setor energético brasileiro. No Brasil, de acordo com dados da Empresa de Pesquisa Energética [14], a participação da biomassa (derivados da cana de açúcar e lenha mais carvão vegetal) na matriz de energia no Brasil soma 24,4% em 2022, conforme Figura 5.36. A biomassa é a segunda fonte de energia mais importante do país, atrás apenas de petróleo de derivados (35,7%).

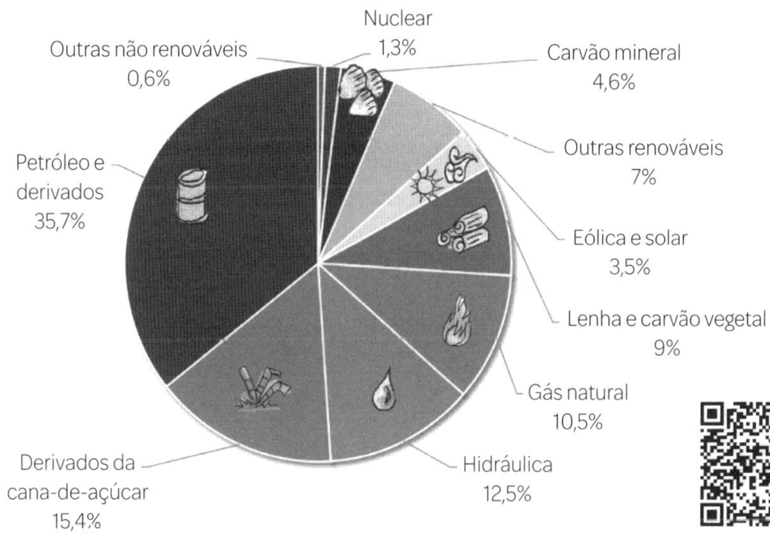

Figura 5.36 Matriz energética brasileira.
Fonte: adaptada de [14].

O carvão vegetal é uma biomassa muito significativa no Brasil. Ao longo dos anos, as empresas siderúrgicas aprimoraram as técnicas de plantio e manejo sustentável das florestas. Atualmente, árvores de espécies de crescimento rápido estão prontas para o corte em 6 a 8 anos e são convertidas em carvão vegetal, que alimenta os altos-fornos para redução do minério de ferro. O sequestro de CO_2 durante o crescimento das árvores compensa o volume de CO_2 liberado durante o processo de produção do aço. Portanto, o carvão vegetal é redutor sustentável com o potencial de contribuir para a descarbonização da siderurgia e, no Brasil, a siderurgia a carvão vegetal é responsável por cerca de 11% da produção nacional de aço. No entanto, existem alguns desafios a serem considerados:

- Sustentabilidade da biomassa: deve ser garantido que a biomassa seja produzida de forma sustentável. Isso significa que deve ser produzida sem causar desmatamento ou danos ao meio ambiente. No caso do carvão vegetal, o carvoejamento deve ser feito em fornos com sistemas de captação dos gases e aproveitamento de resíduos, evitando a dispersão dos gases na atmosfera, principalmente o metano, que tem efeito estufa dezenas de vezes maior que o CO_2. Outro desafio é garantir que a biomassa seja eficientemente convertida para uso. Isso pode ser feito usando tecnologias de cogeração, que aproveitam o calor residual da produção de biomassa para gerar eletricidade ou calor aproveitável. No Brasil, a indústria de carvoejamento tem um longo caminho a percorrer nesse sentido.
- Competição pela terra: a competição pelas terras aráveis necessárias para a produção de alimentos, pecuária e produção de celulose é a principal questão relativa à produção de biomassa. A perturbação do solo, o esgotamento de nutrientes e a qualidade prejudicada da água também são efeitos ambientais potenciais da produção de matéria-prima para biomassa e da utilização de resíduos agrícolas e florestais para geração de energia.
- Cadeia de abastecimento: existem cadeias de abastecimento robustas para movimentar as grandes quantidades de matérias-primas (como carvão, minério de ferro, cal, sucata) necessárias na produção siderúrgica moderna. Cadeias de abastecimento semelhantes terão de ser desenvolvidas para colher biomassa em volume, convertê-la e processá-la em biocarvão e entregá-la de forma confiável às instalações de produção de aço [34].
- Tamanho dos altos-fornos: embora alguns altos-fornos operem atualmente usando apenas biomassa (sobretudo no Brasil), a menor resistência mecânica do carvão vegetal em relação ao coque significa que esses são fornos são menores

que os fornos que operam com coque. O limite máximo para um alto-forno operar com redutor à base de carvão vegetal fica em torno de 500 m^3 a 600 m^3 de volume interno. No entanto, a base instalada de altos-fornos que operam com combustíveis fosseis no Brasil (88% da produção de aço) são de fornos bem maiores, sendo a maioria com volumes acima de 2.000 m^3. Dessa forma, mesmo que houvesse área plantada suficiente e logística de abastecimento de carvão vegetal, esses altos-fornos não poderiam ser convertidos para operar com esse tipo de biomassa. Uma alternativa é o processo Tecnored, que não demanda alta resistência mecânica da biomassa, por usar um forno de pequeno volume.

Além do carvão vegetal, outra opção é o uso de biomassa na forma de briquetes. Essa técnica envolve maceração, secagem, carbonização e densificação (briquetagem) das biomassas. A pirólise da biomassa é a sua decomposição térmica na ausência de oxigênio. Geralmente é realizado entre 300 °C e 600 °C. A alta temperatura de pirólise da biomassa leva a celulose, a hemicelulose e alguma lignina da biomassa a se decomporem em moléculas menores na forma gasosa. Após o resfriamento, parte dos gases se condensam, obtendo-se um bio-óleo e um biogás não condensável. Do restante da biomassa original (principalmente a lignina restante) é formado biocarvão sólido, além de possível geração de calor e/ou eletricidade.

A biomassa pode então ser utilizada em diferentes etapas do processo siderúrgico, como na sinterização, na coqueria e no alto-forno. Na sinterização, a biomassa pode ser utilizada para substituir parte do combustível na mistura a sinterizar. Na coqueria, a biomassa é utilizada em pequenas porcentagens na mistura a coqueificar. No alto-forno, a biomassa pode ser utilizada para substituir parte da mistura de carvões que é finamente moída e injetada pelas ventaneiras, onde não seria necessária a resistência mecânica. Essas aplicações estão sendo estudadas e existem diversas publicações de testes realizados nas usinas siderúrgicas brasileiras [35], [36], [37], [38]. A Figura 5.37 ilustra a preparação das biomassas e seu uso na siderurgia. Os resultados dos testes reportam o uso de biocarvão até 2% na coqueificação, até 20% na sinterização e na injeção em altos-fornos. No processo Tecnored, os testes indicam o uso de até 100% de biocarvão [5].

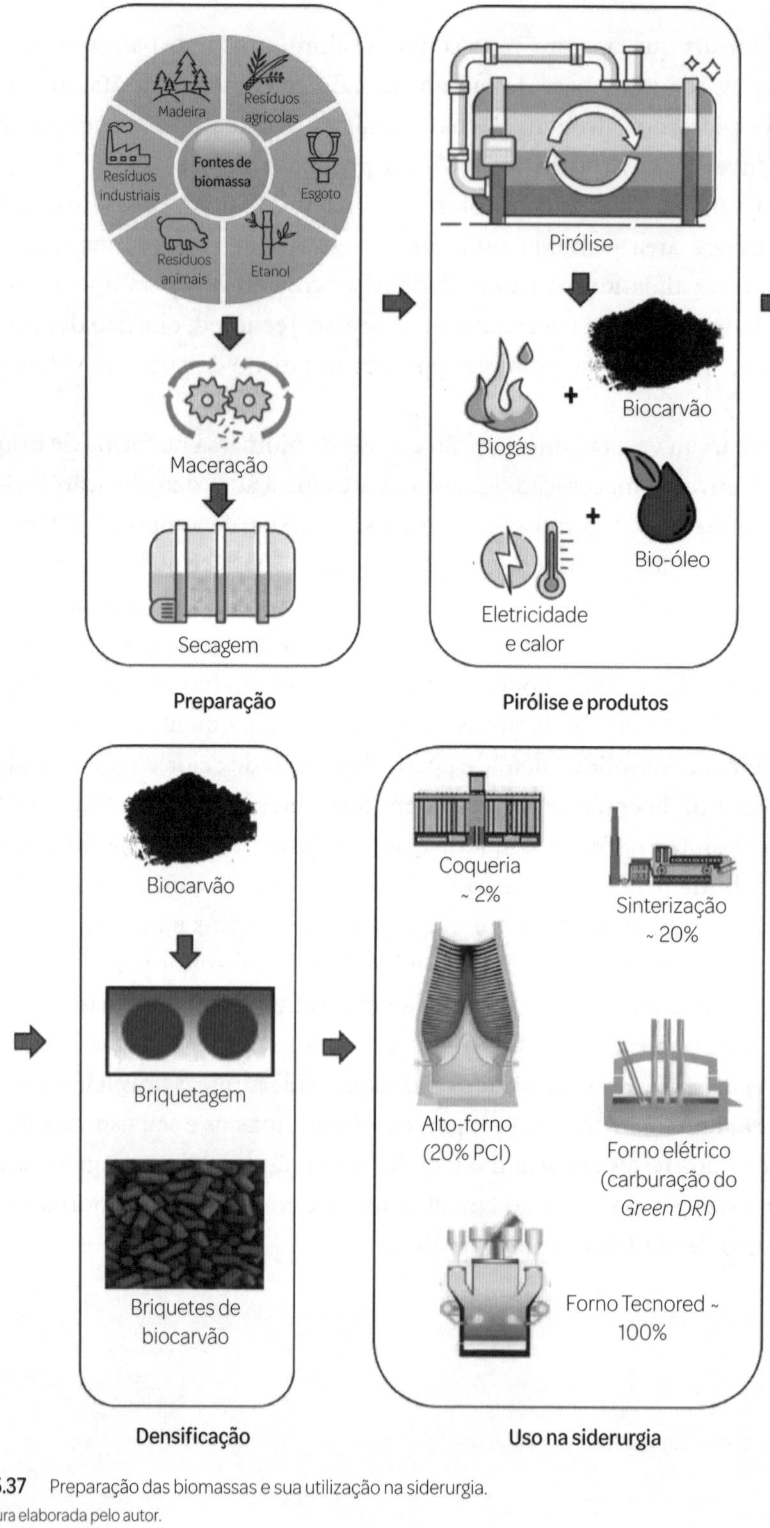

Figura 5.37 Preparação das biomassas e sua utilização na siderurgia.

Fonte: figura elaborada pelo autor.

A seguir, comentaremos sobre duas empresas brasileiras, operando com 100% de carvão vegetal, que obtiveram certificação internacional de neutralidade em carbono. Também comentaremos sobre a utilização de biomassa na produção de pelotas de minério de ferro e sobre um projeto brasileiro, totalmente disruptivo, que pretende produzir gusa verde utilizando biomassa em fornos de tecnologia Tecnored.

5.5.1 Operação da Aço Verde Brasil (Brasil)

Segundo informação do website da empresa [39], a Aço Verde Brasil (AVB) é a primeira usina siderúrgica integrada carbono neutro do mundo. A certificação foi emitida pela Societé Générale de Surveillance (SGS), contratada para verificar o inventário de emissões de gases causadores de efeito estufa da AVB de 2018 a 2022. O trabalho seguiu o *GHG Protocol* e as metodologias internacionalmente reconhecidas pela WSA. A AVB escolheu o indicador "relação de toneladas de CO_2 por tonelada de aço bruto" para orientar as decisões operacionais e de investimentos da empresa, conforme ilustra a Figura 5.38, que mostra a intensidade de CO_2 por tonelada de aço bruto produzido pela empresa.

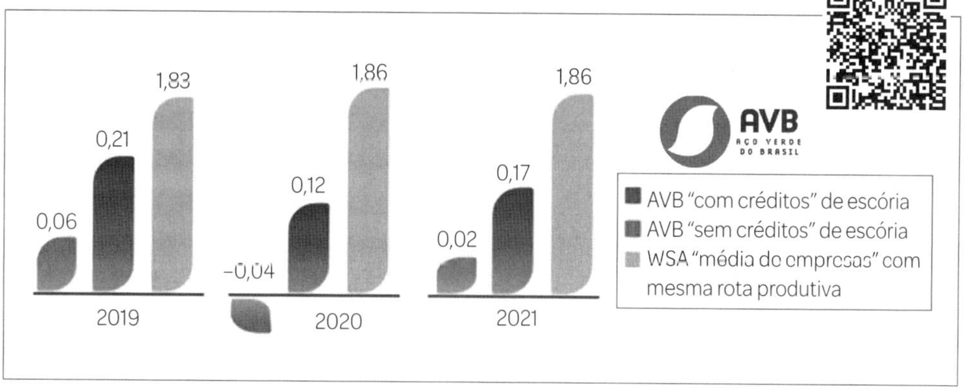

Figura 5.38 Intensidade de CO_2 por tonelada de aço bruto pela AVB.
Fonte: adaptada de [39].

Segundo o relatório de sustentabilidade AVB [40], a empresa foi planejada para ser uma usina de carbono neutro há dez anos, desde a fase de engenharia conceitual e básica. Durante essa fase, foram escolhidas as especificações de equipamentos e a rota de processo do aço que seria capaz de gerar uma emissão de gases de efeito estufa muito baixa. Com isso em mente, a AVB adotou em seu projeto uma série de estratégias e tecnologias verdes, como:

- Escolha da rota de produção de aço com uso de 100% de biocarbono (carvão vegetal) nos altos-fornos, matéria-prima neutra em emissões de carbono, segundo o Painel Intergovernamental sobre Mudanças Climáticas (IPCC) da ONU.
- Definição da localização da usina siderúrgica na região Nordeste do Brasil, em Açailândia/MA, onde pode comprar energia elétrica 100% renovável e com certificado de energia renovável (REC).
- Seleção de equipamentos para as áreas de produção da usina capazes de recuperar 100% dos gases de processo gerados nos altos-fornos e na aciaria, eliminando o uso de combustíveis fósseis.
- Fornecimento, em contrato de longo prazo, de 100% da escória de alto-forno para fabricação de cimento, substituindo parcialmente o uso de clínquer e, consequentemente, as emissões de gases de efeito estufa.
- Matriz energética diversificada, considerando o reaproveitamento dos gases de processo da produção do aço (gás de alto-forno e gás do convertedor LD) para cogeração de energia elétrica, por meio de uma termelétrica de 11 MW instalada na AVB.
- Aproveitamento dos gases gerados nos altos-fornos e convertedor LD em substituição ao uso de combustíveis fósseis no forno de reaquecimento da laminação e no aquecimento refratário das panelas de aço distribuidoras da aciaria.
- Reciclagem da escória gerada no convertedor LD e nos altos-fornos em substituição parcial do calcário adquirido e da escória gerada no forno panela dentro do convertedor LD em substituição parcial da cal adquirida.
- Projeto em construção para o emprego de briquetes a frio produzidos a partir de coprodutos gerados (escória, lodo, pó de balão etc.) nos altos-fornos com redução do consumo de minério de ferro e biocarbono em, no mínimo, 10%.

5.5.2 Operação da Aperam (Brasil)

Segundo o relatório de sustentabilidade da Aperam [41] no Brasil, após auditorias realizadas em 2021 e 2022 pela Société Générale de Surveillance (SGS), líder em testagem, inspeção e certificação, a Aperam South America se tornou empresa com balanço carbono neutro entre emissões e remoções de gases do efeito estufa da atmosfera no segmento de aços planos especiais. Ainda se mostrou capaz de retirar volume de gases da atmosfera superior ao gerado com suas atividades. No acumulado, entre 2020 e 2021, foram eliminadas 33 mil toneladas de CO_2 a mais. A conquista da neutralidade de carbono acontece cerca de 30 anos antes do prazo estabelecido pela empresa, que era reduzir suas emissões até 2030 e neutralizá-las até 2050.

5.5.3 Projeto de uso de biocarbono na pelotização Vale (Brasil)

Conforme notícia publicada em seu website [42], a Vale tem a meta de reduzir em 33% as emissões de CO_2, escopo 1 e 2, até 2030 e alcançar a neutralidade até 2050. Dentro dessa estratégia, a empresa anunciou, em março de 2023, que conseguiu produzir pela primeira vez, em escala industrial, pelotas com qualidade comercial sem o uso de carvão antracito. O teste foi realizado na pelotizadora de Vargem Grande/MG e substituiu 100% do combustível fóssil antracito por biocarbono renovável no processo de queima da pelota.

O carvão antracito corresponde a cerca de 50% das emissões de CO_2 na pelotização, que, por sua vez, é o processo mais intensivo em carbono em relação às emissões diretas da Vale. Segundo a empresa, a pelotização corresponde a 30% do total de emissões do escopo 1. O teste foi iniciado com taxa de substituição de 50% do carvão pelo biocarbono, evoluindo gradativamente até chegar a 100%. No total, foram produzidas cerca de 50 mil toneladas de pelotas, das quais 15 mil com 100% de biocarbono de origem certificada.

Apenas na pelotizadora de Vargem Grande, o uso do biocarbono representa uma redução de cerca de 350 mil toneladas de CO_2 anualmente, o equivalente à emissão de aproximadamente 75,4 mil carros populares de 1 mil cilindradas por ano. Segundo a empresa, serão realizados novos testes de maior duração para avaliação completa do processo visando à implantação definitiva do projeto.

5.5.4 Projeto Vale/Tecnored de gusa verde em Marabá (Brasil)

Conforme notícia publicada em seu website [43], a Vale e o Governo do Estado do Pará anunciaram, em abril de 2022, o início das obras de implantação da primeira planta comercial da Tecnored no Brasil, em Marabá, no sudeste paraense. A tecnologia Tecnored é inovadora no mercado e permite produzir o chamado gusa verde, a partir da substituição de carvão metalúrgico por biomassa, reduzindo, assim, as emissões de carbono em até 100%, sendo um passo importante na contribuição com a descarbonização da siderurgia.

A unidade de Marabá terá capacidade inicial de produzir 250 mil toneladas por ano de gusa verde, podendo chegar, no futuro, a 500 mil toneladas. O início está previsto para 2025, com investimento estimado em aproximadamente R$ 1,6 bilhão. A meta da Vale é operar a planta com 100% de biomassa até 2030.

O forno Tecnored tem dimensões bem menores que um alto-forno siderúrgico tradicional e é bastante flexível no uso de suas matérias-primas, que podem ser desde finos de minério de ferro e resíduos siderúrgicos até a lama de barragens. Como combustível, o forno pode ser alimentado por biomassa carbonizada, como a do bagaço da cana e resíduos de eucalipto. Ambos são transformados em briquetes (pequenos blocos compactos) e carregados no forno, dando origem à gusa verde. O forno também permite o uso do próprio carvão térmico como combustível. Em um primeiro momento, o combustível fóssil (carvão) será usado para avaliar o desempenho da planta, já que esta será a primeira operação em larga escala da tecnologia. Gradualmente, a empresa planeja substituir o carvão por biomassa carbonizada até atingir a meta de 100% de biomassa. A flexibilidade de uso de combustíveis no forno permite reduzir o custo operacional em até 15% em comparação com um alto-forno tradicional. A Figura 5.39 [44] mostra o fluxo de matérias-primas na fabricação de briquetes para o forno Tecnored.

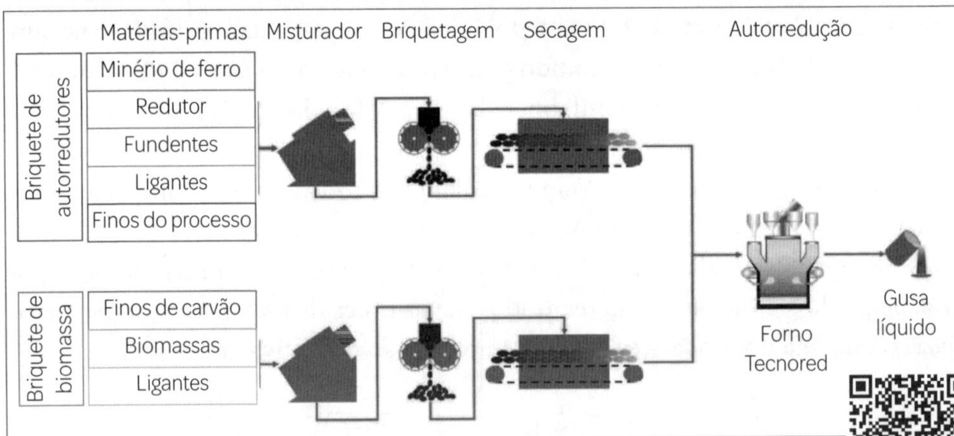

Figura 5.39 Fluxo de matérias-primas na fabricação de briquetes para o forno Tecnored.
Fonte: adaptada de [44].

Desenvolvida ao longo dos últimos 35 anos, a tecnologia Tecnored elimina também os processos de coqueria e sinterização, etapas anteriores à produção do aço na usina siderúrgica que são intensivas na emissão de gases do efeito estufa. Estima-se um ganho de custo no investimento de novas plantas siderúrgicas de até 15% ao dispensar a necessidade de coqueria e sinterização com o uso do forno Tecnored. A planta é ainda autossustentável em termos de eficiência de energia. Todo o gás do processo será reutilizado e uma parte será usada para cogeração de energia. A escória, resíduo gerado na produção do gusa, será utilizada como matéria-prima na indústria cimenteira.

Na mesma notícia [43], a Vale informa que assumiu em 2020 a meta de reduzir em 15% as emissões líquidas de escopo 3, que inclui clientes e fornecedores, até 2035. A planta comercial da Tecnored em Marabá faz parte do esforço da Vale de oferecer a seus clientes siderúrgicos soluções tecnológicas para ajudar na descarbonização de seus processos produtivos. Desse total, a companhia vai contribuir com até 25% por meio de um portfólio de produtos de alta qualidade e soluções tecnológicas, entre os quais inclui o gusa verde. Hoje, a siderurgia representa 94% das emissões de escopo 3 da Vale.

6. CONSIDERAÇÕES FINAIS

Como visto, existem diversas rotas e processos de produzir aço. A evolução da aceitação de um novo processo de redução de minérios de ferro não é impulsionada apenas por desenvolvimento técnico, economia e eficiência do novo processo, mas também por critérios baseados principalmente na maturidade da tecnologia, ou seja, deve oferecer também operação contínua sem flutuações, vida útil elevada do equipamento, escala de produção, flexibilidade de variações na capacidade de produção, baixo custo de operação e manutenção e base de conhecimento dos operadores.

No aspecto confiabilidade, o alto-forno tem grandes vantagens, pois tem um histórico de desenvolvimento de mais de 300 anos. No século XVIII, a produção diária de um alto-forno era de 2 t/dia; atualmente, a produção chega a 15.000 t/dia em alto-forno de grande porte. Um alto-forno moderno pode ter campanhas com vida útil acima de 25 anos e baixo custo de operação e manutenção. A base de conhecimento sobre o alto-forno é enorme, com centenas de artigos técnicos sendo publicados a cada ano. Tudo isso propiciou que a grande evolução de produção mundial de aço desde o ano 2000 fosse centrada na rota alto-forno/convertedor. No Brasil, foram construídas, no período citado, duas grandes usinas siderúrgica integradas, ambas baseadas nessa rota.

Com relação aos processos de redução direta, cujas tecnologias à base de gás natural são mais competitivas, eles são particularmente adequados em locais onde o gás natural é mais barato e onde têm crescido continuamente. Daqui em diante, entretanto, com a emergência climática, a rota redução direta mais EAF tende a crescer ainda mais, já que operando com gás natural, pode ser obtida redução de cerca de 50% em relação à siderurgia convencional. Além disso, é tecnicamente viável operar com até 100% de hidrogênio, obtendo, assim, o aço livre de carbono, desde que estejam disponíveis hidrogênio e energia elétrica renovável suficientes.

Os processos de fusão-redução ganharam ímpeto a partir da década de 1980 em razão da possibilidade de usar carvão não coqueificável de baixo custo e minérios de ferro não aglomerados. No entanto, poucas unidades foram construídas no mundo desde então, provavelmente por causa dos desafios tecnológicos e de captação de investimentos. Na realidade atual, algumas dessas tecnologias podem retornar modificadas, como é o caso do processo Finex®, que serviu de base para o processo HyREX, de modo a participar dos esforços de redução das emissões de CO_2.

Sobre as tecnológicas inovadoras discutidas no texto (uso do hidrogênio, eletrólise direta, uso de biomassa e CCS/CCU), a tendência é que cada uma delas tenha seu papel na descarbonização, dependendo das características de cada país. O Brasil tem um potencial significativo para a descarbonização da siderurgia, pois possui uma matriz energética limpa e uma agricultura de grande porte e muito desenvolvida tecnologicamente.

A rota clássica de fabricação de ferro via alto-forno provavelmente manterá seu domínio nos próximos anos, dada a pouca maturidade das rotas alternativas de baixo carbono e dos enormes investimentos necessários para fazer a transição. Essa sobrevida pode ser aumentada por meio de tecnologias que permitam diminuir a pegada de carbono dos altos-fornos e da captura, armazenamento ou uso do CO_2.

REFERÊNCIAS

1. MIDREX TECHNOLOGIES, Inc. *World direct reduction statistics, audited by world steel dynamics*. 2022. Disponível em: https://www.midrex.com/insight/world-dri-production-reaches-127-36-mt-in-2022/
2. WORLD STEEL ASSOCIATION. *World steel in figures, 2023*. Disponível em: https://worldsteel.org/publications/bookshop/world-steel-in-figures-2023/?do_download_id=d36adaf7-e4d4-436b-bcdb-15f9f708ddf7
3. SCHMOLE, P. *et al.* New ironmaking technologies: will the dominance of the blast furnace be ever challenged? *In: 6th ICSTI – International Congress on the Science and Technology of Ironmaking, ABM*, 14 a 18 de outubro de 2012, Rio de Janeiro.
4. MOURÃO, M. B. *et al. Introdução à siderurgia*. ABM, 2007.
5. TECNORED DESENVOLVIMENTO TECNOLÓGICO S.A. Disponível em: www.tecnored.com.br
6. PRIMETALS TECHNOLOGIES. *COREX – Efficient and environmentally friendly smelting reduction*. Disponível em: www.primetals.com
7. STEFFEN, R. et al. State of the art technology of direct and smelting reduction of iron ore. *La Revue de Métallurgie – CIT*, p. 171-181, 2004.
8. JOHN, S. et al. COREX – An answer for hot metal production in a changing environment. *46º Seminário de Redução de Minério de Ferro e Matérias-Primas part of the ABM Week*, 26 a 30 setembro de 2016, Rio de Janeiro. p. 672-685.
9. JOHN, S. et al. FINEXR – An old vision of the iron and steel industry becomes reality. *46º Seminário de Redução de Minério de Ferro e Matérias-Primas part of the ABM Week*, 26 a 30 setembro de 2016, Rio de Janeiro. p. 705-714.
10. PRIMETALS TECHNOLOGIES. The FINEX – Process economical and environmentally safe ironmaking. Disponível em: www.primetals.com

11. OFNER, H.; ROTHBERGER, J.; MILLNER, R. The winding road toward zero-carbon iron, metals. *Primetal Magazine*, set. 2021. Disponível em: https://magazine.primetals.com/2020/01/01/the-winding-road-toward-zero-carbon-iron/
12. PEI, M.; PETAJANIEMI, M.; REGNELL, A.; WIJK, O. Toward a fossil free future with HYBRIT: development of iron and steelmaking technology in Sweden and Finland. *Metals*, 10, 972, 2020. Disponível em: https://www.mdpi.com/2075-4701/10/7/972/htm
13. U.S. ENERGY INFORMATION ADMINISTRATION (EIA). *Today in Energy Global allowance prices for CO_2 emissions increased by over 40% in 2021*. Disponível em: https://www.eia.gov/todayinenergy/detail.php?id=55000
14. EMPRESA DE PESQUISA ENERGÉTICA. *Matriz energética e elétrica*. Disponível em: https://www.epe.gov.br/pt/abcdenergia/matriz-energetica-e-eletrica
15. EUROPEAN COMMISSION. *Climate action – Why do we need carbon capture, use and storage?* Disponível em: https://climate.ec.europa.eu/eu-action/carbon-capture-use-and-storage/overview_en
16. WORLD STEEL ASSOCIATION. *Fact sheet – Carbon capture and storage (CCS)*. March, 2023. Disponível em: https://worldsteel.org/climate-action/breakthrough-technologies/
17. ARIYAMA, T. Perspective toward long-term global goal for carbon dioxide mitigation in steel industry – TETSU 2019. Disponível em: https://www.jstage.jst.go.jp/article/tetsutohagane/105/6/105_TETSU-2019-008/_pdf/-char/ja
18. UNIVERSITY OF CALGARY. *Energy education – Types of hydrogen fuel*. Disponível em: https://energyeducation.ca/encyclopedia/Types_of_hydrogen_fucl
19. WORLD STEEL ASSOCIATION. *Fact sheet – Hydrogen (H2)-based ironmaking*. March, 2023. Disponível em: https://worldsteel.org/climate-action/breakthrough-technologies/
20. SCOTT, A. Tension rises as clean hydrogen projects spread. *Chemical & Engeneering News*. Disponível em: https://cen.acs.org/energy/Tension-arises-clean-hydrogen-projects/98/i27
21. THYSSENKRUPP. *Injection of hydrogen into blast furnace*: Thyssenkrupp Steel concludes first test phase successfully. Disponível em: https://www.thyssenkrupp-steel.com/en/newsroom/press-releases/thyssenkrupp-steel-concludes-first-test-phase-successfully.html
22. HYBRIT FOSSIL FREE STEEL. *Summary of findings from HYBRIT pre-feasibility study 2016-2017*. Swedish Energy Agency, SSAB, LKAB, and Vattenfall. Disponível em: https://www.hybritdevelopment.se/wp-content/uploads/2021/02/Hybrit-broschure-engelska.pdf

23. HYBRIT. Disponível em: https://www.hybritdevelopment.se/en/
24. SPREITZER, D. *et al.* HYFOR – HYdrogen-based Fine-Ore Reduction. *Mitsubishi Heavy Industries Technical Review*, v. 59, n. 2, jun. 2022. Disponível em: https://www.mhi.co.jp/technology/review/pdf/e592/e592070.pdf
25. *POSCO Sustainability Report 2022 – Building a Better Future Together*. June, 2023. Disponível em: https://www.posco.co.kr/homepage/servlet/FileDown?file=/hfiles/enboard/6915f96b18c2417bc89a61a30ebdc510.pdf&filename=POSCO%20Sustainability%20Report%202022.pdf
26. MIDREX. *Ironmaking technology for a sustainable steel industry*. Disponível em: https://www.midrex.com/wp-content/uploads/MRX-059_Tech_Brochure_phase2_r3_digital.pdf
27. MIDREX. *Midrex and Paul Wurth Selected by H2 Green Steel*. Disponível em: https://www.midrex.com/press-release/midrex-and-paul-wurth-selected-by-h-2-green-steel/
28. H2 Green Steel. *H2 Green Steel partners with Midrex for technology and Kobe Steel for equity investment*. Disponível em: https://www.h2greensteel.com/latestnews/ h2-green-steel-partners-with-midrex-for-technology-and-kobe-steel-for-equity-investment
29. ZHANG, X.; JIAO, K.; ZHANG, J.; GUO, Z. A review on low carbon emissions projects of steel industry in the world. *Journal of Cleaner Production*, 306, 2021. Disponível em: www.elsevier.com/locate/jclepro
30. WORLD STEEL ASSOCIATION. *Fact sheet – Electrolysis in ironmaking*. March, 2023. Disponível em: https://worldsteel.org/climate-action/breakthrough-technologies/
31. BOSTON METAL. Disponível em: https://www.bostonmetal.com/green-steel-solution/
32. SIDERWIN. Disponível em: https://www.siderwin-spire.eu/
33. *SIDERWIN concluding webinar 23rd March 2023 slides*. Disponível em: https://zenodo.org/record/7785032#.ZCVyxXZByUk
34. WORLD STEEL ASSOCIATION. *Fact sheet – Biomass in steelmaking*. March, 2023. Disponível em: https://worldsteel.org/climate-action/breakthrough-technologies/
35. CAMPOS, A. M. A.; ASSIS, P. S.; NOVACK, K. M. Aspectos econômicos e ambientais do uso de biomassas na siderurgia. *In: 48º Seminário de Redução de Minérios e Matérias-Primas*, São Paulo, 2018, p. 21-32. Disponível em: https://abmproceedings.com.br/ptbr/article/download-pdf/aspectos-econmicos-e-ambientais-do-uso-de-biomassas-na-siderurgia

36. SILVA, R. D. S. et al. Utilização de biomassa de eucalipto na produção de coque metalúrgico. *In: 48° Seminário de Redução de Minérios e Matérias-Primas*, São Paulo, 2018, p. 33-44.
37. MARQUES, M. B.; PIMENTA, F. V. Injeção de moinha de carvão vegetal no alto-forno A. *In: 40º Seminário de Redução de Minério de Ferro e Matérias-Primas e 11º Simpósio Brasileiro de Minério de Ferro*, Belo Horizonte, 2010, p. 516-526.
38. SILVA, G. L. R. *et al.* Utilização de finos de carvão vegetal para produção de biocoque metalúrgico. *In: 46º Seminário de Redução/17º Minério de Ferro/4º Aglomeração*, Rio de Janeiro, 2016, p. 127-136.
39. AÇO VERDE BRASIL (AVB). Disponível em: https://avb.com.br/certificado-de-emissoes-co2/
40. AÇO VERDE BRASIL (AVB). *Relatório de Sustentabilidade da Aço Verde Brasil (AVB).* Disponível em: https://avb.com.br/sustentabilidade/relatorio-de-sustentabilidade/#1646848494200-60606c1c-3b8b
41. APERAM BRASIL. *Relatório de Sustentabilidade Aperam*: Complemento País. Disponível em: https://www.aperam.com/sites/default/files/documents/Country_Page_Brazil_PT.pdf
42. VALE. *Vale produz, pela primeira vez, pelotas a partir de fontes renováveis.* Disponível em: https://vale.com/pt/w/vale-produz-pela-primeira-vez-pelotas-a-partir-de-fontes-renovaveis
43. VALE. *Vale inicia em Marabá (PA) obra da primeira planta comercial da Tecnored, que contribuirá com descarbonização da siderurgia.* Disponível em: https://vale.com/pt/w/vale-inicia-em-maraba-pa-obra-da-primeira-planta-comercial-da-tecnored-que-contribuira-com-descarbonizacao-da-siderurgia
44. OLIVEIRA, R. L. *Webinar Tecnored*: tecnologia disruptiva de redução fusão. ABM TV - Programa Difusão Digital com o tema Tecnologia e Inovação. Disponível em: https://www.youtube.com/watch?v=qLzkjWBwQvA&t=2740s

BIBLIOGRAFIA

MARKOTI, A. et al. State of the direct reduction and reduction smelting processes. *Journal of Mining and Metallurgy, Section B Metallurgy*, v. 38, n. 3-4, p. 123-141, 2002.

CAPÍTULO 6
Fabricação de aço líquido em conversor a oxigênio

Antonio Malynowskyj

1. UM POUCO DE HISTÓRIA

O ano de 1856 é considerado o ano da invenção do processo Bessemer, por Henry Bessemer (Figura 6.1).

Figura 6.1 Henry Bessemer.

Fonte: https://www.istockphoto.com/br/vetor/henry-bessemer-gm497893997-42156828

Além de inventar o conceito de conversão do gusa em aço usando o oxigênio, Bessemer também inventou o processo de lingotamento contínuo do aço; ele era engenheiro civil e trabalhava numa empresa de administração de patentes.

Até essa época, o aço era fabricado basicamente pelo processo do forno de pudlagem; era bastante ineficiente e de baixa produção, conforme mostra a Figura 6.2; o ferro fundido e o gusa eram bastante produzidos naquela época, porém o aço ainda não.

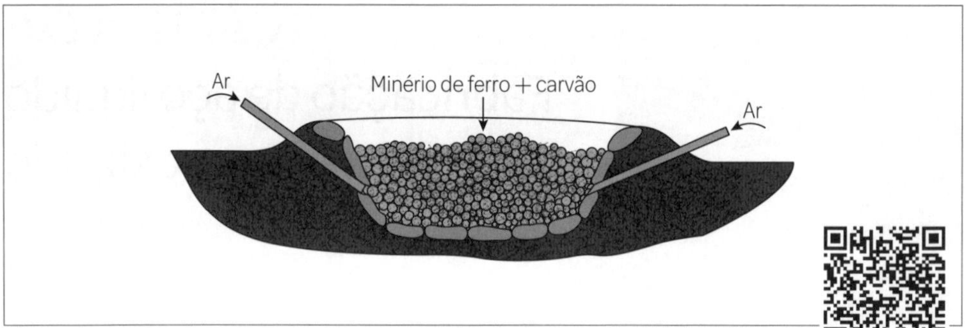

Figura 6.2 Forno de pudlagem.
Fonte: autor.

Com a invenção do processo Bessemer, esse cenário mudou. Pela insuflação de ar através do gusa líquido, pelo fundo, conseguiu-se oxidar o carbono (C), o silício (Si) e o manganês (Mn) nele contido e ter energia suficiente para elevar a temperatura do gusa, que era de no máximo 1.300 °C, para 1.600 °C, obtendo-se aço líquido nesse reator, conforme mostra a Figura 6.3.

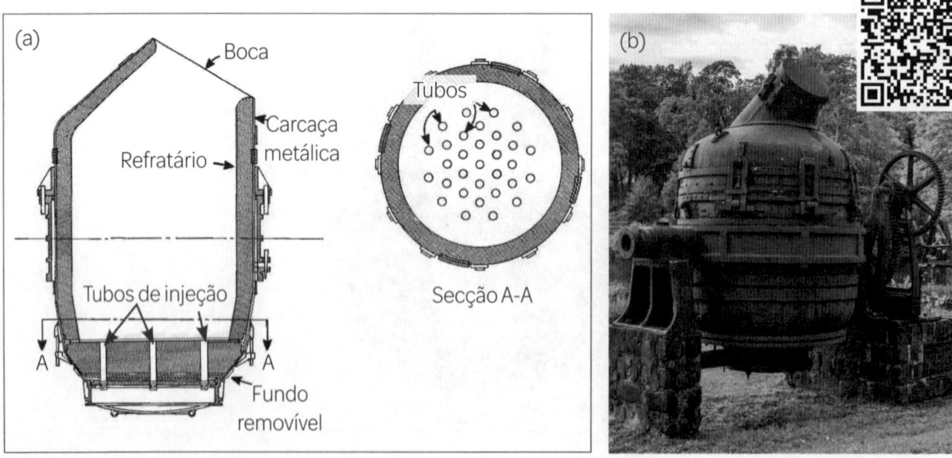

Figura 6.3 Processo Bessemer: esquemático (a) e fotografia arqueológica (b).
Fonte: iStock.

Com um tempo de aproximadamente 15 minutos, conseguia-se fabricar 2 t de aço com pouca mão de obra, o que era altamente vantajoso na época em relação aos processos citados anteriormente. A sequência operacional pode ser observada na Figura 6.4.

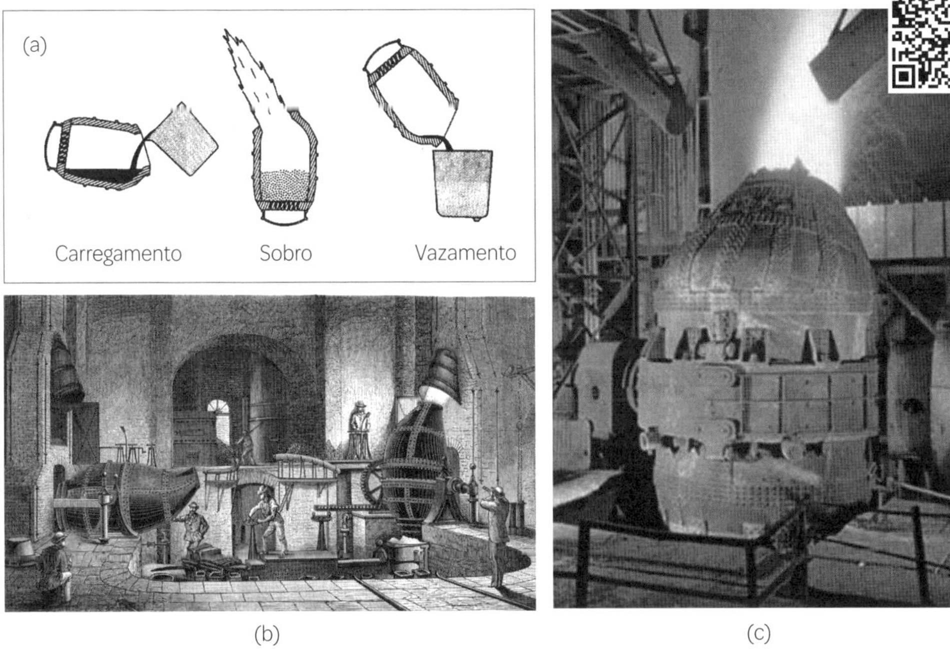

Figura 6.4 Fluxo do processo Bessemer: esquemático (a), ilustração de época mostrando metalúrgicos operando manualmente (b) e o sopro Bessemer (c).
Fonte: iStock.

Isso abriu perspectivas imensas para a industrialização, pois, nessa data, também se conhecia a máquina a vapor e já existia o transporte ferroviário. Tal cenário acelerou o desenvolvimento industrial de países como Inglaterra, Alemanha e Estados Unidos, pois havia a possibilidade de transporte fácil da matéria-prima e produtos manufaturados.

Outro ano importante na siderurgia é 1879, quando foi desenvolvido o processo Thomas (Sydney Gilchrist Thomas, Figura 6.5) para eliminar o fósforo e obter aço de melhor qualidade.

Figura 6.5 Sydney Gilchrist Thomas.
Fontes: Scan by Jwh, Domaine public, https://commons.wikimedia.org/w/index.php?curid=13678394.

Até esse momento, o aço de boa qualidade deveria provir de matéria-prima isenta de fósforo. Para eliminar o fósforo, era necessário utilizar uma escória básica, contendo CaO na forma de cal. Porém, a adição de CaO no conversor Bessemer originaria o ataque de seu revestimento refratário ácido, que era de sílica (SiO_2). O processo Thomas teve um desenvolvimento muito grande porque todas as jazidas de minério de ferro da região central da Europa eram fosforosas.

Depois do desenvolvimento do processo Bessemer, começaram a aparecer grandes quantidades de sucata. Era preciso aperfeiçoar um método para refundir essa sucata e obter novamente o aço. O problema era o desenvolvimento de um processo que fundisse a essa temperatura. Em 1868, foi inventado o processo Siemens-Martin.

Siemens desenvolveu um sistema de recuperação de calor nos fornos, que fazia os fumos expelidos passarem por um empilhamento de tijolos, aquecendo-os. Em seguida, o ar era introduzido no forno e passava por esse empilhamento, pré-aquecendo-se, conforme mostra a Figura 6.6.

Martin aproveitou esse sistema de recuperação de calor de Siemens no forno que passou a ser conhecido como Siemens-Martin (*open hearth furnace*), capaz de operar a uma temperatura maior de modo a fundir a sucata.

O forno Siemens-Martin constituiu um avanço na siderurgia pois permitiu fabricar aço a partir de sucata, uma vez que, nos processos Bessemer e Thomas, o balanço térmico do sistema não permitia a adição de mais do que 10% de sucata.

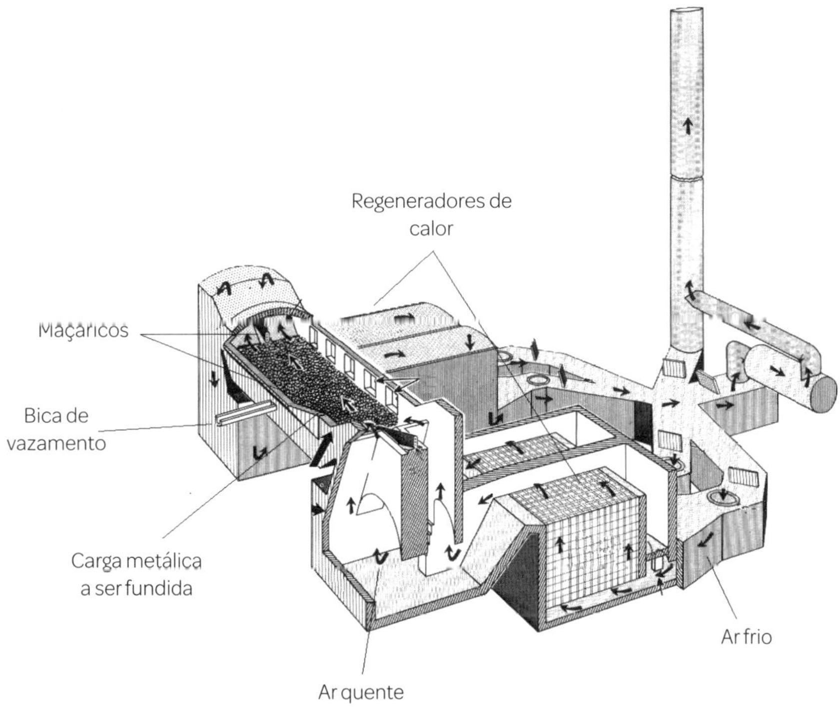

Figura 6.6 Processo Siemens-Martin.
Fonte: Apostila de Treinamento Interno, COSIPA, 1983, adaptado pelo Autor.

Outro advento importante na siderurgia foi a invenção do forno elétrico Heroult, que data de 1899. Teve expressão industrial a partir da Primeira Guerra Mundial, quando houve necessidade de desenvolver a fabricação dos aços inoxidáveis.

Em 1952, apareceu o conversor a oxigênio (também denominado convertedor) ou processo LD (Linz Donawitz), ou BOF (*basic oxygen furnace*) ou BOS (*basic oxygen steelmaking*) ou BOP (*basic oxygen process*). Esse processo permitiu fabricar aço com menor investimento de capital e com uma produtividade muito maior que os fornos Siemens-Martin, que passaram então a decair. Uma corrida em fornos Siemens-Martin pode durar 5 horas, enquanto no processo LD, tipicamente 45 minutos.

Hoje, os fornos Siemens-Martin (SM) são obsoletos e foram substituídos pelos fornos LD ou fornos elétricos a arco (FEA). Em 2017, havia um residual de aproximadamente 0,4% da produção mundial de aço por fornos Siemens-Martin, algo em torno de 6,2 Mt/ano, e somente na Ucrânia e na Rússia.

Os processos apresentados não são definitivos. A tecnologia evolui e novos tipos de processos aparecerão com o decorrer dos anos atendendo as necessidades específicas do aço, que são cada vez mais sofisticadas e restritas na composição química e propriedades mecânicas.

Existe, por exemplo, uma linha de desenvolvimento de cenários futuros à siderurgia que aposta na compactação das usinas siderúrgicas integradas, em que as unidades de redução seriam consideradas em somente um único equipamento (por exemplo, Corex®), o conversor não teria grandes modificações e as áreas de solidificação e conformação mecânica seriam substituídas pelo conceito de lingotamento *near net shape* (placas finas e laminação contínua em tiras a quente).

Como destaque final deste tópico, foram feitos desenvolvimentos no Brasil, desde a década de 1980, do processo EOF (*energy optimizing process*), que é um híbrido entre o processo LD e Siemens-Martin; nele, o pré-aquecimento de sucata e a injeção de oxigênio submerso no banho são os destaques. Existe uma unidade operacional funcionando ainda hoje (2024) na usina da cidade de Divinópolis/MG, com capacidade de 44 t por corrida; a Índia também possui 3 unidades EOF e a Síria, uma.

2. PRODUÇÃO DE AÇO LÍQUIDO POR TIPO DE PROCESSO

A Tabela 6.1 mostra a produção brasileira (www.acobrasil.org.br/) e mundial (www.worldsteel.org) de aço líquido por processo. Observa-se a prevalência do processo LD, aproximadamente 75%, sobre o forno elétrico a arco (FEA).

Tabela 6.1 Produção brasileira e mundial de aço líquido por processo

Ano	Brasil (10^{+3} t/ano)	LD (%)	FEA (%)
2018	35.407	76,5	23,5
2019	32.569	76	24
2020	31.415	74,5	25,5
2021	36.071	75,6	24,5
2022	34.089	75,1	24,9
Ano	**Mundo (10^{+3} t/ano)**	**LD (%)**	**FEA (%)**
2018	1.828.495	70,8	29,2
2019	1.877.228	71,9	28,1
2020	1.882.121	73,2	26,8
2021	1.962.328	70,8	29,2
2022	1.884.200	71,2	28,8

Fontes: adaptada de www.acobrasil.org.br/ e www.worldsteel.org.

3. TIPOS DE AÇO

Os principais tipos de aços são os aços planos e os aços longos, denominados no passado como aço não plano.

Outra classificação do aço, também bastante importante, é determinada pelo grau de desoxidação em que o aço líquido se encontra durante o início do processo de solidificação.

Se o aço tem um alto teor de oxigênio dissolvido, por exemplo, 500 ppm, durante o processo de solidificação, a reação de descarburação – $\underline{C} + \underline{O} \leftrightarrow \{CO\}$ irá ocorrer, levando à formação de bolhas de gás CO nas paredes da lingoteiras (lingotamento convencional), em razão da queda de temperatura do metal líquido. Esse aço é chamado de aço efervescente.

Se, durante o processo de vazamento do conversor LD para a panela, forem adicionados desoxidantes, por exemplo, Al na forma de alumínio metálico, a reação preferencial será: $2Al + 3O \rightarrow \langle Al_2O_3 \rangle$. Isso bloqueará a formação de gás CO, tornando o aço “mais calmo”, ou seja, acalmado, ou em inglês, *killed steel*. Os aços acalmados têm um teor de oxigênio dissolvido muito baixo, geralmente abaixo de 10 ppm.

No processo de solidificação em máquina de lingotamento contínuo (ou processo de lingotamento contínuo), só é possível processar aços acalmados.

Aços efervescentes só podem se solidificar em lingoteiras, ou seja, processo de lingotamento convencional. Outra classificação intermediária é a de aços semiacalmados, os quais, a exemplo dos efervescentes, só podem ser processados por lingotamento convencional.

Os aços planos são geralmente produzidos em processo LD de refino primário e lingotamento contínuo de placas que só admitem aços acalmados, e podem ser assim classificados:

- Acalmados ao alumínio.
- Acalmados ao silício.
- Acalmados a alumínio e silício.
- Aços inoxidáveis.

Os aços lingotados continuamente, que é a tecnologia majoritária de solidificação, podem ser divididos em dois grandes grupos, quanto à composição química:

- Aços ao carbono.
- Aços ligados.

Já os aços ao carbono, por sua vez, e de forma bem simplificada, podem ser classificados em função do teor de carbono em:

- Ultrabaixo teor de C (UBC): C " 0,0100% ou 100 ppm (partes por milhão).
- Baixo teor de carbono (BC): C " 0,1000%.
- Médio teor de carbono (MC): 0,10% " C " 0,24%.
- Alto teor de carbono (AC): C ⩾ 0,25%.

4. PRODUTOS ORIGINÁRIOS DE AÇOS PLANOS

- Chapas grossas: uso geral, estrutura geral, estrutura soldável, naval, vasos de pressão e caldeira, longarinas, tubos, gasodutos e oleodutos *sour* ou *sweet service* etc.
- Tiras a quente: uso geral, estrutura geral, estrutura soldável, naval, plataforma, tubo, longarina, estampagem, botijão, cuba de galvanização, rodas etc.
- Tiras a frio: estrutura, estampagem média e profunda, indústria automobilística, estrutura soldável, eletromagnética siliciosa etc.

5. FABRICAÇÃO DE AÇOS CARBONO EM ACIARIA A OXIGÊNIO

5.1 O processo LD e seus clones

O processo LD, até 2023, deverá ser responsável por cerca de 77% da produção brasileira de aço. A opção por esse processo na produção brasileira e mundial deve-se a suas características de alta produtividade, custos adequados e grande flexibilidade metalúrgica, podendo fabricar economicamente a maior parte dos tipos de aços. Uma representação desse processo pode ser vista na Figura 6.7.

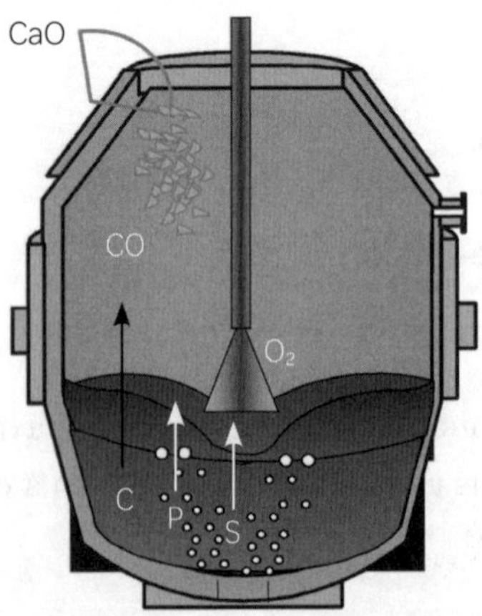

Figura 6.7 Processo LD.

Fonte: autor.

Como, até o momento, esse processo não sofreu nenhuma mudança tecnológica radical, nem surgiram novas tecnologias disruptivas, podemos prever que sua contribuição à produção mundial de aço ainda *deverá se manter nos patamares atuais* pelos próximos anos.

Talvez o cenário possa mudar com o aumento significativo do estoque de sucata de aço nas próximas décadas, tornando o FEA um processo mais compacto na forma de usina *mini-mill*, mas outras questões, como disponibilidade e custo da energia elétrica, são ainda fatores inibidores para a consecução dessa previsão.

De forma geral, estão sendo feitos desenvolvimentos ponderáveis não só na parte de equipamentos e automação, como também na prática operacional, sendo de se prever que, nos próximos anos, sua contribuição à produção mundial de aço ainda poderá aumentar mais.

A utilização do oxigênio na conversão do gusa em aço foi sugerida por Bessemer há mais de cem anos, porém ela não se concretizou até as primeiras décadas do século XX por causa do elevado custo da separação do oxigênio do ar. Durante a Segunda Guerra Mundial, ele ficou disponível a preços suficientemente baixos para tornar atrativa a sua injeção no sopro dos conversores Thomas, que até então utilizavam ar.

Com base nesse trabalho, foram instalados conversores experimentais de 15 t na usina de Linz e de 10 t na usina de Donawitz, na Áustria. Os resultados se mostraram satisfatórios, sendo então construídos duas aciarias nessas cidades; a de Linz entrou em operação em novembro de 1952 e a de Donawitz, em maio de 1953, conforme apresentado na Figura 6.8. Adotou-se, então, o nome conversor (ou convertedor) LD. Nos Estados Unidos, é predominantemente conhecido como BOF.

Em agosto de 1954, entrou em operação a primeira aciaria LD fora da Áustria, na usina da Dominion Foundries, em Hamilton, Canadá.

Apesar do desenvolvimento quase explosivo do processo em menos de três décadas de existência, os seus princípios básicos permaneceram praticamente constantes até os dias atuais.

Entretanto, desenvolvimentos consideráveis foram efetuados, não só no que diz respeito à capacidade do forno, que alcança hoje valores padrões da ordem de 350 t por corrida, mas também na sua forma, dispositivos mecânicos de sustentação e basculamento, na geometria do vaso e bocais para sopro supersônico de oxigênio, na qualidade dos refratários básicos, ao lado do aprimoramento das técnicas operacionais.

Figura 6.8 Primórdios do processo LD (piloto) em Linz, Áustria, 1948.
Fonte: cortesia de Voestalpine AG.

A rápida sequência das operações de refino em conversores de alta capacidade e a operação simultânea de dois conversores conferem às aciarias LD uma grande produtividade, conforme comparação anterior feita com a aciaria Siemens-Martin.

Por outro lado, com aplicação de práticas de sopro adequadas, quase todas as reações de refino podem ser obtidas, o que dá ao processo grande versatilidade metalúrgica. Essas duas características, aliadas às condições favoráveis de custos, tanto de investimento quanto operacional, foram responsáveis pela rápida evolução disruptiva da participação do processo LD na produção mundial de aço.

O processo LD foi introduzido no Brasil em 1957, por meio da Companhia Siderúrgica Belgo Mineira, cuja aciaria LD da usina de Monlevade entrou em operação menos de 5 anos depois da aciaria da cidade de Linz.

As usinas da Cia. Siderúrgica Mannesman, em Belo Horizonte, e da Usiminas, em Ipatinga, ambas em Minas Gerais, iniciaram suas operações em 1963; logo em seguida, entrou em operação a aciaria LD da Companhia Siderúrgica Paulista (Cosipa), em 1965, na cidade de Cubatão/SP.

A fabricação do aço por meio do refino do gusa pelo oxigênio não está limitada ao processo LD. Além dos processos tradicionais, como LD-AC, Rotor e Kaldo, novos métodos de insuflação de oxigênio pelos fundos dos conversores vêm sendo desenvolvidos nos últimos anos, como AOD, OBM (Q-BOP), além do processo EOF, citado anteriormente.

O processo LD-AC caracteriza-se pela injeção de cal pulverizada junto com oxigênio, pela lança, sendo utilizado no refino de gusa fosforoso em virtude de suas melhores condições de formação de escória. Os processos Kaldo e Rotor utilizam fornos rotativos e injeção de oxigênio em condições que permitem a maior combustão de CO dentro do conversor, possibilitando a utilização de maior proporção de sucata na carga.

O processo AOD (*argon oxigen decarburization*) foi desenvolvido pela Linde, uma divisão da Union-Carbide, e introduzido comercialmente em 1968, destinado à fabricação de aços inoxidáveis. O forno tem um formato que lembra o conversor Bessemer; uma mistura argônio-oxigênio é injetada no banho através de ventaneiras laterais situadas próximas ao fundo.

O processo CLU, desenvolvido em conjunto pela Creusot-Loire e Uddeholm, é o mais novo processo de refino de aços inoxidáveis. É baseado na injeção, pelo fundo, de uma mistura de oxigênio e vapor d'água em um banho metálico com elevado teor de cromo.

O processo OBM (*oxigen bottom blowing* Max-Hütte) foi desenvolvido na Alemanha. Ao mesmo tempo, foi desenvolvido um processo semelhante na Bélgica. Foram então reunidas as patentes, originando o processo OBM, no qual é injetado o oxigênio pelo fundo, junto com um hidrocarboneto gasoso. Após o fim do refino, é injetado no forno um gás inerte para desgaseificação, o que permite a obtenção de aços com elevado grau de limpeza. Além disso, a injeção de cal pulverizada junto com o oxigênio fornece excelentes condições de controle metalúrgico.

Em 1971, a United State Steel (USS) assinou acordo com a Max-Hütte para os direitos de aplicação do processo OBM, rebatizando-o de Q-BOP (*quick* ou *quiet-basic oxigen process*).

O processo LWS (Loire-Wendel-Sprunck) foi desenvolvido na França a partir de 1968, e assemelha-se muito ao OBM, sendo, entretanto, utilizado óleo combustível na injeção em vez de hidrocarboneto.

De uma forma geral, esses processos são chamados de processo LD com sopro combinado, que consiste no sopro, por ventaneiras montadas no fundo refratário do conversor, de gases inertes e não inertes dos mais variados tipos, como mostra a Figura 6.9.

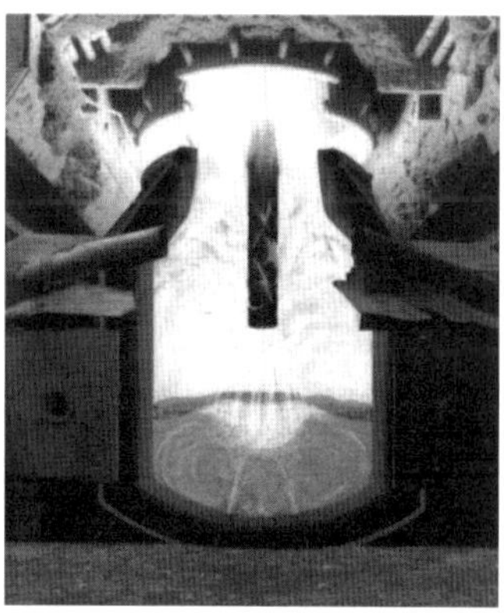

Figura 6.9 Processo LD com sopro combinado (esquemático).
Fonte: autor.

5.2 O processo LD e suas matérias-primas

As principais matérias-primas utilizadas na fabricação de aço pelo processo LD são gusa líquido, gusa sólido, sucatas de aço e ferro fundido, minério de ferro, cal, dolomita e oxigênio.

Pode-se também utilizar calcário e outros fundentes, como o dolomito cru e a nefelina. A carepa de laminação e o sínter também podem ser utilizados como refrigerantes em substituição ao minério de ferro, e a adição de minério de manganês para esse fim é vantajosa, pois possibilita o aumento do teor de Mn no final de sopro, economizando, assim, na quantidade de ferroligas a ser adicionadas durante a metalurgia de panela (refino secundário).

Escória reciclada do processo LD e briquetes de resíduos siderúrgicos à base de óxidos de ferro estão sendo utilizados como forma de mitigar a geração de resíduos sólidos nas usinas.

5.2.1 Gusa líquido

Constitui a parte predominante da carga metálica, sendo seu aporte térmico, em termos de temperatura e composição química, o responsável pela quase totalidade do fornecimento de calor ao processo.

O gusa líquido deve apresentar composição química e temperatura adequadas e com a menor variação possível, a fim de permitir uma operação regular do refino primário no conversor.

Sem isso, a produtividade é bastante reduzida, em virtude das constantes necessidades de ajustar a vazão e a altura de lança, entre outros parâmetros, durante a operação. Essas condições anormais são assim identificadas:

- Temperatura baixa do gusa (menor que 1.230 °C) e/ou
- Teor muito alto de Si no gusa (acima de 0,9%) ou
- Teor muito baixo (inferior a 0,1%).

A especificação da composição química do gusa normalmente varia pouco conforme as peculiaridades regionais e a operação dos altos-fornos.

A proporção de gusa líquido na carga do conversor depende de sua composição e temperatura (aporte térmico), da qualidade do aço a ser produzido, do volume das adições de cal, minério e carepa e, em parte, das dimensões do conversor. Normalmente varia entre 80% e 90%.

5.2.2 Sucata

A sucata de aço constitui a maior parte da carga sólida de um conversor LD. Sob o ponto de vista do rendimento metálico, é vantajoso o consumo de uma alta proporção de sucata, uma vez que seu teor de ferro é superior ao do gusa. É usado sucata de retorno da própria usina (em maior proporção) e também sucata comprada, portanto, de fora da usina.

No aspecto da composição química, a sucata de retorno é constituída principalmente de ferro, não apresentando, de maneira geral, problemas quanto a impurezas.

As dimensões da sucata devem ser tais que permitam a sua completa fusão durante o sopro e não causem estragos ao revestimento do conversor durante o carregamento. Além disso, deve estar completamente seca, para evitar o risco de explosões durante o enfornamento do gusa líquido que sempre precede ao carregamento da carga sólida.

A sucata de ferro fundido, especialmente de lingoteiras e assentos, é outra matéria-prima muito utilizada na carga metálica dos conversores LD. Apresenta maior conteúdo térmico do que a sucata (por seus teores elevados de C e Si), mas, em contrapartida, o rendimento em ferro diminui e ocorre o aumento do volume de escória durante a sua utilização.

5.2.3 Cal

A adição de cal (ou cal calcítica) no conversor LD é necessária para a escorificação da sílica formada pela oxidação do silício da carga metálica e para a remoção do fósforo. Além disso, uma quantidade extra de CaO (na forma de cal) deve ser suficiente para diminuir o ataque do refratário pela SiO_2, que deve ser mantida na escória sob a forma preferencial de silicatos complexos de cálcio e ferro.

Sendo o CaO o principal componente da escória, a boa operação metalúrgica do processo dependerá, em grande parte, da sua qualidade, que, por sua vez, está ligada ao calcário de origem, às condições de calcinação e ao tratamento posterior.

As adições variam de acordo com o *design* da escória desejada, que está associada a sua basicidade (B), ou seja, a relação entre fases básicas (CaO) e ácidas (SiO_2):

$$B = \frac{CaO}{SiO_2}$$

De forma pragmática, define-se que o processo básico LD deve trabalhar com B entre 3 e 3,5 e quantidades adicionadas de cales calcíticas da ordem de 40 a 45 $kh/t_{aço}$.

A cal utilizada no processo deve ser de alta reatividade, que está relacionada com as características físicas e químicas da cal obtida. A cal é obtida pela calcinação do carbonato de cálcio, no estado sólido, em fornos específicos de calcinação, a temperaturas acima de 910 °C. O calcário de origem deve ter um teor em carbonato ($CaCO_3$) o mais alto possível. Particularmente os teores de silício e enxofre deverão ser os menores possíveis.

As características físicas da cal (densidade aparente e tamanho dos poros, e, portanto, sua superfície específica) governam a velocidade de sua dissolução nas escórias no conversor. Dessa maneira, uma boa cal deve ter estrutura bem esponjosa. A superfície específica dos poros de uma pedra de cal chega a ter 3 m^2 por grama.

O tamanho dos pedaços de cal também é importante para a sua dissolução durante o sopro LD; quanto menor o tamanho, mais rápida a dissolução. Entretanto, existe um limite inferior abaixo do qual as perdas de finos durante o carregamento se tornam excessivas, sendo arrastadas pelo sistema de exaustão de gases do conversor durante o sopro. Um valor padrão sugerido de granulometria é entre 10 e 40 mm.

5.2.4 Nefelina

A nefelina é um feldspatoide pertencente a um grupo de minerais de alumino-silicatos que tem Na_2O, K_2O na sua composição química. É utilizada como fundente da cal para acelerar a sua dissolução e aumentar a fluidez de escórias muito viscosas, abaixando o ponto de fusão destas.

Seu consumo varia bastante de acordo com a qualidade da carga, o tipo de aço e a prática operacional, geralmente sendo da ordem de 100 a 200 kg por corrida para conversores de 160t por corrida.

Outros fundentes podem ser utilizados em lugar da nefelina, como a fluorita, mas por razões econômicas e ambientais, por sua escassez cada vez maior no mundo, além do sensível ataque químico ao refratário, ela tem seu uso cada vez mais restrito.

5.2.5 Minério de ferro

Sua utilização no conversor LD pode ter duas funções: acelerador da dissolução da cal, a exemplo da nefelina, atuando também como um fluxante, quando adicionado no início do sopro e/ou agente refrigerante, sendo então adicionado em qualquer etapa, mas principalmente no final do sopro, para controle da temperatura.

Sendo o seu poder refrigerante bastante elevado, cerca de 4 vezes maior que o da sucata de aço, seu consumo deve ser o menor quando isso for possível, para favorecer maior rendimento térmico do forno, um maior consumo de sucata e maior produção de aço.

Deve-se notar também que a utilização de grande quantidade de minério de ferro aumenta o volume de escória e agrava o risco de projeções (*spitting*).

Frequentemente, utiliza-se carepa de laminação em lugar de minério de ferro, tendo ela vantagens do ponto de vista econômico e do processo, pois é produto de recirculação interna (diminuição do passivo ambiental da usina) e não carrega consigo a ganga do minério. Idem para o sínter e briquetes de resíduos siderúrgicos (pós e lamas), descrito anteriormente.

5.2.6 Outras matérias-primas

O Fe-Si é adicionado para controle térmico do processo, cedendo calor ao sistema, pelo fato de a oxidação do Si em SiO_2 ser uma reação altamente exotérmica (fornecedora de entalpia ou energia calorífica).

Para proteção do revestimento e em menor escala como agente refrigerante, usa-se a dolomita (calcinada ou crua), também conhecida como cal dolomítica. Como o seu teor de CaO é elevado, também é usado a exemplo da cal calcítica como formador de escória e MgO de sacrifício, aumentando sua campanha para valores da ordem 5.000 corridas. Sua adição é massiva e de valor médio de 30 $kg/t_{aço}$.

O calcário pode ser usado como refrigerante, atuando também como doador de cal (CaO). Seu uso deve ser evitado, pois aumenta o volume de escória em virtude da reação de calcinação que ocorre dentro do conversor, liberando gás CO_2, elevando o risco de projeções e diminuindo o rendimento metálico.

O minério de manganês é utilizado às vezes como fluxante no conversor, acelerando a dissolução da cal; em sopro combinado, favorece o aumento do manganês de final de sopro, economizando assim as adições de ferroligas à base Mn.

5.3 Oxigênio

O processo LD normalmente utiliza oxigênio de alta pureza (maior que 99%) para evitar teores de nitrogênio elevados no aço, o que é extremamente danoso para sua qualidade. Para a produção de aços com teor limite de 40 ppm de N na sua composição química, é necessário que as unidades criogênicas fornecedoras de oxigênio tenham no máximo 10 ppm de N na sua composição gasosa.

O consumo de oxigênio varia com a prática operacional (tipo de lança, distância banho-lança, adições de minério e carepa, qualidade do gusa e proporção de sucata na carga), sendo um valor médio 50 Nm^3/t de aço.

6. PROCESSO LD: A OPERAÇÃO DO CONVERSOR

6.1. Macrovisão: aciaria LD (Figura 6.10)

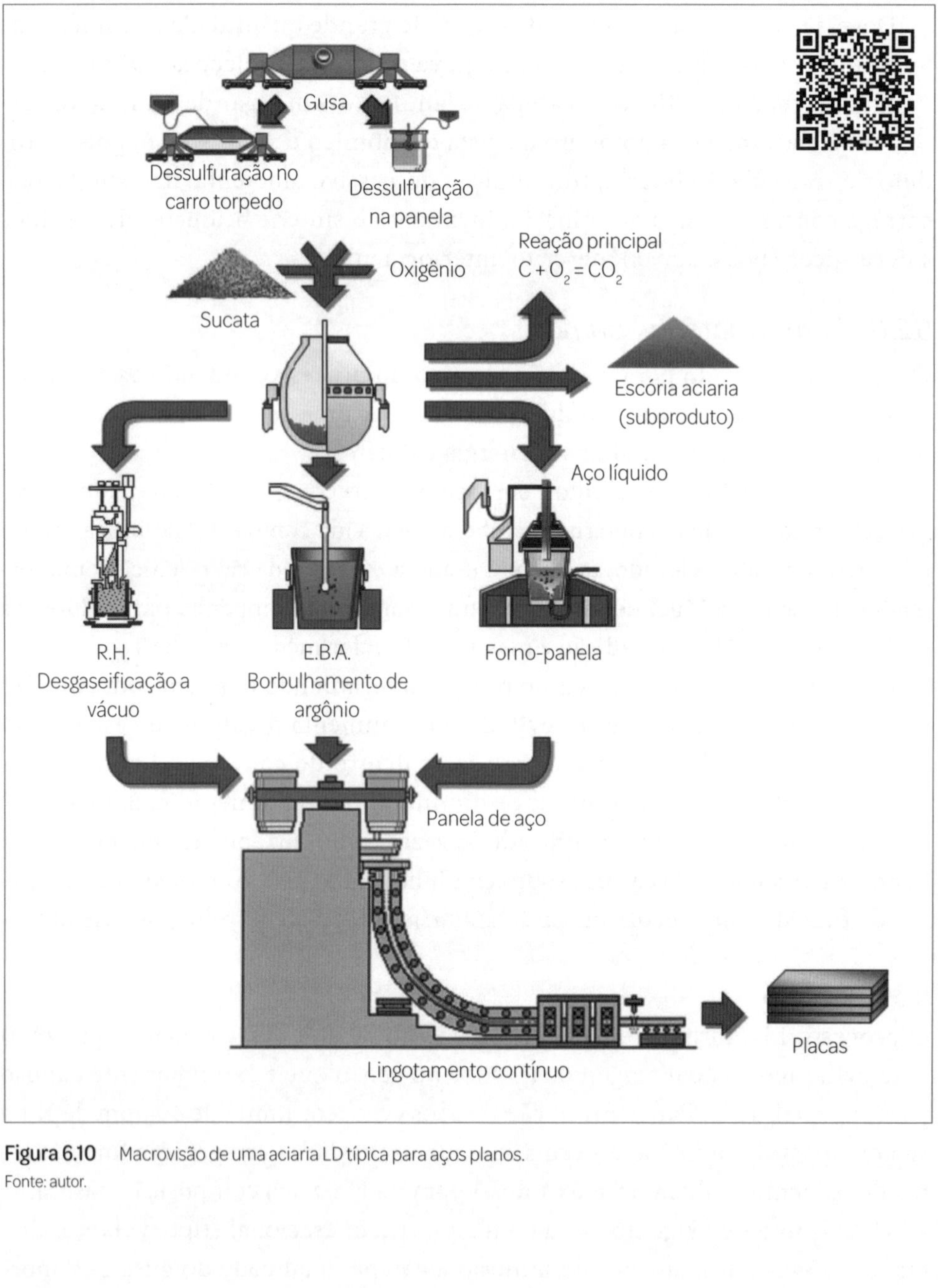

Figura 6.10 Macrovisão de uma aciaria LD típica para aços planos.

Fonte: autor.

6.2 O ciclo operacional de um conversor LD

O ciclo de operações de refino no LD envolve seis etapas (Figura 6.11):

1. Carregamento de carga sólida.
2. Carregamento do gusa líquido.
3. Sopro.
4. Medição de temperatura e retirada de amostras.
5. Vazamento do aço.
6. Vazamento de escória.

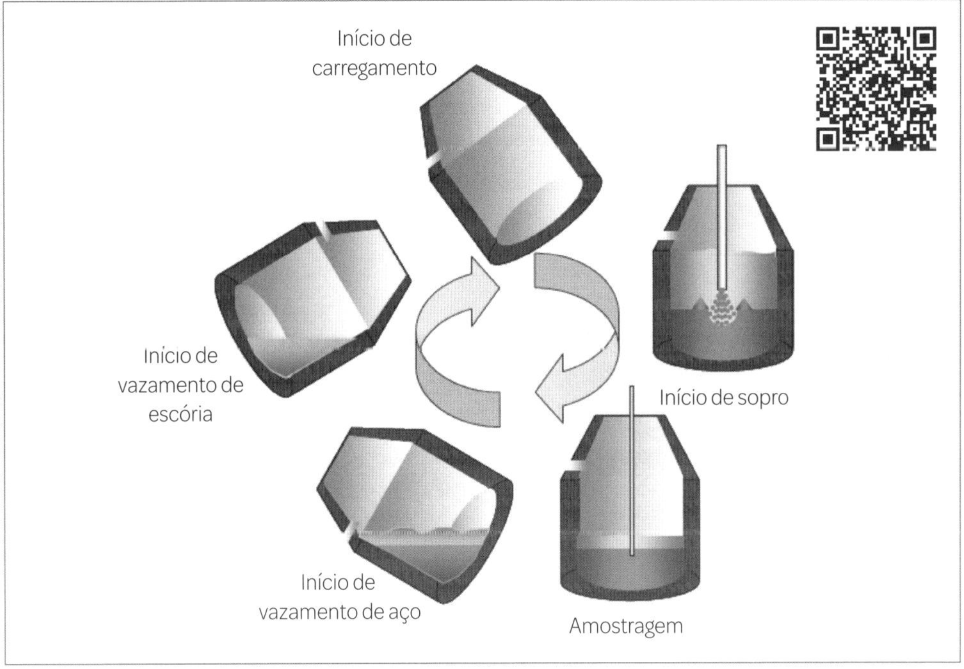

Figura 6.11 Ciclo de processo de uma corrida.

Fonte: adaptada de [1].

Para o carregamento inicial, o conversor vazio e com o refratário aquecido, é basculado (girado) para uma posição inclinada de cerca de 60° em relação à vertical. O carregamento da carga sólida (sucatas de aço e ferro; gusa sólido) é geralmente realizado por recipientes de grande porte, denominados calhas (ou canaleta) de sucata, que são manuseadas por pontes rolantes, conforme mostram as Figuras 6.12 e 6.13.

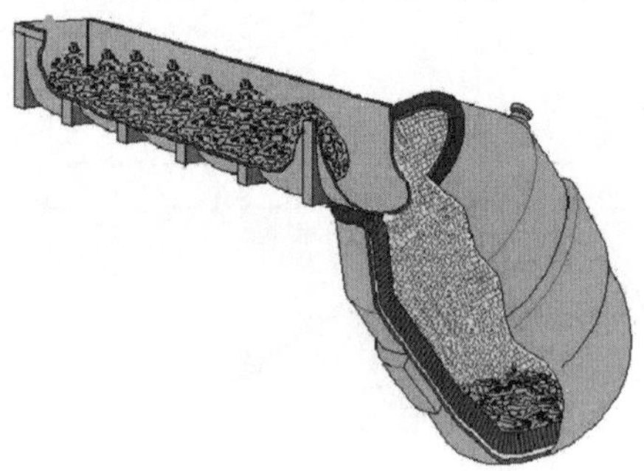

Figura 6.12 Carregamento de sucata no conversor LD (esquemático).
Fonte: autor.

Figura 6.13 Carregamento de sucata no conversor LD.
Fonte: iStock.

O tamanho dessas calhas depende da capacidade do conversor e da relação produtividade *vs.* investimento. Por exemplo, o uso de duas calhas para o carregamento de toda a carga sólida aumenta em 1 a 2 minutos o tempo de carregamento; por outro lado, calhas capazes de receber toda a carga sólida para conversores de grande capacidade implicam maiores custos de investimento. A Figura 6.14 mostra um *layout* típico de uma ala de sucata numa aciaria LD.

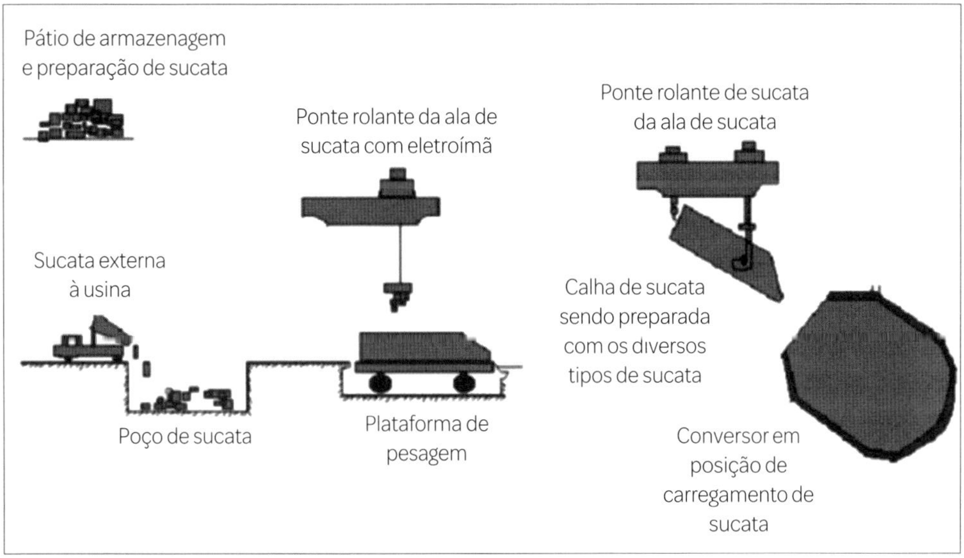

Figura 6.14 Lay out típico de uma ala de sucata em aciaria LD.
Fonte: autor.

A disposição de sucata na calha é feita por meio de um arranjo que permita a presença de sucatas mais finas na borda da calha e sucatas mais pesadas em seu fundo. Esse procedimento visa proteger o revestimento do conversor amortecendo o impacto pela queda inicial de sucata mais fina.

Após o carregamento de sucata, o conversor é retornado à posição vertical e oscilado em torno dela, para perfeito assentamento da carga e secagem da sucata que porventura esteja úmida. Isso é possível porque o refratário se mantém em altas temperaturas, em função das corridas anteriores já efetuadas.

Terminada essa operação, o conversor é então basculado novamente à posição de carregamento para receber o gusa líquido através da panela de gusa.

A panela de gusa é o equipamento que contém o gusa líquido e é sempre caracterizada pelo bico acentuado, comumente chamada de panela pelicano, cuja função é facilitar a transferência do metal líquido para o conversor, por meio de uma ponte rolante.

O gusa líquido pode ser vazado diretamente da casa de corrida do alto-forno na panela de gusa, ou então em carros torpedos ou a partir de misturadores de gusa, sendo este último já em desuso.

Após medição de temperatura e amostragem, o gusa líquido é carregado no conversor (Figuras 6.15 e 6.16) através da ponte rolante de carregamento principal. A panela de gusa tem um dispositivo que permite o seu basculamento pelo gancho auxiliar da ponte durante a operação de carregamento.

Essa é uma das operações de maior risco controlado dentro de uma aciaria LD, de forma que, por questão de segurança pessoal, durante esse processo, é terminantemente proibida a presença de pessoas próximas, sendo que toda a operação é realizada por controle a distância com câmeras de alta definição. Essas pontes rolantes têm altíssimo grau de confiabilidade (fator de segurança dez), pois transportam metal líquido (T > 1.250 °C). Também são as maiores pontes rolantes de uma usina siderúrgica e podem ser chamadas ainda de pontes rolantes de metal líquido.

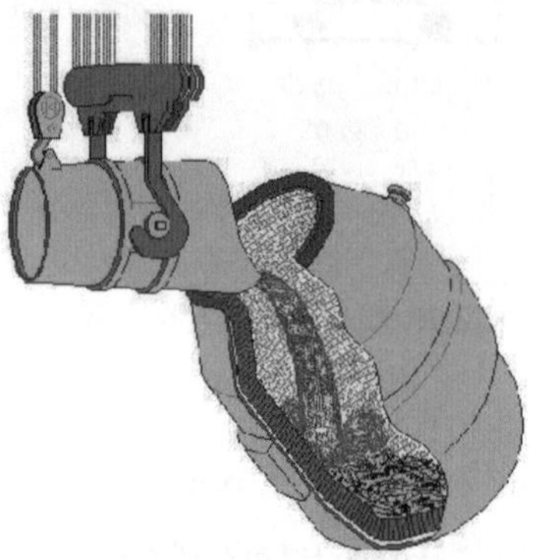

Figura 6.15 Carregamento do gusa líquido no conversor LD (esquemático).
Fonte: autor.

I: início II: meio III: fim

Figura 6.16 Carregamento do gusa líquido no conversor LD.
Fonte: iStock.

Terminado o carregamento do gusa líquido, o conversor retorna novamente à posição vertical, a lança de oxigênio é baixada e o sopro (supersônico, Mach > 2,0) é iniciado, já durante a descida da lança, conforme mostra as Figuras 6.17 e 6.18.

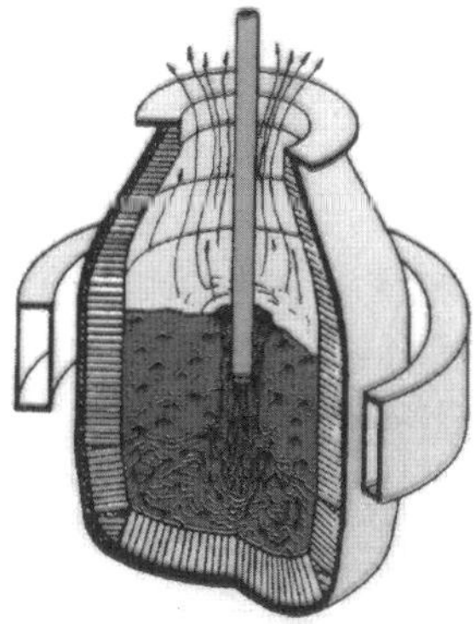

Figura 6.17 Sopro de corrida LD (esquemático).
Fonte: autor.

(I) (II) (III)

Figura 6.18 Sopro de corrida LD: (I) início do sopro, em destaque da lança descendo, (II) ignição do sopro, (III) sopro em pleno andamento, mostrando a formação da emulsão metal-gás-escória, uma condição operacional normal
Fonte: 6.18 (I) e (II) autor. 6.18 (III):https://www.istockphoto.com/br/foto/equipamento-de-usina-sider%C3%BArgica-gm1064732900-284699570

Após alguns segundos, produz-se uma chama que caracteriza o início das reações de refino e formação de escória líquida.

A duração do sopro depende basicamente da vazão específica de oxigênio, e a sua interrupção pode ser realizada com base na avaliação visual do processo, da temperatura e do teor de carbono, na medição por sublança (a ser discutido adiante) e no controle da composição química dos gases formados. O operador (chamado também de soprador) é o líder da equipe e tem total controle do sopro, mesmo sendo o processo altamente automatizado.

A interrupção do sopro e/ou término da corrida também pode ser feita com base na indicação do volume de oxigênio soprado, na velocidade de descarburação, na medição de sublança (Figura 6.19) entre outros. Para isso, modelos matemáticos confiáveis (denominados controle estático e dinâmico) são desenvolvidos e transmigrados para as estações de cálculo nos níveis de automação 1 e 2.

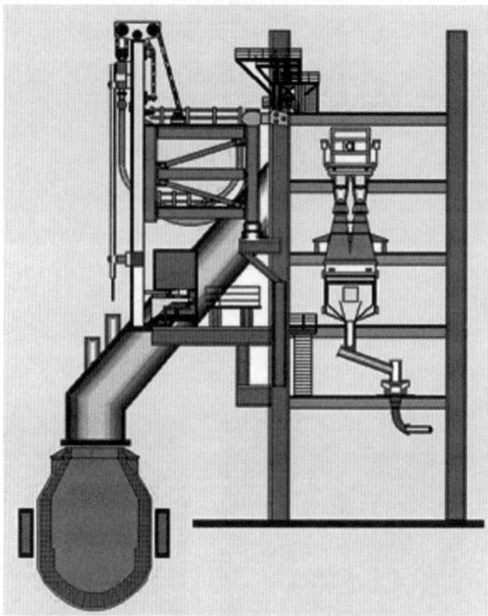

Figura 6.19 Amostragem automática via sublança no conversor LD (temperatura e composição química), base do controle dinâmico.
Fonte: autor.

As adições de cal e fundentes são realizadas totalmente no início do sopro, ou parceladamente durante seu transcurso. A altura de lança e a vazão de oxigênio podem permanecer constantes ou sofrer modificações durante o sopro, de acordo com o padrão de sopragem previamente definido.

As adições de refrigerantes como minério de ferro ou carepa para controle e ajuste fino da temperatura devem ser realizados na etapa final do sopro.

Caso o conversor ainda não tenha o recurso tecnológico da sublança, assim que o sopro é interrompido, este é basculado para uma posição aproximadamente horizontal, a fim de se medir manualmente a temperatura e retirar amostras de aço e escória (Figuras 6.20 e 6.21); essa operação, também considerada de alto risco, é rigorosamente controlada por barreiras físicas (painéis).

Se a composição química e a temperatura correspondem ao especificado, o conversor é basculado no sentido contrário para vazamento da corrida na panela de aço.

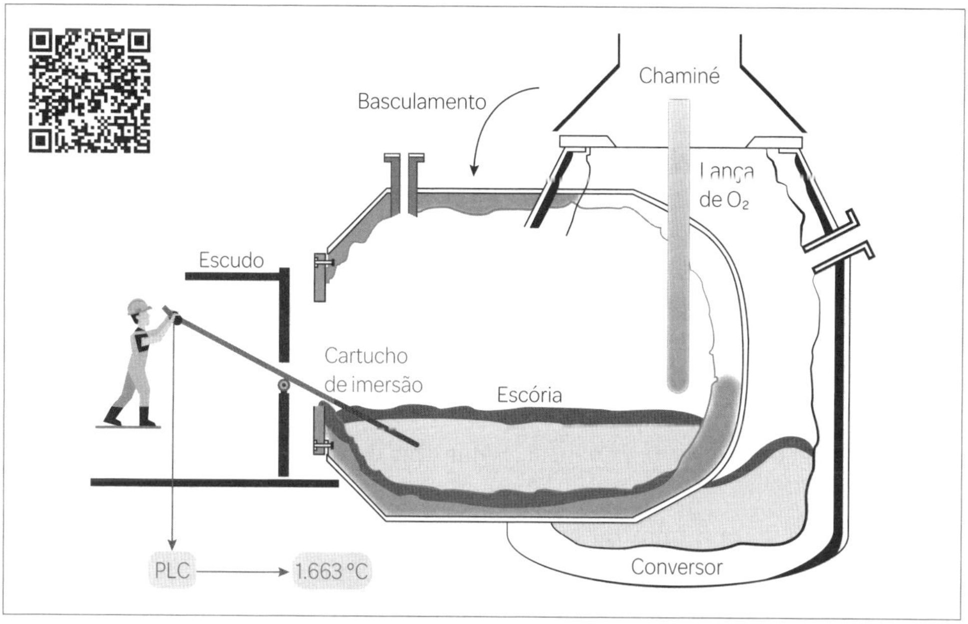

Figura 6.20 Amostragem manual no conversor LD (temperatura e composição química) – esquemático.
Fonte: autor.

Figura 6.21 Amostragem manual no conversor LD (temperatura e composição química).
Fonte: https://www.istockphoto.com/br/foto/moinho-industrial-gm1151351241-312005545

Se a temperatura estiver abaixo do previsto e/ou o teor de carbono acima do especificado, o conversor retorna à posição vertical, a lança é baixada e a corrida ressoprada, fazendo-se as necessárias adições. Caso a temperatura esteja acima do previsto, a corrida pode ser resfriada no conversor, com adição de minério de ferro, calcário, ou ainda aparas de sucata, nesse caso, por meio de uma calha especial. Pode também ser resfriada na panela de aço, durante o vazamento, com adição de aparas de sucata.

O processo LD é oxidante, portanto, o aço a ser vazado precisa ser desoxidado. Isso é feito durante o vazamento do conversor para a panela de aço, normalmente por meio de alumínio e/ou silício, que são jogados diretamente no jato de aço por calhas direcionais. Durante o vazamento, também são adicionadas as ferroligas (por exemplo: Fe-Cr, Fe-Ti, Fe-Nb, Fe-V etc.), que irão conferir ao aço certas características desejadas.

O tempo de vazamento deve estar dentro de uma faixa adequada, para minimizar a passagem de escória para panela, evitar uma oxidação excessiva do metal pelo ar bem como perdas elevadas de temperatura, de modo a permitir uma produtividade adequada. Para minimizar a queda de escória do conversor para a panela de aço, utilizam-se dispositivos de retenção de escória que previnem eficazmente essa transferência de escória indesejada para a panela (Figuras 6.22 e 6.23).

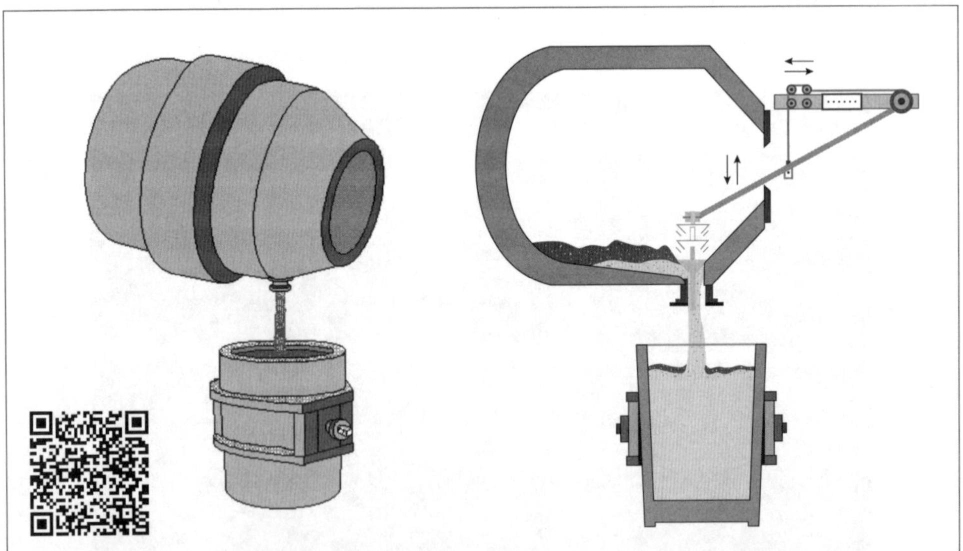

Figura 6.22 Vazamento de aço líquido (esquemático) e com o dispositivo de retenção de escória (*slag dart*).

Fonte: autor.

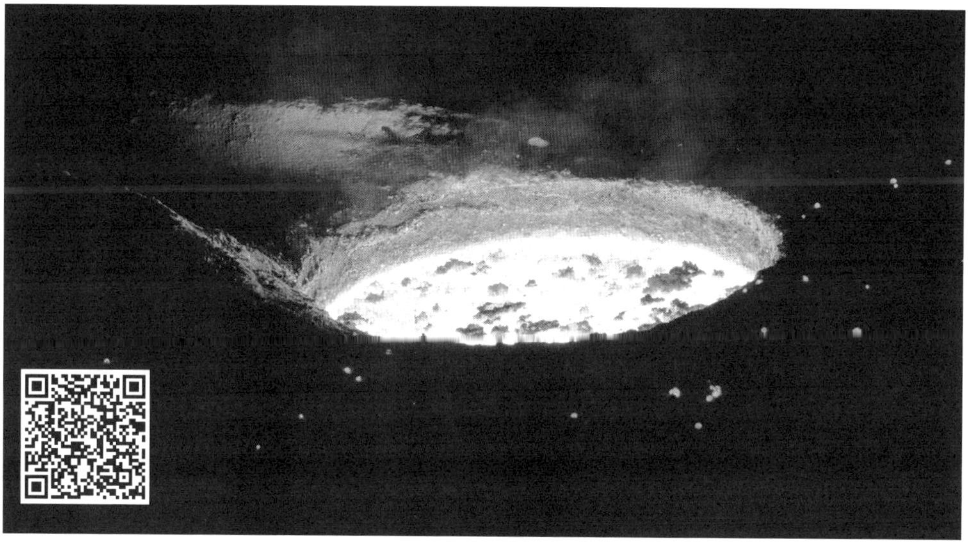

Figura 6.23 Panela após vazamento do aço líquido com retentor de escória, mostrando a escória residual superficial, em condições normais de operação (fase mais escura).
Fonte: iStock.

Após o vazamento do aço líquido do conversor, ele é basculado completamente para o lado de carregamento e a escória líquida é então vazada no pote abaixo pela sua boca; após isso, ele retorna à sua posição vertical inicial de carregamento, reiniciando assim um novo ciclo de corrida.

A panela de aço, após medição de temperatura, é encaminhada para a etapa do refino secundário (ou metalurgia de panela), sendo depois liberada para as máquinas de lingotamento contínuo ou convencional (em lingoteiras, mais antigo).

7. PROCESSO LD: CAPACIDADE PRODUTIVA DE UMA ACIARIA LD

A capacidade produtiva de uma aciaria LD depende basicamente da capacidade de seus conversores, de seu índice operacional e da duração média do ciclo de operação (tempo *tap-to-tap* – TTT).

O ciclo de operação se inicia com o conversor na posição de receber a carga sólida e termina com sua colocação novamente nessa posição, após o vazamento de escória. Compreende os tempos de carregamento, sopro, retirada de temperatura e amostragem, vazamento do aço e vazamento da escória, e engloba ainda uma parcela devida a atrasos ocasionados por imprevistos operacionais, como: resfriamento de corrida, interrupção de sopro, ressopro, espera pela preparação de panela para vazar, espera pelo término de lingotamento contínuo, e muitos outros.

O tempo de carregamento da carga sólida pode ser considerado entre 1,5 e 3 minutos, utilizando apenas uma calha de sucata. O tempo necessário ao carregamento do gusa líquido é também da ordem de 1,5 a 2 minutos, e compreende o retorno do conversor à posição vertical. Assim, o tempo total de carregamento pode ser considerado de 3 a 5 minutos.

O tempo de sopro está estritamente ligado à vazão específica de oxigênio e é influenciado pelo tipo de aço a ser produzido, carga utilizada e prática operacional adotada. Normalmente, a vazão de oxigênio é da ordem de 180 a 220 Nm^3/h tgusa, com um tempo de sopro variando entre 16 e 20 minutos.

Tais valores exigem, para conversores de maior capacidade, vazões de oxigênio que variam em função do seu tamanho e podem atingir mais de 50.000 Nm^3/h. Já o consumo específico de oxigênio não muda, sendo da ordem de 51 Nm3 de $O_2/t_{aço}$.

A medição de temperatura, a amostragem e a análise do aço no final de sopro consomem um tempo bastante variável (5 a 10 minutos), que é função da velocidade de amostragem, envio da amostra ao laboratório, análise química e transmissão do resultado. Esses tempos têm sido bastante reduzidos com o advento da utilização da sublança (ver Figura 6.19), que além de estabelecer um controle dinâmico ao sopro, pode amostrar a corrida em qualquer etapa do sopro, com o conversor soprando.

Em algumas aciarias, é adotada a prática de análise visual dos teores de carbono e manganês e avaliação do grau de oxidação da corrida pelo aspecto da escória, para alguns tipos de aços, o que pode reduzir o tempo dessa fase a cerca de 3 a 5 minutos. Contudo, isto é uma visão do passado; atualmente, os sistemas de automação e os modelos de carga e sopro (conhecidos como controle estático e dinâmico) são bastante aderentes à realidade do processo de sopro.

Logo, grandes esforços vêm sendo desenvolvidos atualmente, procurando acelerar o processo de amostragem e análise, visando aumentar a produtividade. Podemos citar o dispositivo automático de amostragem e medição de temperatura (sublança), conforme dito anteriormente.

O tempo de vazamento é sensivelmente influenciado pelo diâmetro do furo de corrida (diâmetro inicial e vida do furo). A escolha do diâmetro do furo deve levar em consideração a produtividade, devendo ser, portanto, o maior possível, porém sem apresentar, no final de vida, uma vazão excessiva, o que acarretaria passagem de escória para a panela e dificultaria a adição (e homogeneização) das ferroligas.

Outra consideração é que quanto maior o tempo de contato do aço líquido com o ar atmosférico durante o vazamento, maior a incorporação do nitrogênio e oxigênio do ar atmosférico, fenômeno denominado reoxidação. A reoxidação acarreta a incorporação de impurezas ao aço na forma de inclusões não metálicas e nitretos, além de reduzir o rendimento das adições de ferroligas, aumentando o custo de fabricação, pelo aumento do consumo desses materiais.

Para conversores com capacidade de 160 a 180 t, o tempo médio de vazamento é da ordem de 7 a 9 minutos. O tempo de vazamento da escória varia de 1,5 a 2 minutos, totalizando um tempo de ciclo que pode variar de 35 a 45 minutos.

Ao tempo de ciclo devemos ainda acrescentar uma parcela para não conformidades e rotinas operacionais, como ressopro, resfriamento da corrida, medição da distância banho-lança, conforme mostrado anteriormente. Em geral, pode-se considerar a incidência média dessa parcela da ordem de 2 a 5 minutos por corrida.

De maneira geral, uma aciaria operando em condições de normalidade, deve, de forma bem conservadora, produzir no conversor LD, pelo menos uma corrida por hora.

O índice operacional de uma aciaria LD situa-se na faixa de 75% a 80% e depende grandemente de:

- Seu *layout*
- Fornecimento constante e adequado de gusa líquido pelo alto forno.
- Equipamentos de manuseio de matérias-primas e produto final.
- Qualidade dos refratários.
- Técnicas de revestimento e reparo.
- Prática de troca e reparo dos furos de corrida.
- Diligências de rotinas operacionais (limpeza de cascões de boca e metrô), entre outras.

A existência de uma equipe de manutenção com treinamento e experiência na função é tão fundamental quanto a da equipe de operação, pois a solicitação e desgaste dos equipamentos e materiais dentro de uma aciaria LD são extremos e exigem especial atenção tanto nesse tópico, quanto em relação ao gerenciamento de sobressalentes, muitas vezes customizados e de grande porte.

Quando é necessária uma maior produção para uma aciaria operando no sistema 2/1 (ou seja, 2 conversores, um em operação e outro sendo revestido), normalmente acrescenta-se outro conversor e a aciaria passa a operar no sistema 3/2. Com essa prática, o índice operacional decresce ligeiramente, com uma maior incidência de atrasos em virtude da interferência de operação entre fornos, mas a produção aumenta em 80% a 90%.

8. PROCESSO LD: CONTROLE OPERACIONAL

Os resultados operacionais de uma aciaria LD podem ser avaliados por três parâmetros: produtividade, rendimento metálico e acerto simultâneo (de composição química e temperatura).

A produtividade é função da infraestrutura de equipamentos e *layout*, porém é influenciada negativamente por um inadequado controle operacional, que aumenta a incidência de corridas ressopradas ou resfriadas, paradas para a limpeza sob os conversores decorrente de projeções, retirada de cascão da boca do conversor, e outras anormalidades.

O rendimento em aço (ou também rendimento do conversor) pode ser definido de várias maneiras; todavia podemos considerá-lo como a relação entre o peso de aço obtido e a soma dos pesos de gusa líquido, gusa sólido, sucata e minério de ferro adicionados (este último afetado por um coeficiente corretivo). Valores de rendimento entre 91% e 93% podem ser considerados como referencial.

Utiliza-se também o rendimento placa/aço líquido, que pode ser considerado como a relação entre o peso de boas placas (que é igual ao peso de aço menos as perdas por cascão na panela, sobra no distribuidor, perdas por ponta e cauda, carepa, amostra etc.) e a soma dos pesos de gusa líquido, gusa sólido, sucata, minério de ferro e ferroligas adicionadas na panela.

Quanto ao acerto da composição química e temperatura do aço, deve-se considerá-lo no final do sopro e na panela de lingotamento, após vazamento e adição de desoxidantes e ferroligas. O acerto no final de sopro é importante para possibilitar uma prática de desoxidação e adição de ligas em condições reprodutivas, evitando variações nos rendimentos dos diversos elementos. O acerto na panela define a composição final do aço e condiciona a qualidade do produto final.

Deve-se notar que o acerto de temperatura e a composição no final de sopro está intimamente ligado à produtividade, pois o ressopro de corridas ou seu resfriamento, além de prejudicarem a qualidade do aço, podem consumir até 20% do tempo total do ciclo.

A finalidade do controle de processo é obter, no final do sopro, o peso de aço visado, na temperatura e com a composição química desejada. Para isso, são utilizadas várias técnicas, com distintos graus de refinamento, dependendo das condições locais e opções técnico econômicas.

O controle de processo mais simples é o utilizado pelo soprador, que se apoia apenas na sua experiência pessoal para conduzir a operação, na observação visual da chama para avaliar o teor de C e temperatura, e na definição das medidas a serem adotadas para interromper o sopro no momento adequado.

Entretanto, é mais comum utilizar um modelo matemático baseado na físico-química metalúrgica, que abrange um número variável de parâmetros *e* fornece ao soprador subsídios para a condução do sopro. Esses modelos são classificados genericamente em estáticos, quando os cálculos são realizados a partir de dados levantados do início do sopro; e dinâmicos, quando utilizam informações colhidas durante o sopro e determinam ações corretivas.

O método de observação visual da chama é o tipo mais elementar de controle dinâmico e possibilita a um operador treinado alcançar índices de acerto de composição e temperatura razoavelmente altos.

Sua reprodutividade é influenciada basicamente por: vida do conversor, composição química e proporção do gusa, qualidade da sucata e condições de sopro. Tais parâmetros normalmente não apresentam grande variação em intervalos de tempo da ordem dos turnos de serviço.

9. TIPOS DE AÇOS PRODUZIDOS

O processo LD permite elaborar uma gama bastante elevada de tipos de aço, desde os aços baixo carbono aos aços média liga, e mesmo alguns altamente ligados.

No início de desenvolvimento do processo, notou-se que era possível obter teores baixos de N, C, e P, o que tornava o LD conveniente sobretudo à fabricação dos aços de baixo carbono.

Os aços de alta qualidade, especialmente os laminados a frio para estampagem, que devem satisfazer especificações muito restritas, são hoje domínio quase exclusivo do processo LD; foram também desenvolvidas técnicas de fabricação que permitem elaborar, no LD, aços alto carbono e mesmo alguns tipos mais nobres, como aços estruturais de alta resistência para vasos de pressão, caldeiras, tubos para indústria petrolífera, típicos dos processos de laminação de chapas grossas.

A limitação do teor de S, imposta pelas condições termodinâmicas quase nulas de dessulfuração no conversor (meio oxidante), foi eliminada pela dessulfuração do gusa (meio redutor) por meio de vários processos. A seleção criteriosa da matériaprima e a utilização do gusa dessulfurado permitem obter teores muito baixos de enxofre. Aços com especificação de S menor que 15 ppm já é uma realidade no mercado.

O menor teor de carbono economicamente viável no processo LD é de cerca de 0,03%.

O desenvolvimento das modernas técnicas de metalurgia na panela, com a utilização de desgaseificação a vácuo aliada a injeção de gases inertes ou de oxigênio e ao aquecimento sob vácuo do aço (por indução ou arco), além das técnicas de adição de ferroligas pré-fundidas, permitem ao processo LD fabricar praticamente todas as especificações de aço.

10. EQUIPAMENTOS PRINCIPAIS

Os principais equipamentos de uma aciaria LD equipada convencionalmente são mostrados na Figura 6.24.

Figura 6.24 Corte típico de uma aciaria LD (esquemático).
Fonte: autor.

O conversor é suspenso por um anel de sustentação, ligado ao sistema de basculamento (Figura 6.25).

(a) (b)

Figura 6.25 (a) Sistema de sustentação e basculamento de um conversor LD, esquemático.
Fonte: Cortesia de Voest Alpine AG. (b) Acompanhamento de montagem de um conversor de 170 t (imagem do autor).

Acima dele encontra-se o sistema de captação de fumaça, que pode ser do tipo caldeira e queima de gases na chaminé ou do tipo OG, com recuperação desses gases (Figura 6.26). Nesse caso, após a lavagem, o gás é encaminhado a um gasômetro, quando não é queimado diretamente na chaminé.

O equipamento de limpeza de gases permite reduzir a temperatura e o teor de sólidos dissolvidos na fumaça gerada pelo conversor, evitando a poluição atmosférica (famosa "fumaça vermelha" de aciaria).

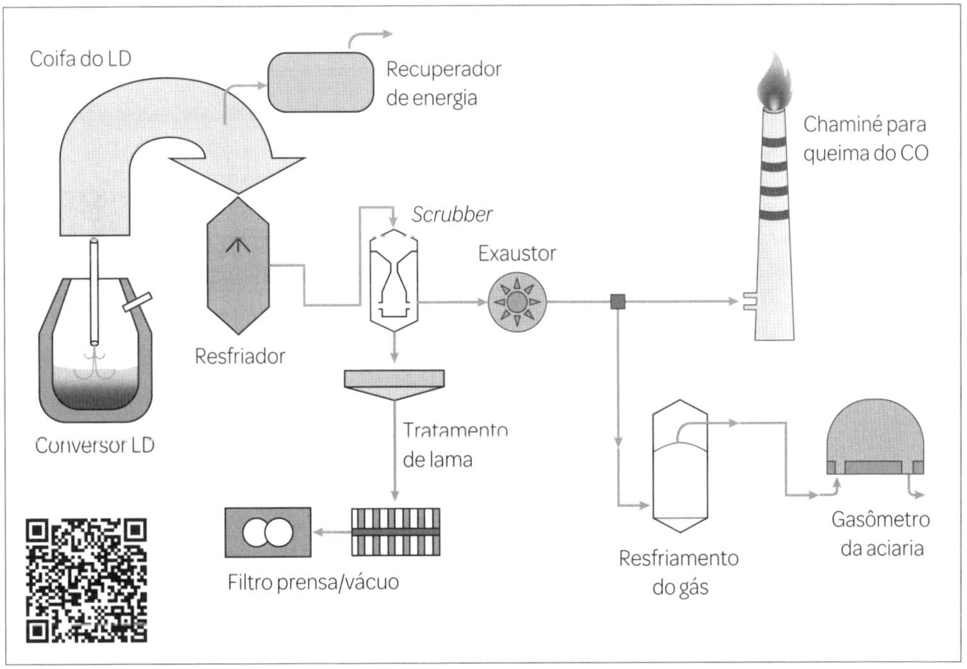

Figura 6.26 Sistema típico de limpeza de gases de um conversor LD (esquemático).
Fonte: autor.

As lanças de oxigênio ficam suspensas acima do conversor. Normalmente, duas lanças encontram-se ligadas aos sistemas de oxigênio e refrigeração, uma na posição de sopro e outra de reserva (Figura 6.27).

A disposição dos silos de cal e outras adições, bem como os dispositivos de introdução desse material no conversor, variam conforme a aciaria (Figura 6.28).

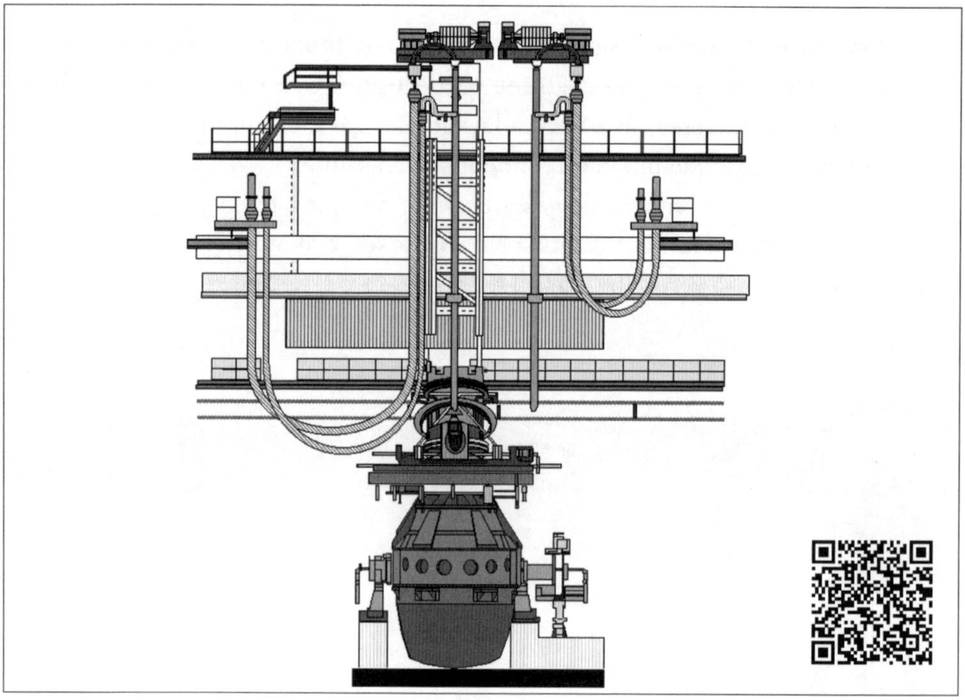

Figura 6.27 Sistema de lanças de oxigênio de um conversor LD (esquemático).
Fonte: autor.

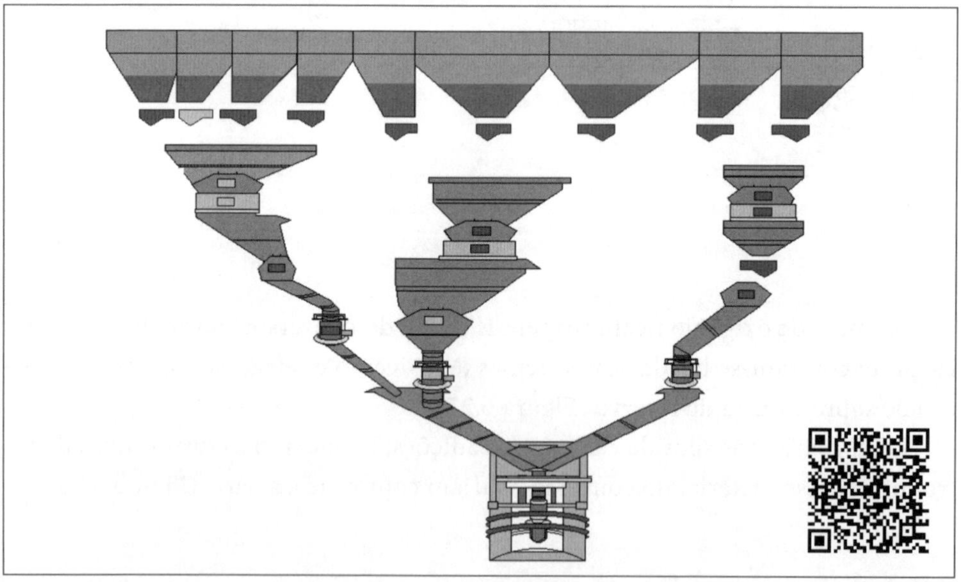

Figura 6.28 Sistema de silos aéreos de um conversor LD, em que adições de cal calcítica, dolomítica, sínter, briquetes, fluxantes e outros são previamente pesadas e adicionadas de forma automatizada, por queda livre, durante o sopro, para a formação da escória de refino primário (esquemático).
Fonte: autor.

O carregamento de gusa e sucata é normalmente realizado por pontes rolantes.

As panelas de aço e os potes de escória se deslocam sob o conversor, em carros próprios e autoacionados.

As balanças de gusa normalmente são montadas em carros balança, sobre os quais se desloca a panela para receber o gusa do carro torpedo (Figura 6.29).

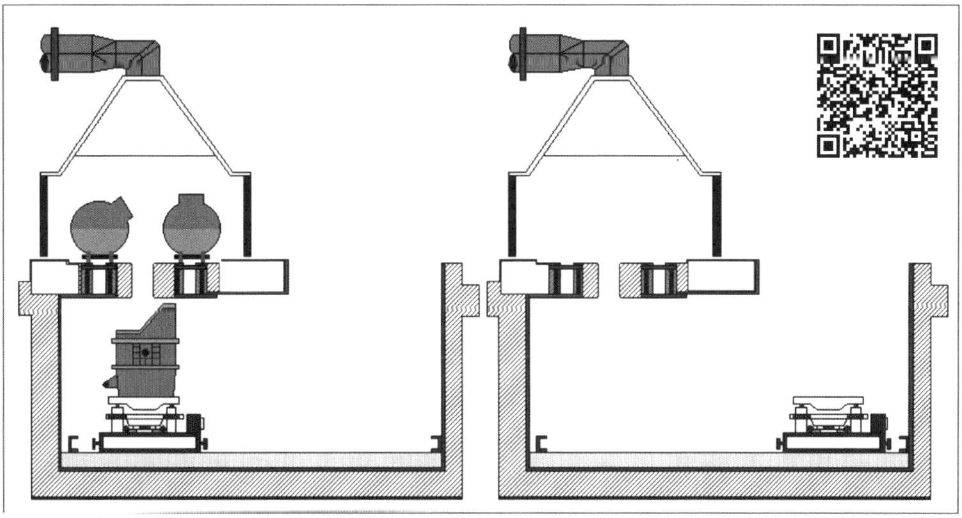

(a)

(b)

(c)

Figura 6.29 (a) Sistema de transferência de gusa do carro torpedo para panela de gusa e respectiva pesagem (esquemático). (b) Fotografia com a balança de gusa sem a panela posicionada. (c) Operação de transferência do gusa líquido contido no carro torpedo para a panela de gusa.
Fonte: autor.

As balanças de sucata são colocadas próximas às baias de estocagem (quando o *layout* permitir), possibilitando colocar nas calhas de sucata a quantidade requerida para a carga do conversor, conforme Figura 6.30.

Figura 6.30 Baia de estocagem de sucata e preparação da calha de sucata (I) e (II). Sistema de balança e transferência de calha de sucata para a ala de carregamento do conversor (III) e (IV).
Fonte: autor.

A adição de ferroligas durante o vazamento do conversor na panela de aço é feita por um equipamento localizado no piso de operação, ao lado do conversor (Figura 6.31).

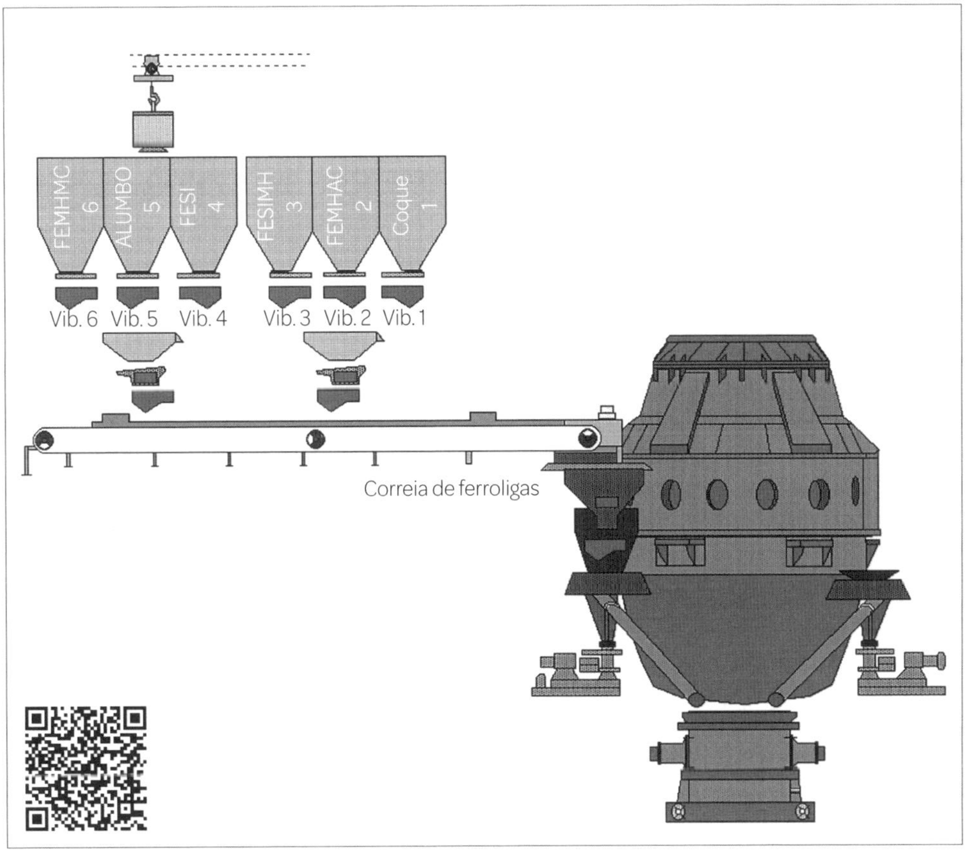

Figura 6.31 Sistema de pesagem de ferroligas para adições durante o vazamento do conversor (esquemático).
Fonte: autor.

O lingotamento do aço é feito com a utilização de pontes rolantes que transferem a panela de aço líquido do carro de transferência para o setor de refino secundário e, em seguida, para o lingotamento contínuo (ou convencional).

11. CARCAÇA DO CONVERSOR

A carcaça é feita de chapas de aço soldadas e normalmente se apoia no anel de sustentação de maneira a facilitar a sua troca; o eixo de rotação do forno é fixado nesse anel, conforme apresentado na Figura 6.24. Os perfis podem variar bastante para conversores de mesma capacidade, especialmente quanto à profundidade e ao diâmetro do banho, em função dos critérios de projeto.

Os parâmetros básicos no projeto do conversor LD são o seu volume específico (volume útil/carga metálica), para o qual a tendência atual de projeto está entre 0,8 e 0,9 m3/t, e a relação altura/diâmetro do conversor, que é mantida na faixa de 1,3 a 1,5, conforme Figura 6.32.

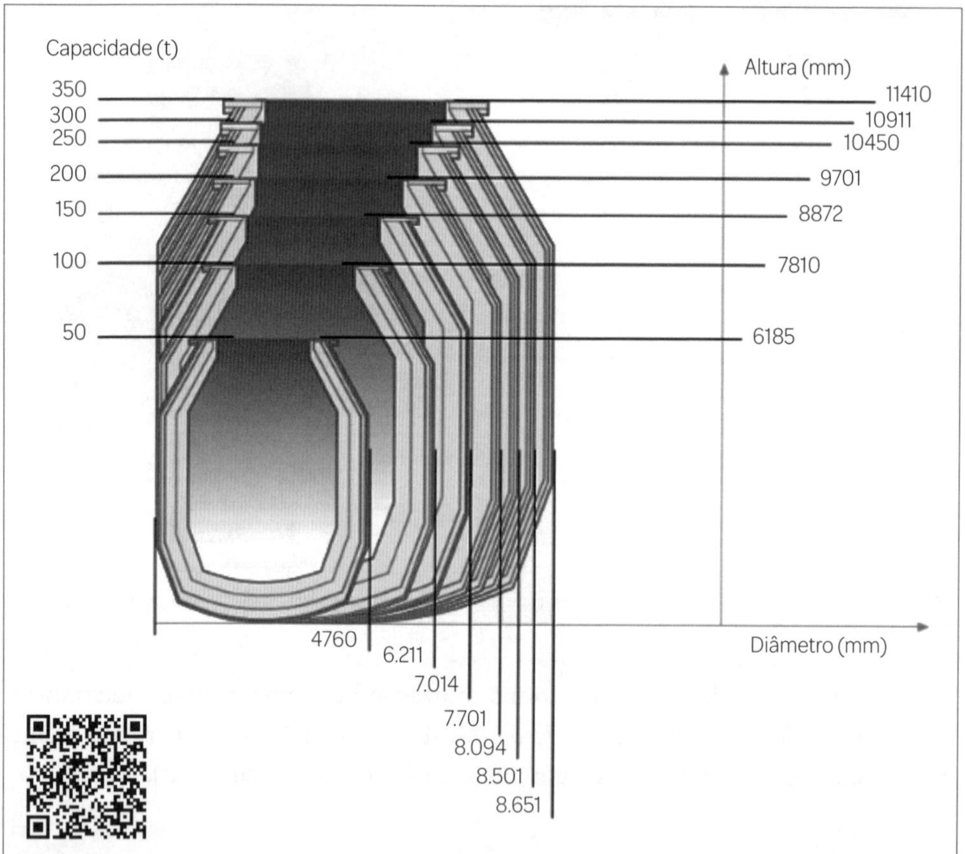

Figura 6.32 Relação de capacidade (t/corrida), diâmetro e altura (mm) de vários projetos de conversores LD.
Fonte: cortesia Voest Aipine AG).

12. LANÇA DE OXIGÊNIO

A lança para injeção de oxigênio é constituída por três tubos de aço concêntricos, sendo o interior para o oxigênio e os dois externos para circulação de água de refrigeração. Na extremidade superior, são acopladas as mangueiras de oxigênio e água (Figura 6.33).

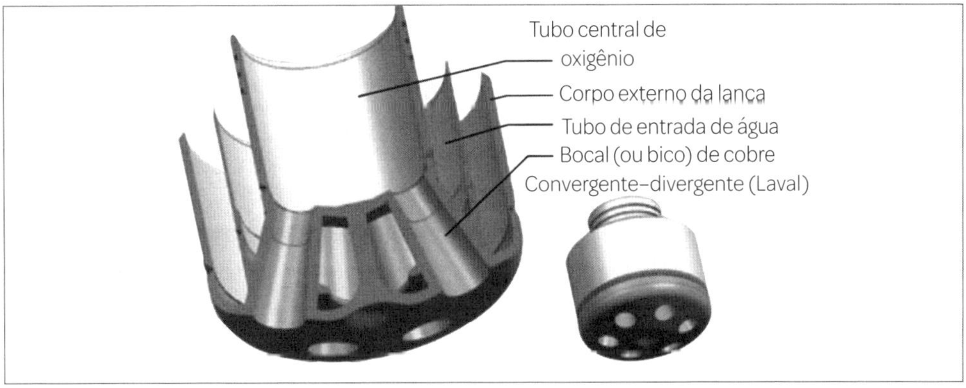

(a)

(b)

(c)

(d)

Figura 6.33 (a) Lança de oxigênio mostrando esquema de refrigeração, esquemático – cortesia Tallman Bronze. (b, c, d) Bocal de lança, feito de cobre, após uso (230 corridas).

Fonte: autor.

Durante o uso, a lança é sustentada por um carrinho movimentado verticalmente por um guincho; em geral, existe um dispositivo de segurança que impede a queda da lança dentro do forno, no caso de ruptura dos cabos do guincho (ver Figura 6.26).

A prática normal é utilizar de 3 a 6 furos no bocal da lança permitindo uma distribuição mais uniforme do oxigênio sobre o banho (Figura 6.34). Eles são dispostos com seus eixos segundo as arestas de um triedro equilátero, com ângulo de inclinação em relação ao vertical variando de 5% a 20%. O diâmetro dos furos varia de acordo com a pressão de trabalho e vazão desejadas.

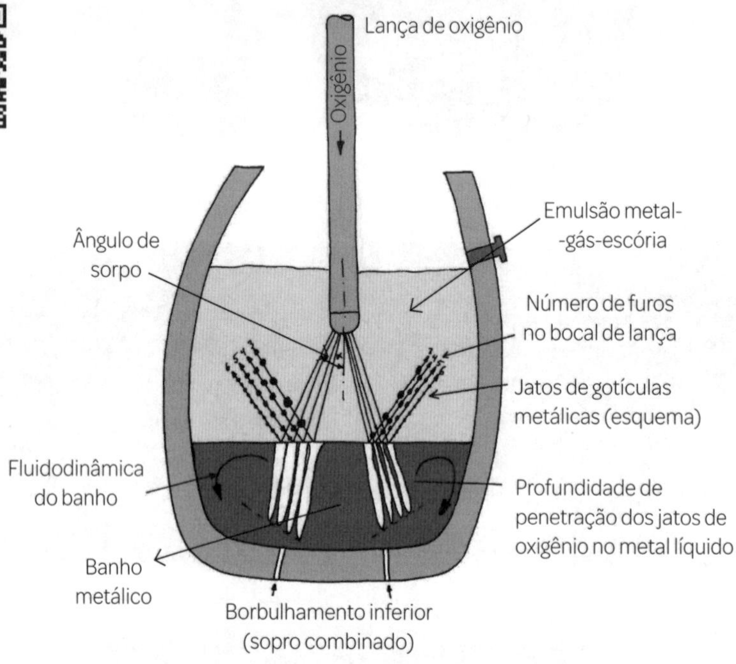

Figura 6.34 Profundidade de penetração do sopro no banho em função do projeto do bocal de lança.
Fonte: autor.

Normalmente utilizam-se perfis convergentes-divergentes (perfil de Laval), que permitem a injeção supersônica do oxigênio, possibilitando uma maior distância da lança ao banho para as mesmas condições de penetração do jato.

13. REFRATÁRIOS

No conversor, há dois tipos de revestimentos superpostos: o permanente, que é um revestimento de segurança, e o de trabalho, trocado periodicamente de acordo com o seu desgaste, conforme mostra a Figura 6.35.

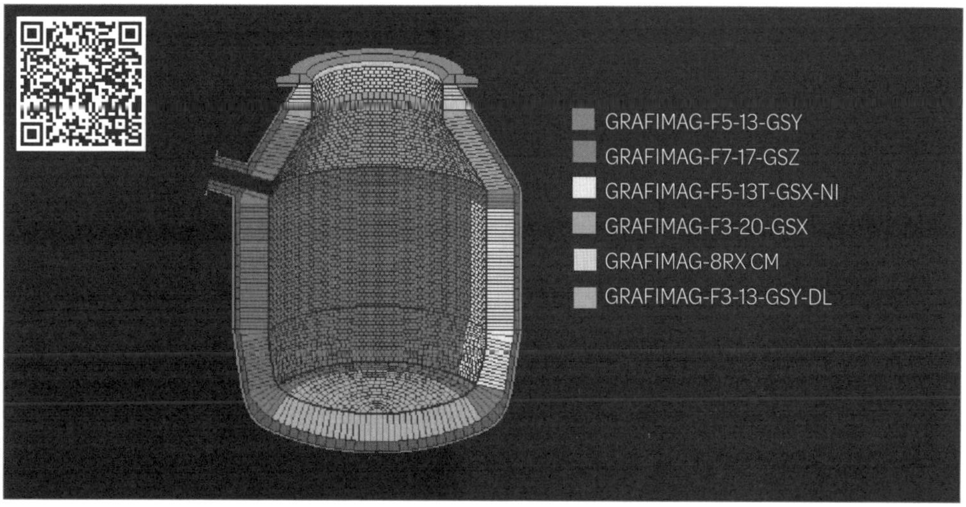

Figura 6.35 Vários tipos de refratários possíveis num projeto de revestimento LD (cortesia Magnesita S.A.).
Fonte: cortesia Magnesita S.A.

Os tijolos utilizados no forno LD são fabricados normalmente empregando-se dolomita, magnesita ou misturas dolomita-magnesita ligadas com um tipo especial de alcatrão; esses tijolos podem ser secados no forno depois de prensados.

A duração do revestimento depende de numerosos fatores operacionais e da qualidade dos tijolos utilizados. Dependendo da usina, os valores podem variar de 2.000 a 6.000 corridas por campanha no mesmo revestimento. A espessura desses refratários geralmente é superior a 1.000 mm.

Quanto maior o teor de C no tijolo refratário MgO-C, maior a resistência química ao ataque refratário. Quanto menor for o teor de C nesse tijolo, maior a resistência mecânica ao impacto e à abrasão. Por isso, regiões do revestimento com maior desgaste por impacto de sucata tem valores menor de C (por exemplo, 8%), e regiões onde a escória atua mais, atacando quimicamente o refratário, há valores maiores de C (por exemplo, 20%), na composição desses tijolos refratários.

14. PROCESSO DE REFINO PRIMÁRIO: TEORIA DO PROCESSO LD

14.1 Reações de refino

Em metalurgia, o sentido de refino é amplo e envolve a parte química e a física. Assim, nesta exposição de uma aciaria LD, o foco será o refino químico.

O gusa é uma liga impura do metal ferro líquido. No processo de redução do óxido de ferro do minério (por meio do carbono do coque) em alto-forno, são incorporadas à matriz líquida de ferro quantidades excessivas de silício, fósforo, enxofre, carbono, e mesmo manganês.

O processo de refino baseia-se em reações de oxidação dessas impurezas encontradas no gusa, verificando-se tais reações em sequência, de acordo com a afinidade pelo oxigênio. Exige-se, então, a adição de ingredientes imiscíveis ao metal líquido, para que neles se fixem as impurezas, removendo-as, portanto, do metal.

Esses ingredientes (ou fases) constituem a escória, que, por diferença de densidade, se separa do metal carregando as impurezas. Outra parte dessas impurezas é retirada do metal pelos gases formados nas reações de refino.

A característica essencial das reações de refino na fabricação do aço pelo processo LD é a oxidação parcial de carbono, manganês, silício, fósforo e outros elementos porventura contidos no gusa líquido, e a redução do seu teor de enxofre. A formação de uma escória básica, além de neutralizar os óxidos ácidos formados, protegendo o revestimento refratário, acelera as reações de refino e permite a estabilização de enxofre e fósforo escorificados.

Os outros elementos contidos na carga de sucata, como elementos de liga (Cr, V, Ti etc.) ou como impurezas (Pb, Sn), serão ou não oxidados, sendo escorificados, isto é, incorporados à fase líquida de escória, dependendo de sua afinidade termodinâmica pelo oxigênio.

O oxigênio necessário às reações de refino é fornecido ao metal sob a forma gasosa, pelo jato de oxigênio da lança, contribuindo também o oxigênio contido nas adições de minério e carepa, porém em menor escala. Contudo, as reações não se dão apenas entre oxigênio gasoso e metal líquido; ao contrário, a escória desempenha um papel importantíssimo no fornecimento de oxigênio ao banho.

A evolução da composição química e da temperatura do metal e da escória durante o sopro é mostrada na Figura 6.36, podendo se caracterizar a existência de 3 períodos distintos de acordo com a variação da velocidade da reação de descarburação.

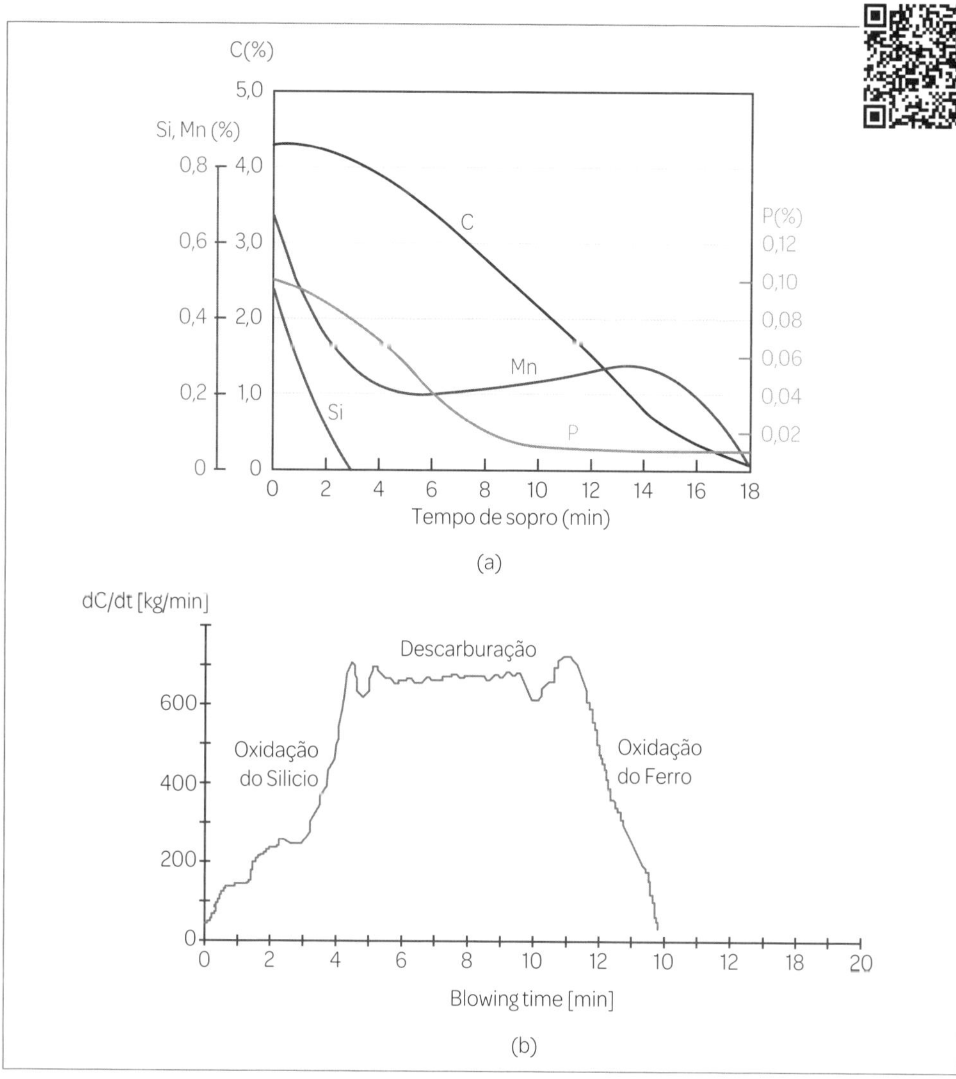

Figura 6.36 (a) Evolução da composição química do metal líquido (adaptada de [2]). (b) Taxa de descarburação em função do tempo de sopro de uma corrida LD.

Fonte: adaptadas de [2].

As reações durante o sopro LD podem ser assim descritas:

$$
\begin{aligned}
2Fe + O_2 &= 2\,FeO \\
2FeO + Si &= SiO_2 + 2\,Fe \\
FeO + Mn &= MnO + Fe \\
FeO + SiO_2 &= FeO \cdot SiO_2 \\
MnO + SiO_2 &= MnO \cdot SiO_2 \\
FeO \cdot SiO_2 + Ca &= CaO \cdot SiO_2 + FeO \\
MnO \cdot SiO_2 + CaO &= CaO \cdot SiO_2 + MnO
\end{aligned}
$$

Praticamente todas as reações que ocorrem no processo LD são altamente exotérmicas, isto é, liberam calor, sobretudo as reações de oxidação do silício e do manganês. Dessa forma, há uma elevação acentuada na temperatura do banho.

Terminada a oxidação do silício, o aumento da temperatura e a formação de uma emulsão metal-gás-escória ("espuma", Figuras 6.37 e 6.38) criam as condições em que a única reação importante é a descarburação, cuja velocidade atinge valores só limitados pelo oxigênio disponível.

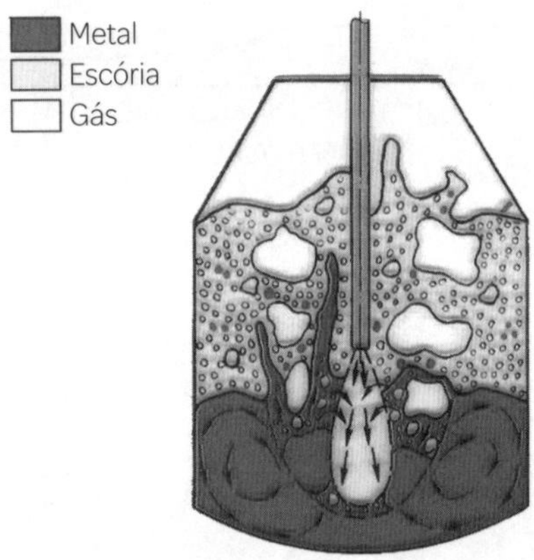

Figura 6.37 Formação de emulsão gás-metal-escória durante o sopro LD (esquemático).
Fonte: autor.

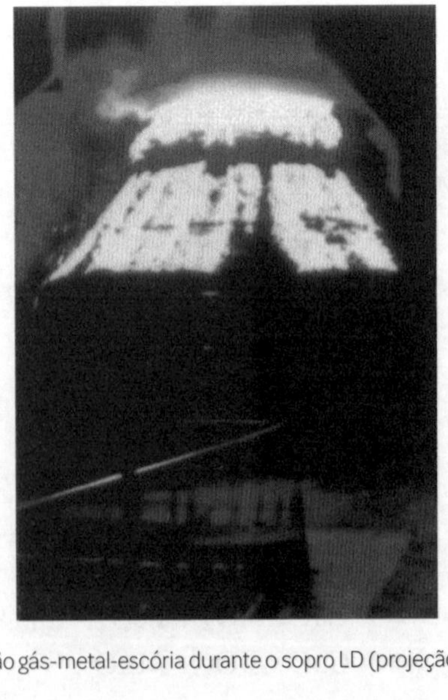

Figura 6.38 Formação de emulsão gás-metal-escória durante o sopro LD (projeção).
Fonte: autor.

As reações de descarburação, cuja velocidade nesse momento de emulsificação é máxima (ver patamar da Figura 6.36b), podem ser assim descritas:

$$FeO + C = Fe + CO$$
$$2\,C + O_2 = 2\,CO$$

Nesse período, os óxidos de ferro e manganês da escória são reduzidos, revertendo esses elementos ao banho metálico, dando origem a um aumento do teor de manganês no metal (corcova do manganês). Essas reações são:

$$FeO + C = Fe + CO$$
$$MnO + C = Mn + CO$$

Esse segundo período de sopro prossegue até o teor de carbono atingir um valor a partir do qual a velocidade de descarburação passa a ser controlada não pela disponibilidade do oxigênio, mas pela difusão do carbono até a interface de reação.

A terceira etapa é caracterizada pela velocidade de descarburação decrescente e por um aumento gradativo da oxidação do manganês e do ferro, à medida que o teor de carbono do banho diminui.

Nessa fase, a dissolução da cal é acelerada e a basicidade da escória (CaO/SiO_2) aumenta acentuadamente.

A desfosforação é iniciada na primeira etapa, quando as condições de baixa temperatura e elevado teor de FeO na escória favorecem a reação de oxidação do fósforo. As reações de desfosforação no conversor são:

$$5\,FeO + 2\,P = P_2O_5 + 5\,Fe$$
$$FeO + P_2O_5 = FeO \cdot P_2O_5$$
$$FeO \cdot P_2O_5 + CaO = CaO \cdot P_2O_5 + FeO$$

As Figuras 6.39 e 6.40 mostram modelos clássicos de desfosforação no conversor LD.

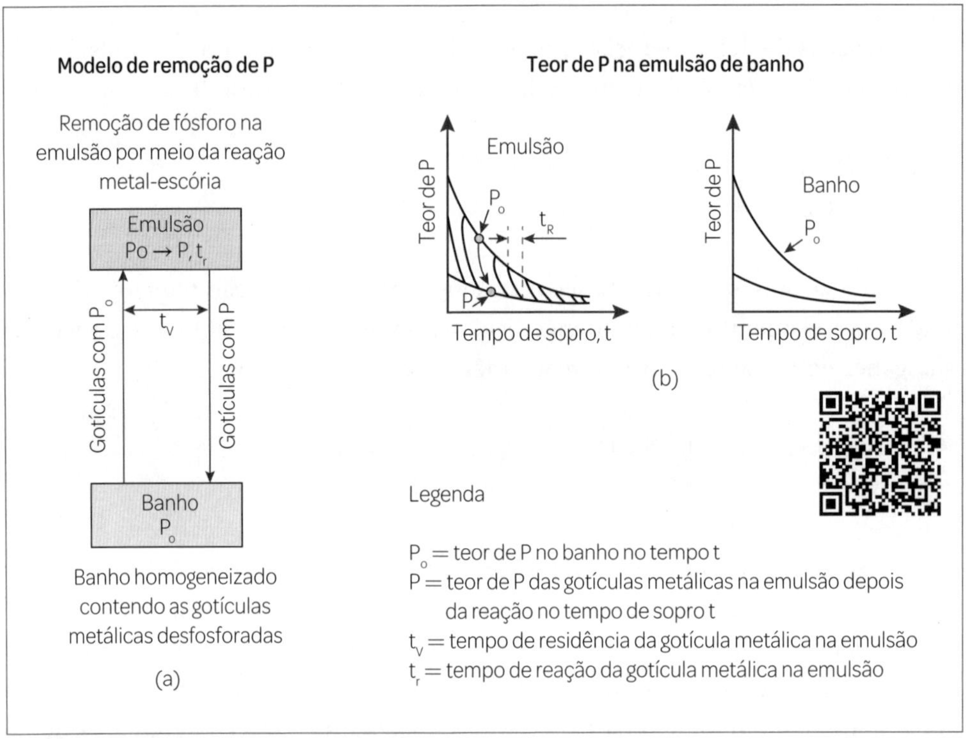

Figura 6.39 Modelo de desfosforação em conversor LD.
Fonte: autor.

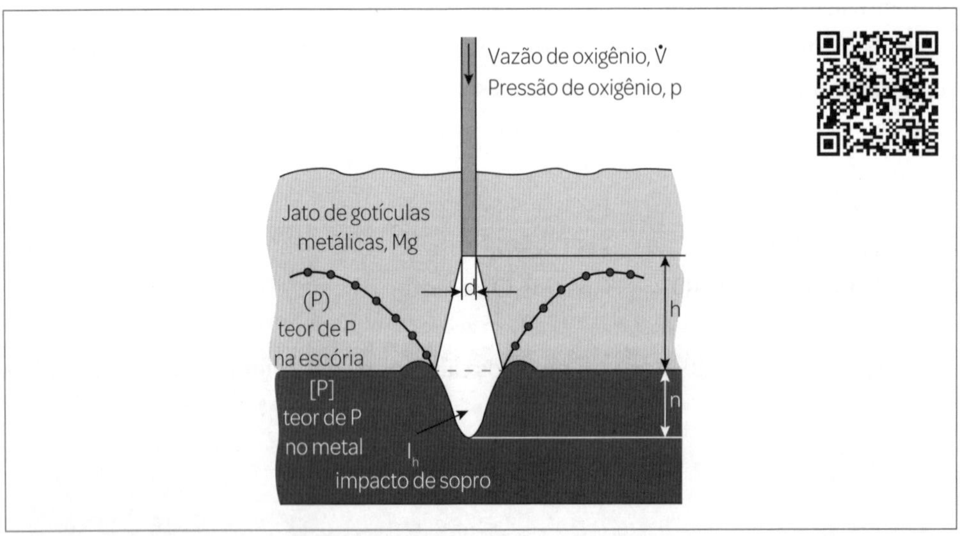

Figura 6.40 Modelo de desfosforação em conversor LD.
Fonte: autor.

Na segunda etapa do sopro (patamar da Figura 6.36a), a diminuição do teor de FeO da escória e o aumento da temperatura interrompem ou mesmo invertem a reação de desfosforação, nesse caso com aumento do teor de fósforo no metal. No período final, o aumento da dissolução da cal e o aumento da oxidação da escória permitem que a desfosforação prossiga atingindo taxas elevadas no fim de sopro. Uma taxa de desfosforação de 85% em conversores LD é considerado operacionalmente normal.

A evolução da dessulfuração está intimamente ligada à evolução da dissolução da cal. De maneira geral, ela apenas se processa de maneira mais efetiva na etapa final do sopro, quando a basicidade da escória se eleva, apesar de não atingir normalmente valores superiores a 50%.

Deve-se notar ainda que a dessulfuração pela fase gasosa é responsável pela eliminação de cerca de 8% do enxofre carregado. As possíveis reações de dessulfuração no conversor são:

$$FeS + CaO = CaS + FeO$$
$$FeS + O_2 = SO_2 + Fe$$

Como a dessulfuração nos conversores é bastante limitada termodinamicamente (condições oxidantes), é preciso se preocupar com os teores de enxofre das matérias-primas que entram na fabricação do aço (principalmente o gusa), para evitar o aumento da introdução e a contaminação desse elemento no banho.

Considerando que a obtenção de gusa líquido com baixos teores de enxofre pode prejudicar a produtividade dos altos-fornos, a prática atual é a dessulfuração intermediária do gusa entre o alto-forno e a aciaria (em estações de dessulfuração ou durante a transferência do gusa do carro torpedo para a panela). É o que se chama de pré-tratamento do gusa em S, ou De-S, a ser descrito adiante.

Durante o sopro LD, o teor de oxigênio do banho se eleva inicialmente, em razão das condições bastante oxidantes propiciadas pelo impacto do jato de oxigênio sobre o banho, atingindo valores superiores à saturação. Durante a segunda etapa, ele é reduzido pela intensa reação de descarburação, para aumentar rapidamente no final do sopro, guardando nítida relação com teor de carbono.

A variação do teor de nitrogênio do metal é o resultado das reações de desnitrogenação do banho pela ação da reação de descarburação e oxidação dos nitretos (no primeiro período), além da nitrogenação pelo teor de nitrogênio do oxigênio injetado.

O balanço dessas reações acarreta normalmente uma diminuição de cerca de 50% do teor de nitrogênio dissolvido no aço no final do sopro; porém, se o teor de carbono final ultrapassar dado limite inferior, a nitrogenação do aço pode se tornar bastante elevada, principalmente durante os períodos de ressopro.

A temperatura do banho se eleva quase uniformemente durante todo o sopro, devendo-se, entretanto, notar que, mesmo com condições operacionais normais, o seu valor nas etapas iniciais apresenta uma dispersão bastante acentuada, em razão das naturais oscilações de temperatura e composição do gusa e da cinética de dissolução da sucata. Na parte final do sopro, essa dispersão diminui acentuadamente.

As informações a respeito da variação da temperatura da escória são muito escassas. Há registros de medidas realizadas em condições normais, com altura de lança variável, tendo sido constatado que ela atinge valores 300 °C acima da temperatura do banho já nos primeiros minutos do sopro.

Esse gradiente decresce com o aumento de temperatura do banho e seu valor ao final do sopro é da ordem de apenas 50 °C.

A Figura 6.41 apresenta um resumo de balanço de massa de uma corrida em conversor LD de 230 t.

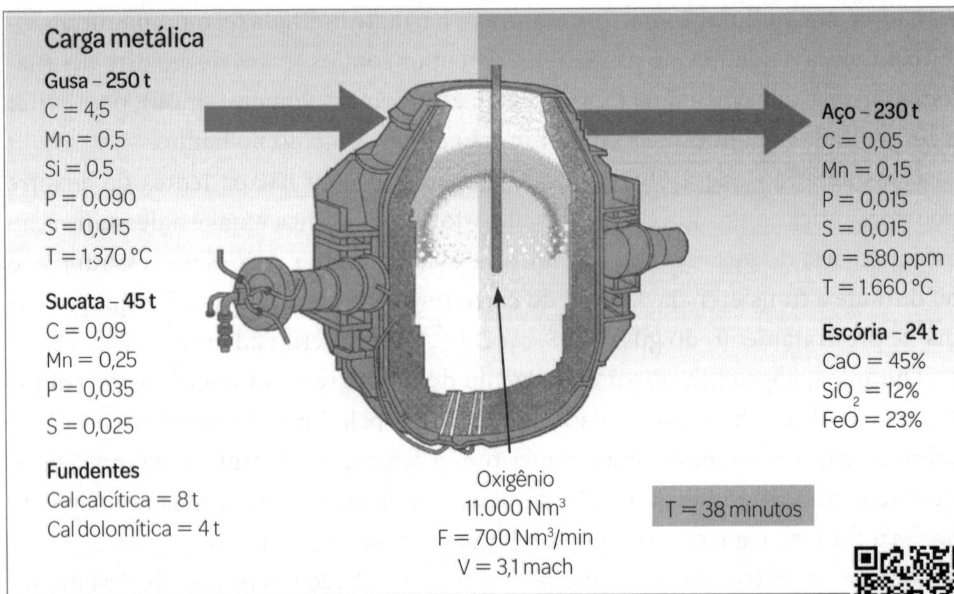

Figura 6.41 Balanço de massa em conversor LD de 230 t.

Fonte: CSN, 4° Encontro de Especialistas de Aciaria, março 2011, Volta Redonda/RJ.

14.2 Processos mecânicos ligados ao sopro

Na saída da lança, o jato de oxigênio se mistura, por causa da turbulência na sua periferia na atmosfera circundante, que é arrastada na mesma direção.

À medida que se afasta do bocal, o jato vai perdendo energia cinética e se alargando de um ângulo de aproximadamente 16°, tomando a forma de um tronco de cone. Esse alargamento provoca uma queda de pressão de impacto do jato, do centro para a periferia.

Na superfície de impacto, ele impulsiona um dado volume de metal e forma no banho uma impressão cujo perfil corresponde ao das curvas de pressão. Essa profundidade de penetração não é constante, variando conforme a instabilidade do movimento a partir de certo valor da pressão de impacto.

Essa instabilidade cria ondas superficiais que provocam a ejeção de partículas metálicas para a atmosfera circundante. Assim, em presença de uma quantidade suficiente de escória, forma-se uma dispersão escória-metal que irá desempenhar papel de primordial importância nas reações de refino.

A esses processos mecânicos se juntam reações químicas que modificam o desenvolvimento do refino.

A influência de profundidade de penetração sobre o desenrolar das reações de refino é utilizada praticamente na definição do padrão de sopragem. A maioria das aciarias adota valores variáveis de altura de lança, de acordo com as etapas do sopro e o tipo de aço a fabricar.

Assim, no início da corrida, a lança fica mais alta, ocasionando um sopro macio (pouca penetração) de modo a possibilitar a rápida formação de uma escória reativa, na segunda etapa, a lança fica mais baixa (sopro mais duro) visando acelerar a reação de descarburação. No final do sopro, a altura de lança dependerá do tipo de aço a ser produzido, baixo ou alto carbono, baixo enxofre etc.

14.3 Formação da escória e evolução de sua composição

A formação da escória envolve principalmente as reações da oxidação de Si, Mn e Fe e a dissolução da cal. Outros componentes são Al_2O_3, Cr_2O_3, TiO_2 etc., provenientes das adições ou oxidação de elementos secundários da carga metálica, MgO proveniente do desgaste dos refratários ou de adições, CaF_2 proveniente da fluorita, Na_2O e K_2O da nefelina adicionada e P_2O_5 e S das reações de desfosforação e dessulfuração.

Um dos principais objetivos no refino LD é a formação rápida de uma escória reativa e rica em CaO, de maneira a evitar o ataque excessivo do revestimento refratário e acelerar as reações de desfosforação e dessulfuração.

Por outro lado, a evolução da sua composição deve seguir um caminho adequado a fim de possibilitar a correta formação da emulsão e minimizar o risco de projeções.

No início do sopro, ocorre a reação de oxidação direta do metal pelo jato de oxigênio no ponto de fogo. Forma-se então um óxido temporário (FeO), resultado da oxidação do ferro, pois o número de átomos desse elemento que está em contato com o jato de oxigênio, nesse instante, é maior do qualquer outro elemento presente no banho.

Em seguida, o silício e o manganês são oxidados pelo FeO formado. À medida que aumenta o volume de silício oxidado, a sílica formada começa a dissolver a cal, e com aumento do volume da escória, as reações passam a se processar no seio da emulsão metal-escória formada.

A emulsão com partículas de cal não dissolvidas favorece a formação de bolhas de CO e a reação de descarburação se acelera. Ao final da oxidação do silício, ela atinge sua velocidade máxima, e o aumento de volume de CO gerado no meio da emulsão metal-escória cria as condições para a formação da emulsão metal-gás-escória. Nessa etapa, os óxidos de ferro e manganês são reduzidos da escória.

Na etapa final do sopro, com a diminuição da velocidade de descarburação, o oxigênio em excesso irá oxidar o ferro e o manganês, cujos pesos na escória, especialmente o do óxido de ferro, apresentam um elevado crescimento à medida que o teor de carbono do banho decresce.

14.4 Desoxidação

O oxigênio incorporado ao aço durante o refino no conversor precisa ser retirado para evitar a evolução violenta de gás (CO) no lingotamento e a precipitação dos óxidos de ferro e manganês durante a solidificação, que fragilizariam o aço.

A desoxidação é feita normalmente pela adição de elementos com maior afinidade pelo oxigênio que o carbono, principalmente o alumínio.

O alumínio é adicionado na panela de aço, durante o vazamento, em quantidades que dependem basicamente do nível de oxidação inicial e do tipo de aço. Maiores detalhes serão abordados no tópico Metalurgia de Panela. O consumo padrão de alumínio é em torno de 2 $kg/t_{aço}$.

15. PTG: PRÉ-TRATAMENTO DO GUSA (DE-SI, DE-P, DE-S)

A crescente demanda por composição química exata e limpeza de aços despertou várias inovações na tecnologia de aciaria e deu origem a processos intermediários entre o alto-forno e a aciaria, denominados pré-refino do gusa ou pré-tratamento do gusa, PTG.

O PTG tem sido utilizado para melhorar o método de refino primário no conversor e reduzir seu custo, além de ser um processo primordial que qualifica a usina à produção de aços com alto valor agregado, associados a teores baixos de P (< 100 ppm) e S (< 10 ppm) em seus produtos, aumentando, assim, a sua competitividade.

Em virtude da alta qualidade (e abundância) do minério de ferro brasileiro, os teores de P no gusa líquido processado em altos-fornos de usinas que utilizam somente o nosso minério de Fe são bastante reduzidos, sendo estes considerados *benchmark* mundial.

Enquanto no Brasil o teor de P no gusa está em média na ordem de 800 ppm, em outros países como Japão, Coreia e China, podem chegar a valores de 1.400 ppm, quase o dobro. Isto explicaria o porquê de o PTG ser muito mais desenvolvido nesses países do que no mundo ocidental em geral.

Contudo, o cenário está mudando, pois a necessidade de processos de aciaria que atendam às exigências de aços com ultrabaixo teor de P e S torna mandatórios investimentos de capital e P&D nessa área para que a empresa se mantenha competitiva nesse início de século XXI.

O PTG inicialmente consistia de dessiliciação (De-Si) no canal de corrida e desfosforação (De-P) e dessulfuração (De-S) no carro torpedo, e foi introduzido na usina de Mizushima, da Kawasaki Steel (Japão), em março de 1985.

Operacionalmente, o carro torpedo acabou tornando-se um vaso de refino, necessitando de mudanças no material refratário, diminuindo sua capacidade de transporte, atrapalhando muito o fluxo de gusa líquido entre o alto-forno e a aciaria, com a redução de sua rotatividade, tornando-o bastante impopular, mesmo nos países asiáticos, sua origem.

Isso gerou mudanças tecnológicas a partir do início do século XXI, de forma que hoje (2024), a De-S é feita quase que exclusivamente em panelas de gusa, sendo o processo KR (Kanbara Reactor, Figura 6.42) o mais popular e eficiente. Já a De-Si e De-P é feita em conversor exclusivo (#1) para essas operações, como mostra a Figura 6.43.

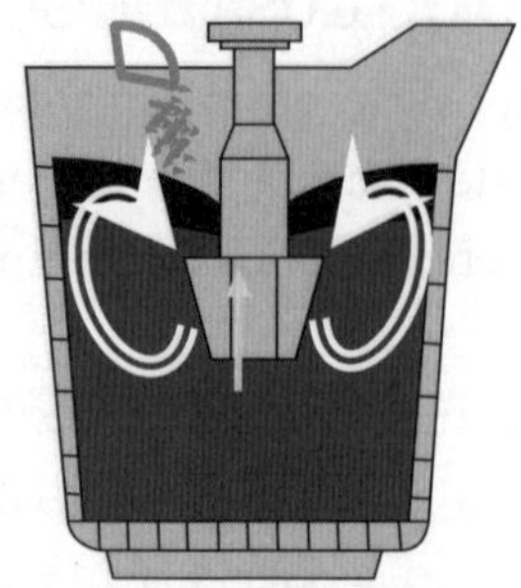

Figura 6.42 Processo Kanbara Reactor (KR) de dessulfuração do gusa.
Fonte: autor.

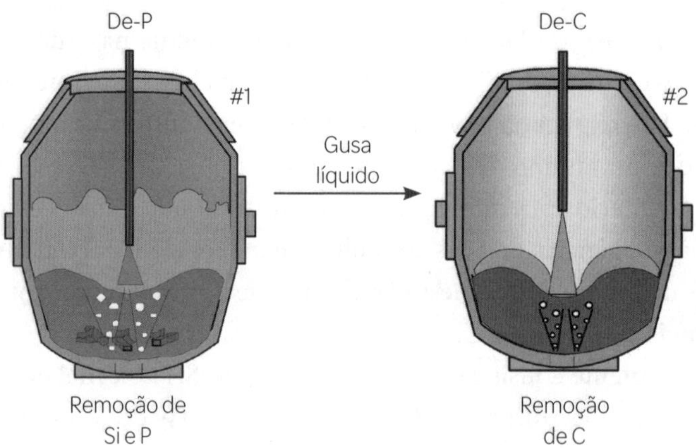

Figura 6.43 Processo LD para uso exclusivo em processo De-Si e De-P (#1) e De-C (#2).
Fonte: autor.

15.1 De-Si – Dessiliciação do gusa líquido

A dessiliciação pode ser realizada na calha de corrida do alto-forno ou em carros torpedo e de panela líquido com a simples adição de reagente ou pela injeção de reagentes com um condutor de gás, como o nitrogênio, dentro da panela.

Uma redução no conteúdo de silício no gusa proporciona um menor custo na fabricação do aço na aciaria, além de melhorar sua qualidade. Por essa razão, uma nova tecnologia operacional para obtenção de um baixo conteúdo de silício no gusa foi desenvolvida, bem como um processo de pré-tratamento de gusa.

Como uma dessas tecnologias operacionais de baixo silício, o processo de injeção de fundente por meio das ventaneiras já é usado em diversas usinas no Japão, na Coreia e na China.

15.2 De-P – Desfosforação do gusa líquido

A origem do P na composição química do gusa está sempre associada a carvão vegetal e minérios de ferro, matérias-primas dos altos-fornos.

No processo de produção de gusa em altos-fornos, as condições termodinâmicas são de ambiente redutor e escória ácida. Para a retenção de fósforo pela escória, é necessário que a condição do ambiente seja oxidante e a escória, básica. Dessa maneira, justifica-se a grande eficiência de De-P durante o sopro LD, conforme já explicado. Termodinamicamente, é impossível a reação de De-P no alto-forno.

Na maioria dos casos no ocidente, com relação ao P, o gusa produzido nas usinas siderúrgicas integradas não passa por nenhum processo de refinamento adicional depois de sair do alto-forno até chegar ao sopro LD. Portanto, a quantidade de alguns elementos não desejados presentes no gusa, como o fósforo, depende exclusivamente da qualidade das matérias-primas.

A De-P do gusa possui diversos formatos e técnicas difundidas, mas, de modo geral, podemos classificar em três equipamentos: carro torpedo, panela de gusa e conversor LD específico, conforme Figura 6.44.

Os dois primeiros são bastante considerados durante um *revamp* tecnológico *brownfield*. Já nos casos de investimento *greenfield*, e tendo capital de investimento possível, a De-P é feita pelo método do conversor LD exclusivo, também detalhado na Figura 6.43. Esses conversores, quando não utilizados para De-P do gusa, podem ser direcionados para a produção normal de aço líquido, aumentando muito a flexibilidade da aciaria.

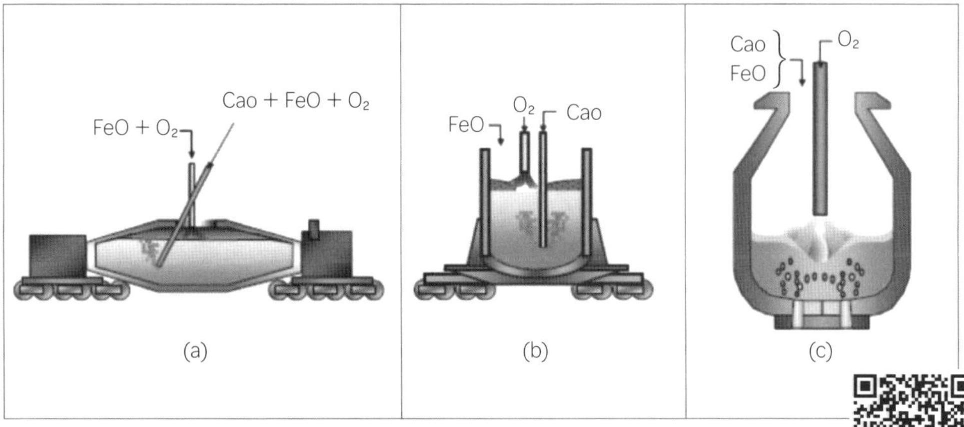

Figura 6.44 Vários formatos de De-P do gusa: em carro torpedo (a), em panela de gusa (b) e em conversor LD exclusivo (c).
Fonte: autor.

15.3 De-S – Dessulfuração do gusa

O efeito deletério do S no aço é tão significativo que esse foi o primeiro processo PTG desenvolvido no início da década de 1980. Hoje, praticamente todas as usinas siderúrgicas integradas têm unidades ou estações de De-S operando.

A maioria das usinas integradas utilizam algum tipo de PTG para a De-S, pois o conversor LD é de característica oxidante e não oferece condições termodinâmicas e cinéticas para remoção do enxofre, apesar de persistir uma pequena remoção por via gasosa, conforme explicado anteriormente.

Em geral, isso é feito pela injeção de agentes químicos à base de cal e magnésio, entre outros, em carros torpedo ou mesmo em panelas de gusa nas aciarias (Figuras 6.45 e 5.46).

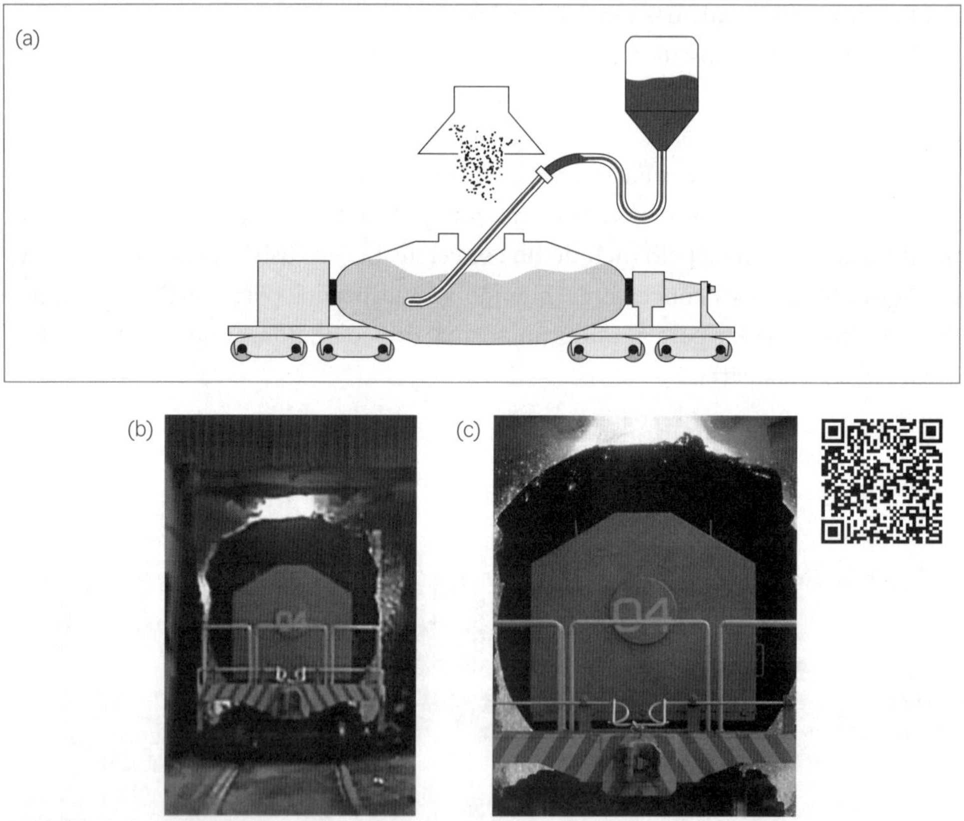

Figura 6.45 Dessulfuração do gusa líquido em carro torpedo – Sistema Kawasaki, lança de injeção inclinada em 70° para minimizar ocorrência de zonas mortas durante a De-S, esquemático (a). Carros torpedos estacionados no hangar da estação de dessulfuração durante o processo de De-S (b) e (c). Cortesia COSIPA – Companhia Siderúrgica Paulista, atual Usiminas-Cubatão.

Fonte: Cortesia COSIPA – Companhia Siderúrgica Paulista, atual Usiminas-Cubatão.

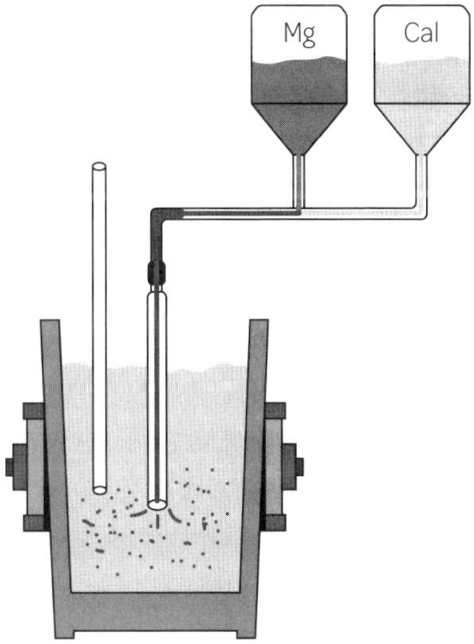

Figura 6.46 Dessulfuração do gusa líquido em panela de gusa, com injeção de uma mistura de agente dessulfurante à base de finos de cal (80%) e partículas de Mg metálico acalmado com superfície de silicone (20%), esquemático.
Fonte: Cortesia COSIPA – Companhia Siderúrgica Paulista, atual Usiminas-Cubatão.

REFERÊNCIAS

1. MAIA, B. T. Belo Horizonte, Escola de Engenharia da (UFMG).
2. BARÃO, C. D. (em). Ouro Preto.

BIBLIOGRAFIA

ANDRADE, S. I. *Análise da desfosforação no refino LD*. UGMG, 1979. [Dissertação de Mestrado]

BALAJIVA, K.; VAJRAGUBTA, P. Distribution of phosphorus between liquid iron and basic slags. *Journal of Iron and Steel Institute*, v. 155, p. 562-567, 1947.

BARRETO, A. F. M. *Controle estático de fim de sopro do conversor LD*. UFMG, 1981, p. 1-8. [Dissertação de Mestrado]

BOF STEELMAKING, Vol. 1 – Introduction, theory and design part I. New York: AIME, p. 256-258, 1975.

CHAVES, C. A. *Coolants other than scrap in basic oxygen steelmaking*. Universidade de Sheffield, 1976, p. 7-9. [Dissertação de Mestrado]

ETRUSCO, G. S. P. et al. *Curso sobre aciaria LD*. Associação Brasileira de Metais, 1992, p. 296-297.

HEALY, G. W. A new look at phosphorus distribution. *Journal of the Iron and Steel Institute*, p. 664-668, jul. 1970.

INOUE, R. *et al.* Distribution of Nb, P, Mn, between liquid iron and MgOsat-FetO-SiO2-NbOx-MnO slags. *Transactions of ISIJ*, v. 27, n. 12, p. 946-950, 1987.

KOR, G. J. W. Effect of fluorspar and other fluxes on slag-metal equilibria involving phosphorus and súlfur. *Metallurgical Transactions B*, v. 8B, p. 107-113, mar. 1977.

KRANJC, A. Balanço material e térmico dos conversores a oxigênio. Metalurgia, v. 22, n. 107, out. 1966.

MALYNOWSKYJ, A. *Aplicação de redes neurais artificiais ao modelo físico-químico do conversor LD na fabricação de aço líquido* 1997. Escola Politécnica da Universidade de São Paulo. [Tese de Doutorado]

MATOS, M. *et al.* Metalurgia da caçamba. *In: Tecnologia de fabricação do aço líquido*. vol. 4. 2ª ed. Universidade Federal de Minas Gerais, 1983, p. 140-153.

MIN, D. J.; FRUEHAN, R. J. Analysis of manganese smelting in steelmaking. *Iron & Steelmaker*, p. 51-56, jun. 1991.

MUNDIM, M. J. *Tecnologia de fabricação do aço líquido*. 3ª ed. vol. 2. Aciaria LD, Universidade Federal de Minas Gerais, 1985, p. 218-219.

ROSENQVIST, T. *Principles of extractive metallurgy*. 2. ed. Mc-Graw-Hill International Book Company, 1983, p. 356-357.

SCIMAR, R. *Sur léquilibre phisico-chimique Du Phosphore en Acièrie*. Liege, CNRM, France, 1961. [Tese de Doutoramento]

SIGWALT, J. F. G. Operação. *In: Curso sobre Aciaria LD*, p. 1-125. Associação Brasileira de Metais, 1992.

SUITO, H.; INOUE, R. Effect of calcium fluoride on phosphorus distribution between MgO saturated slags of the system CaO-MgO-FeOx-SiO2 and liquid iron. *Transactions of ISIJ*, v. 22, n. 11, p. 869-877, 1982.

SUITO, H.; INOUE, R. Phosphorus distribution between MgO-satured CaO-FetO--SiO2-P2O5-MnO sags and liquid iron. *Transactions of ISIJ*, v. 24, n. 1, p. 40-46, 1984.

SUZAKI, K. *Balanço térmico do conversor*, Relatório de 2ª etapa, Projeto nº 15.956. São Paulo: Instituto de Pesquisas Tecnológicas (IPT), 13 de outubro de 1981.

TURKDOGAN, E. T. *Physicochemical properties of molten slags and glasses*. The Metals Society of London, 1983, p. 280-281; p. 403-419.

UNITED STATES STEEL, ASSOCIATION OF IRON AND STEEL ENGINEER. *The making, shaping and treating of steel*. 8. ed. The AISE Steel Foundation. Pittsburgh, 1964, p. 250-256, "Oxygen Steelmaking Processes".

UNITED STATES STEEL, ASSOCIATION OF IRON AND STEEL ENGINEER. The physical chemistry of iron and steelmaking. *In: The making, shaping and treating of steel*. 8. ed. The AISE Steel Foundation. Pittsburgh, 1964, p. 378-379.

WARD, R. G. *An introduction to the physical chemistry of iron & steelmaking*. Edward Arnold, 1962, p. 150-165.

YAMAMOTO, M. et al. On the dephosphorization in LD process. *Yawata Technical Report*, v. 264, p. 1-17, set. 1968.

CAPÍTULO 7
Aciaria elétrica

Marcelo Carboneri Carboni

1. FORNO ELÉTRICO A ARCO: CONCEITO E HISTÓRIA

Para conceituar-se o que é um forno elétrico a arco (FEA), é necessário inicialmente conceituar-se o arco elétrico. Arco elétrico é uma descarga elétrica entre dois eletrodos separados por uma pequena distância, em geral contendo ar. As formas mais conhecidas de arco elétrico são os raios que ocorrem na natureza durante tempestades e o arco elétrico utilizado nos processos de soldagem a arco elétrico, bastante usuais em qualquer processo de fabricação. Conectando-se uma parte metálica a um polo negativo de uma fonte de corrente contínua e seu polo positivo a um eletrodo, ao tocar-se o eletrodo na parte metálica momentaneamente e afastá-lo rapidamente a uma pequena distância é possível criar um arco elétrico estável entre o eletrodo e a parte. O calor gerado por esse arco elétrico é suficiente para fundir a região próxima da parte metálica e soldar as partes. O mesmo princípio de utilização do calor do arco elétrico para fundir metal é utilizado para a fusão de aço em forno elétrico a arco [1].

Durante o século XIX, várias tentativas foram feitas para se usar um arco elétrico para fundir ferro e aço. Em 1878, Carl Wilhelm Von Siemens patenteou o primeiro forno elétrico a usar um arco indireto formado entre dois eletrodos que tinha sua energia transferida para a carga por irradiação. Em 1892, De Laval patenteou um forno elétrico para fusão de ferro e aço. Entre 1892 e 1899, Paul Heroult patenteou o uso do arco elétrico transferido diretamente a carga metálica, mas somente em 1907 o primeiro forno experimental foi construído em La Praz, na Suíça. O FEA foi inicialmente usado para produzir ferrocromo e ferromanganês. Em 1909, Heroult criou o forno elétrico trifásico com carcaça circular, que se tornou a base do *design* de fornos elétricos a arco até os dias de hoje. Em 1910, a empresa alemã Stahlwerke Brüninghaus usou um forno elétrico a arco para produzir aço [2]. Uma das principais vantagens do forno elétrico a arco é sua capacidade de utilizar até 100% de sucata de ferro e aço para a produção e partir de carga totalmente sólida, não necessitando de ferro gusa líquido para a produção de aço. Além disso, essa capacidade de partir com carga totalmente sólida permite total flexibilidade na rotina de produção de uma aciaria elétrica, podendo ela ser ligada ou desligada conforme demanda. A Figura 7.1 traz uma representação esquemática do forno Heroult.

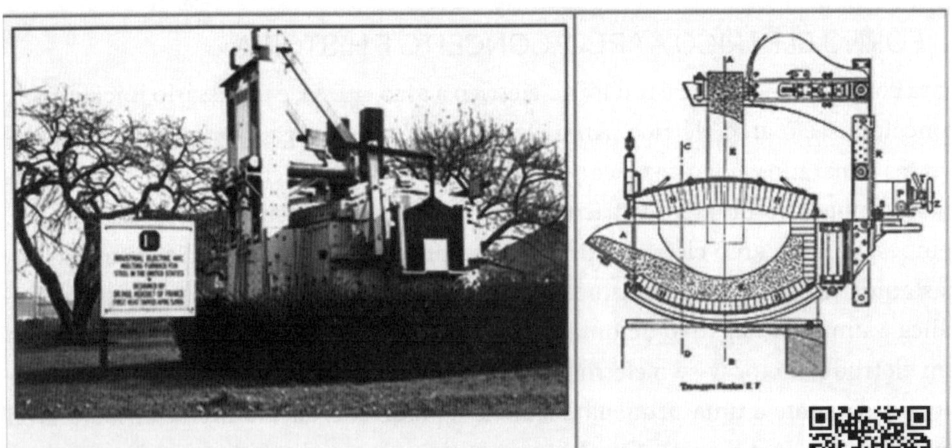

Figura 7.1 Forno Heroult. (a) Foto do primeiro forno, atualmente em museu. (b) Desenho esquemático do forno em corte.
Fonte: adaptada de Satyendra [1].

Durante a década de 1920, o FEA foi aprimorado com a introdução de eletrodos de grafite e sistemas de injeção de oxigênio, o que melhorou a eficiência do processo e reduziu o tempo de fusão.

A produção de aço em fornos elétricos ganhou escala industrial na década de 1940 [3], bastante impulsionada pela demanda da indústria bélica da Segunda Guerra Mundial. Era um momento em que era necessário aumentar muito rapidamente a capacidade instalada de produção de aço, e isso foi possível com a instalação de diversas aciarias elétricas de pequeno porte. Depois da guerra, a produção de aço via FEA cresceu rapidamente, sobretudo na Europa e nos Estados Unidos. A princípio, era uma produção voltada para produtos de menor exigência tecnológica, em razão dos teores mais elevados de elementos residuais nas sucatas, longos tempos de processamento, menor capacidade dos fornos, quando comparadas às aciarias a oxigênio. Contudo, os desenvolvimentos da tecnologia de fornos elétricos que vieram nas décadas seguintes tornaram essa rota de fabricação bastante competitiva em termos de qualidade, produtividade e custo [2]. Alguns desses desenvolvimentos são mostrados na Figura 7.2.

Nos anos 1950 e 1960, o FEA foi aprimorado com a introdução de sistemas de carregamento automático, sistemas de injeção de gás, sistemas de controle de processo eletro-hidráulicos e melhorias nos sistemas de refrigeração. Essas melhorias tornaram o processo de produção de aço com o FEA mais eficiente e confiável, permitindo que as usinas siderúrgicas aumentassem a produção e reduzissem os custos.

Na década de 1970, o FEA foi novamente aprimorado com a introdução de sistemas de pós-combustão para melhorar a eficiência energética e reduzir a emissão de poluentes. Também foram desenvolvidos sistemas de reciclagem de resíduos, como escórias, poeira e resíduos de ferro-gusa, que são usados como carga para o FEA. A reciclagem desses resíduos reduz o impacto ambiental da produção de aço e o custo de produção.

Atualmente o FEA é uma tecnologia estabelecida na indústria siderúrgica, produzindo entre 25% e 30% do aço bruto mundial. Apresenta-se também como uma solução para os desafios de uma indústria siderúrgica globalizada, sendo fundamental para a produção de aço em processos mais sustentáveis, como a produção de DRI com o uso de hidrogênio verde, que pode ser carregado diretamente no FEA para a produção de aço. O FEA pode ser a melhor solução para regiões que disponham de quantidade suficiente de aço secundário (sucata) ou outras fontes alternativas de unidades de ferro. O aumento da produção de aço via aciarias elétricas pode trazer significativos benefícios à sociedade, mas precisa vencer os desafios de disponibilidade de energia elétrica e qualidade dos produtos siderúrgicos gerados [4].

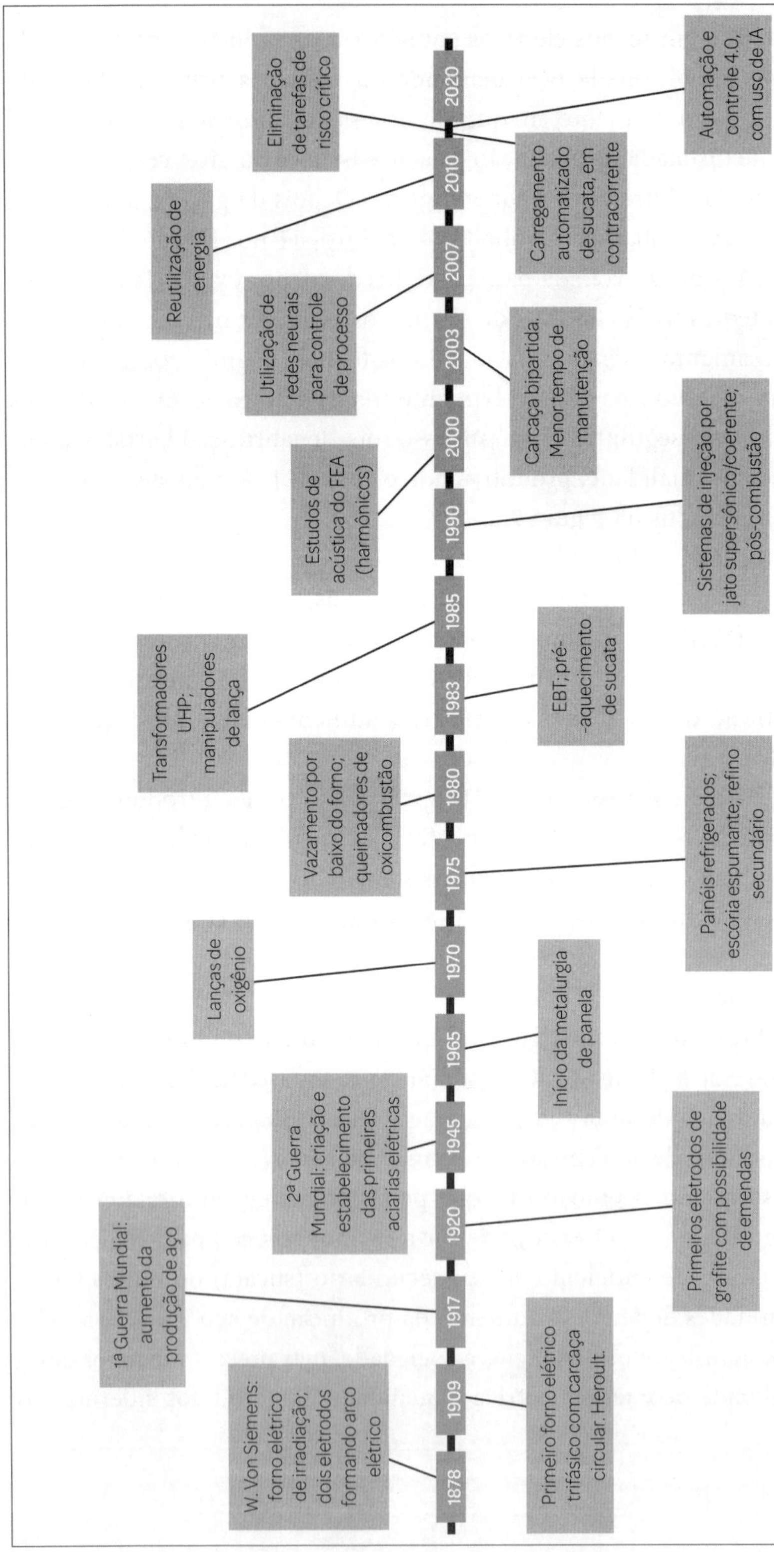

Figura 7.2 Linha do tempo com alguns dos principais desenvolvimentos em fornos elétricos a arco.
Fonte: adaptada de Mourão [2] e atualizada com informações de Steel on the Net [5] e Primetals Technologies [7].

2. IMPORTÂNCIA DA PRODUÇÃO DE AÇO VIA FEA

A produção de aço em FEA é de extrema importância para a indústria siderúrgica mundial. Além de ser um processo de produção de aço eficiente e flexível, o FEA é considerado um dos mais sustentáveis em termos ambientais. A produção de aço em FEA permite a utilização intensiva de sucata como matéria-prima, reduzindo a dependência de minério de ferro e diminuindo a emissão de gases de efeito estufa. Além disso, o FEA pode ser facilmente adaptado para a produção de aços especiais, de alta liga e ligas metálicas, o que o torna uma opção mais versátil do que outros processos tradicionais de produção de aço. O FEA tem algumas vantagens nesse aspecto, como a capacidade de processar sucata de aço de diferentes composições, possibilitando a produção de ligas específicas com maior flexibilidade. Além disso, o FEA pode facilmente incorporar a adição de elementos de liga, como cromo, níquel e molibdênio, que são frequentemente utilizados na produção de aços especiais e ligas metálicas. Isso pode ser feito por meio da adição desses elementos diretamente na carga do forno ou por meio da adição de ferroligas durante o processo de fusão. Portanto, embora seja possível produzir aços especiais e ligas metálicas utilizando outras rotas de produção de aço, o FEA oferece maior flexibilidade e facilidade na produção desses materiais, o que pode ser vantajoso para siderúrgicas que buscam produzir uma ampla variedade de produtos.

Outro ponto importante é a flexibilidade do FEA em relação à escala de produção. Pequenas e médias empresas siderúrgicas podem facilmente se beneficiar do uso de FEA, já que a instalação de fornos menores é relativamente mais simples e barata em comparação com outros processos de produção de aço. Assim, embora as usinas integradas possam ter custos mais baixos de produção em comparação com as semi-integradas, o FEA se apresenta como uma opção particularmente importante em mercados onde a demanda por aço é alta e a concorrência é acirrada. A produção em FEA tem a vantagem de ter uma maior flexibilidade para ajustar a produção de acordo com a demanda do mercado, já que é possível desligar e reiniciar o forno com relativa facilidade, além de ter menor tempo de partida e parada. Isso permite que a produção possa ser programada para atender às flutuações do mercado de forma mais rápida e eficiente, evitando a produção excessiva ou insuficiente de aço.

O uso de sucata como principal matéria-prima no FEA também pode ajudar a reduzir os custos de produção, uma vez que a carga metálica do FEA pode chegar a ser mais barata do que a carga da rota integrada usando minério de ferro e coque. Além disso, a produção em FEA geralmente requer menos mão-de-obra do que outras rotas de produção, o que também pode contribuir para reduzir os custos de produção. No entanto, é importante ressaltar que os custos de produção dependem de vários fatores, como o preço da eletricidade, a disponibilidade de sucata e o tamanho e eficiência do forno, entre outros. Assim, embora o processo de produção em FEA possa ser mais eficiente em termos de tempo e energia, nem sempre é a opção mais barata. Segundo dados do portal *Steel on the net* [5], em 2020, os custos de produção de aço a partir de sucata variaram entre US$ 270 e US$ 440 por tonelada, enquanto os custos de produção de aço a partir de minério de ferro e coque variaram entre US$ 290 e US$ 530 por tonelada. É importante ressaltar que esses custos também podem variar de acordo com o tipo de forno utilizado, a eficiência do processo e outros fatores relacionados à produção de aço.

Por esses motivos, o estudo e o aprimoramento do processo de produção de aço em FEA são fundamentais para a indústria siderúrgica. A melhoria contínua dos processos pode levar a um aumento da eficiência energética, da produtividade e da qualidade do produto final, beneficiando tanto as empresas siderúrgicas quanto o meio ambiente.

3. ESTRUTURA DO CAPÍTULO

Para melhor entendimento do processo de produção de aço via FEA, é preciso inicialmente conhecer bem o equipamento, que é o coração dessa rota de produção. Muitas das características do processamento são possíveis graças aos recursos disponíveis no equipamento. Assim, iniciaremos o estudo pela descrição detalhada do forno elétrico a arco e seus principais equipamentos acessórios em uma aciaria elétrica de uma usina semi-integrada. Na sequência, apresentaremos detalhadamente o processo de produção de aço em fornos elétricos a arco, explicando como ocorre a produção de aço, com os processos de fusão e de refino primário. No estado da arte, a parte de refino secundário dos aços é realizada em uma etapa posterior do processo, em outro equipamento. Refino secundário dos aços será tratado detalhadamente no Capítulo 8.

As matérias-primas utilizadas no processo de produção de aço em fornos elétricos a arco, como sucata de ferro, ferro-gusa e outros materiais, já foram tratadas em capítulo específico sobre o tema neste livro. Assim, não abordaremos em detalhe a questão das matérias-primas, embora tal tópico seja de extrema relevância para a produção via aciaria elétrica. Cerca de 70% do custo direto de produção de aço em FEA é decorrente das matérias-primas. Diferentes composições de cargas metálicas têm impacto direto nos principais indicadores de desempenho do FEA, como consumos de energia, eletrodos, tempo de processo e geração de CO_2. Assim, todo profissional que trabalha com desenvolvimento e gestão de processos de FEA precisa conhecer os impactos e a influência da seleção e processamento de matérias-primas, bem como da preparação de carga para o FEA.

Sob a ótica do processo, analisaremos as vantagens e desvantagens do processo de produção de aço em fornos elétricos a arco, destacando sua flexibilidade, qualidade do aço produzido, custo de produção e impactos ambientais. Exploraremos a evolução do processo, desde sua criação até os dias atuais, destacando as melhorias técnicas e tecnológicas que foram feitas ao longo dos anos. Discutiremos as aplicações do aço produzido em fornos elétricos a arco, incluindo exemplos de produtos fabricados com esse tipo de aço.

Por fim, analisaremos as perspectivas futuras para a produção de aço em fornos elétricos a arco, incluindo tendências de mercado e tecnologias emergentes. Encerraremos o capítulo com uma conclusão geral sobre o processo de produção de aço em fornos elétricos a arco, destacando sua importância e as principais conclusões abordadas ao longo do texto.

4. COMPONENTES DOS FORNOS ELÉTRICOS A ARCO

Originalmente, os fornos elétricos a arco eram equipamentos relativamente simples, com estruturas, equipamentos principais e auxiliares bastante padronizados independentemente do fabricante do equipamento. Com o desenvolvimento e o patenteamento de novas tecnologias, os fornos foram se diferenciando em termos de *design* e funcionalidades, criando algumas peculiaridades, vantagens e desvantagens em relação uns aos outros. Para melhor entendimento, iniciaremos apresentando os componentes mais tradicionais e, em seguida, detalharemos desenvolvimentos mais recentes.

Uma lista dos principais componentes e equipamentos acessórios de um FEA moderno pode ser descrita como:

- Carcaça: é a estrutura externa do FEA, geralmente feita de aço, que abriga todo o processo de fusão. A carcaça é responsável por suportar a carga e os esforços térmicos durante a operação.
  - Soleira: é a parte inferior do forno, feita de material refratário resistente ao calor. A soleira forma a base do forno e é onde ocorre a coleta do metal líquido após o processo de fusão.
  - Canal de vazamento: é um canal inclinado localizado na solcira do forno, por onde o metal líquido é escoado para fora do FEA durante o processo de vazamento. O canal de vazamento é projetado para direcionar o metal fundido para os recipientes adequados.
  - Porta de escória: é uma abertura oposta ao canal de vazamento na carcaça do FEA por onde a escória gerada no processo é removida durante a etapa de refino primário. Além disso, a porta de escória pode ser usada como acesso para outras operações.

- Abóbada: é a parte superior do forno, feita de aço e com algumas partes em material refratário, que cobre o interior do FEA. A abóbada ajuda a conter o calor e os gases gerados durante a fusão, proporcionando isolamento térmico.
- Painéis refrigerados: são painéis localizados nas paredes laterais do forno, feitos de materiais refratários especiais com tubos de refrigeração internos. Esses painéis ajudam a resfriar as paredes do forno, protegendo-as do calor intenso gerado durante a fusão.
- Cestões: na maioria dos FEA, o carregamento é feito pela abertura da abóbada, com o auxílio de cestões onde é preparada a carga metálica.
- Eletrodos: são os condutores de corrente elétrica que fornecem a energia para a geração do arco elétrico dentro do forno. Os eletrodos são introduzidos através da abóbada e podem ser ajustados para controlar a posição e a intensidade do arco.
  - Transformadores: são responsáveis por fornecer a corrente elétrica de alta voltagem necessária para o funcionamento do FEA. Eles transformam a energia elétrica da rede de alimentação em uma voltagem adequada para o processo de fusão.
  - Braços de eletrodos: componentes essenciais do FEA, responsáveis por fornecer a corrente elétrica ao arco e suportar mecanicamente suas movimentações.
  - Sistema hidráulico: é um sistema que fornece a pressão e o controle necessários para operar os mecanismos de movimentação do FEA, como a elevação dos eletrodos, o movimento da plataforma e outros dispositivos.
- Plataforma e sistema de movimentação: são estruturas e dispositivos que permitem o acesso seguro e a movimentação de operadores ao redor do FEA. A plataforma também pode abrigar sistemas de controle e instrumentação.
- Queimadores e injetores: são dispositivos que auxiliam no processo de fusão, fornecendo calor adicional ou introduzindo agentes de injeção, como oxigênio, para aumentar a eficiência da fusão ou modificar a composição do metal.
- Manipuladores de lanças: são sistemas mecanizados ou robóticos que permitem a introdução de lanças de injeção de materiais ou agentes no interior do FEA durante o processo de fusão. Eles ajudam a controlar e otimizar a operação do forno.
  - Sensores e amostradores: são dispositivos utilizados para monitorar e controlar variáveis do processo, como temperatura, composição química e qualidade do aço. Esses sensores fornecem dados importantes para garantir a eficiência e a qualidade do processo de fusão.
- Sistemas de exaustão e despoeiramento: é responsável por capturar e tratar os gases e partículas indesejados gerados durante a fusão no FEA, garantindo a conformidade ambiental e um ambiente de trabalho saudável. Utiliza tecnologias como ciclones, precipitadores eletrostáticos e filtros de manga para remover impurezas antes da liberação.

A estrutura básica de um FEA tem uma carcaça, abóbada, porta de escória, um canal de vazamento e sistema de controle de eletrodos. Esses são os itens principais de um FEA desde seus primeiros desenhos. A Figura 7.3 representa esquematicamente tais itens.

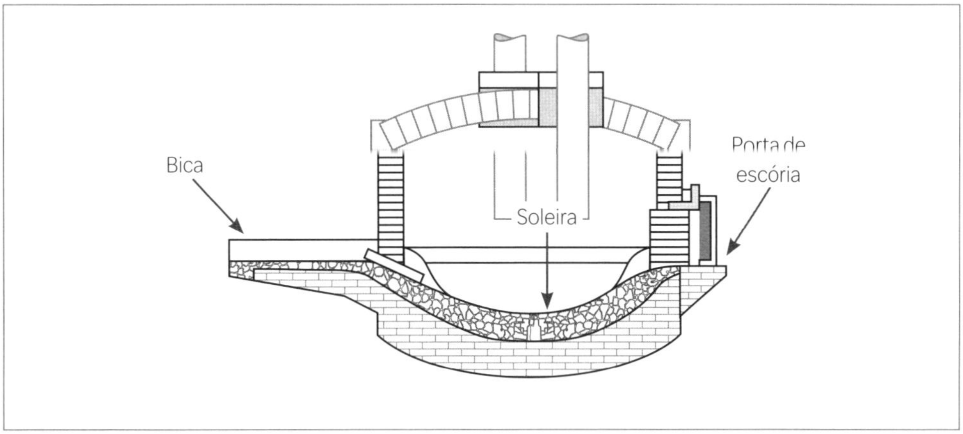

Figura 7.3 Representação esquemática dos principais componentes do FEA.
Fonte: adaptada de Mourão [2].

Além desses itens, todo FEA moderno tem uma série de outros equipamentos e acessórios, entre eles: braços de eletrodo, sistema de dutos de exaustão, sistema de basculamento do forno, cabos elétricos, transformador, painéis refrigerados, queimadores e lanças de oxigênio. Alguns desses itens estão representados na Figura 7.4.

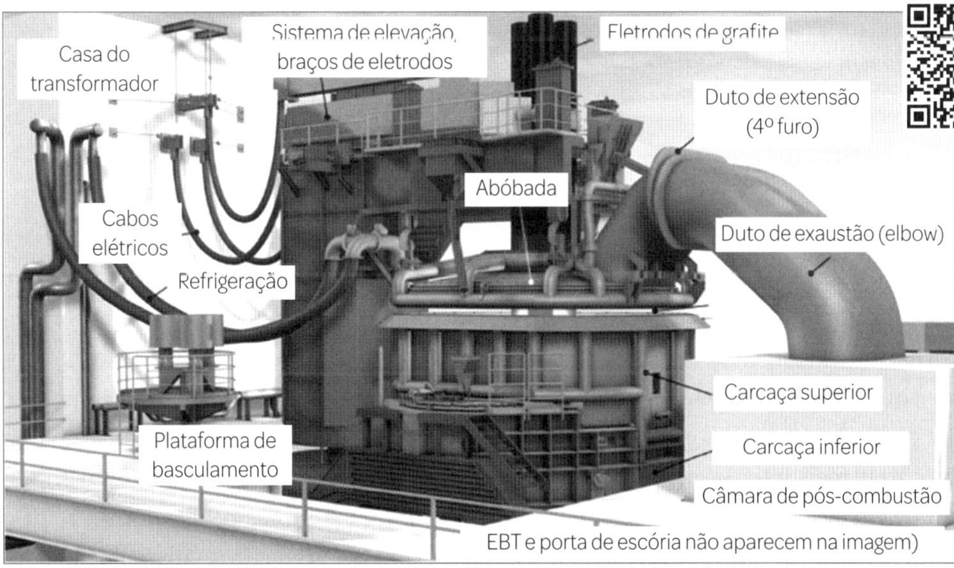

Figura 7.4 Representação esquemática de um FEA moderno.
Fonte: adaptada de Odenthal [6].

Vejamos, então cada um dos principais componentes de um FEA com um pouco mais de detalhe.

4.1 Carcaça

A carcaça do FEA é uma estrutura metálica cilíndrica, com fundo abaulado (Figura 7.5). Duas aberturas se destacam na carcaça: o canal de vazamento, por onde sairá o aço líquido uma vez concluído o processo, e a porta de escória, por onde se tem acesso ao banho líquido durante o processo e por onde a escória é retirada. As carcaças mais modernas podem ter câmaras adicionais interligadas para o vazamento do aço do forno (como é o caso do EBT – *eccentric bottom tapping*, que será visto mais a frente neste capítulo) e/ou câmaras separadas para carregamento de sucata e gusa sem necessidade de abrir o FEA. Além disso, a imensa maioria das carcaças modernas de FEA são bipartidas em carcaça inferior e superior para facilitar sua manutenção.

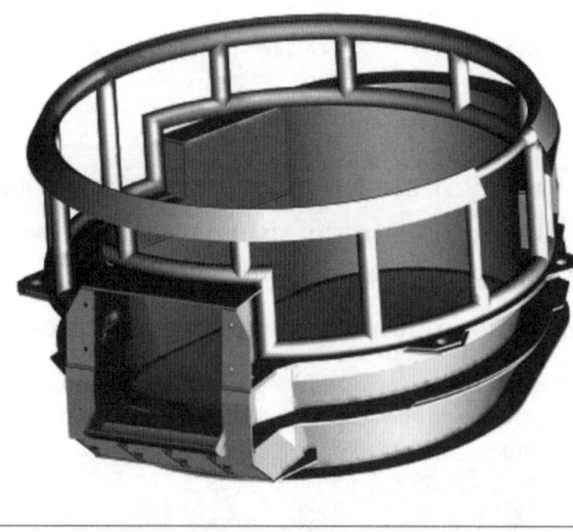

Figura 7.5 Desenho técnico esquemático de uma carcaça de FEA.
Fonte: adaptada de Satyendra [1].

Originalmente, as carcaças metálicas eram revestidas de tijolos refratários em seu interior. Ao longo do desenvolvimento da tecnologia de forno elétrico, os tijolos refratários foram sendo substituídos por painéis refrigerados à água, que não são consumidos durante o processo e têm melhor previsibilidade de manutenção. Com o aumento da potência dos transformadores elétricos, porém, alguns projetos de forno voltaram a utilizar mais intensamente revestimentos refratários em suas paredes, com o objetivo de melhorar a eficiência energética do forno, reduzindo as perdas térmicas pelo aquecimento da água dos painéis. Atualmente, painéis refrigerados são a solução mais utilizada, mas é sempre preciso observar o projeto do forno como um todo.

A altura da carcaça pode variar de acordo com o projeto do forno. Essa altura em geral será dada pelo compromisso entre carregamento e operação do forno. Quanto mais alto o forno, maior quantidade de carga sólida é possível adicionar em um carregamento, reduzindo o número total de carregamentos e as perdas térmicas com a abertura do forno. Por outro lado, quanto mais alto o forno, maior o comprimento da coluna de eletrodos dentro dele, portanto, maior o consumo de eletrodos.

Os FEA modernos dispõem sempre de queimadores, injetores de gases e lanças de oxigênio que ficam instalados em blocos nas paredes do forno em suas carcaças.

A carcaça inferior tem a soleira do forno, onde o aço líquido é processado durante a corrida. A soleira é uma estrutura que forma a base do FEA e é projetada para suportar o peso do metal fundido durante o processo de refino e vazamento. Geralmente, é construída com materiais resistentes a altas temperaturas e ao desgaste, como tijolos e massas refratárias de alta qualidade.

A soleira do FEA possui um formato inclinado para facilitar o escoamento do aço líquido durante o processo de vazamento. Além disso, é comum encontrar aberturas ou canais na soleira, dependendo do sistema de vazamento. Os dois sistemas mais usuais são o sistema EBT (*eccentric bottom tapping*) e a bica convencional (*spout*).

Esses furos são estrategicamente posicionados na soleira para permitir o fluxo controlado do aço líquido para a panela de aço, recipiente metalúrgico onde será realizado o refino secundário nas próximas etapas de produção do aço líquido.

É importante ressaltar que a soleira, junto com outros componentes do FEA, é submetida a altas temperaturas, abrasão e pressões mecânicas intensas durante o processo de produção de aço. Portanto, sua construção e manutenção são fundamentais para garantir a eficiência e a segurança operacional do forno.

Conforme já mencionado, os sistemas mais usuais para o vazamento do aço do FEA são a bica de vazamento e o sistema de vazamento por um furo excêntrico, o EBT (*eccentric bottom tapping*).

Ao contrário do sistema de vazamento convencional, onde o furo de vazamento está localizado na soleira, o EBT possui uma câmara separada incorporada na própria carcaça do FEA. Essa câmara do EBT geralmente está localizada na parte inferior e lateral do FEA. Ela possui um furo excêntrico, ou seja, não está posicionado no centro da soleira, permitindo um fluxo controlado do aço líquido para a panela. O furo é geralmente protegido por um dispositivo de vedação, que é removido no momento do vazamento.

O sistema EBT oferece algumas vantagens em relação ao vazamento convencional. Ele permite um controle mais preciso do fluxo de aço líquido, possibilitando uma operação mais segura e eficiente. Além disso, por causa do melhor controle, o EBT permite maior vazão de aço líquido do FEA para a panela, enchendo-a mais rapidamente e, assim, reduzindo o tempo de parada do forno para vazamento.

É importante ressaltar que o sistema EBT pode apresentar variações e adaptações em diferentes projetos de FEA, sendo necessário considerar as especificidades de cada equipamento em particular.

Mesmo com as vantagens de reprodutibilidade do sistema EBT, muitos especialistas entendem que o sistema de bica convencional permite melhor retenção da escória dentro do FEA, evitando sua passagem para a panela. Nesse caso, porém, o projeto do canal de vazamento, bem como sua manutenção ao longo da vida útil dos materiais refratários e a disciplina operacional. são fundamentais para garantir o bom desempenho. A operação de FEA com bica de vazamento está mais sujeita a variações de operação do que o sistema EBT, cuja padronização é mais fácil de se estabelecer. Algumas aciarias de aços especiais de alta qualidade optam pelo uso de bica de vazamento e lançam mão de rotinas rigorosas de disciplina operacional e (mais modernamente) sistemas de automação da movimentação do FEA durante o vazamento.

Diametralmente oposta ao sistema de vazamento do FEA fica a porta de escória, que desempenha um papel importante no processo de fusão e refino do aço. Localizada na parte frontal do forno, a porta de escória permite o controle e a remoção da escória, contribuindo para a obtenção de um aço de alta qualidade.

A escória é um coproduto formado durante o processo de produção de aço em FEA, resultante da reação entre os materiais carregados no forno. A porta de escória proporciona uma abertura controlada por onde a escória pode ser drenada, permitindo sua remoção do forno.

A remoção eficiente da escória é fundamental para garantir a pureza e a qualidade do aço final. A escória contém impurezas indesejáveis e elementos não metálicos que podem afetar as propriedades do aço. Ao permitir o escoamento controlado da escória, a porta contribui para a eliminação destas impurezas, resultando em um aço mais puro e de melhor qualidade.

Durante o ciclo de operação do FEA, a porta de escória pode ser aberta para permitir a drenagem da escória acumulada. O momento da abertura pode variar de acordo com as necessidades do processo e as características do aço sendo produzido. O controle de processo e a interação entre receita química e elétrica são fundamentais para definir os momentos de abertura da porta de escória. Abertura dessa porta antes do momento correto pode resultar em perdas de eficiência energética do FEA, bem como perdas significativas no rendimento do aço líquido.

4.2 Abóbada

Assim como as paredes do forno, a abóbada pode ser composta por painéis refrigerados à água ou tijolos refratários. Atualmente, a solução mais utilizada é com painéis refrigerados pela maior parte da extensão da abóbada e uma peça refratária (em geral monolítica) no miolo da abóbada. Nesse miolo ficam os furos para a entrada dos eletrodos no forno. Além dos três furos para a passagem dos eletrodos, as abóbadas têm usualmente um quarto furo ligado a um duto para a exaustão de gases e coleta no sistema de despoeiramento do forno (Figura 7.6).

Tradicionalmente, o carregamento do forno é feito por cima, com a abertura da abóbada para a lateral, com o auxílio de uma estrutura giratória na qual a abóbada fica pendurada. Para tanto, é necessário um cilindro hidráulico para levantar essa estrutura e girá-la, abrindo o forno. Alguns projetos de forno permitem o carregamento sem a abertura da abóbada, seja por um duto na própria abóbada, na parede lateral do forno, ou até mesmo uma câmara separada exclusiva para o carregamento. Em um ciclo de operação do FEA, cada vez que é necessário abrir a abóbada, perde-se uma quantidade considerável de energia térmica por radiação e pela perda de gases aquecidos que estão no interior do forno.

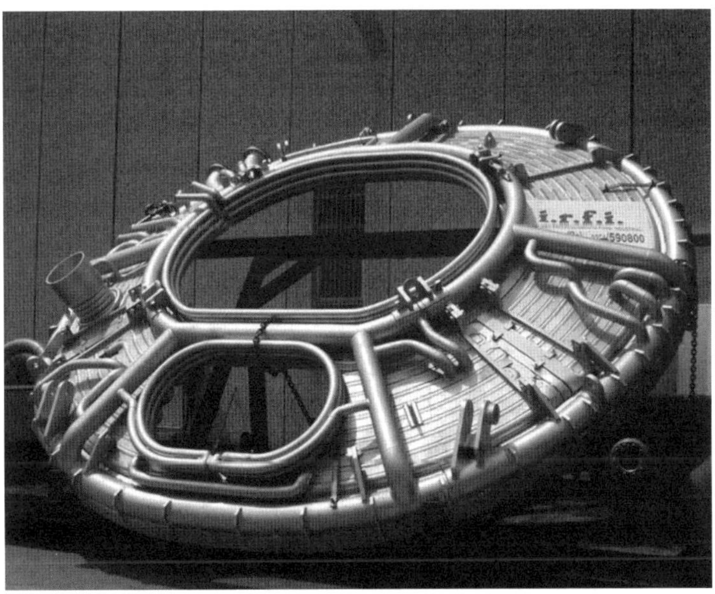

Figura 7.6 Abóbada de um FEA.
Fonte: adaptada de Steel on the Net [5].

4.3 Painéis refrigerados

Cerca de 70% da superfície lateral dos fornos e de 85% da abóbada são cobertos por painéis refrigerados à água. Os painéis refrigerados são compostos por uma estrutura tubular em aço na forma de chicanas que fazem a água percorrer esse circuito resfriando a parede do forno e indo em seguida para um sistema de trocadores de calor que baixam a temperatura da água antes de ela retornar ao forno em circuito fechado. Esses painéis são revestidos de massa refratária projetada sobre eles (Figura 7.7). A escória que fica agregada aos painéis em ciclo de operação também ajuda na proteção. Controle e monitoramento de vazão, pressão e temperatura da água dos painéis são fundamentais para a operação segura do FEA. Aumento na temperatura associados a perda de pressão e vazão podem ser indicativos do vazamento de água do painel. Qualquer vazamento de água para dentro de um FEA sempre significa risco de infiltração em materiais refratários da sola do forno e/ou acúmulo de água em seu interior. Qualquer uma dessas situações traz o risco de furo no forno ou explosão. Ao detectar-se qualquer vazamento de água, a operação do FEA deve ser parada imediatamente para avaliação das condições do equipamento.

Figura 7.7 Painéis refrigerados do FEA, ainda sem revestimento refratário.

Fonte: Foto cedida pela Danieli equipamentos siderúrgicos.

O implemento dos painéis refrigerados permitiu aumentar as campanhas do FEA, por não depender de desgaste do material refratário das paredes. Além disso, os painéis refrigerados são equipamentos de troca rápida, permitindo pequenas paradas programadas para a manutenção, aumentando a disponibilidade do FEA para a produção (Figura 7.8).

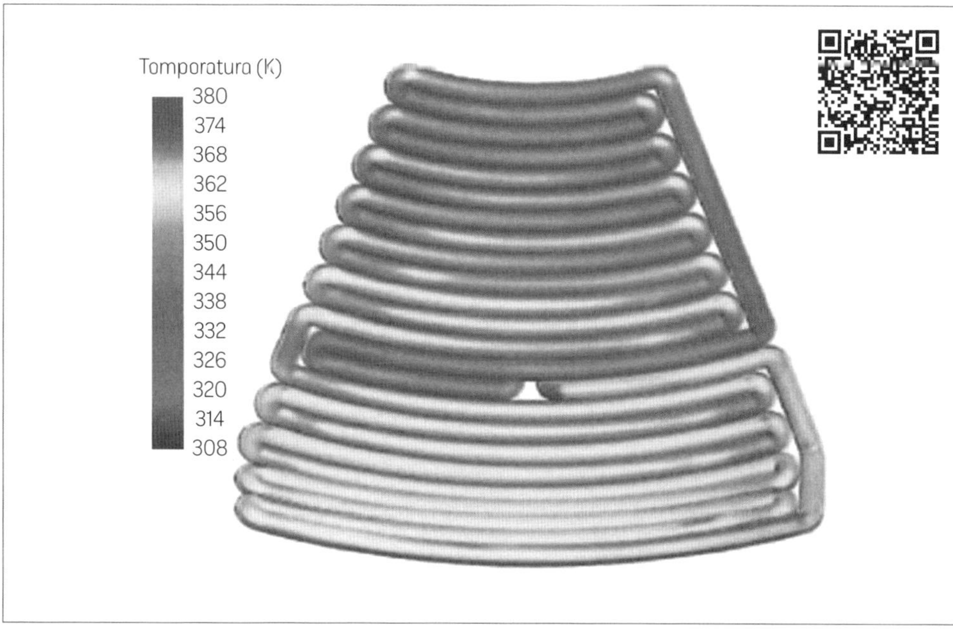

Figura 7.8 Representação esquemática do perfil de temperatura da água em um painel refrigerado.
Fonte: adaptada de Satyendra [1].

4.4 Sistemas de movimentação do FEA

Três conjuntos de movimentos são muito importantes para a operação do FEA: basculamento do forno, controle de subida e descida de eletrodos e abertura da abóbada. Esses movimentos devem ser precisos e confiáveis; além de tudo, a velocidade deles é determinante para a produtividade do FEA.

Para permitir tanto a retirada de escória pela porta de escória quanto o vazamento do metal líquido pelo canal de vazamento, é necessário o basculamento do FEA. O sistema de basculamento em geral é composto por cilindros hidráulicos na parte posterior do forno que levantam ou abaixam essa parte. O FEA permanece apoiado sobre estruturas semicirculares dotadas de trilhos e cremalheiras que fazem o forno se inclinar na direção do canal de vazamento ou da porta de escória conforme a movimentação de subida e descida dos cilindros de basculamento. Os ângulos de basculamento do forno em sua operação dependem de seu projeto. Tipicamente, o

FEA bascula até 15° para a remoção de escória pela porta. A inclinação para o lado do canal de vazamento depende do tipo de vazamento do forno. Fornos com bica de vazamento (Figura 7.9a) podem ter inclinações de até 45° para a drenagem completa do forno. Fornos com sistema de vazamento EBT, por outro lado, trabalham com inclinações de 15° a 25° (Figura 7.9b). Alguns fornos no estado da arte atual já chegam a operar com mínimas inclinações de vazamento, ganhando tempo na operação de vazamento e exercendo menor esforço sobre o equipamento. Um exemplo é o FEA Quantum, que vaza com a inclinação de apenas 4° [5].

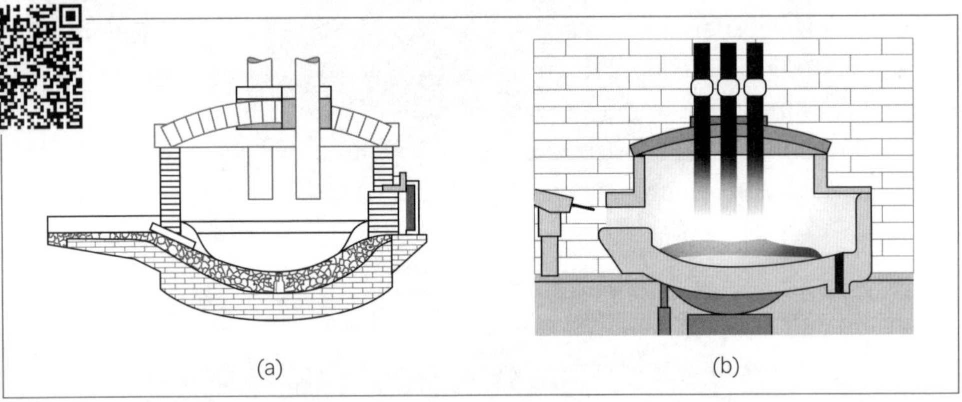

Figura 7.9 Configuração de sistema de vazamento do FEA: (a) bica, (b) EBT.
Fonte: adaptada de Mourão [2].

A Figura 7.10 ilustra os ângulos de basculamento do FEA.

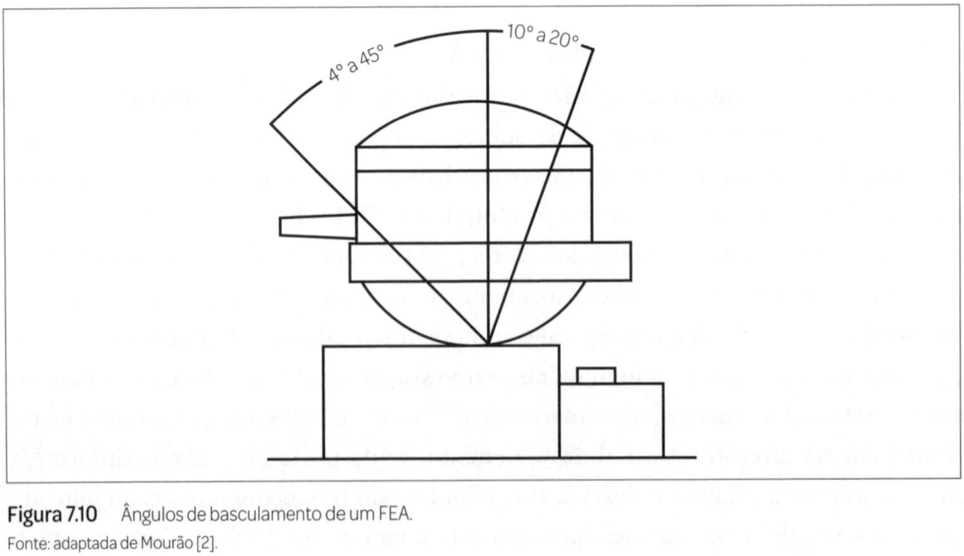

Figura 7.10 Ângulos de basculamento de um FEA.
Fonte: adaptada de Mourão [2].

4.5 Eletrodos e transformadores

É pelo conjunto de transformadores – eletrodos – que a energia elétrica chega à carga metálica do forno. Por isso, atenção especial deve ser dada à construção desse sistema. Transformadores de fornos elétricos devem ter uma construção mais robusta do que transformadores usuais de transmissão de energia, pois o FEA sofre continuamente esforços mecânicos em decorrência do início de fusão da carga metálica. Além disso, para otimizar o tempo de processo e os consumos de energia e eletrodo para fundir a carga e aquecer o banho líquido, a potência do transformador varia de acordo com a etapa do processo. A variação da potência é feita pela comutação de *taps* diretamente no transformador. O operador do forno tem acesso a um sistema de comutação de *taps* que permite a variação da potência ao longo do processamento no forno. Dessa forma, é possível não apenas otimizar o consumo de energia e outros, mas também aumentar a produtividade e reduzir tempos mortos na operação.

Os eletrodos de grafite, responsáveis por conduzir a energia até a carga e estabilizar o arco elétrico, são consumidos durante o processamento do aço no FEA (Figura 7.11). O consumo de eletrodos acontece por sublimação, oxidação, erosão e eventuais quebras. A atuação nessas frentes permite a redução do consumo de eletrodos.

- Sublimação: o carbono sublima a 3.800 °C. Na ponta do eletrodo, onde o arco elétrico se forma, as temperaturas estão em geral acima de 5.000 °C. Assim, o eletrodo é consumido na ponta.
- Oxidação: a oxidação do carbono torna-se significativa a partir de 400 °C e aumenta conforme aumenta a temperatura. Assim, toda a coluna de eletrodos que fica avermelhada terá parte de sua massa oxidada. Outra fonte potencial de oxidação para os eletrodos são as lanças e os injetores de oxigênio do FEA que, se mal regulados ou direcionados incorretamente, podem aumentar a oxidação dos eletrodos.
- Erosão: a alta corrente nos eletrodos gera forças eletromagnéticas ao seu redor. Essas forças causam projeções de metal, que desgastam os eletrodos por erosão.
- Quebras: podem ocorrer por problemas de fabricação do eletrodo (trincas), manuseio inadequado dos eletrodos, má preparação de carga, falhas eletromecânicas do FEA, contato com materiais isolantes e falhas operacionais.

Os eletrodos começam a sofrer desgaste em direção a suas pontas, que estão próximas ao arco elétrico, portanto, intensamente expostas as altíssimas temperaturas e campo magnético dessa região. Assim, essa é a região onde ocorre maior sublimação e erosão do eletrodo. Quanto mais estável for o arco elétrico, menor será o consumo de eletrodo por esses dois motivos.

Apesar do oxigênio presente no interior do forno ser menor do que na atmosfera, a oxidação das laterais acontece com as temperaturas mais elevadas (região avermelhada do eletrodo durante a operação). Quanto menor o comprimento da região avermelhada, menor o consumo de eletrodo. Assim, esse consumo depende da altura da coluna de eletrodo que fica dentro do FEA e, principalmente, da refrigeração dos eletrodos.

Figura 7.11 Eletrodos de grafite.
Fonte: adaptada de Steel on the Net [5].

A carga metálica é um dos pontos mais relevantes na operação de um FEA. Influencia diretamente o rendimento metálico, além de estar correlacionada aos consumos de energia, eletrodos, refratários e gases usados na fabricação do aço. Sucatas muito leves tendem a apresentar rendimento baixo; além disso, carga de baixa densidade demanda mais carregamentos, maior número de abertura de abóbada, perda de energia, aumento da oxidação e, portanto, maior consumo de eletrodos. Sucatas pesadas mal distribuídas dentro da carga podem tombar sobre a coluna de eletrodos durante a fusão e causar quebras. Falhas eletromecânicas do sistema de regulagem de eletrodos submetem os eletrodos a esforços de flexão que o grafite não está apto a suportar, sendo outro grande motivo para quebras. Outro fator relevante na preparação de carga é garantir que materiais não condutores que compõem a carga (como cal, por exemplo) não isolem o contato entre eletrodos e carga metálica. Caso ocorra esse isolamento, no instante em que o FEA tenta abrir o arco elétrico, o eletrodo será pressionado contra a carga e provavelmente ocorrerá uma quebra.

4.6 Sistema hidráulico do FEA

O sistema hidráulico do FEA é responsável pelas movimentações do forno e principalmente pelo controle e regulação da posição dos eletrodos que, em última análise, faz o controle de comprimento do arco elétrico entre eletrodos e carga metálica. Por causa disso, é considerado por muitos como o coração do FEA [2].

O controle de comprimento do arco elétrico dá-se pela relação entre corrente e tensão do arco. Esse controle é importante para otimizar o consumo de energia do FEA, pois cada etapa do processo demanda um comprimento de arco característico. Maior corrente resulta em arco elétrico mais curto, com intensa transmissão de energia localmente, muito interessante para iniciar o processo de fusão. Maior tensão resulta em arco elétrico mais longo e de maior irradiação lateral, aumentando a transferência de calor para a escória, interessante para fases mais avançadas do processo em que o objetivo é aquecer o banho líquido, por exemplo [7].

A regulagem do arco elétrico acontece de forma automática em função de corrente e tensão, mas depende da capacidade de resposta do sistema de regulação de eletrodos. A carga metálica está em contínua movimentação dentro do forno, no início do processo por causa da fusão e por causa da convecção do aço líquido (natural ou forçada) nos estágios mais adiantados do processo. Assim, o sistema de regulação de eletrodos tem que continuamente corrigir a posição do eletrodo em relação à carga metálica. Falhas ou inércia elevada no sistema que controla esses movimentos diminui significativamente a eficiência do forno, diminuindo sua produtividade e aumentando consumos específicos [8].

4.7 Manipuladores de lanças, sensores e amostradores

Desde o início do desenvolvimento de processos em FEA existiu a necessidade de oxidação da corrida para remoção de elementos indesejáveis no refino, como carbono, silício e manganês, acima das faixas especificadas. Nos primórdios, sem a possibilidade de injetar oxigênio na forma gasosa no FEA, utilizava-se minério de ferro para conduzir as unidades de oxigênio até o banho metálico, oxidando o banho e removendo elementos indesejáveis. Com o desenvolvimento desse processo, observou-se que a maioria das reações de oxidação nas temperaturas de fusão do aço são exotérmicas e que essa energia poderia ser utilizada. Assim, começou a utilização de energia química em FEA. Para aumentar o volume de oxigênio e facilitar a injeção, começaram a ser utilizadas lanças de oxigênio pela porta de escória, manipuladas pelos próprios operadores, sem equipamentos eletromecânicos para auxiliar. Da mesma forma, sensores de medição de temperatura, de oxigênio ativo ou carbono e amostradores para análise química do aço eram introduzidos pelos operadores com lanças manuais pela porta de escória.

Mais recentemente, com o desenvolvimento da consciência de questões de segurança do trabalho e, ao mesmo tempo, o desenvolvimento tecnológico dos equipamentos, não é mais aceitável ter um ser humano continuamente trabalhando na frente da porta de escória do FEA. Com isso, todas as instalações modernas de FEA contam com manipuladores de lanças de oxigênio pela porta de escória que podem ser controlados remotamente de dentro de uma cabine com o auxílio de câmeras. Com esse equipamento, é possível aumentar a quantidade e a precisão da injeção de oxigênio e, assim, garantir menos consumo de energia, menor tempo de processamento e condição mais estável e reprodutiva de escória espumante. Da mesma forma, amostragens e medições de temperatura também são feitas por meio de braços robotizados, estes últimos já podendo ter automação completa, dado que tais operações são bastante simples e repetitivas (Figura 7.12).

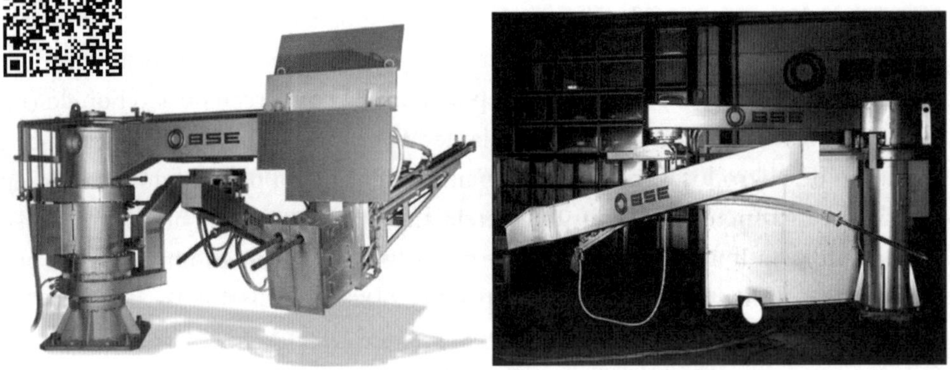

(a) (b)

Figura 7.12 Equipamentos acessórios do FEA: (a) manipulador de lanças; (b) braço robotizado para medição de temperatura e coleta de amostras.
Fonte: adaptada de Steel on the Net [5].

4.8 Queimadores e injetores

Nos FEA, a energia química desempenha um papel crucial no processo de produção de aço. A combinação de queimadores a gás natural com injetores de oxigênio, o uso de grafite pelos painéis do FEA e manipuladores de lanças contribui para o controle e a eficiência do processo de fusão e refino do aço (Figura 7.13). No início do século XX, o FEA era simplesmente um equipamento de fusão usando arco elétrico para fundir sucata. Atualmente, o FEA é um reator metalúrgico que combina o uso de energias elétrica e química. A energia química de um FEA pode chegar até cerca de 40% da energia total do FEA, dependendo das receitas química e elétrica do FEA [8].

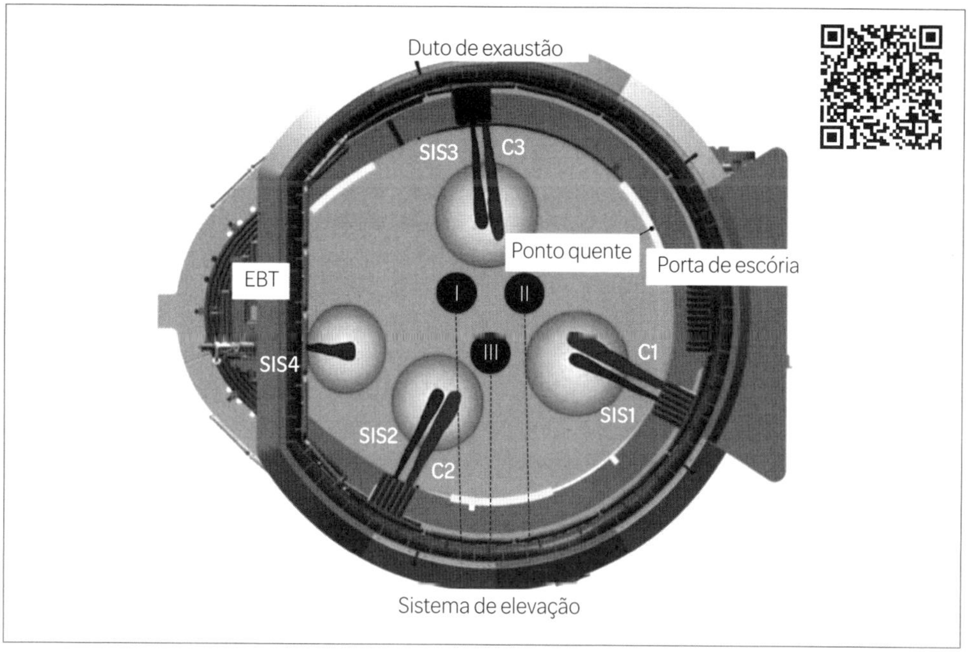

Figura 7.13 Exemplo de distribuição de queimadores e injetores em um FEA. As estruturas indicadas por SIS (1 a 4) são queimadores/injetores de oxigênio, C (1 a 3) são injetores de carbono e I, II e III são os eletrodos.
Fonte: adaptada de Karbowniczek [9].

Para a introdução de energia química no FEA, originalmente se utilizaram lanças supersônicas de oxigênio pela porta de escória que eram operadas manualmente por operadores expostos ao calor e ao risco de reações químicas. Essas lanças eram tubos de aço que eram consumidos durante o processo de injeção de oxigênio. Atualmente, são utilizados injetores de jato coerente de oxigênio, que permitem a penetração do oxigênio em velocidades supersônicas no banho, mesmo os injetores ficando posicionados na parede lateral do FEA, a uma distância de até cerca de 2 metros do banho. O desenvolvimento dessa tecnologia no final dos anos 1990 permitiu aumentar o uso de energia química otimizando sua distribuição por todo interior do FEA, e não somente próximo à porta de escória, reduzir custos, otimizar tempo de vazamento e, acima de tudo, melhorar a segurança operacional do FEA. Tipicamente, esses sistemas são flexíveis, com múltiplos furos de entrada de oxigênio, gás natural e carbono. Dessa forma, podem atuar como queimador a gás natural no início do processo para aquecer a carga metálica durante o início de fusão da carga e, ao longo do processo, mudar para lança de oxigênio para cortar a carga metálica no final da etapa de fusão e como elemento do refino no estágio mais avançado do processo. Junto com a injeção de carbono, esse sistema controla as reações do processo de escória espumante que traz benefícios de eficiência energética e aumento de rendimento do aço.

FEA modernos também têm sistemas de manipuladores de lança automáticos ou semiautomáticos pela porta de escória, com benefício de acelerar a limpeza da porta de escória e favorecer a saída da escória na fase final de refino.

A elaboração de uma receita química bem balanceada, levando em conta a composição e o conteúdo de carbono da carga metálica, bem como a velocidade de fusão da carga e a combinação com a receita elétrica do FEA, é um ponto chave na definição do processo de fusão e refino em FEA. Tentativas de ganhos excessivos sem uma avaliação técnica detalhada da receita em geral conduzem a desperdício de oxigênio e perda de rendimento metálico.

Em resumo, a combinação de queimadores a gás natural, injetores de oxigênio, grafite pelos painéis do FEA e manipuladores de lanças permite um controle preciso do processo de fusão e refino do aço. Isso resulta em um aço de alta qualidade, com composição química precisa e propriedades desejadas, como resistência e durabilidade. A energia química desempenha um papel fundamental na otimização do processo nos fornos elétricos a arco, tornando-o mais eficiente e econômico.

5. FUNDAMENTOS DE OPERAÇÃO DO FEA

O processo de produção de aço em FEA é altamente eficaz e versátil. Diferentes instalações com finalidades distintas, objetivando fabricar produtos bastante variados, conduzem a métodos de operação bastante diferentes entre uma aciaria e outra. Alguns fundamentos, porém, são básicos no ciclo de operação de um FEA. O objetivo desta parte deste capítulo será entender de forma geral qual a sequência tradicional de operações no FEA e quais fundamentos estão relacionados a essas práticas. Particularidades em relação a tais práticas podem acontecer dependendo do caso específico, mas podem ser consideradas exceções e devem ser avaliadas individualmente. O objetivo deste tópico é apresentar a abordagem mais usual e tradicional de operação do FEA. As principais etapas do processo de operação do FEA são:

1. Carregamento: o processo começa com o carregamento dos materiais no FEA. Isso geralmente inclui sucata de ferro, sucata de aço e, em alguns casos, ferro-gusa. Além disso, às vezes são carregados materiais escorificantes, como cal metalúrgica e alguns elementos de liga. Esses materiais são carregados pela abertura da abóbada do forno, sendo depositados na soleira do forno.
2. Formação do arco elétrico: uma vez que a carga metálica está no lugar, os eletrodos são abaixados e a corrente elétrica é aplicada. Isso cria um arco elétrico extremamente quente entre o eletrodo e a carga. O arco eleva a temperatura da carga a valores muito altos, fundindo os materiais. Cuidados com materiais

isolantes (como cal e outros materiais não metálicos) devem ser tomados para evitar a quebra de eletrodos de grafite.

3. Fusão: conforme o arco elétrico aquece a carga, os materiais se fundem, transformando-se em aço líquido. O processo de fusão é acompanhado pela formação de escória, que é composta por impurezas e resíduos da carga. Junto com o arco elétrico, energia química fornecida por queimadores e injetores de oxigênio contribui para acelerar a homogeneização da fusão.
4. Refino primário: o refino é a etapa em que se ajusta à composição química do aço, com a injeção de oxigênio ou outros agentes de liga diretamente no aço líquido por meio de injetores e manipuladores de lanças. O oxigênio reage com as impurezas, formando óxidos que são absorvidos pela escória. Isso resulta em um aço de alta qualidade e com a composição química desejada nessa etapa. O ajuste final de composição química é feito geralmente na etapa de refino secundário, em processo subsequente ao FEA, em outro recipiente metalúrgico (usualmente uma panela).
5. Vazamento: após a fusão e o refino primário, o aço líquido é direcionado para fora do forno. Isso pode ser feito por meio de um sistema de vazamento, como o EBT (*eccentric bottom tapping*) ou bica convencional, que vaza o aço líquido para uma panela de aço. Adições de desoxidantes e alguns elementos de liga e escorificantes devem ser feitas nessa etapa.

O processo de produção de aço em FEA é altamente controlado e versátil, permitindo a produção de aços com diferentes composições químicas e propriedades. A combinação entre arco elétrico, injeção de oxigênio e outros processos de refino permite obter a qualidade desejada no produto final.

5.1 Carregamento do FEA

A etapa de carregamento em um FEA é fundamental no processo de produção de aço e envolve a preparação adequada da carga, o uso de cestões e a estratificação de materiais dentro desses cestões. Em uma aciaria elétrica, pelo menos 50% do custo operacional está relacionado à carga metálica. A seleção apropriada das sucatas ou outros materiais que possam fornecer unidades de ferro ao FEA é de extrema importância para determinar uma equação equilibrada entre custo, qualidade e produtividade da aciaria. Diferentes tipos de sucata têm diferentes teores de elementos residuais que podem comprometer ou até mesmo tirar uma corrida da faixa especificada. Elementos como cobre, estanho, cromo, níquel e molibdênio não podem ser retirados durante o processo de fusão e refino do aço, portanto, seus teores máximos devem ser controlados na preparação da carga. Elementos como fósforo e enxofre podem ser removidos durante o refino primário (no FEA) e secundário (em forno panela ou outro equipamento de refino secundário), respectivamente. De qualquer forma, essa remoção implica tempo, consumo de energia e controle de escória. Assim, controlar fósforo e enxofre na carga também pode ser crítico, dependendo do tipo de aço em produção.

O teor de carbono da carga metálica também tem um papel de destaque no processo de FEA. O balanceamento do carbono é crítico para a boa operação da receita química do FEA (determinada com o uso de queimadores e injetores) e deve ser levada em conta na preparação da carga. Esse balanceamento impacta diretamente no rendimento energético do FEA, considerando o equilíbrio entre o carbono na carga, carbono injetado e oxigênio injetado, bem como seus efeitos na formação de escória espumante.

Outras impurezas na carga, como plásticos, borrachas, madeira e terra, devem ser evitadas não somente pelos impactos negativos no rendimento e consumo de energia do FEA, mas também pela contaminação do aço líquido e até mesmo pelo risco de geração de produtos tóxicos, como furanos e dioxinas.

Além das condições químicas da carga, suas condições físicas também são muito relevantes. A densidade aparente da carga deve ser maximizada, visando melhor ocupação do volume disponível do FEA. O controle da densidade da carga objetiva evitar o excesso de volume acima da linha da abóbada (impedindo seu fechamento), o que causa a necessidade de amassamento de sucata, operação que implica na parada do FEA, perda de tempo e de energia. Por outro lado, maior densidade de carga permite também um menor número de carregamentos por corrida. Cada vez que o FEA é aberto para o carregamento, há uma parada de 3 a 5 minutos, uma perda energética associada a radiação do banho líquido e a perda dos gases do interior do FEA. Os FEA modernos tipicamente trabalham com dois carregamentos por corrida. Em casos de baixa densidade de sucata, pode ser necessário efetuar um terceiro carregamento; isso deve ser avaliado de acordo com a disponibilidade de sucata, o ciclo de operação e as características individuais dos equipamentos de cada aciaria.

A carga é preparada em um cestão que abre pelo fundo e faz o carregamento pela parte superior do FEA, estando a abóbada aberta. Os cestões são recipientes feitos de aço e têm um *design* que permite o carregamento, a elevação e o despejo da carga no FEA. Eles são projetados para suportar o peso da carga e resistir a altas temperaturas e impactos durante o processo. Existem dois *designs* tradicionais para o cestão: o de fundo bipartido e o tipo casca de laranja. A Figura 7.14 mostra uma representação esquemática de cada um deles.

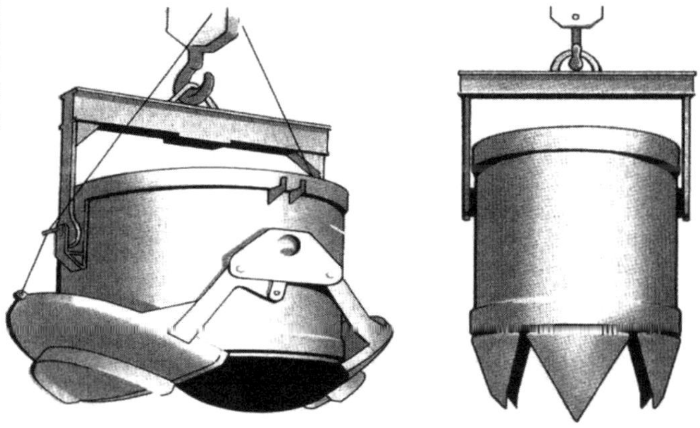

(a) (b)

Figura 7.14 Representação esquemática de cestões: (a) fundo bipartido, (b) fundo tipo casca de laranja.
Fonte: adaptada de Mourão [2].

Atualmente, a maioria das aciarias utiliza cestões com fundo bipartido por questões de robustez do *design* e maior segurança operacional. Cestões com fundo tipo casca de laranja são utilizados em geral em FEA de pequeno porte em fundições de aço e têm abertura menos mecanizada que os de fundo bipartido.

A carga preparada é então carregada nos cestões. Isso pode ser feito manualmente ou por meio de equipamentos de manuseio, como guindastes ou pás mecânicas. Os materiais são empilhados dentro dos cestões, criando camadas de diferentes tipos de sucata. A estratificação da carga dentro do cestão também é muito importante. Ao cair dentro do FEA, a carga deve se acomodar sem que peças pesadas ou de grandes dimensões fiquem na região superior do FEA. Conforme a carga for fundindo, essas peças pesadas podem desmoronar e ocasionar a quebra dos eletrodos de grafite. Outro cuidado é garantir que nenhum material isolante elétrico fique na parte superior do FEA, impedindo o contato elétrico dos eletrodos com a carga metálica. Cal é a principal preocupação em relação a isso. Caso a cal fique por cima da carga metálica, o arco elétrico não se formará e o sistema hidráulico de regulação de eletrodos continuará baixando os eletrodos por entender que ainda não chegou na carga metálica. Isso causará a quebra dos eletrodos, pois o sistema hidráulico continuará forçando os eletrodos contra a carga. A Figura 7.15 mostra uma representação esquemática de um exemplo de estratificação de carga em um cestão.

Figura 7.15 Representação esquemática de um exemplo de estratificação de carga em um cestão de fundo bipartido.
Fonte: autor.

Uma vez feito o primeiro carregamento do FEA em uma corrida, a abóbada é fechada e o processo de fusão será iniciado com o uso do arco elétrico.

5.2 Formação e estabilidade do arco elétrico

O funcionamento de um FEA é intricadamente ligado aos princípios fundamentais da eletricidade, e seu circuito elétrico é um elemento vital para o sucesso do processo de fusão e refino do aço. A estabilidade do arco e sua regulação, parâmetros fundamentais tanto para a operação básica do FEA quanto para otimização de potência e consumos do FEA, são regidos pelas leis de Ohm e Kirchoff.

5.2.1 Arco elétrico e a lei de Ohm

No coração do FEA está o arco elétrico, criado entre os eletrodos e mantido pela diferença de potencial. A estabilidade do arco elétrico é crucial para garantir uma fusão eficiente e controlada do material. A lei de Ohm desempenha um papel essencial nesse contexto. Ela estabelece que a corrente (I) em um circuito é diretamente proporcional à tensão (V) e inversamente proporcional à resistência (R), expressa pela fórmula V = RI.

Para efeitos de processo de aciaria, o circuito elétrico de um FEA deve ser considerado desde o barramento secundário do transformador do FEA até o arco elétrico em si. Cada um dos elementos, como barramento secundário do transformador, cabos refrigerados, braços de eletrodo (ou condutores de energia nos braços convencionais), morsa e eletrodos, apresenta uma resistência linear. A combinação de todas essas resistências pode ser representada por uma resistência equivalente do FEA, que também terá características de resistência linear para qualquer FEA. O arco elétrico tem característica de resistência não linear. Em uma resistência linear, quando I aumenta, V também aumenta. Em uma resistência não linear, porém, quando I aumenta, V decresce.

5.2.2 Leis de Kirchhoff

As leis de Kirchhoff, especialmente a Segunda Lei ou Lei das Malhas, são aplicadas para compreender e controlar a distribuição de corrente em diferentes partes do circuito do FEA. A Segunda Lei de Kirchhoff afirma que a soma algébrica das quedas de tensão em qualquer malha de um circuito é igual à soma das elevações de tensão nessa malha.

No contexto do FEA, essa lei é essencial para entender como a tensão é distribuída entre os diversos componentes do circuito, incluindo os eletrodos e o material sendo fundido. Controlar a distribuição de tensão é crucial para garantir uma fusão homogênea e eficiente.

5.2.3 Estabilidade do arco e controle do processo

A estabilidade do arco elétrico é, portanto, uma interação complexa entre as leis de Ohm e Kirchhoff. As características elétricas do circuito, como a resistência e a distribuição de tensão, devem ser monitoradas e controladas de perto para manter um arco estável.

Dispositivos de controle, sensores avançados e sistemas automatizados desempenham um papel vital nesse processo. Eles ajustam continuamente os parâmetros elétricos do circuito para otimizar a estabilidade do arco e, por conseguinte, a eficiência da fusão.

Em resumo, a estabilidade do arco elétrico em um FEA é um equilíbrio delicado entre as leis fundamentais da eletricidade. O entendimento e o controle preciso desses princípios elétricos são essenciais para garantir uma produção eficiente, consistente e de alta qualidade de aço por meio desse processo industrial crucial.

A regulagem e o controle de parâmetros elétricos de um FEA é uma das partes mais importantes do controle do processo de uma aciaria elétrica e mereceria um capítulo dedicado somente a esse tema. Este capítulo, porém, tem o intuito de ser somente introdutório e de visão geral. Outras publicações [9], [10] trazem uma visão mais aprofundada e detalhada desse tema.

5.3 Fusão

A etapa de fusão e refino em um FEA é uma fase crucial no processo de produção de aço, na qual a carga metálica é transformada em um produto de alta qualidade. Esse estágio envolve uma série de processos termoquímicos intricados, sendo essencial para atingir as especificações desejadas do produto final.

Com a criação do arco elétrico entre os eletrodos, uma fonte intensa de calor é gerada, levando a temperaturas excepcionalmente altas, muitas vezes superiores a 3.000 °C. Esse calor intenso é fundamental para a fusão da carga metálica, composta principalmente de sucata de ferro e outros materiais. À medida que a temperatura aumenta, a sucata de ferro transita do estado sólido para o líquido, iniciando o processo de fusão.

No início do processo, a carga metálica está sólida, tornando um pouco mais difícil a estabilização do arco elétrico. Assim, a prática mais comum é iniciar o processo com um arco curto, rapidamente formando uma poça de aço líquido logo abaixo de cada eletrodo e perfurando a carga ao longo do volume do forno. Em seguida, é possível aumentar o comprimento do arco elétrico e propagar o calor para toda a carga metálica, continuando o processo de fusão. Nesse momento, queimadores e injetores de oxigênio são usados como fonte adicional de calor e aceleram a fusão, principalmente nas regiões consideradas pontos frios do FEA. Um cuidado muito importante nessa etapa é garantir a estabilidade estrutural da carga do FEA. Durante a fusão, a carga sólida começa a se movimentar por causa da transformação sólido-líquido com grande redução no volume aparente da carga. O controle dessa movimentação começa na estratificação da carga durante sua preparação e o carregamento do FEA, mas continua durante a fase de fusão, que deve ser controlada para evitar a fusão localizada somente no centro do FEA e potencial desmoronamento do restante da carga sobre os eletrodos de grafite. A Figura 7.16 mostra, de modo esquemático, as principais etapas da fusão da carga.

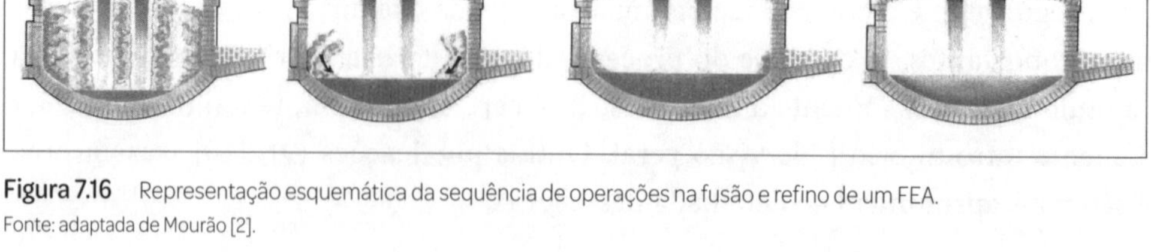

Figura 7.16 Representação esquemática da sequência de operações na fusão e refino de um FEA.
Fonte: adaptada de Mourão [2].

5.4 Refino primário no FEA

No refino do aço líquido em FEA, estratégias específicas são implementadas para garantir que o produto final atenda aos requisitos de qualidade estabelecidos. Em geral, o aço deve passar por algum processo de refino secundário após o FEA, mesmo que um simples tratamento em panela, mas, de qualquer forma, é importante começar o processo da forma certa, com um bom refino primário no FEA.

A injeção de oxigênio é uma prática fundamental para remover impurezas do aço líquido. Nesse processo, o oxigênio reage com elementos indesejados, como o carbono em excesso, formando óxidos que são incorporados à escória. Essa reação é vital não apenas para ajustar a composição química do aço, mas também para gerenciar o equilíbrio químico entre o carbono e o oxigênio dissolvidos no líquido metálico.

O controle do teor de carbono desempenha um papel central no processo de refino no FEA, pois é o carbono que irá determinar o potencial de equilíbrio termodinâmico com o oxigênio dissolvido no aço. O teor de oxigênio dissolvido no banho terá impacto direto sobre o teor de FeO na escória e, consequentemente, no rendimento metálico do FEA; quanto mais alto o oxigênio dissolvido, menor o rendimento metálico do FEA. Além disso, teor elevado de oxigênio dissolvido (acima de 800 ppm, como referência geral, podendo variar) impacta na má formação da escória espumante (alto FeO aumenta muito a fluidez da escória, dificultando a espumação); pode ser fonte de inclusões não metálicas nos processos posteriores de refino secundário; e, em caso extremo, pode até mesmo representar risco para segurança operacional do FEA, podendo ser a causa de reações químicas com explosão ou projeção de aço e escória durante o refino primário ou durante o vazamento do FEA.

Teores muito baixos de oxigênio (abaixo de 200 ppm, como referência geral, podendo variar) não garantem a remoção do carbono nem do silício do banho (podendo deixar a composição química fora de faixa em casos de aço baixo carbono), desfavorecem a desfosforação e permitem maior dissolução de nitrogênio no aço.

A desfosforação é outra consideração crucial. A presença de fósforo pode impactar negativamente as propriedades do aço, tornando-o quebradiço. Técnicas especializadas são empregadas para reduzir os níveis de fósforo, garantindo a integridade e a qualidade do produto final.

A desfosforação do aço durante a etapa de refino no processo do FEA é uma operação essencial para garantir a qualidade e as propriedades desejadas do produto final. A presença de fósforo no aço pode causar fragilidade e comprometer sua integridade mecânica, tornando-o inadequado para muitas aplicações. A desfosforação é geralmente realizada por meio da adição de agentes de cal a escória. A cal desempenha um papel importante na formação de compostos de fosfato que se separam do aço líquido e são incorporados à escória. A reação química que ocorre pode ser representada pela seguinte equação simplificada:

$$2P + 5(FeO) + 3(CaO) = (3CaO \cdot P_2O_5) + 5\ Fe$$

Nessa reação, o óxido de cálcio (CaO) reage com o óxido de fósforo (P_2O_5) presente no aço líquido para formar fosfato de cálcio ($Ca_3(PO_4)_2$), que é posteriormente removido junto com a escória. Considerando-se o equilíbrio químico dessa reação, três fatores principais favorecem a desfosforação (deslocam o equilíbrio no sentido de consumir o P): 1) aumento do FeO na escória (ou do oxigênio dissolvido no aço); 2) aumento da cal na escória; 3) temperatura baixa. Por esses fatores termodinâmicos, a prática mais usual é desfosforar durante o refino primário no FEA, pois, nos processos de refino secundário, as condições termodinâmicas são desfavoráveis a desfosforação.

O uso estratégico da escória espumante é uma prática eficaz para otimizar o processo. Essa camada superficial não só protege o aço líquido da atmosfera externa, mas também contribui para o equilíbrio químico no banho metálico. A escória espumante atua como isolante térmico, reduzindo perdas de calor e melhorando a eficiência energética do forno. Além disso, a escória espumante permite trabalhar com arco elétrico longo, que consome menor potência elétrica, pelo fato de a escória espumante cobrir completamente o arco elétrico, reduzindo as perdas de energia por radiação e melhorando a transferência de calor do arco para o banho. A composição da escória, incluindo sua fração de fase sólida, é fator determinante para garantir a formação da espuma pelo aprisionamento de bolhas de gás CO resultante da reação do grafite injetado com o FeO da escória. A formação da escória espumante está exemplificada na Figura 7.17.

Ao final da etapa de refino no FEA, o aço líquido deve estar com a composição química dentro da especificação para o ajuste final no refino secundário, temperatura de acordo com os processos posteriores (em torno de 1.650 °C é uma boa referência, aplicável a grande maioria dos FEA atualmente) e teor de oxigênio dissolvido tipicamente dentro da faixa de 350 a 600 ppm, podendo variar em função do tipo de aço, aplicação de produto e processos de refino de cada aciaria elétrica.

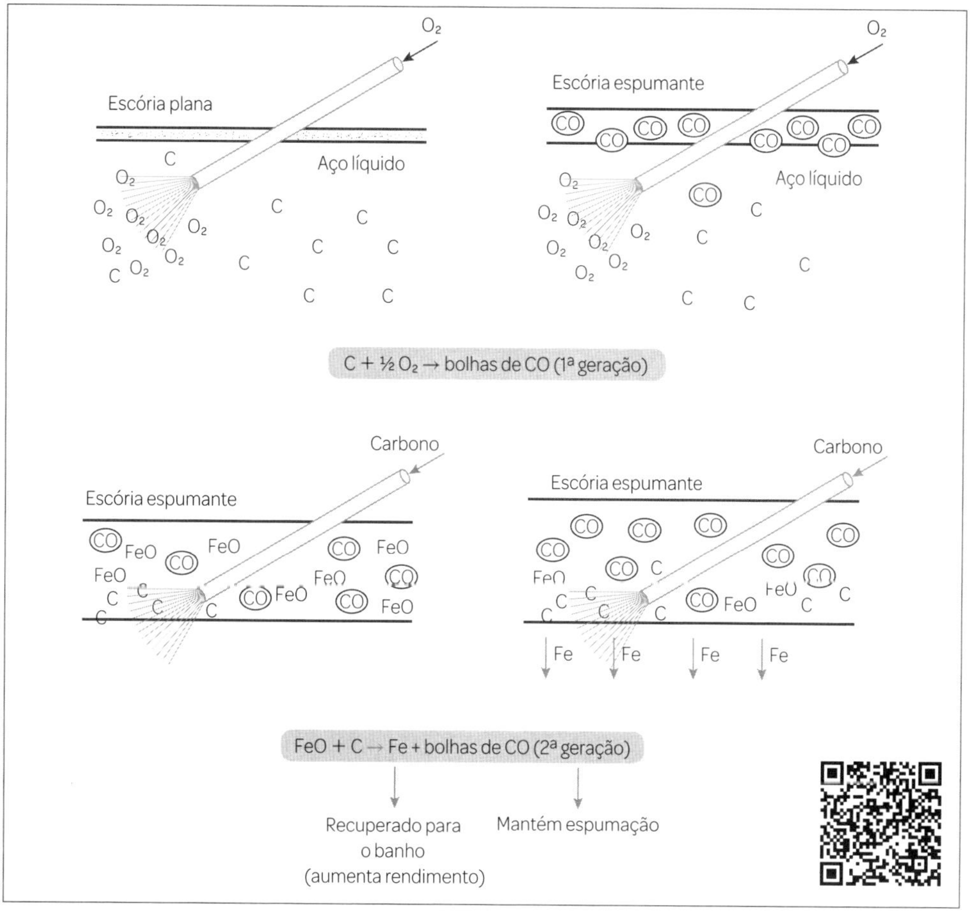

Figura 7.17 Representação esquemática da formação da escória espumante no FEA.
Fonte: autor.

5.5 Vazamento do FEA

O vazamento do aço líquido de um FEA para uma panela é a etapa final do processo. Antes de iniciar o vazamento, é essencial preparar o FEA e a panela. O operador do forno verifica se todas as condições estão adequadas para o esgotamento, incluindo a temperatura do aço líquido e a posição dos equipamentos.

Em seguida, a panela receptora é posicionada estrategicamente abaixo do furo de vazamento do FEA. Dependendo do tipo de sistema de vazamento (bica convencional ou EBT), a panela pode ser posicionada em um carro de vazamento ou mesmo em uma ponte rolante. É importante que a panela esteja nivelada e alinhada corretamente para garantir um vazamento preciso e seguro. A prática usual é que a panela seja pré-aquecida até cerca de 1.100 °C para garantir que seu revestimento refratário não sofra choque térmico e para reduzir a perda de temperatura do aço líquido.

Após a panela estar posicionada corretamente, o operador do FEA abre o furo de vazamento. No caso de um FEA com sistema de vazamento por EBT, o furo é aberto pela pressão hidráulica controlada. Durante o vazamento, o operador do FEA controla o fluxo de aço líquido, ajustando a abertura do furo de vazamento e monitorando a velocidade e a quantidade de aço transferido para a panela. Essa etapa requer habilidade e experiência para garantir um vazamento suave e uniforme.

Após a transferência completa do aço líquido para a panela, o operador fecha o furo de vazamento. Isso é feito de maneira gradual e controlada para evitar respingos e excesso de escória. Posteriormente, é realizada uma inspeção visual para garantir que não haja vazamentos ou problemas de vedação no sistema. Qualquer anomalia detectada durante essa inspeção é corrigida antes do próximo ciclo de produção.

Uma vez que o aço líquido tenha sido transferido com sucesso para a panela, esta é removida do local de vazamento e transportada para a próxima etapa do processo siderúrgico, o refino secundário.

6. VANTAGENS E DESVANTAGENS DA ROTA DE PRODUÇÃO VIA FEA

A produção de aço pode ser realizada por meio de dois métodos principais: fornos elétricos a arco (FEA) e conversores a oxigênio (BOF), cada um com suas próprias vantagens e desvantagens. A produção de aço via FEA e o BOF são dois processos distintos, cada um com suas próprias vantagens e desvantagens em relação ao custo de instalação (Capex) e à flexibilidade de operação. Durante muitos anos, fatores como tipo de produto final, volumes a serem produzidos, disponibilidade de matérias-primas e custos de energia elétrica, entre outros, foram decisivos para a escolha de uma ou outra rota tecnológica para as instalações de produção.

Os FEA apresentam algumas vantagens significativas. Eles geralmente têm um Capex inicial mais baixo do que os BOF. Isso se deve à menor necessidade de infraestrutura, como altos-fornos, e à capacidade de utilizar sucata de ferro e aço como matéria-prima, reduzindo os custos iniciais. Além disso, os FEA são altamente flexíveis no que diz respeito à composição da carga. Eles podem facilmente acomodar uma variedade de materiais, permitindo adaptações rápidas às demandas do mercado e às mudanças na disponibilidade de matérias-primas. Os FEA também oferecem um controle preciso do processo de fusão e refino, possibilitando a produção de aços de alta qualidade com composições químicas específicas, o que é fundamental para a produção de aços especiais e ligas metálicas.

No entanto, os FEA têm suas desvantagens. Eles consomem uma quantidade considerável de energia elétrica, resultando em custos operacionais elevados, dependendo do custo da eletricidade na região. Além disso, em comparação com os

BOF, os FEA tradicionalmente têm uma capacidade de produção menor, o que pode limitar sua eficiência em instalações de grande porte.

Os BOF também têm suas próprias características. Eles são conhecidos por sua alta capacidade de produção, tornando-os ideais para instalações siderúrgicas de grande porte. No entanto, os BOF têm desvantagens importantes. Eles exigem investimentos significativos em infraestrutura, incluindo altos-fornos e sistemas de sopro de oxigênio, tornando o Capex inicial substancialmente mais alto. Além disso, os BOF são menos flexíveis em relação à composição da carga, o que pode limitar a capacidade de adaptação a mudanças no mercado e na disponibilidade de matérias-primas. Os BOF ainda emitem uma quantidade considerável de dióxido de carbono (CO_2) em razão do uso de carvão e coque, tornando-os menos sustentáveis do ponto de vista ambiental.

A escolha entre FEA e BOF depende de diversos fatores, incluindo as necessidades específicas da instalação, os custos de energia e o foco na qualidade do aço produzido. Cada método oferece suas próprias vantagens e desvantagens, e a decisão deve ser baseada em uma análise aprofundada das circunstâncias individuais de cada usina siderúrgica.

7. EVOLUÇÃO TECNOLÓGICA DO FEA

A evolução tecnológica dos FEA ao longo do século XX e até os dias atuais é marcada por avanços significativos que transformaram a indústria siderúrgica. No início do século XX, os FEA eram utilizados principalmente para a produção de aços especiais e ligas metálicas em virtude de sua capacidade de fusão de materiais diversos. Com o passar do tempo, o desenvolvimento de novas técnicas e materiais de revestimento permitiu a produção em larga escala de aços carbono e outras ligas com maior eficiência e qualidade.

A introdução de sistemas de injeção de oxigênio na década de 1950 revolucionou o processo de refino do aço em FEA, permitindo a remoção mais eficaz de impurezas e a obtenção de produtos finais com características superiores. Na década de 1970, a automação começou a desempenhar um papel importante na operação dos FEA, com a introdução de sistemas de controle computadorizados e sensores para monitorar e otimizar o processo de fusão e refino.

Nos anos mais recentes, a evolução tecnológica dos FEA tem se concentrado em melhorias na eficiência energética, redução de emissões e digitalização. Novos materiais refratários de alto desempenho e sistemas de isolamento térmico têm permitido reduções significativas no consumo de energia e aumento da vida útil dos fornos. Além disso, a integração de sensores, sistemas de análise de dados e automação avançada tem possibilitado um controle mais preciso e eficiente das operações, resultando em maior produtividade e menores impactos ambientais.

No geral, a evolução tecnológica dos FEA tem sido marcada por um constante progresso na busca por maior eficiência, qualidade e sustentabilidade na produção de aço. Essas inovações continuam a impulsionar a indústria siderúrgica rumo a um futuro mais inteligente e sustentável.

Alguns indicadores de desempenho deixam bastante clara a evolução tecnológica do FEA desde o início de sua difusão em larga escala na década de 1960 até os dias de hoje. A Figura 7.18 mostra valores para 2010.

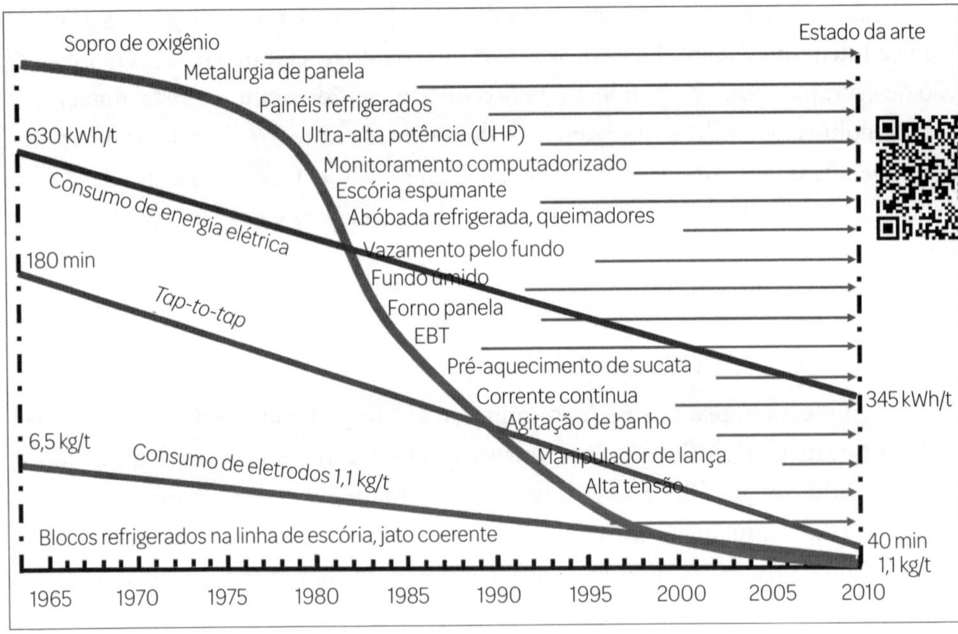

Figura 7.18 Evolução da tecnologia de FEA de 1965 a 2010.
Fonte: adaptada de Emi [11].

Mais recentemente, novas tecnologias de produção de aço em FEA foram aprimoradas, e uma das principais referências atualmente relacionadas a esses indicadores é o forno Quantum produzido pela empresa Primetals Technologies. De acordo com dados industriais obtidos pela empresa após os primeiros anos de operação de algumas unidades do forno Quantum, o consumo de energia está abaixo de 300 kWh/t, segundo o *press release* de novembro de 2022 [7].

Sob o ponto de vista de evolução da tecnologia de FEA, muitos indicadores podem ser considerados, como os 3 destacados na Figura 7.18: consumo de energia elétrica (kWh/t), consumo de eletrodos (kg/t) ou *tap-to-tap* (tempo entre vazamentos do FEA, min). As mudanças ocorridas no processo, porém, são tão significativas que a análise fica por demais simplista se comparar, por exemplo, o consumo de energia elétrica de um FEA da década de 1960 com um forno moderno. Na década de 1960, praticamente toda energia utilizada vinha dos eletrodos, na forma de energia elétrica.

Atualmente, a grande maioria dos FEA conta com recursos tecnológicos que introduzem de 150 a 200 kWh/t de energia química no sistema. Outro avanço um pouco mais recente (década de 1990) é o uso de gases do sistema de exaustão para pré-aquecer a carga metálica de sucata. O forno Quantum, por exemplo, dispõe de um sistema de carregamento de sucata em contracorrente aos gases de exaustão que permite que a sucata entre no forno a cerca de 600 °C de temperatura, muito acima dos 25 °C que poderíamos usar como referência de temperatura inicial da carga metálica.

Além disso, é preciso considerar que o sistema completo do FEA tem outros componentes. Toda energia colocada no sistema (seja química ou elétrica) não será utilizada somente para aquecer e fundir o aço, mas também para aquecer o forno em si, a água dos painéis refrigerados, a escória, os gases produzidos, entre outros componentes. Uma representação esquemática das principais entradas e saídas de energia de um FEA é apresentada na Figura 7.19.

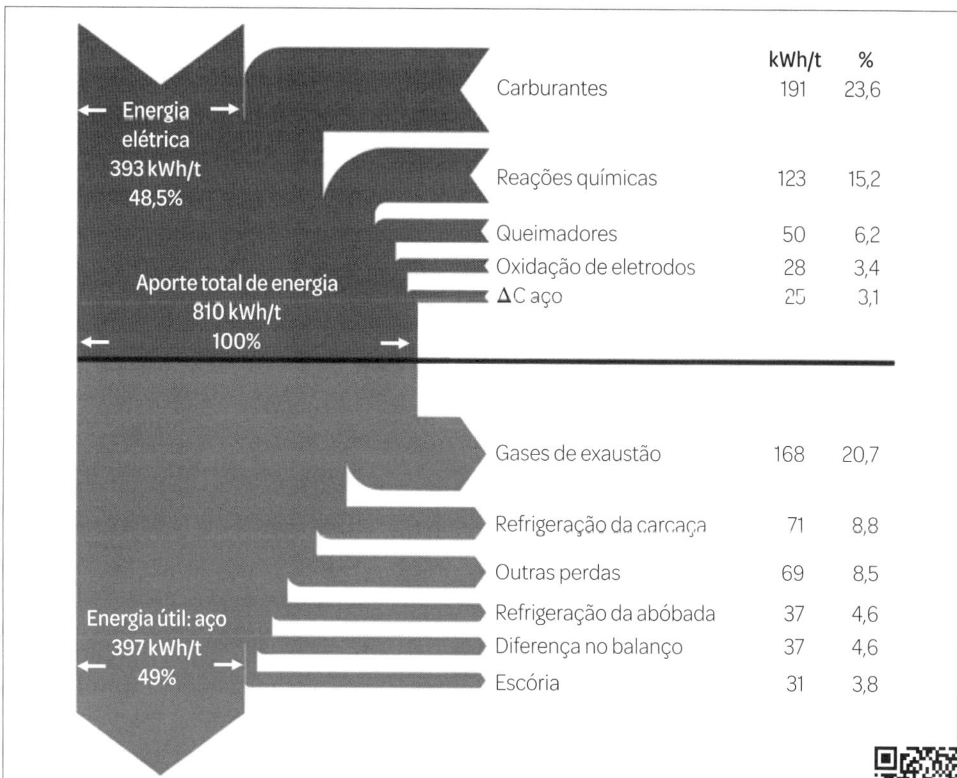

Figura 7.19 Balanço energético de um FEA de 100 t.

Fonte: adaptada de Hay et al. [12].

Hay *et al.* [12], publicado em 2021, traz uma revisão dos métodos de cálculo e modelos matemáticos usados para entender o processo de produção de aço em FEA. Modernas ferramentas de análise de dados, como redes neurais, *machine learning* e inteligência artificial, vem sendo incorporadas a tecnologias tradicionais como produção de aço, por exemplo, trazendo ganhos significativos de desempenho.

Assim, para termos uma referência de taxa com que a tecnologia de produção de aço em FEA evoluiu nos últimos anos, faremos um exercício considerando a produtividade do FEA em t/h. Essa figura de mérito (FOM) torna a análise interessante, pois com ela pode-se comparar inclusive a produtividade da fabricação de aço em FEA com outras tecnologias, como conversor a oxigênio, por exemplo.

Utilizamos dados das referências [11] a [14] para estimar um valor de referência para capacidade média do FEA (t) e *tap-to-tap* (min) e estimar a produtividade média de um FEA típico ao longo dos anos. Naturalmente entendemos que esse é um cálculo semiquantitativo, uma vez que, em um mesmo período, convivem fornos de diferentes capacidades e *tap-to-tap*. A intenção dessa análise não é ser matematicamente precisa, mas sim estimar uma taxa de evolução das tecnologias de FEA ao longo da história. A partir dessa estimativa, observa-se o aumento do valor inicial de 23 t/h (década de 1960) para 338 t/h em 2020, com uma relação de aumento de 14,6 vezes entre o valor atual e o inicial. Extrapolando-se livremente e sem muito rigor científico o conceito da lei de Moore (originalmente concebida para a evolução de circuitos integrados de computação), obtém-se um aumento médio de 4,55% ao ano para os últimos 60 anos. A Figura 7.20 ilustra graficamente essa evolução.

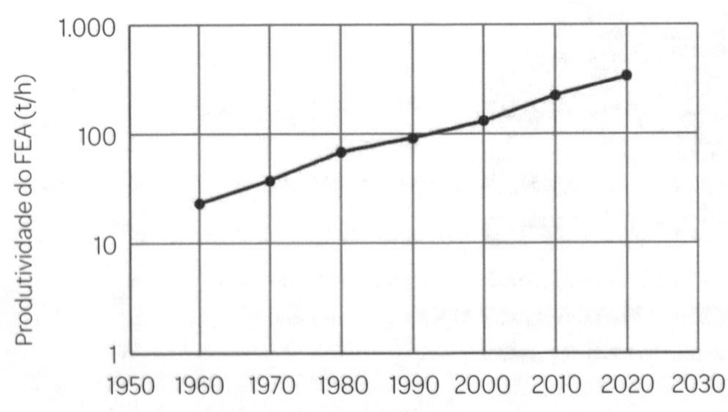

$1{,}0455^{60} = 14{,}4642$

Figura 7.20 Evolução da produtividade do FEA de 1960 a 2020. Aplicação da Lei de Moore sobre os dados.
Fonte: elaborada pelo autor, a partir de compilação de dados das referências [11] a [14].

Conclui-se, assim, que a tecnologia de produção de aço via FEA evoluiu ao longo dos últimos 60 anos em suas principais figuras de mérito (FOM), podendo-se aplicar conceitos da curva S e da lei de Moore para comprovar e quantificar essa evolução sob diferentes aspectos. Com a atual demanda por redução de emissões de CO_2 na siderurgia, buscando a neutralidade de CO_2 até 2050 (ou 2060, dependendo da região), existe a tendência do aumento da utilização dessa rota tecnológica para a produção de aço mundialmente [15]. Assim, a tendência é que mais investimento em pesquisa e desenvolvimento do FEA traga desenvolvimento ainda mais acelerado pelo menos durante as próximas duas décadas.

8. TENDÊNCIAS FUTURAS NA OPERAÇÃO DE FEA

Movidas sobretudo por iniciativas de descarbonização da siderurgia, muitas novas instalações de FEA estão previstas para os próximos anos, bem como uma migração ou adaptação do uso intensivo de sucata para a utilização de outras fontes de ferro produzidas com zero emissão líquida de carbono (*net zero carbon emission*). A produção de ferro esponja por processos de redução direta à base de hidrogênio é uma forte tendência atual, e a utilização dessa matéria-prima nesses volumes só é possível em FEA de acordo com o estado da arte atual. Mesmo em FEA, o processo e até mesmo o equipamento deverão sofrer alterações e adaptações para operar continuamente com ferro esponja.

Além disso, a expansão e a popularização do uso de ferramentas de *machine learning* e inteligência artificial também são uma tendência em toda a siderurgia, não podendo ser diferente no FEA. A automatização do FEA tanto em termos de conhecimento de processo como em equipamentos é uma tendência que traz em sua base a eliminação de operações que exponham operadores ao risco.

Diante desse cenário, podemos afirmar de forma mais objetiva e mensurável que as principais tendências futuras para a produção de aço em FEA estão focadas em:

- Segurança do trabalho: eliminação de pessoas de operação nas áreas de risco do FEA (*red zones*). Conceito de *zero human around*. Operação remota diretamente de cabines seguras de operação.
- Sustentabilidade ambiental: iniciativas para reduzir as emissões de CO_2, uso eficiente de matérias-primas e a reciclagem de resíduos. Aumento da eficiência energética pelo desenvolvimento de sistemas de reciclagem de energia e a implementação de fontes de energia mais limpas. Utilização de energias renováveis: uso de fontes de energia renováveis, como a energia solar e eólica, para reduzir a pegada de carbono da produção de aço. Transição para o uso de hidrogênio verde para obtenção de ferro esponja com zero emissão de CO_2.

- Digitalização e automação: integração de tecnologias digitais, como internet das coisas (IoT), análise de dados, *machine learning* e inteligência artificial; otimização do funcionamento dos FEA, melhorando a manutenção preditiva e aumentando a produtividade. Aumento do uso de ferramentas de modelagem e simulação para otimizar o processo de fusão e refino em FEA, reduzindo custos e melhorando a qualidade do aço. Automação de processos de carga e descarga, além do uso de robôs em ambientes de alto calor para realizar operações atualmente feitas por operadores.
- Novas ligas e materiais: desenvolvimento de novas ligas e materiais que podem ser produzidos com FEA e atender a demandas específicas da indústria que atualmente só são atendidas pela rota de alto forno e BOF.
- Inovações em materiais: eletrodos de grafite mais avançados e duráveis, bem como sistemas de controle mais precisos; materiais refratários avançados que prolongam a vida útil do FEA; sistema de controle de gestão de sucatas e escorificantes, visando reduzir a variabilidade da carga do FEA.

O balanço e a combinação entre todos esses aspectos do desenvolvimento futuro da tecnologia do FEA é o caminho para as empresas que pretendem liderar a tecnologia nos próximos anos.

A eficiência energética desempenha um papel crucial na produção de aço em FEA, e as tendências futuras apontam para uma série de avanços promissores nessa área. À medida que a indústria siderúrgica busca reduzir seu consumo de energia e suas emissões de carbono, várias abordagens estão sendo exploradas.

Uma tendência notável é a reciclagem de energia. Isso envolve a captura e a reutilização do calor residual e dos gases de exaustão gerados durante o processo de fusão. Sistemas avançados de reciclagem de energia estão sendo desenvolvidos, com tecnologias que aproveitam o calor para gerar eletricidade ou fornecer calor adicional ao processo, tornando-o mais eficiente. Trocadores de calor de última geração e sistemas avançados de armazenamento de energia também estão contribuindo para essa eficiência.

Além disso, melhorias nos eletrodos são fundamentais para otimizar o funcionamento dos FEA. Eletrodos de grafite mais eficientes, que conduzem eletricidade de maneira mais eficaz e têm menor desgaste, estão em desenvolvimento. Isso reduz a perda de energia e melhora a qualidade do arco elétrico, tornando o processo de fusão mais eficiente.

Outra tendência importante é a integração de fontes de energia renovável. A utilização de energia solar e eólica está ganhando espaço nas instalações siderúrgicas, fornecendo eletricidade limpa para os FEA. Isso não apenas reduz a dependência de fontes de energia não renováveis, mas também diminui as emissões de carbono associadas ao processo de produção de aço.

8.1 Segurança em primeiro lugar

Uma das áreas em que houve avanços significativos é a de automação e robótica. Robôs especializados são empregados para executar tarefas perigosas e repetitivas, como o manuseio de materiais, a manipulação de lanças de oxigênio e a realização de inspeções em áreas de difícil acesso. Esses sistemas autônomos ajudam a reduzir a exposição dos trabalhadores a ambientes de alta temperatura e condições potencialmente perigosas, tornando o ambiente de trabalho mais seguro.

Além disso, sensores e sistemas de monitoramento avançados estão sendo implementados para detectar e prevenir situações de risco. Sensores de temperatura, gás e pressão são distribuídos estrategicamente pelo ambiente do FEA, permitindo monitoramento em tempo real das condições operacionais e a detecção precoce de quaisquer anomalias. Esses sistemas estão integrados a algoritmos de análise de dados, que podem alertar os operadores sobre potenciais perigos e acionar medidas corretivas automaticamente.

Outra área de desenvolvimento é a realidade aumentada e virtual. Essas tecnologias estão sendo utilizadas para fornecer treinamento mais eficaz e imersivo para os trabalhadores, permitindo simulações realistas de cenários de emergência e procedimentos de segurança. Além disso, a realidade aumentada pode ser usada durante a operação do FEA para fornecer informações contextuais aos trabalhadores, aumentando sua consciência situacional e ajudando-os a tomar decisões mais seguras.

A ergonomia também tem sido uma preocupação crescente na indústria siderúrgica. Equipamentos e ferramentas estão sendo projetados com foco na ergonomia para minimizar o risco de lesões musculoesqueléticas e fadiga dos trabalhadores. Além disso, sistemas de assistência ergonômica, como exoesqueletos e dispositivos de levantamento de carga, estão sendo introduzidos para ajudar os trabalhadores a realizar tarefas físicas com mais segurança e eficiência.

Em resumo, os avanços recentes em automação, monitoramento, realidade aumentada e ergonomia estão transformando a segurança do trabalho nos FEA. Essas tecnologias não apenas reduzem os riscos para os trabalhadores, mas também aumentam a eficiência e a produtividade das operações siderúrgicas, contribuindo para um ambiente de trabalho mais seguro e saudável.

8.2 Digitalização e robotização

A digitalização e automação estão otimizando a operação dos FEA, permitindo o controle em tempo real e a adaptação às condições mais eficientes em termos de energia. A análise de dados em tempo real identifica áreas de desperdício de energia, facilitando a implementação de medidas corretivas.

Os materiais refratários também estão passando por desenvolvimentos, com foco em materiais mais resistentes ao calor. Isso reduz a perda de calor e prolonga a vida útil dos refratários, resultando em menor consumo de energia.

A conscientização ambiental está desempenhando um papel crucial à medida que consumidores e reguladores pressionam por práticas mais sustentáveis. Isso inclui a redução de emissões de carbono e a minimização do desperdício de energia.

Em resumo, a busca contínua por eficiência energética nos FEA está moldando um futuro no qual a produção de aço será cada vez mais eficiente em termos de energia e amigável ao meio ambiente. Os avanços tecnológicos e inovações estão desempenhando um papel essencial na transformação da indústria siderúrgica em direção a sustentabilidade e eficiência.

A integração digital é uma tendência em ascensão na indústria siderúrgica, influenciando significativamente a operação dos FEA. Por meio da automação e da conectividade digital, os FEA estão passando por uma transformação em sua operação e controle.

A aplicação da integração digital nos FEA está revolucionando a forma como esses sistemas são operados e monitorados. A internet das coisas (IoT) desempenha um papel central nessa transformação, conectando sensores e dispositivos em tempo real. Isso possibilita o monitoramento detalhado do *status* operacional do FEA, incluindo temperatura, consumo de energia e desempenho dos eletrodos.

A automação é uma área chave influenciada pela integração digital nos FEA. Por meio dela, tarefas antes realizadas manualmente estão sendo executadas por sistemas autônomos. Isso inclui o carregamento e a descarga de materiais, a manutenção preditiva e a otimização do processo siderúrgico. Os robôs e os sistemas autônomos estão desempenhando um papel crucial na melhoria da eficiência, segurança e qualidade do aço produzido.

Além disso, a análise de dados está se tornando uma parte essencial da integração digital nos FEA. Algoritmos avançados analisam os dados operacionais em busca de padrões e tendências, identificando áreas de melhoria e oportunidades de otimização. Isso contribui para uma tomada de decisão mais informada e baseada em evidências.

A integração digital também está conectando os FEA a sistemas de gerenciamento de toda a usina siderúrgica. Isso proporciona uma visão holística das operações, permitindo uma alocação mais eficiente de recursos e uma redução dos custos operacionais.

No geral, a integração digital está transformando os FEA, tornando-os mais eficientes, econômicos e ambientalmente conscientes. A capacidade de monitorar, analisar e otimizar em tempo real está impulsionando a indústria siderúrgica em direção a um futuro mais inteligente e sustentável.

8.3 Sustentabilidade ambiental

A busca por tornar mais sustentável a produção de aço em FEA é uma tendência crescente na indústria siderúrgica, abrangendo várias áreas-chave para reduzir o impacto ambiental.

A redução das emissões de CO_2 é uma prioridade, dada a significativa pegada de carbono da indústria siderúrgica. Tecnologias estão sendo desenvolvidas para minimizar essas emissões, como o uso de eletrodos de grafite de baixa emissão e a integração de fontes de energia renovável e captura e armazenamento de carbono (CAC).

O uso eficiente de matérias-primas é essencial para a sustentabilidade na produção de aço. Uma tendência importante é a adoção de cargas metálicas alternativas, como sucata de aço, em vez de depender exclusivamente de minério de ferro. Além disso, a reciclagem de resíduos sólidos, como escória e cinzas, para reutilização na indústria da construção civil está se tornando mais comum.

A economia circular é promovida pela prática de reciclar o próprio aço gerado durante o processo de produção. A sucata é coletada, fundida e reintroduzida na produção de aço, reduzindo a necessidade de novas matérias-primas e minimizando o desperdício.

A eficiência energética é fundamental para reduzir o consumo de energia na produção de aço em FEA. Tecnologias de reciclagem de calor, otimização do processo de fusão e refino e integração de fontes de energia renovável são empregadas para esse fim. Além disso, a automação e a digitalização ajudam a melhorar a eficiência operacional, reduzindo o desperdício de energia.

As regulamentações ambientais rigorosas estão impulsionando a indústria siderúrgica a adotar práticas mais sustentáveis. A conformidade com padrões ambientais, como limites de emissões de poluentes, é uma prioridade, levando as usinas de FEA a implementar tecnologias de controle de poluição e investir em práticas ambientalmente responsáveis.

Em resumo, a busca por maior sustentabilidade na produção de aço em FEA está moldando o futuro da indústria siderúrgica. A redução das emissões de CO_2, o uso eficiente de matérias-primas, a reciclagem e a busca por eficiência energética são componentes essenciais desse esforço. À medida que a conscientização ambiental cresce e as regulamentações se tornam mais rígidas, espera-se que a indústria siderúrgica continue a adotar práticas mais sustentáveis.

8.4 A produção de aço em FEA irá se tornar a rota tecnológica predominante?

A Figura 7.21 mostra a evolução da produção de aço bruto ao longo da história, indicando a tecnologia dominante em cada momento e como as tecnologias invasoras foram se sucedendo na liderança em volume produzido. Começando com o ferro pudlado (*puddling*) antes de 1850, indo para o conversor Bessemer, em seguida o OHF (*open hearth* – conhecida no Brasil com conversor Siemens-Martin) e finalmente o BOF (*basic oxygen furnace* – conversor a oxigênio) [16].

Interessante notar que a tecnologia do conversor Bessemer-Thomas (indicado por Thomas no gráfico) foi uma evolução do conversor Bessemer e nunca se tornou a tecnologia dominante. A criação da tecnologia do conversor Bessemer-Thomas foi uma típica reação da tecnologia dominante tentando "conter" a tecnologia invasora (que à época foi o OHF).

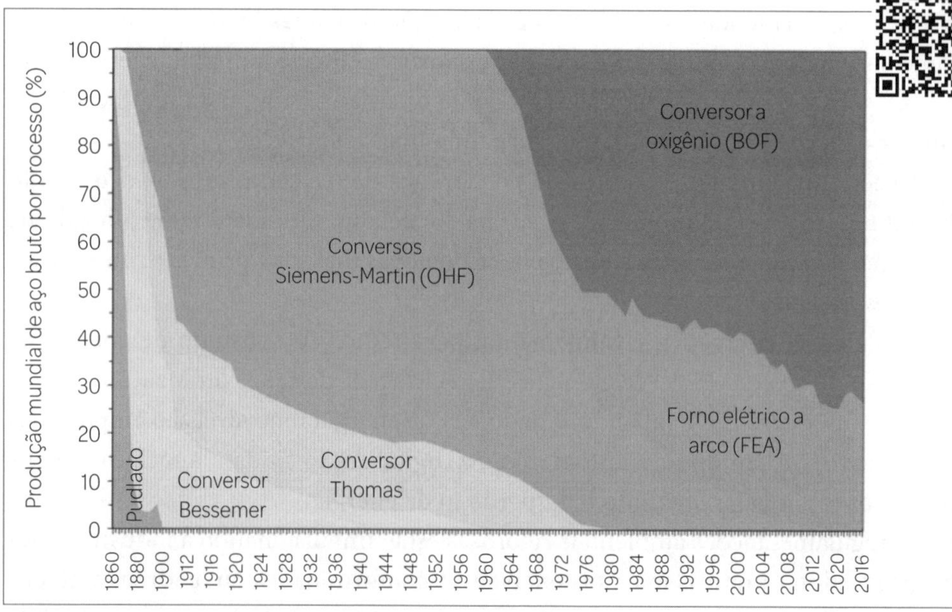

Figura 7.21 Evolução das tecnologias de produção de aço de 1860 a 2020.
Fonte: adaptada de Cappel [16].

Ainda existem dois OHF em operação no mundo; ambos estão localizados na Ucrânia e em 2022 produziram juntos aproximadamente 1,5 milhão de toneladas, o que representa menos de 0,1% da produção mundial. No mesmo ano, 75,1% do aço bruto produzido globalmente usou a tecnologia de BOF [17].

A tecnologia de FEA, indicada na Figura 7.21 como *electric arc*, é uma tecnologia que foi desenvolvida no início do século XX para maior recuperação de sucata, e até poucos anos atrás foi considerada uma tecnologia alternativa de produção de aço. Com o aumento da preocupação com as emissões de gases de efeito estufa, porém, existe uma tendência de desenvolvimento de uma nova rota de produção de aço usando redução direta por hidrogênio e fusão em FEA. Para avaliar essa tendência futura, podemos comparar uma emissão de gases de efeito estufa nas tecnologias OHF e BOF e inferir sobre uma potencial tendência futura na siderurgia mundial.

A Figura 7.22 combina uma figura extraída de Wang *et al.* [15] com a Figura 7.21 para demonstrar o impacto da entrada da tecnologia de BOF na emissão de gases de efeito estufa.

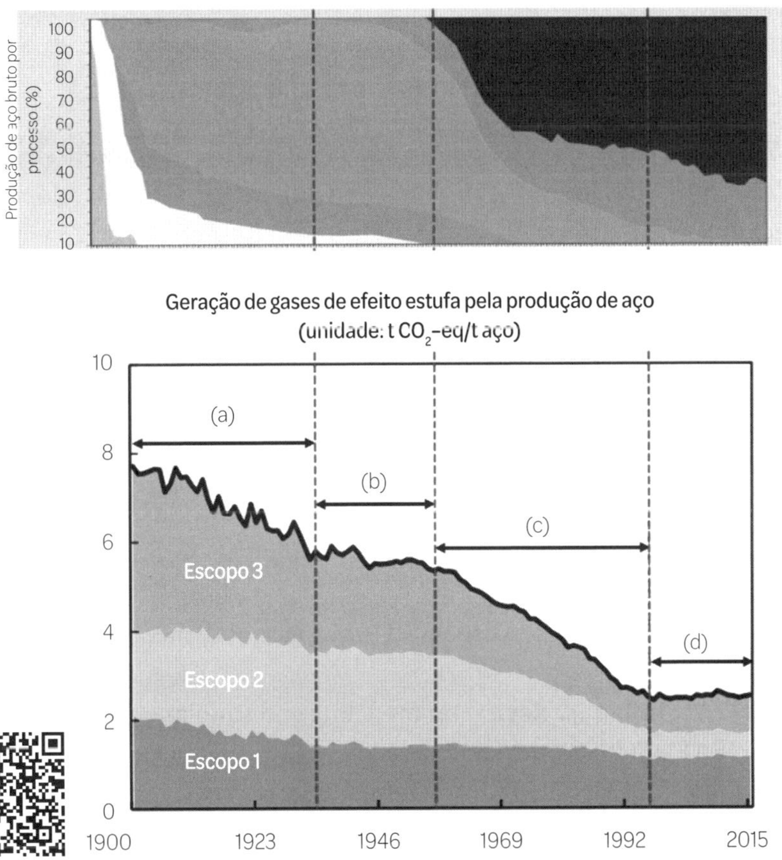

Figura 7.22 Emissões de gases de efeito estufa (GHG – green house gases) por tonelada de aço bruto (t CO_2-eq/t aço) em comparação com a tecnologia usada para produção de aço. (a) Período de entrada da tecnologia OHF, com redução das emissões de GHG. (b) Domínio da tecnologia OHF, com estagnação nas emissões de GHG. (c) Período de entrada da tecnologia BOF, com redução das emissões de GHG. (d) Domínio da tecnologia BOF, com estagnação das emissões de GHG.

Fonte: adaptada de Wang [15] e Cappel [16].

Considerando-se as metas de redução de emissões na siderurgia até 2050 ou 2060 (dependendo do compromisso de cada país) e a estagnação apresentada na região (d) da Figura 7.22, tem-se um cenário bastante propício para o surgimento ou a consolidação de uma nova tecnologia que venha a substituir o BOF como a tecnologia predominante de produção mundial de aço de agora até 2050. No momento da elaboração deste livro, as principais apostas para essa nova tecnologia substituta são: redução direta a hidrogênio + FEA ou eletrólise direta do minério de ferro. Também é possível observar um aumento na pesquisa e desenvolvimento para redução de emissões do BOF nos últimos anos – um movimento esperado da tecnologia dominante para se proteger de eventuais tecnologias invasoras.

Somente o tempo dirá qual tecnologia será dominante no futuro da produção de aço.

REFERÊNCIAS

1. SATYENDRA. *Development of the technology of electric arc furnace steelmaking.* May 5, 2016. Disponível em: https://www.ispatguru.com/development-of-thetechnology-of-electric-arc-furnace-steelmaking/ Acesso em: 15 fev. 2022.
2. MOURÃO, M. B. *et al.* (coord.). *Introdução à siderurgia.* ABM, 2007.
3. HARRY, L. et al. *Electric Arc Furnace Steelmaking... The Energy Efficient Way to Melt Steel, Technical Report.* CMP Techcommentary, v. 1, n. 3, Center for Metals Production, 1985.
4. MCDONALD, C. Electric arc furnace innovation – Addressing the technology challenges. *The Steel Industry Series*, Paper no. 3, Materials Processing Institute, June 2017. Disponível em: https://www.mpiuk.com/downloads/industrypapers/SI-Series-Paper-03-EAF-Innovation-Addressing-the-Technology-Challenges.pdf. Acesso em: 21 jun. 2021.
5. STEEL ON THE NET. Disponível em: steelonthenet.com. Acesso em: 20 jul. 2022.
6. ODHENTAL, H-J. *et al.* Review on modeling and simulation of the electric arc furnace (EAF). *Steel Research International*, v. 89, n. 1700098, 36p., 2018.
7. PRIMETALS TECHNOLOGIES. *Outstanding performance figures from EAF Quantum recently implemented by Primetals Technologies* (press release, London, November 29, 2022). Disponível em: https://www.primetals.com/press-media/news/outstanding-performance-figures-from-eaf-quantum-recently-implementedby-primetals-technologies. Acesso em: 21 jul. 2023.
8. YIGIT, C. et al. CFD modeling of carbon combustion and electrode radiation in na electric arc furnace. *Applied Thermal Engineering*, v. 90, p. 831-837, 2015.
9. KARBOWNICZEK, M. *Electric arc furnace steelmaking.* CRC Press, 2021.

10. LAUGHTON, M. A.; WARNE, D. J. *Electrical engineer's reference book*. 16. ed. Newnes, 2002.11.
11. EMI, T. Steelmaking Technology for the last 100 years: toward highly eficiente mass production systems for high quality steels. *ISIJ International*, v. 55. 1, p. 36-66, 2015.
12. HAY, T. et al. A review of mathematical process models for the electric arc furnace process. *Steel Research International*, 2021. 92. 2000395. 10.1002/srin.202000395.
13. MADIAS, J. *Ironmaking and steelmaking processes – Greenhouse emissions, control, and reduction – Electric arc furnace*. Disponível em: (PDF) Ironmaking and Steelmaking Processes – Greenhouse Emissions, Control, and Reduction – Electric Arc Furnace Chapter (researchgate.net). Acesso em: 19 jul. 2023.
14. KOBAYASHI, R. The effects of new technology on productivity: technological improvement and reallocation efficiency in the Japanese steelmaking industry. *Journal of Economic Structures*, v. 12, n. 6, 2023.
15. WANG, P. *et al.* Efficiency stagnation in global steel production urges joint supply- and demand-side mitigation efforts. *Nature Communications*, v. 12, 2066, 2021.
16. CAPPEL, J. et al. 70 years of LD-steelmaking–*Quo Vadis?, Metals*, v. 12, 912, 2022.
17. BASSON, E. (ed.). 2023 World Steel in Figures. *World Steel Association*, 18 May 2023. Disponível em: https://worldsteel.org/publications/bookshop/?filter_publication-subject=steel-data-and-statistics

BIBLIOGRAFIA

RODRÍGUEZ, B. *et al.* Control and regulation of electrodes in an electric furnace from a FMEA. 6th IFAC Symposium on Power Plants and Power Systems Control. *IFAC Proceedings*, v. 42, issue 9, p. 161-166, 2009.

CAPÍTULO 8
Refino secundário de aços

José Roberto Bolota

1. INTRODUÇÃO

Refino significa eliminação de impurezas. No caso da fabricação de aços, as impurezas principais são o oxigênio (O), o enxofre (S), o nitrogênio (N), o hidrogênio (H) e o fósforo (P).

O oxigênio, o enxofre e o fósforo formam compostos chamados de inclusões não metálicas (óxidos, sulfetos e oxissulfetos); já o carbono e o nitrogênio formam compostos chamados de partículas (nitretos, carbonetos e carbonitretos).

Nas tabelas a seguir, observam-se as inclusões mais comuns e seus componentes típicos (Tabela 8.1); tamanhos médios e abundância relativa de inclusões nos aços (Tabela 8.2); efeito das inclusões nas propriedades mecânicas dos aços (Tabela 8.3); limites típicos para elementos residuais por tipo de aço (Tabela 8.4) e sua evolução no decorrer dos anos no Japão (Figura 8.1).

Fases mistas de inclusões não metálicas e partículas geralmente precipitam-se tanto no estado líquido quanto na solidificação e, na maioria dos casos, são prejudiciais para as propriedades mecânicas e/ou características desejadas no aço, causando redução da plasticidade, redução da tenacidade, formação de trincas e de defeitos superficiais.

Tabela 8.1 Inclusões mais comuns por fase de processo e seus componentes típicos

Processo	Fonte de inclusões	Elementos chave para identificação da fonte
Forno de fusão	Escória de forno	Ca
	Refratários de forno	Ca
	Ferroligas	Cr, Al, Si
Vazamento	Refratários de bica/orifício de vazamento	Mg, Ti, K
	Oxidação	FeO
Panela	Escória de panela	Ca, Mg
	Refratários de panela	Mg, Ti, K
Esvaziamento da panela	Refratários de válvula gaveta/varão	Mg, Ti, K
	Oxidação	FeO
Lingotamento	Refratários de lingotamento	Mg, Ti, K
Tratamento térmico e laminação	Oxidação superficial	FeO
	Contaminação por enxofre de queima de combustíveis	FeS
	Oxidação interna	SiO_2
	Fragilidade a quente	FeS
Soldagem	Fluxos de soldagem	Ca, Ti
	Revestimento de eletrodos	Ti, V

Fonte: adaptada de [1].

Tabela 8.2 Tamanhos médios e abundância relativa das inclusões

Tipo de inclusão	Diâmetro, μm	Volume relativo
Espinélio, alumina e $CaO.6Al_2O_3$ (não aglomerados)	5	1
Outros aluminatos de cálcio	27	160
Produtos secundários de desoxidação (desoxidados ao Si)	32	260
Produtos primários de desoxidação (desoxidados ao Si)	49	940
Erosão de silicatos (desoxidados ao Al)	64	2.100
Erosão de silicatos (desoxidados ao Si)	107	9.800

Fonte: adaptada de [1].

Tabela 8.3 Algumas inclusões e seus efeitos nas propriedades mecânicas dos aços

Elemento	Forma	Propriedades mecânicas afetadas
S, O	Sulfeto e inclusões de óxidos	Prejudica: dutilidade, tenacidade, isotropia de propriedades
		Prejudica: conformação mecânica (alongamento, redução de área e dobramento)
		Prejudica: forjabilidade a frio, capacidade de trefilação
		Prejudica: tenacidade a baixa temperatura
		Prejudica: resistência a fadiga
C, N	Solução sólida	Aumenta: solubilidade sólida, dureza
	Alojados nas discordâncias	Aumenta: envelhecimento; prejudica: dutilidade, tenacidade
	Como perlita ou cementita	Aumenta: dispersão; prejudica: dutilidade, tenacidade
	Carbetos e nitretos precipitados	Precipitados na matriz. Aumenta: refino de grão, tenacidade
		Precipitados interganular. Fragilização
P	Solução sólida	Aumenta: solubilidade sólida, dureza
		Fragilidade a quente

Fonte: adaptada de [2].

Tabela 8.4 Limites típicos de elementos residuais por tipo de aço

Produto siderúrgico	Máxima fração da impureza	Tamanho máximo da inclusão
Aços IF	[C] ≤ 30 ppm, [N] ≤ 40 ppm, total oxigênio ≤ 40 ppm	
	[C] ≤ 50 ppm, [N] ≤ 40 ppm	
Chapas automotivas e para estampagem profunda	[C] ≤ 30 ppm, [N] ≤ 30 ppm	100 μm
Latas estampadas	[C] ≤ 30 ppm, [N] ≤ 30 ppm, total oxigênio ≤ 20 ppm	20 μm
Aços ligados para vasos de pressão	[P] ≤ 70 ppm	
Barras de aços ligados	[H] ≤ 2 ppm, [N] ≤ 10-20 ppm, total oxigênio ≤ 10 ppm	
Aços resistentes a trincas induzidas por hidrogênio	[P] ≤ 50 ppm, [S] ≤ 10 ppm	
Oleodutos e gasodutos	[S] ≤ 30 ppm, [N] ≤ 35 ppm, total oxigênio ≤ 35 ppm	100 μm
Chapas para recozimento contínuo	[N] ≤ 20ppm	
Placas estruturais para soldagem	[H] ≤ 5 ppm	
Aços para rolamentos	Total oxigênio ≤ 10 ppm	15 μm
Cordoalha para pneus	[H] ≤ 2 ppm, [N] ≤ 40 ppm, total oxigênio ≤ 15 ppm	10 μm
Chapas magnéticas de grão não orientado	[N] ≤ 30 ppm	
Placa grossa	[H] ≤ 2 ppm, [N] ≤ 30-40 ppm, total oxigênio ≤ 20 ppm	Inclusão simples: 13 μm, aglomerado: 200 μm
Arame	[N] ≤ 60 ppm, total oxigênio ≤ 30 ppm	20 μm

Fonte: adaptada de [2].

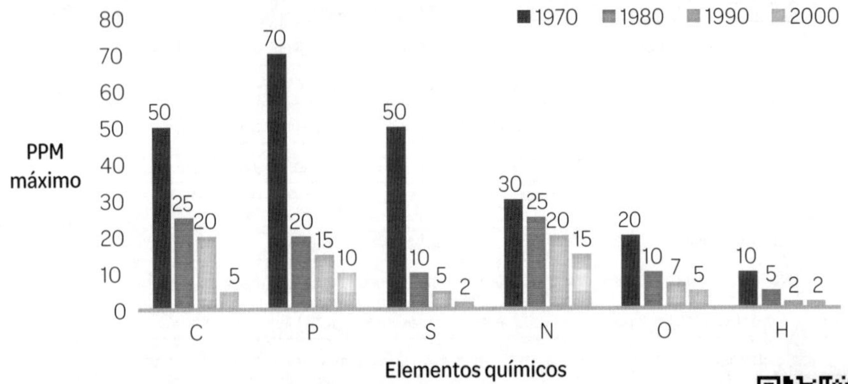

Figura 8.1 Evolução dos limites de residuais em aços ultrabaixo carbono no Japão.
Fonte: adaptada de [1].

Em alguns casos, as inclusões podem ser desejáveis no aço, mas de maneira controlada, tanto em quantidade quanto em forma (morfologia), para a obtenção de propriedades específicas, como melhor usinabilidade (facilidade para corte e/ou furação); aumento de tenacidade em direções específicas, pelo alinhamento de inclusões; maior dureza. No caso específico do hidrogênio, sua presença no aço pode, sob certas condições, causar o aparecimento de trincas internas.

O refino secundário é aquele realizado fora do equipamento de fusão (forno elétrico a arco ou conversor a oxigênio). Os processos de refino nessas condições também podem ser chamados de metalurgia secundária.

Um exemplo de refino bem realizado no equipamento de fusão é a desfosforação (remoção do fósforo do aço), que exige um aço líquido com altos teores de oxigênio e escória com uma grande quantidade de cal (CaO) para ocorrer com eficiência. Tais condições são facilmente obtidas no equipamento de fusão.

No caso da remoção das outras impurezas, as condições do aço no equipamento de fusão não permitem ou dificultam os processos de refino, que são: desoxidação (remoção do oxigênio); dessulfuração (remoção do enxofre); e desgaseificação (remoção de hidrogênio e nitrogênio).

Após o processamento do aço no equipamento de fusão, invariavelmente o aço líquido é transferido para um recipiente chamado de panela, que não cumpre apenas o papel de transporte do aço líquido para o equipamento seguinte no roteiro de processamento, mas também o de reator metalúrgico nas operações de refino secundário. Desse modo, o refino secundário do aço líquido muitas vezes também é chamado de metalurgia de panela.

Além das operações de refino secundário, outras operações também podem ser realizadas na panela, com eficiência maior do que nos equipamentos de fusão, como o acerto de composição química do aço, a descarburação (remoção do carbono C) e a alteração da morfologia das inclusões remanescentes.

Além dos benefícios diretamente relacionados à qualidade do aço, o refino secundário tem importante papel no aumento de produtividade em sua fabricação, pois as operações de refino de aço feitas fora do equipamento de fusão reduzem o tempo de processamento neste. As instalações de refino secundário também podem cumprir papel importante viabilizando o sequenciamento do lingotamento do aço em instalações de lingotamento contínuo. Tais aspectos, apesar de importantes, fogem do escopo deste texto e não serão tratados.

2. A PANELA

A panela é fabricada de aço, com revestimento interno de material refratário, o que lhe permite suportar as altas temperaturas do aço líquido (de 1.550 a 1.650 °C na maior parte das vezes) (Figura 8.2). Dentro da panela, o aço líquido sofre os processos de refino secundário.

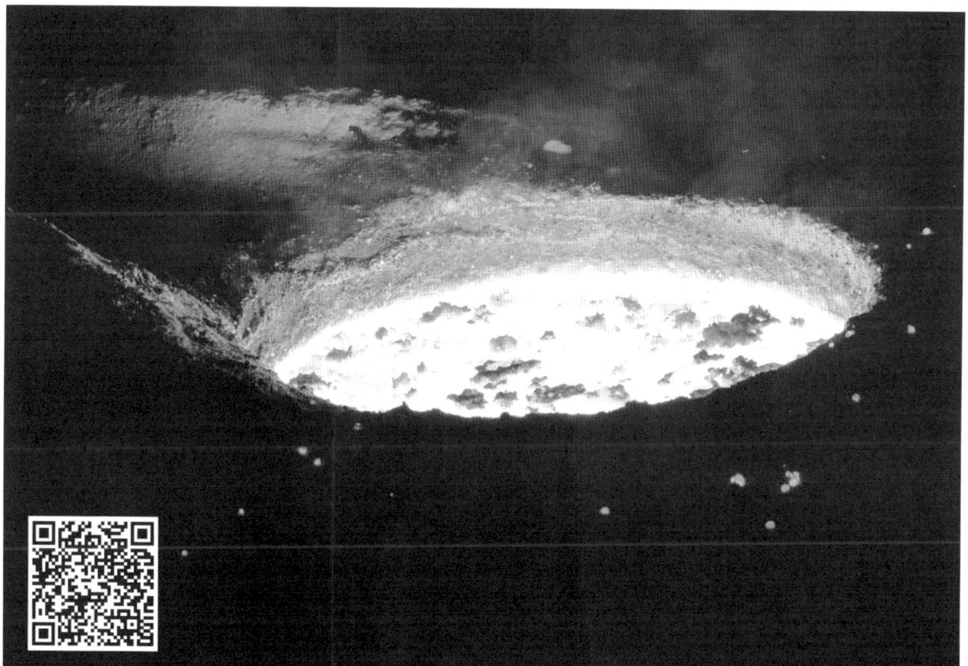

Figura 8.2 Vista de uma panela metalúrgica. Observa-se a estrutura de aço, o revestimento de refratário e o aço líquido com alguma escória sobrenadante.
Fonte: iStock.

2.1 Refratário de panela

Em geral, o revestimento refratário da panela é composto de tijolos ou concreto de alumina (Al_2O_3), magnesita (MgO), magnesita impregnada com carbono (MgO-C) ou dolomita (MgO+CaO); esses óxidos são chamados de óxidos estáveis. O refratário para revestimento de panelas nas quais serão realizadas as operações de refino secundário, deve apresentar um baixo teor de óxidos não estáveis, como a sílica (SiO_2), o óxido de ferro (FeO), o óxido de manganês (MnO) e o óxido de cromo (Cr_3O_4), que podem dificultar o refino pela contaminação do aço líquido com oxigênio. Resistência física também é uma característica importante do refratário de panela, pois o contato com o aço líquido pode erodir os refratários menos resistentes, contaminando o aço com partículas não metálicas.

A Tabela 8.5 exibe uma comparação entre vários refratários utilizados na siderurgia, com suas vantagens e desvantagens.

Tabela 8.5 Comparação entre as vantagens e as desvantagens de vários refratários utilizados na siderurgia

Refratário	Refratário inerte ao aço	Poluição	Resistência à hidratação	Resistência a choque térmico	Resistência à escória básica	Preço
Areia de sílica	✗	●	✓	✓	✗	✓
Zircônia	✗	●	✓	✓	✗	✓
Alta alumina	●	✓	✓	✓	✗	✓
Magnesita	✓	●	✓	✗	✓	✗
Magnesita-carbono	●	●	✓	✓	✓	✗
Magnesita-cromo	●	✗	✓	●	✗	✗
Dolomita sintética	✓	✓	✗	●	✓	✗
Dolomita natural	✓	✓	✗	●	✓	✓

✗ Ruim; ● Médio; ✓ Bom.

Fonte: adaptada de [1].

A influência da qualidade do refratário na evolução da oxidação do banho metálico (indicado pelo teor de alumínio dissolvido), pode ser vista na Figura 8.3, abaixo:

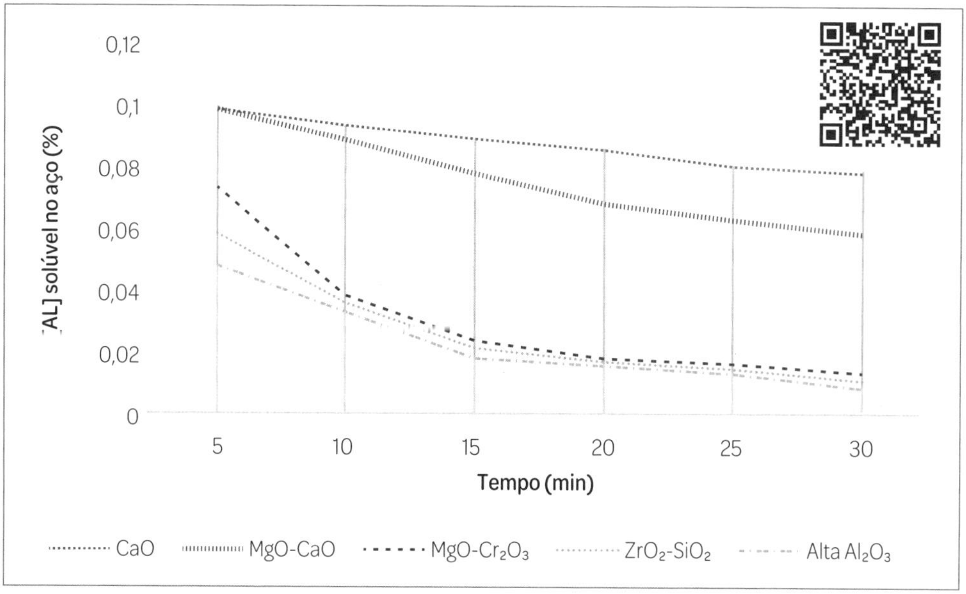

Figura 8.3 Alteração do conteúdo de alumínio dissolvido no aço em função do tempo para diferentes tipos de refratários a 1.873 °C.
Fonte: adaptada de [1].

O piche ou o grafite constituem agentes agregadores do refratário que, aquecidos a uma alta temperatura, deixam carbono como resíduo. Isso também retarda o ataque da escória, porque o carbono repele a escória e reduz a quantidade de óxido de ferro na escória, que é o principal constituinte responsável pela corrosão dos refratários.

Assim, até que a superfície do refratário tenha seu teor de carbono reduzido, ela não mesmo é atacada pela escória, ou seja, altos teores de carbono no refratário limitam seu desgaste.

Adicionalmente à composição química do revestimento refratário, sua porosidade é um importante fator relacionado sua corrosão e seu desgaste. Um refratário poroso oferece maior área superficial, aumentando a velocidade de ataque pela escória. Desse ponto de vista, o uso de grafite no refratário é melhor do que o uso de piche, pois o primeiro é mais denso do que o segundo. Grafite também deixa um resíduo em forma cristalina, o que implica maior homogeneidade, menor número de defeitos e maior resistência a ataque químico. Por outro lado, refratários mais densos tendem a ser mais caros [1].

Outros tipos de refratários também podem ser utilizados, dependendo do seu custo e processos de refino praticados, ou mesmo a ausência de refino. A partir dessas situações particulares, pode-se mesmo utilizar refratários à base de sílica ou cromita.

Um refratário de panelas com baixa condutividade térmica é desejável para se reduzir a perda de calor por condução através da parede. Por outro lado, um refratário de baixa condutividade térmica tende a lascar por choque térmico em contato com o calor (face quente). Um desenvolvimento interessante é o uso de uma alta porcentagem de grafite no refratário (10% ou mais), permitindo continuidade na fase rica em carbono, aumentando, assim, a condutividade térmica. Essa condutividade pode ser direcionada por técnicas adequadas de manufatura dos tijolos e uso de grafite em escamas. Nesse caso, o calor irá fluir facilmente na direção paralela à da face quente, reduzindo a tendência ao lascamento. Por outro lado, a condutividade térmica na direção perpendicular à da face quente permanece baixa.

Abaixo um exemplo de cálculo e medição de temperaturas ao longo da espessura da parede de uma panela (Figura 8.4).

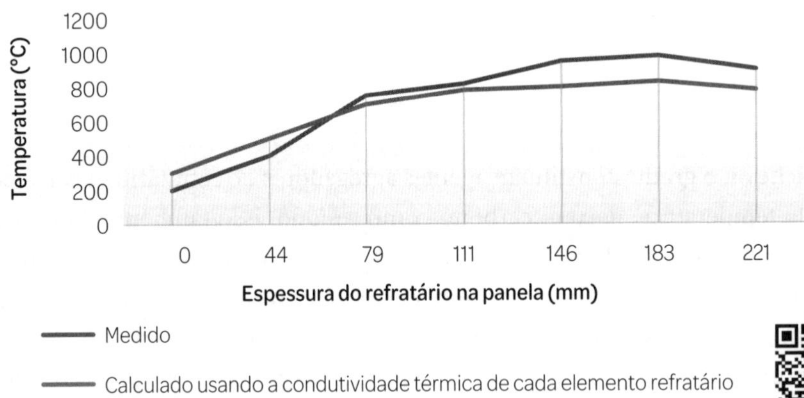

Figura 8.4 Distribuição de temperaturas através da espessura do refratário em uma panela.
Fonte: adaptada de [1].

Uma tampa isolante (revestida por refratário convencional ou por fibras isolantes) colocada sobre a panela durante o transporte de aço líquido, lingotamento e mesmo sobre a panela vazia entre cada corrida traz as seguintes vantagens:

- Com a escória removida, o uso de tampa sobre a panela pode manter o aço cerca de 25 °C mais quente durante o lingotamento (dados para corridas de 275 t).
- O uso de tampa durante o lingotamento pode implicar um aço mais quente em cerca de 4 °C no médio prazo.
- Durante o tempo de espera da panela entre corridas, o uso de tampa pode implicar um aumento de 10 °C na temperatura no aço a cada 100 minutos de espera [1].

2.2 Agitação do aço na panela

O aço líquido em repouso dentro da panela impossibilita qualquer operação de refino, visto que a velocidade de todos os processos de refino é reduzida caso não haja uma agitação suficiente do banho metálico, homogeneizando o aço tanto do ponto de vista térmico quanto do ponto de vista químico.

No refino secundário dos aços, homogeneização de composição química e temperatura, separação de partículas não metálicas do aço líquido, perda e ganho de calor no banho líquido e dissolução de elementos de liga são alguns dos processos que ocorrem simultaneamente. A velocidade de processamento seria governada pelas velocidades de cada um desses processos [1].

O movimento no aço líquido vem da convecção livre, causada pelos gradientes de temperatura e composição no banho líquido – muito fraca para causar algum efeito na homogeneização do banho líquido; e da convecção forçada, causada pelo borbulhamento de gás, agitação eletromagnética ou agitação mecânica – esta efetiva na homogeneização do banho líquido [1].

A agitação do aço líquido pode ser realizada por dois métodos: borbulhamento de gás inerte e criação de campo magnético induzido por bobinas localizadas fora da panela. A agitação mecânica não é muito popular e não será detalhada neste capítulo.

O borbulhamento de gás inerte como argônio (Ar) ou, em casos mais raros, nitrogênio (N_2) é feito por meio de um plugue refratário poroso instalado no fundo da panela. A subida das bolhas de gás cria um movimento no aço líquido que permite obter uma massa homogênea do ponto de vista térmico e químico. Em volta do eixo vertical a partir do plugue, é formada uma região bifásica composta de bolhas de gás e líquido, conhecida por pluma (Figura 8.5).

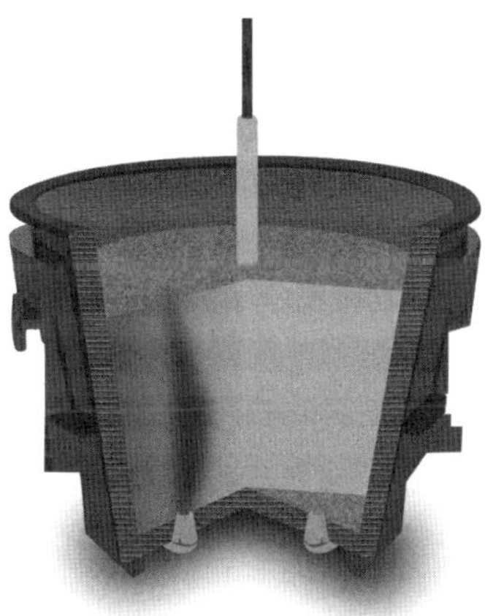

Figura 8.5 Corte de uma panela metalúrgica. Observa-se a estrutura de aço, o revestimento refratário, o aço líquido, a escória sobrenadante, o plugue poroso pelo qual se borbulha gás inerte e a pluma de bolhas de gás que provoca a agitação do aço líquido. Fonte: ilustração de Paula Cortinovis.

Na criação de campo magnético induzido por bobinas localizadas fora da panela, o campo magnético faz o aço líquido se movimentar dentro da panela, trazendo resultados similares ao conseguido pelo borbulhamento de gás inerte. Nesse caso específico, a carcaça externa da panela deve ser construída em aço não magnético, para que não seja aquecida no processo de indução de campo magnético.

As vantagens da agitação do aço líquido por meio de campo magnético induzido são:

- Entrega maior de energia ao sistema comparado ao borbulhamento de gás inerte, aumentando a velocidade de homogeneização do banho.
- O padrão de fluxo pode ser alterado, visando objetivos específicos.
- Dispensa a existência de uma borda livre na parte superior da panela, em contraste com o borbulhamento de gás inerte.
- Induz seletivamente o campo magnético no metal e não na escória, prevenindo-se a mistura de escória no metal líquido ao se adicionar elementos de liga no banho [1].

A agitação pode ser forte, nos casos em que é necessário um grande contato do aço com a escória, ou exposição do aço ao vácuo. Também uma agitação suave pode ser necessária se o objetivo é auxiliar a flotação das inclusões sólidas para que elas sejam absorvidas pela escória, aumentando a limpeza do aço (Figura 8.6).

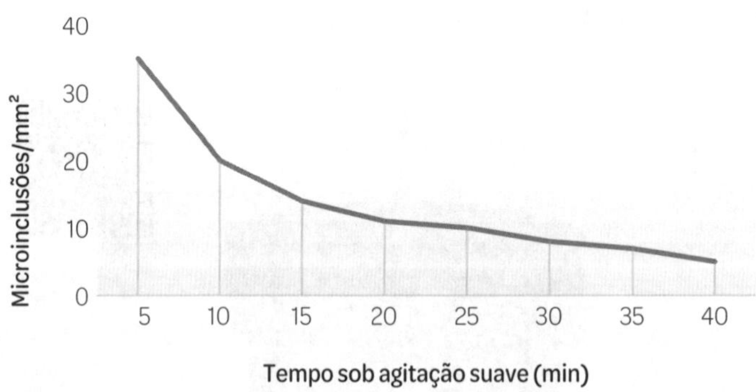

Figura 8.6 Efeito do tempo de agitação suave no banho metálico na redução da quantidade de inclusões sólidas.
Fonte: adaptada de [3].

2.3 Saída do aço da panela

O aço normalmente é introduzido na panela por sua parte superior, na operação chamada de vazamento. O vazamento consiste na inclinação do equipamento de fusão, fazendo o aço passar por uma abertura (bica ou EBT) em direção à panela (Figura 8.7).

Figura 8.7 Processo de vazamento do aço líquido do equipamento de fusão para a panela.
Fonte: Foto cedida pela Danieli equipamentos siderúrgicos.

A saída do aço da panela para o equipamento seguinte (normalmente uma máquina de lingotamento contínuo ou lingoteiras) se dá por uma abertura situada em sua parte inferior, em geral, fechada por placas deslizantes, que é aberta somente no momento da saída do aço líquido. Tal dispositivo é chamado de válvula gaveta e ele consiste em um sistema mecânico móvel com placas deslizantes revestidas de refratário.

As placas podem ter formato retangular ou circular. A função básica do sistema de válvula gaveta é controlar o fluxo de metal durante o lingotamento, o que exige:

- Mecanismo confiável e robusto.
- Estabilidade operacional.
- Facilidade de desmontagem.
- Facilidade de troca das partes desgastadas.
- Manutenção rápida e fácil.

Além da regulagem do fluxo de aço líquido da panela para o lingotamento, uma função adicional da válvula gaveta é assegurar a qualidade do aço. As placas do sistema são submetidas a tensões termomecânicas severas que eventualmente levam ao trincamento do refratário em serviço, permitindo entrada de ar entre as placas, causando efeitos adversos na limpeza do aço e aumentando o desgaste do refratário por corrosão [4].

Durante o esgotamento do aço líquido da panela por meio de uma válvula gaveta, um fenômeno que deve ser levado em conta é a formação de vórtice, que pode arrastar a escória junto com o aço líquido para o lingotamento (Figura 8.8). O arraste de escória nessa operação deve ser evitado para se garantir a limpeza final do aço.

O cálculo da altura do banho líquido sujeita à formação de vórtice depende do diâmetro interno da panela e do fluxo de saída do aço pela válvula gaveta e não é tema deste capítulo.

Figura 8.8 Ilustração de um vórtice, fenômeno que ocorre em fluidos como água (representado na figura) e também no aço líquido. Um vórtice formado no final do processo de esgotamento da panela de aço pode capturar a escória sobrenadante e contaminar o aço que sai da panela.

Fonte: Getty Images.

3. A ESCÓRIA

A escória é uma fase normalmente líquida, composta sobretudo de óxidos e que sobrenada o aço líquido em razão da diferença de densidade entre as duas fases.

Como já visto anteriormente, a produção de aço líquido ocorre em duas etapas. A primeira envolve a obtenção do aço líquido em um forno elétrico a arco ou em um conversor, enquanto a segunda etapa consiste no refino desse mesmo aço. Ambos os processos ocorrem em presença de escória.

A formação da escória no processo de fusão é resultado da oxidação do aço e seus elementos de liga, oxidação esta causada pelo contato com o oxigênio injetado no processo ou presente no ar. Nesse caso, obtém-se uma escória com elevada quantidade de óxidos não estáveis, já citados anteriormente (SiO_2, FeO, MnO, Cr_3O_4). Da mesma maneira que eles não são desejados no refratário de panela, também não são desejados na escória.

O CaO é adicionado no processo de fusão para gerar uma escória primária de proteção ao aço líquido e para permitir a desfosforação. Esse CaO normalmente faz parte da escória encontrada no processo de fusão.

Como a escória gerada no processo de fusão não é desejável pela grande quantidade de óxidos não estáveis, ela deve ser removida da panela após o vazamento ou dispositivos devem ser instalados no equipamento de fusão para evitar sua passagem para a panela.

Com o aço já na panela, porém com pouca escória originária do equipamento de fusão, inicia-se imediatamente a oxidação do ferro e outros elementos de liga do aço pelo oxigênio presente no ar em contato com o extremamente reativo banho metálico líquido. Para se evitar essa oxidação, é formada uma nova escória de proteção pelo carregamento de CaO ou Al_2O_3 e, muitas vezes, também MgO na panela. Independentemente do processo usado no refino do aço na panela, sempre se utiliza uma escória especialmente formada para este fim. Essa nova escória, além de proteger o aço líquido da ação do oxigênio presente no ar, cumpre um importante papel nas operações de refino secundário, pela absorção e retenção das inclusões geradas no processo.

As propriedades físicas e químicas da escória determinam a qualidade do aço e a economia e produtividade do processo.

Formadores de escória (CaO, Al_2O_3), aditivos (CaF_2), produtos de desoxidação, impurezas removidas do aço, resíduos do desgaste de refratários e escória remanescente de corridas anteriores formam a escória de trabalho no refino dos aços. As funções da escória são:

- Dessulfuração do aço.
- Desfosforação do aço em condições oxidantes (comum no processo de fusão).

- Desoxidação do aço.
- Remoção de inclusões não metálicas.
- Garantia de composição química adequada das inclusões remanescentes no aço.
- Proteção do aço líquido do contato com o ar.
- Isolamento térmico.

O processo de remoção de inclusões não metálicas será discutido em seguida.

O processo de refino de aço geralmente envolve o uso de escórias do sistema $CaO\text{-}SiO_2\text{-}Al_2O_3$. Essas escórias têm caráter não oxidante, o que significa que, quando em uso, não causam oxidação do aço. Devem assegurar a dessulfuração e a remoção adequada de inclusões não metálicas, bem como a manutenção do aço líquido com baixo teor de oxigênio.

É regra que a temperatura de fusão da escória seja menor do que a temperatura do aço. A diminuição da temperatura de fusão da escória pode ser feita adicionando-se Al_2O_3 ou CaF_2 à composição da escória formadora, que além de reduzirem a temperatura de fusão da escória, aumentam sua fluidez.

A sílica é um componente importante, porém deletério da escória de refino. Ela é incorporada na escória de refino durante o vazamento do forno de fusão para a panela ou é o produto da oxidação de silício no aço. A sílica piora as propriedades de refino da escória, pois reduz seu poder de refino e remoção de oxigênio do aço líquido. Recomenda-se que o teor de sílica na escória de refino de aço não exceda 10% [5].

4. CONTROLE DE TEMPERATURA DURANTE O REFINO SECUNDÁRIO

Os processos de refino secundário dependem de trocas de escória, adições de elementos de ligas e, muitas vezes, borbulhamento de gases. Todas essas operações trazem perdas de temperatura, que devem ser compensadas para que o aço seja entregue à próxima fase de processamento dentro das faixas de temperatura desejadas (Tabelas 8.6 e 8.7; Figura 8.9).

Tabela 8.6 Exemplos de perdas térmicas típicas no refino secundário

Fase	Taxa de perda de temperatura, °C/min
Panela em espera	0,5 a 1
Borbulhamento por gás inerte	1 a 2
Injeção de pós	2 a 3,5
Degaseificação por recirculação	0,7 a 1,5

Fonte: adaptada de [1].

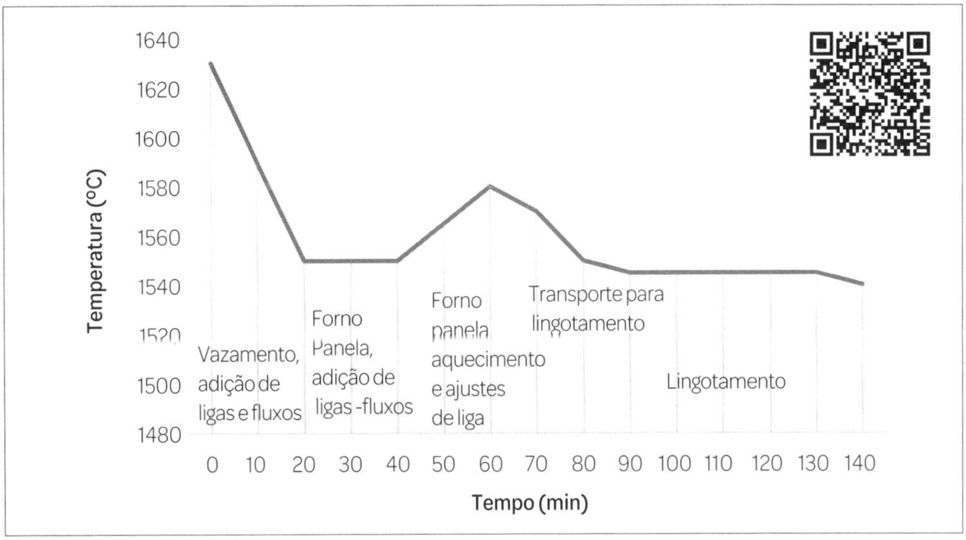

Figura 8.9 Exemplo de evolução da temperatura do aço líquido durante seu processamento.
Fonte: adaptada de [1].

Tabela 8.7 Exemplos de perdas térmicas associadas à adição de alguns ferroligas e fluxantes

Adições	Redução na temperatura do aço líquido na panela, °C
(a) Adições de 1% de elemento de liga a 100% de rendimento	
Coque	65
FeCr 50% – Alto carbono	41
FeCr 70% – Baixo carbono	24
FeMn – Alto carbono	30
FeSi 50%	0
(b) para1 kg de fluxo por tonelada de aço	
SiO_2	2,59
CaF_2	3,37
CaO	2,16
$CaCO_3$	3,47
$CaO \cdot Al_2O_3$	2,39

Fonte: adaptada de [1].

A maneira mais usual de incorporar calor no aço líquido durante o refino secundário é a utilização de arco elétrico, por meio de eletrodos de grafite sobre o banho metálico. O conjunto panela + transformador + circuito elétrico + eletrodos é chamado de forno panela.

Existem outros meios de incorporação de calor no aço, como a lança de plasma e o aquecimento por indução, mas o arco elétrico é o mais utilizado mundialmente.

A incorporação de calor no aço dentro da panela também pode ser feita por oxidação (via injeção de oxigênio gasoso) de alguns elementos de liga, como o silício ou o alumínio. O uso da oxidação controlada para o aquecimento do aço não implica prejuízo de suas características de limpeza ou quantidade de inclusões.

5. EQUILÍBRIO QUÍMICO ESCÓRIA *VS.* AÇO LÍQUIDO

Para o completo entendimento dos processos de refino secundário do aço, é importante saber que os elementos químicos presentes no aço líquido estão em permanente busca de equilíbrio com os compostos presentes na escória ou nas inclusões presentes no aço.

A principal reação de equilíbrio químico entre aço e escória é a que exprime a relação entre o oxigênio dissolvido no aço líquido (O); o ferro presente no aço líquido (Fe) e o óxido de ferro (FeO) presente na escória ou nas inclusões dentro do aço:

$$O + Fe = FeO$$

O equilíbrio pode ser deslocado para a esquerda, isto é, para a dissolução de oxigênio no aço, se houver grande quantidade de FeO na escória. Por outro lado, a ausência de FeO na escória desloca o equilíbrio para a direita, o que na prática significa que a escória passa a absorver o oxigênio dissolvido no aço na forma de FeO formado na escória. Essa equação de equilíbrio explica a necessidade de se minimizar a quantidade dos chamados óxidos não estáveis na escória, pois os seguintes equilíbrios podem ser entendidos de forma análoga:

$$O + Mn = MnO$$
$$2O + Si = SiO_2$$
$$4O + 3Cr = Cr_3O_4$$

No caso dos chamados óxidos estáveis, pela própria natureza de seus elementos constituintes, o equilíbrio está sempre deslocado para a formação do óxido (para a direita):

$$O + Ca = CaO$$
$$O + Mg = MgO$$
$$3O + 2Al = Al_2O_3$$

Dessas equações, entende-se que, se um dos elementos é formador de óxidos estáveis e há oxigênio dissolvido no aço líquido, a formação do óxido é preferencial, removendo-se o oxigênio dissolvido no aço.

O entendimento do equilíbrio químico entre aço líquido e escória, por meio das equações de equilíbrio de cada elemento de liga e seus óxidos, sulfetos e nitretos, é essencial para que as operações de refino sejam, por sua vez, também entendidas.

Curvas de equilíbrio químico são bastante utilizadas no planejamento e controle dos processos de refino secundário do aço (Figura 8.10)

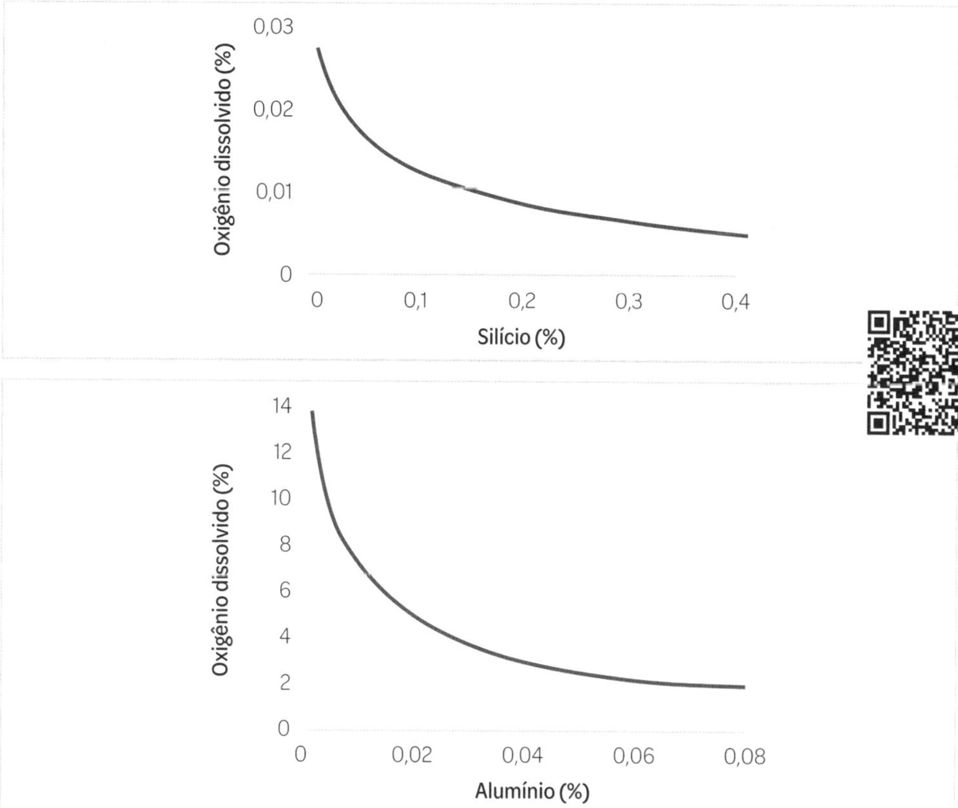

Figura 8.10 Curvas de equilíbrio químico para reações de desoxidação.
Fonte: adaptada de [3].

Outra ferramenta termodinâmica muito útil para o refino secundário dos aços e fundamentada no equilíbrio químico é a chamada energia livre de Gibbs. A demonstração e o detalhamento da energia livre de Gibbs foge ao escopo deste capítulo, mas seu uso prático permite identificar as reações químicas que ocorrem preferencialmente em um sistema a pressão e temperatura constantes.

Em resumo, quanto mais negativo o valor da energia livre de Gibbs, mais facilmente ocorre uma dada reação, sendo que valores negativos indicam reações espontâneas (Figura 8.11).

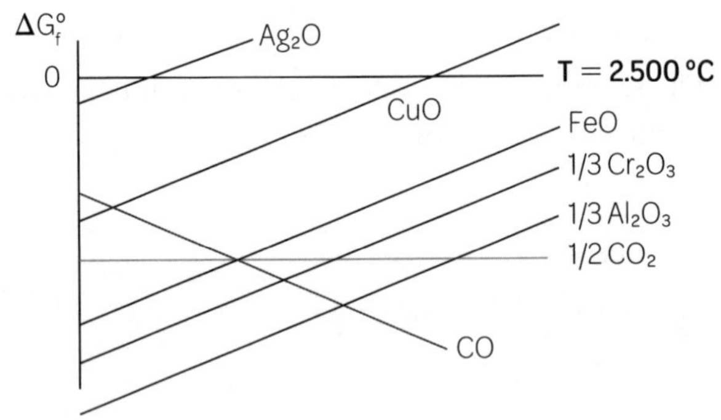

Figura 8.11 Exemplo de curvas de energia livre de Gibbs para algumas reações químicas de oxidação comuns em processos siderúrgicos.

Fonte: adaptada de Google Imagens.

6. FERROLIGAS E ACERTO DE COMPOSIÇÃO QUÍMICA

A adição de elementos químicos no aço líquido é feita principalmente por meio das chamados ferroligas, por questões de manuseio ou economia. As principais ferroligas utilizadas nas operações de refino secundário ou acerto de composição química são mostradas na Tabela 8.8.

Tabela 8.8 Principais ferroligas usadas na fabricação de aços e suas composições químicas comuns

Ferroliga	%C	%Mn	%Si	%P	%S	%Cr	%Ni	Outros
FeMn AC	6,5	73	0,6	0,22	0,008	1,5	0,8	
FeMn BC	1,3	80,7	0,6	0,03	0,04			
FeCr AC	7,4		3,3	0,03	0,007	55,6		
FeCr BC	0,05		0,5	0,02	0,002	54,3		
FeSi 75	0,05		72,2	0,03	0,002			Al = 0,13
FeSiMn	1,7	63	15,4	0,12	0,01			
FeP			0,2	20,4	0,2			
FeB								B = 14,7
FeV	0,1		0,8	0,01	0,026			V = 53
FeW								W = 32,5
S					96			

Tabela 8.8 Principais ferroligas usadas na fabricação de aços e suas composições químicas comuns

Ferroliga	%C	%Mn	%Si	%P	%S	%Cr	%Ni	Outros
Al								Al = 98,6
CaSi	0,2		51,2					Ca = 31,1
SiC	30		64					
Coque	98				0,81			
Grafite	97,5							
FeNb	0,1		1,6	0,03				Nb = 66,2
MoO_3			1,1	0,05				Mo = 62
FeTi			1,5	0,03	0,025			Ti = 37,5
Cu								Cu = 99,9
Mn		99			0,002			
Si	0,1		98					
FeS					30			
FeMo			0,7	0,05	0,015			Mo = 59
FeNi	0,08						18 a 50	
Ni					0,005		99,5	

As ferroligas podem ser classificadas quanto à sua dissolução no aço líquido em classes 1 e 2 (Figura 8.12).

6.1 Ferroligas classe 1

São ferroligas cujo ponto de fusão está abaixo das temperaturas de refino do aço, isto é, abaixo de aproximadamente 1.600 °C. A absorção pelo banho metálico se dá pelo fenômeno de fusão, caso das ferroligas FeMn, FeSiMn, FeCr, FeNb e FeSi.

Quando entra em contato com o aço, uma camada de aço sólido é formada em sua superfície inicialmente fria. Conforme a ferroliga é aquecida dentro do aço, ela funde e, quando a camada de aço volta a se tornar líquida, a ferroliga já derretida é liberada no interior do aço líquido (rota 1).

Quando as ferroligas classe 1 possuem grandes dimensões, baixa condutividade térmica ou o banho metálico está em uma temperatura muito alta, as rotas 2 e 3 representam melhor o processo de dissolução. A camada de aço sólido é igualmente formada, porém não existe fusão completa da ferroliga; assim, quando a camada de aço sólido volta a se tornar líquida, ou a ferroliga passa a se fundir lentamente ao entrar em contato com o aço líquido (rota 2) ou uma nova camada de aço sólido se forma e o processo se repete até a fusão completa da ferroliga (rota 3).

Ainda dentro da classe 1, existem ferroligas que possuem um grande calor de dissolução, sendo o processo exotérmico (libera calor). Nesses casos (por exemplo, o FeSi 75% e o FeTi), o calor liberado é grande o suficiente para romper a camada de aço solidificado formada logo na adição. A rota 4 representa esse tipo de dissolução de ferroligas.

Independentemente da rota de dissolução, as ferroligas de classe 1 apresentam dissoluções rápidas no aço líquido, em razão da diferença entre as temperaturas de processo de refino de aço e suas próprias temperaturas de fusão.

6.2 Ferroligas classe 2

Ligas cujo ponto de fusão está acima da temperatura de refino do aço. A absorção pelo banho metálico se dá pelo fenômeno de dissolução sólido/líquido, caso das ferroligas FeV, FeW e FeMo.

Quando tal liga entra em contato com o aço, uma camada de aço sólido é formada em sua superfície inicialmente fria. Ao contrário das ligas classe 1, nesses casos a camada de aço volta a se tornar líquida, porém a ferroliga ainda está sólida e sua absorção pelo aço se dá por dissolução, muitas vezes em um tempo mais lento do que as ligas classe 1. O processo é bastante influenciado pela agitação do banho metálico e é representado também pela rota 2, porém com tempos maiores.

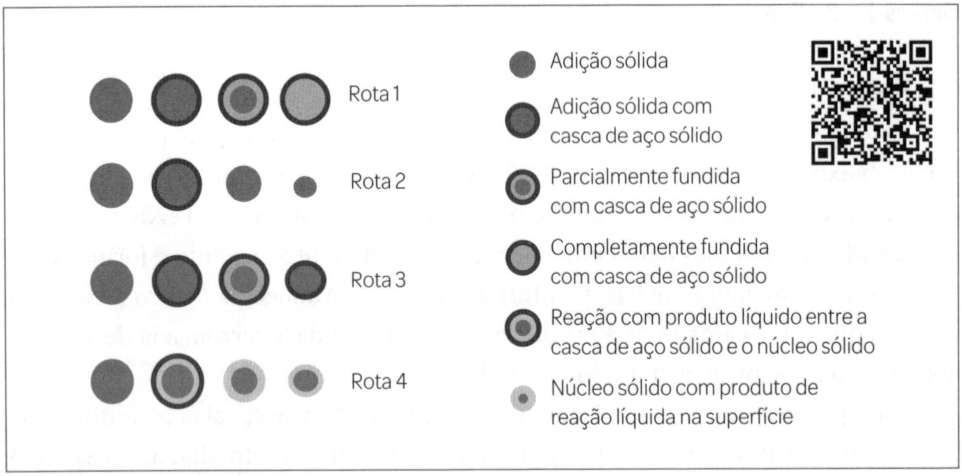

Figura 8.12 Representação das 4 rotas de dissolução de ferroligas no aço líquido.
Fonte: adaptada de [6].

Nos casos em que a adição de ferroligas deve ser feita com grande precisão ou quando a ferroliga a ser adicionada tem uma alta reatividade química ou pressão de vapor (caso típico do CaSi), em geral o meio utilizado para esta adição é o arame preenchido de ferroligas. Trata-se da ferroliga pulverizada e encapsulada dentro de um tubo fino de aço, que é injetado em alta velocidade no interior do aço líquido. Uma vez dentro do aço líquido, o envoltório se derrete e libera a ferroliga lá dentro. No caso do alumínio, o próprio arame é formado por este metal.

Adição de ligas e acerto de composição química no aço tornam-se muito mais controláveis quando feitos na panela, comparação feita com a adição no equipamento de fusão, onde a grande oxidação e exposição do aço líquido à atmosfera torna errático o rendimento dessas adições.

7. DESOXIDAÇÃO

As equações principais do processo de desoxidação são as mesmas citadas como exemplo de equilíbrio químico entre o aço líquido e a escória. Na prática, por razões econômicas, a desoxidação do aço líquido é realizada pela adição dos seguintes elementos: Al, Si e Mn, sempre em presença de uma escória com baixas quantidades de FeO, MnO e SiO_2.

Importante ressaltar o fato de que o uso combinado de Si e Mn na desoxidação é mais eficiente do que o uso isolado do Si ou do Mn. A razão para a maior eficiência é a formação de um composto chamado de silicato de manganês, que também é líquido nas temperaturas usuais de refino do aço líquido. A contínua remoção do silicato de manganês por dissolução no aço líquido leva o equilíbrio constantemente para a direita, aumentando muito a eficiência da desoxidação.

Formadores de óxidos estáveis, como o Ca e o Mg, trazem a dificuldade do alto custo e manuseio difícil em sua forma pura ou metálica, não sendo utilizados para desoxidação em processos industriais. No caso do Ca, pode-se utilizar o CaSi (injetado em pó ou na forma de arame), mas o objetivo principal nesse caso é apenas a modificação do produto de desoxidação por alumínio – no caso, Al_2O_3 (sólido) é transformado por meio de CaSi em aluminato de cálcio, líquido a temperaturas de processo.

Uma estratégia utilizada na concepção do processo de desoxidação é o uso de Si + Mn, que gera um produto de desoxidação líquido e solúvel e, após atingir todo o potencial desses primeiros desoxidantes, passa-se a utilizar desoxidantes mais potentes, como o Al.

A desoxidação também pode ser feita utilizando-se o seguinte equilíbrio químico:

$$O + C = CO \text{ (gás)}$$

Nesse caso, o equilíbrio químico não se dá entre o aço e a escória, mas entre o aço e a atmosfera, com o equilíbrio se deslocando para a direita (formação de CO, com desoxidação do aço) com o aumento do teor de carbono dissolvido no aço ou com a redução do teor de CO na atmosfera. Essa diminuição de CO na atmosfera pode se dar pela diluição constante do CO em outros gases, muitas vezes gases inertes como o argônio (Ar), ou pela constante remoção do CO gerado, caso do processamento sob vácuo.

Quanto maior o carbono no aço líquido, menor o oxigênio dissolvido – essa relação é dada pelo equilíbrio químico C × O (Figura 8.13).

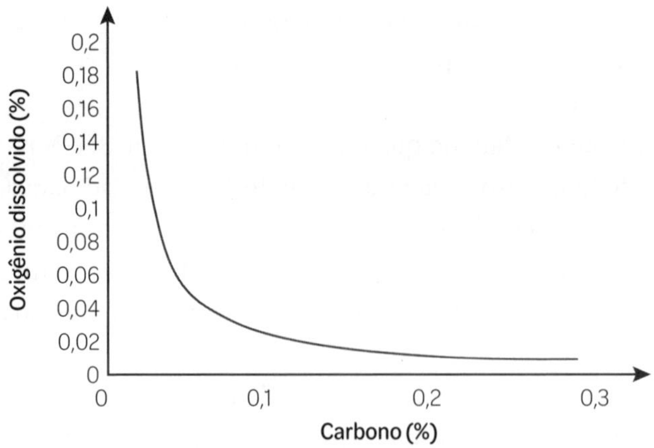

Figura 8.13 Curva experimental de equilíbrio carbono × oxigênio a 1.600 °C.
Fonte: adaptada de [1].

Da mesma forma que ocorre entre o oxigênio e o carbono, o equilíbrio químico determina os teores de cada um dos componentes em uma reação de desoxidação.

Apesar de sua importância, o equilíbrio químico é insuficiente para permitir uma correta previsão do resultado da desoxidação. O equilíbrio químico somente é atingido caso a velocidade de reação (cinética de reação) assim o permita.

A cinética da reação de desoxidação consiste nos seguintes estágios:

- Dissolução do desoxidante no aço líquido.
- Reação química entre o oxigênio dissolvido e o elemento desoxidante.
- Nucleação do produto de desoxidação.
- Crescimento dos núcleos do produto de desoxidação [1].

Exemplo de cinética de desoxidação do aço por Manganês pode ser observado na Figura 8.14.

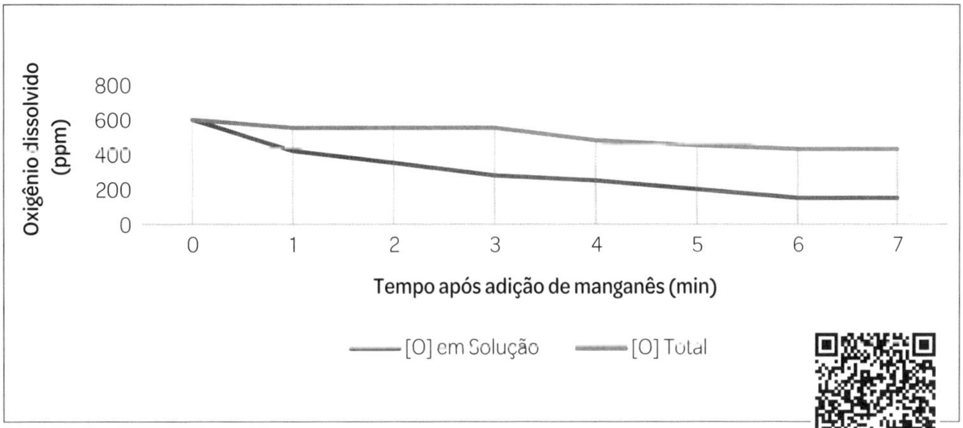

Figura 8.14 Redução do teor de oxigênio no tempo, após adição de Mn a 1600°C.
Fonte: adaptada de [1].

Em termos de avaliação de limpeza dos aços, é importante ter claro alguns conceitos relacionados à presença de oxigênio no aço:

- Oxigênio dissolvido no aço: o oxigênio livre no aço líquido.
- Oxigênio total: oxigênio livre mais o oxigênio associado a outros elementos.
- Inclusões no aço líquido: produtos de reação não metálicos no aço líquido (nesse caso, não apenas óxidos, mas também outros não metálicos, como sulfetos ou nitretos).
- Inclusões no aço sólido: geralmente, além das inclusões existentes no aço líquido e não removidas durante o processo, inclusões formadas no momento da solidificação do aço.

A evolução das quantidades de inclusões e sua relação com os teores de oxigênio por fase do processamento do aço pode ser vista na Figura 8.15:

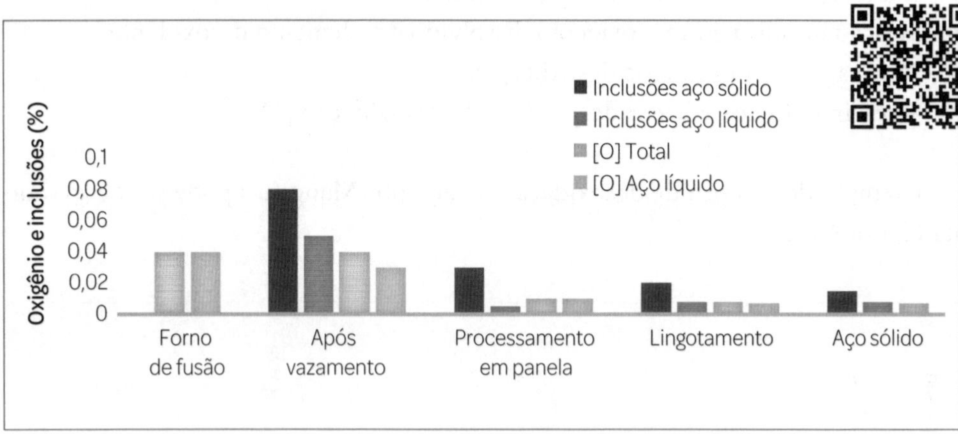

Figura 8.15 Evolução das inclusões no aço sólido e no aço líquido, oxigênio total e dissolvido durante o processamento do aço. Fonte: adaptada de [1].

8. DESCARBURAÇÃO

Utilizando-se a mesma equação de equilíbrio químico da desoxidação por carbono, pode-se entender o mecanismo de remoção do carbono do aço:

$$O + C = CO \text{ (gás)}$$

Da mesma maneira, a remoção ou diluição contínua do CO na atmosfera desloca o equilíbrio no sentido da formação do CO, ou seja, da descarburação. Idem para a entrada de oxigênio no aço líquido, que pode ser feita por injeção de O_2 gasoso ou entrada de FeO na escória, conforme o equilíbrio:

$$O + Fe = FeO$$

A entrada de FeO na escória desloca o equilíbrio para a esquerda, ou seja, aumenta o teor de oxigênio dissolvido no aço líquido, que, por sua vez, desloca o equilíbrio da primeira equação para a formação de CO, ou seja, a descarburação.

A descarburação é necessária na fase de refino secundário durante a fabricação de aços inoxidáveis (teores de cromo acima de 10%, na maioria dos casos), pois o cromo adicionado como FeCr AC (AC = alto carbono) é mais barato, porém possui teores de carbono por volta de 7,5%, o que traz a necessidade de remover o carbono em excesso após a entrada do FeCr AC. O teor de carbono no aço nesse caso pode ir a cerca de 1% e deve ser reduzido para abaixo de 0,03%.

Nesse caso, existe uma dificuldade adicional, pois tanto o carbono quanto o cromo são oxidados em contato com o oxigênio – perdas significativas de cromo inviabilizam a descarburação em condições normais.

Na busca de um processo que permita a oxidação preferencial do carbono, preservando o cromo, foi desenvolvido o processo de injeção de oxigênio por lança no banho líquido. Tal injeção massiva de oxigênio no banho favoreceria a reação:

$$O + C = CO \text{ (gás)}$$

Porém, parte do oxigênio injetado serve para se deslocar a reação de oxidação do cromo para a formação de cromita, perdendo-se o cromo adicionado:

$$3O + 4Cr = Cr_3O_4$$

De modo a tornar mais efetiva a remoção do CO (gás), diluí-lo em nitrogênio, argônio (processo AOD) ou submetê-lo ao banho a vácuo (processo VOD) são alternativas utilizadas para se evitar a oxidação do cromo.

Deve ser registrado que o aumento de temperatura do banho metálico também favorece a formação de CO (gás) em detrimento da formação de Cr_3O_4.

A fabricação de aços comuns com teores de carbono muito baixos (abaixo de 0,05% de carbono) também exige uma descarburação durante o refino secundário; os mesmos princípios válidos para a descarburação de aços inox são válidos nessses casos.

9. DESFOSFORAÇÃO

A desfosforação, pelas condições de processamento exigidas, não pode ser realizada na fase de refino do aço. O processo de desfosforação é realizado na fase de fusão.

A remoção do fósforo do aço líquido segue uma equação de equilíbrio mais complexa:

$$2P + 5\,FeO = P_2O_5 + 5Fe$$

Nesse caso, a escória deve ter uma porcentagem de 35% a 40% de CaO para que fixe o P_2O_5. O contato entre aço líquido e escória deve ser o mais intenso possível, daí a importância da forte agitação do aço por meio da insuflação de gases, podendo ser até mesmo o oxigênio, que trará o benefício adicional de aumentar o teor de FeO na escória.

Nesse equilíbrio, P e Fe estão dissolvidos no aço líquido e FeO e P_2O_5 estão na escória. Para se deslocar o equilíbrio para a direita (desfosforação), é necessário que haja muito FeO na escória (30% a 40% de preferência), condição facilmente obtida durante a fase de fusão, no forno elétrico a arco ou conversor a oxigênio, motivo pelo qual o processo é realizado na fase de fusão do aço.

A desfosforação é facilitada por temperaturas de processamento mais baixas, relativamente às temperaturas praticadas no refino secundário do aço líquido.

Em casos excepcionais, a desfosforação pode ser feita na panela, mas é imprescindível que a escória remanescente do processo seja totalmente removida antes da sequência das operações de refino, pois a escória se encontrará contaminada com fósforo e qualquer redução do teor de FeO na escória pode reverter o fósforo para o aço novamente.

10. DESSULFURAÇÃO

O equilíbrio que representa o processo de dessulfuração é o seguinte:

$$3\ CaO + 2\ Al + 3S = 3\ CaS + Al_2O_3$$

Analogamente aos equilíbrios já mostrados, Al e S encontram-se dissolvidos no aço líquido e CaO, CaS eAl_2O_3 encontram-se na escória. Como o enxofre ficará fixado na escória como CaS, um contato intenso entre o aço líquido e a escória é essencial, porém, nesse caso, a agitação na panela deverá ser feita por borbulhamento de gás inerte ou agitação eletromagnética, nunca por oxigênio, que levaria à formação de Al_2O_3, deslocando o equilíbrio para a esquerda, contra a dessulfuração.

O deslocamento do equilíbrio para a direita (dessulfuração) é obtido pela adição de alumínio no aço e por CaO na escória.

Uma variante do equilíbrio químico na dessulfuração pode ser representada por:

$$CaO + C + S = CaS + CO\ (\text{gás})$$

Esse equilíbrio explica a dessulfuração ocorrida em aços com alto carbono e a ocorrida sob vácuo, mesmo sem a presença significativa de alumínio no aço líquido.

11. DESGASEIFICAÇÃO

Quando o aço líquido solidifica, excesso de nitrogênio forma nitretos, como nitretos de silício, alumínio e cromo que, em muitos casos, são deletérios às propriedades mecânicas do aço sólido.

O excesso de hidrogênio, por sua vez, tende a formar hidrogênio gasoso, pois a solubilidade dele é praticamente zero no aço sólido. O hidrogênio gasoso, pelo pequeno tamanho de suas moléculas, tende a se movimentar na estrutura do aço sólido e difundir para a atmosfera. Em seções finas, o hidrogênio pode se difundir quase todo para a atmosfera, porém em seções maiores, o hidrogênio não se difunde totalmente e tende a se alojar em defeitos internos na estrutura do aço sólido. Se isso ocorrer e houver excesso de hidrogênio gasoso alojado, durante o trabalho mecânico a quente posterior no aço são formadas trincas finas e agrupadas abaixo da superfície. Para eliminar esses problemas, foram desenvolvidos processos de extração de gases dissolvidos no aço líquido.

Deve ser levado em conta também o fato de que o uso de desoxidantes leva à formação de produtos de desoxidação que afetam a limpeza do aço (inclusões). A desoxidação realizada pelo carbono produz o CO (gás) que, extraído do aço líquido, não prejudica a limpeza do aço, ou seja, é uma desoxidação limpa. A extração de CO (gás) passa a ser um dos objetivos do processo de extração de gases do aço líquido.

A remoção de gases do aço líquido segue as seguintes equações de equilíbrio:

$$2H = H_2 \text{ (gás)}$$
$$2N = N_2 \text{ (gás)}$$
$$C + O = CO \text{ (gás)}$$

Nessas equações, H e N representam o hidrogênio e o nitrogênio dissolvidos no aço líquido e H_2 e N_2 os representam em suas formas gasosas. Da mesma maneira como no caso da desoxidação ou descarburação com formação de CO gasoso, o equilíbrio químico não se dá entre o aço e a escória, mas entre o aço e a atmosfera, com o equilíbrio se deslocando para a direita com a redução dos teores de H_2 e N_2 na atmosfera, pela diluição constante destes em outros gases, muitas vezes gases inertes como o argônio (Ar) ou pela constante remoção dos gases gerados, caso do processamento sob vácuo.

Importante ressaltar que a remoção do nitrogênio é sempre muito mais difícil do que a remoção do hidrogênio. Enquanto até 70% do hidrogênio pode ser removido em um tratamento normal do aço sob vácuo, apenas 25% do nitrogênio pode ser removido sob o mesmo tratamento. São valores típicos obtidos após o processo de desgaseificação: H < 2 ppm; N < 20 ppm.

Diante dessa limitação, o nitrogênio deve ter sua absorção limitada na fase anterior do processamento do aço, ou seja, na fusão e no vazamento. A absorção se dá pelo contato com o nitrogênio do ar.

Um método eficiente para se evitar a absorção de nitrogênio durante essas fases de processamento é a insuflação de oxigênio durante a fusão, pois o vazamento do aço com grande quantidade de oxigênio dissolvido bloqueia os locais de absorção de nitrogênio, localizados na interface metal líquido-atmosfera.

A razão para tal comportamento é que o oxigênio é tensoativo no aço líquido, com a tendência a se acumular na superfície deste. Com o acúmulo de oxigênio na superfície, fica mais difícil absorver nitrogênio do ar (Figura 8.16).

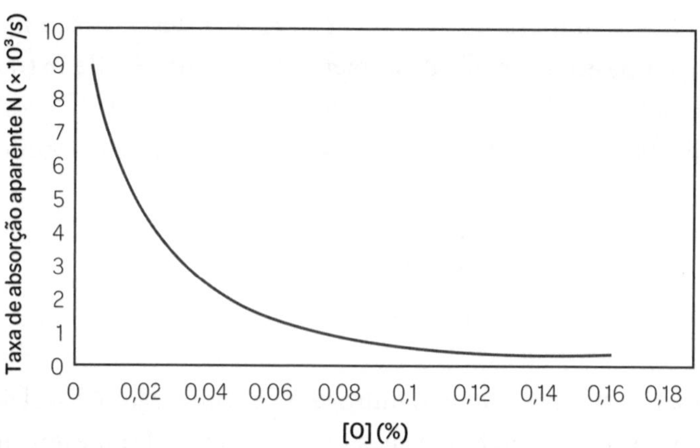

Figura 8.16 Taxa de absorção de nitrogênio em função do teor de oxigênio dissolvido no aço a 1550 °C.
Fonte: adaptada de [1].

De modo análogo ao do oxigênio, o enxofre também é tensoativo. Aços com altos teores de enxofre também absorvem menos nitrogênio do ar.

A presença de altos teores de oxigênio e enxofre no aço líquido dificulta a extração de gases pelos mesmos motivos que fazem tais elementos dificultarem a absorção de gases da atmosfera.

12. CONTROLE DE MORFOLOGIA DE INCLUSÕES

A existência de inclusões no aço é um fenômeno inevitável. Nos processos industriais de fabricação de aço, a existência de inclusões não metálicas é determinada pela própria termodinâmica e pela cinética das reações químicas tanto no aço líquido quanto no aço sólido. Uma quantidade típica oscila na faixa de 1010 a 1015 inclusões por tonelada de aço.

O conceito de “aço limpo”, por conta do número enorme de inclusões existente, é um item relativo e muitas vezes, vago. Na realidade, um aço “limpo” ou “sujo” depende do quanto suas inclusões contribuem para que ele atenda ou não às propriedades mecânicas esperadas – tenacidade, resistência ao impacto, resistência a fadiga e deformabilidade a quente.

A importância das inclusões na determinação das propriedades mecânicas finais do aço faz desse tema um objeto importante de estudos na metalurgia.

Um dos primeiros passos para se estudar as inclusões é classificá-las.

1. Principais tipos de inclusões quanto à composição química e morfologia:
   - Tipo A: oxissulfetos contendo Ca, Al, O e S distribuídos no interior da inclusão.
   - Tipo B: CaO-Al_2O_3 com um anel de CaS circundante.
   - Tipo C: CaO-Al_2O_3.
   - Tipo D: CaS [1].

2. Classificação das inclusões em termos de deformabilidade:
   - Al_2O_3 e aluminatos de cálcio não são deformáveis em qualquer temperatura de interesse siderúrgico.
   - Óxidos duplos do tipo espinélio (AO-B_2O_3), que não são deformáveis a temperaturas de trabalho a quente dos aços, porém são deformáveis acima de 1.200 °C.
   - Silicatos não deformáveis à temperatura ambiente e deformáveis em temperaturas mais altas, dependente de sua composição química.
   - FeO, MnO e $(Fe, Mn)O$, que são plásticos a temperatura ambiente, porém começam a perder plasticidade acima de 400 °C.
   - MnS, altamente deformáveis até 1.000 °C, porém não tanto acima de 1.000 °C.
   - Sílica pura, não deformável até 1.300 °C [1].

3. Classificação das inclusões em termos de tamanho:
   - Macroinclusões: podem causar fraturas inesperadas no aço; o tamanho crítico que define uma macroinclusão pode variar dependendo da resistência mecânica do aço. Em aços de alta resistência, uma macroinclusão pode ser definida por volta de 5 μm, enquanto para aplicações comuns, a macroinclusão é definida por volta de 500 μm.
   - Microinclusões: sua presença pode ser tolerada por não provocar efeitos deletérios e, em alguns casos, provocar efeitos benéficos (refino de grão, aumento do limite de escoamento e resistência ou servir de núcleos para a precipitação de carbonetos e nitretos) [1].

Os efeitos das inclusões nas propriedades dos aços podem ser resumidos em:

- Propriedades de resistência ao impacto são influenciadas negativamente tanto pela fração volumétrica de inclusões no aço quanto pelo formato destas (quanto mais próximo do formato esférico, melhor). Inclusões frágeis ou que tenham pequena aderência à matriz metálica quebram antes ou formam vazios na interface inclusão/metal durante a deformação do aço.
- A resistência à fadiga depende da fração volumétrica de inclusões localizadas na superfície ou logo abaixo dela. Quanto maior a fração volumétrica, menor a resistência.
- A deformabilidade a quente do aço é afetada pela fragilidade das inclusões nas temperaturas de processamento.
- Inclusões alongadas ou alinhadas em uma dada direção no aço provocam um fenômeno chamado anisotropia, isto é, propriedades mecânicas distintas, dependendo da direção da tomada da amostra no aço.
- Macroinclusões de sulfetos são desejáveis para melhores resultados na usinabilidade dos aços [1].

Nem todas as inclusões formadas dentro do aço podem ser absorvidas pela escória. Algumas podem mesmo ser formadas próximo ao momento da solidificação do aço, quando qualquer movimento amplo de massa já está bem está restrito.

Para que as inclusões remanescentes no aço sólido sejam neutralizadas, é necessário um processo de alteração de morfologia de inclusões. Uma das mais comuns visa tornar inclusões duras e angulosas de alumina em inclusões de cantos arredondados de aluminato de cálcio ($12\ CaO.7Al_2O_3$), que apresenta comportamento muito melhor durante a conformação mecânica posterior do aço. Tal alteração é obtida pela adição de CaSi no aço líquido já desoxidado.

A formação de aluminato de cálcio também é importante para neutralizar o efeito negativo das inclusões de sulfeto de manganês (MnS), cuja característica é o alongamento durante a laminação, criando linhas de fragilidade no aço e anisotropia de propriedades mecânicas. O tratamento do aço desoxidado por CaSi forma o já citado aluminato 12 $CaO.7Al_2O_3$, que atua como base para a precipitação de MnS e CaS (sulfeto de cálcio), eliminando as linhas de fragilidade após laminação, pelo formato arredondado da inclusão complexa resultante (Figura 8.17).

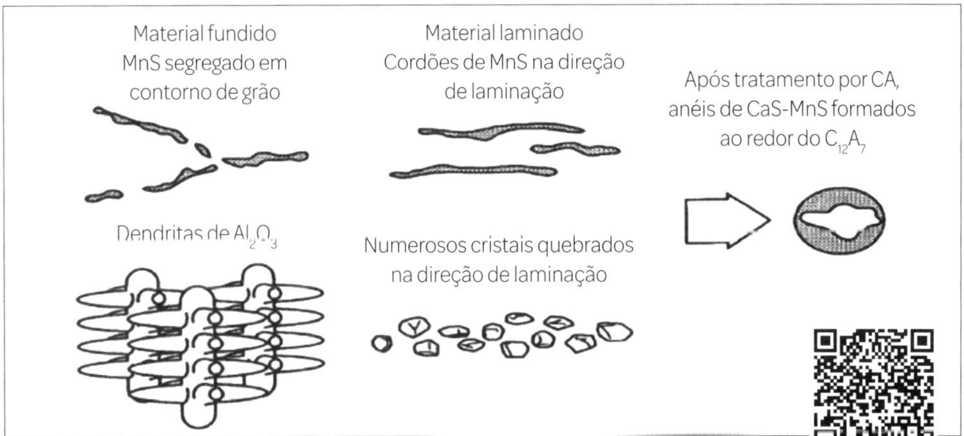

Figura 8.17 Inclusões típicas e seus formatos no aço lingotado e laminado.
Fonte: Google Researchgate.net.

A adição de CaSi no aço líquido para formação de aluminato de cálcio também é útil no processo de lingotamento contínuo, onde é comum haver problemas de entupimento das válvulas de controle de fluxo do aço por precipitação de alumina. O aluminato de cálcio formado é líquido na temperatura de solidificação do aço, impedindo seu depósito nas válvulas e, consequentemente, entupindo-as.

Durante o refino secundário do aço, a população de inclusões está em constante modificação. Logo após a desoxidação por alumínio, as inclusões são majoritariamente compostas de Al_2O_3, partículas sólidas que podem ser flotadas e absorvidas pela escória na panela.

Durante o processamento do aço, o desgaste do refratário da panela enriquece tanto a escória quanto o aço líquido com MgO. Esse enriquecimento de MgO no sistema implica no progressivo aumento de inclusões compostas de espinélios sólidos ($MgO.Al_2O_3$). Quanto mais redutora a escória e maior a agitação do aço líquido, maior a probabilidade de desgaste de refratário e, consequentemente, maior o aporte de MgO no sistema. Notar que escória redutora e grande agitação do banho metálico são características do processo de dessulfuração.

Após a adição de CaSi, aumenta-se o teor global de CaO no sistema escória + aço líquido, deslocando-se boa parte das composições das inclusões para a formação de sistemas Al_2O_3-CaO-MgO na região em que as inclusões são líquidas nas temperaturas de refino do aço. Daí se conclui que os espinélios sólidos podem ser modificados para inclusões de Al_2O_3-CaO-MgO líquidas que não causam entupimento das válvulas no lingotamento contínuo pelo tratamento por CaSi [7].

13. INSTALAÇÕES PARA REFINO SECUNDÁRIO DO AÇO

Para cada um dos processos de refino secundário do aço anteriormente descritos, existem diversas instalações que podem ser utilizadas. A escolha do tipo de instalação depende das necessidades específicas de refino para cada tipo de aço, da produtividade desejada, do volume de aço a ser processado e do valor do investimento que se pode fazer e seu retorno.

Cada instalação permite que se submeta o aço líquido a alguns processos anteriormente descritos (Tabela 8.9).

Tabela 8.9 Comparação entre várias instalações de refino secundário em relação aos processos metalúrgicos possíveis em cada um

Processos	Forno panela	Tanque de vácuo	ASEA-SKF	VAD	VOD	AOD	DH	RH	CAS-OB
Desoxidação	✓	✓	✓	✓	✓	✓	✓	✓	✓
Descarburação		✓	✓	✓	✓	✓	✓	✓	
Desidrogenização		✓	✓	✓	✓	✓	✓	✓	
Dessulfuração	✓	✓	✓	✓	✓	✓	✓	✓	✓
Aquecimento	✓		✓	✓	✓	✓			✓
Ajuste de composição	✓	✓	✓	✓	✓	✓	✓	✓	✓
Limpeza do aço	✓	✓	✓	✓	✓	✓	✓	✓	✓

Fonte: adaptada de [8].

A seguir, tem-se uma breve descrição das principais instalações e os processos que cada uma permite realizar.

13.1 Forno panela

O forno panela é a mais popular instalação para refino secundário dos aços. O reduzido investimento necessário tornou o forno panela quase que uma instalação obrigatória para a fabricação de aços, pois, além de permitir que grande parte dos processos de refino secundário fossem realizados com mais flexibilidade, liberou as instalações de fusão para se dedicarem apenas a fundir e elaborar o aço bruto com a maior eficiência possível (Figuras 8.18 e 8.19).

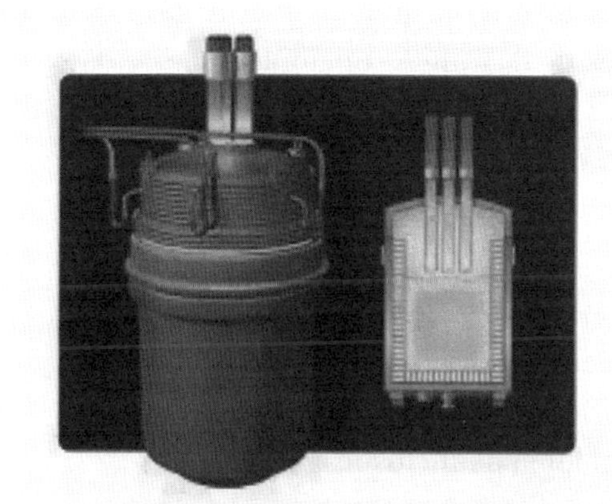

Figura 8.18 Corte transversal de um forno panela.
Fonte: adaptada de Google Imagens.

Figura 8.19 Forno panela em operação: observam-se a panela, a abóbada e os eletrodos.
Fonte: cedida por Danieli Equipamentos Siderúrgicos.

Equipamentos:

- Transformador.
- Circuito elétrico.
- Braços condutores para suporte dos eletrodos de grafite.
- Eletrodos de grafite.
- Abóbada de cobertura.
- Sistema de exaustão de fumos.
- Conexões para permitir o borbulhamento de gás inerte pelo fundo da panela.
- Adição automática de ferroligas (opcional).
- Tomada automática de temperatura e amostras (opcional).
- Máquina de injeção de arames (opcional).

Processos:

- Controle de temperatura.
- Acerto de composição química.
- Controle de morfologia de inclusões.
- Desoxidação.
- Dessulfuração.

13.2 Tanque de vácuo

Nessa instalação, a panela é posicionada dentro de um tanque, que tem sua pressão reduzida para permitir que alguns processos dependentes do equilíbrio aço líquido/atmosfera sejam levados a cabo com maior eficiência ou mesmo viabilizados (Figura 8.20).

Equipamentos:

- Bombas de vácuo.
- Injetores de vácuo.
- Dutos.
- Câmara de vácuo.
- Medidores de pressão.
- Sistema de exaustão de fumos.
- Conexões para permitir o borbulhamento de gás inerte pelo fundo da panela.
- Adição de ferroligas sob vácuo (opcional).

Processos:

- Desgaseificação.
- Desoxidação.
- Dessulfuração.
- Descarburação (em condições específicas).
- Acerto de composição química (pequenas quantidades de adições de ferroligas).

Figura 8.20 Tanque de vácuo. Pode-se observar a panela dentro do tanque e a tampa a ser fechada para permitir a criação de vácuo dentro do equipamento.

Fonte: Foto cedida pela Danieli equipamentos siderúrgicos.

13.3 ASEA-SKF

O equipamento ASEA-SKF (nome derivado do fabricante de equipamentos elétricos ASEA e fabricante de rolamentos SKF, ambos suecos, hoje com a ABB como sucessora) possui duas estações, uma de aquecimento (similar a um forno panela comum) e outra de vácuo, que não utiliza uma câmara onde a panela é posicionada. mas apenas uma campânula sobre a panela, economizando instalações e minimizando os pontos de possíveis vazamentos de pressão. A agitação do aço líquido por campo magnético também é uma característica dessa instalação. Ela permite obter os mesmos resultados que são conseguidos utilizando-se um forno panela e um tanque de vácuo.

Equipamentos:

- Transformador.
- Circuito elétrico.
- Braços condutores para suporte dos eletrodos de grafite.
- Eletrodos de grafite.
- Abóbada de cobertura para a estação de aquecimento.
- Sistema de exaustão de fumos.
- Bobinas para agitação eletromagnética.
- Bombas de vácuo.
- Injetores de vácuo.
- Dutos.
- Campânula para vácuo.
- Medidores de pressão.
- Adição de ferroligas sob vácuo (opcional).
- Adição automática de ferroligas (opcional).
- Tomada automática de temperatura e amostras (opcional).
- Máquina de injeção de arames (opcional).

Processos:

- Controle de temperatura.
- Acerto de composição química.
- Controle de morfologia de inclusões.
- Desoxidação.
- Dessulfuração.
- Desgaseificação.
- Descarburação (em condições específicas).

13.4 VAD

A instalação VAD (*vacuum arc degassing*), também conhecida como Finkl-Mohr, traz em uma única posição as instalações de aquecimento e vácuo. Não se trata de uma instalação muito popular dada a complexidade associada com o uso de eletrodos de grafite dentro de um tanque de vácuo.

Equipamentos:

- Transformador.
- Circuito elétrico.
- Braços condutores para suporte dos eletrodos de grafite.
- Eletrodos de grafite.
- Abóbada de cobertura posicionada sobre a panela.
- Sistema de exaustão de fumos.
- Conexões para permitir o borbulhamento de gás inerte pelo fundo da panela.
- Bombas de vácuo.
- Injetores de vácuo.
- Dutos.
- Câmara de vácuo.
- Medidores de pressão.
- Adição de ferroligas sob vácuo.
- Tomada automática de temperatura e amostras (opcional).

Processos:

- Controle de temperatura.
- Acerto de composição química.
- Controle de morfologia de inclusões.
- Desoxidação.
- Dessulfuração.
- Desgaseificação.
- Descarburação (em condições específicas).

13.5 VOD

A instalação VOD (*vacuum oxygen decarburization*) é utilizada principalmente para a fabricação de aços inoxidáveis, pois a entrada de cromo por meio de ferro cromo de alto teor de carbono é a mais econômica, porém traz a necessidade de uma descarburação sob vácuo para se evitar a perda do cromo adicionado por oxidação (o equilíbrio C + O = CO gás é deslocado para a direita sob vácuo). Trata-se de um tanque de vácuo com uma lança para injeção supersônica de oxigênio em presença de baixa pressão. Normalmente é utilizado em conjunto com um forno panela, embora a oxidação do carbono gere uma quantidade apreciável de calor durante o processo.

Equipamentos:

- Bombas de vácuo.
- Injetores de vácuo.
- Dutos.
- Câmara de vácuo.
- Medidores de pressão.
- Adição de ferroligas sob vácuo.
- Tomada automática de temperatura e amostras (opcional).
- Sistema de exaustão de fumos.
- Conexões para permitir o borbulhamento de gás inerte pelo fundo da panela.
- Lança para injeção supersônica de oxigênio.
- Sensores de CO/CO_2 nos dutos de exaustão de gases para monitoramento do processo de descarburação.

Processos:

- Controle de temperatura (aquecimento químico).
- Acerto de composição química.
- Desoxidação.
- Dessulfuração.
- Desgaseificação.
- Descarburação.

13.6 AOD

A instalação AOD (*argon oxygen decarburization*) também é utilizada, como o VOD, para a fabricação de aços inoxidáveis. Da mesma maneira, a necessidade de remoção de carbono após a entrada do ferro cromo com alto teor de carbono exige que o equilíbrio C + O = CO (gás) seja deslocado para a direita. Com a instalação AOD, a redução da pressão parcial de CO não é feita utilizando-se o vácuo, mas sim pela diluição dos gases gerados em gás inerte (argônio). O resultado é o mesmo, porém a instalação AOD é muito mais produtiva do que o VOD.

Essa instalação não necessita de panela, tem o formato de um conversor e o argônio é injetado pelo fundo por meio de lanças com tubos capilares, chamadas de tuyeres. O oxigênio é injetado por cima, como em um conversor de fusão de aço (Figura 8.21).

Figura 8.21 Instalação AOD em operação.
Fonte: adaptada de Google Imagens.

Equipamentos:

- Conversor.
- Tuyeres para injeção de argônio.
- Sistema de exaustão de fumos.
- Lança para injeção supersônica de oxigênio.
- Sensores de CO/CO_2 nos dutos de exaustão de gases para monitoramento do processo de descarburação.

Processos:

- Controle de temperatura (aquecimento químico).
- Acerto de composição química.
- Desoxidação.
- Dessulfuração.
- Descarburação.

13.7 RH

A instalação RH (Ruhrstahl–Heraeus) é bastante similar à DH, com a característica de manter o contato entre o vaso e o aço na panela por meio de dois canais de comunicação. O borbulhamento de gás inerte (argônio) por um dos canais provoca um movimento contínuo de aço para dentro do vaso, o que permite um tratamento mais homogêneo (Figura 8.22).

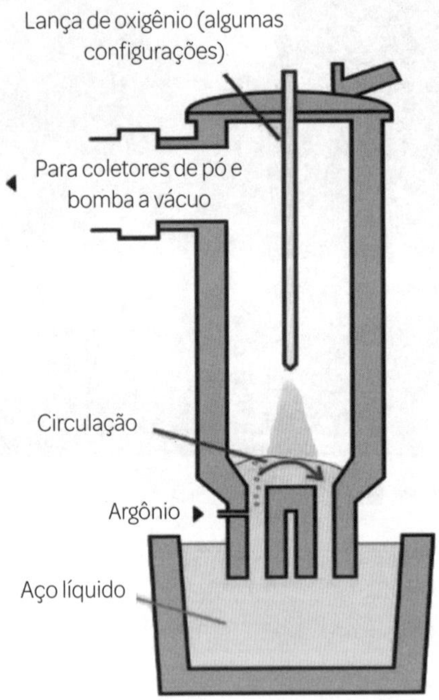

Figura 8.22 Corte transversal de uma instalação RH.
Fonte: adaptada de Google Imagens.

Equipamentos:

- Bombas de vácuo.
- Injetores de vácuo.
- Dutos, sendo um deles com borbulhamento de argônio.
- Vaso de vácuo.
- Sistema de movimentação do vaso.

- Medidores de pressão.
- Sistema de exaustão de fumos.
- Adição de ferro ligas sob vácuo (opcional).

Processos:

- Desgaseificação.
- Desoxidação.
- Dessulfuração.
- Descarburação (em condições específicas – no processo RH-OB).
- Acerto de composição química (pequenas quantidades de adições de ferroligas).

13.8 CAS-OB

A Nippon Steel Corporation desenvolveu o processo CAS (*composition adjustments by sealed argon bubbling*). Com uma instalação adicional de injeção de oxigênio (*oxygen blowing*), ficou conhecido como processo CAS-OB. Tem sido considerado uma alternativa de baixo custo de investimento ao forno panela, pois tal instalação não envolve arranjos elaborados relacionados com os sistemas elétricos, o aquecimento do banho líquido se faz pela oxidação controlada do alumínio pela injeção de oxigênio. A campânula de refratário de alta alumina tem uma vida de aproximadamente 60 corridas. Desoxidantes e outros elementos de liga são adicionados através da campânula, protegidos por uma atmosfera de argônio [1] (Figura 8.23).

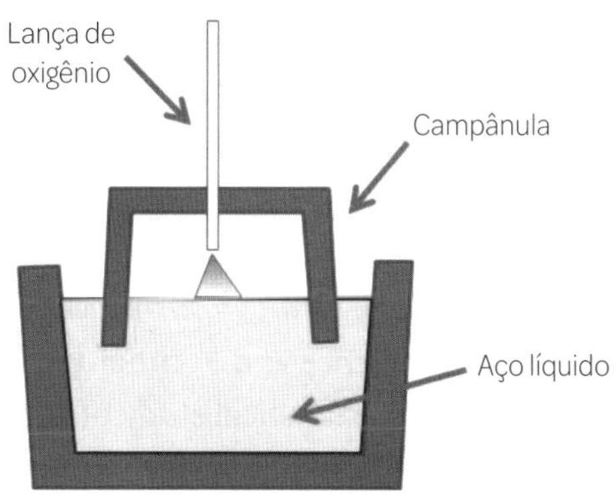

Figura 8.23 Corte transversal de uma instalação CAS-OB.
Fonte: desenho do autor.

Equipamentos:

- Campânula de cobertura.
- Lança de injeção de oxigênio.
- Sistema de exaustão de fumos.
- Conexões para permitir o borbulhamento de gás inerte pelo fundo da panela.
- Adição automática de alumínio e ferroligas.
- Tomada automática de temperatura e amostras (opcional).
- Máquina de injeção de arames (opcional).

Processos:

- Controle de temperatura.
- Acerto de composição química.
- Controle de morfologia de inclusões.
- Desoxidação.
- Dessulfuração.

REFERÊNCIAS

1. GHOSH, A. *Secondary steelmaking principles and applications*. CRC Press, 2001.
2. ZHANG, L. *et al.* Evaluation and control of steel cleanliness/review. *85th Steelmaking Conference Proceedings, ISS-AIME*, Warrendale, p. 431-452, 2002.
3. O'MALLEY, R. J. *Inclusion evolution and removal in ladle refining*. Nashville, 2017, p. 20.
4. POIRIER, J. A review: influence of refractories on steel quality. *Metallurgical Research & Technology*, v. 112, n. 410, p. 1-20, 2015.
5. WCISŁO, Z.; MICHALISZYN, A.; BAKA, A. Role of slag in the steel refining process in the ladle. *Journal of Achievements in Materials and Manufacturing Engineering*, v. 55, issue 2, p. 390-395, 2012.
6. WEBBER, D. S. *Alloy dissolution in argon stirred steel. s.l.*, MO, USA: Dissertation. Missouri University of Science and Technology, 2011.
7. ADABA, O. *et al.* An SEM/EDS statistical study of the effect of mini-mill practices on the inclusion population in liquid steel. *9th International Conference and Exhibition on Clean Steel*, Budapest, v. p. 11, 2015.
8. IWASAKI, M.; MATSUO, M. Change and development of steelmaking technology. *Nippon Steel Technical Report*, n. 101, p. 89-94, 2012.

BIBLIOGRAFIA

WCAMDALI, U.; TUNC, M. Steady state heat transfer of ladle furnace during steel production process. *Journal of Iron and Steel Research International*, v. 13, n. 3, p. 18-20, 2006.

JARVINEN, M. et al. A novel approach for numerical modelling of the CAS-OB process: process model for the heat-up stage. *ISIJ International*, n. 10, p. 2263-2272, 2014.

PANDE, M. M. et al. Ferroalloy quality and steel cleanliness. *Ironmaking & teelmaking*, v. 37, n. 7, p. 502-511, 2010.

SOCHA, L. *et al.* Evaluation of influence of briquetted synthetic slags on slag regime and process of steel desulphurization. *Archives of Metallurgy and Materials*, v. 59, issue 2, p. 809-813, 2014.

YANG, W. *et al.* Cleanliness of low carbon aluminium-killed steels during secondary refining processes. Steel Research International, v. 84, n. 5, p. 473-489, 2012.

YANG, W. et al. Characteristics of inclusions in low carbon al-killed steel during ladle furnace refining and calcium treatment. *ISIJ International*, v. 53, n. 8, p. 1401-1410, 2013.

CAPÍTULO 9
Lingotamento contínuo do aço

Rubens José Faco

1. INTRODUÇÃO

Este capítulo discute o processo de solidificação do aço via lingotamento contínuo. Trata-se de processo relativamente novo, com pouco mais de 70 anos, que a cada ano vem incorporando tecnologias e facilidades que possam torná-lo cada vez mais competitivo, para clientes cada vez mais exigentes em custo, qualidade e que buscam novos produtos que sejam capazes de fazer frente aos desafios do mercado e de sua concorrência maior com os produtos não metálicos e não ferrosos (por exemplo, alumínio e plástico).

O processo de lingotamento contínuo do aço e suas ligas é o último estágio em aciaria em que se trabalha com metal ainda no estado líquido. Tem como missão solidificar o aço, em uma forma desejável, de tal maneira que possa ser utilizado nas etapas seguintes da cadeia produtiva da siderurgia.

Durante o último quarto do século XX, o método tradicional de converter aço líquido em sólido mudou drasticamente [1]. O método tradicional, conhecido como lingotamento convencional, consistia em colocar o aço líquido, depois de pronto (a palavra pronto aqui significa que a composição química está dentro das faixas desejadas pelo cliente e a temperatura do aço líquido é homogênea no interior da panela), em moldes individuais, onde eram resfriados até sua completa solidificação. O resultado era um produto denominado lingote, que seria por sua vez aquecido e laminado na forma de placas, tarugos ou perfis, conforme o projeto de cada instalação.

Cada lingote possuía uma forma independente. A quantidade de lingotes dependia da capacidade de aço líquido que cabia na panela e do tamanho das lingoteiras. Após o enchimento das chamadas lingoteiras (formas elaboradas em ferro fundido que recebiam o aço líquido), tinha início a solidificação, que se dava pela troca de calor com as paredes da lingoteira e, na sua parte superior, com o meio ambiente. Após algumas horas, a solidificação se completava e o vagão ferroviário com as lingoteiras e os lingotes era levado para próxima etapa do processo denominada estripamento. Nessa etapa, as lingoteiras eram removidas (Figura 9.1). Utilizava-se uma ponte rolante especial, dotada de uma espécie de "pinça" gigante, que removia a lingoteira do lingote solidificado, deixando livre o lingote sólido. Em seguida, os lingotes eram conduzidos para a etapa seguinte do processo, os chamados fornos-poço, onde seriam aquecidos para posteriormente serem transformados em produtos laminados denominados placa, bloco ou uma outra forma final desejada.

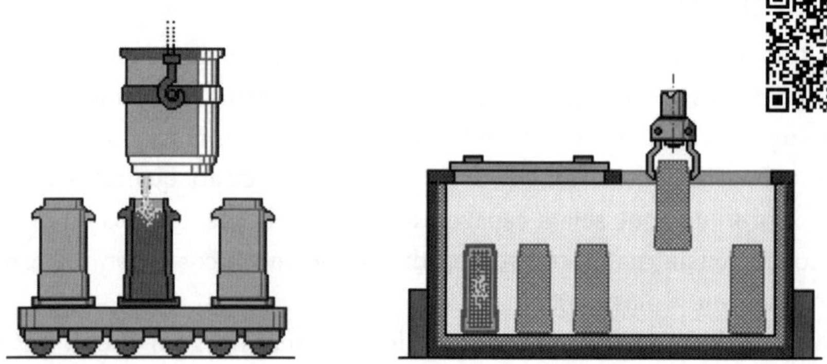

Figura 9.1 O processo de solidificação de aço por meio do lingotamento convencional.
Fonte: Autor.

Desse modo, obtia-se um "produto" intermediário, que precisaria ainda de passar por etapas posteriores de transformação, até atingir uma forma final capaz de atender o mercado consumidor.

A concepção inicial do projeto de lingotamento contínuo do metal surgiu na metade do século XIX, concebida por G. E. Sellers (1840), J. Laing (1843) e Henry Bessemer (1846), que somente puderam aplicá-la no lingotamento de metais não ferrosos, com baixo ponto de fusão. O aço ainda era um desafio, pois as temperaturas de trabalho eram altas e o material de baixa condutividade térmica. A patente sobre o lingotamento contínuo de aço de Bessemer é de 1846 [1].

R.M. Daelen, em 1887, propôs a possibilidade de solidificar o aço usando água de resfriamento no molde, abrindo o topo e a base. Ele idealizou um processo no qual um jato de aço líquido era lançado verticalmente dentro de um molde aberto passando por um sistema de resfriamento, que ainda removia a peça formada por meio de rolos, para finalmente ser cortado por um dispositivo de corte. Consideráveis problemas decorreram do agarramento da pele solidificada do aço no molde, com o resfriamento da parede do molde com água [1].

Em 1933, Siegfried Junghans patenteou um sistema de oscilação do molde, levando o processo a ser utilizado em larga escala. Por esse motivo, Junghans é considerado o pai das modernas máquinas de lingotamento contínuo [1]. Após a Segunda Guerra Mundial, uma planta piloto iniciou a produção contínua de aço; a primeira máquina construída foi uma máquina vertical instalada em 1946 na Inglaterra para produção de tarugo. A partir daí, uma série de outras máquinas iniciaram a produção, sendo que cada uma delas apresentava inovações que impulsionavam ainda mais o processo, tornando-o atraente e competitivo em relação ao processo convencional [1].

No Brasil, o processo de lingotamento contínuo foi introduzido pela Companhia Riograndense em 1960, com uma máquina de tarugos de dois veios, seguida pela siderúrgica Dedini, em 1968, com máquina de tarugos de três veios [2].

A partir de 1972, cresceu o número de máquinas de lingotamento contínuo no Brasil. Em 1976, a Usiminas iniciou a produção de placas, com a instalação de duas máquinas de lingotamento com dois veios cada, seguida pela CSN, Acesita, Cosipa e CST.

A Figura 9.2 apresenta o fluxo de produção do aço utilizando lingotamento convencional, comparativamente com o fluxo de produção utilizando o lingotamento contínuo. Verifica se a vantagem óbvia da introdução do processo de lingotamento contínuo em aciaria, a substituição de um processo de baixa produtividade, composto por várias etapas até chegar ao produto placa/tarugo/bloco, por outro mais rápido, versátil e de alta produtividade.

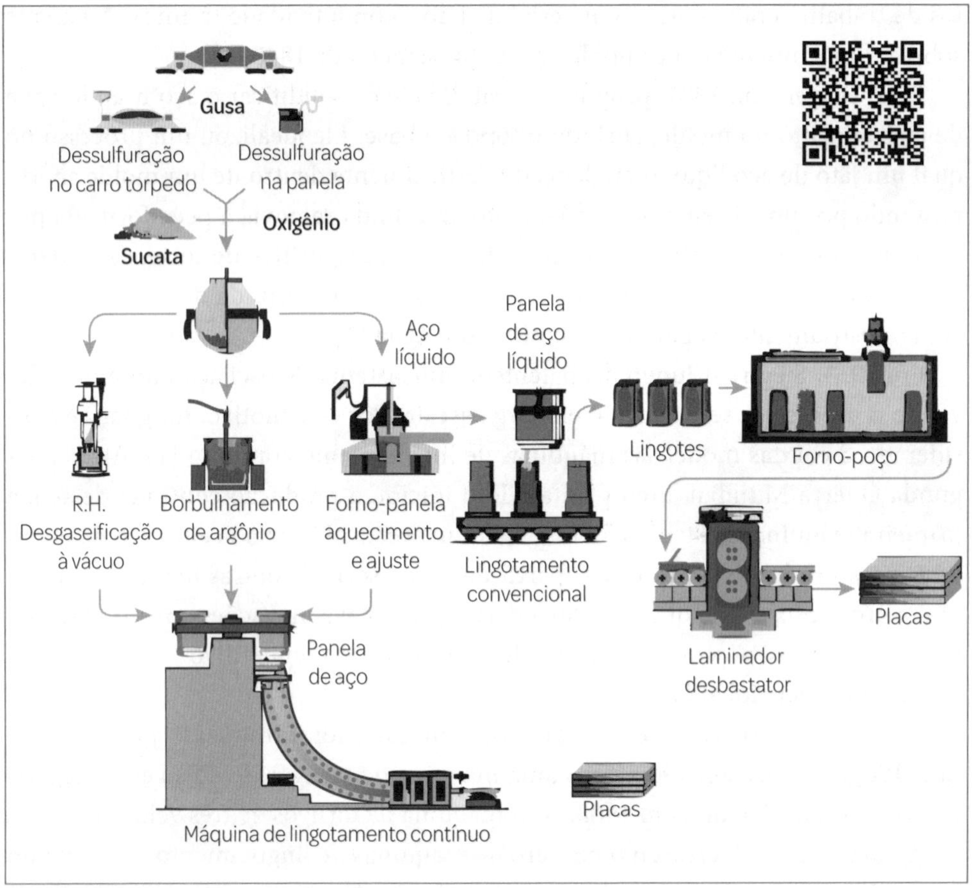

Figura 9.2 Comparação entre o fluxo de produção de aço com lingotamento convencional e com lingotamento contínuo.
Fonte: adaptado de [3].

2. TIPOS DE MÁQUINA DE LINGOTAMENTO CONTÍNUO

A Figura 9.3 apresenta os tipos de máquinas de lingotamento contínuo encontrados nas instalações produtoras de aço, desde o período inicial de criação das primeiras máquinas até os dias atuais [4].

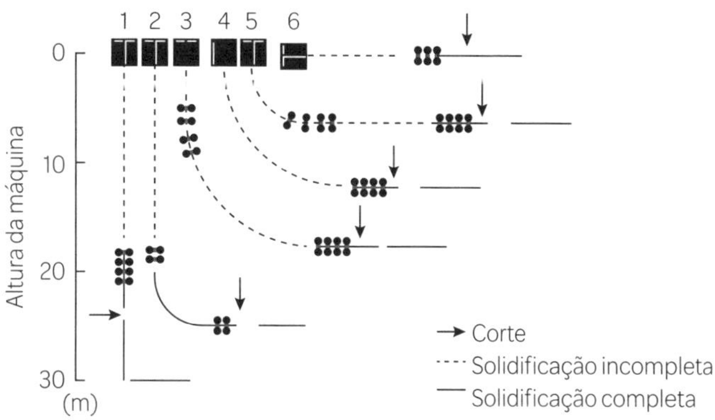

1. Máquina vertical
2. Máquina de molde reto vertical: curva da área saída: endireitamento do produto sólido
3. Máquina de molde curvo vertical: curva da área saída: endireitamento do produto parcialmente líquido
4. Máquina de molde curvo: área de saída horizontal
5. Máquina de molde curvo: endireitamento gradual
6. Máquina horizontal

Figura 9.3 Tipos de máquinas de lingotamento contínuo.
Fonte: adaptado de [5].

A Figura 9.4, apresenta exemplos de produtos produzidos por máquinas de lingotamento contínuo. A Tabela 9.1 fornece suas dimensões típicas. O comprimento de cada produto varia conforme o projeto do forno de reaquecimento existente na linha de laminação e as limitações impostas pelo projeto da máquina. Porém, valores aproximados situam-se na faixa de 2.200 a 12.000 mm.

Figura 9.4 Perfil dos produtos obtidos por lingotamento contínuo.
Fonte: acervo do autor.

Tabela 9.1 Exemplo de dimensões produzidas em máquinas de lingotamento contínuo

Produtos e dimensões lingotados (mm)			
Placa	Tarugo	Bloco	Redondos
210 × 800 -2.000	100 × 100	250 × 250	Ø175
250 × 1.200 -2.200	150 × 150	300 × 400	Ø220
300 × 1.500 -1.900			

3. DESCRIÇÃO DO PROCESSO DE LINGOTAMENTO CONTÍNUO

Um esquema de máquina de lingotamento contínuo pode ser observado na Figura 9.5; com exceção das máquinas horizontais, esse esquema é típico das principais instalações industriais.

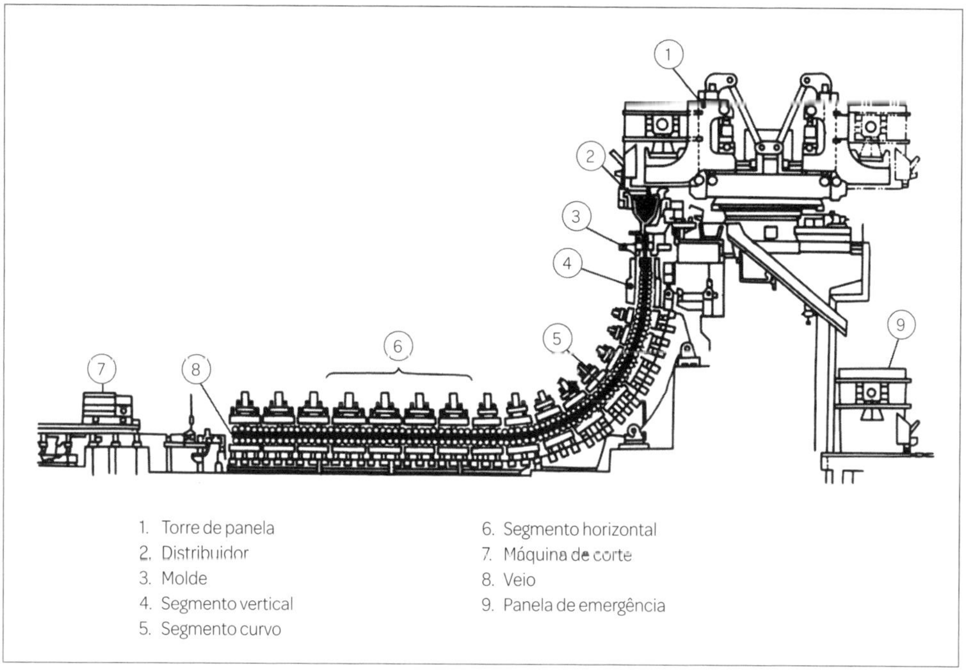

Figura 9.5 Esquema de máquina de lingotamento contínuo.
Fonte: adaptado de [6].

O princípio básico do processo de solidificação do aço utilizando uma máquina de lingotamento contínuo compreende o vazamento do aço líquido verticalmente a partir de uma panela, que está depositada em uma torre de panela (item 1, Figura 9.5) a caminho de um distribuidor (item 2, Figura 9.5) para dentro de um molde (item 3, Figura 9.5) de cobre refrigerado, aberto no topo e na base, conforme demonstrado pela Figura 9.6.

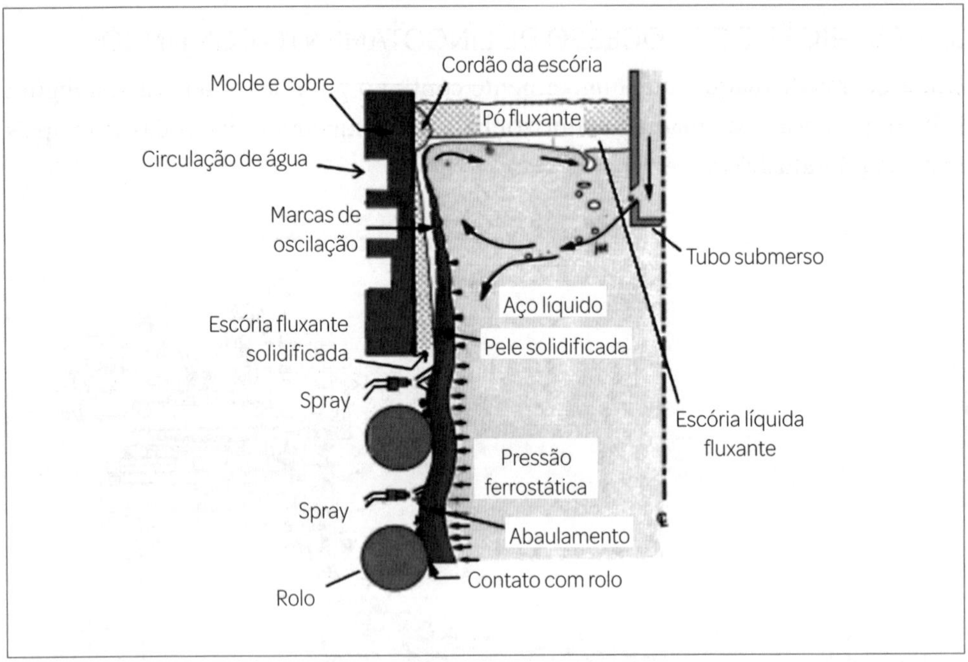

Figura 9.6 Formação da pele solidificada.
Fonte: adaptada de [6].

O calor é extraído do aço líquido e transportado através da parede do molde, por onde circula água, solidificando imediatamente o aço em contato com o molde, formando uma pele solidificada (Figura 9.6). Levado pelo movimento de extração da máquina, o invólucro formado pela pele aumentará em espessura. Durante esse estágio, dois princípios são fundamentais para garantir o sucesso do processo, a saber:

1. O movimento de oscilação do molde: o molde oscila, alternando movimentos de subida e descida. Esses movimentos são ajustados por meio de dois parâmetros denominados curso e frequência. Curso é a distância em milímetros percorrida pelo molde no movimento de subida e descida, e frequência é o número de ciclos por minuto (cpm) com que o molde se desloca na vertical. O ajuste desses dois parâmetros definirá o poder de lubrificação do molde sobre o aço que está sendo lingotado, denominado tempo de estripamento negativo, isto é, o tempo em que a velocidade de descida do molde é mais rápida que a velocidade de extração da pele solidificada. Esse tempo deve ser maior que 0,2 segundos, para que não haja aderência da pele formada sobre a superfície do molde.

2. A lubrificação da pele solidificada: em qualquer processo de lingotamento contínuo (placa, bloco, tarugo), um lubrificante é necessário para a aderência da pele formada sobre a superfície do molde. No caso de lingotamento de placas e blocos, o lubrificante utilizado é denominado fluxante. No caso de tarugos, algumas instalações podem utilizar óleo de colza ou pó fluxante. No estado líquido, o lubrificante (fluxante, óleo de colza) deve passar pelo vazio formado entre a pele solidificada e o molde, conforme indicado na Figura 9.6.

A pele sólida é suficientemente forte para conter o aço líquido. Ela deixa o molde, formando uma espécie de bolsa (ou invólucro), contento em seu interior aço líquido, que será solidificado posteriormente na máquina de lingotamento. A pele formada continua a aumentar em espessura e passa a sofrer a ação da força criada pela coluna de aço à medida que deixa o molde. Sob a ação dessa força, a pele solidificada tende a expandir, provocando um fenômeno denominado abaulamento (ver Figura 9.6). Nessa fase, a pele solidificada irá encontrar um sistema de suporte de pares de rolos, que a manterá pressionada, impedindo sua expansão.

Para que a solidificação avance, após o material deixar o molde, o resfriamento é feito por um conjunto de chuveiros de água (*sprays*), distribuídos uniformemente ao longo da extensão da máquina, por entre os pares de rolos. O avanço da solidificação significa que ocorre um aumento gradativo da espessura da pele, até que se complete toda a solidificação do aço líquido existente no interior do invólucro.

A condução do veio por entre os pares de rolos existentes na máquina continua até a parte final do equipamento, onde está posicionado o último par de rolos, fixado em sua estrutura. Nesse ponto da máquina, toda a solidificação do veio obrigatoriamente deverá ter ocorrido.

Em toda a extensão da máquina, tem-se a formação de uma placa de grande comprimento em peça única, equivalente à altura do nível de aço no molde até a máquina de corte, podendo chegar a aproximadamente 50 m, dependendo do projeto de cada equipamento. Essa placa gigante, denominada veio, será então seccionada em comprimentos definidos, conforme a aplicação final do produto.

Depois de cortados, placas, blocos e tarugos são devidamente identificados, conforme critérios específicos adotados por cada fábrica. Seguem o fluxo de produção indicado para cada tipo de aço produzido pela máquina. Podem, em situações especiais definidas pelo fabricante de aço, ser levados diretamente para a linha de laminação, sem a necessidade de uma inspeção prévia. Ou então, como normalmente acontece, são resfriados até a temperatura ambiente, para em seguida sofrer inspeção segundo padrão próprio de cada usina.

4. PRINCIPAIS COMPONENTES DE UMA MÁQUINA DE LINGOTAMENTO CONTÍNUO

4.1 Torre de panela

É o maior componente mecânico de uma máquina de lingotamento contínuo (Figura 9.7). Torre de panela é uma grande estrutura metálica que permite a transferência da panela contendo o aço líquido tratado (ou seja, o aço homogêneo em termos de composição química e temperatura), proveniente da ala de refino secundário, para a ala de lingotamento. Essa transferência se dá pelo giro da torre, em um percurso de 180° (algumas máquinas podem receber a panela a 90°, dependendo do projeto). O movimento de giro é realizado por força hidráulica capaz de suportar até 2 panelas cheias de aço líquido em cada um de seus braços (a capacidade da torre de panela varia em função do projeto de cada máquina). Esses equipamentos são dotados de sistemas de levantamento e abaixamento de panelas e de pesagem; algumas delas contêm tampas instaladas em sua estrutura para evitar a perda de temperatura do aço líquido.

A operação consiste na deposição de uma panela carregada com aço líquido em seu interior em um dos braços da torre de panela. Nesse momento, o braço da torre está na posição baixa. A panela é coberta com a tampa pelo movimento de giro, até a cobertura completa da parte superior da panela. Mangueiras hidráulicas são conectadas na base da panela, no sistema que controlará o fluxo de aço líquido. Essa energia hidráulica fornecida ao sistema de válvula gaveta permite o movimento de abertura e fechamento, controlando, assim, todo aço que deixa da panela por gravidade.

Outros sistemas instalados na panela, como o sistema de detecção de escória, são também conectados. Após todas as conexões realizadas, a panela é erguida na posição mais elevada para que, durante o giro, não ocorra colisão dela com estruturas instaladas ao redor da torre (por exemplo distribuidor, carro distribuidor).

A panela é então girada e colocada sobre o distribuidor. Uma peça refratária em forma de tubo é conectada na parte inferior da panela para condução do aço líquido (será detalhado adiante). Os procedimentos operacionais e de segurança são checados e, se não indicarem inconformidades, é então acionada a abertura da válvula gaveta da panela. Por gravidade, o aço deixa a panela e dá o início ao escoamento da corrida em direção ao distribuidor. Ao mesmo tempo, a panela é baixada até um limite determinado, próximo do distribuidor.

Figura 9.7 Torre de panela utilizada em máquina de lingotamento contínuo.
Fonte: Autor.

Outra panela será depositada no lado oposto do braço da torre de panela. Quando todo o aço terminar na primeira panela, a operação de giro será repetida e, assim, se dará a troca da panela vazia por cheia, garantindo a continuidade da produção.

Em condições ideais, o processo de produção parece não ter fim, pois, ao trocar panela vazia por cheia, garante-se a produção contínua do aço. Porém, uma série de circunstâncias interrompe a troca de panela, destacando-se eventuais quebras de equipamentos importantes na linha de produção (como pontes rolantes), desabastecimento da matéria-prima para produção do aço (gusa líquido) e manutenção preventiva necessária para manutenção do desempenho do equipamento.

4.2 Panela

Como este assunto foi tratado em capítulos anteriores, é importante destacar aqui somente pontos importantes aplicados ao lingotamento. A questão da segurança é a primeira delas. Quando se trata de trabalhar com panelas contendo aço líquido em uma aciaria, as inspeções e os reparos em seu refratário, bem como a rotina de afastamento da panela no momento adequado (cada aciaria detém seu padrão de afastamento), irão garantir, por exemplo, que uma panela contendo aço líquido não fure sobre a plataforma de lingotamento, o que pode vitimar pessoas que trabalham no entorno da torre de panela, além, é claro, de prejuízos incalculáveis às instalações que dependem do equipamento para produção.

A homogeneidade da temperatura e da composição química do metal líquido (evitar que se forme estratificações no interior da panela) conferem estabilidade ao processo de lingotamento. Isso evita que ocorra, por exemplo, obstrução dos canais por onde flui o aço, o que forçaria o encerramento temporário da produção. Isso é muito importante também para a qualidade das placas/tarugos ou blocos que estão sendo produzidos. As funcionalidades encontradas em uma panela que permitem segurança operacional no lingotamento contínuo são apresentadas na Figura 9.8.

Vale destacar que, em alguns projetos de aciarias, são instalados em panelas (junto à válvula gaveta), um sensor capaz de detectar a passagem de escória da panela para o distribuidor através do fluxo de aço líquido que deixa a panela. Isso permite que o distribuidor (situado abaixo da panela) tenha em seu interior um volume menor de escória. Em virtude disso, tem-se maior segurança operacional (redução do risco de passagem de escória para o molde) e melhora na qualidade do produto em termos de limpidez.

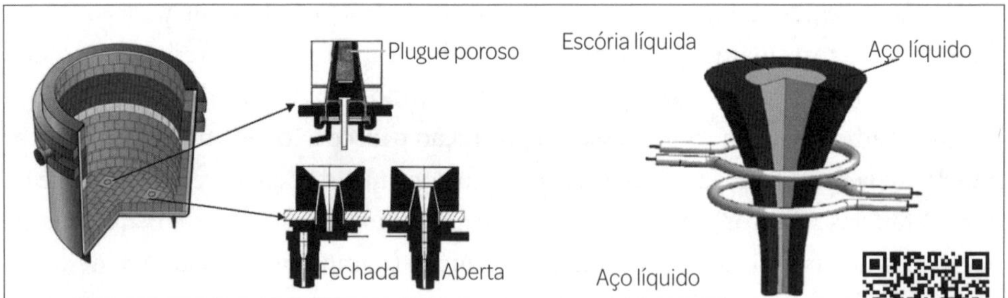

Figura 9.8 À esquerda, o perfil de uma panela de aço. À direita, a representação de uma válvula gaveta, um sistema de plugue poroso e o sistema de detecção de escória.
Fonte: adaptada de [7].

4.3 Distribuidor

O distribuidor é um recipiente metálico revestido internamente por material refratário para suportar temperaturas elevadas imposta pelo aço líquido proveniente da panela. Pode ter formas variadas, dependendo do projeto de cada fabricante. Alguns perfis mais comuns são em forma de "I" (como retângulo, olhando de cima) e "H" (dois retângulos unidos pelos seus centros). Os distribuidores utilizados em máquinas de lingotamento contínuo possuem as seguintes funções:

- Funcionar como um reservatório de aço líquido intermediário entre a panela e o molde, para permitir a troca da panela sem que haja a interrupção da operação da máquina. Essa função torna o lingotamento contínuo altamente produtivo, pois é possível produzir uma série de corridas de forma ininterrupta.

- Permitir a flotação de inclusões, que são compostos não metálicos indesejáveis na estrutura cristalina do aço, capazes de afetar as suas propriedades mecânicas. A flotação ocorre, pois, no interior do distribuidor, onde são dispostas mobílias refratárias (barragem/diques/inibidor de turbulência/placa de impacto etc.) capazes de direcionar o fluxo do aço líquido em direção a sua superfície no interior do distribuidor, arrastando com ele as inclusões presentes. A flotação ocorre também de maneira natural pela diferença de densidade existente entre o aço e o composto não metálico; nesse caso, quanto maior o volume de aço no interior do distribuidor melhor é a flotação natural.

Os diques situam-se na parte inferior do distribuidor e forçam a ascensão do aço líquido para a parte superior, aprisionando as inclusões na escória e impedindo que retornem ao banho metálico. As barragens situam-se na parte superior do distribuidor e têm a função de represar a escória que eventualmente passou da panela em direção ao distribuidor. A Figura 9.9 apresenta desenho esquemático de um distribuidor utilizado em máquinas de lingotamento contínuo.

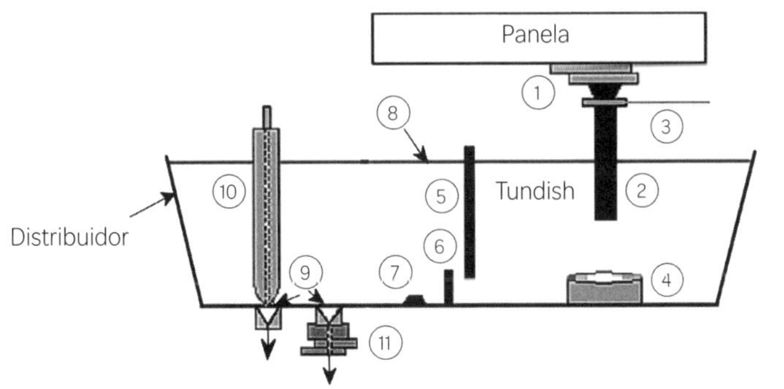

1. Sistema válvula gaveta panela
2. Válvula longa
3. Tubulação para injeção de gás argônio
4. Tijolo de impacto
5. Sistema de barragem
6. Sistema de dique
7. Sistema de injeção de argônio
8. Material de cobertura
9. Sede
10. Tampão para controle de fluxo
11. Válvula gaveta para controle de fluxo

Figura 9.9 Perfil de um distribuidor utilizado em máquina de lingotamento contínuo.
Fonte: adaptada de [8].

São incorporados aos distribuidores elementos que permitem controlar o fluxo de aço líquido para o molde. Um dos elementos é o tampão, peça única feita em refratário, em forma de lança, situada sobre o furo de vazamento do distribuidor, conforme item 10 da Figura 9.9. Outro elemento usado alternativamente ao tampão é a válvula gaveta, posicionada sob a base do distribuidor, que possui um sistema de placas que se movimentam entre si, proporcionando o controle de fluxo do aço, conforme item 11 da Figura 9.9.

É no distribuidor que se controla o parâmetro mais importante de todo o processo de lingotamento: a temperatura do aço líquido. O lingotamento contínuo baseia-se no vazamento vertical do aço líquido no sentido da panela para o molde, passando pelo distribuidor. A eficiência da instalação está intimamente relacionada a temperatura [9]. Pode parecer óbvio, mas para se conseguir produzir qualquer produto em máquinas de lingotamento e garantir que sua operação seja feita de maneira plena e segura, o aço tem que estar no estado líquido durante todo o escoamento.

Importante frisar que cada aciaria tem um modelo de temperatura, desenhado segundo suas instalações e capacidades, que garantirá o escoamento completo do aço líquido no sistema panela/distribuidor/molde. As variações de temperaturas devem ocorrer dentro de uma faixa controlada muito estreita, na ordem de ±15 °C máximo, entre o início e o fim de vazamento do aço líquido.

O modelo parte da definição da temperatura Liquidus (T_{LL}), temperatura na qual o aço muda seu estado físico de líquido para sólido ou vice-versa. O cálculo é função da composição química do aço e equações empíricas são utilizadas para obter a temperatura Liquidus. Para cada família de aço existe um conjunto de equações empíricas, utilizadas pelos aciaristas. Um exemplo de equação para cálculo da TLL é a utilizada pela usina de Kimitsu [10]:

$$\begin{aligned} TLL = 1.538 &- (55(\%C) + 80(\%C)^2 + 13(\%Si) + 4{,}8(\%Mn) + 1{,}5(\%Cr) \\ &+ 4{,}3(\%Ni) + 2{,}5(\%Mo) + 5(\%Cu) + 2 * (\%V) + 30(\%P) \\ &+ 30(\%S)). \end{aligned}$$

Em seguida, definem-se a temperatura desejada no aço líquido no distribuidor (TD), a temperatura do aço na panela (TP) até chegar à temperatura de vazamento (TZ) da corrida no conversor.

A temperatura no distribuidor (TD) é definida segundo fatores procurando agrupar os aços em famílias e/ou aplicação, por exemplo:

- Temperatura no distribuidor (TD):
  TD = T_{LL} + 20 °C para aços cujas famílias priorizam baixo nível segregação central.
  TD = T_{LL} + 30 °C para aços cujas famílias necessitam de nível de limpidez elevada.
- Temperatura na panela (TP):
  TP: TD + 40 °C para aços cujo tempo de lingotamento é elevado.
  TP: TD + 30 °C para aços cujo tempo de lingotamento é mais baixo.

- Temperatura de vazamento (TZ): é a perda de temperatura entre o aço no interior do conversor para a panela. Situam-se entre 40 e 60 °C dependendo das diversas famílias de aço que compõem a carteira de produção da aciaria. Sendo assim, temos:

$$TV = TP + 60\ °C \text{ (exemplo).}$$

Portanto, tomando-se como exemplo a composição química de um aço baixo carbono ($0{,}04 \leq \%C \leq 0{,}06$) sem a presença de elementos de liga, cuja T_{LL} calculada é de aproximadamente 1.528 °C, terá como temperatura de vazamento 1.658 °C, considerando os valores máximos de acréscimos descritos anteriormente.

Durante o lingotamento da corrida na máquina de lingotamento, a temperatura do aço líquido é sempre monitorada, introduzindo uma sonda através do aço líquido existente no interior do distribuidor, definindo-se assim o seu valor. Variáveis de operação da máquina são ajustadas em função desse resultado.

Quando a temperatura está baixa, muito próxima da temperatura de solidificação do aço (± 5 °C acima da T_{LL}), ocorre a obstrução da válvula gaveta da panela/distribuidor e, consequentemente, a interrupção da produção do aço, caso não haja outra panela para realizar a troca.

Outro caso a considerar é o oposto do primeiro, ou seja, temperatura muito alta (± 45 °C acima da T_{LL}). Nessa situação, podem ocorrer defeitos em placas ou até mesmo rompimento de veio (ver definição adiante), o que resultaria também na interrupção da produção.

Para controlar as perdas ou variações de temperatura do aço no interior do distribuidor, o aço líquido recebe insumos sobre sua superfície com algumas finalidades específicas, descritas a seguir.

4.3.1 Isolante térmico

O melhor isolante térmico empregado sobre a superfície do aço líquido para conter eventuais perdas de temperatura é a palha de arroz. Em sua composição química, encontramos a sílica (SiO_2) com 80% de participação e perda ao fogo de 15%. Outras impurezas em menor proporção, combinadas na forma de óxidos, também são encontradas, destacando-se o potássio, o fosforo e o enxofre. A adição em embalagens de 10 kg é feita de maneira a cobrir toda a superfície do aço líquido no interior do distribuidor. Esse insumo, via de regra, não altera a composição química do aço (exceto aços ultrabaixo carbono < 20 ppm) e é utilizado por grande parte das aciarias pelo mundo.

4.3.2 Escória sintética

Ao chegar no distribuidor, o aço ainda contém impurezas, como nitrogênio, oxigênio, hidrogênio e inclusões não metálicas. Alguns produtores de aço adotam a prática de adição de um tipo de escória sintética em distribuidor para conseguir valores de impurezas e inclusões mais baixos. O resultado é um aço com menor dispersão em suas propriedades mecânicas. Costuma-se adicionar sobre a superfície do aço líquido produtos à base de sílica (40%) e alumina (50%) [7]. O ponto de fusão dessas escórias está em torno de 1.100 °C.

O tempo de utilização de um distribuidor em operação varia conforme a qualidade do material refratário utilizado. Em média, consegue-se trabalhar com distribuidores em operação no lingotamento por tempos superiores a 12 horas. Durante a operação, um segundo distribuidor é aquecido a aproximadamente 1.100 °C, para substituir o que está em trabalho. A troca de distribuidor representa uma das rotinas de operação de uma máquina de lingotamento e dura em média 3,5 minutos. O equipamento mais utilizado para realizar a troca do distribuidor é denominado carro de distribuidor, podendo também ser utilizada uma torre giratória. Um exemplo de carro de distribuidor é apresentado na Figura 9.10.

A capacidade do distribuidor varia conforme o projeto da máquina de lingotamento contínuo; pode atingir cerca de 80 toneladas, para o caso de máquinas de placas, e de 20 toneladas, para o caso de tarugos.

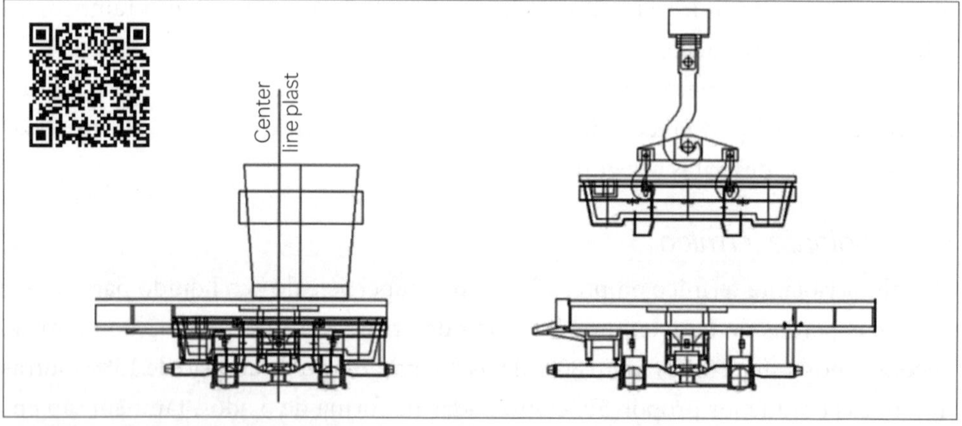

Figura 9.10 Carro de distribuidor utilizado na operação de uma máquina lingotamento contínuo.
Fonte: adaptada de [11].

4.4 Dispositivos de proteção do aço líquido

Ao sair do interior da panela ou de um distribuidor, o aço líquido deve estar sempre protegido do contato com a atmosfera. Os aços produzidos para lingotamento contínuo são sempre acalmados, ou seja, a quantidade de oxigênio presente no banho situa-se entre 30 e 70 ppm [12]. Outro parâmetro que deve ser observado é o teor de alumínio presente na composição química, que deve situar-se entre 0,02% e 0,040%. Uma vez acalmado, o aço líquido passa a apresentar forte tendência a reagir novamente com o oxigênio. O ar atmosférico, nesse caso, é considerado elemento nocivo ao aço líquido e o contato entre os dois deve ser evitado; caso contrário, serão introduzidas em seu interior impurezas indesejáveis, conforme reação (8.1). O processo de reagir novamente com o ar atmosférico é denominado reoxidação. Diversos dispositivos são empregados para evitá-la.

$$Al + O_2 \ Al_2O_3 \qquad (8.1)$$

4.4.1 Válvula longa

É um dispositivo cilíndrico em forma de um tubo, de material refratário, que pode ser conectado entre a panela e o distribuidor, cuja função é proteger o aço líquido no momento da sua transferência para o distribuidor. Seu constituinte principal é alumina-carbono, que confere ao dispositivo refratário a capacidade de suportar a agressividade do contato com aço líquido. A válvula longa é projetada de tal maneira que, no contato entre o cone da válvula gaveta da panela e o topo da válvula longa, possa ser injetado gás argônio em seu interior, evitando-se que o oxigênio da atmosfera seja arrastado pela passagem do aço. Sua dimensão varia conforme cada projeto de máquina, mas, apenas como referência, em máquinas de lingotamento de placas, as válvulas longas podem chegar a 2 m de comprimento e 80 mm de diâmetro. A Figura 9.11 apresenta o aspecto construtivo de válvulas longas e um desenho esquemático de sua montagem na panela.

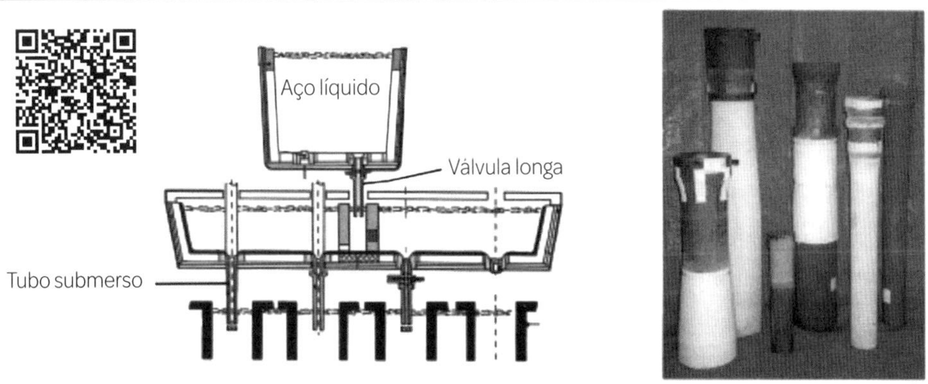

Figura 9.11 À esquerda, uma figura de montagem da válvula longa sob a base de uma panela. Fonte: adaptada de [5]. À direita, vários perfis de válvula longa [7].

4.4.2 Tubo submerso

É um dispositivo cilíndrico elaborado em material refratário, tendo em sua composição principalmente alumina-zircônia-carbono, e tem a finalidade de conduzir o aço líquido proveniente do distribuidor para o molde. No contato formado pela conexão do tubo submerso com o distribuidor, é passado gás argônio para formar uma selagem que evita que o ar atmosférico seja arrastado (há casos em que o tubo submerso é montado solidário ao distribuidor – nesse caso, não se usa a selagem de argônio). Na saída do tubo submerso, geralmente encontram-se furos laterais, posicionados paralelamente às paredes maiores do molde, que têm a função de direcionar o fluxo de aço líquido para as laterais (em tarugos, há casos em que o tubo submerso direciona o fluxo para baixo). Suas dimensões e formas são muito variadas e dependem do projeto idealizado pelo usuário, mas é razoável encontrar tubo submerso com comprimento de 900 mm e diâmetros dos furos de 70 mm. A Figura 9.12 dá mais detalhes sobre perfis e detalhes construtivos do tubo submerso.

Figura 9.12 À esquerda, representação esquemática da montagem do tubo submerso na base do distribuidor. À direita, vários perfis de tubo submerso.
Fonte: [7].

Por último, vale destacar que o processo de reoxidação, além de ser danoso ao aço e suas propriedades, pode causar danos ao processo produtivo. Se a válvula longa e o tubo submerso não tiverem sido bem projetados para cada perfil de máquina, ou ainda, se durante a operação eles não estiverem sendo utilizados corretamente, podem ocorrer fenômenos como a obstrução dos canais por onde corre o aço líquido em virtude da deposição de alumina, ou acidentes, como rompimento de veio por alteração no comportamento da escória de fluxante no interior do molde, que será descrito adiante.

4.5 Molde

É considerado a parte mais importante do processo de lingotamento contínuo. Nele, tem início a solidificação do aço líquido proveniente do distribuidor, e é no molde que se define o perfil do produto, ou seja, espessura e largura no caso de placa e do bloco, ou a seção, se redonda ou quadrada, no caso de tarugo. Nas Figuras 9.13, 9.14 e 9.15 observam-se exemplos de moldes, tarugo, bloco e placa utilizados em lingotamento contínuo.

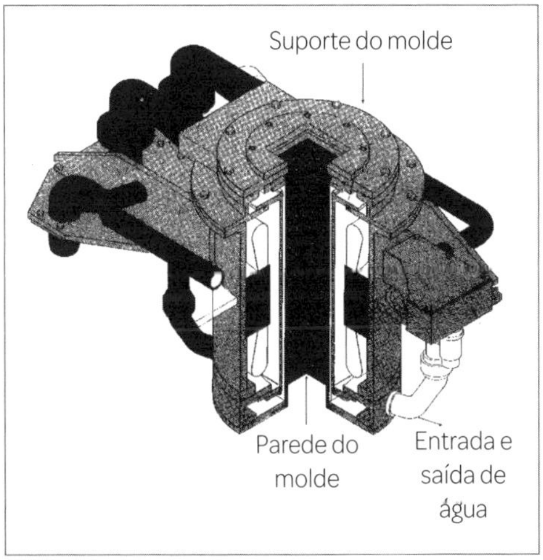

Figura 9.13 Molde utilizado no lingotamento de tarugo.
Fonte: adaptada de [13].

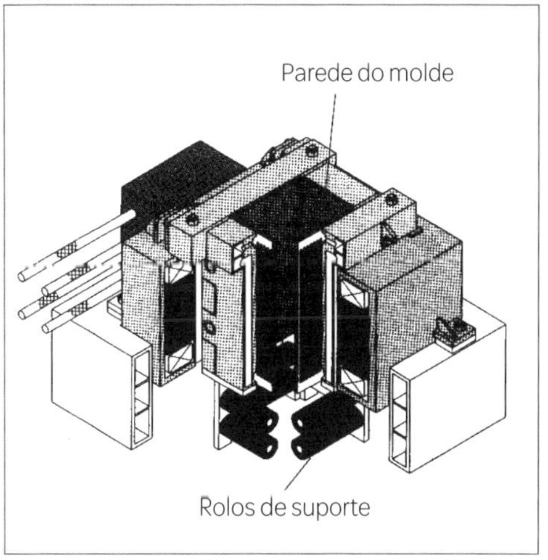

Figura 9.14 Molde utilizado no lingotamento de bloco.
Fonte: adaptada de [13].

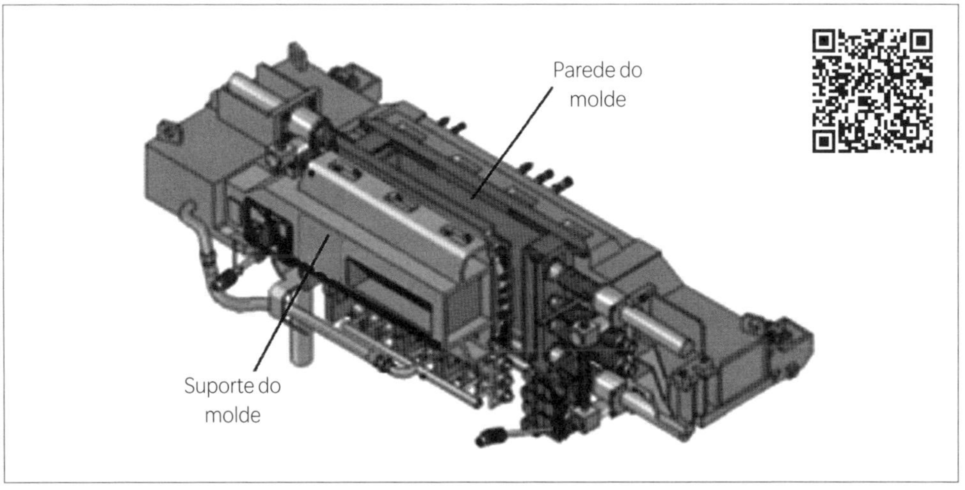

Figura 9.15 Molde utilizado no lingotamento de placa.
Fonte: adaptada de [11].

4.5.1 Placas de molde

As placas de molde são fabricadas em cobre. Por ter excelente condutividade térmica, o cobre é largamente utilizado em todas as máquinas de lingotamento contínuo. O cobre puro tem baixo ponto de amolecimento e, sendo assim, não suportaria o trabalho agressivo de contato com o aço líquido a elevadas temperaturas. Em sua composição química são adicionados elementos de liga que melhoram as suas propriedades, entre elas a dureza e a resistência ao desgaste. São exemplos de elementos que entram na composição da liga de cobre, o cromo, a prata e o zircônio [4]. Na parte posterior da placa de cobre, circula água de resfriamento, com velocidade controlada para garantir uma remoção de calor segura.

As placas de molde são fixadas com parafusos em estruturas denominadas suporte, para que possam ser utilizadas na produção de aço. Essa fixação impede que as placas sofram deformação, o que poderia acarretar acidentes de grandes proporções. Somente no caso dos tarugos os moldes são inteiriços, já na forma final desejada para o produto.

4.5.2 Tamanho do molde

O comprimento ou altura do molde varia de 400 a 900 mm, de acordo com cada projeto. O comprimento é usualmente determinado em função da velocidade de lingotamento máxima empreendida pela máquina. Medidas de calor transferido pelo molde mostram que altas velocidades de lingotamento requerem utilização de molde longo, para que a espessura da pele formada seja suficiente para suportar o veio.

4.5.3 Revestimento do molde

Além de elementos de liga em sua composição, as placas de cobre do molde são também revestidas, conforme Figura 9.16, para suportar o atrito imposto pelo veio à sua superfície. Para tal, são usados elementos como o níquel e o cromo, que aumentam consideravelmente a vida do molde. A espessura desse revestimento varia em função da altura relativa do molde, sendo em sua metade inferior aplicado em espessura de até 3 mm, por ser esta a região de maior atrito. Na metade superior, a espessura do revestimento varia bastante, podendo chegar a 0,5 mm. O revestimento mais utilizado atualmente é o de níquel, que permite prolongar sobremaneira a vida do molde.

Após completar um ciclo de utilização, os moldes são recuperados, tendo suas partes usinadas por igual, e ao fim desse procedimento, recebem a aplicação de um novo revestimento.

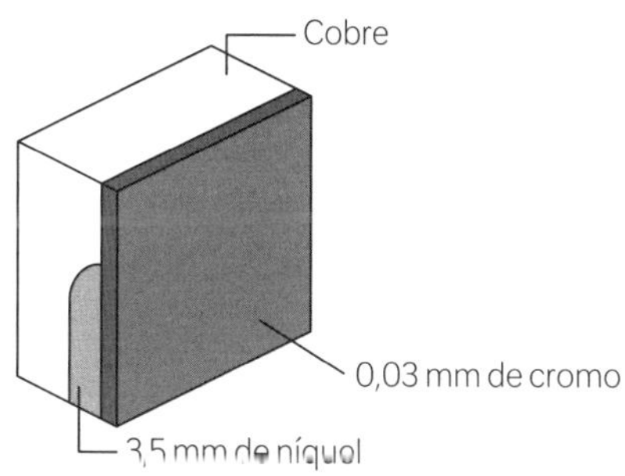

Figura 9.16 Típico revestimento utilizado em placas de molde.
Fonte: adaptada de [4].

4.5.4 Inclinação nas placas do molde

Parra compensar a contração sofrida pelo aço dentro do molde durante a solidificação, as laterais das placas menores, em sua totalidade, são montadas de forma a terem uma inclinação no sentido da altura da placa, conforme Figura 9.17. Quando o aço se solidifica, ocorre contração do metal sólido, tendendo a se afastar das paredes do molde. As placas devem acompanhar esse afastamento da pele, para que a frente de solidificação progrida a uma taxa constante, e não permita má formação da pele, o que ocasionaria a geração de defeitos no produto [4]. No caso de lingotamento contínuo de placas, as paredes menores do molde podem inclinar em até 1,2%/m de molde. No caso de tarugo ou blocos, a redução de dimensão da seção do molde pode seguir o padrão linear ou parabólico.

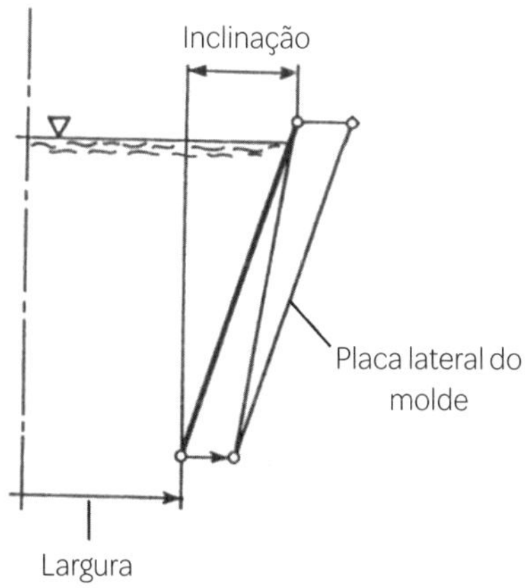

Figura 9.17 Indicação da inclinação da placa menor do molde.
Fonte: adaptada de [4].

4.5.5 Oscilação do molde

A ideia principal da oscilação do molde é prevenir o agarramento da pele formada na solidificação do aço líquido em suas placas. A velocidade do movimento de subida e descida do molde é regida segundo uma curva do tipo senoidal, conforme mostra a Figura 9.18. Durante a execução dessa curva, existe um pequeno intervalo de tempo (superior a 0,2 s) em que a velocidade do molde é maior que a velocidade de extração do veio (denominado tempo de estripamento negativo). Durante esse tempo, o *gap* formado pelo processo de solidificação é abastecido por um lubrificante líquido, fundido, denominado fluxante, que facilita a extração da pele ao reduzir as forças de atrito existentes entre o veio e o molde, evitando, assim, o agarramento da pele.

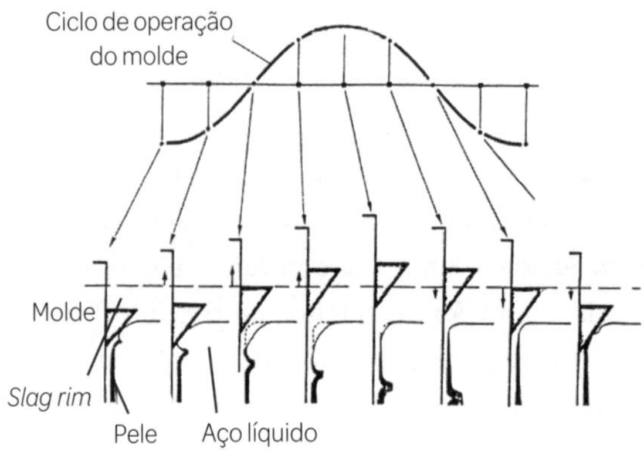

Figura 9.18 Representação gráfica do movimento oscilatório do molde.
Fonte: adaptada de [14].

4.5.6 Mudança de dimensão no molde

Por meio do ajuste de suas placas menores, o molde permite alterar o seu perfil de placa. Com o movimento de abrir e fechar das placas estreitas, torna-se possível regular a largura da placa. Essa mudança pode ser realizada com a máquina parada, ou seja, sem estar lingotando, ou ainda durante o processo de lingotamento, de maneira automática e controlada por computador. No caso de efetuar-se a troca em automático, uma perda metálica é prevista, pois, no deslocamento das placas menores, a forma da placa muda conforme o sentido de movimento, podendo ser na forma de um "Y" normal, quando as placas estão abrindo, ou "Y" invertido, quando as placas menores estão fechando (Figura 9.19).

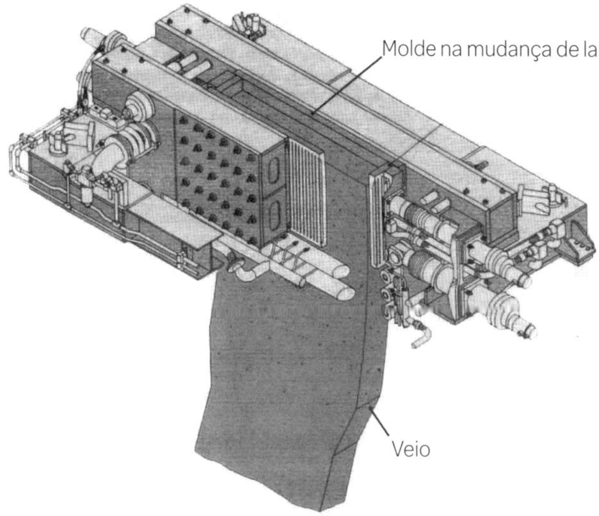

Figura 9.19 Mudança de largura no molde de uma máquina de placa.
Fonte: adaptada de [13].

A troca de espessura do veio somente é possível mediante a troca da placa menor do molde por uma de menor ou maior largura, conforme a situação exija. Portanto, nesse tipo de mudança, há necessidade de parar o equipamento para realizar a troca do molde e efetuar a abertura dos segmentos.

4.5.7 Outros sistemas incorporados ao molde

As máquinas de lingotamento contínuo possuem atualmente componentes incorporados à sua estrutura com o objetivo de torná-la segura e eficiente, capaz de produzir o produto a que se destina com qualidade. Exemplos desses componentes são descritos a seguir.

4.5.7.1 Sistema de detecção de rompimento de veio

O rompimento de veio é o nome que se dá a um tipo de acidente, possível de acontecer em máquinas de lingotamento contínuo, no qual a pele solidificada rompe-se, permitindo que o aço líquido ainda não solidificado vaze para o interior da máquina. Esse tipo de acidente interrompe o processo produtivo e ocasiona perdas, além de danificar as partes inferiores da máquina. O tipo mais comum de rompimento de veio é o colamento da pele do aço sobre a superfície do molde (79% das ocorrências). A Figura 9.20 apresenta a característica do rompimento de veio por colamento, bem como uma indicação de outros principais tipos de rompimento de veio.

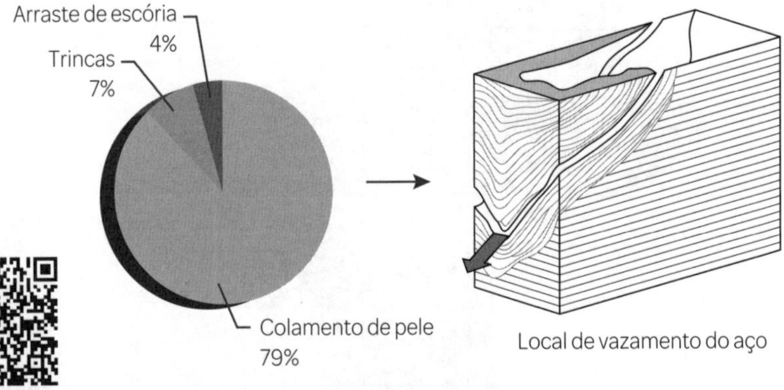

Figura 9.20 Motivo de rompimento de veio comuns em máquinas de lingotamento contínuo.
Fonte: adaptada de [15].

Para evitar esse tipo de acidente, os moldes são dotados de termopares capazes de medir a temperatura da placa de cobre (Figura 9.21). Os valores de temperatura coletados são enviados por meio de sinais eletrônicos a um computador, que analisa os dados com o auxílio de um modelo. Quando o resultado da análise sinaliza uma tendência de colamento da pele do aço na superfície do molde, o modelo ordena a quase paralisação imediata da operação, reduzindo a velocidade de lingotamento e estrangulando o sistema de controle de vazão, impedindo que mais aço chegue ao molde. Essa quase paralisação é temporária (aproximadamente 1 minuto), apenas para que haja tempo de a pele descolar da parede do molde e o processo ser normalizado novamente, sem sua interrupção. Para os demais tipos de rompimento de veio, ainda não há sistemas desenvolvidos capazes de prevê-los.

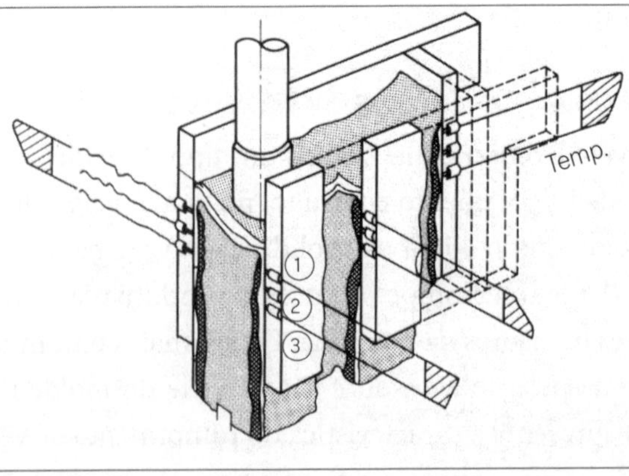

Figura 9.21 Molde dotado de sistemas com medição de temperatura para detectar rompimento de veio por colamento.
Fonte: adaptada de [15].

4.5.7.2 Controle do nível de aço no molde

Um dos grandes segredos da qualidade de placas, blocos e tarugos produzidos via lingotamento contínuo é o controle do nível de aço líquido no molde. Variação de nível significa a mudança da posição da altura relativa do aço líquido no interior do molde (para cima ou para baixo). Mudanças toleráveis dessas alturas e desejadas pelos produtores de aço situam-se entre 2 e 5 mm de variação. Quando essas variações são mais acentuadas, maiores que 5 mm, são esperados defeitos na superfície da placa, e, dependendo do tamanho da variação, representam risco para a operação do lingotamento.

Para que o controle de nível seja estável, junto ao molde são colocados sensores que indicam a posição do nível do aço líquido no interior deste. As leituras realizadas pelo sensor da posição do nível de aço são enviadas a um sistema computacional que analisa e interpreta rapidamente os dados de posição. Após análise dos resultados, são liberados sinais de correção, enviados ao sistema de controle de fluxo (tampão ou válvula gaveta) do distribuidor, mandando corrigir abrindo/fechando ou até mesmo mantendo a atual posição do sistema. Toda essa operação é realizada em milésimos de segundo, o que garante pequenos deslocamentos no nível de aço no molde. Dessa forma, consegue-se uma produção muito mais estável sob o ponto de vista operacional, além de um produto de excelência.

4.6 Pó fluxante

São escórias sintéticas à base de SiO_2 e CaO adicionadas ao molde durante a operação do processo de lingotamento (Figura 9.22). Esses materiais fundem a uma temperatura em torno de 1.100 °C, formando uma poça líquida de aproximadamente 15 mm de altura, que penetra no *gap* entre o molde e a pele solidificada, com o objetivo de evitar o seu agarramento. O fluxante pode ser produzido em forma de grão esférico, grão extrudado e em pó. As propriedades fundamentais do pó fluxante para produção de aço via lingotamento contínuo são [12]:

- Ser um bom isolante térmico.
- Ter característica de lubrificante.
- Promover um fluxo de calor homogêneo entre a pele solidificada e o molde.
- Ter boa espalhabilidade, evitando a reoxidação do aço no molde.
- Absorver inclusões existentes no aço líquido.

A composição química do fluxante é apresentada na Tabela 9.2, com exemplos de produtos utilizados no molde no início da solidificação do aço. Entre as propriedades físicas desse produto, destaca-se a viscosidade medida em poise (Pa.s), o ponto de fusão (~1.010 °C) e a temperatura de cristalização (1.080 °C), importantes para assegurar a qualidade do produto gerado e a segurança operacional do lingotamento contínuo.

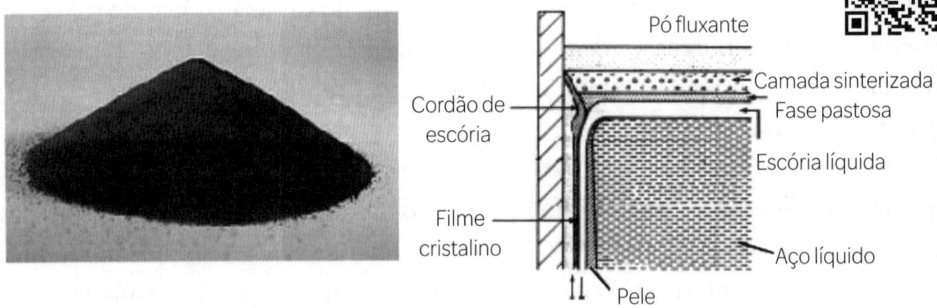

Figura 9.22 À esquerda, fluxante utilizado em operação do lingotamento contínuo. Fonte: adaptada de [9]. À direita, o comportamento do fluxante no molde. Fonte: adaptada de [16].

Tabela 9.2 Composição química de pó fluxante utilizado no molde no início da solidificação do aço [17]

Fluxante	CaO	SiO_2	Al_2O_3	MgO	Na_2O	Li_2O	F	B_2O_3
A	43,06	34,44	4,04	2,03	7,87	1,02	7,54	*
B	42,51	39,99	4,01	2,01	7,6	0,98	2,87	6

4.7 Sistema suporte do veio

A pele que deixa o molde apresenta pequena espessura, em torno de 10 a 30 mm [4], [6]. Desse modo, não possui resistência mecânica suficiente para suportar todo o peso da coluna de aço que carrega. Por isso, deve ser mantida na mesma posição relativa em que deixa o molde, ou seja, não pode haver abaulamento da pele pela ação da pressão ferrostática (Figura 9.23), o que originaria problemas na qualidade superficial e interna do produto pela formação de trincas. Por essa razão, as máquinas de lingotamento ganharam, abaixo do molde, um sistema de rolos dispostos em sequência, cujo diâmetro aumenta à medida em se posicionam mais próximos da região horizontal da máquina. Além de suportarem o veio, eles têm a função de conduzi-lo para fora da máquina, dando lugar ao novo aço que por ela entra. O movimento de extração do veio é conseguido com alguns poucos rolos que podem girar, acionados por motores.

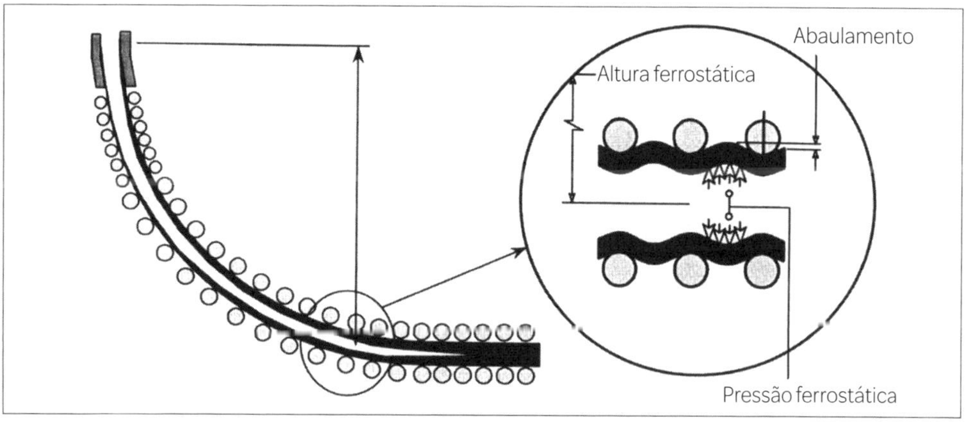

Figura 9.23 Esforços sofridos pelo veio dentro da máquina de lingotamento contínuo.
Fonte: adaptada de [18].

Os rolos são refrigerados internamente para que não se deformem quando em contato com o veio formado, cuja temperatura é da ordem de 1.300 °C. São fixados por mancais, que, por sua vez, são fixados em grandes estruturas, formando o que se chama de segmento. Os segmentos, quando montados, são presos a uma viga habitualmente chamada de viga banana. A montagem completa de todos os segmentos na viga banana compõe a região da máquina denominada segmentos e rolos. A Figura 9.24 apresenta a região dos segmentos e rolos de máquina de lingotamento contínuo.

Cada segmento individualizado possui cilindros hidráulicos que permitem o movimento de abrir e fechar, com a finalidade produzir espessuras diferentes na mesma máquina, além de terem a função de manter os rolos superiores sobre o veio formado durante o lingotamento, sem se deslocarem quando submetidos à ação da pressão ferrostática. Normalmente, uma máquina de lingotamento contínuo é projetada para produzir duas ou mais espessuras.

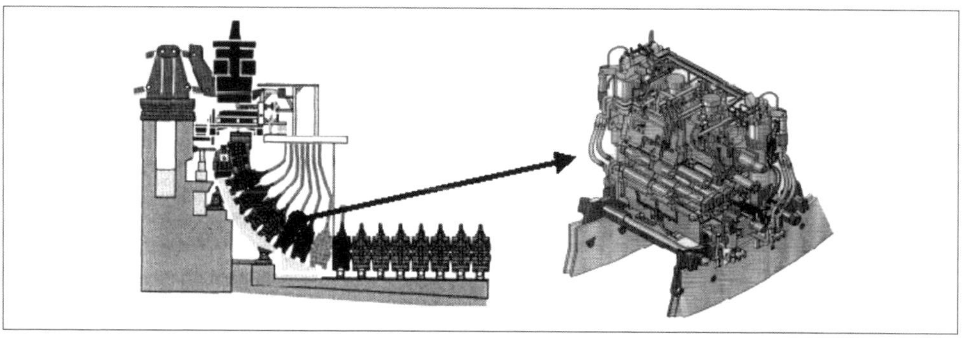

Figura 9.24 À esquerda, representação do arranjo dos segmentos na máquina de lingotamento. À direita, uma vista ampliada da fixação do segmento na máquina.
Fonte: adaptada de [18].

Durante a produção de aço, e com o passar do tempo, os rolos fixados nos segmentos vão perdendo suas medidas de projeto, necessitando de ajuste. O desgaste é acompanhado pela avaliação da qualidade do produto gerado, utilizando ferramentas como ensaio de Baumann (resultado macroscópico do interior da placa) e por uma avaliação feita pela área de inspeção da qualidade da placa. Conforme são constatados desvios, a produção é paralisada e os ajustes necessários são realizados.

A precisão de montagem é da ordem de ± 0,5 mm; ou seja, para uma máquina de 10.000 mm de raio, o rolo deve ser ajustado com uma tolerância de 0,5 mm, bastante apertado para um equipamento desse porte. Outra medida importante é a distância entre o rolo inferior e o rolo superior do segmento (mais ou menos 0,5 mm de tolerância) chamado de espaçamento; essa medida representa a espessura da placa que deve ser rigorosamente ajustada para que também não traga danos à qualidade do produto.

O ajuste dos rolos, conforme descrito, pode ser realizado com a presença de uma pessoa no interior da máquina ou por meio de sensores montados na barra falsa, capazes de medir o perfil da geometria apresentado por cada par de rolo montado.

Os rolos existentes no interior da máquina de lingotamento contínuo são bipartidos ou tripartidos. São rolos de pequeno comprimento suportados por mancais em sua parte central (ver Figura 9.24). A grande vantagem dessa concepção de rolos é permitir que a deformação sofrida por eles seja reduzida, obtendo-se, assim, um produto de melhor qualidade [14]. A Figura 9.25 apresenta o perfil de rolos em máquinas de lingotamento contínuo.

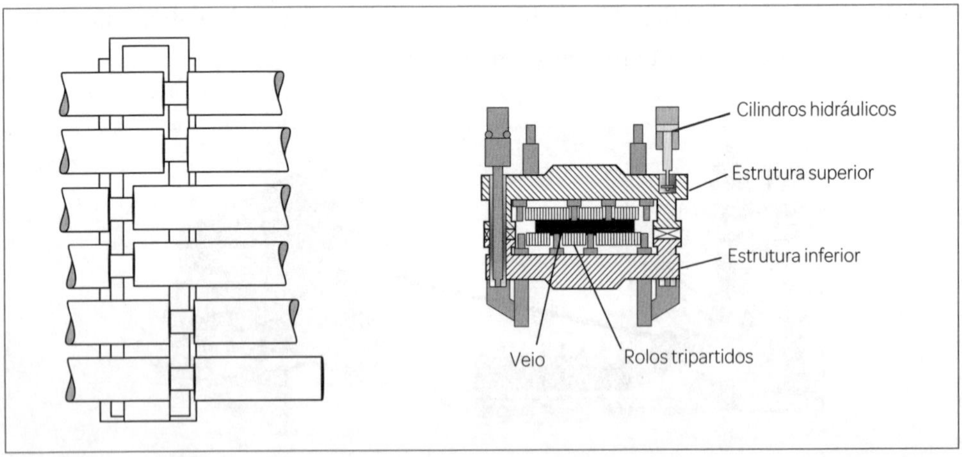

Figura 9.25 À direita, representação em corte dos rolos montados nos mancais sobre o segmento. Fonte: adaptada de [4]. À esquerda, vista em corte do segmento apresentando a montagem dos rolos. Fonte: adaptada de [6].

4.8 Sistema de resfriamento secundário

O molde é a região da máquina em que acontece o primeiro resfriamento do aço, fazendo-o passar do estado líquido para o sólido. Por causa disso, costuma-se empregar o termo resfriamento primário ou indireto, pois a água de resfriamento não está em contato direto com o aço. Logo abaixo do molde, na região de suporte de rolos, encontram-se bicos de *spray* dispostos entre os rolos fornecendo água ao veio formado. A região da máquina que possui bicos de *spray* denomina-se zona de resfriamento secundário ou resfriamento direto, pois a água está em contato direto com o veio no processo de solidificação do aço.

A solidificação do veio que passa por entre os rolos da máquina de lingotamento contínuo se dá pelo borrifamento de água entre os rolos e também por:

- Resfriamento por radiação, com troca de calor do veio com o ambiente.
- Resfriamento por condução nos rolos; o veio, em contato com os rolos refrigerados, perde calor.
- Resfriamento por acúmulo de água nos rolos.

Há dois tipos básicos de resfriamento secundário. O primeiro (muito pouco utilizado) é o resfriamento realizado somente com água via bicos do *spray*. No segundo tipo, largamente empregado pelas máquinas de lingotamento, ar e água são misturados, provocando a atomização da água, diminuindo o tamanho da gota, tornando mais eficiente a troca de calor com o veio; é o chamado *air-mist*. As regiões da máquina por onde são distribuídos os bicos de *spra*" são denominadas zonas de resfriamento secundário (Figura 9.26) e possuem sistema de controle de vazão individualizado, para permitir uma distribuição de água de forma independente. A Figura 9.27 apresenta esquematicamente a disposição dos bicos em uma máquina de lingotamento contínuo.

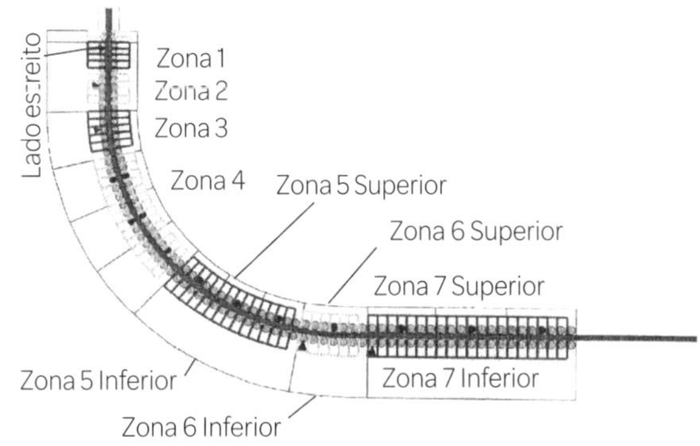

Figura 9.26 Exemplo da distribuição das zonas de resfriamento secundário em máquina de lingotamento contínuo.
Fonte: adaptada de [18].

Figura 9.27 À esquerda, sistema de resfriamento secundário.
Fonte: adaptada de [19]. À direita, bicos de spray das máquinas de lingotamento contínuo e de [6]. (ref.: Nippon Steel Corporation).

No processo de lingotamento contínuo, costuma-se agrupar os aços lingotados. A regra mais utilizada para realizar essa divisão é agrupar os aços pelo teor de carbono e pela presença de elemento de liga em sua composição química. Para cada grupo de aço, é definido um padrão de quantidade de água, em litros por quilograma de aço lingotado, para o resfriamento secundário. Por exemplo, para aços baixo carbono sem liga, pode-se usar uma relação de 1,5 l/kg de aço lingotado. Com essa relação, são calculadas as vazões por zona de resfriamento existente na máquina. Geralmente o volume de água é maior nas 3 primeiras zonas de resfriamento, diminuindo em volume para as zonas inferiores.

A forma como os bicos estão dispostos dentro da câmara de *spray* varia de acordo com o projeto de cada equipamento ou fabricante.

4.9 Pontos de encurvamento e de endireitamento da máquina

Nos primórdios de seu desenvolvimento, o lingotamento contínuo utilizava máquinas do tipo verticais. Porém, observou-se que a edificação para esse tipo de máquina era muito elevada, o que encarecia o projeto de construção. Isso exigiu que os projetistas encontrassem uma maneira de reduzir o tamanho das instalações. Vieram as máquinas curvas, nas quais o molde acompanhava o raio de curvatura da máquina para, em seguida, a placa ser desencurvada.

Depois, desenvolveu-se a máquina vertical-curva, com a proposta de melhorar a limpidez do aço ao introduzir uma parte vertical de aproximadamente dois metros, para, na sequência, ser encurvada e posteriormente endireitada na parte final da máquina (Figura 9.28).

A grande maioria das máquinas de lingotamento contínuo possui curvas em sua configuração. O processo de encurvamento e de endireitamento do veio deve ser suave, para não provocar tensões sobre o produto formado, gerando defeitos que comprometam a sua aplicação final.

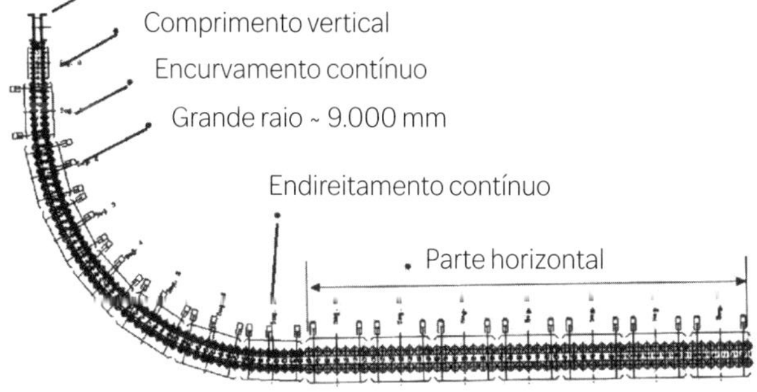

Figura 9.28 Indicação dos pontos de encurvamento e de endireitamento da máquina de lingotamento contínuo.
Fonte: adaptada de [15].

4.10 Máquina de corte

Após estar completamente solidificado, o veio formado chega até as máquinas de corte trazido pelos rolos extratores da máquina (Figura 9.29). Nessa etapa do processo, o veio é fatiado em comprimentos conforme um planejamento específico, a fim de atender a necessidade do cliente. Os comprimentos variam muito em função da aplicação final do produto, podendo situar-se numa faixa entre 2.200 e 12.000 mm. Atualmente, nas máquinas mais modernas, toda a operação de controle de operação e corte de placas, tarugos e blocos é feita automaticamente, ficando a atuação do homem restrita à ocorrência de emergências.

Figura 9.29 Máquina de corte de uma máquina de lingotamento contínuo de placas.
Fonte: adaptada de [13].

4.11 Barra falsa

Barra falsa é o equipamento responsável pela partida, ou início, do processo do lingotamento. Articulada como se fosse uma espécie de corrente de grande porte, ela é introduzida dentro da máquina por cima e através do molde, ou por baixo, através do último par de rolo da máquina. Quando a cabeça se encontra no molde, ela é posicionada aproximadamente na metade inferior dele e é, então, selada. O comprimento da barra falsa pode variar dependendo do projeto da máquina, situando-se em torno de 13 a 15 metros. A Figura 9.30 apresenta desenho esquemático do corpo da barra falsa. No caso de máquina de lingotamento de tarugo, as barras falsas são rígidas.

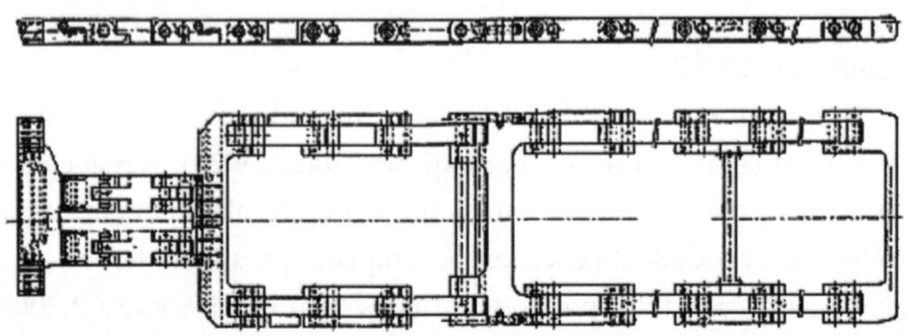

Figura 9.30 Representação esquemática da barra falsa.
Fonte: adaptada de [11].

4.12 Equipamentos complementares de uma máquina de lingotamento contínuo

Depois de cortado, o produto gerado pela máquina de lingotamento contínuo precisa de alguns retoques finais. Logo após a máquina de corte, está posicionado um rebarbador, o qual remove as borras deixadas na parte inferior dos produtos cortados. Essas borras precisam ser removidas para não causarem danos à própria qualidade do produto na linha de laminação e para não danificarem os equipamentos de laminação, por exemplo, os cilindros do laminador.

Após o rebarbador, são posicionadas máquinas que registram a identificação nos produtos, por meio de punção ou borrifamento de tinta. Essas máquinas imprimem no produto um número que identifica a corrida e a porção do veio seccionada, o que ajudará nas etapas seguintes de manuseio, além de permitir sua rastreabilidade.

5. OPERAÇÃO DE UMA MÁQUINA DE LINGOTAMENTO CONTÍNUO

Para dar a partida no processo de lingotamento, deve-se satisfazer um conjunto de condições para que tudo transcorra com sucesso. Desde a torre de panela até a máquina de corte, em toda a sua extensão, a máquina deve estar vazia e todos seus componentes mecânicos, elétricos e hidráulicos devem ser checados, para que nenhum incidente ocorra no momento da operação.

5.1 Introdução da barra falsa

Após checar todo o funcionamento da máquina, a barra falsa é introduzida no interior da máquina. Vale destacar que, qualquer que seja a forma de introdução, por baixo ou por cima, a cabeça da barra falsa deve ser a parte a ficar dentro do molde. A Figura 9.31 apresenta essa operação. As máquinas atuais utilizam um carro de barra falsa que a conduz à parte superior do molde e ali a faz descer pela parte superior da máquina, iniciando pela calda da barra. Quando a barra falsa atinge o interior da máquina, rolos acionados por motores elétricos ajudam a movimentar toda a sua estrutura mecânica. A Figura 9.31 dá uma ideia de como isso acontece.

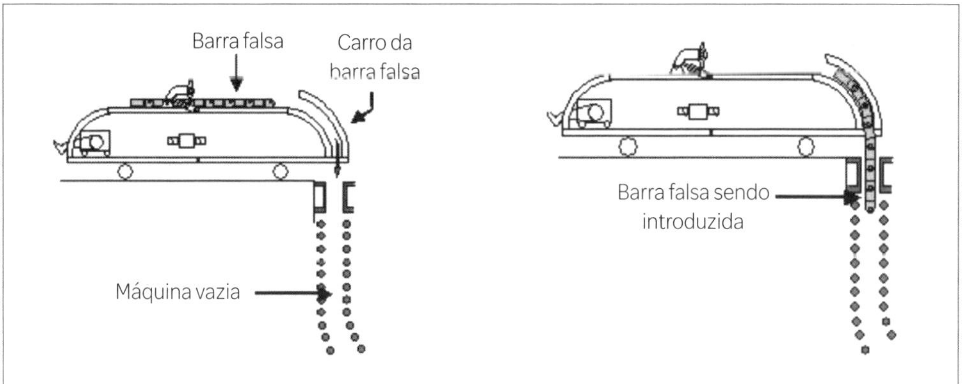

Figura 9.31 Introdução da barra falsa no interior da máquina de lingotamento.
Fonte: autor.

5.2 Selamento da cabeça da barra falsa

Dentro da máquina, os rolos acionados passam a segurar a barra falsa que, pela ação da gravidade, tende a descer pelo interior da máquina. Uma vez posicionada dentro do molde, a cabeça da barra falsa deve ser selada, isto é, as folgas existentes entre o molde e cabeça da barra devem ser bem fechadas. Para isso, utiliza-se um artefato à base de papelão, em forma de cunha, que é posicionado nas folgas existentes. Materiais refrigerantes (molas e pequenas tiras de sucatas) são dispostos em seguida sobre toda a cabeça da barra falsa, para acelerar a solidificação do aço líquido que chegará ao molde e para protegê-la contra danos derivados do contato com o aço líquido. A Figura 9.32 dá uma ideia de como essa operação é feita.

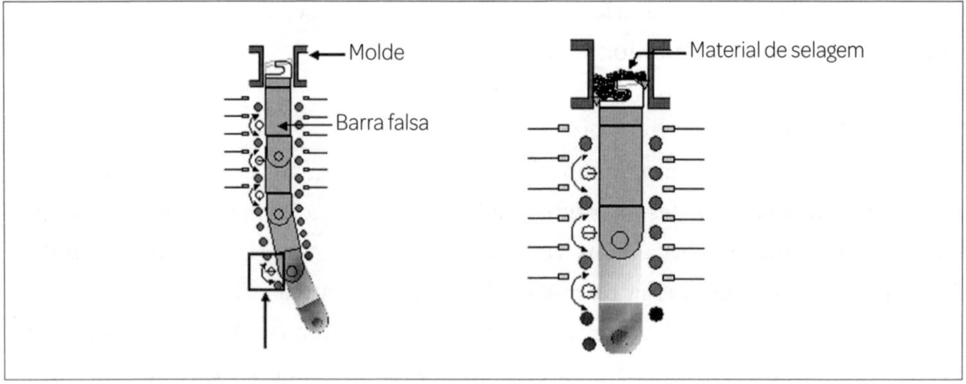

Figura 9.32 Selando o molde para iniciar o lingotamento.
Fonte: autor.

5.3 Início do lingotamento

Terminada a selagem, a máquina está pronta para iniciar a operação, que se dá pela chegada da panela contendo o aço líquido na torre de panela. O distribuidor, aquecido de maneira adequada, é então posicionado sobre o molde e as válvulas submersas são adequadamente conectadas. Todos os insumos utilizados na operação da máquina, como pó fluxante, válvula longa, tubo submerso, entre outros, estão disponíveis para uso.

A panela é então posicionada sobre o distribuidor e, sob sua base, é conectada a válvula longa. Em seguida, utilizando-se de comando de controle, a panela é aberta pela válvula gaveta e o aço líquido chega até o distribuidor. Nessa etapa, a preocupação é cobrir rapidamente o aço líquido com palha de arroz, a fim de evitar perdas térmicas acentuadas.

Decorridos alguns minutos, o distribuidor é aberto e o aço líquido chega agora dentro do molde. O enchimento deve ser adequado, nem muito lento, pois pode haver a rápida solidificação e má formação da garra, nem muito rápido, pois pode remover todo o material de selagem, provocando acidente. Vale destacar aqui que quando o processo de vazamento no distribuidor é iniciado, a água que refrigera o molde é aberta para garantir a solidificação do aço que ali chega.

Quando o aço líquido cobre os furos existentes no tubo submerso, um fluxante exotérmico é adicionado sobre toda a sua superfície, com a função de fornecer calor ao topo do aço líquido para que ele não solidifique rapidamente.

A operação de enchimento segue até que o nível de aço se aproxime do topo do molde. Nesse momento, os rolos que estavam segurando a barra falsa são acionados e tem início o processo de extração do veio. No mesmo instante em que foram acionados os rolos para extração do veio que se forma, é acionada a oscilação do molde, para dar início à lubrificação da pele. O veio que começa a se formar encaminha-se para o interior da máquina, deixando o molde para trás. Ao sair do molde, a água de resfriamento é ligada e inicia-se a segunda etapa da solidificação. A Figura 9.33 ilustra essa operação.

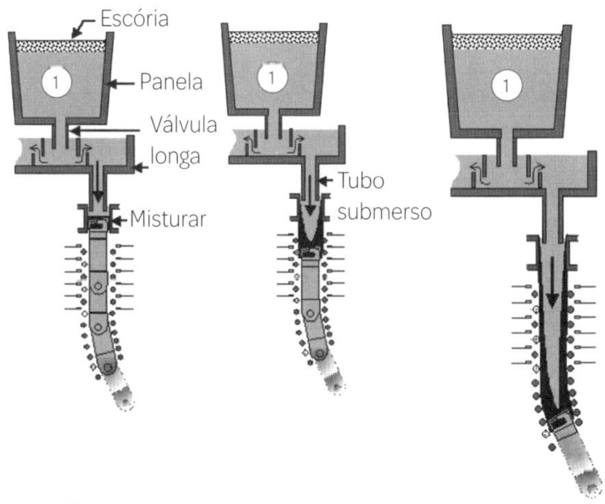

Figura 9.33 Início de operação de máquina de lingotamento contínuo.
Fonte: autor.

5.4 Extração do veio

O veio segue seu trajeto pelo interior da máquina, passando pelos pontos de encurvamento e endireitamento, no sentido de sua parte inferior. Antes, porém, é preciso desconectar a barra falsa. Isso acontece quando a cabeça da barra falsa e o veio preso a ela saem da máquina. Numa determinada posição, um cilindro hidráulico empurra a cabeça no sentido de baixo para cima, removendo-a do veio formado. A Figura 9.34 mostra o momento da desconexão da cabeça da barra falsa do veio.

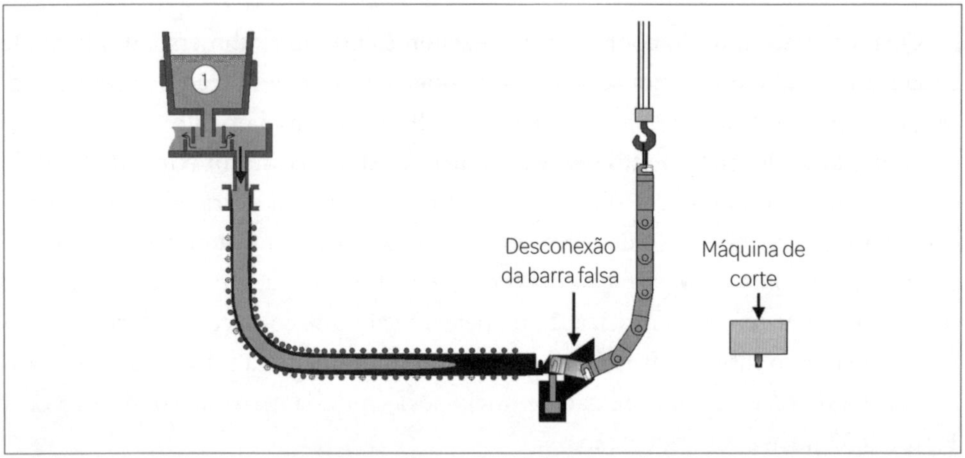

Figura 9.34 Desconexão da barra falsa do veio formado.
Fonte: autor.

Após essa operação, o veio formado segue em direção à máquina de corte para ser seccionado em comprimentos conforme a necessidade de cada cliente. A Figura 9.35 mostra a conclusão dessa operação.

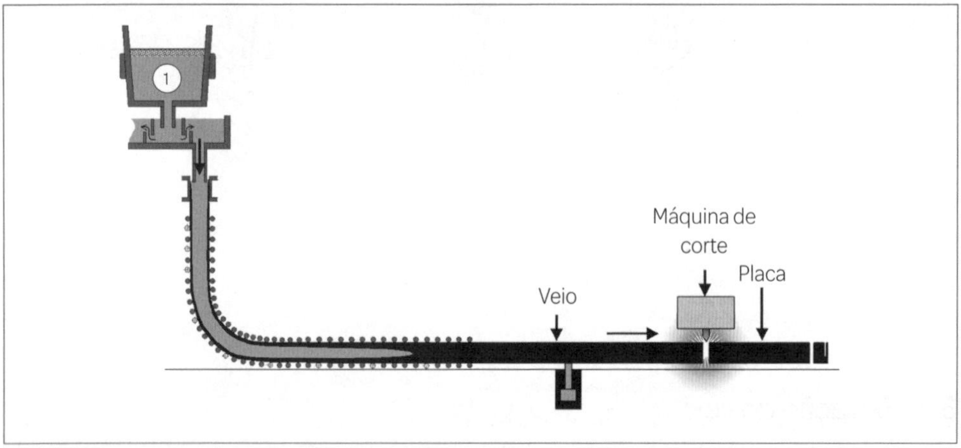

Figura 9.35 Seccionamento do veio, após desconexão da barra falsa.
Fonte: autor.

6. LINGOTAMENTO DE AÇOS DIFERENTES

Um dos parâmetros que define a propriedade mecânica do aço é a sua composição química, ou seja, a quantidade presente de carbono, manganês, alumínio, nióbio, vanádio, entre outros, que vão conferir características específicas para atender aplicações que variam de tubos para gasoduto, chapas para indústria naval e indústria automobilística até aplicações mais simples, como chapas para fabricação de piso.

O lingotamento contínuo produz toda essa gama de aço de maneira seriada. Um dos problemas decorrentes disso é a produção de placas cuja composição química varia ao longo de seu comprimento, ou seja, placas que terão propriedades mecânicas heterogêneas. São denominadas placas de mistura ou de transição, originadas a partir do lingotamento de corridas cuja composição química difere uma da outra. Duas situações são possíveis, a saber:

- Placa de mistura ou de transição compatível. Ocorre quando os constituintes químicos presentes na composição química das corridas lingotadas estão contidos entre o limite superior e/ou inferior da faixa especificada.
- Placa de mistura incompatível. Ocorre quando os constituintes químicos presentes na composição química das corridas lingotadas não estão contidos entre o limite superior e/ou inferior da faixa especificada.

A Figura 9.36 mostra como cada uma dessas misturas pode ocorrer ao longo do processo de produção do aço. Placas de aço compatível podem ser aproveitadas para atender às qualidades a que se destinam, enquanto placas de aço incompatível são geralmente sucatadas, retornando ao processo como parte da carga sólida que comporá a formação da corrida no conversor ou forno elétrico.

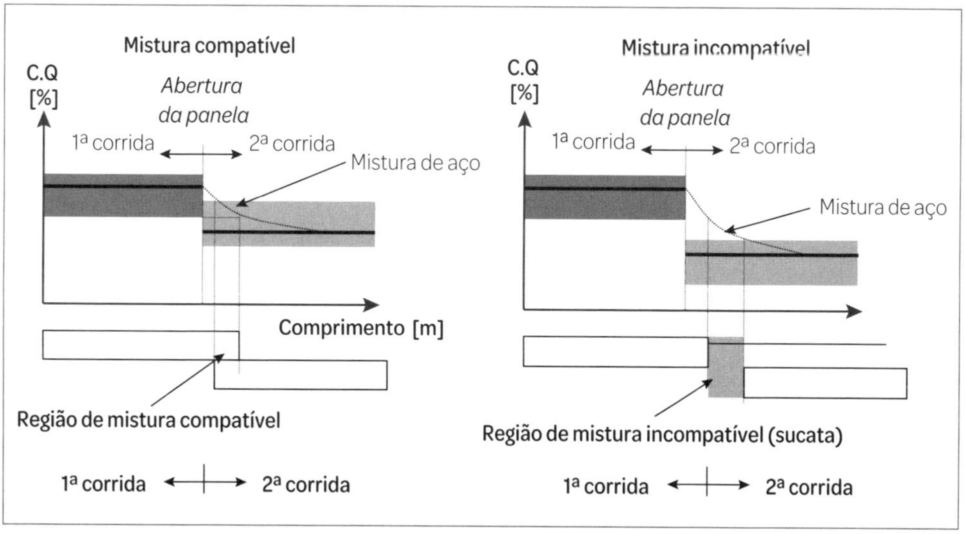

Figura 9.36 Gráfico indicativo dos tipos de mistura possíveis no processo de lingotamento contínuo.
Fonte: adaptada de [11].

7. QUALIDADE DOS PRODUTOS GERADOS NO LINGOTAMENTO CONTÍNUO

Assim que são cortados na máquina de corte, alguns produtos (placas, blocos, tarugos) de determinados tipos de aço podem ser enviados à linha de laminação. Amostra da seção transversal do produto é coletada para se verificar sua qualidade interna por meio do ensaio de Baumann, método em que um exame macroscópico do produto gerado é analisado conforme a classificação dos defeitos revelados na impressão. O método de Baumann é uma imagem impressa em papel fotográfico por meio de uma reação química, que registra no papel as descontinuidades e os defeitos existentes no interior dos produtos lingotados (esse método é válido quando o enxofre presente na composição química do aço > 0,010%). A Figura 9.37 dá uma ideia aproximada dos defeitos possíveis de serem encontrados no interior dos produtos lingotados via lingotamento contínuo.

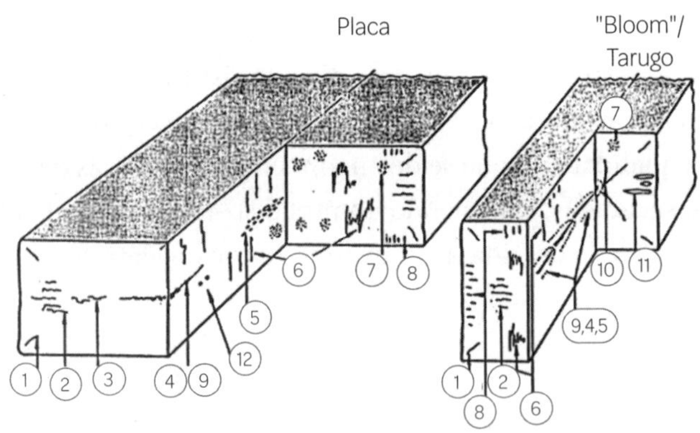

1. Trinca interna de canto
2. Trincas horizontais
3. Trincas centrais
4. Segregação central
5. Porosidade
6. Trinca ¼ da espessura
7. Inclusões não metálicas
8. Poros sub superficiais
9. Cavidades contração
10. Trincas diagonais
11. Porosidade grosseira
12. Semi-macro.segregação

Figura 9.37 Representação dos defeitos internos de placas, blocos e tarugos.
Fonte: adaptada de [14].

Para aços cujo teor de enxofre é menor que 0,010%, utiliza-se o método em que a imagem é registrada na amostra metálica retirada da placa/bloco/tarugo. Para tanto, utiliza-se solução de persulfato de amônio, que ataca os defeitos produzidos internamente nos produtos revelando a imagem na amostra retirada da placa, que pode ser avaliada pelos técnicos especializados nesse tipo de análise. A Figura 9.38 apresenta uma imagem da qualidade interna analisada por esse método.

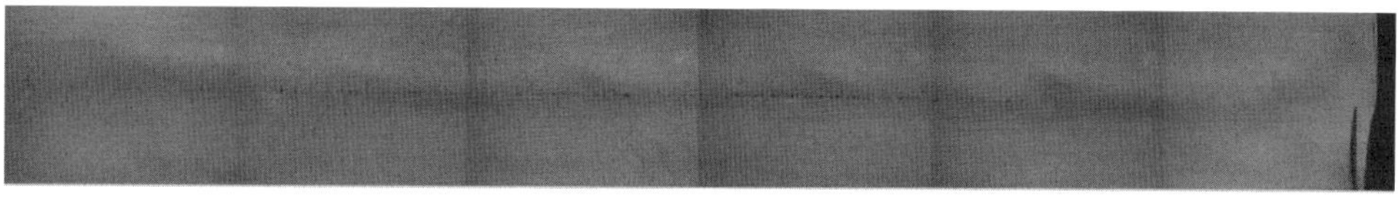

Figura 9.38 Imagem da qualidade interna de uma amostra de placa. Na região central, é apresentado o defeito de segregação central.
Fonte: acervo do autor.

O resultado da classificação informa a equipe que opera a máquina de lingotamento sobre a necessidade ou não de efetuar ajustes no processo, que vão desde redução de velocidade até redução de temperatura de lingotamento, além de ajustes na máquina de lingotamento, realizando a medição de alinhamento e/ou espaçamento dos rolos da máquina. Nesse caso, a produção do aço é interrompida para que sejam feitos tais ajustes.

A impressão de Baumann também dá suporte na aplicação do aço como produto final acabado. Uma vez verificado defeito grave em seu interior que comprometa o seu desempenho, por exemplo, na fabricação de tubos para gasodutos ou oleodutos, entre outros, esses produtos são imediatamente desviados para outra aplicação menos exigente.

O produto lingotado também pode ser resfriado e inspecionado a frio, como acontece com alguns tipos de aço mais críticos, principalmente com a presença de elementos de ligas como o nióbio e o vanádio. Esses aços são mais propensos a gerar defeitos superficiais que os demais.

Os defeitos mais comuns apresentados na superfície de placas, blocos e tarugos são as trincas, conforme indicado na Figura 9.39.

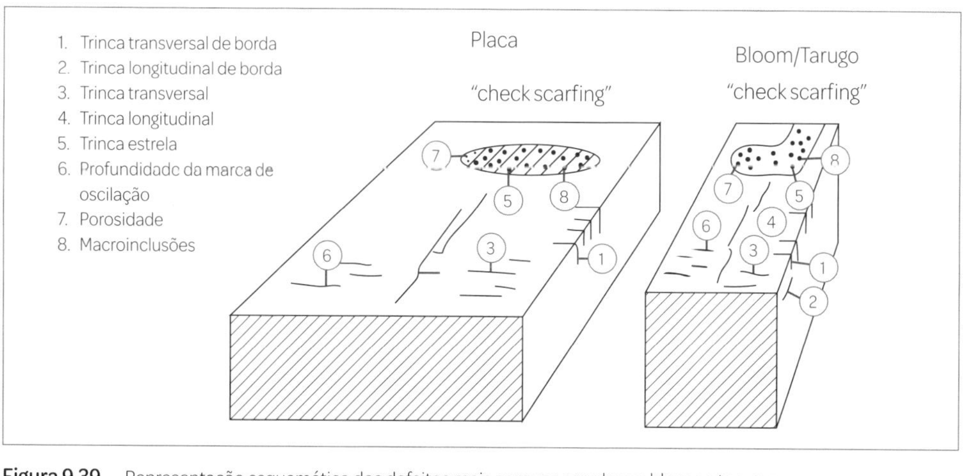

Figura 9.39 Representação esquemática dos defeitos mais comuns em placas, blocos e tarugos.
Fonte: adaptada de [14].

Esses defeitos devem ser removidos para que não afetem a qualidade do produto acabado. A remoção acontece por meio de um processo denominado escarfagem, que utiliza um maçarico oxiacetileno de grande tamanho (± 1 metro de comprimento). Aceso, é posicionado sobre o defeito, promovendo a fusão da área defeituosa e a consequente remoção do defeito.

A escarfagem pode ser manual (quando realizada por uma pessoa portando o maçarico) ou automática (quando realizada por uma máquina de escarfar). Ambos os procedimentos provocam perda metálica, pois há remoção do defeito, o que acarreta perda de rendimento.

Os produtos lingotados cujos defeitos não podem ser removidos pelo processo de escarfagem são sucatados, retornando para a linha de refino para compor a carga de uma outra corrida.

Assim que os defeitos são eliminados da superfície dos produtos lingotados, estes são enviados à laminação, para posterior transformação em produto acabado.

8. TECNOLOGIAS EMERGENTES NO LINGOTAMENTO CONTÍNUO

As indústrias siderúrgicas sabem que o maior custo existente na fabricação de aço recai sobre a redução primária (altos-fornos) e refino (aciaria). Nesse sentido, buscam-se novas ideias capazes de reduzir o custo de operação das fábricas a fim de melhorar a posição competitiva da empresa.

Alternativa para redução de custo tem sido o desenvolvimento de novos processos que eliminem alguns passos intermediários ou combinem processos para reduzir perda de material e consumo de energia e utilizar menos mão de obra.

Nesse sentido, o desenvolvimento do lingotamento contínuo busca aproximar o seu produto da forma final do produto acabado. Alguns dos processos que vão nessa direção são comentados a seguir.

8.1 *Thin-slab-casting*

Thin-slab-casting é a principal tecnologia emergente de lingotamento contínuo. Pode ser de placas consideradas finas, com espessura entre 40 e 70 mm, ou até mesmo de lingotamento de placas médias, com espessura entre 80 e 150 mm. Conectado a essa máquina de lingotamento está um forno de aquecimento das placas, que terão sua temperatura elevada e uniformizada para, em seguida, serem laminadas. Como a chapa é de espessura fina ou média, um menor número de passes de laminação é requerido para obter o produto final. A Figura 9.40 apresenta um esquema do processo *thin-slab-casting* [20].

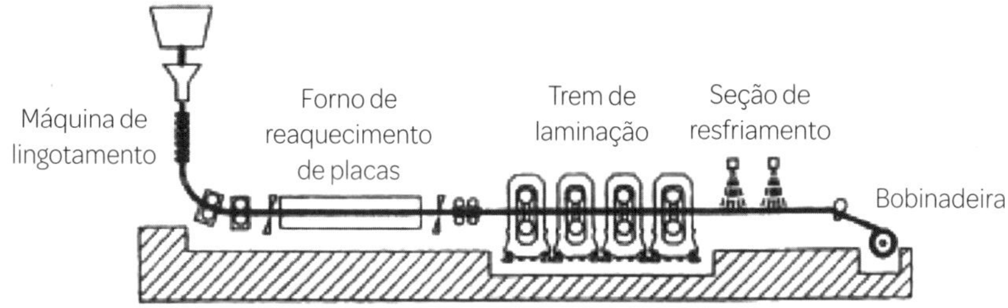

Figura 9.40 Figura esquemática do processo thin-slab casting.
Fonte: adaptada de [21].

8.2 *Strip-casting*

A segunda mais importante tecnologia emergente no lingotamento contínuo é o *strip-casting*. A Figura 9.41 apresenta a concepção do processo, que pretende obter chapas finas diretamente a partir do aço líquido. O aço líquido solidifica-se em moldes que funcionam como rolos, obtendo-se, assim, uma chapa fina de espessura entre 2 e 3 mm e larguras entre 800 e 1.300 mm.

Adição de aço líquido, tecnologia do rolo, confinamento do molde e controle da força de separação do rolo são as principais áreas que ainda necessitam de desenvolvimento fundamental. Vale ressaltar que os detalhes sobre essa tecnologia ainda não estão disponíveis [20].

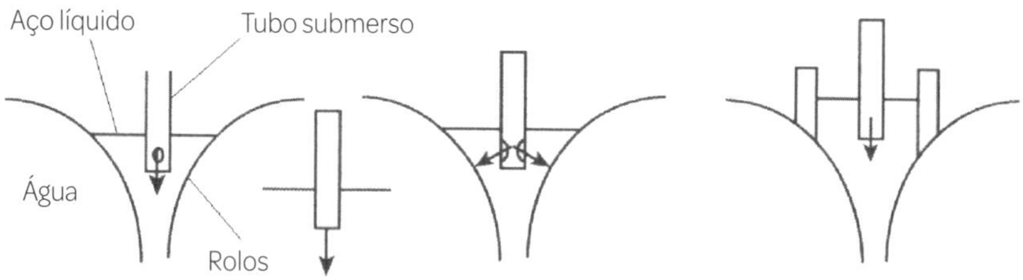

Figura 9.41 Processo para obtenção de chapa fina via lingotamento contínuo.
Fonte: adaptada de [21].

Toda a descrição realizada até aqui sobre o processo de solidificação de aço utilizando-se uma máquina de lingotamento contínuo é representada esquematicamente na Figura 9.42. É possível observar as principais partes que compõem uma instalação, sua distribuição e uma ideia aproximada da dimensão de alguns dos componentes.

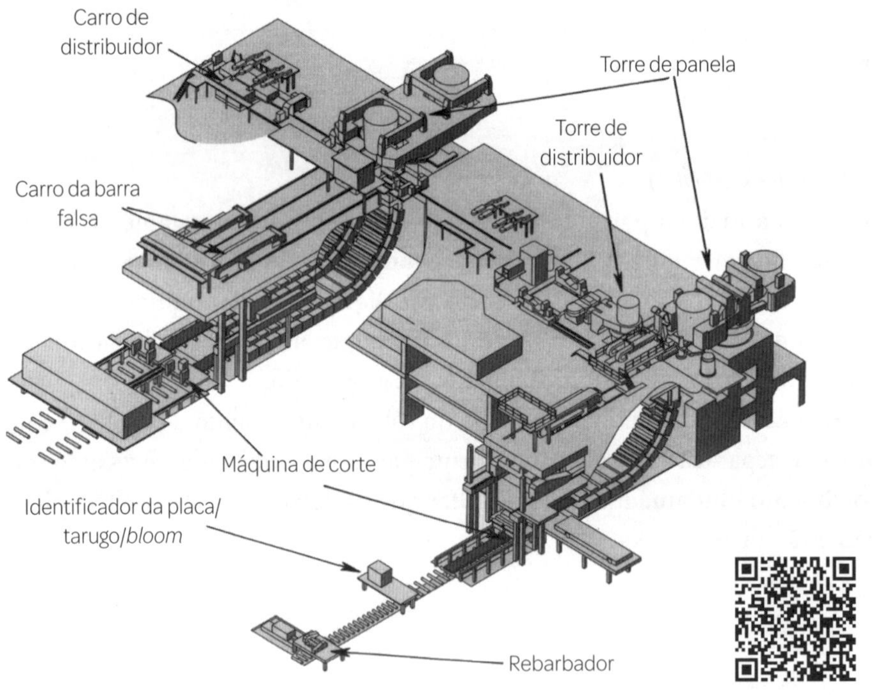

Figura 9.42 Representação esquemática de uma instalação de lingotamento contínuo de placas.
Fonte: adaptada de [22].

REFERÊNCIAS

1. INTERNATIONAL IRON AND STEEL INSTITUTE. The first 25 years and the present position of continuous casting. *In: Continuous casting of steel 1985 – A second study*. Brussels, 1986, p. 1-31.
2. VALADARES, C. A. G.; BEZERRA, M. C. C. Introdução. *In*: *Lingotamento contínuo de placas*. São Paulo: Curso ABM, 2002, p. 1-14.
3. AMERICAN IRON AND STEEL INSTITUTE. Disponível em: www.steel.org/learning/flowline/index.htm. Acesso em: jan. 2005.

4. SCHREWE, H. F. Continuous casting of steel - Fundamental principles and practice. *Historical developments of continuous steel casting*. Publicação da Iron & Steel Society of AIME 1983. USA: Edward Brothers, inc Ann Arbor Michigan, 1987, p. 1-9.
5. WOLF, M. M. Historical aspects and key technologies. *In*: *Making and shaping casting*. Pittsburgh: AISE Steel Foundation, 2003, p. 1-38.
6. NIPPON STEEL CORPORATION. *Kimitsu works. Steelmaking plant*. [*S.I.*], 1995. [Catálogo]
7. KROSAKI CORPORATION. [*S.I.*], 1996. [Catálogo]
8. THOMAS, B. G. Modeling of continuous casting. *In*: *Making and shaping casting*. Pittsburgh: AISE Steel Foundation, 2003, p. 1-24.
9. STOLLBERG & SAMIL. *Mold flux*. Disponível em: www.stollberg.co.kr/product/. Acesso em: 16 nov. 2006.
10. Manual de treinamento realizado na Usiminas 1988 sobre lingotamento contínuo.
11. VOEST-ALPINE TECHNOLOGY. *Manual de operação*: máquina de lingotamento contínuo. [*S.I.*], 2001.
12. ZHANG, L.; THOMAS, B. G. Continuous casting. *In*: *Evaluation and control of steel cleanliness - Review*. Warrendale: The Iron and Steel Society, 1995.
13. NIPPON STEEL CORPORATION. *Plant & Machine Division*. [*S.I.*], 1998. [Catálogo]
14. INTERNATIONAL IRON AND STEEL INSTITUTE. The metallurgy of continuous casting. *In*: *Continuous casting of steel 1986 a second study*. Brussels: International Iron and Steel Institute, 1986. p. 2-88.
15. NIPPON STEEL CORPORATION. *Technique for predicting and preventing breakouts*. [*S.I.*], 2001.
16. MACHINGAWUTA, N. C.; BAGHA, S.; GRIEVESON, P. Heat transfer simulation for continuous casting. *In*: IRON AND STEEL SOCIETY. *Mold operation for quality and productivity*. Iron and Steel Society,1991, p. 127-134.
17. ZHOU, L. *et al*. Effect of Na2O and B2O3 on heat transfer behaviour of low fluorine mold flux for casting medium carbon steels. *ISIJ International*, v. 53, n. 4, p. 665-672, 2013.
18. REYNOLDS, T. *et al*. The design of flat and long products casters. *In*: FRUEHAM, R. J. *Making and shaping casting*. AISE Steel Foundation, 2003, p. 1-139.
19. BRASCUGLI, G. *et al*. First CSP plant for stainless steel at AST. [*S.I.*]: SMS Demag, 2000.

20. MILLS, K. C. The performance of casting powders and their effect on surface quality. *In*: IRON AND STEEL SOCIETY. *Mold operation for quality and productivity*. Warrendale: 1991, p. 85-93.
21. BIRRAT, J. P. The future of continuous casting. *In*: FRUEHAM, R. J. *Making and shaping casting*. AISE Steel Foundation, 2003, p. 1-30.
22. KAWASAKI STEEL CORPORATION. *Steelmaking plant. Chiba works*. [*S.I.*], 2000. [Catálogo]

BIBLIOGRAFIA

KAISER, H. P.; KEMPLER, G.; LIEBISCH, K. O. New slab casting technologies at the Hüttenwerke Krupp Mannesmann GMBH steel plant. *European Continuous Casting Conference*, Birmingham, v. 4, p.783-800, 2002.

SCHADE, J. H. *et al.* Tundish operations. *In: Making and shaping casting.* Pittsburgh: AISE Steel Foundation, 2003, p. 1-70.

CAPÍTULO 10
Laminação de produtos planos e longos

Antonio Augusto Gorni

1. INTRODUÇÃO

A obtenção de produtos siderúrgicos finais diretamente do aço líquido, por meio de fundição e solidificação, é um processo de aplicação restrita, já que ele não é adequado técnica e economicamente para satisfazer os requisitos da grande maioria das aplicações, sobretudo no caso dos produtos planos finos. Portanto, estima-se que apenas 20% da produção siderúrgica mundial sejam processados unicamente pela rota de fundição. Os 80% restantes são submetidos a, no mínimo, uma etapa de conformação mecânica – laminação, forjamento, extrusão etc. A laminação, de longe, constitui o principal processo desse tipo, em função de sua alta produtividade, principalmente no caso dos produtos planos, cuja simplicidade geométrica permite sua transformação via corte, conformação mecânica e soldagem, em produtos com os mais diversos formatos e propriedades.

O presente capítulo é uma revisão da literatura cujo objetivo é destacar os principais aspectos por trás da laminação de aços, tanto na forma de produtos planos – ou seja, com seção transversal retangular –, como produtos longos, cuja seção transversal apresenta os mais diferentes formatos.

2. CONCEITOS BÁSICOS DE LAMINAÇÃO

2.1 Definições

A laminação é um processo de conformação mecânica que consiste basicamente na passagem de um esboço de aço entre dois cilindros que giram sob mesma velocidade, mas em sentidos contrários (Figura 10.1). No caso mais simples de laminação, o de produtos planos, o esboço inicialmente apresenta maior espessura do que a abertura entre os cilindros rotativos. Portanto, ao passar por eles, a espessura do esboço é reduzida até o valor dessa abertura. Uma vez que o volume do esboço de aço é constante, obviamente a redução numa das dimensões do esboço (a espessura) é compensada, geralmente pelo aumento de seu comprimento. Caso a espessura do esboço seja muito grande em relação a sua largura (por exemplo, espessura com valor superior a 1/10 da largura), há também um ligeiro aumento na largura do laminado no caso da laminação a quente. Na maioria dos casos é impossível, por razões técnicas, aplicar toda redução de espessura requerida de uma vez só. Logo, após a passagem total do esboço pelo laminador, a distância entre os cilindros é reduzida, o sentido de rotação de ambos os cilindros é revertido e o esboço torna a passar pelo laminador, também em sentido contrário ao anterior, de forma a receber nova redução de espessura. Esse ciclo se repete até que o esboço atinja a espessura especificada.

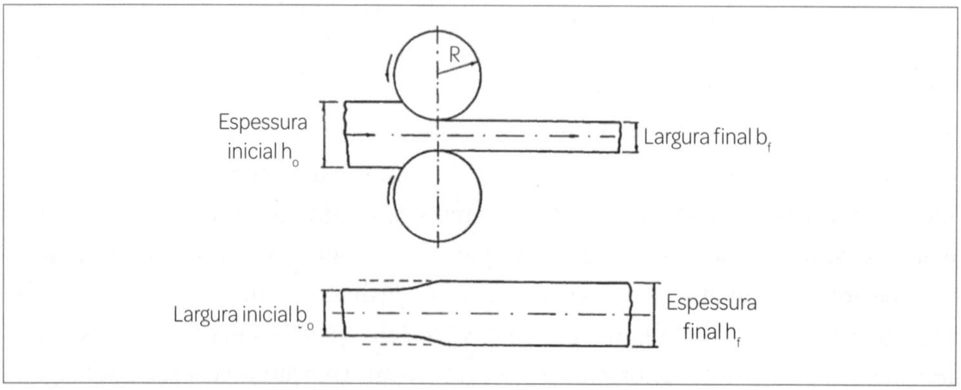

Figura 10.1 Representação esquemática do processo de laminação de produtos planos.
Fonte: adaptada de [1].

A cada passagem do esboço pelo laminador – ou, como se costuma dizer, a cada passe de laminação – este é "agarrado" pelos cilindros de trabalho, em função do atrito existente entre eles, o qual gera uma força proporcional à tensão normal aplicada pelos cilindros e o correspondente coeficiente de atrito. Este último parâmetro depende da rugosidade superficial dos cilindros e do esboço laminado, bem como da presença (ou não) de lubrificantes. A força normal resulta da resistência do metal ao ser comprimido pelos cilindros, a qual depende da composição química do aço, temperatura, redução de espessura (ou grau de deformação) e da velocidade dos cilindros (ou taxa de deformação). O atrito é herói e vilão no processo de laminação. Esse processo seria inviável caso ele não existisse, pois, nesse caso, a chapa ficaria imóvel, "patinando" contra os cilindros em rotação. Por outro lado, o atrito precisa ser vencido durante a laminação, o que implica um esforço extra que é acrescido à carga mecânica pura necessária para vencer a resistência à deformação que o material impõe ao ser deformado.

Surge aqui a primeira divisão dos processos de laminação: de produtos planos ou longos. A laminação de produtos planos, cujo volume de produção é muito maior, caracteriza-se pela conformação de produtos com seção transversal retangular, cuja largura é pelo menos quatro vezes superior à espessura. Já os produtos longos apresentam uma multiplicidade de seções transversais: circular, quadrada, hexagonal, em formato de "U", "I", "T" etc. Seu volume de produção é bem menor, já que seu formato específico restringe suas aplicações e, consequentemente, sua demanda. Note-se que é até possível fabricar, por exemplo, perfis em forma de "T" cortando e soldando laminados planos, mas nesse caso o custo é superior ao do mesmo produto feito diretamente da laminação a quente. Contudo, a fabricação direta do perfil por meio de laminação a quente requer uma demanda alta o suficiente para justificar os altos investimentos necessários para implantar e operar os equipamentos necessários.

2.2 Temperatura de laminação

A sabedoria popular afirma que deve-se forjar o ferro enquanto ele está quente. De fato, o aquecimento de aço e outros metais até temperaturas adequadas facilita muito a sua conformação mecânica. Mas por que isso ocorre?

Todo metal, ao ser deformado, sofre encruamento, ou seja, sua estrutura cristalina é distorcida e passa a apresentar maior densidade de defeitos, o que aumenta sua energia interna. Sua dureza também aumenta, o que torna cada vez mais difícil aplicar deformações adicionais. E, mesmo que elas possam ser aplicadas, após certo grau de deformação, surgirão trincas ou mesmo a ruptura do material, já que sua ductilidade (ou capacidade de receber deformação adicional) diminui.

A maior energia interna decorrente do encruamento constitui um estado instável do ponto de vista termodinâmico, e o próprio metal tentará eliminar esse excesso, reduzindo sua energia interna aos níveis anteriores à deformação. Contudo, para que isso ocorra, é necessário que os átomos vibrem com intensidade suficiente para apresentarem alguma mobilidade. O aumento da temperatura proporciona energia térmica aos átomos, permitindo que vibrem com mais intensidade e, portanto, tornem-se móveis. Se essa mobilidade for alta o suficiente, os átomos de metal aproveitam a energia interna armazenada anteriormente pela deformação para rearranjar sua estrutura cristalina, eliminando os defeitos e a distorção provocada pela deformação, pelo processo designado como recristalização. O metal volta a apresentar menor dureza, em valor próximo ao que tinha antes da deformação, além de voltar a ser dúctil.

A Figura 10.2 correlaciona, de forma simplificada, a mobilidade dos átomos de metal com as respectivas faixas de sua temperatura, expressas pela escala homóloga – ou seja, a razão entre a temperatura que está sendo considerada e a temperatura de fusão do metal, ambas expressas na escala Kelvin.

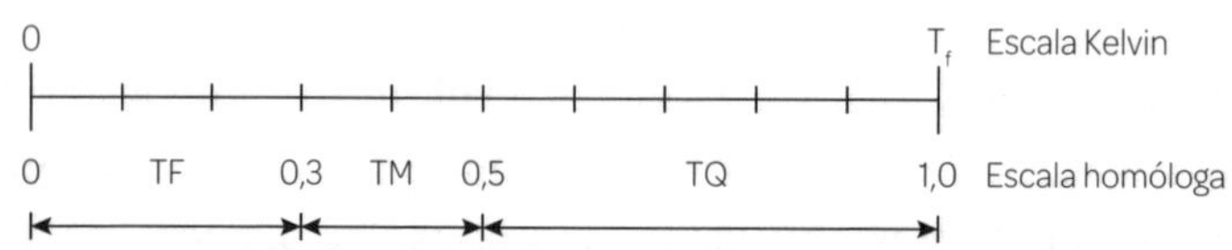

Figura 10.2 Temperaturas que definem os regimes de deformação dos metais, expressas nas escalas Kelvin e homóloga.
Fonte: adaptada de [1].

A região TQ mostrada na figura indica a faixa de temperaturas na qual os átomos do metal considerado possuem alta mobilidade, que teoricamente se estende desde a temperatura homóloga (ou seja, metade do ponto de fusão do metal considerado) até a correspondente temperatura de fusão. Nesse caso, o encruamento decorrente da deformação é anulado imediatamente após (às vezes, até simultaneamente com) a deformação aplicada, o que resulta num metal relativamente macio, que não endurece com a deformação e de alta ductilidade. No caso dos aços de baixo carbono, cujo ponto de fusão é da ordem de 1.410 °C, essa faixa teoricamente se estende desde 569 °C ([(1.410+273)/2] – 273) até sua temperatura de fusão, 1.410 °C. Esta é a faixa em que ocorre a chamada laminação a quente que, na prática, se restringe a aproximadamente 750 a 1.200 °C. Sob tais condições, o aço é macio e dúctil o suficiente para permitir a laminação desde placas com 210 mm de espessura até tiras a quente de 1 mm em apenas alguns minutos de processamento, usando equipamentos dimensionados de forma econômica em termos de carga mecânica e potência elétrica.

A maior parte dos processos de laminação de produtos longos ocorre a quente. Isso se deve ao fato dos formatos das seções transversais do esboço se alterarem a cada passe de laminação, ou seja, ocorre uma deformação bidimensional ao invés de uma simples redução de espessura. Isso requer maior ductilidade do metal laminado, um fator que somente pode ser garantido caso ele apresente temperatura acima da homóloga.

Já a laminação a frio ocorre na faixa de temperaturas TF mostrada na Figura 10.2. No caso do aço, ela se estende teoricamente até 288 °C ([(1.410+273)/3] − 273), mas, na prática, ela não ultrapassa os 150 °C. Nesse caso, o metal endurece a cada passe aplicado de laminação, o que limita a redução total de espessura que pode ser aplicada ao aço, tanto em função do porte do equipamento como da capacidade do metal em receber deformação (ou seja, sua ductilidade). Geralmente, é necessário aplicar agentes lubrificantes no arco de contato que se forma entre o esboço que está sendo laminado e os cilindros de laminação para reduzir o esforço mecânico da laminação.

Podemos observar que há uma terceira faixa de temperaturas na Figura 10.2, designada como TM, entre TF e TQ; é onde ocorre a chamada laminação a morno. Sob tais condições, os átomos de metal apresentam mobilidade restrita, ainda que ela não seja nula. O esboço apresenta um comportamento híbrido entre laminação a quente e a frio. No caso do aço, essa faixa de temperaturas teoricamente varia entre 288 e 569 °C. Contudo, do ponto de vista tecnológico, é uma região com menor importância, que é aplicada somente em casos especiais da laminação de produtos planos de aço.

É preciso notar que cada tipo de laminação possui vantagens e desvantagens. A laminação a quente permite grandes reduções de espessura no laminado, mas sua qualidade superficial não é tão boa em função da oxidação que o aço sofre, bem como do desgaste intenso das superfícies dos cilindros de laminação, que são submetidas a ciclos térmicos alternados intensos à medida que giram. Além disso, uma vez que a laminação a quente deve ser feita sob alta velocidade, para minimizar a queda de temperatura do esboço laminado, geralmente não é possível conseguir tolerâncias dimensionais muito precisas no produto. Já a laminação a frio, apesar das altas cargas mecânicas envolvidas, permite a obtenção de superfícies com boa qualidade e alta precisão dimensional no laminado. Além disso, ela permite a aplicação de texturas especiais à superfície do laminado com o uso de cilindros adequadamente retificados. De maneira geral, a laminação a quente efetua a maior parte da conformação mecânica da placa fornecida pela aciaria, ao passo que a laminação a frio efetua o acabamento no caso de produtos que requeiram maiores níveis de qualidade superficial e dimensional.

2.3 Tipos de laminadores

O tipo mais simples de cadeira de laminação é chamado de duo, pois só possui dois cilindros de laminação; ele pode ser visto esquematicamente na Figura 10.3. Os cilindros que aplicam a deformação ao laminado estão inscritos num quadro ou gaiola, cuja função é suportar a carga decorrente da conformação mecânica do laminado e manter, tanto quanto possível, os cilindros fixos na posição ajustada. Entre os cilindros e o quadro encontram-se os mancais, elementos de máquina que mantêm os cilindros fixos no quadro, ao mesmo tempo que permitem que eles girem. São equipamentos de pequeno porte, que geralmente podem processar chapas com até um metro de largura. Em geral, são reversíveis, ou seja, seus cilindros giram nos dois sentidos, o que contribui decisivamente para a facilidade de operação e produtividade, sobretudo na laminação a quente.

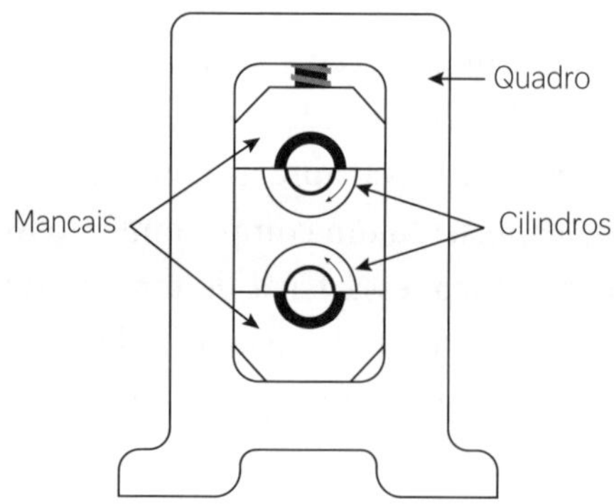

Figura 10.3 Esquema básico de uma cadeira de laminação.
Fonte: adaptada de [2].

Contudo, equipamentos mais antigos não são reversíveis, obrigando os operadores a deslocarem o laminado de volta para o lado de entrada do laminador a cada passe. Uma solução adotada no passado para resolver esse problema foi a configuração trio (Figura 10.4a), isto é, com três cilindros de laminação. O primeiro passe de laminação podia ser feito, por exemplo, usando o cilindro superior e o do meio, enquanto o passe seguinte usava o cilindro inferior e o do meio, permitindo o retorno do esboço para a posição inicial, e assim por diante.

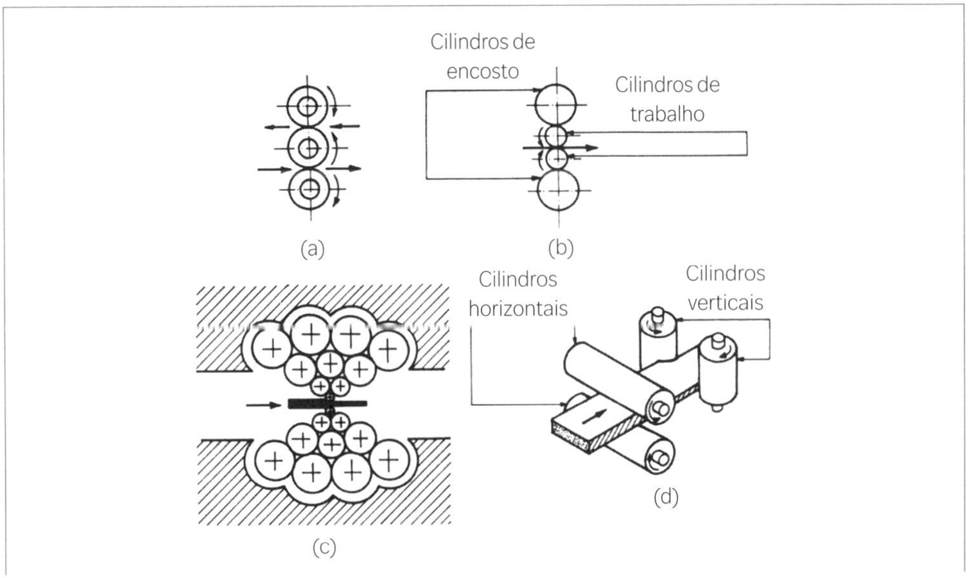

Figura 10.4 Configurações especiais de laminadores de produtos planos: (a) trio, (b) quádruo, (c) Sendzimir, (d) universal.
Fonte: adaptada de [2].

A Figura 10.5 mostra um típico cilindro usado na laminação de produtos planos. Durante a aplicação do passe de laminação, o esboço faz contato com a mesa – que, nesse caso, é totalmente reta. O trevo, por sua vez, permite o acoplamento do cilindro com a alonga (ou eixo) que transmite a energia produzida pelo motor elétrico. O pescoço é a região de transição entre a mesa e o trevo, onde o cilindro se encaixa nos mancais fixos no quadro.

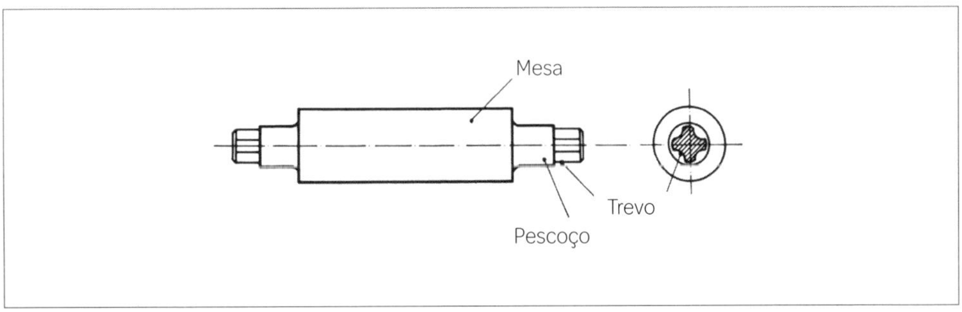

Figura 10.5 Vista longitudinal e transversal de cilindro de laminação usado na laminação de produtos planos.
Fonte: adaptada de [2].

Os esforços atuantes sobre o cilindro durante a aplicação do passe de laminação são extremamente elevados, o que requer que o cilindro seja feito com materiais especiais, aços ou ferros fundidos de alta liga. A situação é ainda pior no caso da laminação a quente, uma vez que o cilindro entra em contato periódico com o aço que se encontra sob temperaturas muito mais altas. O desgaste dos cilindros nesse caso é muito maior, já que há a ação da fadiga térmica, requerendo o uso de materiais ainda mais sofisticados. O desgaste sofrido durante a laminação exige que os cilindros sejam periodicamente retirados do laminador e submetidos à retífica, onde deve ser retirado todo o material irregular e encruado que houver sobre a superfície da mesa. Após esse recondicionamento, o cilindro pode retornar para uma nova campanha de laminação. Esse procedimento é repetido até que a espessura útil da mesa seja totalmente utilizada, ocasião em que o cilindro deve ser sucatado.

Por se tratar de uma ferramenta muito cara, a ponto de ser o segundo ou terceiro item de custo de uma planta de laminação, a espessura de camada retificada a cada campanha é controlada com bastante rigor – o ideal é que se lamine a máxima tonelagem de aço a cada milímetro de raio retirado durante as retificações. A ocorrência de acidentes de laminação – sobrecargas, superaquecimento por parada súbita durante a laminação a quente, lascamentos, colaminação de materiais estranhos – deve ser evitada a todo custo, pois nesse caso não só os danos de cilindro devem ser totalmente eliminados, como também uma camada extra de material deve ser retirada da mesa para garantir a total ausência de material que possa ter sido afetado pelo acidente. Isso reduz o rendimento do cilindro e aumenta o custo global da operação.

Atualmente, o uso de laminadores duo ou trio para o processamento de produtos planos é restrito a laboratórios ou plantas de pequeno porte. Isso porque os cilindros sofrem flexão significativa ao laminar esboços com grande largura, conforme mostrado na Figura 10.6, pela alta carga mecânica requerida pela conformação. O aumento do diâmetro dos cilindros de laminação seria uma solução simples para esse problema, mas há um limite: quanto maior esse diâmetro, maior a espessura de chapa mais fina que o laminador poderá processar, limitando a gama de produtos que ele poderia fazer. Esboços mais finos do que esse valor limite, em geral determinado de forma empírica, simplesmente não serão "mordidos" pelo laminador e "patinarão" contra os cilindros.

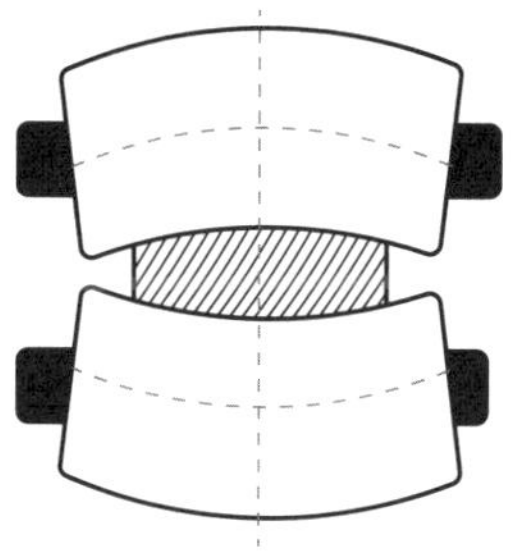

Figura 10.6 Flexão observada nos cilindros durante a laminação de produtos planos, em que a largura é bem maior do que a espessura.
Fonte: adaptada de [2].

Há uma série de medidas aplicadas para resolver esse problema. A principal delas é usar um par de cilindros de apoio para reduzir a flexão dos cilindros que efetivamente reduzirão a espessura do laminado (ver Figura 10.4b). Nesse laminador, do tipo quádruo, os chamados cilindros de trabalho são aqueles que efetivamente entram em contato com o esboço e o deformam, enquanto aqueles que os apoiam são os cilindros de encosto. Pode-se observar nessa mesma figura que os cilindros de encosto possuem diâmetro bem maior que os de trabalho, pois não são limitados pela espessura mínima do esboço a ser processado, e sim por questões técnicas e econômicas.

Os cilindros de encosto sempre trabalham sob temperatura ambiente, mesmo na laminação a quente. Ainda assim, eles sofrem encruamento superficial em função das altas cargas de laminação que atuam sobre ele, já que suportam os cilindros de trabalho. Portanto, eles também têm de ser retirados periodicamente da cadeira de laminação a intervalos regulares e mais longos do que os intervalos dos cilindros de trabalho, para que essa camada encruada seja removida pela retificação. Nesse ponto, é muito importante minimizar a espessura da camada a ser removida por retificação, de modo a prolongar a vida útil do cilindro de encosto até que ele atinja o diâmetro mínimo recomendado pelo fabricante. Porém, isso deve ser feito com critério, pois a presença de resíduos de material encruado pode fragilizar o cilindro durante sua operação, aumentando a chance da ocorrência de trincas que produzirão lascamentos. Esses defeitos, por sua vez, deverão ser eliminados na retífica seguinte, aumentando a quantidade de material a ser removido e reduzindo a vida útil do cilindro de encosto. Em casos mais críticos, uma retífica insuficiente pode provocar o trincamento catastrófico do cilindro de encosto, o que resultaria em grande prejuízo financeiro.

Esse conceito pode ser expandido de forma a minimizar ainda mais a flexão dos cilindros de trabalho. Por exemplo, nas cadeiras sêxtuplas tem-se, além dos dois cilindros de trabalho, mais dois cilindros de encosto para cada cilindro de trabalho. Como um caso extremo pode-se citar o laminador Sendzimir, cujo esquema pode ser visto na Figura 10.4c. Aqui, há nove cilindros de encosto para cada cilindro de trabalho. Esse laminador processa folhas, produto plano com espessuras da ordem de décimos de milímetro, o que impõe que seu cilindro (ou rolo) de trabalho apresente diâmetro muito pequeno. Esse aglomerado de cilindros de encosto, além de reduzir a flexão dos cilindros de trabalho, restringe sua flexão no sentido do movimento do laminado, que, nesse caso, atinge grau significativo em função do valor muito pequeno de seu diâmetro.

Como já foi mencionado, se a relação entre espessura e largura do esboço for relativamente alta no momento da aplicação do passe na laminação a quente, ocorre também algum alargamento do laminado. Isso se dá no início da laminação das placas, que possuem espessura inicial entre 200 e 250 mm. Em alguns casos, é desejável restringir tal alargamento para aumentar a precisão do produto final. Em outros casos, pode-se optar por aumentar a produtividade da máquina de lingotamento contínuo por meio da supressão das trocas de moldes, caso em que são produzidas placas com largura máxima, exigindo que esta ajustada até valor desejado durante a laminação. Isso pode ser feito com o uso de cadeiras que também efetuam a laminação vertical (ou de bordas), ou seja, o chamado laminador universal, visto na Figura 10.4d, que leva esse nome porque efetua tanto a redução da espessura como da largura do laminado. Por outro lado, deve-se notar que a redução da largura não é uniforme, pois essa dimensão é muito maior do que o diâmetro do cilindro que aplica a deformação. Logo, há a tendência de acúmulo de material na borda do laminado, o que leva a seção transversal do esboço a assumir formato parecido com a de um osso de cachorro. Se esse acúmulo for acentuado, a laminação posterior do esboço o fará apresentar pontas em formato de rabo de peixe, o que é indesejável, pois elas terão de ser descartadas e transformadas em sucata, reduzindo o rendimento metálico da linha e implicando custos adicionais.

Em instalações com volume de produção relativamente baixo, como é o caso de usinas de pequeno porte ou relaminadoras, é conveniente restringir o investimento em equipamentos, reduzindo, assim, o custo de manutenção e acelerando o retorno do investimento feito na implantação da linha. Nesse caso, usa-se normalmente uma cadeira reversível para a laminação dos produtos. O inconveniente é o fato de o processamento dos produtos levar mais tempo, já que, a cada passe todo, o comprimento do esboço tem de passar pelo laminador antes de se efetuar o passe seguinte. No caso de tiras laminadas a quente ou a frio, em que o comprimento do laminado é da ordem de dezenas, ou mesmo centenas de metros, é necessário que ele esteja acondicionado na forma de bobinas. Portanto, cada laminador precisa dispor de uma bobinadora em seu lado de entrada, para fornecer o material para laminação, bem como uma bobinadora no seu lado de saída, para recolher o material laminado (Figura 10.7). Essa configuração tem a vantagem de permitir tensionar o material tanto na entrada como na saída do laminador, desde que a velocidade da tira seja, respectivamente, menor e maior do que a dos cilindros de trabalho. Esse tensionamento, desde que em nível significativo em relação à resistência do aço que está sendo processado, contribui para a redução da espessura, distribuindo para as duas bobinadoras parte do esforço que seria feito pelo laminador.

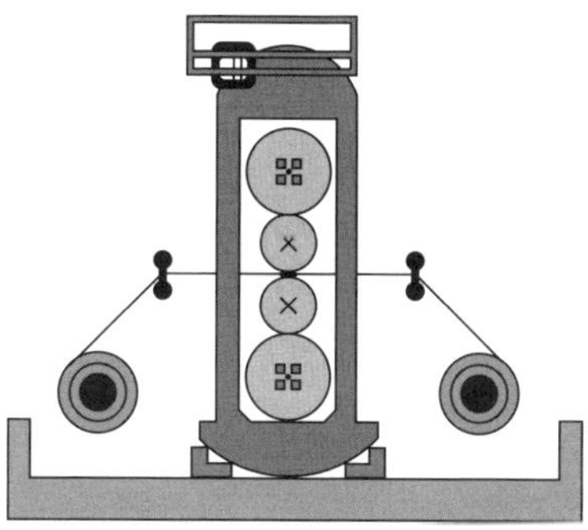

Figura 10.7 Cadeira reversível para laminação a frio de tiras dotada de bobinadoras.
Fonte: desenho do autor.

Há casos em que o volume de produção é muito alto, tornando inviável o longo tempo de processamento típico de uma cadeira reversível. Nesses casos, torna-se economicamente possível usar um trem contínuo de cadeiras, ou seja, de duas a sete cadeiras enfileiradas, não reversíveis, cada uma delas aplicando um passe de laminação (Figura 10.8). O material sai da última cadeira já em sua espessura final. Obviamente, a inversão de capital e o espaço físico ocupado nesse caso é muito maior, mas o volume de produção justifica esse ônus.

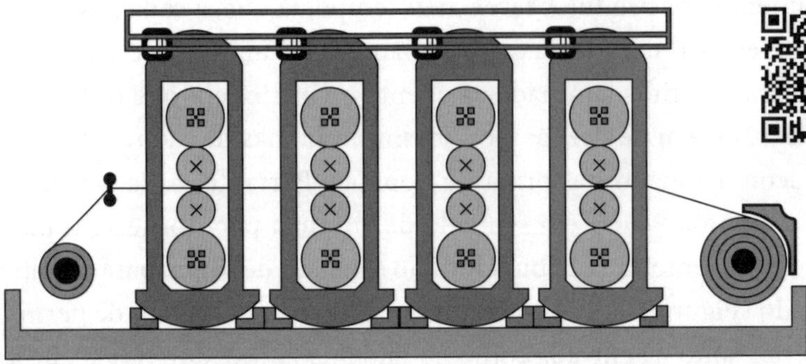

Figura 10.8 Trem contínuo de tiras a frio como quatro cadeiras de laminação dotado de bobinadoras.
Fonte: desenho do autor.

3. LAMINAÇÃO DE PRODUTOS PLANOS

3.1 Tipos de produtos planos

A principal característica que diferencia os produtos planos é sua espessura e, às vezes, sua largura. Dessa forma, podemos classificá-los em:

1. Chapas grossas: produto laminado a quente, em geral com espessura a partir de 6 mm e largura a partir de 2.500 mm, usado principalmente em obras de infraestrutura – tubos de grande diâmetro para oleodutos e gasodutos, pontes, torres eólicas, indústria naval, construção civil etc. Por esse motivo, geralmente os lotes de chapas grossas são produzidos sob encomenda, conforme as especificações de cada obra; uma parte relativamente pequena da produção é destinada para distribuidores de produtos siderúrgicos para venda avulsa. O valor de largura citado representa o mínimo que pode ser produzido economicamente nas usinas integradas, mas nada impede que um distribuidor corte essas chapas num valor mais adequado a seu cliente. Já o valor máximo de largura depende de cada planta, variando de 3.500 até 5.000 mm. De acordo com as normas técnicas mais exigentes, e também do ponto de vista da garantia da qualidade, a espessura máxima desse produto é limitada a um terço da espessura do semiproduto bruto de fusão que deu origem a ela. Como hoje a maioria das usinas produz esse material a partir de placas lingotadas continuamente com 250 mm de espessura, a espessura máxima viável comercialmente de chapas grossas é da ordem de 83 mm. Algumas usinas alemãs e chinesas, especializadas no fornecimento de chapas grossas extrapesadas, produzem placas lingotadas continuamente com 600 mm de espessura, o que, em tese, permite a fabricação de chapas grossas com até 200 mm de espessura, usadas

principalmente em comportas de usinas hidrelétricas. A qualidade superficial da chapa grossa não é tão boa, uma vez que se trata de produto laminado a quente, muito embora o nível de exigência dos clientes da linha amarela (tratores e máquinas rodoviárias) tenha aumentado bastante nos últimos anos.

2. Chapa fina a quente: produto laminado a quente, com espessuras entre 1,5 e 5 mm e largura de até 2.500 mm, usado principalmente em bens de consumo duráveis, como chassis e rodas para caminhões e automóveis, compressores de geladeira etc., mas eventualmente também em infraestrutura. Em geral, são produtos que apresentam consumo relativamente alto, tendendo a ser *commodity*. Vale o mesmo já citado em termos de qualidade superficial, muito embora esse produto possa ser fornecido no estado decapado – ou seja, sem a carepa vinda da laminação a quente. Vale lembrar que as bobinas laminadas a quente são a matéria-prima para a produção de chapas finas laminadas a frio.
3. Chapa fina a frio: produto laminado a frio, com espessuras entre 0,38 e 5 mm e largura de até 2.500 mm, com bom acabamento superficial ou, às vezes, revestido. É usada principalmente em bens de consumo duráveis, como carrocerias para automóveis, gabinetes para geladeiras e máquinas de lavar, armários etc.
4. Folhas: produto laminado a frio, com espessuras menores do que 0,38 mm e largura de até 2.500 mm, geralmente revestidas para uso em embalagens.

3.2 Laminação de chapas grossas

A Figura 10.9 mostra o fluxo de produção simplificado da laminação de chapas grossas, o qual será descrito a seguir.

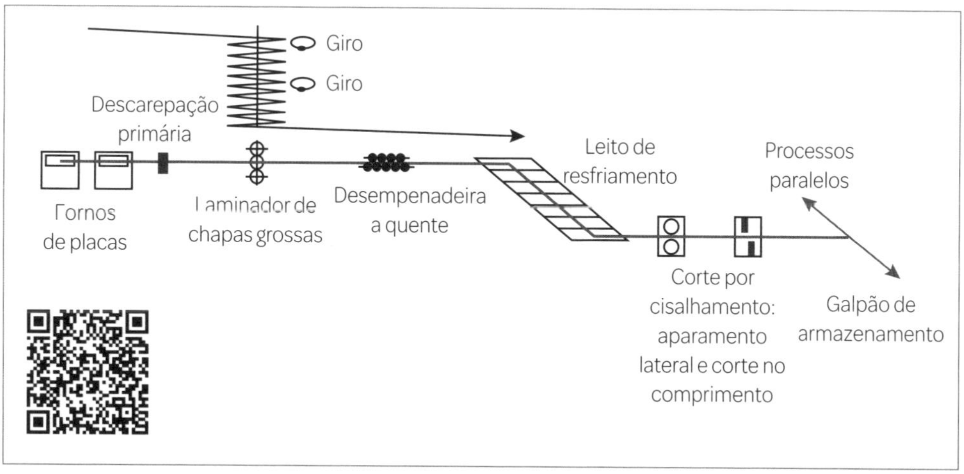

Figura 10.9 Fluxo simplificado de produção da laminação de chapas grossas.
Fonte: adaptada de [10].

As placas de aço produzidas por lingotamento contínuo, com espessuras entre 210 e 250 mm, geralmente ficam armazenadas em pátios próprios (Figura 10.10). Elas apresentam comprimento restrito, entre 2,5 e 3 metros, uma vez que o comprimento do esboço final num laminador de chapas grossas não deve ultrapassar 40 a 50 metros, já que não será bobinado.

O ideal seria enfornar as placas tão logo fossem liberadas pela aciaria para aproveitar o calor latente proveniente do processo de lingotamento contínuo, mas o ajuste entre as programações de produção da aciaria e da laminação é problemático, bem como uma plena garantia da qualidade das placas. Portanto, na prática, a grande maioria delas é estocada (Figura 10.10) e posteriormente enfornada sob temperatura ambiente. As placas, adequadamente identificadas (Figura 10.11) são recolhidas no pátio e encaminhadas para a área de enfornamento. A Figura 10.12 mostra a introdução das placas numa das filas do forno de reaquecimento. As versões mais modernas desse equipamento são do tipo *walking beam* (viga caminhante), nas quais a placa fica imóvel e seu deslocamento ao longo do forno é feito pelo movimento das vigas onde elas estão apoiadas. Dessa forma, sua superfície inferior fica preservada, garantindo a qualidade superficial do produto final.

Figura 10.10 Pátio de placas.
Fonte: Danieli Equipamentos Siderúrgicos.

Figura 10.11 Placas sendo encaminhadas ao forno de reaquecimento.
Fonte: Danieli Equipamentos Siderúrgicos.

Figura 10.12 Enfornamento de placas.
Fonte: acervo do autor.

A Figura 10.13 mostra o diagrama esquemático de um forno de reaquecimento de placas usado numa linha de laminação de chapas grossas em usinas integradas. Trata-se de um equipamento contínuo, com 30 a 60 metros de comprimento, aquecido pela queima de uma mistura de gases combustíveis. A prioridade é consumir os gases gerados na própria usina integrada, ou seja, os produzidos pela coqueria, alto-forno e aciaria LD pois, apesar de não possuírem poder calorífico muito elevado, são subprodutos com custo muito baixo. Por outro lado, é recomendável dispor de uma fonte alternativa de energia para suprir a eventual falta desses gases, seja pela maior demanda de outros setores da usina, seja pela paralisação das unidades industriais que os produzem. Hoje, o gás natural é o principal combustível complementar usado em fornos de reaquecimento de placas; no passado, usava-se óleo cru ou gás liquefeito de petróleo (GLP).

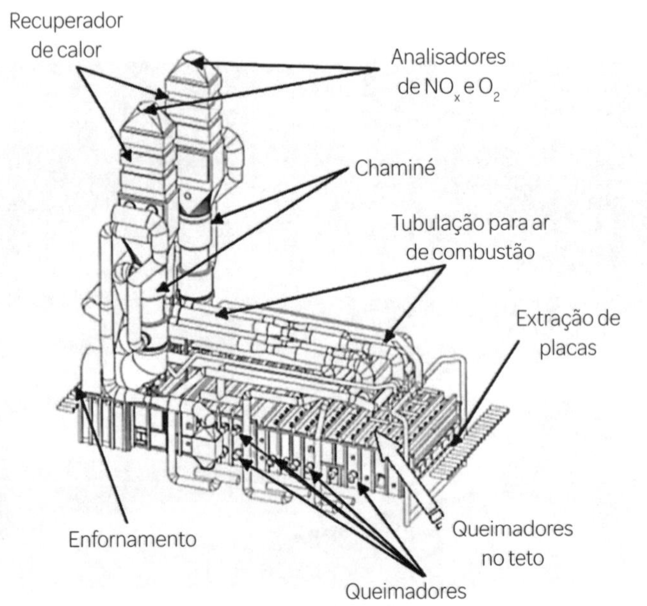

Figura 10.13 Desenho esquemático de um forno para reaquecimento de placas.
Fonte: adaptada de [3].

A combustão desses gases ocorre na mesma câmara onde se encontram as placas. Isso simplifica o projeto do equipamento, mas, infelizmente, o oxigênio residual presente nos fumos acaba por oxidar a superfície das placas, formando a chamada carepa primária, ou seja, uma camada aderente de óxido de ferro, o que reduz o rendimento metálico do processo. Os fornos de reaquecimento normalmente são dotados de recuperadores que repassam parte do calor perdido nos fumos para o ar que será usado na combustão, reduzindo, assim, o consumo energético.

As placas, ao serem enfornadas, são progressivamente aquecidas, passando sucessivamente pelas zonas de pré-aquecimento, aquecimento e encharque, ao longo de um período que varia de 4 a 6 horas. A última zona tem como objetivo equalizar as temperaturas entre a superfície e o núcleo das placas, garantindo sua homogeneidade térmica no momento de seu desenfornamento. Elas devem ser desenfornadas (Figura 10.14) sob temperaturas entre 1.050 e 1.250 °C, conforme o tipo de produto, a potência dos laminadores e a temperatura final de laminação (ou de acabamento). De forma geral, produtos mais finos, cujo tempo de laminação é maior e sofrem resfriamento mais intenso à medida que sua espessura diminui, requerem maior temperatura de reaquecimento. Aços microligados ao nióbio, que serão submetidos à laminação controlada (ou TMCP, *thermomechanical controlled processing* – tema a ser apresentado no Capítulo 11), também podem requerer maiores temperaturas de reaquecimento, conforme o teor de nióbio que precisa ser solubilizado na placa. O ideal é trabalhar sob a menor temperatura de reaquecimento possível, de forma a reduzir o consumo de energia e a pegada de carbono, poupando o equipamento e minimizando a formação de carepa que ocorre sobre a placa.

Figura 10.14 Desenfornamento de placa após seu reaquecimento.
Fonte: Danieli Equipamentos Siderúrgicos.

A primeira coisa a fazer após o desenfornamento da placa é remover a carepa primária que se formou sobre sua superfície durante seu reaquecimento. Caso contrário, ela pode ser colaminada durante a conformação mecânica, incrustando-se na superfície do esboço e lá permanecendo no produto final. Eventualmente, ela pode sair do esboço, mas deixando uma cavidade visível em sua superfície. Ambos os casos são indesejáveis, pois constituem defeito superficial muito pouco tolerado pelo cliente. Além disso, a carepa possui efeito lubrificante durante a laminação a quente, reduzindo o coeficiente de atrito de maneira aleatória e podendo provocar graves defeitos de forma no laminado, como a formação de ponta alta ou baixa, que não raro provocam seu sucateamento.

A remoção da carepa primária (ou seja, aquela gerada durante o reaquecimento da placa) é feita no descarepador primário, mostrado na Figura 10.15. O processo de descarepação é hidráulico, conforme mostra a Figura 10.16: jatos de água sob alta pressão incidem na placa que se movimenta no sentido contrário. O choque térmico e a alta energia cinética dos jatos de água fazem a carepa trincar e ser removida da placa aquecida. Certos aços requerem jatos de água sob pressão ainda maior, como os que incluem níquel e silício em sua composição química. A presença desses elementos promove a chamada oxidação interna, que leva à formação de uma interface irregular e bastante heterogênea, proporcionando "raízes" à carepa, as quais dificultam bastante sua remoção. Já os aços sem esses elementos de liga apresentam interface lisa entre a carepa e o metal base, reduzindo a adesão da carepa e facilitando sua remoção.

Figura 10.15 Placa recém-desenfornada entrando no descarepador primário.
Fonte: Danieli Equipamentos Siderúrgicos.

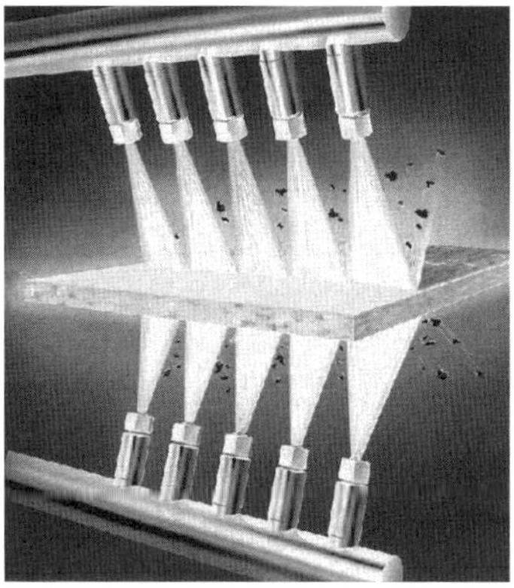

Figura 10.16 Princípio da descarepação hidráulica.
Fonte: Lechler.

Ainda hoje, a carepa é um problema de qualidade bastante sério na laminação a quente de aços planos. Ela continua a se formar ao longo da laminação, assim que sai do descarepador primário, pois o aço sob alta temperatura continua a reagir com o oxigênio presente na atmosfera. Por esse motivo, todos os equipamentos ao longo da linha da laminação possuem seu próprio descarepador, que remove a chamada carepa secundária formada durante a laminação. Vale lembrar que a carepa que normalmente cobre os produtos laminados a quente é a chamada carepa terciária, formada após a última descarepação. O ideal é que ela seja fina e homogênea, cobrindo de maneira uniforme todo o produto. Nesse caso, ela é benéfica, pois impede a formação de ferrugem sobre o produto final durante um período que varia de seis meses a um ano, dependendo da atmosfera reinante no local onde ele foi armazenado.

Voltando ao início do processo, uma vez feita a descarepação da placa, inicia-se então a laminação do esboço de chapa grossa. A linha de laminação pode ter um ou dois laminadores quádruos reversíveis, conforme o volume de produção requerido; um exemplo é mostrado na Figura 10.17. No caso de a linha dispor de duas cadeiras, a primeira é chamada esboçadora e é especializada na aplicação de passes pesados, com altas reduções de espessura. A segunda cadeira é a acabadora, que proporciona as dimensões finais ao produto, dispondo, portanto, de recursos especializados para assegurar maior precisão dimensional e planicidade (ausência de ondulações) ao produto.

Obviamente, a redução total de espessura a ser efetuada não pode ser aplicada de uma vez, em função das limitações intrínsecas do processo de conformação e capacidade dos equipamentos. As deformações são aplicadas conforme um esquema de passes, que é função das dimensões do produto final e do tipo de aço que está sendo processado, sendo tipicamente aplicados de 10 a 25 passes desde a placa até o esboço final. A faixa de temperaturas em que ocorre a laminação de chapas grossas depende das dimensões e do tipo de aço. De forma geral, seus extremos situam-se entre 700 e 1.200 °C.

Figura 10.17 Laminação de chapas grossas.
Fonte: Danieli Equipamentos Siderúrgicos.

No passado, esse esquema de passes dependia da experiência prática do operador do equipamento, mas hoje ele é integralmente calculado pelo computador de processo, cujo *software* é programado conforme as peculiaridades do processo de laminação. O cálculo do esquema de passes prioriza a obtenção da máxima produtividade possível, desde que as especificações metalúrgicas e geométricas do produto final sejam cumpridas. De forma geral, a redução máxima de espessura que pode ser aplicada ao esboço em cada passe é função de um fator limitante que vai mudando à medida que é reduzida a espessura do esboço que está sendo laminado. No início do processo, o principal fator que limita a redução de espessura é o baixo coeficiente de atrito entre a placa e os cilindros de laminação. Logo em seguida, a limitação passa a ser o torque dos motores elétricos. A partir da metade do processo, aproximadamente, o problema passa a ser a carga de laminação que incide sobre a cadeira. Finalmente, nos últimos três passes de laminação, o limite passa a ser a garantia de planicidade ou ausência de ondulações no esboço, a qual impede a aplicação de deformações acentuadas nesses passes finais de laminação.

Como foi visto na definição dos produtos planos, chapas grossas podem apresentar valores de largura bastante altos, da ordem de 5 metros, mas praticamente todas as máquinas de lingotamento contínuo só conseguem produzir placas com largura pouco superior a 2.000 mm. Logo, cabe ao processo de laminação aumentar a largura do esboço conforme requerido. Conforme mostrado na Figura 10.9, isso é feito após o primeiro passe de laminação ou, às vezes, até antes do início desse processo: a placa é girada de 90°, de modo que sua largura passe a ser o comprimento do esboço. A seguir, esse esboço é laminado até que seu comprimento atinja o valor desejado de largura para o produto. Conseguida essa dimensão objetivada, o esboço é novamente girado de 90°, voltando-se à sua orientação original pós-desenfornamento, e o processo de laminação continua normalmente até ser conseguida a espessura desejada.

Também é interessante notar que, no caso da laminação controlada de aços microligados ao nióbio, é necessário interromper o processo durante uma certa faixa de temperaturas, que normalmente varia entre 1.050 e 900 °C. Isso é necessário para que parte da laminação ocorra sob baixa temperatura, garantindo a obtenção de microestrutura extremamente refinada e uniforme que proporciona resistência ao impacto excepcional à chapa grossa, propriedade muito importante para tubos de grande diâmetro para oleodutos e gasodutos, estruturas navais etc.

Como já foi dito anteriormente, não se pode descuidar da formação de carepa que ocorre durante a laminação. Afinal, a superfície do aço encontra-se sob temperaturas altas o suficiente para promover sua rápida formação em contato com o oxigênio do ar. Os dois descarepadores secundários instalados na entrada e na saída do laminador devem ser periodicamente acionados. A frequência da descarepação é função do produto que está sendo feito. Geralmente ela ocorre a cada três passes de laminação, mas no caso de chapas grossas destinadas à linha amarela (máquinas agrícolas, tratores, máquinas para movimentação de terra, entre outras), ela pode ocorrer com maior frequência – por exemplo, a cada passe de laminação.

Apesar de todo cuidado ao fazer a laminação, é possível que, ao final desse processo, o esboço apresente ondulações em excesso. Porém, uma vez que o produto é relativamente espesso e curto, é possível dispor de recursos para sanar o problema nesse ponto. É o caso da desempenadeira a quente (Figura 10.18). As ondulações no esboço ocorrem porque o comprimento de suas fibras longitudinais não é igual ao longo de sua largura – por exemplo, um esboço com ondulação central apresenta fibras longitudinais mais longas no centro de sua largura do que em suas extremidades, fato decorrente de deformação heterogênea aplicada durante a laminação. Essa heterogeneidade geométrica dentro de um mesmo corpo físico – no caso, o esboço que acabou de ser laminado – precisa ser conciliada, o que, nesse caso, dissipou o excesso de comprimento no centro da largura sob forma de ondulações. O papel do desempeno é equalizar o comprimento das fibras ao longo da largura do esboço laminado. Isso é feito conforme o processo mostrado na Figura 10.19: o esboço é forçado a passar entre duas mesas de rolos superpostas que se interpenetram, flexionando-o de forma periódica e levando-o a assumir formato ondulado. Quanto maior o grau de interpenetração entre as duas mesas de rolos (o chamado *intermesh*), maior a eficácia do desempeno – contudo, se ele for excessivo, o esboço não consegue passar entre elas. A vantagem de efetuar esse processo a quente é aproveitar a maior ductilidade do aço ainda aquecido, sob temperaturas entre 750 e 550 °C. Além disso, esse equipamento é reversível; portanto, em caso de necessidade, o esboço pode passar várias vezes pela desempenadeira até ele apresentar planicidade adequada.

Figura 10.18 Desempenadeira a quente de chapas grossas.
Fonte: Danieli Equipamentos Siderúrgicos.

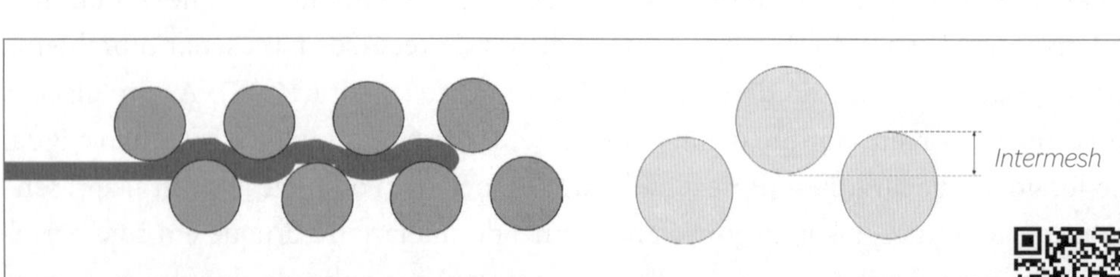

Figura 10.19 Princípio do desempeno de produtos planos usando mesas de rolos com grau de interpenetração definida pelo chamado intermesh.
Fonte: desenho do autor.

Até relativamente pouco tempo atrás, as chapas grossas resfriavam apenas ao ar após seu processamento na laminação. Contudo, hoje tornou-se padrão dispor de uma instalação para, quando necessário, efetuar seu resfriamento acelerado com água após a laminação (Figura 10.20). Esse procedimento só se tornou viável com a evolução recente dos recursos de instrumentação e automação, pois antigamente era impossível controlar resfriamentos mais intensos de forma suficiente a evitar a ocorrência de distorções e empenos em produtos tão largos. O uso do resfriamento com água permite aumentar a resistência mecânica e a tenacidade dos produtos, o que pode ser compensado com a redução dos teores de carbono e elementos de liga no aço, reduzindo seu custo e contribuindo para aumentar sua soldabilidade. Geralmente, o resfriamento acelerado é interrompido quando o produto atinge temperaturas na faixa entre 400 e 550 °C. Algumas linhas permitem ainda temperar o produto diretamente após sua laminação, até uma temperatura da ordem de 250 °C, suprimindo o tratamento térmico adicional que costumava serfeito, conseguindo-se assim redução nos custos de manufatura da chapa grossa e em seus prazos de entrega.

Figura 10.20 Equipamento para resfriamento acelerado com jatos de água do esboço de chapa grossa após sua laminação.

Fonte: Danieli Equipamentos Siderúrgicos.

Vale notar que, nas linhas em que há resfriamento acelerado, é necessário desempenar o esboço antes que ele passe por aquele processo; caso contrário, as ondulações poderão dificultar o escoamento da água, tornando o processo irregular e afetando a planicidade do produto final. Por outro lado, o resfriamento acelerado por si só também pode provocar empenos no produto final. Nesse caso, o ideal é dispor de duas desempenadeiras, na entrada e na saída do resfriamento acelerado. Dessa forma, garante-se o bom desempenho do resfriamento acelerado e a planicidade do produto final.

A maioria dos esboços de chapa grossa, tanto resfriados ao ar como de forma acelerada, encontra-se sob temperatura alta demais para passar para a próxima etapa de sua manufatura, ou seja, controle de qualidade e corte nas dimensões requeridas. Portanto, é necessário dispor de um "pulmão" para armazenar os esboços enquanto eles resfriam até atingir uma temperatura adequada (da ordem de 200 °C) para que continuem sendo processados nas instalações de acabamento. Esse "pulmão" é o chamado leito de resfriamento (Figura 10.21), o qual dispõe de ventiladores que sopram o ar de cima para baixo para acelerar a queda de temperatura dos esboços.

Figura 10.21 Leito de resfriamento dos esboços de chapa grossa.
Fonte: Danieli Equipamentos Siderúrgicos.

Alguns tipos de chapa grossa precisam ter garantia de sanidade interna, ou seja, ausência de trincas e porosidades causadas pela eventual presença de hidrogênio no aço. Por esse motivo, tais esboços passam pelo tratamento de de-hidrogenação, cujo objetivo é eliminar o excesso de hidrogênio presente no aço, particularmente se ele não foi desgaseificado durante sua elaboração na aciaria. Em sua versão mais simples, trata-se de empilhar os esboços sob a máxima temperatura possível, ou seja, assim que elas resfriam abaixo do chamado ponto Curie, da ordem de 700 °C, quando o aço se torna magnético e permite que os esboços sejam transportados pela ponte rolante dotada de eletroímã. Os esboços empilhados resfriam lentamente até temperaturas em torno de 200 °C, proporcionando tempo suficiente para que o hidrogênio atômico se difunda desde o núcleo do laminado até sua superfície, quando é liberado para a atmosfera.

Esse hidrogênio é proveniente do contato do aço líquido com a atmosfera e/ou insumos úmidos usados na aciaria. Caso o teor de hidrogênio atômico seja excessivo, ele se concentrará em pontos específicos da microestrutura da chapa grossa (inclusões alongadas, carbonitretos etc.), combinando-se entre si e formando o chamado hidrogênio molecular (H_2) que, em função de seu tamanho, não mais consegue migrar pelo reticulado de átomos de ferro. Se o acúmulo de hidrogênio molecular for excessivo nesses pontos específicos da microestrutura, é possível que sua pressão ultrapasse o limite de resistência do aço, dando origem a uma trinca interna que afeta a qualidade interna do produto, podendo levar o cliente a não mais aceitá-lo.

Ao iniciar a fase de acabamento, o esboço de chapa grossa passa por inspeção visual para verificar a ocorrência de Wdefeitos superficiais. Por exemplo, marcas repetidas com a mesma distância entre elas indicam a ocorrência de lascamento na mesa de um cilindro de trabalho, fato que tem de ser comunicado imediatamente ao laminador para que seja providenciada a troca dos cilindros. O esboço de chapa grossa é relativamente longo, podendo apresentar até 50 metros de comprimento, dependendo das condições da linha. Obviamente é necessário cortá-lo em chapas com comprimento menor, conforme especificado pelo cliente, para que elas possam ser transportadas até ele. Portanto, nesse local, também é feita a demarcação onde deverão ser efetuados os cortes no esboço.

Esses cortes são feitos a frio, por cisalhamento, desde que a capacidade mecânica das tesouras seja suficiente, o que é definido pela espessura e tipo de aço do esboço. Acima de uma determinada espessura – por exemplo, 60 mm – o corte a frio poderá ser inviável. Nesse caso, o esboço é desviado para outra área, chamada de processos paralelos, a qual dispõe de instalações para corte a oxigênio ou plasma de esboços pesados.

A divisão dos esboços em chapas grossas, conforme os comprimentos especificados pelo cliente, é feita pela tesoura divisora (Figura 10.22). Essa tesoura também pode ser usada para o corte das pontas do esboço, cujo formato é irregular e geralmente apresentam propriedades mecânicas inadequadas. Eventualmente, a linha pode dispor de tesouras auxiliares específicas para efetuar esse corte, aumentando sua produtividade.

Figura 10.22 Tesoura divisora, destinada ao corte por cisalhamento a frio das pontas do esboço e das chapas grossas, conforme os comprimentos especificados pelo cliente.
Fonte: acervo do autor.

As chapas grossas podem ser fornecidas com as chamadas bordas longitudinais naturais, ou seja, no estado como saíram da laminação a quente, inclusive cobertas com carepa. Essas bordas não são exatamente retas, podendo ser côncavas ou convexas. As bordas côncavas são típicas de esboços com maior espessura, nos quais a deformação não conseguiu atingir plenamente o núcleo do esboço. Por sua vez, as bordas convexas são típicas de esboços mais leves, nos quais a deformação atingiu plenamente o núcleo do esboço. Alguns clientes preferem que as bordas longitudinais sejam aparadas a frio, o que é feito pela tesoura lateral dupla (Figura 10.23). Dessa forma, o esboço apresenta melhor precisão dimensional, mas o corte retira a região coberta de carepa, expondo ao ar atmosférico a borda nua obtida após o corte. Obviamente essa região logo enferrujará durante o armazenamento da chapa grossa, o que leva alguns clientes a solicitarem a pintura ou o envernizamento da região exposta da chapa.

Figura 10.23 Tesoura lateral dupla, que efetua corte por cisalhamento a frio ao longo das bordas longitudinais do esboço.
Fonte: acervo do autor.

Uma vez aprovada em todos os quesitos, cada chapa grossa recebe sua identificação por meio de uma impressora de matriz de pontos (Figura 10.24). Essa identificação inclui o número do volume laminado e da chapa, tipo de aço, nome da usina e do cliente etc. Obviamente há risco dessa identificação desaparecer no caso de armazenamento prolongado ou indevido, excesso de manipulação etc. Por esse motivo, alguns clientes solicitam a inclusão de identificação por meio de punção, criando uma marca indelével em baixo relevo. Contudo, tal identificação vem-se tornando indesejável no caso de aplicações que requeiram alta resistência ao impacto, uma vez que a marca pode constituir um entalhe concentrador de tensões que enfraquece a chapa.

Figura 10.24 Impressora de matriz de pontos usada para identificar a chapa grossa acabada, pronta para seguir para o cliente.
Fonte: acervo do autor.

Uma vez identificada, a chapa grossa é armazenada em galpão próprio até o momento de ser despachada para o cliente (Figura 10.25), terminando, assim, o procedimento padrão para a fabricação de chapas grossas. No entanto, vale notar que alguns tipos de chapas grossas requerem processos complementares especiais ou recondicionamento, pela presença de defeitos. Nesse caso, as chapas são encaminhadas para a área de processos paralelos, os quais serão descritos a seguir.

Figura 10.25 Despacho de chapas grossas para o cliente via modal rodoviário.
Fonte: Danieli Equipamentos Siderúrgicos.

Como já foi afirmado, o corte por cisalhamento a frio somente pode ser feito até uma determinada espessura de chapa grossa, que é função da potência dos equipamentos e também do tipo de aço. Acima desse limite, é necessário efetuar o corte usando oxigênio (Figura 10.26).

Figura 10.26 Oxicorte de chapas grossas.
Fonte: acervo do autor.

Eventualmente, poderão ocorrer defeitos superficiais na chapa grossa, como trincas, marcas residuais de escarfagem, esfoliações, depressões etc. É possível eliminá-las com uso de esmerilhamento (Figura 10.27), desde que sejam relativamente leves e que o reparo seja aceito pelo cliente. Contudo, a carepa protetora da superfície recondicionada será removida, sujeitando tal superfície à oxidação durante o armazenamento da chapa na usina e no cliente, levando à formação de ferrugem.

Figura 10.27 Esmerilhamento de defeitos superficiais de chapas grossas.
Fonte: acervo do autor.

É possível que, apesar do cuidado no esquema de passes e da ação da desempenadeira a quente, a chapa grossa ainda apresente problemas de ondulações e empenos depois de resfriada até a temperatura ambiente. Por esse motivo, a área de processos paralelos dispõe de uma desempenadeira a frio (Figura 10.28), cujo princípio de funcionamento é o mesmo da versão a quente, mostrado na Figura 10.19. Contudo, uma vez que o aço está sendo desempenado sob temperatura ambiente, bem inferior à do processo à quente, a ação da desempenadeira a frio é bastante limitada em razão da maior resistência do laminado. Enquanto a desempenadeira a quente pode aplainar esboços com 100 mm de espessura ou mais, a versão a frio pode desempenar esboços com espessura máxima de 40 mm, já que o esforço necessário para essa operação é bem maior.

Figura 10.28 Desempenadeira a frio.
Fonte: Danieli Equipamentos Siderúrgicos.

Algumas usinas dispõem de prensas pesadas para aplainar a chapa grossa. Esse equipamento é mais eficiente para esse processo, mas a borda da prensa pode vir a marcar a superfície da chapa, criando defeitos que podem não ser aceitos pelo cliente.

As chapas grossas são produtos muito espessos e, portanto, o grau de deformação total aplicado a ela desde a placa bruta de fusão é relativamente baixo. Portanto, a probabilidade de ocorrer problemas de sanidade interna nesse produto é maior, na forma de, por exemplo, bolhas, rechupes, cavidades, segregações, aglomerados de inclusões e trincas causadas por hidrogênio. Portanto, boa parte da produção de uma linha de chapas grossas precisa ser submetida ao teste não destrutivo de ultrassom, o qual permite avaliar a qualidade interna do produto.

Ele consiste em passar sobre a superfície da chapa grossa um transdutor especial, que é simultaneamente emissor e receptor de ultrassom. É necessário que haja um filme de água entre a chapa e a superfície do transdutor para que ocorra o acoplamento acústico entre eles. A Figura 10.29 mostra o princípio desse ensaio. Se não houver defeitos internos, o ultrassom incidente sobre a superfície superior da chapa só será refletido por sua superfície inferior. O sinal obtido pelo transdutor é processado num circuito e mostrado graficamente num osciloscópio. Nesse caso, só serão observados dois picos na tela: o de entrada e o de saída do ultrassom, e a distância entre esses dois picos corresponderá à espessura da chapa. Contudo, se houver qualquer defeito interno, parte do feixe incidente de ultrassom retornará prematuramente para o transdutor, gerando um ou mais picos intermediários entre os picos relativos às superfícies inferior e superior das chapas, identificando, portanto, a ocorrência de problemas de sanidade interna.

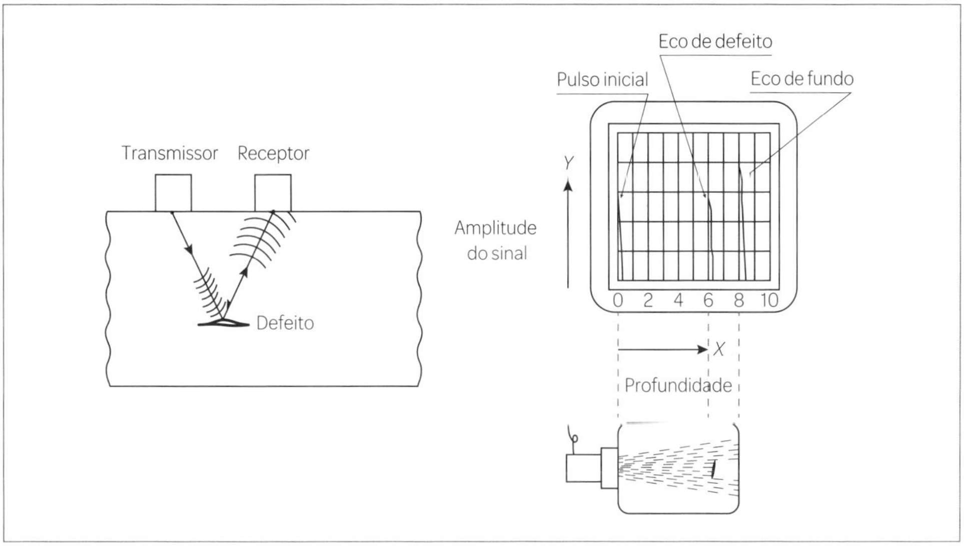

Figura 10.29 Princípio da inspeção da qualidade interna de chapas grossas por ultrassom.
Fonte: adaptada de [4].

Em sua forma mais simples, o teste é feito manualmente, usando o carrinho mostrado na Figura 10.30, onde o equipamento de ultrassom é alimentado por bateria. Nesse caso, o operador tem de percorrer a superfície superior da chapa grossa num trajeto em zigue-zague, conforme mostrado no diagrama superior da Figura 10.31, ao mesmo tempo que monitora o resultado da inspeção na tela do osciloscópio e anota a posição dos eventuais defeitos internos, gerando posteriormente um relatório com o mapa dos defeitos encontrados e de sua intensidade.

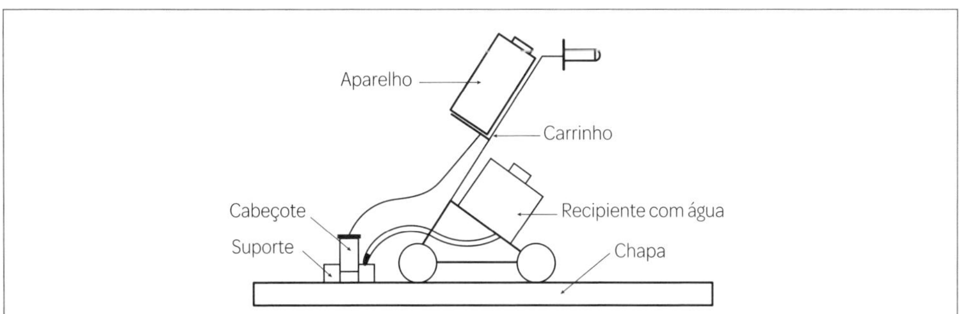

Figura 10.30 Carrinho com equipamento de ultrassom usado na inspeção da qualidade interna de chapas grossas.
Fonte: adaptada de [4].

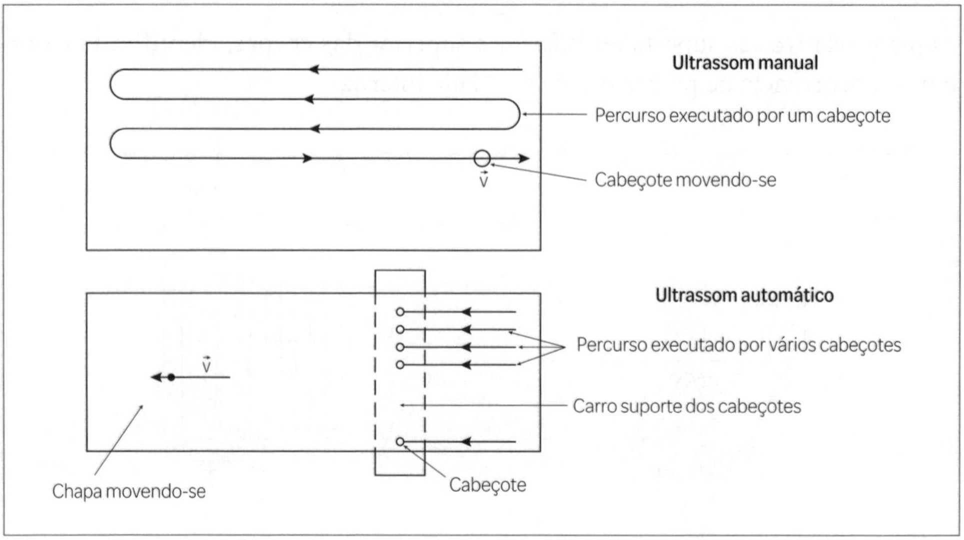

Figura 10.31 Trilhas de inspeção por ultrassom usadas na versão manual (figura superior) e automática (figura inferior). Fonte: adaptada de [4].

Hoje, esse procedimento é obsoleto e até proibido pelas normas técnicas que especificam produtos mais sofisticados, como chapas grossas destinadas à fabricação de tubos de grande diâmetro para condução de fluidos petrolíferos. A Figura 10.32 mostra um equipamento moderno para inspeção automatizada de sanidade interna de chapas grossas por ultrassom. Nesse caso, a chapa grossa se desloca ao longo de seu comprimento, passando por um travessão dotado com vários transdutores, como que "escaneando" o laminado por ultrassom, detectando os eventuais defeitos internos encontrados, conforme mostra o diagrama inferior da Figura 10.31. Esses defeitos são registrados pelo computador de processo, que posteriormente gera um relatório de qualidade. Atualmente, o processo manual é usado apenas para aferir o diagnóstico feito pelo ultrassom automatizado quando este detecta defeitos internos na chapa grossa.

Alguns tipos de chapa grossa, conforme especificado pelos clientes ou pelas normas técnicas, precisam passar por um beneficiamento metalúrgico adicional para se obter as propriedades finais pretendidas. Tal processo é denominado tratamento térmico e consiste no aquecimento e resfriamento das chapas grossas sob condições controladas. Geralmente, cerca de 10% da produção mensal de uma linha de chapas grossas tem de passar por esse tratamento, em função da demanda do mercado.

Figura 10.32 Equipamento para inspeção automatizada de sanidade interna por ultrassom de chapas grossas.
Fonte: acervo do autor.

O tratamento térmico mais comum aplicado às chapas grossas é a chamada normalização. No passado, ele era mais comum, já que a laminação desses produtos era feita sem um controle preciso de temperatura, o que requeria um tratamento adicional para que os lotes de produtos apresentassem propriedades mecânicas uniformes (ou normalizadas). Hoje, o processo de laminação é muito mais controlado, aumentando a precisão das propriedades mecânicas das chapas grossas como laminadas, o que restringiu a aplicação do tratamento térmico de normalização a casos mais específicos. Conforme mostrado na Figura 10.33, ele consiste inicialmente na austenitização do aço, ou seja, no aquecimento da chapa em forno contínuo até uma temperatura em que apresenta a chamada estrutura austenítica – que, no caso dos aços de baixo carbono, que constituem a maior parte do mix de produção de uma linha de chapas grossas, é da ordem de 900 °C. A chapa permanece no forno até ser aquecida a essa temperatura de forma totalmente homogênea, sobretudo ao longo de sua espessura. Em seguida, a chapa é desenfornada, resfriando ao ar calmo num leito próprio.

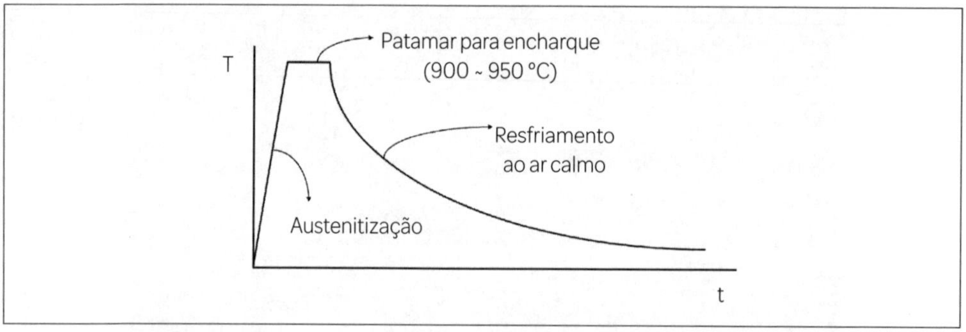

Figura 10.33 Evolução de temperatura da chapa grossa durante o tratamento térmico de normalização.
Fonte: desenho do autor.

Já o tratamento térmico de têmpera tem como objetivo fazer a chapa grossa apresentar alta dureza. Conforme mostrado na Figura 10.34, ele é muito similar à normalização, mas seu resfriamento após a austenitização é muito mais rápido, sendo feito por jatos de água. Esse tratamento é particularmente indicado para chapas grossas que devem apresentar alta resistência à abrasão, como as usadas na indústria de mineração, em que alta dureza é um requisito fundamental.

Por outro lado, a têmpera deixa o aço muito frágil, ou seja, pouco resistente a impactos mecânicos, o que é inadequado se a chapa grossa temperada se destinar a aplicações estruturais, em que algum grau de tenacidade se faz necessário. Nesse caso, a chapa grossa passa por um tratamento térmico adicional após a têmpera, o chamado revenido, também mostrado na Figura 10.34. Esse tratamento consiste no reaquecimento do aço sob temperaturas relativamente baixas, da ordem de 600 °C no caso das chapas grossas de aço de baixo carbono. Esse tratamento abaixa um pouco a dureza e a resistência mecânica do aço, mas aumenta muito a sua tenacidade, chegando-se, assim, a um balanço de propriedades muito adequado para uso estrutural.

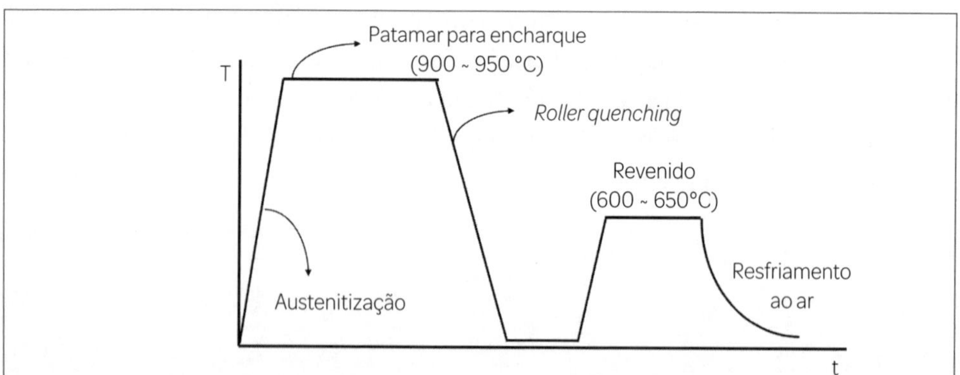

Figura 10.34 Evolução de temperatura da chapa grossa durante o tratamento térmico de têmpera e revenido.
Fonte: desenho do autor.

A Figura 10.35 é uma espécie de mapa metalúrgico que explica o que ocorre nesses tratamentos térmicos. No caso da normalização, deseja-se apenas uniformizar as propriedades mecânicas de aços *commodity*, com baixos teores de elementos de liga. O resfriamento após a austenitização é relativamente lento, uma vez que se deseja que, durante seu resfriamento, a evolução térmica da chapa grossa faça a austenita passar pelos campos da ferrita e perlita do diagrama TRC da Figura 10.35, ou seja, que se transforme nesses constituintes microestruturais. Obtém-se dessa forma chapas grossas com microestrutura refinada, resistência mecânica moderada e boa tenacidade.

Já na têmpera o objetivo é um produto com alta dureza. Quanto mais intenso for o resfriamento, menor o teor de elementos de liga que o aço precisará conter, o que reduz seu custo e facilita seu processamento. O resfriamento tem de ser rápido o suficiente para evitar que a austenita, durante seu resfriamento, passe pelos campos da ferrita, perlita e bainita, vistos na Figura 10.35. Agora é necessário alcançar, o mais rápido possível, o campo da martensita, o constituinte microestrutural que se quer na chapa grossa beneficiada, o qual proporciona alta dureza ao produto. A martensita começa a se formar, de maneira instantânea, na chamada temperatura Ms que, nesse diagrama, é da ordem de 280 °C; a sua fração na microestrutura aumenta instantaneamente à medida que a temperatura é reduzida, geralmente alcançando valores próximos de 100% ao atingir a temperatura ambiente.

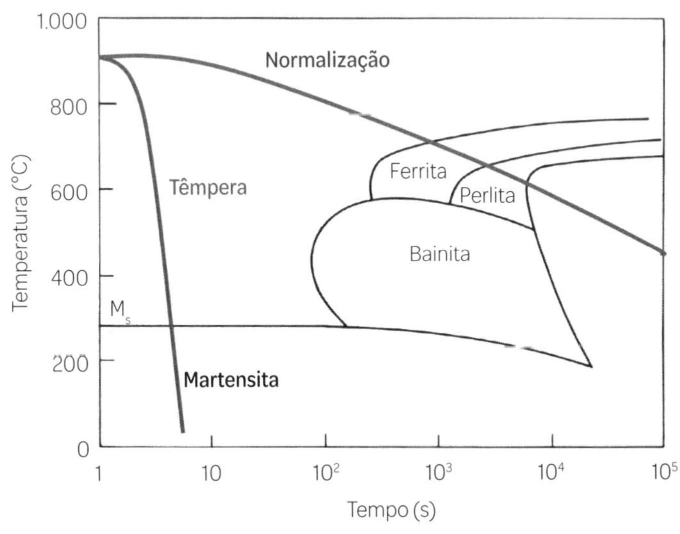

Figura 10.35 Sobreposição das curvas de resfriamento correspondentes à normalização e à têmpera de chapas grossas num diagrama de transformação sob resfriamento contínuo da austenita (diagrama TRC), mostrando as transformações microestruturais esperadas em cada tratamento térmico.

Fonte: desenho do autor.

Geralmente é praxe efetuar ensaio de ultrassom em todas as chapas grossas a serem submetidas ao tratamento térmico, de forma a garantir que só produtos com qualidade adequada sejam beneficiados. As chapas inicialmente sofrem jateamento com granalha para remover a maior parte da carepa terciária. Isso é necessário porque a carepa é um isolante térmico; sua presença retardaria a austenitização e a têmpera da chapa, o que é bastante inconveniente.

A austenitização e o revenido da chapa são feitos no mesmo forno, mostrado na Figura 10.36. Ele é do tipo contínuo e seu aquecimento é feito pela combustão dos gases disponíveis na usina no interior dos chamados tubos radiantes, cuja porção externa pode ser vista na foto. Esse tipo de aquecimento é adotado pois, ao contrário do que ocorre no forno para reaquecimento de placas, o material aqui tratado é o produto final, que não pode sofrer oxidação nem descarbonetação em sua superfície. Logo, as chapas aquecidas não podem entrar em contato com os fumos de combustão, nem com o ar atmosférico. Portanto, a câmara do forno é preenchida com nitrogênio, o qual flui constantemente para garantir pressão positiva em seu interior. O nitrogênio comercial não possui pureza suficiente para evitar totalmente a oxidação, mas esta é mantida dentro de níveis adequados.

Figura 10.36 Forno contínuo com atmosfera controlada usado para a austenitização das chapas a serem submetidas a tratamento térmico.

Fonte: acervo do autor.

A têmpera das chapas grossas é efetuada numa máquina instalada à frente da saída do forno de tratamento térmico (Figura 10.37), por meio do processo denominado *roll quenching*. Para evitar eventual empeno decorrente do rápido resfriamento, a chapa grossa é presa entre duas mesas de rolos enquanto jatos de água sob alta pressão incidem sobre ela (Figura 10.38).

Figura 10.37 Máquina para efetuar têmpera de chapas grossas, localizada um pouco à frente da saída do forno de tratamento térmico.
Fonte: acervo do autor.

Figura 10.38 Processo de *roll quenching*.
Fonte: acervo do autor.

3.3 Laminação de tiras a quente

A Figura 10.39 mostra o fluxo de produção simplificado da laminação de tiras a quente. Sob certos aspectos, como o reaquecimento de placas, esse processo é bem similar ao de chapas grossas, mas obviamente apresenta algumas diferenças. Aqui, a espessura máxima das placas é da ordem de 210 mm, já que essa linha gera produtos planos menos espessos e a redução total de espessuras entre placa e produto final não precisa ser tão alta como no caso das chapas grossas. Por outro lado, as placas processadas no laminador de tiras a quente apresentam maior comprimento, entre 9 e 12 metros, já que o esboço final é muito longo, podendo apresentar centenas de metros de comprimento. Por esse motivo, as tiras processadas nesse equipamento têm de ser obrigatoriamente bobinadas ao final da laminação para poderem ser transportadas para as etapas seguintes de trabalho. As bobinas a quente produzidas nessa linha não só são produtos acabados, como também constituem a matéria-prima dos laminadores de tiras a frio. Por isso, o laminador de tiras a quente é um equipamento com volume de produção bastante alto.

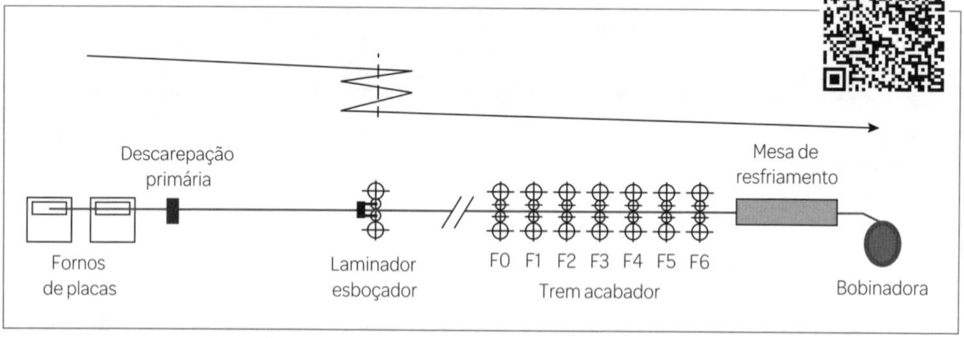

Figura 10.39 Fluxo simplificado de produção da laminação de tiras a quente.
Fonte: adaptado de [10].

Vale citar que, nas linhas mais antigas de laminação de tiras a quente, ainda são usados fornos de reaquecimento de placas do tipo empurrador (*pusher*), mais rústicos do que os de viga caminhante, o qual está mostrado esquematicamente na Figura 10.40. Nesse tipo de forno, a soleira é fixa e feita com material refratário. As placas se deslocam ao longo do forno graças à ação de um empurrador que desloca a placa que está sendo enfornada para dentro do forno, fazendo esta empurrar toda a fila de placas que se encontra ao longo de seu comprimento. Disso decorre uma das primeiras desvantagens desse tipo de equipamento: o atrito da superfície inferior da placa com a soleira, provocando arranhões que afetarão a qualidade superficial do produto final. A introdução da última placa no forno automaticamente deve provocar o desenfornamento da primeira placa da fila. Isso é garantido mesmo se a placa a ser enfornada apresentar menor largura do que a que será desenfornada, pois a saída do forno encontra-se a alguns metros acima da linha de laminação, forçando a queda da placa que está na saída pela ação da gravidade. Isso constitui uma desvantagem, pois a queda da placa é súbita e ocorre sob alta velocidade, requerendo o uso de amortecedores na borda da mesa de rolos para aparar o impacto. Ainda assim, há risco de danos às bordas da placa, pois o aço encontra-se muito macio e o impacto mecânico é significativo. Outro problema é o súbito e intenso ruído que acompanha a queda da placa, o que constitui um problema ocupacional.

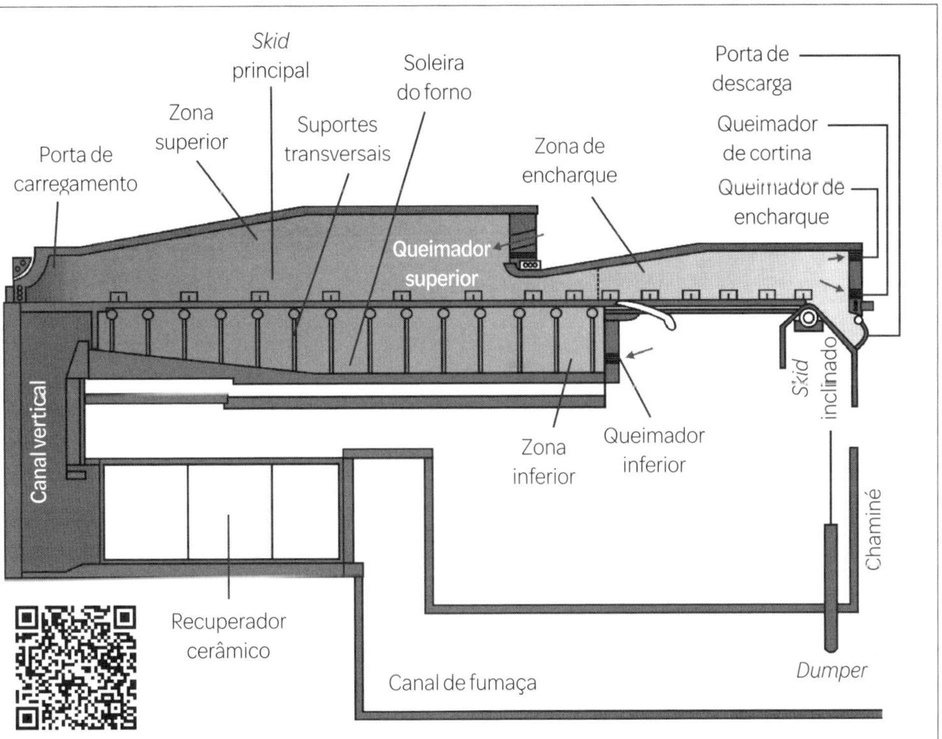

Figura 10.40 Seção longitudinal esquemática de um forno para reaquecimento de placas do tipo empurrador (pusher).
Fonte: adaptada de [3].

O processo após o desenfornamento é bem similar ao que já foi descrito no caso da laminação de chapas grossas. A placa passa pela descarepação primária, sendo então encaminhada para a laminação de esboçamento. Essa etapa do processo pode ser feita por uma ou duas cadeiras, as quais são bastante similares ao laminador de chapas grossas, ao longo de uma faixa de temperaturas entre 1.100 e 1.200 °C. Vale notar que aqui não há a etapa de alargamento, pois o produto final apresenta largura bem menor, compatível com as placas que lhes dão origem. Nesse caso, as cadeiras esboçadoras são universais, ou seja, além de reduzir a espessura também podem reduzir um pouco a largura do esboço, ajustando-a à dimensão especificada do produto. O processo de esboçamento termina quando o esboço atinge um certo valor de espessura intermediária, o qual varia, conforme a planta, entre 30 e 40 mm. Aqui também há o cuidado de se aplicar periodicamente a descarepação secundária ao esboço para evitar problemas com a incrustação de carepa.

Em seguida, o esboço é encaminhado para a laminação de acabamento, distante algumas dezenas de metros da saída do laminador esboçador. Essa distância é necessária para se poder acomodar a cauda do esboço que está sendo acabado e a cabeça do laminado que ainda está sendo esboçado. Contudo, uma vez que a laminação de acabamento leva alguns minutos, é interessante haver recursos que minimizem a perda de temperatura pelo esboço durante esse período, o que permite reduzir a temperatura de reaquecimento das placas, reduzindo o consumo de energia, pegada de carbono, e a perda metálica resultante da geração de carepa.

A primeira alternativa é cobrir a mesa de rolos entre a saída do laminador esboçador e a entrada do trem acabador com painéis termicamente isolantes, conhecidos comercialmente como Encopanel® (Figura 10.41). Esses painéis são basculantes, para viabilizar a manutenção da linha, e são mantidos abaixados quando um esboço sai do laminador esboçador rumo ao trem acabador. Ele é constituído de material refratário e isolante, e algumas versões possuem queimadores para reduzir ainda mais a queda de temperatura do esboço durante sua passagem por ele.

Figura 10.41 Painéis isolantes instalados ao longo do trecho da mesa de rolos entre a saída do laminador esboçador e a entrada do trem acabador.

Fonte: iStock.

Outra opção é o uso da chamada Coilbox®, ou seja, uma bobinadora intermediária sem mandril entre a saída do laminador esboçador e a entrada do trem acabador, conforme mostrado na Figura 10.42. Esse recurso apresenta a vantagem de não só reduzir a queda de temperatura do esboço ao passar da área de esboçamento para a de acabamento, como também contribui para aumentar a homogeneidade de temperatura do esboço ao longo de seu comprimento. Isso ocorre, pois, ao terminar o esboçamento, a cauda do laminado possui temperatura menor do que a sua cabeça. Após o desbobinamento no *coilbox*, a antiga cauda do esboço passa a ser a sua cabeça, entrando primeiramente no trem acabador. Ou seja, a porção mais fria do esboço é a primeira a ser acabada, resultando numa maior uniformidade da temperatura de acabamento ao longo do comprimento da tira ao final da laminação. Outra vantagem adicional é o fato do galpão que abriga a laminação poder ser mais curto, já que o bobinamento do esboço intermediário reduz a demanda por espaço físico.

Figura 10.42 Coilbox ®, ou bobinadora intermediária entre o laminador esboçador e o trem acabador.
Fonte: Por Arcelormittalbrasil, Domínio público, https://commons.wikimedia.org/w/index.php?curid=11972222.

Continuando o processamento do material, o esboço, ao chegar ao trem acabador, tem a ponta de sua cabeça cortada pela chamada tesoura volante, que recebe esse nome por acompanhar o material em movimento, sem que seja necessária sua parada. O corte deixa a ponta com formato retangular, impedindo a perda excessiva de material que ocorreria caso a ponta, que geralmente apresenta formato irregular, fosse laminada. Posteriormente, a tira passa por um descarepador secundário e, a seguir, entra no trem acabador, mostrado na Figura 10.43, sob temperaturas entre 1.025°e 1.075 °C. Aqui, em vez de uma cadeira esboçadora, tem-se uma fila com 6 a 7 cadeiras não reversíveis, cada uma aplicando um passe de laminação até que a tira apresente a espessura final desejada. Essa configuração é necessária uma vez que o laminador de tiras a quente trabalha com tiras muito finas, com até 1,5 mm de espessura, cujo resfriamento é muito rápido e, portanto, requer processamento ágil e com alta produtividade. Não é raro que materiais mais finos saiam do laminador sob velocidades muito altas, da ordem de 90 km/h, sob temperaturas variando de 850 a 950 °C.

Eventualmente, há dispositivos de descarepação secundária e sistemas de resfriamento para ajuste de temperatura entre uma cadeira e outra do trem acabador. O controle do tensionamento e velocidade das cadeiras tem de ser muito preciso para evitar afrouxamento ou tensionamento excessivos da tira entre uma cadeira e outra. No caso de tiras espessas, com espessura final acima de 10 mm, pode-se deixar uma ou mais cadeiras inativas (*dummy*), já que as demais possuem capacidade suficiente para processar o material.

Figura 10.43 Da esquerda para a direita: tesoura volante, descarepador primário e trem acabador com seis cadeiras de laminação.
Fonte: Danieli Equipamentos Siderúrgicos.

Assim que a tira sai do trem acabador, ela entra na chamada mesa de resfriamento (Figura 10.44), onde é resfriada com água até alcançar a temperatura de bobinamento. No passado, esse resfriamento era feito apenas para minimizar o tempo de resfriamento das bobinas a quente durante seu armazenamento ao ar, agilizando o processo e evitando a formação excessiva de carepa que degradava a superfície do material e reduzia o rendimento metálico. Contudo, com o passar do tempo, foi verificada a ação benéfica de vários mecanismos metalúrgicos, ativados por meio de uma seleção criteriosa da evolução de temperatura ao longo do trem acabador, da temperatura de acabamento e de bobinamento, sobre as propriedades mecânicas do material e sua resposta à laminação a frio e posterior recozimento. Hoje, conforme o tipo de produto, a temperatura de bobinamento pode oscilar de 250 até 700 °C.

As mesas de resfriamento modernas são muito longas, chegando a ter mais de 100 metros de comprimento, o que lhes confere alta capacidade de resfriamento, controlada de maneira bastante flexível e confiável por sistemas digitais. Isso é fundamental para a produção, diretamente desse processo, dos novíssimos aços avançados de alta resistência (AHSS, *advanced high strength steels*), usados pela indústria automotiva para reduzir o peso e aumentar a segurança de seus produtos.

Figura 10.44 Mesa para resfriamento acelerado na saída do laminador de tiras a quente. A foto mostra uma tira saindo da mesa e indo rumo à bobinadora.
Fonte: Danieli Equipamentos Siderúrgicos.

Uma vez terminado o resfriamento, é necessário bobinar a longa tira. Conforme mostra a Figura 10.45, a bobinadora (*downcoiler*) está abaixo do nível da mesa de rolos. As versões mais modernas são muito potentes, uma vez que precisam bobinar tiras cada vez mais espessas (com até 25 mm de espessura), feitas com aços com resistência mecânica cada vez maior e visando alcançar temperaturas de bobinamento relativamente baixas. Geralmente as plantas possuem no mínimo duas bobinadoras, para não interromper a produção caso uma delas entre em manutenção.

Figura 10.45 Bobinadora na saída do laminador de tiras a quente no momento em que recolhe uma tira que acabou de ser laminada. Note-se que ela se encontra abaixo do nível da mesa de rolos, recebendo por esse motivo a designação inglesa de downcoiler (bobinadora inferior).

Fonte: Danieli Equipamentos Siderúrgicos.

Uma vez pronta, a bobina laminada a quente é deslocada para um depósito (Figura 10.46), onde ela é resfriada ao ar calmo durante alguns dias, desde a temperatura de bobinamento até a temperatura ambiente. Em alguns raros casos, o resfriamento é acelerado usando ar forçado ou aspersão de água. Algumas qualidades de bobinas a quente já se encontram prontas para a remessa ao cliente após seu resfriamento completo, enquanto a maioria ainda precisa passar por processamentos adicionais, os quais serão descritos a seguir.

Figura 10.46 Depósito de bobinas a quente.

Fonte: Danieli Equipamentos Siderúrgicos.

3.4 Laminação Steckel

Como se pode observar, um laminador de tiras a quente moderno possui pelo menos sete cadeiras de laminação: a esboçadora e as seis acabadoras do trem contínuo. Isso requer um investimento financeiro vultoso em equipamentos e instalações civis, além de impor altos custos de operação e manutenção, que só se justificam se houver alta demanda de mercado que permita um retorno financeiro compensador. Foi então desenvolvida então uma opção de planta bem mais barata para a produção de baixos volumes de bobinas a quente: o laminador Steckel, cuja linha é mostrada de forma esquemática na Figura 10.47.

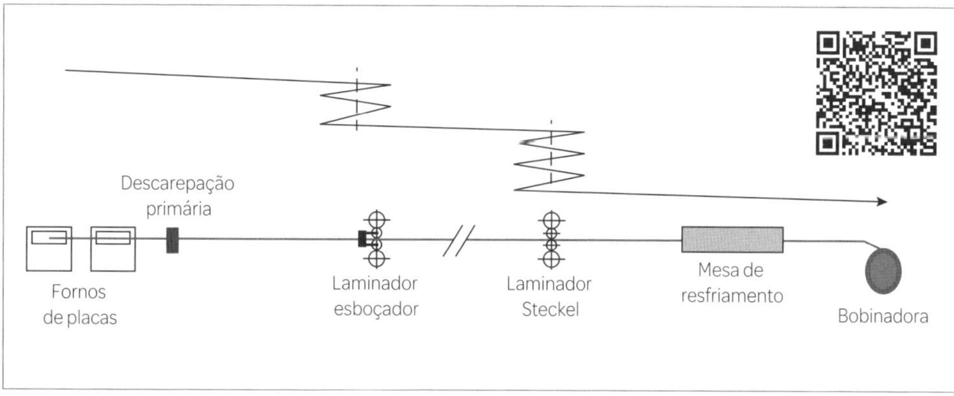

Figura 10.47 Fluxo simplificado de produção de um laminador Steckel.
Fonte: adaptado de [10].

A versão clássica dessa linha de laminação possui apenas duas cadeiras reversíveis, muito semelhantes aos laminadores esboçadores instalados nas laminações de tiras a quente. A primeira cadeira é efetivamente do tipo esboçador, enquanto a segunda é acabadora. Como cabe a essa última cadeira processar os esboços com pequena espessura, entre 2 e 5 mm, ela dispõe de bobinadoras especiais que não só acomodam a tira cada vez mais longa, eliminando a necessidade de longas mesas de rolos e grandes galpões, como também a mantém aquecida durante a laminação, uma vez que dispõem de aquecimento por combustão de gás (Figura 10.48). Versões ainda mais simples dessa linha, com volume de produção relativamente baixo, dispõem de apenas uma cadeira, a acabadora, que, nesse caso, também efetua o esboçamento. Eventualmente, essa linha também pode fabricar chapas grossas, que não são bobinadas e apresentam largura restrita, similar à das tiras a quente.

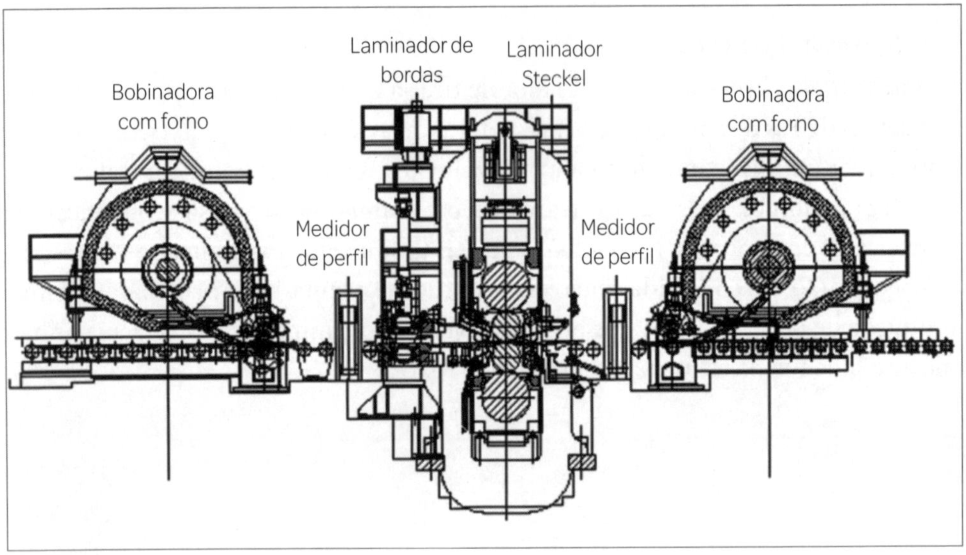

Figura 10.48 Diagrama esquemático da cadeira acabadora de um laminador Steckel, podendo-se observar as bobinadoras dotadas de forno.
Fonte: adaptado de [10].

O fato de o laminador Steckel dispor de bobinadoras com fornos diminui bastante a urgência da laminação a quente, que agora pode ser executada com mais folga, uma vez que a velocidade de resfriamento da tira é menor. Além disso, a possibilidade de efetuar laminação praticamente isotérmica permite o processamento de materiais mais nobres, com maiores teores elementos de liga, como aços inoxidáveis, ferramenta e elétricos com grão orientado, uma vez que a manutenção da temperatura minimiza sua resistência à deformação a quente.

3.5 Processamento contínuo de tiras (*continuous strip processing*)

Há trinta anos, surgiu um conceito revolucionário para a produção de bobinas a quente a custo mínimo: o processamento contínuo de tiras (*continuous strip processing*) ou laminação direta de placas finas (*thin slab direct rolling*). A Figura 10.49 mostra esquematicamente uma planta desse tipo. Como se pode observar, a ideia aqui basicamente consistiu em acoplar um laminador de tiras a quente à saída de uma máquina de lingotamento contínuo.

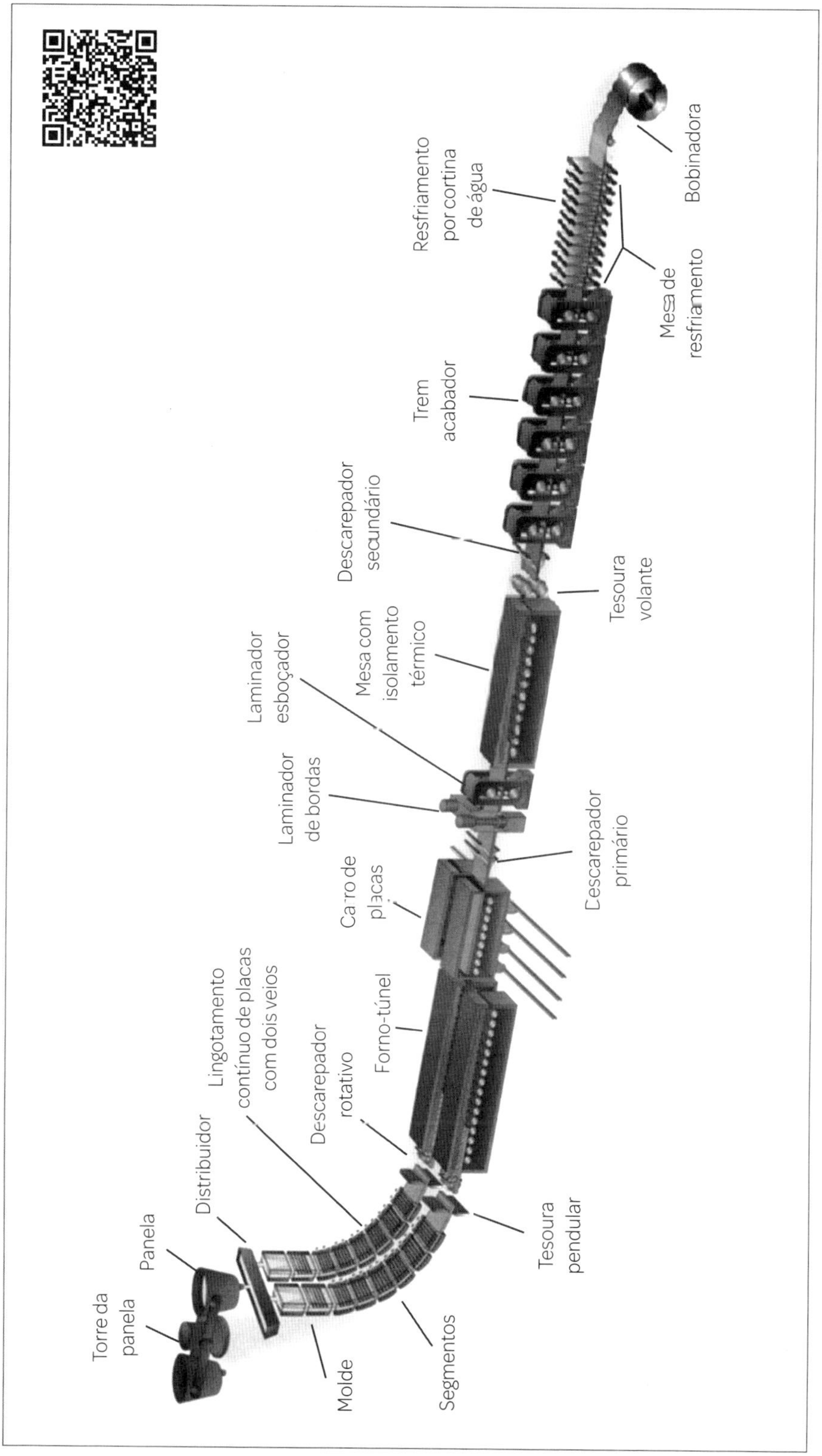

Figura 10.49 Diagrama esquemático de uma planta típica para laminação direta de placas finas ou processamento contínuo de tiras (*continuous strip processing*).
Fonte: adaptada de Danieli Equipamentos Siderúrgicos.

Aqui, o lingotamento contínuo produz placas leves, ou seja, com espessura da ordem de 50 mm, em vez dos 210 mm das plantas convencionais. Esse exemplo possui dois veios para garantir o nível adequado de produtividade do processo de lingotamento.

Assim que saem da máquina de lingotamento contínuo, as placas leves passam por um descarepador rotativo com alta eficiência e são introduzidas em fornos-túneis. O calor latente das placas é aproveitado ao máximo, mas elas apresentam um gradiente de temperatura em função do resfriamento secundário que foi aplicado ao veio durante sua passagem pela máquina de lingotamento contínuo. A função desses fornos é equalizar as temperaturas da superfície e do núcleo da placa.

Em seguida, as placas dos dois veios são introduzidas numa única linha de laminação usando-se um carro. Como de praxe, a laminação se inicia com a descarepação primária para eliminar a carepa formada no forno-túnel, seguindo-se então a aplicação de um único passe de esboçamento num laminador universal não reversível. O esboço segue então para uma mesa com isolamento térmico, a qual minimiza a queda de sua temperatura enquanto ele aguarda o momento de ser processado no trem acabador. A partir daí, o processamento é virtualmente similar ao que ocorre num laminador de tiras a quente convencional: corte das pontas na tesoura volante, descarepação secundária, passagem em trem acabador com seis cadeiras para a redução de espessura, mesa de resfriamento com água e bobinadora.

Esse tipo de planta apresentou grande sucesso comercial, principalmente pelo fato de ter se especializado em processar material proveniente de aciaria elétrica, usando sucata como matéria-prima, o que reduziu ainda mais os custos de produção. Equipamentos como esse foram implantados com grande sucesso em vários países, como Estados Unidos, Alemanha, Índia, Egito, China etc. Curiosamente, nenhuma linha desse tipo foi implantada no Brasil.

Por outro lado, o processamento contínuo de tiras somente obteve sucesso na fabricação de bobinas a quente de aço comercial, sem grandes requisitos de propriedades mecânicas, estampabilidade ou qualidade superficial. Uma das razões para isso é que esse tipo de planta processa aço proveniente de sucata, que normalmente apresenta teores significativos de impurezas como cobre, estanho e antimônio, as quais reduzem a ductilidade a quente do aço e provocam trincas superficiais que afetam a qualidade superficial do produto final. Outro problema é a baixa redução total de espessura entre a placa bruta de fusão e a bobina a quente – afinal, a placa desse equipamento é quatro vezes mais fina do que a produzida pelas plantas convencionais. Por esse motivo, até o momento, esse tipo de linha ainda não fabricou produtos mais nobres de forma consistente, como bobinas a quente destinadas à fabricação de tubos com grande diâmetro para a condução de fluidos petrolíferos, ou para a laminação a frio de chapas destinadas à produção de componentes automotivos por meio de estampagem profunda.

3.6 Linha de acabamento de bobinas a quente

A bobina a quente, assim que atinge a temperatura ambiente após a laminação, apresenta propriedades mecânicas e qualidade superficial adequadas para algumas aplicações não tão exigentes. Já se trata de um produto que pode ser comercializado, desde que o material não venha a ser submetido a estampagem.

Isso decorre de uma característica específica dos aços com baixo carbono. Se extrairmos uma amostra de uma bobina a quente feita com esse material e a submetermos a um ensaio de tração, obteremos um gráfico parecido com o visto na Figura 10.50a. No ensaio de tração, um corpo de prova extraído da bobina a quente é estirado durante vários minutos sob valores crescentes de tensão, até que venha a se romper. Inicialmente ele se comporta como se fosse uma mola, ou seja, se a tensão de tração for aliviada, ele imediatamente retorna ao tamanho inicial, pois a deformação é reversível (elástica). Contudo, acima de um certo valor de tensão, denominado limite de escoamento, a deformação ocorrida passa a ser permanente (ou plástica). Sob tal condição, no caso específico dos aços de baixo carbono, o corpo de prova sofre estiramento sob tensão constante, ocorrendo o chamado patamar de escoamento. Ele ocorre porque a deformação não está ocorrendo de forma plena e simultânea ao longo de toda a seção útil do corpo de prova, mas apenas em regiões bastante localizadas. Após o corpo de prova se deformar em alguns pontos percentuais, ocorre o final do patamar de escoamento, e a tensão de tração volta a crescer simultaneamente com a deformação aplicada, até que o corpo de prova se rompa.

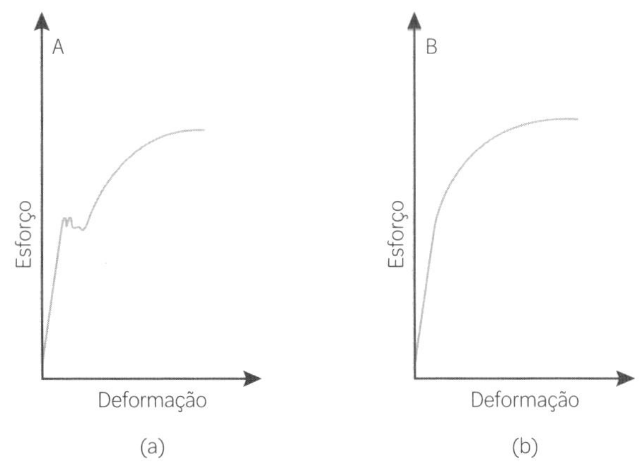

Figura 10.50 Gráfico obtido durante o ensaio de tração de amostras extraídas de bobina a quente de aço com baixo carbono: (a) diretamente após a laminação; (b) após processamento adicional no chamado laminador de acabamento (*hot skin pass*).
Fonte: adaptada de [5].

A razão metalúrgica para a ocorrência desse fenômeno é o fato de que, nos metais, a deformação se dá pela migração de defeitos cristalinos ao longo do material. No caso dos aços, os átomos de carbono e nitrogênio dissolvidos no ferro se concentram nas proximidades desses defeitos e os travam, impedindo sua migração e, portanto, a deformação plena do material. À medida que vai crescendo a tensão aplicada pela máquina, as uniões dos átomos de carbono e nitrogênio com os defeitos vai sendo progressivamente rompida, uniformizando a ocorrência de deformação ao longo de toda a seção útil do corpo de prova.

Essa deformação não homogênea que ocorre no patamar de escoamento possui uma consequência importante: o material que apresenta esse comportamento no ensaio de tração não é adequado para ser estampado ou conformado, pois a heterogeneidade em sua deformação ao percorrer o patamar de escoamento afeta a qualidade superficial da peça, uma vez que dá origem a irregularidades superficiais. A princípio, elas não afetam a funcionalidade da peça, mas o aspecto irregular da superfície do componente estampado transmite uma ideia de produto com má qualidade, principalmente se for o caso de uma superfície exposta que precisa apresentar boas características estéticas.

A solução para esse problema é processar a bobina a quente no chamado laminador de acabamento (*hot skin pass*), do tipo quádruo, mostrado na Figura 10.51. Esse processo consiste em aplicar uma pequena deformação a frio à tira, da ordem de alguns poucos pontos percentuais, não com o objetivo de reduzir a sua espessura, mas sim para eliminar boa parte ou mesmo todo o patamar de escoamento por meio de uma deformação prévia por laminação. Após esse processamento, o material, ao ser submetido ao ensaio de tração, apresentará curva com o formato típico mostrado na Figura 10.50 (b), com escoamento contínuo, ou seja, sem o patamar de escoamento. As peças feitas com esse material não apresentarão defeitos superficiais ao serem estampadas.

Por outro lado, deve-se notar que esse problema retorna ao material cerca de seis meses depois da aplicação da laminação de acabamento. Isso ocorre porque os átomos de carbono e nitrogênio são relativamente móveis dentro do aço, mesmo sob temperatura ambiente, e tornam a se concentrar novamente nos defeitos cristalinos, travando-os. Por esse motivo, geralmente as usinas somente garantem a estampabilidade do material durante um certo período.

Figura 10.51 Laminador de acabamento (*hot skin pass*).
Fonte: adaptada de Danieli Equipamentos Siderúrgicos.

As bobinas a quente podem ser expedidas diretamente aos clientes que disponham de instalações que possam desbobiná-las e cortá-las. Contudo, clientes de menor porte não possuem tais equipamentos. Por esse motivo, geralmente as usinas dispõem de linhas de acabamento, como a mostrada na Figura 10.52, onde a bobina a quente é desbobinada, inspecionada, desempenada a frio e cortada em chapas que são empilhadas num fardo. A Figura 10.53 mostra uma bobina a quente e um fardo de chapas oriundo de uma bobina, embalados, cintados e prontos para serem expedidos ao cliente.

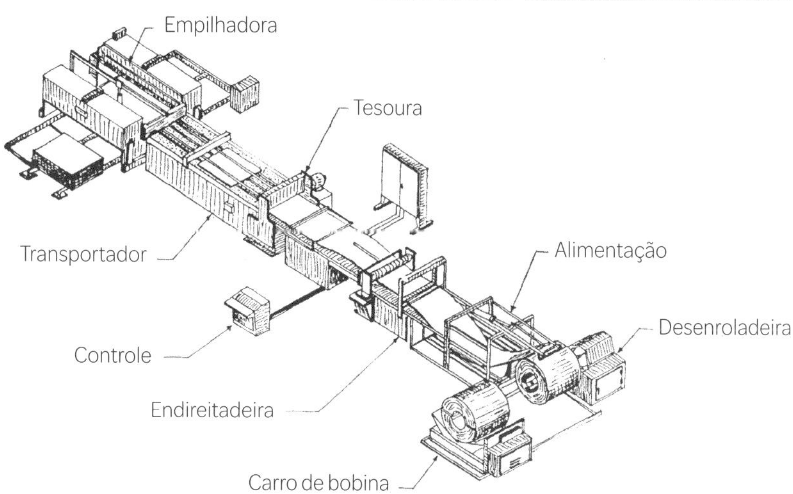

Figura 10.52 Linha de acabamento e corte de bobinas a quente.
Fonte: adaptada de [6].

Figura 10.53 Bobina a quente (acima) e fardo com chapas cortadas de bobina a quente (abaixo), embaladas e prontas para serem expedidos ao cliente.

Fonte: acervo do autor.

3.7 Decapagem

Uma fração significativa das bobinas laminadas a quente segue para a laminação a frio, visando à produção de materiais com menor espessura e melhor acabamento superficial. Contudo, para que isso seja feito, é necessário primeiramente eliminar a camada superficial de carepa terciária que cobre a bobina a quente que, de outra forma, impediria a obtenção de produtos laminados a frio com boa qualidade superficial.

A Figura 10.54 mostra esquematicamente a composição da carepa que cobre a superfície das espiras da bobina a quente. Trata-se de uma camada composta por três diferentes óxidos de ferro: wustita (FeO), magnetita (Fe_3O_4) e hematita (Fe_2O_3).

A wustita é o óxido que se forma durante e logo após a laminação a quente, mas que se torna instável sob temperaturas abaixo de 570 °C. Sob tais condições, ela reage com o oxigênio do ar, formando progressivamente a magnetita e a hematita, óxidos mais ricos nesse elemento. Contudo, boa parte da wustita fica retida sob temperatura ambiente, em estado metaestável, já que a cinética das reações de oxidação não é tão rápida; além disso, o acesso do oxigênio às espiras internas da bobina a quente é muito restrito.

Figura 10.54 Representação esquemática da carepa que cobre a superfície da bobina a quente.
Fonte: desenho do autor.

A carepa normalmente é removida pelo processo de decapagem ácida. A bobina a quente é desbobinada, sendo a tira imersa alternadamente em tanques contendo solução ácida e água. A solução ácida ataca e remove a carepa, enquanto a água remove o ácido, interrompendo a ação corrosiva. No passado, usava-se ácido sulfúrico nas linhas de decapagem (Figura 10.55), mas ele foi substituído pelo clorídrico, cuja regeneração a partir da solução ácida saturada em carepa é mais fácil e pode ser feita na própria usina, permitindo sua reciclagem e minimizando seu descarte no meio ambiente.

Após esse processo, a tira é oleada para evitar sua oxidação, já que a remoção da carepa obviamente elimina sua proteção natural contra a ação oxidante da atmosfera. Várias bobinas a quente são soldadas em sequência durante sua passagem pela decapagem, obtendo-se o chamado rolo, que será encaminhado posteriormente para a laminação a frio. Note-se que parte das bobinas decapadas pode ser vendida a clientes que desejam receber bobinas a quente processadas dessa forma.

Figura 10.55 Uma típica linha de decapagem de bobinas a quente.
Fonte: adaptada de Danieli Equipamentos Siderúrgicos.

Já foram desenvolvidos processos que removem mecanicamente a carepa superficial das bobinas a quente, por exemplo, com jateamento de areia, evitando os problemas associados ao uso de ácidos. Contudo, tal abordagem ainda não encontra muita aceitação comercial, em razão do alto custo e da baixa produtividade.

3.8 Laminação de tiras a frio

A redução de espessura dos rolos, por exemplo, de 4,5 mm para 1,5 mm, é feita no laminador de tiras a frio (Figura 10.56). Trata-se de um trem contínuo com 4 a 5 cadeiras de laminação, quádruas ou eventualmente sêxtuplas. As cargas de laminação típicas desse processo são muito altas, já que o processo é feito a frio, com o aço encruando (ou seja, endurecendo) a cada passe de laminação aplicado. Isso impõe a aplicação de emulsão de água e óleo durante a laminação para lubrificar o arco de contato entre a tira e o cilindro de trabalho, reduzindo o atrito e, consequentemente, a carga de laminação. Essa emulsão também possui importante ação de refrigeração do processo, já que há forte geração de calor pelo atrito envolvido e pela deformação propriamente dita. Eventualmente, o uso de emulsão é interrompido no momento da entrada da cabeça do rolo no laminador, mantendo-se assim um nível suficiente de atrito para o momento crítico da mordida da tira, sendo seu fornecimento retomado uma vez estabelecido o processo de laminação. É prática usual utilizar só água na última cadeira de laminação, pois resíduos orgânicos da emulsão na tira poderiam ser carbonizados na atmosfera protetora do tratamento de recozimento subsequente, levando à formação de depósitos de grafite sobre a superfície da bobina a frio, que podem criar problemas de adesão numa eventual pintura do componente feito com o aço.

Figura 10.56 Moderno laminador de tiras a frio com cinco cadeiras.
Fonte: adaptada de Danieli Equipamentos Siderúrgicos.

Pode-se notar na Figura 10.56 que há portas fechando o espaço das cadeiras de laminação, o que reduz os riscos de contaminação da emulsão. Essa prática é relativamente moderna. Outra novidade é a conexão direta entre decapagem e a laminação de tiras a frio, que dessa forma são unificadas numa única etapa de processo. Essa abordagem já foi mais festejada no passado, mas hoje é criticada pelo fato de que paralisações numa das linhas interrompem totalmente o processamento do material.

Uma vez que se trata de laminação a frio, ao final do processo o aço encontra-se muito duro e frágil, sendo totalmente inadequado para ser estampado. Contudo, há aplicações onde se deseja justamente alta resistência mecânica. Por isso, uma parte das bobinas apenas laminadas a frio, o chamado grau *full hard*, encontra aceitação de mercado. O resto da produção do laminador de tiras a frio segue para ser recozido, recuperando as propriedades mecânicas e conformabilidade típicas do aço laminado a quente.

3.9 Recozimento

A maior parte das bobinas laminadas a frio precisa apresentar boa ou média estampabilidade, condição que não pode ser atendida pelas bobinas que acabaram de ser laminadas, em função do encruamento que sofreram. Por isso, elas precisam passar pelo tratamento térmico de recozimento. Esse tratamento basicamente consiste em aquecer o aço a temperaturas relativamente altas, da ordem de 550 até 750 °C, aumentando a mobilidade dos átomos de ferro e permitindo que a estrutura cristalina do aço se reorganize de uma forma energeticamente mais favorável, eliminando os defeitos produzidos pela deformação a frio – a chamada recristalização. Do ponto de vista tecnológico, o aço volta a ser dúctil, ainda que com menor resistência mecânica em relação ao que foi apenas laminado a frio.

O processo mais simples e antigo para se recozer as bobinas laminadas a frio é o recozimento em caixa, executado em fornos como o mostrado na Figura 10.57. Esse processo consiste, como mostra a Figura 10.58a, em se empilhar de 4 a 5 bobinas a frio sobre uma base, a qual é sucessivamente coberta por uma campânula de aço inoxidável e por um forno aquecido a gás. O interior da campânula constitui uma câmara estanque preenchida com uma atmosfera protetiva contra oxidação das bobinas. Entre uma bobina e outra é colocado um convector, placa circular perfurada cujo objetivo é permitir que a atmosfera protetiva flua entre as bobinas.

O processo se inicia com o aquecimento da carga até ela alcançar tipicamente em torno de 650°C, ficando algumas horas sob essa temperatura, conforme mostrado na Figura 10.58b. Terminado o recozimento, o forno é desligado e retirado da pilha, ficando somente a campânula que encerra atmosfera protetiva. Como se pode observar na Figura 10.58b, o resfriamento é muito lento e pode levar alguns dias; em algumas instalações, a campânula é refrigerada com água para acelerar esse processo. Quando a carga atinge aproximadamente 420 °C, o risco de oxidação ao ar livre é mínimo; nesse momento, desliga-se o fluxo de atmosfera protetiva e retira-se a campânula que cobre a carga, que agora se resfria com maior velocidade ao ar livre. Ainda assim, todo o ciclo de resfriamento, incluindo aquecimento e resfriamento, leva em torno de 72 horas. Isso acontece porque a transferência de calor entre espiras é muito lenta, já que o filme de ar existente entre elas atua como um isolante térmico. É curioso notar que um bloco de aço maciço resfria mais rapidamente do que uma bobina de aço apresentando as mesmas dimensões.

Figura 10.57 Fornos para recozimento em caixa.
Fonte: acervo do autor.

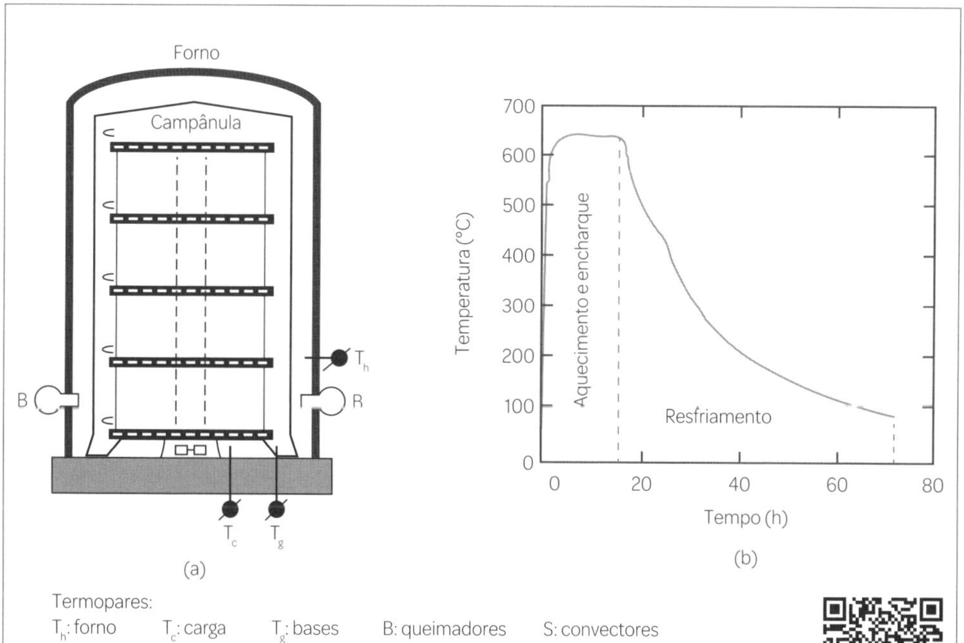

Figura 10.58 (a) Esquema de um forno para recozimento em caixa. (b) Típica evolução de temperatura durante o recozimento em caixa de bobinas a frio.
Fonte: adaptada de [7].

Antigamente, a atmosfera protetiva era constituída por 85% de nitrogênio e 15% de hidrogênio obtido da decomposição de amônia. Mais recentemente, passou-se a utilizar atmosferas constituídas 100% de hidrogênio, gás que proporciona transferência de calor mais rápida para as bobinas, contribuindo para acelerar o processo de recozimento em caixa. Por outro lado, o hidrogênio é um gás muito inflamável, requerendo medidas adicionais de segurança durante a execução do processo.

Mais recentemente, surgiram as linhas de recozimento contínuo, como a mostrada na Figura 10.59, cuja produtividade é bem maior do que o processo em caixa. Conforme mostrado na Figura 10.60a, à medida que a bobina a frio é desbobinada, um segmento de tira entra no forno, é submetido a um rápido ciclo de recozimento, da ordem de segundos, conforme mostrado na Figura 10.60b, resfriado e em seguida rebobinado. Também aqui há atmosfera protetiva no interior do forno para evitar a oxidação na superfície da tira. O processo é rápido não só porque a fonte de aquecimento incide diretamente sobre a tira, mas também porque a temperatura de processo é bem mais alta do que a usada no recozimento em caixa, da ordem de 850 °C, o que acelera sobremaneira a cinética do processo metalúrgico de recristalização. Além disso, o resfriamento também pode ser controlado de maneira flexível, podendo ser rápido o suficiente conforme requerido para a obtenção das microestruturas complexas dos modernos aços automotivos (AHSS).

Figura 10.59 Instalação de recozimento contínuo.
Fonte: Danieli Equipamentos Siderúrgicos.

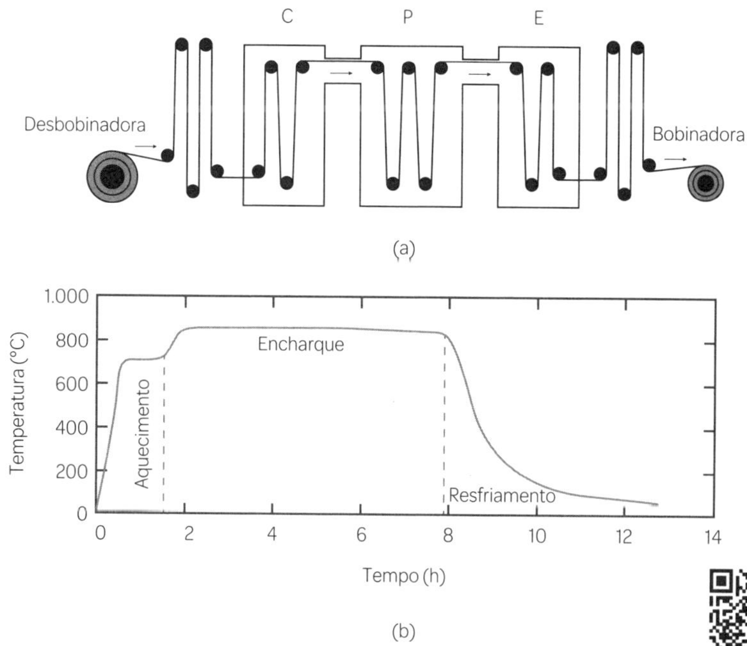

Figura 10.60 (a) Esquema de um forno para recozimento contínuo. (b) Típica evolução de temperatura durante o recozimento contínuo.

Fonte: adaptada de [7].

3.10 Linhas de acabamento

Da mesma forma que as bobinas a quente, as bobinas a frio recozidas também apresentam patamar de escoamento quando são deformadas. Afinal, trata-se do mesmo material, em condição metalúrgica similar. Portanto, bobinas a frio recozidas e destinadas à fabricação de peças estampadas também precisam ser submetidas a um único e leve passe de laminação a frio para eliminar ou minimizar o patamar de escoamento. Isso é feito no laminador de encruamento (*skin pass mill*), um equipamento bastante similar ao laminador de acabamento (*hot skin pass mill*), só que usado exclusivamente em produtos planos laminados a frio (Figura 10.61). Esse equipamento também pode ser usado para aplicar texturas superficiais especiais à superfície das tiras a frio, alterando seu perfil de rugosidade. Essas texturas devem ser previamente aplicadas na superfície dos cilindros de trabalho.

Figura 10.61 Laminador de encruamento (*skin pass mill*).
Fonte: Danieli Equipamentos Siderúrgicos.

Também há linhas de acabamento para as bobinas a frio (Figura 10.62), onde ela é desbobinada, inspecionada, desempenada a frio e cortada em chapas que são empilhadas em fardos. Tanto as bobinas a frio como os fardos com chapas finas a frio precisam ser oleados e embalados com cuidado (Figura 10.63), uma vez que elas não possuem qualquer proteção superficial e podem enferrujar com facilidade caso sejam expostas ao ar livre. Em alguns casos, o óleo usado não só possui ação protetora contra a desoxidação, como também atua como lubrificante para as operações posteriores de estampagem com o material, suprimindo a etapa de oleamento na prensa de estampagem do cliente.

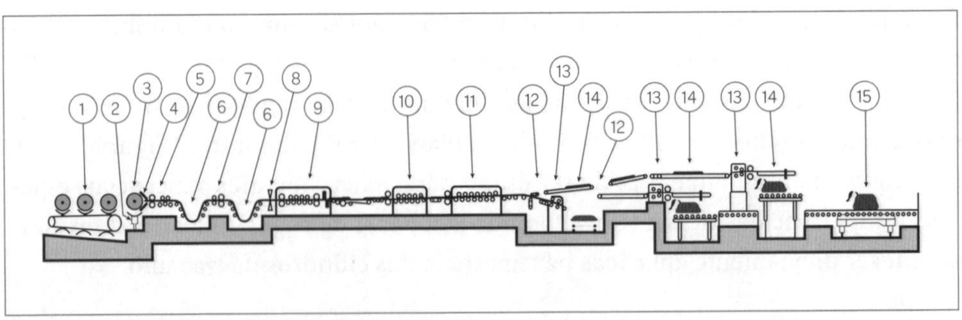

Figura 10.62 Linha de acabamento para bobinas a frio: 1) esteira transportadora, 2) elevador, 3) desbobinadora, 4) alimentador, 5) rolos para empuxo, 6) poço de acumulação, 7) tesoura, 8) medidor de espessura, 9) tesoura volante, 10) desempenadeira pesada, 11) desempenadeira leve, 12) desviador, 13) oleador, 14) empilhador, 15) balança.
Fonte: adaptada de [6].

Figura 10.63 Armazenamento de bobinas a frio embaladas e cintadas.
Fonte: iStockphoto.

4. LAMINAÇÃO DE PRODUTOS LONGOS

Como foi visto, os produtos planos caracterizam-se por apresentar seção transversal retangular, o que simplifica muito o formato dos cilindros de laminação, que apresentam mesa totalmente plana. A única diferença entre um passe e outro de laminação é a distância entre os cilindros de trabalho, a qual é modificada de forma fácil e flexível, usando parafusos ou sistemas hidráulicos para deslocá-los verticalmente.

Já os produtos longos caracterizam-se por apresentar seções transversais com formatos dos mais variados possíveis, o que complica bastante a definição do formato de cada passe de laminação. A posição dos cilindros de laminação é mantida fixa ao longo de todo o esquema de passes, sendo o formato transversal a ser aplicado ao esboço em cada passe previamente usinado nos cilindros, formando-se o chamado canal. A Figura 10.64 mostra um exemplo disso: trata-se de um par de cilindros de trabalho usinado especificamente para a laminação de barras com seção redonda num laminador reversível, usando tarugos com seção quadrada como matéria-prima. A laminação se inicia da direita para a esquerda, sendo sucessivamente aplicados passes com seção transversal quadrada, em losango, quadrada diagonal, oval e redonda.

Ainda hoje, os formatos e as dimensões das seções transversais adotadas nos passes da laminação de longos são determinados empiricamente, visando uma transição adequada desde o formato original da seção transversal do produto bruto de fusão até o do produto final, sem que haja defeitos de forma. O par de cilindros mostrado na Figura 10.64 é tipicamente usado num laminador reversível, com produção relativamente limitada, cujas mesas são longas para poder acomodar toda a sequência de passes a ser aplicada. Altos volumes de produção podem justificar a adoção de trens contínuos não reversíveis; nesse caso, cada cadeira aplica um dos passes necessários para a obtenção do produto longo.

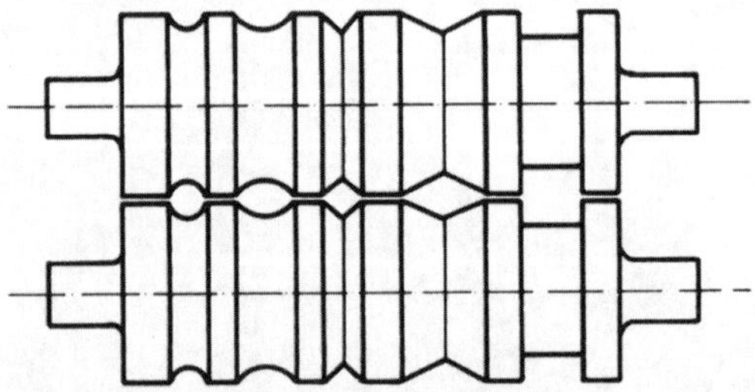

Figura 10.64 Cilindros de trabalho usados na laminação a quente de barras redondas usando tarugos com seção quadrada como matéria-prima.
Fonte: adaptada de [1].

A imensa maioria dos processos de laminação de produtos longos ocorre a quente, uma vez que as alterações a serem impostas na seção transversal do esboço são acentuadas e requerem que o material apresente alto nível de ductilidade. Algumas operações específicas de acabamento podem ocorrer a frio em função da qualidade superficial requerida para o produto.

4.1 Tipos de produtos longos

A variedade praticamente infinita de seções transversais se reflete na grande quantidade disponível de produtos longos, conforme mostrado na Figura 10.65. Por outro lado, eles só se tornam viáveis comercialmente se houver demanda no mercado por um volume alto a ponto de justificar o investimento na implantação de uma linha de laminação específica para eles.

A seguir, estão listados alguns dos produtos longos mais importantes:

- Barra: produto laminado com seção transversal constante e com forma geométrica simples (quadrada, retangular, oval, sextavada...).
- Vergalhão: barra redonda laminada a quente com amplas tolerâncias dimensionais e de qualidade superficial, apresentando geralmente superfície ranhurada, sendo usada para reforço de concreto armado.
- Perfil: laminado com seção transversal de forma geométrica simples ou composta de formas geométricas simples. Os perfis podem ser classificados, conforme suas dimensões nominais, como leves (menores que 80 mm), médios (entre 80 e 200 mm) e pesados (acima de 200 mm). A Figura 10.65 mostra os principais tipos de perfis.

- Viga: perfil com seção transversal em forma de H, I, U etc.
- Fio-máquina: produto intermediário de seção circular usado na fabricação de arames, fios, rebites, pinos etc., geralmente fornecido na forma de rolos.
- Trilho: perfil com seção transversal especial usado como pista para rolamento de veículos ferroviários.
- Tubo sem costura: produto oco de seção constante e parede uniforme.

Tipo de produto	Designação do tipo de produto	Desenho representativo	Norma de padronização (ABNT)
Perfis comuns	HPL		PB - 572 Perfil H de abas paralelas
	HPM		
	HPP		
	IP		PB - 573 Perfil I de abas paralelas
	I		PB - 125 Perfil I de abas paralelas
	L (CAI)		PB - 128 Cantoneiras de abas iguais
	L (CAD)		PB - 129 Cantoneiras de abas desiguais
	L (CAED)		PB - 575 Cantoneiras de abas e espessuras desiguais
	T		(Está em fase de projeto na ABNT) Perfil T
	U		PB - 127 Perfil U de abas inclinadas
Barras	⌀ (Red.)		PB - 63 Barra redonda
	□ (Quad.)		PB - 62 Barra quadrada
	▬		PB - 320 Barra chata
	⬡		PB - 61 Barra sextavada
Trilhos	TR		PB - 12 Trilho
Perfis especiais	ER		(Ainda não normalizado) Estaca prancha tipo reta
	EU		(Ainda não normalizado) Estaca prancha tipo U
	Guia de elevador		-----------------
	TJ		PB - 596 Tala de junção
	PA		PB - 256 Placa de apoio

Figura 10.65 Principais tipos de perfis laminados.

Fonte: adaptado de [1].

4.2 Algumas linhas de laminação de produtos longos

A seguir, serão descritas rapidamente algumas das principais linhas de laminação de produtos longos, visando mostrar a essência desse processo de conformação.

1. Laminação de barras: a Figura 10.66 mostra esquematicamente uma linha de laminação de barras. Os tarugos são aquecidos em forno de aquecimento (não mostrado aqui) bastante similar aos de placas, já mostrados anteriormente. Nesse caso específico, o processamento do material ocorre em cinco cadeiras de laminação, em grupos de esboçamento, intermediário e acabamento, sendo algumas delas reversíveis. Uma vez terminada a laminação, é feito o corte com serra do esboço nas barras finais, sendo então resfriadas em leito próprio e, posteriormente, desempenadas.

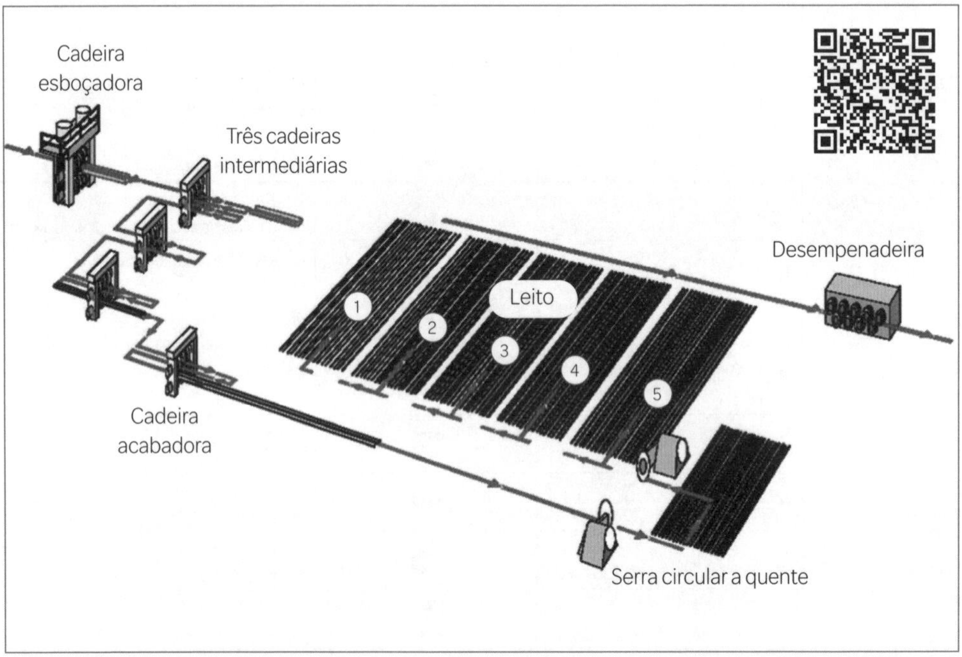

Figura 10.66 Diagrama esquemático de uma linha para laminação a quente de barras.
Fonte: adaptado de [10].

2. Laminação de seções pesadas: a Figura 10.67 mostra esquematicamente uma linha de laminação de seções pesadas. Em linhas gerais, é muito semelhante à laminação de barras. A novidade aqui é a unidade QST (*in-line quenching and self tempering*) existente na saída da cadeira acabadora. Trata-se de um sistema para têmpera direta com água, similar ao existente nos laminadores de chapas grossas. Contudo, a ideia é aplicar uma estratégia adequada de resfriamento forçado para aproveitar o próprio calor existente no interior da seção pesada para efetuar um auto-revenido, dispensando um tratamento térmico adicional. Como já foi visto, o tratamento térmico de têmpera aumenta muito a resistência mecânica do aço, mas torna-o frágil. Cabe ao revenido posterior recuperar boa parte da tenacidade, ainda que com alguma perda da resistência mecânica.

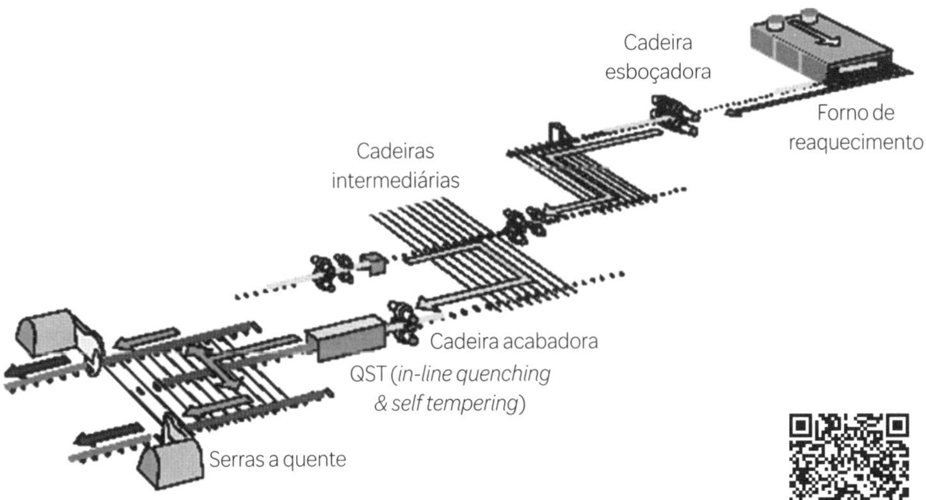

Figura 10.67 Diagrama esquemático de uma linha para laminação a quente de seções pesadas.
Fonte: adaptado de [10].

3. Laminação de fio-máquina: a Figura 10.68 mostra esquematicamente uma linha de laminação de fio-máquina. Ela é bem mais complexa que as demais, já que sua seção acabadora prevê a aplicação de tratamentos termomecânicos ao esboço, ou seja, sequências específicas de deformações sob temperaturas selecionadas e taxas de resfriamento mais altas, visando refinar a microestrutura, obtendo-se, assim, melhores características mecânicas e enobrecendo o produto final.

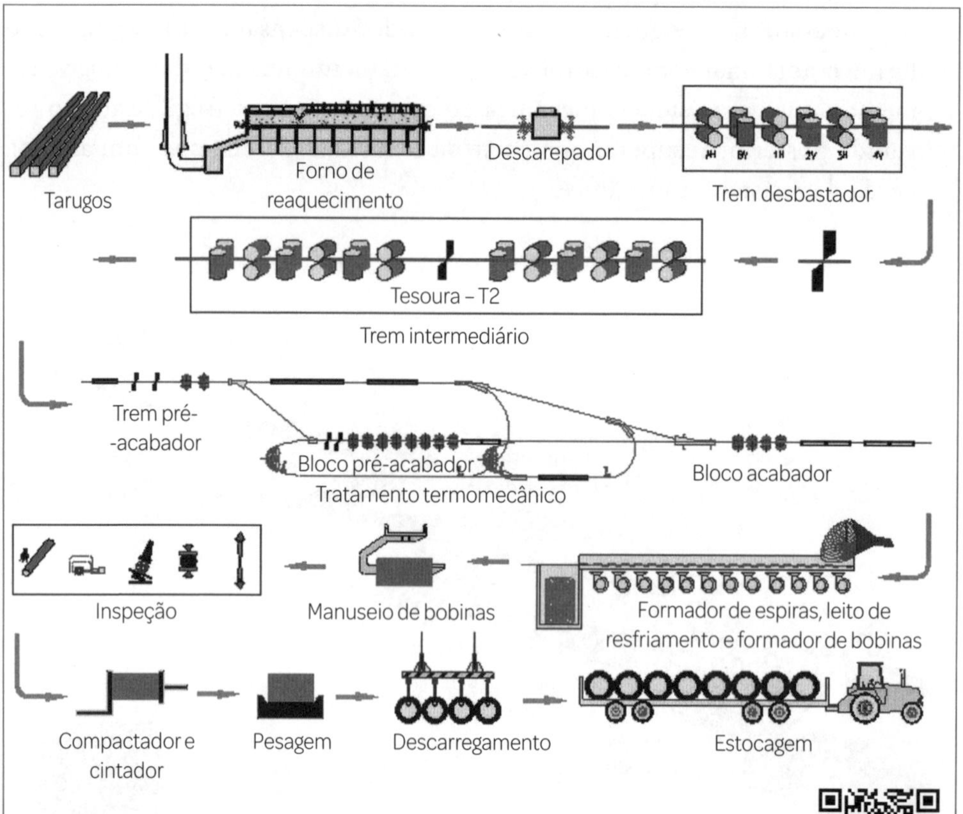

Figura 10.68 Diagrama esquemático de uma linha para laminação a quente de fio-máquina.
Fonte: adaptada de [8].

4. Laminação de tubos sem costura: a maior parte dos tubos de aço é feita conformando-se chapas na direção longitudinal ou então tiras em espiral, soldando-se suas bordas ao longo do comprimento. São os chamados tubos com costura, cuja manufatura é bastante econômica. Contudo, algumas aplicações requerem propriedades mecânicas ou resistência à corrosão excepcionais, ou então o material requerido para a aplicação não possui boa soldabilidade. Para atender

esses casos, foram desenvolvidos vários processos de laminação a quente de tubos sem costura, que se enquadram dentro da classe dos produtos longos. A Figura 10.69 mostra um deles, o processo Mannesmann, de forma bastante simplificada. Ele usa como matéria-prima tarugos cilíndricos de aço lingotados continuamente, os quais são reaquecidos num forno circular com soleira rotativa. Após atingir temperatura adequada para conformação, o tarugo é enviado para um laminador Mannesmann, onde cilindros com formato peculiar abrem um canal longitudinal ao longo de seu comprimento. Esse canal possui seção transversal irregular, a qual se torna circular por meio da passagem de um mandril em seu interior imediatamente após esse passe de laminação. Em seguida, o esboço de tubo passa por laminadores alongadores, com mandril, alisadores e calibradores, visando ajustar suas dimensões externas e internas de maneira precisa e manter seu comprimento retilíneo. Depois, eles são resfriados até uma temperatura adequada para então passar aos processos de acabamento. Conforme as dimensões e o material usado no tubo, eles podem ser submetidos a vários reaquecimentos ao longo de seu processo de laminação, o que eleva seu custo. Por esse motivo, sua aplicação só se justifica em aplicações nas quais os tubos com costura não apresentam desempenho satisfatório.

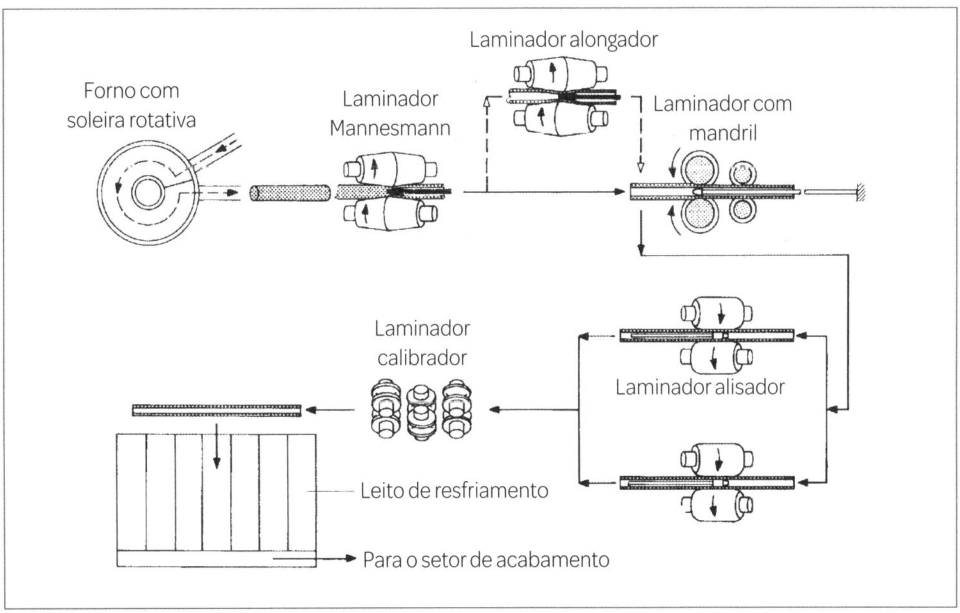

Figura 10.69 Diagrama esquemático de uma linha para laminação a quente de tubos sem costura.
Fonte: adaptada de [9].

REFERÊNCIAS

1. BRESCIANI FILHO, E. *et al. Conformação plástica dos metais.* 1ª ed. Editora da Unicamp, 1997.
2. HELMAN, H.; CETLIN, P. R. *Fundamentos da conformação mecânica dos metais.* 1ª ed. Artliber, 2005.
3. GRAFE, L. J. Improving energy utilization in steel reheat furnaces. *Iron and Steel Engineer*, v. 1, p. 43-47, 1985.
4. FORMICA, V. B. A garantia de qualidade dos aços ultrassonados. *Anais do 26º Seminário de Laminação*, 1989, Vitória, Associação Brasileira de Metais.
5. BLAIN, P. *Laminação e forjamento dos aços.* 1ª ed. Associação Brasileira de Metais, 1964.
6. ARAUJO, L. A. *Siderurgia.* Vol. 3. 2ª ed. Editorial Lema, 2000.
7. LUCCIONI, M.; SERE, P. Mejora de produtividad em recocido batch, através de optimizacion de carga utlizando modelo de punto frio. *Proceedings of the 41º Seminário de Laminação*, 2004, Joinville, Associação Brasileira de Metalurgia e Materiais.
8. AÇOMINAS. *Equipamentos e processo - Gerência de fio máquina.* Apresentação Técnica. Ouro Branco, 2003.
9. BRENSING, K. *Steel tube and pipe manufacturing processes.* 1. ed. Salzgitter: Salzgitter Groβrohre GmbH, 2004.
10. EUROPEAN COMMISSION. *Integrated Pollution Prevention and Control (IPPC)* - Reference Document on Best Available Techniques in the Ferrous Metals Industry, Seville, 2000.

CAPÍTULO 11
Processo *Thermo Mechanical Control Process* (TMCP)

Marcos Alexandre Stuart Nogueira

1. DEFINIÇÃO DE LAMINAÇÃO TMCP

A laminação *Thermo Mechanical Control Process* (TMCP), como o nome revela, consiste no controle do processo de laminação do ponto de vista termomecânico. Significa aplicar deformações no material austenítico em cada cadeira do laminador, em temperaturas nas quais tenha plasticidade suficiente para que seja laminado sem a ocorrência de qualquer defeito e numa intensidade que garanta a deformação necessária para a obtenção dos menores tamanhos de grão possíveis na saída do laminador. Esses grãos devem estar bem refinados, de modo que os microconstituintes a ser formados no resfriamento ao término da laminação, ou seja, a ferrita, a perlita ou a bainita, também sejam refinados e homogêneos.

Os ganhos com a adoção dos elementos microligantes, na maioria dos aços laminados, como são os casos de produtos planos, apenas podem ser capturados na sua plenitude com a adoção de laminação controlada. Adicionar elementos microligantes e laminar da mesma forma que se faz com aços não microligados prejudica muito aquilo que se poderia obter em aumento de resistência mecânica e tenacidade. Na laminação de vergalhões para a construção civil, normalmente não são aplicados os princípios da laminação controlada TMCP. Mesmo assim, elementos como nióbio e vanádio têm efeito marcante nas propriedades dos materiais, conforme pode ser encontrado na literatura, mas com menor intensidade do que se tivessem uma laminação com reduções por cadeira e temperaturas controladas [1]. Neste capítulo, a laminação TMCP será apresentada para o caso de aços planos, para os quais a presença dos elementos microligantes em conjunto com a laminação controlada garante elevadas resistências mecânicas simultaneamente com elevada tenacidade.

2. O PROCESSO TMCP

A Figura 11.1 [2] compara uma laminação convencional com uma laminação TMCP para um laminador de tiras a quente. A Figura 11.2 [2] mostra um laminador de tiras a quente acoplado diretamente em um lingotamento contínuo, configuração muito usada em laminações modernas.

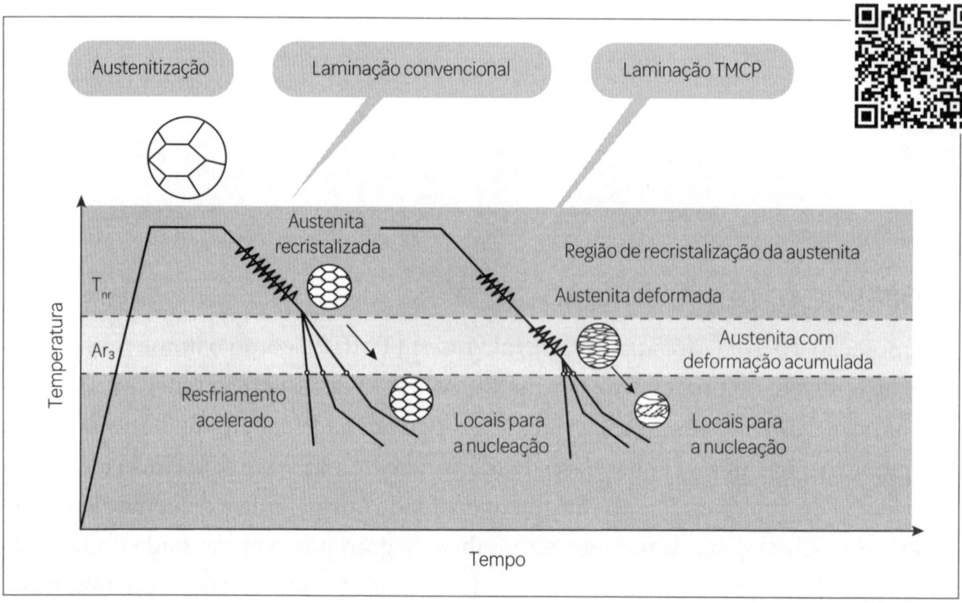

Figura 11.1 Laminação convencional e a laminação controlada TMCP.
Fonte: adaptada de [2].

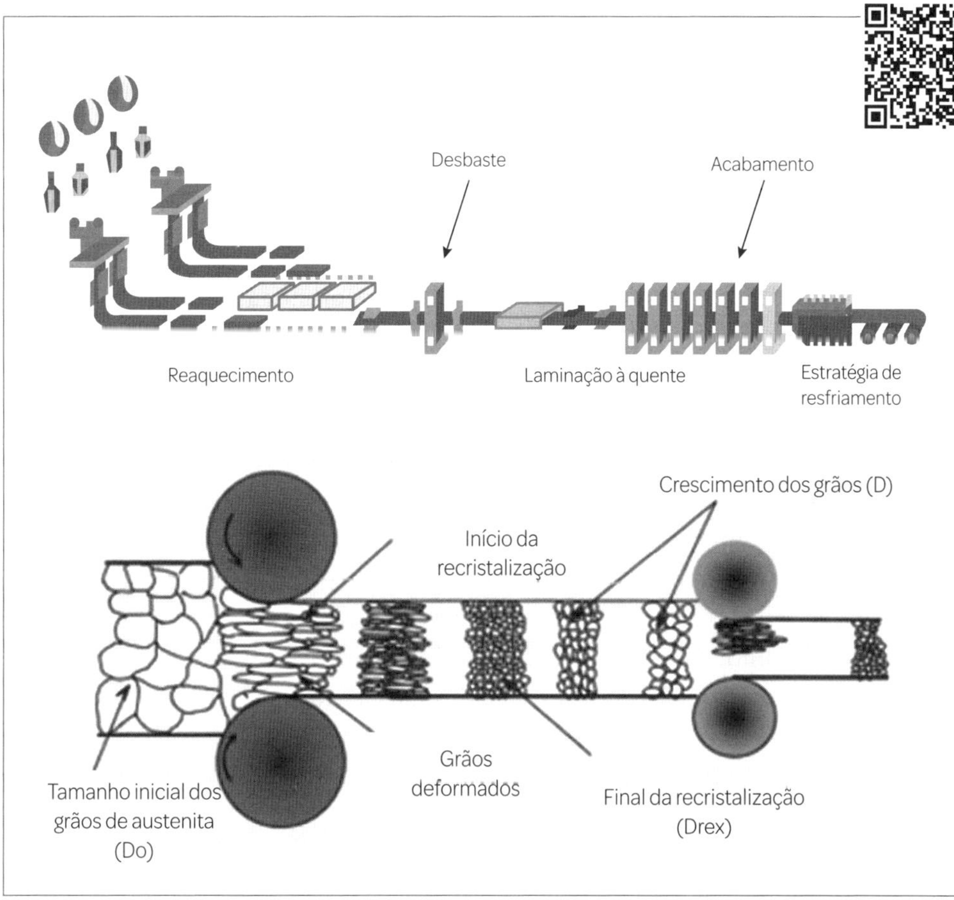

Figura 11.2 Esquema de lingotamento contínuo e laminador de tiras a quente indicando suas principais operações. A figura também mostra a deformação dos grãos austeníticos, com subsequente recristalização e posterior crescimento entre duas cadeiras de laminação.
Fonte: adaptada de [2].

Após o reaquecimento das placas em temperaturas que normalmente vão de 1.150 a 1.250 ° C, esses materiais entram nas cadeiras desbastadoras que iniciam os trabalhos de conformação mecânica, quebrando a estrutura bruta de fusão do aço, o que lhes confere plasticidade suficiente para serem laminados até suas dimensões finais sem risco de trincamento. A prática mais usual e recomendada é que o material permaneça austenítico até as suas últimas reduções nas cadeiras acabadoras, evitando a laminação com fases com diferenças significativas de plasticidade como são os casos da austenita e da ferrita. Laminar austenita e ferrita pode provocar diferenças de deformações no material com consequente formação de tensões residuais e heterogeneidades de tamanhos de grão no produto.

As operações de desbaste são efetuadas em temperaturas e deformações elevadas que garantem que todos os grãos austeníticos sejam recristalizados. Já no acabamento, as condições são planejadas para que o material seja laminado com passes abaixo da temperatura de não recristalização (Tnr) do material, evitando sua recristalização, conforme será detalhado a seguir no item 4, mais adiante.

3. REAQUECIMENTO

Em geral, é feito em fornos de vigas caminhantes, exceto nos casos em que o material já vem do lingotamento contínuo diretamente para as primeiras cadeiras do laminador, processo conhecido como laminação direta, bastante encontrada nas siderurgias modernas [3]. Nos casos convencionais, as placas são reaquecidas em temperaturas que coloquem os elementos microligados em solução. A Figura 11.3 [4] mostra os resultados de um arranjo experimental simples de reaquecer aço C-Mn contendo vanádio, nióbio, titânio ou alumínio em temperaturas a partir das quais os grãos austeníticos crescem rapidamente. Tais temperaturas correspondem àquelas em que os precipitados desses elementos são completamente dissolvidos. Verificam-se que os carbonetos de vanádio dissolvem em temperaturas bem menores que os de alumínio e de nióbio. Portanto, nos reaquecimentos, devem ser consideradas temperaturas em que os elementos microligantes sejam solubilizados na austenita.

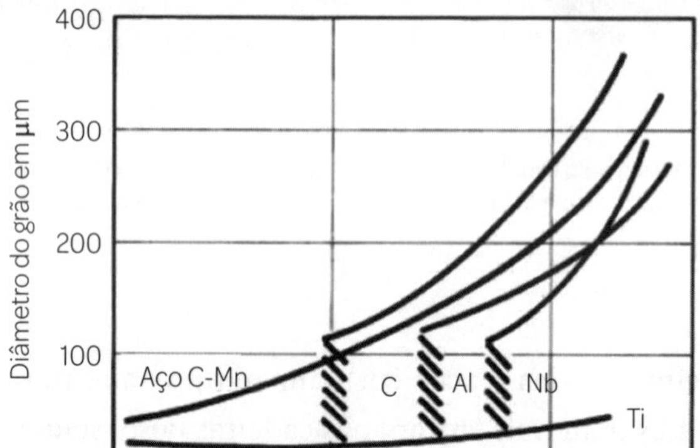

Figura 11.3 Variação do tamanho de grão austenítico em função da temperatura de aquecimento de aço microligado com diferentes elementos.
Fonte: adaptada de [4].

A solubilidade desses elementos também depende dos teores de carbono e de nitrogênio presentes no aço (Figura 11.4) [5]. Quanto maiores os teores desses elementos, menor a solubilidade deles na austenita. Os modernos aços utilizados para a produção de tubulações de óleo e gás apresentam teores de carbono da ordem de

0,05%, valores relativamente baixos quando comparados com os teores de carbono de outros aços. Com isso, podem utilizar teores de nióbio de até 0,1%, capturando a grande vantagem de conciliar plenamente a elevada resistência mecânica com tenacidade. Devem ter reaquecimentos para laminação em temperaturas da ordem de 1.200 °C. Já para aços utilizados no segmento estrutural, que contêm maiores teores de carbono, da ordem de 0,2%, o nióbio usado fica na faixa de 0,01% a 0,03 % e podem ser reaquecidos em temperaturas mais baixas, de 1.100 °C a 1.200 °C.

Em temperaturas mais elevadas, o nitrogênio tende a formar precipitados de maiores dimensões com os elementos microligantes; caso tais precipitados sejam excessivos, atuam como nucleadores de trincas causando problemas para as propriedades mecânicas dos materiais. Por isso, os teores de nitrogênio devem ser bem controlados. Em siderurgias integradas com seus conversores, os teores máximos de 40 ppm garantem excelentes condições de qualidade para os aços microligados. Já para aciarias elétricas, nas quais a presença de nitrogênio é mais pronunciada, deve-se controlar seu teor para mantê-lo abaixo de 70 a 80 ppm.

É importante colocar os elementos em solução para que atuem durante a laminação. Aqueles que ficam na austenita como precipitados ajudam a refinar o grão de partida da laminação, mas, no final, não são tão efetivos para segurar os grãos durante a laminação quanto aqueles precipitados que ocorrem durante a laminação. Os precipitados de elevadas temperaturas seguram os grãos austeníticos durante o reaquecimento, o que é uma contribuição secundária para o refino total da estrutura.

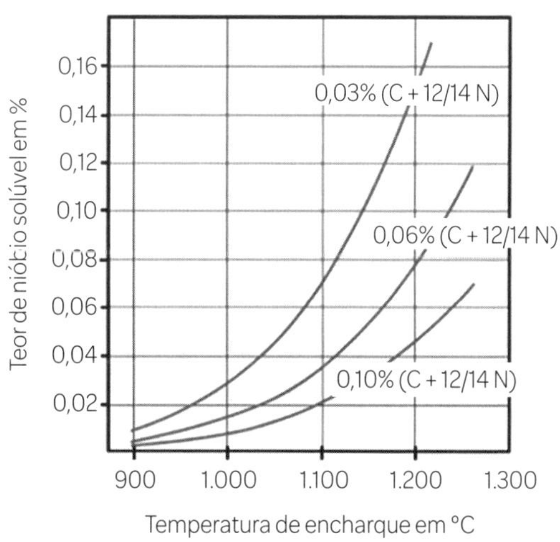

Figura 11.4 Solubilidade do nióbio na austenita em função dos teores de carbono e de nitrogênio.
Fonte: adaptada de [5].

4. TEMPERATURA DE NÃO RECRISTALIZAÇÃO (Tnr)

Os elementos colocados em solução no reaquecimento podem precipitar durante a laminação, para o que contribui a deformação que vai sendo aplicada no material. Eles precipitam de acordo com a sua solubilidade na austenita, iniciando primeiramente com o titânio, na forma de nitretos, já durante as operações de desbaste. São seguidos pelo nióbio, na forma de carbonetos, auxiliado pelas deformações impostas ao material, precipitando mais efetivamente durante as etapas de acabamento. São seguidos pelos precipitados de vanádio já ao final da laminação, durante o resfriamento controlado do material que sai do laminador. O nióbio ainda em solução também precipita nessa etapa de resfriamento controlado junto com os carbonetos de vanádio. Em alguns aços específicos, nióbio e vanádio ainda permanecem em solução mesmo após as etapas de bobinamento, dependendo das variáveis de processo e da composição química do aço processado.

As Figuras 11.5 e 11.6 mostram o que pode ocorrer com os grãos da austenita entre os dois últimos passes em duas cadeiras acabadoras de laminação [6]. No primeiro caso, a temperatura de laminação está elevada o suficiente para que ocorra a recristalização total dos grãos deformados antes da entrada do material na segunda cadeira. O esquema ilustra também os grãos de ferrita sendo nucleados na saída da segunda cadeira. No caso da Figura 10.6, a temperatura de laminação não foi suficiente para que ocorresse essa recristalização total antes da entrada na segunda cadeira. O material entra na segunda cadeira com os grãos deformados, alongados. Recebe deformação adicional na segunda cadeira e não se recristaliza. Com isso, o material entra para o resfriamento controlado com uma maior quantidade de lugares favoráveis para a nucleação da ferrita, que são os contornos dos grãos alongados e as linhas de deformação. O resultado é um material com grãos ferríticos muito mais finos dos que aqueles que seriam obtidos caso fossem nucleados nos grãos recristalizados e sem as linhas de deformação, conforme visto na Figura 11.5 [6].

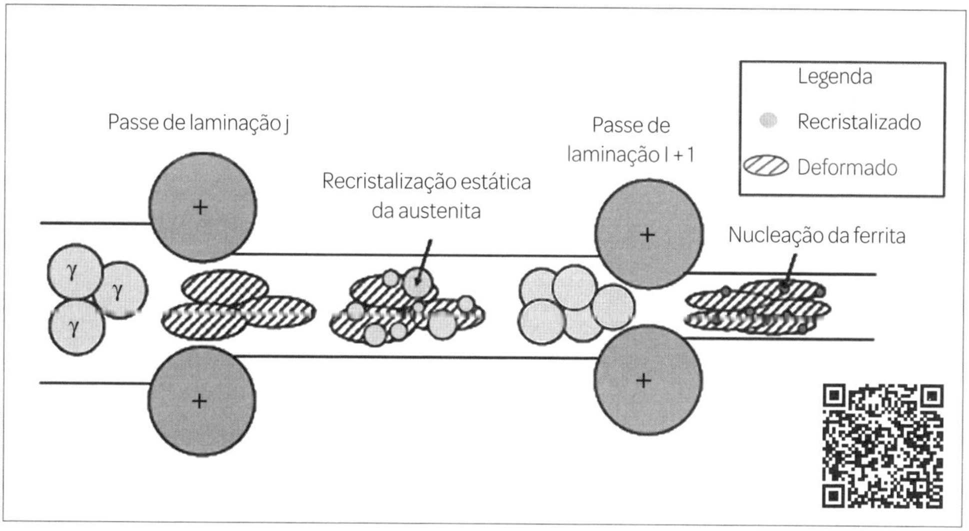

Figura 11.5 Esquema ilustrando a deformação dos grãos austeníticos na passagem por uma cadeira de laminação em condições em que ocorre a recristalização total antes da entrada na outra cadeira.
Fonte: adaptada de [6].

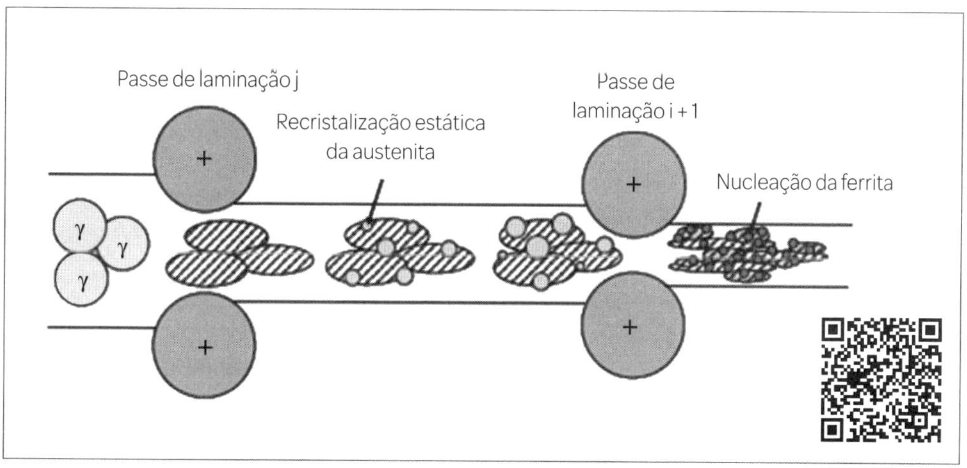

Figura 11.6 Esquema ilustrando a deformação dos grãos austeníticos na passagem por uma cadeira de laminação em condições em que ocorre apenas uma recristalização parcial antes da entrada na outra cadeira.
Fonte: adaptada de [6].

De modo simplificado, pode-se dizer que o material no caso da Figura 11.5 foi laminado acima da temperatura Tnr, temperatura abaixo da qual não há recristalização. No caso da Figura 11.6, ele foi laminado bem próximo dessa temperatura, havendo uma recristalização parcial. Com isso, a Tnr pode ser entendida como a temperatura mínima que dá condições para que o material comece a ser recristalizado para a quantidade de energia que apresenta em virtude da s deformações que sofreu. Abaixo dessa temperatura, não se tem essa condição e o material apenas aumenta sua energia com as deformações sofridas, resultando em grãos cada vez mais alongados, os denominados grãos "panquecas" (Figura 11.7) [2]. A temperatura Tnr aqui está sendo tratada de forma simplificada, sendo mais bem apresentada em detalhes na literatura específica [6], [7].

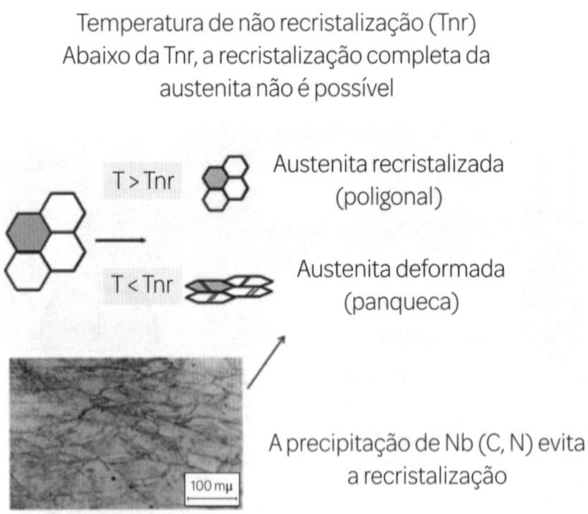

Figura 11.7 Ilustração da formação dos grãos de austenita "panquecas", quando o material é laminado abaixo da temperatura de não recristalização (Tnr). Mostra também os grãos recristalizados resultantes da laminação ocorrida acima dessa temperatura.
Fonte: adaptada de [2].

5. A LAMINAÇÃO: DESBASTE E ACABAMENTO

Nas cadeiras desbastadoras, a temperatura do aço ainda é elevada e as velocidades de laminação são discretas. Com isso, há condições para que ocorra recristalização dos grãos que vão sendo deformados em cada cadeira de laminação. Ocorre a nucleação de novos grãos de austenita sobre a estrutura deformada da austenita original e há condições para a recristalização completa desses grãos. Estes, mesmo recristalizados, acabam sendo refinados em relação aos grãos originais provenientes do reaquecimento para a laminação. Assim, o material entra nas cadeiras acabadoras com seus grãos recristalizados e mais finos (Figura 11.8) [2]. É muito importante que a recristalização seja completa nesses passes nas cadeiras acabadoras, evitando a presença de grãos deformados que não foram recristalizados. A presença desses grãos pode gerar heterogeneidades de microestrutura no produto, pois dificilmente serão recristalizados nas cadeiras acabadoras. Já nas cadeiras acabadoras, as temperaturas vão se reduzindo, tornando a recristalização mais difícil até que, nos últimos passes, os grãos da austenita não se recristalizam e permanecem deformados.

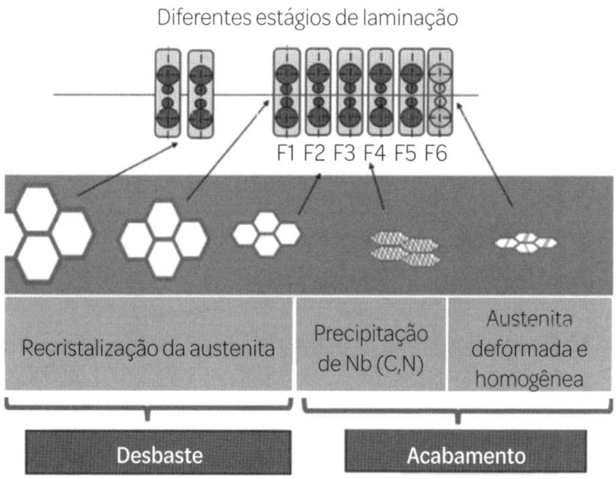

Figura 11.8 Esquema ilustrativo de laminador de tiras a quente indicando os diferentes mecanismos atuantes nas cadeiras de desbaste e depois nas cadeiras de acabamento. Os grãos de austenita se tornam finos e alongados na direção da laminação. São os denominados grãos "panquecas" [2].
Fonte: adaptado de [2].

Nos passes de laminação de desbaste, é importante aplicar reduções por passe suficientes para deformar o centro do material que está sendo processado. Reduções por passe da ordem de 5% a 10% normalmente não atingem o centro do material, não deformando nem fornecendo energia suficiente para recristalizar o material, o que pode provocar heterogeneidade de microestrutura final. Os últimos passes de desbaste devem ser suficientes pelo menos para atingir o centro do material e garantir recristalização total por toda a sessão do produto antes que ele entre nas cadeiras acabadoras.

Conforme já mencionado, durante a laminação, a deformação que vai sendo aplicada no material proporciona condições para que ocorra a precipitação de finos carbonetos de nióbio. Além do próprio nióbio em solução, esses precipitados dificultam a recristalização do material, favorecendo a formação dos grãos alongados na saída da última cadeira.

As laminações TMCP são planejadas de forma que o aço saia das cadeiras desbastadoras com os grãos uniformemente recristalizados e refinados. Entram nas cadeiras acabadoras de forma que sofram algumas deformações abaixo da temperatura Tnr, saindo destas com os grãos finos e alongados.

Esses grãos são importantes para que os microconstituintes a ser formados no resfriamento do material após a última cadeira sejam finos, pois os grãos panquecas têm grande área de interface e estão deformados, o que favorece a nucleação dessas fases no resfriamento controlado (Figura 11.9) [8].

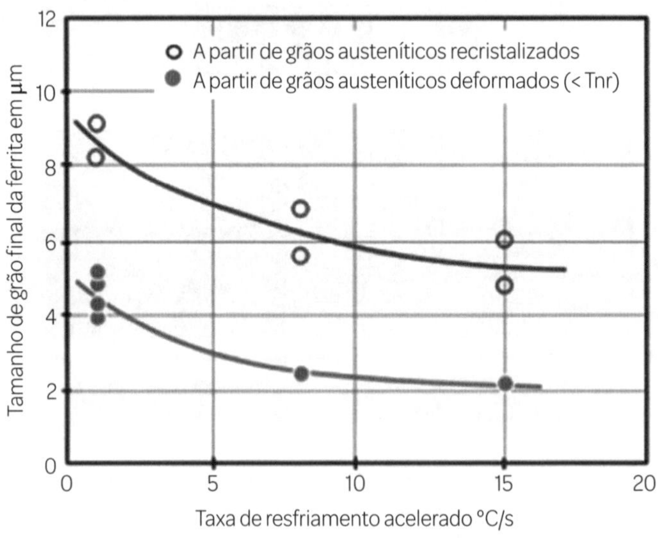

Figura 11.9 Refino de grão da ferrita formada a partir grãos austeníticos deformados em relação a grãos austeníticos recristalizados [8].
Fonte: adaptado de [8].

6. RESFRIAMENTO CONTROLADO NA SAÍDA DO LAMINADOR

A Figura 11.10 [6] mostra um ciclo completo de laminação TMCP desde o reaquecimento da placa de aço até a formação dos microconstituintes finais nas tiras laminadas, indicando a formação de diferentes microconstituintes, dependendo da velocidade de resfriamento que é aplicada na saída das cadeiras acabadoras. A laminação TMCP só se completa com a aplicação de resfriamento controlado logo na saída da última cadeira acabadora. Os produtos são resfriados por meio de *sprays* de água, o que é importante para refinar o tamanho de grão da ferrita que vai ser formado. Quanto maior a velocidade de resfriamento, menor a temperatura de formação da ferrita, o que a torna mais fina (ver Figura 11.9) [8]. Dependendo da velocidade de resfriamento imposta, podem ser formados ferrita, ferrita acicular, perlita e bainita nesses materiais, alterando completamente as suas resistências mecânicas. Portanto, o resfriamento controlado é parte importante daquilo que se deseja obter como propriedades mecânicas do material final.

Nos casos industriais, as laminações de tiras processadas por TMCP terminam com o bobinamento do material, que é feito entre 650 e 500 ° C. O vanádio, que ainda est á praticamente todo em solução na austenita, precipita como partículas bem finas, menores que 10 nm [9] , o que consiste no seu principal mecanismo de aumento da resistência mecânica dos aços microligados ao vanádio. Nos aços microligados ao nióbio, parte desse elemento também pode ficar em solução e precipita na forma de finas partículas, contribuindo para o aumento da resistência mecânica do material por esse mecanismo de precipitação, além do refino de grão.

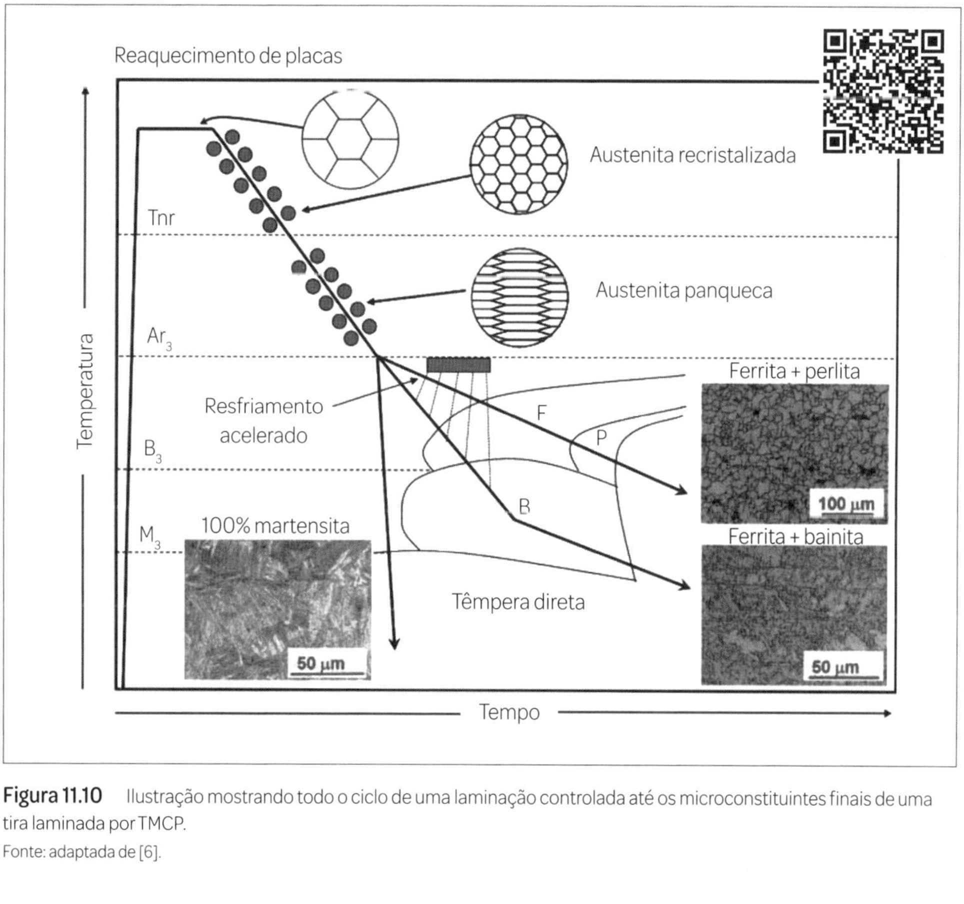

Figura 11.10 Ilustração mostrando todo o ciclo de uma laminação controlada até os microconstituintes finais de uma tira laminada por TMCP.

Fonte: adaptada de [6].

7. EFEITO DOS ELEMENTOS MICROLIGANTES NA LAMINAÇÃO TMCP

O principal efeito dos elementos microligantes é o aumento que provocam na temperatura Tnr do aço (Figura 11.11) [6], [10]. Todos esses elementos aumentam a temperatura Tnr, com especial destaque para o maior efeito do nióbio, o que faz dele o principal agente refinador de grãos nas laminações de aços planos. Tanto em solução sólida quanto na forma de finos precipitados, eles dificultam a recristalização dos grãos austeníticos durante a laminação. Com o aumento dessa temperatura, as operações de laminação ficam facilitadas, pois não há a necessidade de resfriamentos excessivos entre a saída das cadeiras desbastadoras e a entrada das cadeiras acabadoras para garantir, nestas últimas, que a laminação seja feita abaixo do Tnr. Por exemplo, na laminação de chapas, o material após a laminação de desbaste deve ser resfriado até temperaturas abaixo da Tnr para evitar sua recristalização nos últimos passes de acabamento. Aumentando essa a Tnr por meio da adição dos elementos microligantes, há uma redução desse tempo de espera ou mesmo a sua eliminação.

Para uso em tubulações de óleo e gás, foram desenvolvidos os aços contendo 0,1% Nb, que permitem os processos denominados HTP (*high temperature process*). Estes proporcionam elevada produtividade nos laminadores de placas e tiras, uma vez que suas Tnr são superiores às temperaturas de aços convencionais [11], [12]. Esses aços apresentam grãos muito finos, o que é fundamental para que tenham elevada resistência mecânica e excelente nível de tenacidade.

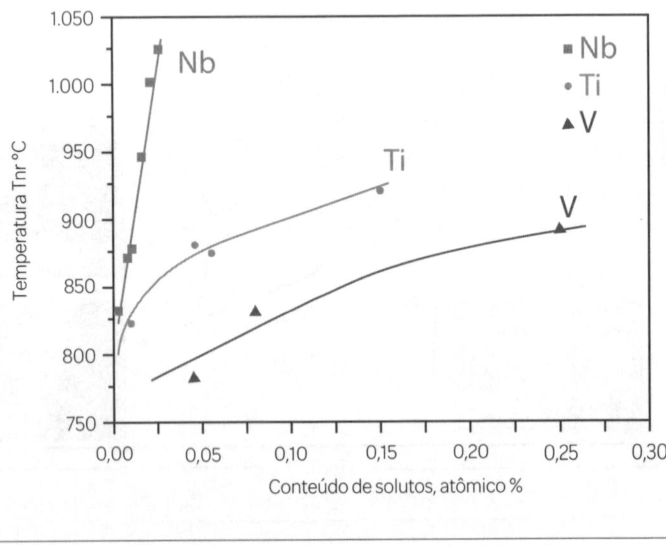

Figura 11.11 Aumento da Tnr em função dos elementos nióbio, titânio e vanádio.

Fonte: adaptada de [6], [10].

8. CONSIDERAÇÕES FINAIS

Na laminação de produtos planos, para capturar todos os ganhos com a utilização dos microligantes, deve-se adotar a laminação controlada, técnica conhecida como laminação TMCP.

A laminação TMCP consiste em aplicar deformações em temperaturas nas quais o material tenha plasticidade suficiente para que seja laminado sem a ocorrência de qualquer defeito e numa intensidade que garanta a obtenção dos menores tamanhos de grão possíveis na saída do laminador.

Os elementos microligantes aumentam as Tnr, isto é, temperaturas abaixo das quais não ocorre recristalização dos aços, com destaque especial para o nióbio. Com isso, consegue-se obter aços com grãos finos e homogeneamente distribuídos, o que é fundamental para conciliar elevadas resistências mecânicas com tenacidade.

O refino de grão e as precipitações finas e homogêneas aumentam a resistência mecânica dos aços. O refino de grão também aumenta a tenacidade e, ao mesmo tempo, a resistência , o que é primordial para aços utilizados na produção de peças e componentes especiais.

REFERÊNCIAS

1. PATEL, J. W. *China steel rebar*: market overview and latest product developments. Oxford: International Metallurgy, 2019.
2. IBABE, J. M. R. *Some microstructural features concerning hot rolling of microalloyed grades*. CEIT, 2017.
3. HENSGER, K. E.; FLEMMING, G. *Recent developments in compact strip production of Nb-microalloyed steels*. SMS Demag AG, International Symposium Niobium 2001, USA,2001.
4. SPEICH, G. R. *et al.* Formation of ferrite from controlled rolled austenite. *In: Proceedings of an international conference in phase transformation in ferrous alloys*. TMS-AIME, 1984.
5. IRVINE, K. J. *et al.* Grain Refined C-Mn Steels, *Journal of the Iron and Steel Institute*, p. 161-182, 205,1967.
6. VERVYNCKT, S. *et al.* Modern HSLA steels and the role of the non-recrystallization temperature. *International Materials Reviews*, 57:4, 187-207, 2012.
7. PEREDA, B. *et al. Mill data based microstructural modelling for thin slab direct rolling of Nb microalloyed steels. Forth International Conference on Thermo Mechanical Simulation and Processing of Steels*, SIMPRO 16, Ranchi, India, 2016.
8. PATEL, J. W. *Pipeline steel technology*. England, International Metallurgy, 2015.

9. MORRISON, W. B.; WOODHEAD, J. H. The influence of small niobium additions on the chemical properties of commercial mild steels. *Journal of The Iron and Steel Institute*, UK, p. 43-46, 1963.
10. CUDDY, L. J. *Thermomechanical processing of microalloyed austenite. Warrendale*, TMS AIME, p. 129, 1982.
11. FLAXA, V.; KNOOP, F. M. *Hot-rolled strips of up to 19 mm in thickness and their processing to helically welded large diameter pipes of grade X80. Shanghai, China*, BAC2010, 17, 2010.
12. ZHANG, Y.; NIU, T.; BI, Z. Development and application of heavy gauge X80 coil with optimization processing. *ABM Week*, São Paulo, 2019.

GRÁFICA PAYM
Tel. [11] 4392-3344
paym@graficapaym.com.br